기아 EV6 전장회로도

목차

일반사항

일반사항

전기차 시스템 주의사항

회로도

커넥터 정보

구성 부품 위치도

하네스 위치도

부품 인덱스

④커넥터 단자 번호 부여

암 커넥터(하네스측)	수 커넥터(부품측)	비 고
록킹 포인트 하우징 단자	록킹 포인트 단자 하우징	암 수 커넥터 구별은 하우징 형상이 아닌 단자 형상에 의해서만 이루어진다. 각 커넥터의 단자 번호부여에 대해서는 좌측 표를 참조하라. 단, 몇몇 커넥터는 이 단자 번호 부여 체계를 따르지 않을 수도 있다. 자세한 단자 번호는 각 커넥터 식별도를 참조하라.
3 2 1 6 5 4	1 2 3 4 5 6	
3 2 1 6 5 4	1 2 3 4 5 6	암 커넥터 단자 번호는 오른쪽 위에서 왼쪽 밑으로, 수 커넥터 단자 번호는 왼쪽 위에서 오른쪽 밑으로 번호를 매긴다.

⑤ 구성 부품 위치도

- 구성 부품위치도는 회로도상의 구성 부품을 차량에서 쉽게 찾을 수 있도록 부품명 하단에 PHOTO NO가 표기되어 있다.
- 사진의 커넥터는 차량에 부착된 상태로 표시되어 커넥터 식별이 용이하도록 하였다.

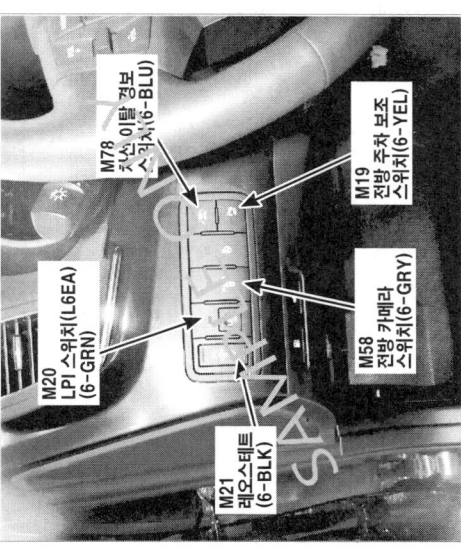

56. 대쉬 패널 좌측

M20
LPI 스위치(L6EA)
(6-GRN)
M78
차선 이탈 경보
스위치(6-BLU)
M21
레오스테트
(6-BLK)
M58
전방 카메라
스위치(6-GRY)
M19
전방 주차 보조
스위치(6-YEL)
SAMPLE ONLY

-엔진 레이아웃

차량 앞

엔진 좌측
엔진 뒤
엔진 앞
엔진 우측

엔진 앞
엔진 좌측
엔진 우측
엔진 뒤

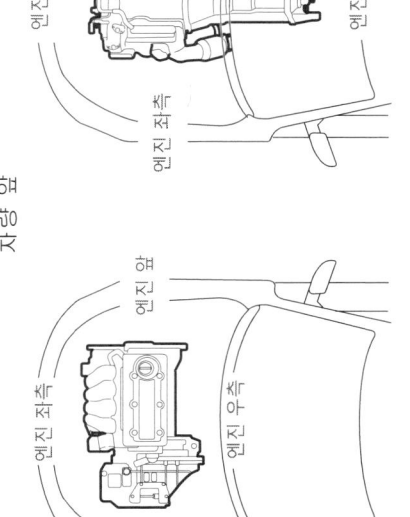

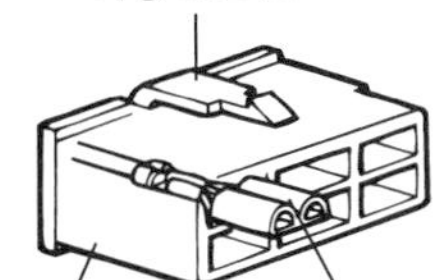

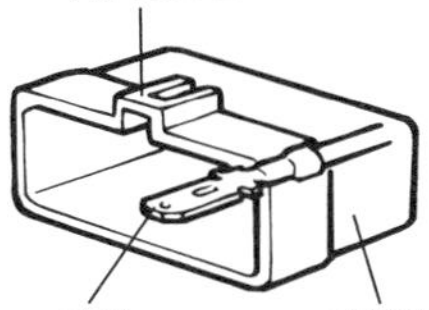

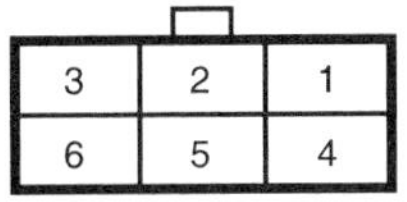

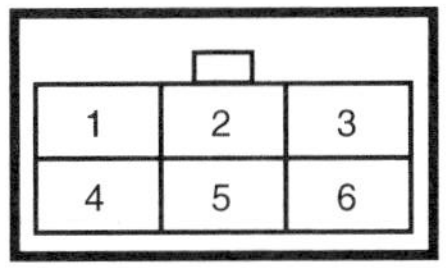

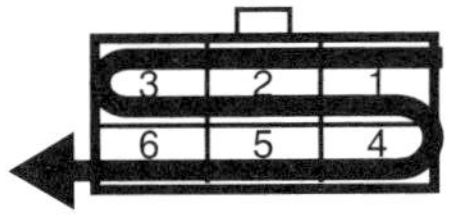

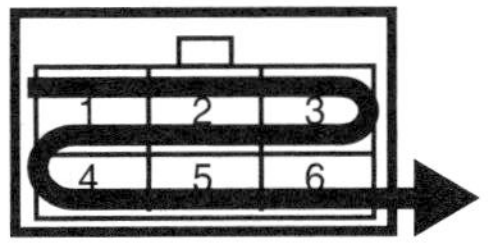

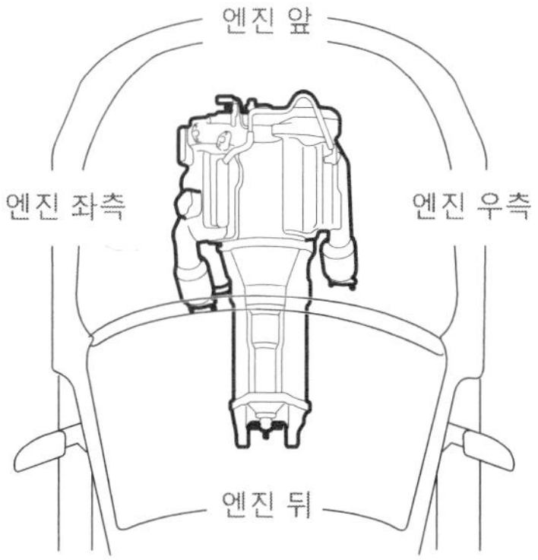

⑥ 와이어 색상 지정 약어

• 회로도상의 와이어 색상을 식별하는데 사용되는 약어

기호	와이어 색상	기호	와이어 색상
B	검정색 (Black)	O	오렌지색 (Orange)
Br	갈색 (Brown)	P	분홍색 (Pink)
G	초록색 (Green)	R	빨강색 (Red)
Gr	회색 (Gray)	W	흰색 (White)
L	파랑색 (Blue)	Y	노랑색 (Yellow)
Lg	연두색 (Light Green)	Ll	하늘색 (Light Blue)

* (Y)/(B) : 노랑 바탕색에 검정색 줄무늬 선 (2가지 색)
        ↑   ↑
     바탕색   줄무늬색

⑦ 하네스 심볼

• 각 하네스를 하네스 명칭, 장착 위치에 의해 분류하여 식별 심볼을 부여함.

심볼	하네스 명칭	위치
C	컨트롤, 인젝터, 이그니션 코일 하네스	엔진 룸
D	도어 하네스	도어
E	프런트, 프런트 엔드 모듈 (FEM), 배터리, 프런트 범퍼 하네스	엔진 룸, 차량 앞
F	플로어, 리어 콤솔 익스텐션 하네스	플로어
M	메인, 프런트 콤솔 익스텐션, 스티어링 리모컨 하네스	실내, 크래쉬 패드
R	루프, 테일 게이트, 리어 디포거, 리어 범퍼 하네스	루프, 차량 뒤
S	시트 하네스	실내

* 차종에 따라 변경 가능하므로 상세한 심볼은 하네스 배치도의 하네스 명칭 심볼 확인이 필요함.

⑧ 커넥터 식별 번호

• 커넥터 식별 번호는 와이어링 하네스 심볼과 커넥터 일련 번호로 구성되어 있다.

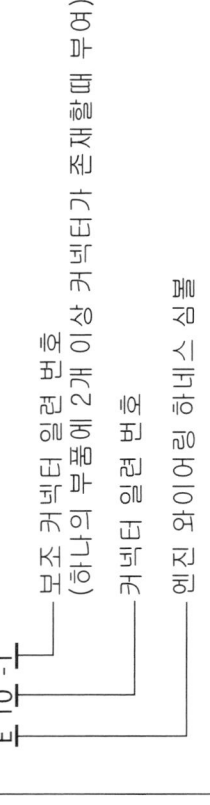

부품과 와이어링의 연결
```
E 10 -1
│  │  └─ 보조 커넥터 일련 번호
│  │     (하나의 부품에 2개 이상 커넥터가 존재할때 부여)
│  └──── 커넥터 일련 번호
└─────── 엔진 와이어링 하네스 심볼
```

와이어링간의 연결

각 와이어링 하네스를 연결하는 (와이어링과 와이어링의 연결) 커넥터는 아래와 같이 표기한다.

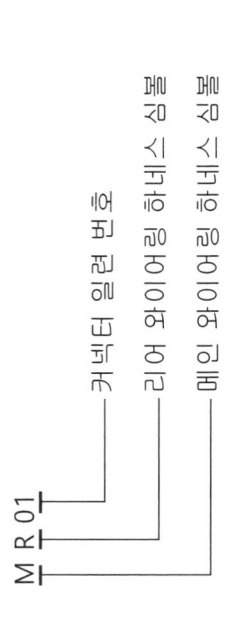

```
M R 01
│ │  └─ 커넥터 일련 번호
│ └──── 리어 와이어링 하네스 심볼
└────── 메인 와이어링 하네스 심볼
```

정션 박스와의 연결

정션 박스와 각 와이어링 하네스를 연결하는 커넥터는 아래의 심볼로 나타낸다.

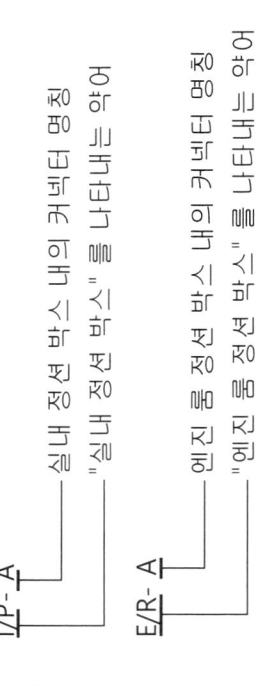

```
I/P- A
│    └─ 실내 정션 박스 내의 커넥터 명칭
└────── "실내 정션 박스"를 나타내는 약어

E/R- A
│    └─ 엔진 룸 정션 박스 내의 커넥터 명칭
└────── "엔진 룸 정션 박스"를 나타내는 약어
```

회로도 보는 방법 (5)

와이어링 하네스 위치도

와이어링 하네스 위치도는 책자의 마지막 쪽에 위치하며 주요 와이어링 하네스의 전체적인 위치를 보여주며, 또한 커넥터의 개략적인 위치가 표기된다.

메인 하네스 (1) HL-1

메인 하네스 (2) HL-2

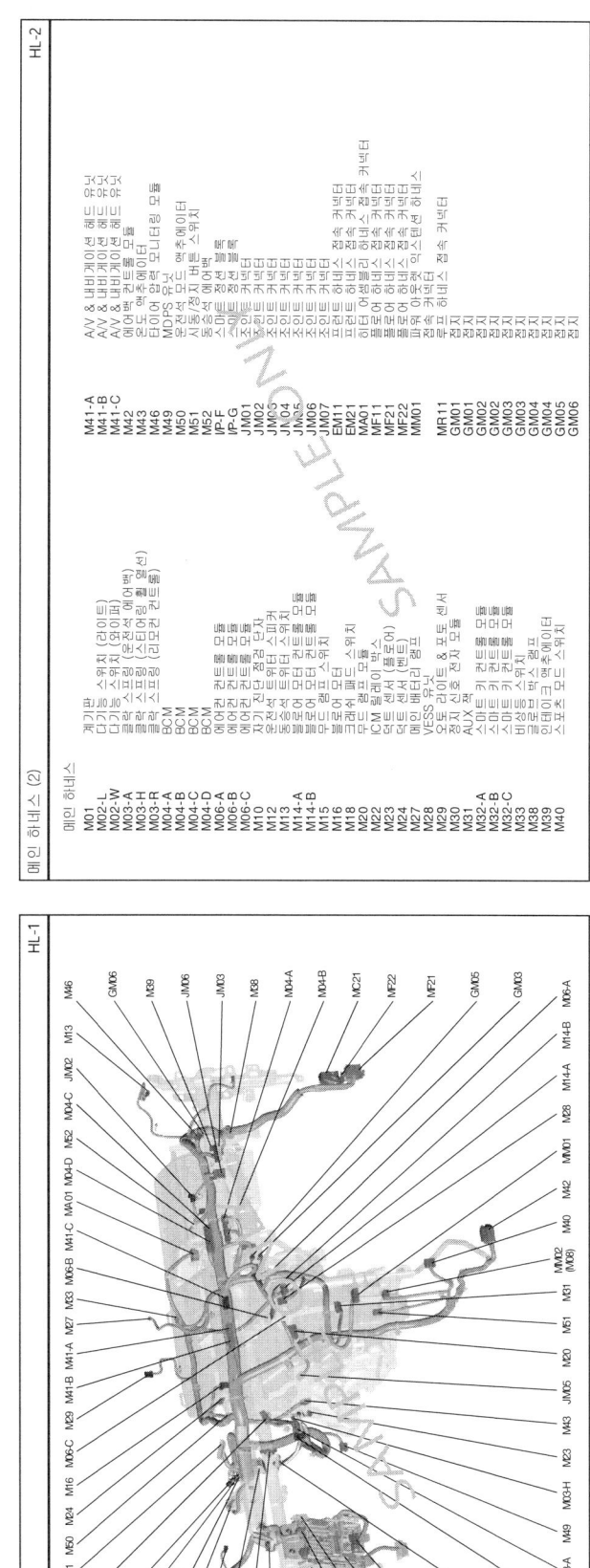

M01	계기판 스위치
M02-L	다기능 스위치 (라이트)
M02-W	다기능 스위치 (와이퍼)
M03-A	클럭 스프링 (운전석 에어백)
M03-H	클럭 스프링 (스티어링 휠 리모컨 선)
M03-R	클럭 스프링 (리모컨 컨트롤 선)
M04-A	BCM
M04-B	BCM
M04-C	BCM
M04-D	BCM
M06-A	에어컨 컨트롤 모듈
M06-B	에어컨 컨트롤 모듈
M06-C	에어컨 컨트롤 모듈
M10	자기 진단 점검 단자
M12	운전석 히터 스위치
M13	동승석 히터 스위치
M14-A	램프 컨트롤 모듈
M14-B	램프 컨트롤 모듈
M15	무릎 에어백
M16	클러스터
M18	ICM 릴레이
M20	덕트 센서 (풋워)
M22	덕트 센서 (벤트)
M24	메인 배터리 램프
M27	VESS 유닛
M28	오토 라이트 & 포토 센서
M29	정지 신호 & 모듈
M30	AUX 잭
M31	스마트키 컨트롤 모듈
M32-A	스마트키 컨트롤 모듈
M32-B	스마트키 컨트롤 모듈
M32-C	스마트키 컨트롤 모듈
M33	비상경고등 스위치
M38	글로브박스 램프
M39	글로브박스 램프
M40	스타트 모드 스위치
M41-A	A/V & 내비게이션 헤드 유닛
M41-B	A/V & 내비게이션 헤드 유닛
M41-C	A/V & 내비게이션 헤드 유닛
M42	에어백 컨트롤 모듈
M43	타이어 공기압 모니터링 모듈
M46	MDPS 유닛
M49	운전석 모드 액추에이터
M50	시동꺼짐 방지 버튼
M51	동승석 모드 액추에이터
M52	스마트 정션 박스
IP-F	조인트 커넥터
IP-G	조인트 커넥터
JM01	조수석 히트 접속 커넥터
JM02	조수석 히트 접속 커넥터
JM03	조인트 커넥터
JN04	조인트 커넥터
JN05	조인트 커넥터
JM06	조인트 커넥터
JM07	조인트 커넥터
EM11	운전석 어퍼 하네스 접속 커넥터
EM21	운전석 어퍼 하네스 접속 커넥터
MA01	프론트 어퍼 하네스 접속 커넥터
MF11	플로어 하네스 접속 커넥터
MF21	플로어 하네스 접속 커넥터
MF22	파워 커넥터
MM01	인스턴트 하네스 접속 커넥터
MR11	루프 하네스 접속 커넥터
GM01	접지
GM02	접지
GM03	접지
GM04	접지
GM05	접지
GM06	접지

회로도내 기호 (1)

램프

구분	내용
램프	더블 필라멘트
램프	싱글 필라멘트

다이오드

구분	내용
다이오드	다이오드 - 한 방향으로만 전류를 통과 시킨다.
다이오드	발광 다이오드 - 전류가 흐를때 빛을 발생한다.
다이오드	제너 다이오드 - 역방향으로 한계이상의 전류를 흘리면 순간적으로 도통한다.

TR

구분	내용
TR	스위칭 또는 증폭작용을 한다. (NPN, PNP)

일반부품

구분	내용
일반	스위치 (2개 접점) - 연결된 점선으로 스위치는 동시에 작동되면서 가는 점선은 스위치 사이의 기계적 연계를 나타낸다.
부	스위치 (1개 접점)
품	히터

구분	내용
접지 와이어	와이어에 접지 차단 부호와이 둘러싸여 있으며 접지 상태이내며. 향상 접지 상태에 이름을 보여준다. (주로 엔진 및 T/M을 관계 하는 센서 쪽에 사용된다.)
조인트 커넥터	커넥터 내부에서 와이어가 조인되는 커넥터임.
전원 공급	전원 공급 상태 (명칭: 연항)
퓨즈	전원이 이그니션 'ON' 상태에서 공급되는 것을 의미함. (다른 퓨즈와 연결되어 있다는 뜻. 퓨즈 용량)
접지 커넥터	배터리 상시 전원 제어

커넥터

구분	내용
커넥터	구성 부품위치 샷인표 상에서 참조위치으로 커넥터의 이름을 나타낸다. 해당커넥터에 연결되는 단자번호를 표시된다. (해당 회로도에서 관계되는 단자만 표시된다.) 점선은 각각의 두개의 와이어(E35)상에서 동일한 커넥터로 접속됨을 의미한다.

와이어

구분	내용
와이어	물결무늬 선은 꾸어져 있지만 이전 부분는 다음 페이지에 연결 되어 계속된다.
와이어	노랑/바탕의 적색 줄무늬 선. (2가지색 이상으로 피복된 선)
와이어	전류 흐름이 내부에 꾸어진 단자 맞추는 같은 페이지상 연결됨. 화살 표 방향 전류 흐름의 방향을 의미함.
와이어	다른 회로와 연결하는 부분임 표시함. 화살표 지시하는 회로도 표에 와이어가 다시 회로도에
와이어	다른 회로도표시하는 (해당 이름의 하향 차종에서 실제작인 위치를 찾아볼 수 있다.)
와이어 스위치	선택 상에 따라 나타 나는 와이어가 변화되는 것을 지시한다.
접지	조인트는 선에 점 찍어서 나타 내며 차량에서의 와이어 연결된 위치 지시한다. 이는 차량의 금속 부분에 접속되는 와이어의 접지선을 나타냄.

구성부품

구분	내용
구성부품	실선으로 표시된 구성부품은 전체에 해당 구성품을 의미한다.
구성부품	점선으로 표시된 구성요는 필요한 부분만 표시한다.
구성부품	커넥터가 구성부품에 직접 연결
구성부품	구성 부품에 커넥터가 리드선으로 연결
구성부품	구성 부품 자체에 스크루 단자를 의미함.
구성부품	이 심볼은 구성 부품이 하우징에 물려진 금속부에 접속됨 의미.
구성부품	구성 부품의 명칭: 성부부에는 해당 구성부품이 이름을 나타낸다. 구성부품 위치도의 사진 번호와 커넥터 정보 페이지를 나타낸다.

회로도내 기호 (2)

구분	심볼	내용
부품장치		콘덴서
		스피커
		혼, 경음기, 부저, 사이렌
릴레이		코일을 통한 전류의 흐름이 있을때 스위치가 접속됨.
		코일을 통한 전류의 흐름이 없을때 코일의 릴레이를 나타냄. 코일을 통한 전류가 흐르면 스위치는 접속됨.
		다이오드 내장 릴레이
		저항 내장 릴레이

구분	심볼	내용
부품장치		센서
		센더
		인젝터
		솔레노이드
		모터
		배터리

고장 진단법 (1)

고장 진단법

고장 진단법

고장 진단법

아래 5단계 고장 진단 과정을 거쳐 문제에 접근한다.

1단계 : 고객 불만 사항 검토

정확한 점검을 위해 문제되는 회로의 구성부품을 작동시킨 후 문제를 검토하고, 그 현상을 기록한다. 확실한 원인 파악전에는 분해나 테스트를 실시하지 말아야 한다.

2단계 : 회로도의 판독 및 분석

회로도에서 고장 회로를 찾아 시스템 구성부품에의 전류 흐름을 파악하여 작업 방향을 결정한다. 작업 방향을 인식하지 못할 경우에는 회로 작동 참고서를 참고한다.
또한 고장 회로를 공유하는 다른 회로를 점검한다. 예를 들어 퓨즈, 접지, 스위치들을 공유하는 회로의 명칭을 각 회로도에서 참조한다. 공유 회로의 1단계에서 점검하지 않았던 낯설은 공유되는 회로를 작동시켜 본다. 공유 회로의 작동이 정상이면 고장회로 자체의 문제이고, 몇 개의 회로가 동시에 문제가 있으면 퓨즈나 접지쪽의 문제일 것이다.

3단계 : 회로 및 구성 부품 검사

회로 테스트를 실시하여 2단계의 고장 진단을 점검한다. 효율적인 고장 진단은 논리적이고 단순한 과정으로 실시되어야 한다. 고장 진단 힌트 또는 시스템 고장 진단표를 이용하여 확실한 원인 파악을 해야 한다. 가장 큰 원인으로 파악된 부분부터 테스트를 실시하며, 테스트가 쉬운 부분에서 부터 시작한다.

4단계 : 고장 수리

고장이 발견되면 필요한 수리를 실시한다.

5단계 : 회로 작업 확인

수리후 확인을 위해 다시 한번 더 점검을 실시한다. 만약 문제가 퓨즈가 끊어지는 것이었다면, 그 퓨즈를 공유하는 모든 회로의 테스트를 실시한다.

고장 진단 설비

1. 전압계 및 테스트 램프

테스트 램프로 개략적인 전압을 점검한다. 테스트 램프는 한쪽의 리드선으로 접속된 12V 불을 구성되어 있다. 한쪽 선을 접지후 전압이 반드시 나타나야 하는 회로상 각 부분을 따라 여러 위치에 테스트 램프를 연결 시켜 불빛가 계속해서 점등 되면 테스트 지점에 전압이 흐르는 것이다.

주 의

회로는 컴퓨터 제어 인쇄선과 함께 사용하는 ECM과 같은 반도체가 포함된 모듈(유니트)을 갖는다. 이러한 회로의 전압의 10MΩ이나 그 이상의 임피던스를 갖는 디지탈 볼트 볼트 메타로 테스트해야 한다. 안전 상태의 모듈이 포함된 회로는 테스트 램프 사용시 내부 회로가 손상될 수 있으므로 테스트 램프를 절대 사용하지 말아야 한다.

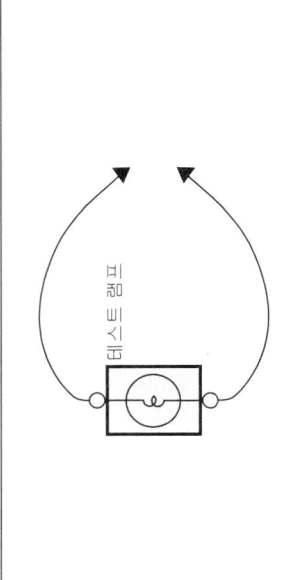

테스트 램프와 동일한 요령으로 전압계를 사용할 수도 있으며, 전압의 유,무만 판독하는 테스트 램프와는 달리 전압계에서는 전압이 세기까지 표시한다.

전기차 시스템 주의사항

일반사항

전기차 시스템 주의사항

회로도

커넥터 정보

구성 부품 위치도

하네스 위치도

부품 인덱스

고전압 시스템 안전사항 및 주의, 경고
고전압 시스템 작업 및 취급 주의사항

⚠ **경 고**

전기 자량은 고전압 배터리를 포함하고 있어서 시스템이나 차량을 잘못 건드릴 경우 심각한 누전이나 감전 등이 사고로 이어질 수 있다. 반드시 아래 사항을 준수하도록 한다.

고전압 시스템 작업 전 주의사항

· 고전압 배터리를 포함한 고전압 시스템의 수리, 정비 및 진단 작업을 수행하기 위해선 해당 국가의 규정 및 법규에 따른 특수한 자격 증명 혹은 교육이 필요하다.

· 금속성 물질(시계, 반지, 기타 금속성 제품 등)은 고전압 단락을 유발하여 심각한 신체 상해를 입을 수 있고, 차량이 손상될 수 있으므로 작업 진에 반드시 몸에서 제거한다.

· 고전압 시스템 및 관련 작업 진에는 안전사고 예방을 위해 개인 보호 장비를 착용하도록 한다. ("개인 보호 장비(PPE)" 참조)

· 고전압 시스템을 작업하기 진에는 반드시 고전압 차단 절차를 수행해야 한다. ("고전압 차단 절차" 참조)

⚠ **주 의**

· 고전압 시스템 작업 시 아래와 같이 "고전압 위험 차량" 표시를 하여 타인에게 고전압 위험을 주지시킨다.

차량 장기 방치 및 냉매 주의사항
차량 장기 방치 시 주의사항

· IG OFF 한 후, 의도치 않은 시동 방지를 위해 스마트 키를 차량으로부터 2m 이상 떨어진 위치에 보관하도록 한다.
· 2개월 이상 장기 방치할 경우, 고전압 배터리 보호 및 관리를 위하여 2개월에 1회 30분 이상 주행을 권장한다.
· 보조 배터리 (12V) 방전 여부 점검 및 교체 시, 고전압 배터리 충전 상태(SOC) 초기화에 따른 문제점을 점검한다.

냉매 회수 및 충전 시 주의사항

· 고전압을 사용하는 차량의 전동식 컴프레서는 절연 성능이 높은 Polyol ester (POE) 오일을 사용한다.
· 냉매 회수 및 충전 시 일반 차량의 Polyalkylene Glycol (PAG) 오일이 혼입되지 않도록 고전압 차량 정비를 위한 별도 전용 장비(냉매 회수 및 충전기)를 사용한다.

⚠ 경고

· 반드시 전동식 컴프레서 전용의 냉매 회수 및 충전기를 이용하여 지정된 냉매(R-1234yf)와 냉동유(POE)를 주입한다. 일반 차량의 냉동유(PAG)가 혼입될 경우 컴프레서 손상 및 안전사고가 발생할 수 있다.

고전압 차단 절차

· 고전압 시스템 관련 작업 시, 관련 교육을 이수한 작업자가 정비를 진행한다.
· 고전압 시스템에 대한 이해가 부족한 경우 감전 또는 누전 등으로 인한 심각한 사고를 초래할 수 있다.
· 고전압 시스템 또는 주변 부품 작업 시, 반드시 "고전압 시스템 안전사항 및 주의, 경고" 내용을 숙지하고 준수해야 한다. 이 준수 시, 감전 또는 누전 등으로 인한 심각한 사고를 초래할 수 있다.
· 고전압 시스템 작업 특성 상, 개인보호장구(PPE) 및 사전 고전압 차단 절차를 반드시 확인한다.

ℹ 참고

· 고전압 시스템 부품 : 배터리 시스템 어셈블리(BSA), 모터 어셈블리, 인버터 어셈블리, 고전압 정션 박스, 파워 케이블 등

---

1. 진단 장비(KDS)를 자기 진단 커넥터(DLC)에 연결한다.
2. IG ON 한다.
3. 진단 장비(KDS) 서비스 데이터의 BMS 융착 상태를 확인한다.

규정값 : NO

센서명(176)	센서값	단위
SOC 상태	50.0	%
BMS 메인 릴레이 ON 상태	NO	-
배터리 사용가능 상태	NO	-
BMS 경고	YES	-
BMS 고장	NO	-
BMS 융착 상태	NO	-
OPD 활성화 ON	NO	-
완더모드 활성화 상태	NO	-
배터리 팩 전류	0.0	A
배터리 팩 전압	359.1	V
배터리 최대 온도	18	°C
배터리 최소 온도	17	°C
배터리 모듈 1 온도	17	°C
배터리 모듈 2 온도	17	°C
배터리 모듈 3 온도	18	°C
배터리 모듈 4 온도	18	°C
배터리 모듈 5 온도	17	°C
최대 셀 전압	3.66	V
최대 셀 전압 셀 번호	1	-
최소 셀 전압	3.66	V

전기차 시스템 주의 사항 (7)

4. 프런트 트렁크를 연다.

5. 보조 배터리 (12V) 서비스 커버(A)를 연다.

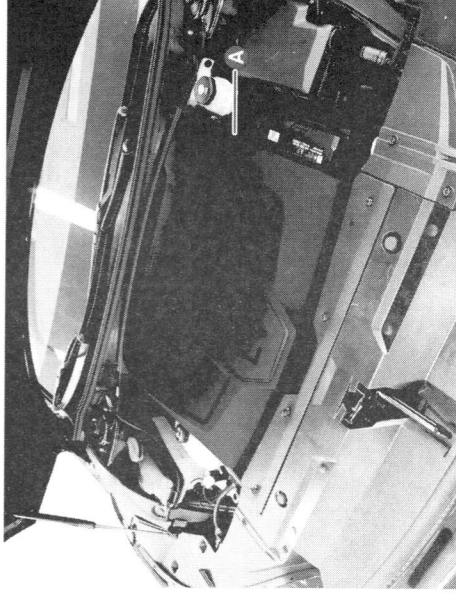

6. IG OFF하고, 보조 배터리 (12V)의 (−) 케이블을 분리한다.

체결 토크 : 0.8 ~ 1.0 kgf.m

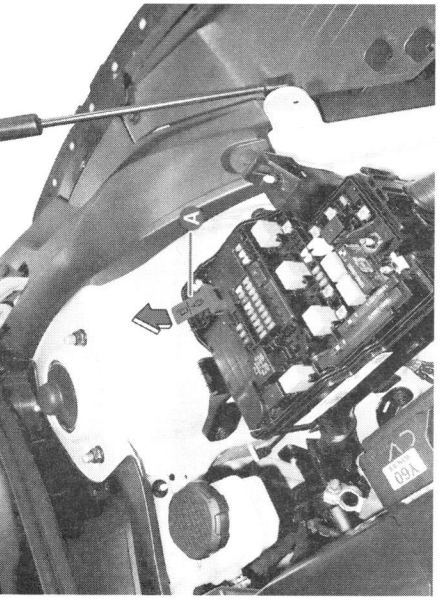

7. 서비스 인터록 커넥터(A)를 분리한다.

⚠ 경 고

· 고전압 시스템의 커패시터가 완전히 방전될 수 있도록 5분 이상 대기한다.

- 18 -

AVNT 회로 (2)

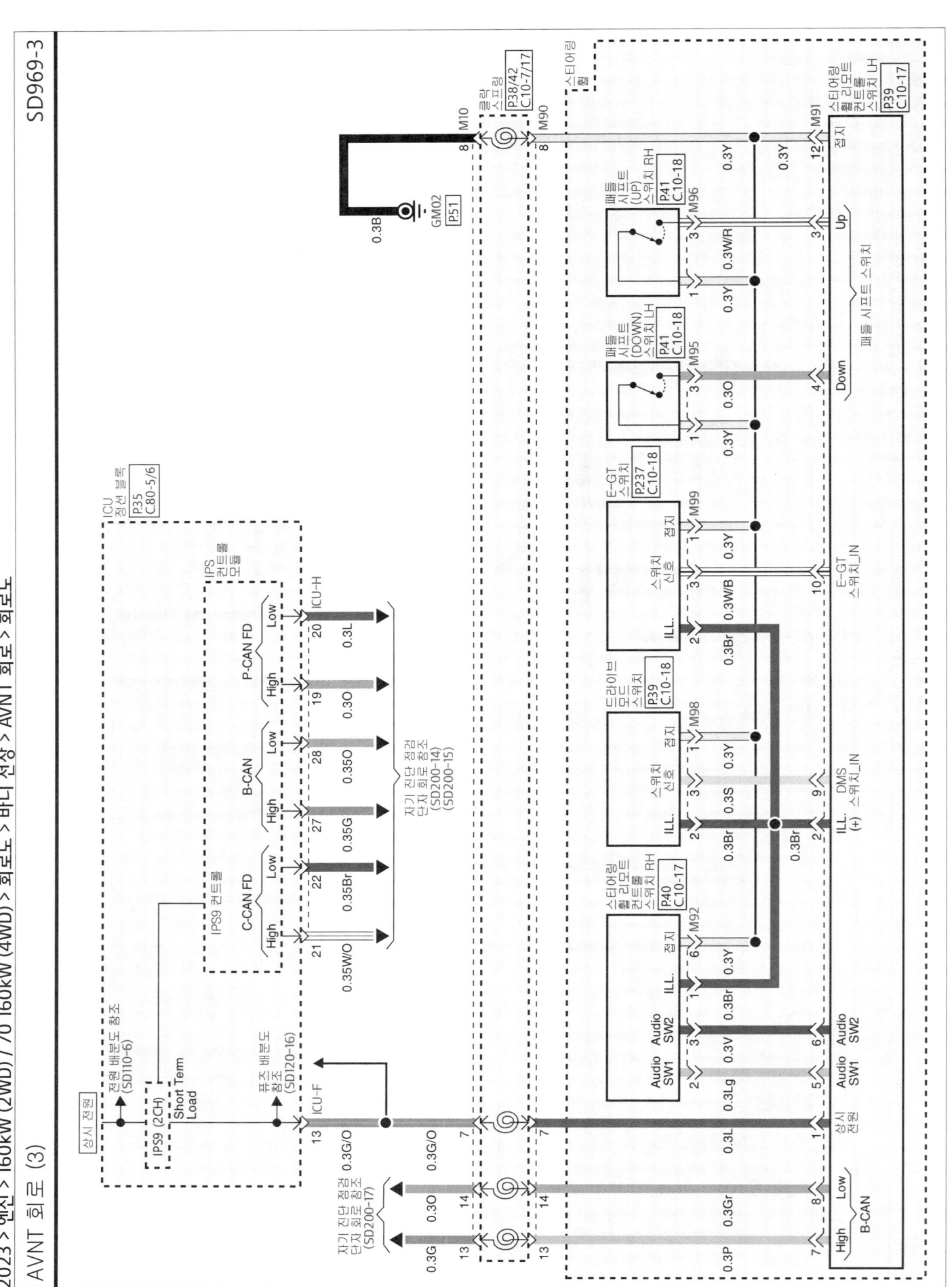

서라운드 뷰 모니터 (SVM) 미적용

서라운드 뷰 모니터 (SVM) 적용

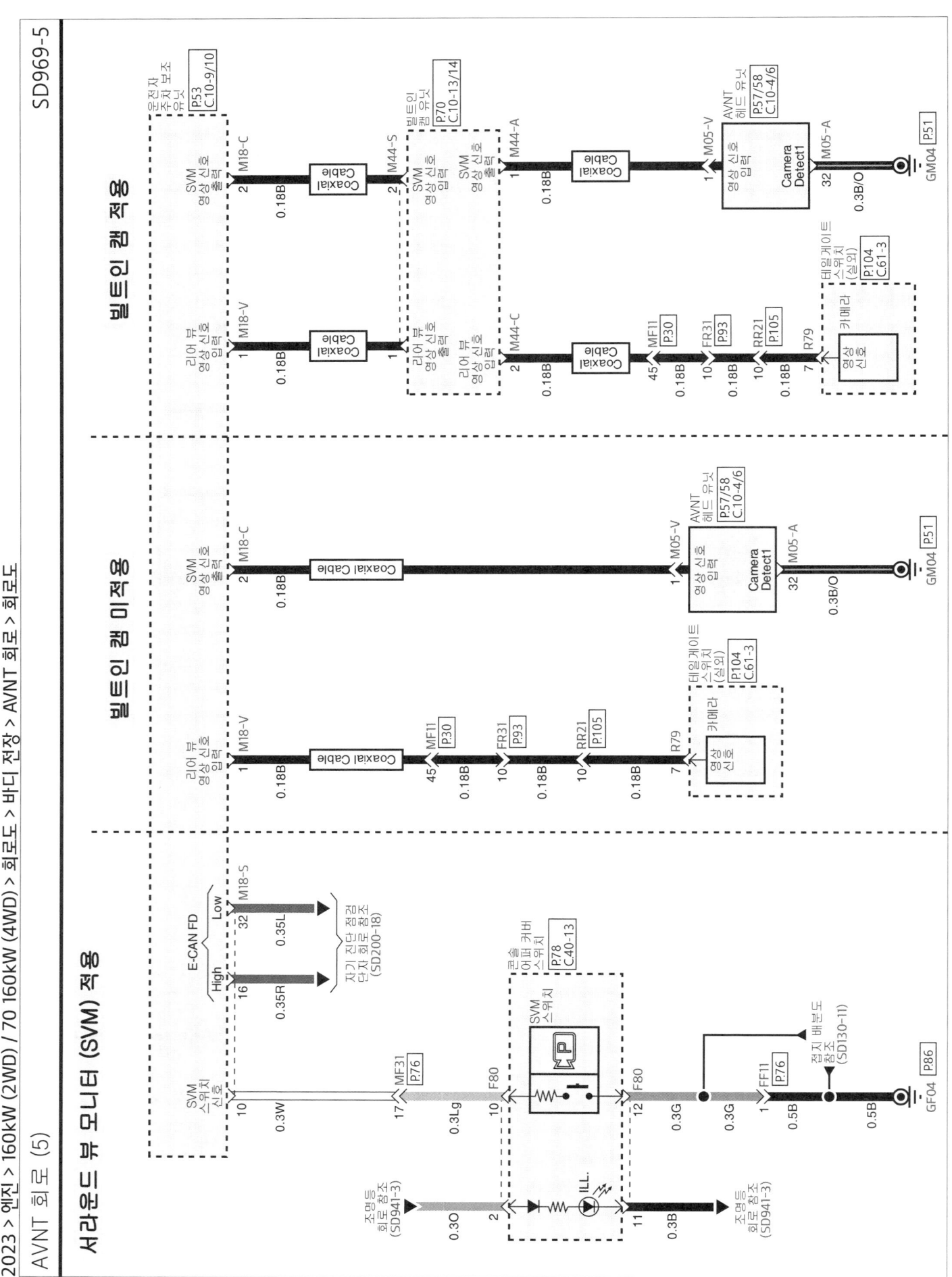

빌트인 캠 미적용

빌트인 캠 적용

AVNT 회로 (6)

SD969-6

앰프 적용 (1/2)

ADP : Acoustic Design Processor

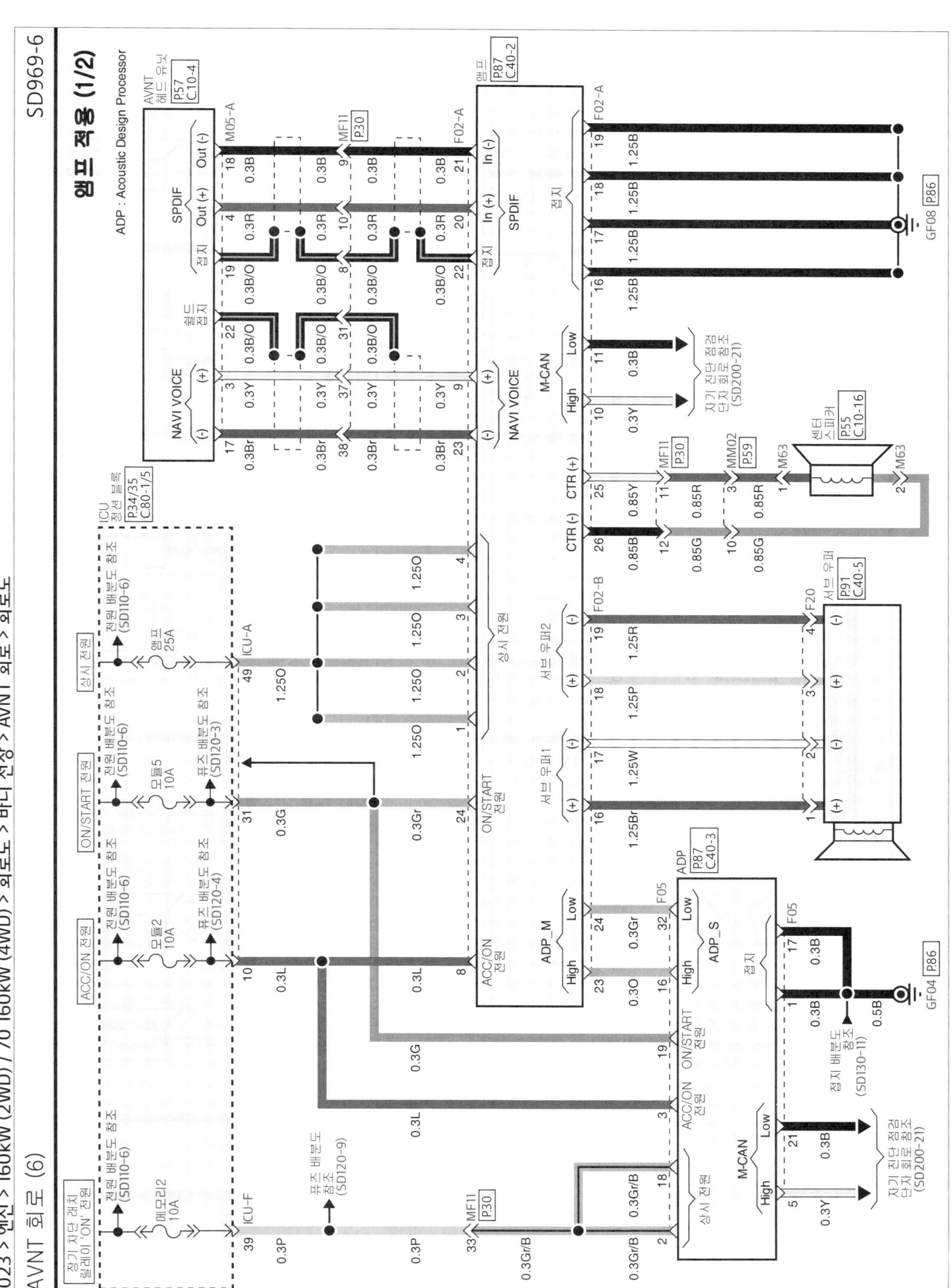

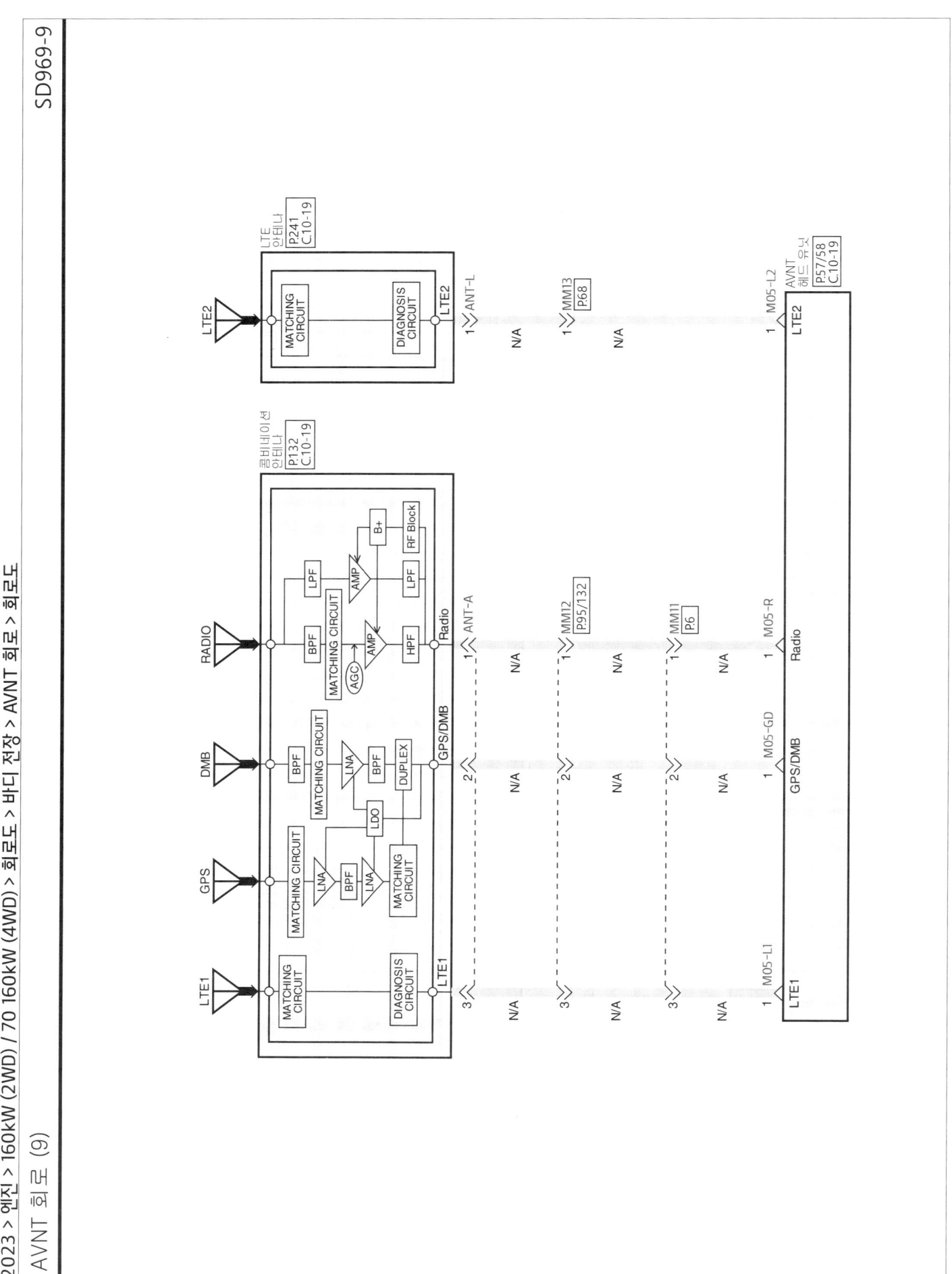

SD314-1

가상 엔진 사운드 회로 (1)

※ VESS : Virtual Engine Sound System

ICU
정션 블록
P.34
C.80-3

ON/START 전원

전원 배분도 참조
(SD110-6)

모듈4
10A

퓨즈 배분도 참조
(SD120-1)

ICU-C

33   0.5Y/B

0.5Y/B

EE31
P.5
23

0.3G

2   E72

VESS
유닛
P.6
C.21-1

ON/START
전원

M-CAN

High   Low

3   4   E72

0.3Y   0.3B

차기 진단 점검
단자 회로 참조
(SD200-21)

P/R
정션 블록

상시 전원

VESS
10A

0.5R/O

22

0.5R/O

1

상시 전원

접지

8   0.5B

EE31
P.5
25

0.5B

GE02
P27

VESS
스피커

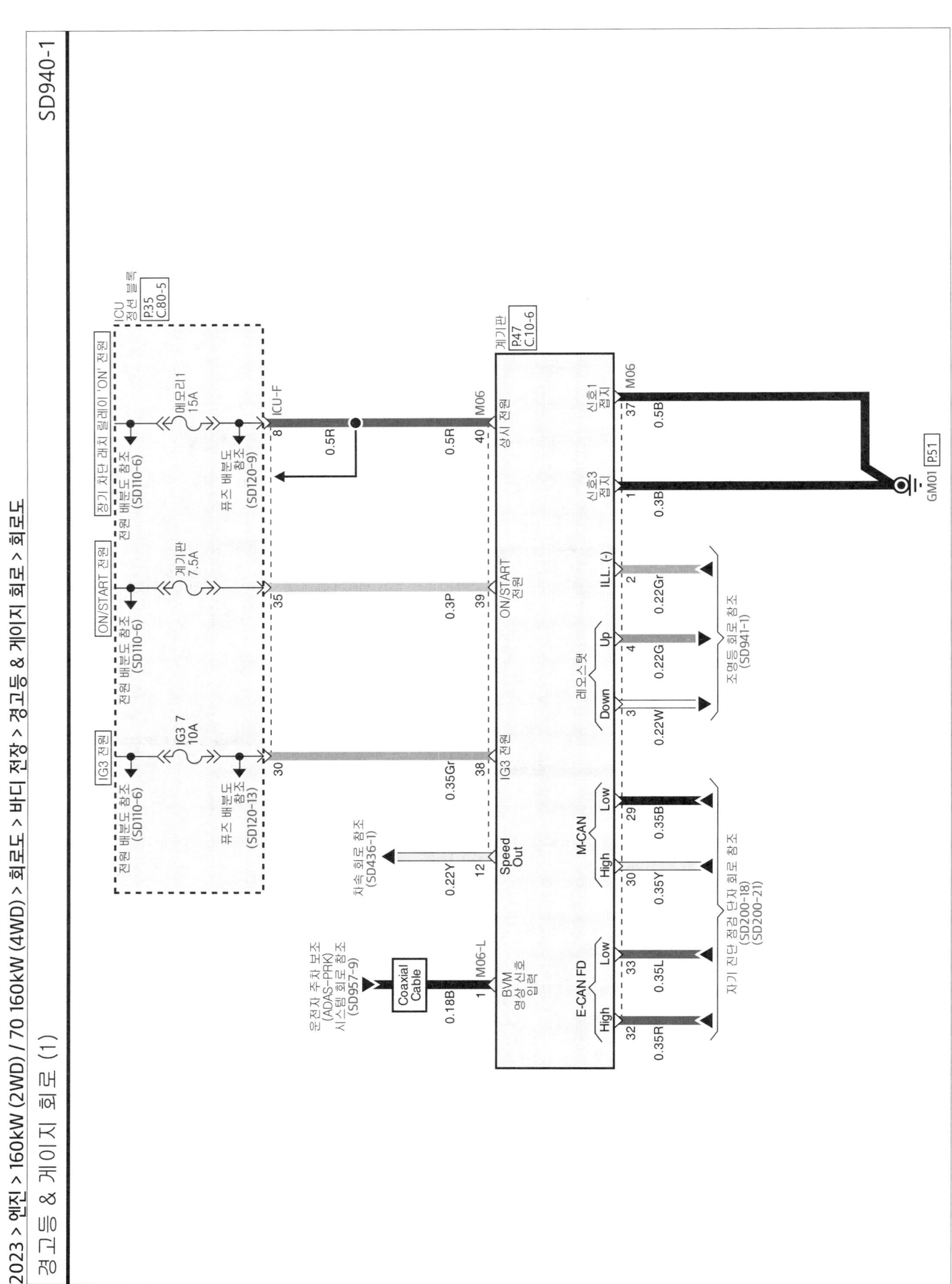

SD968-1

경음기 회로 (1)

PCB 블록
P:11
C.81-1

경음기 릴레이

P/B-D
9
0.35W

EM11
P30
36

M10
12
0.3W

클락 스프링
P.38/42
C.10-7/17

M90
12
0.5B

스티어링 휠

경음기 스위치
P38
C.10-18

M93
1

상시 전원

전원 배분도 참조 (SD110-4)

경음기 15A

P/B-C
11
0.85G

EE31
P5
1
0.85G

0.85G

경음기 (HIGH)
E75-H
2
0.85G

E75-H
P.7
C.21-1
1
0.85B

경음기 (LOW)
E75-L
2

E75-L
P.5
C.21-1
1
0.85B

0.85B

0.85B

EE31
P5
6
0.85B

GE01
P27

- 33 -

디포거 회로 (1)

SD879-1

IMS 미적용

디포거 회로 (2) SD879-2

IMS 적용 (1/2)

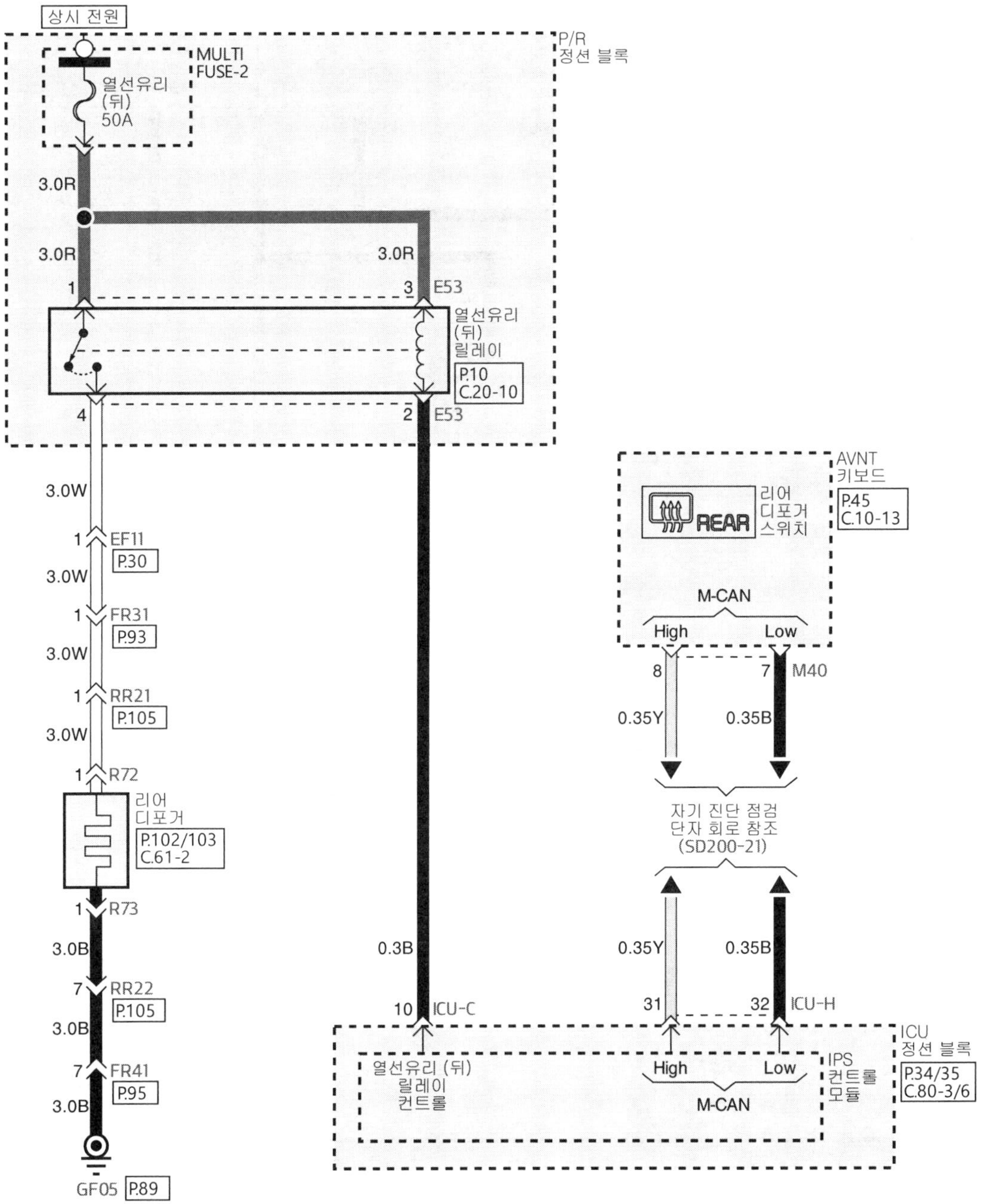

디포거 회로 (3)

IMS 적용 (2/2)

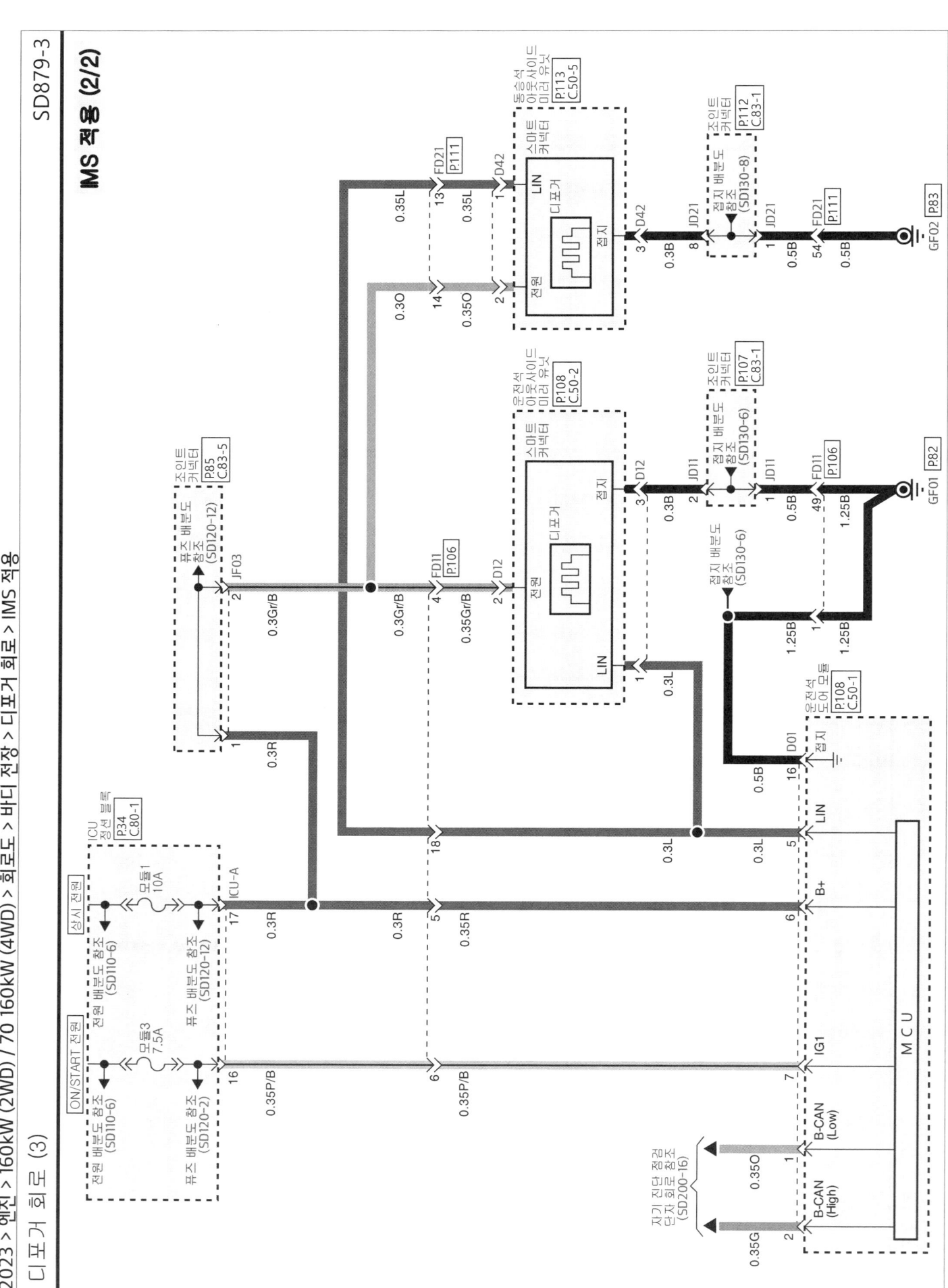

실내등 회로 (1)

SD929-1

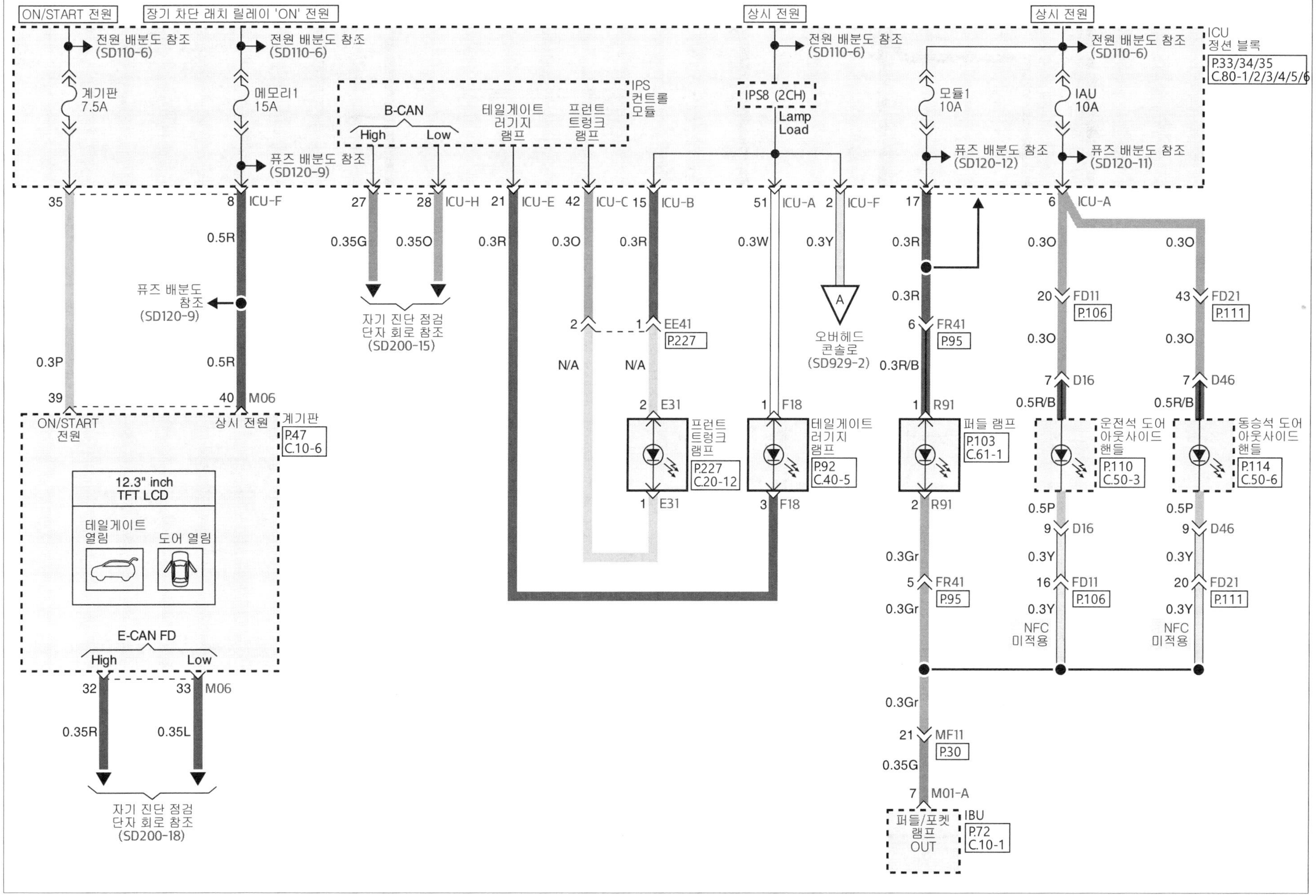

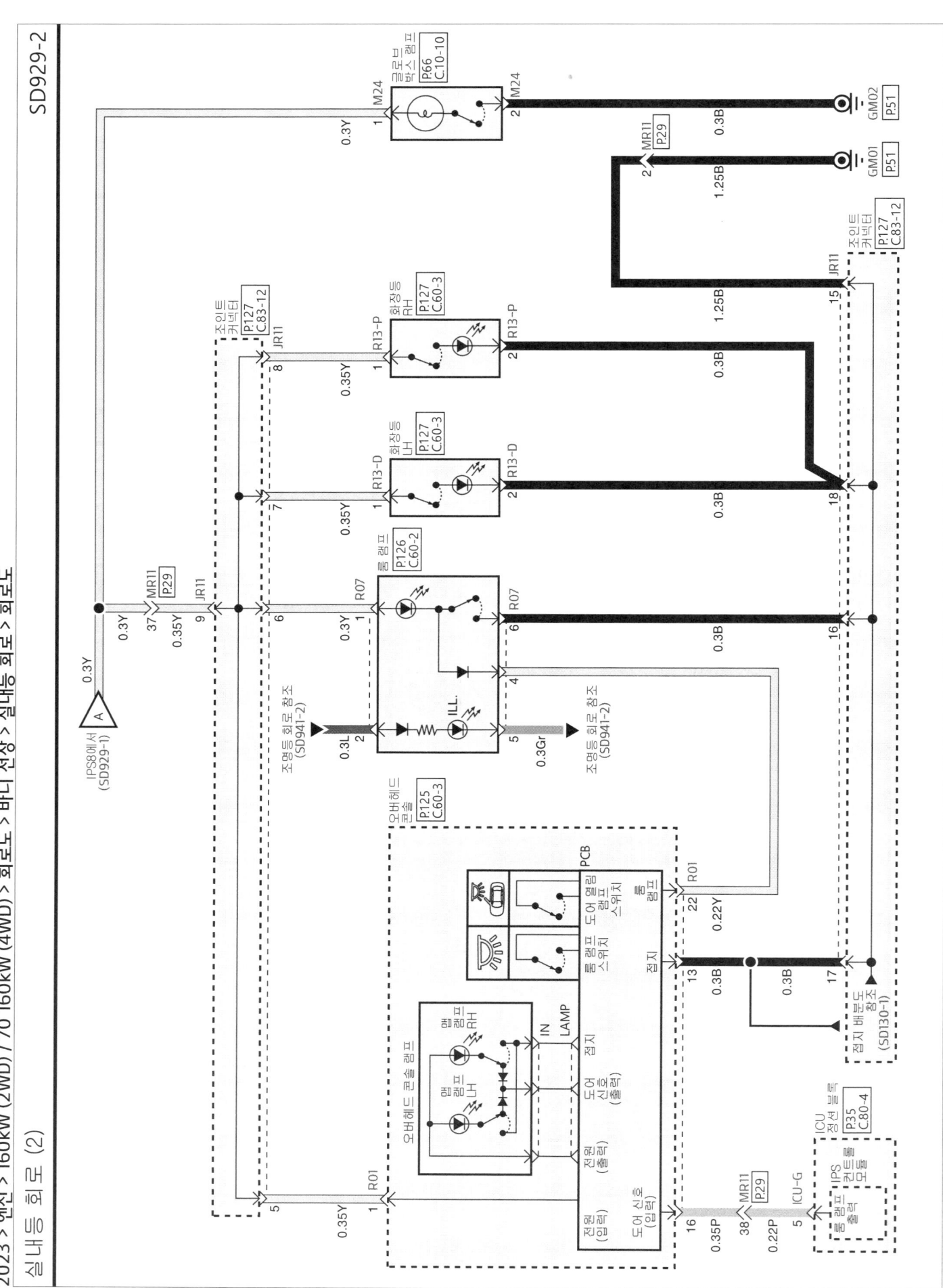

실내등 회로 (3)

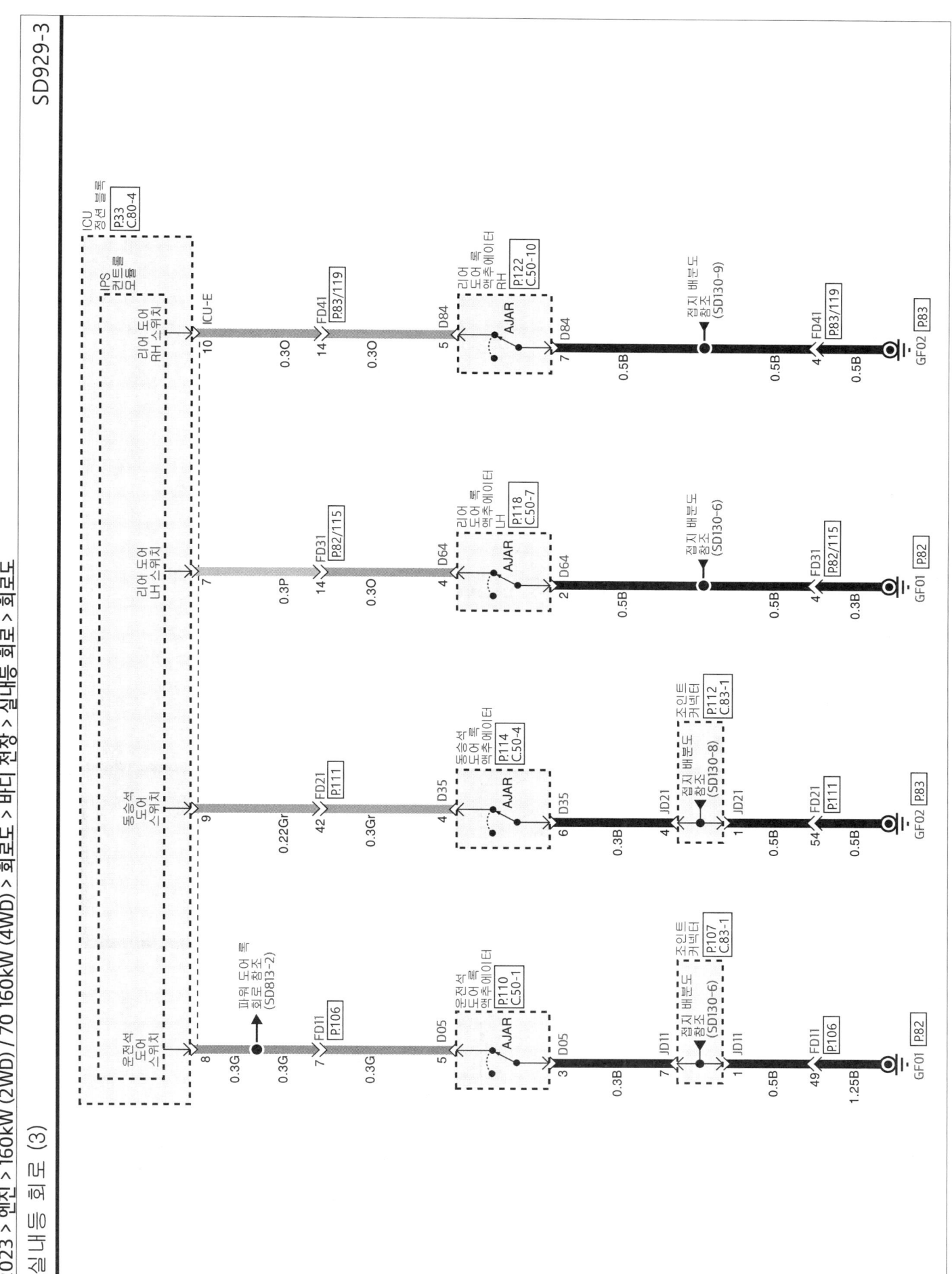

무드 램프 회로 (1)

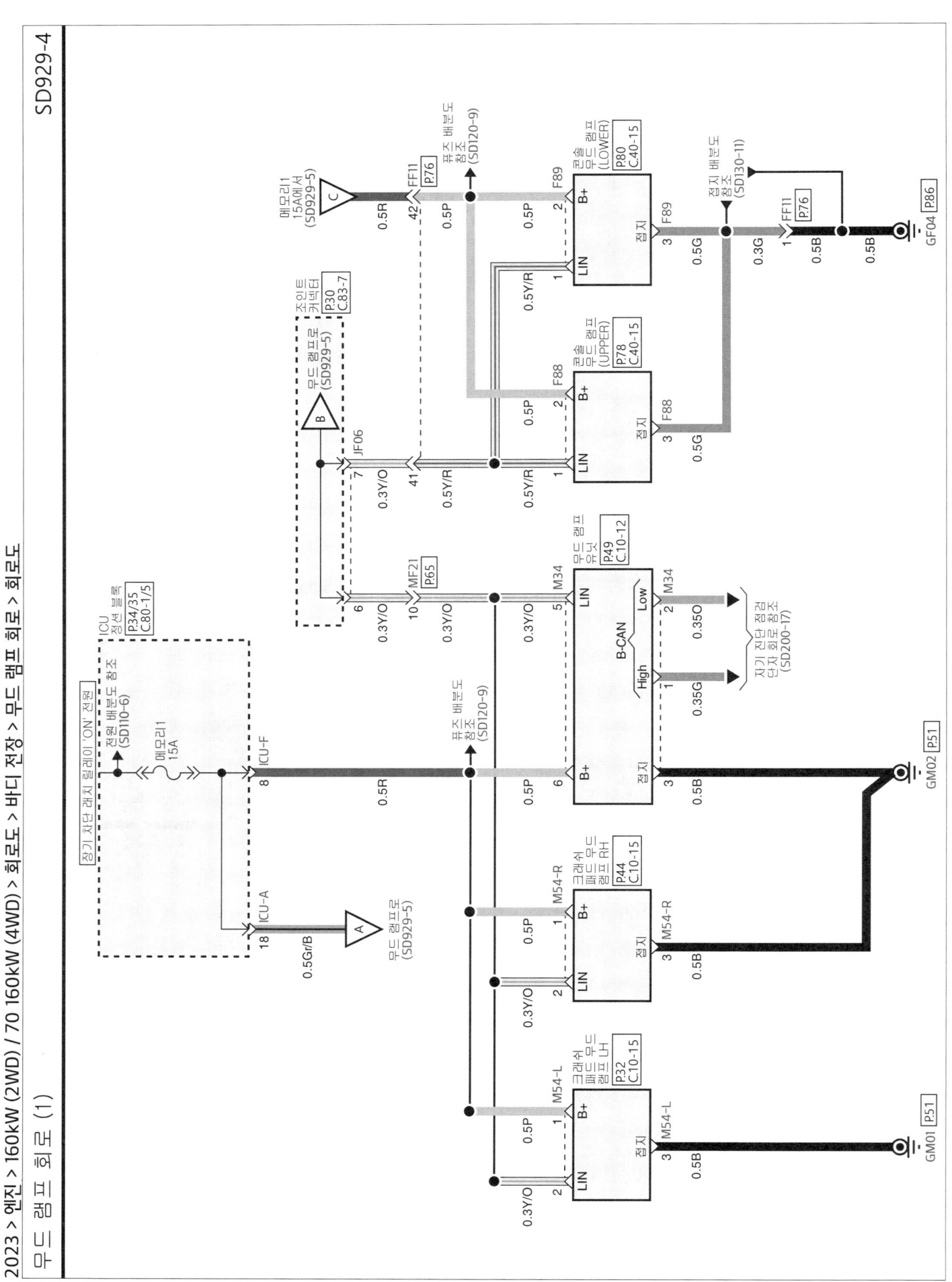

무드 램프 회로 (2)

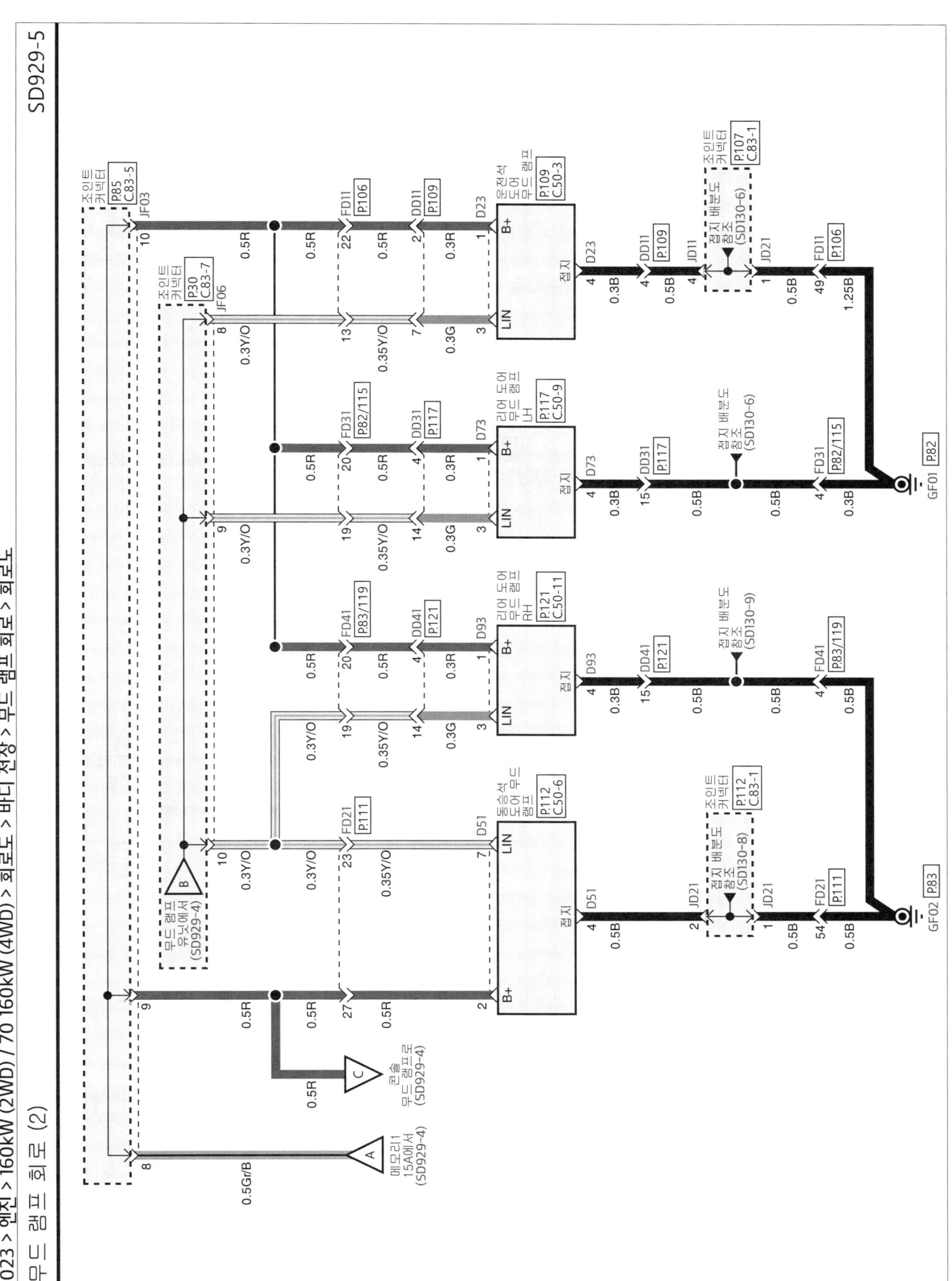

무선 도어 잠금 & 도난 방지 회로 (1)

무선 도어 잠금 & 도난 방지 회로 (2)

ICU
정션블록
P33
C.80-2/4

IPS
컨트롤
모듈

리어도어
RH락/
언록 신호
ICU-E
11
0.22W
FD41 P83/119
15
0.3P
D84
6

리어 도어
내락/
언록 신호
22
0.22Y
FD31 P82/115
15
0.3Y
D64
3

동승석
도어락/
언록 신호
ICU-D
7
0.22L
FD21 P111
22
0.3L
D35
5

운전석
도어락/
언록 신호
ICU-E
23
0.22Br
FD11 P:106
23
0.3Br
D05
4

리어 도어
RH 액추에이터
P:122
C.50-10
도어
연록
도어락
D84
7
0.5B
정지 배선도
참조
(SD130-9)
0.5B
FD41 P83/119
4
0.5B
GF02 P83

리어 도어
LH 액추에이터
P:118
C.50-7
도어
연록
도어락
D64
2
0.5B
정지 배선도
참조
(SD130-6)
0.5B
FD31 P82/115
4
0.3B
GF01 P82

동승석도어락
액추에이터
P:114
C.50-4
도어
연록
도어락
D35
6
0.3B
JD21
4
조인트
커넥터
P:112
C.83-1
정지 배선도
참조
(SD130-8)
JD21
1
0.5B
FD21 P111
54
0.5B
GF02 P83

운전석도어락
액추에이터
P:110
C.50-1
도어
연록
도어락
D05
3
0.3B
JD11
7
조인트
커넥터
P:107
C.83-1
정지 배선도
참조
(SD130-6)
JD11
1
0.5B
FD11 P:106
49
0.5B
GF01 P82

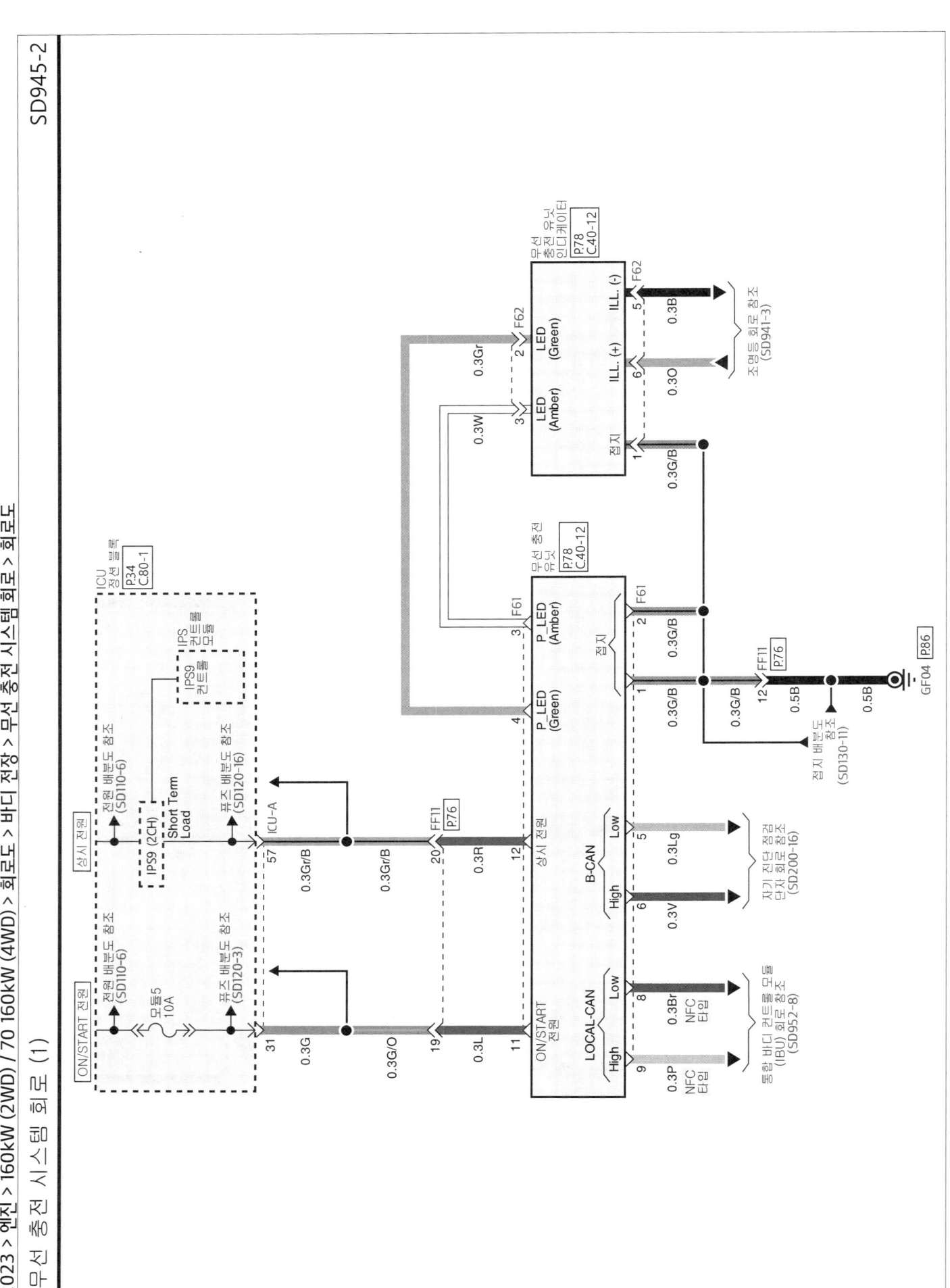

SD928-1

미등 & 번호판등 회로 (1)

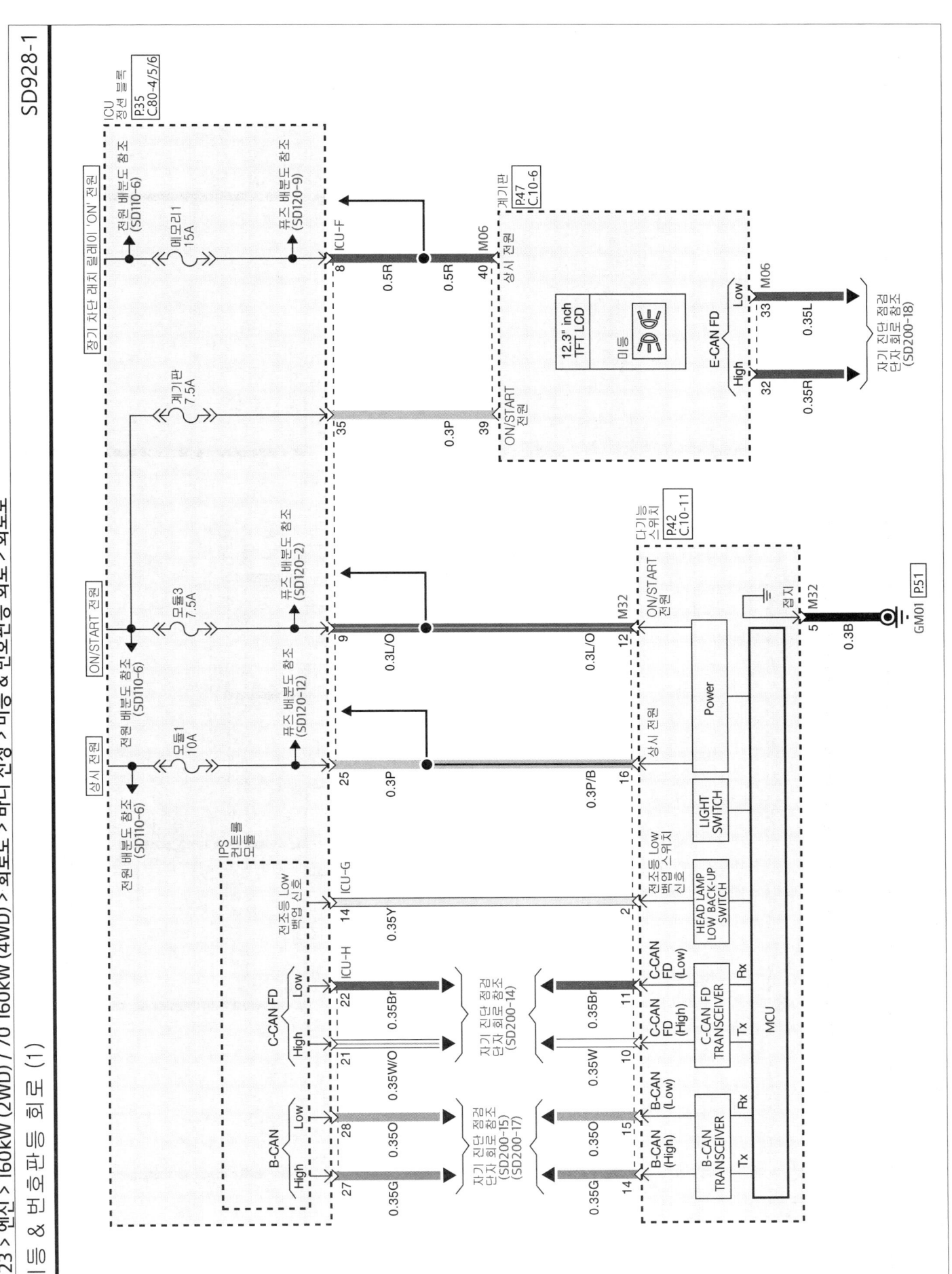

미등 & 번호판등 회로 (2)

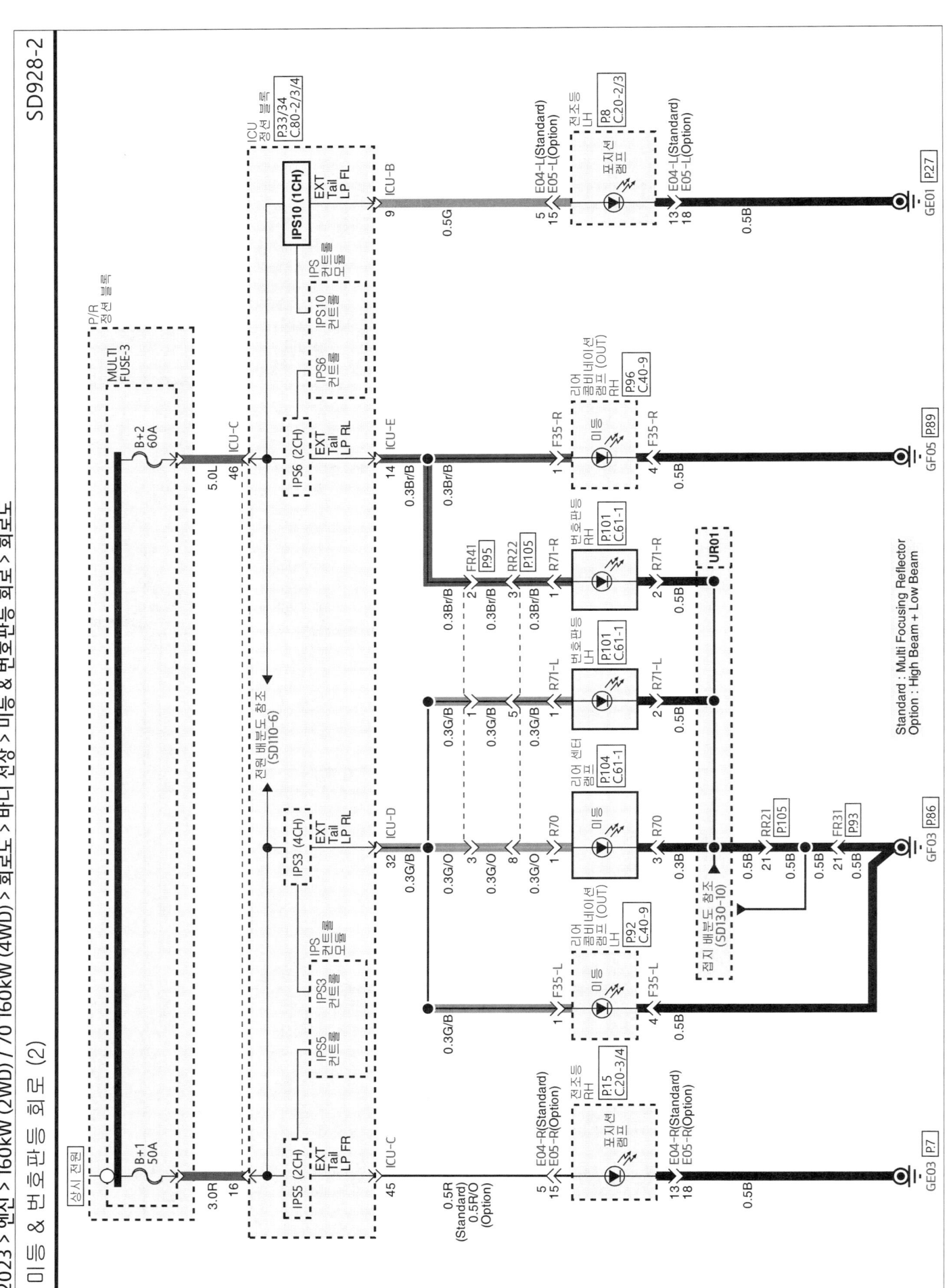

Standard : Multi Focusing Reflector
Option : High Beam + Low Beam

IBU
P72
C.10-1

Welcome 램프

B-CAN

Low 15 0.35O

High 16 0.35G

차기 진단 점검
단자 회로 참조
(SD200-17)

2 M01-B
0.3Y/B

0.3Y/B

38 EM11 P30

0.3Y

0.3Y

0.3Y

10 E05-L(Option)
전조등 LH
P8
C.20-3

10 E05-R(Option)
전조등 RH
P15
C.20-4

54 MF11 P30
0.3Y

0.3Y

0.3Y/O

0.3Y/B

0.3Y

4 FR41 P95

0.3Y

9 RR22 P105

0.3Y

2 R70
리어 센터 램프
P104
C.61-1

3 F35-L
리어 콤비네이션 램프 (OUT) LH
P92
C.40-9

3 F35-R
리어 콤비네이션 램프 (OUT) RH
P96
C.40-9

- 47 -

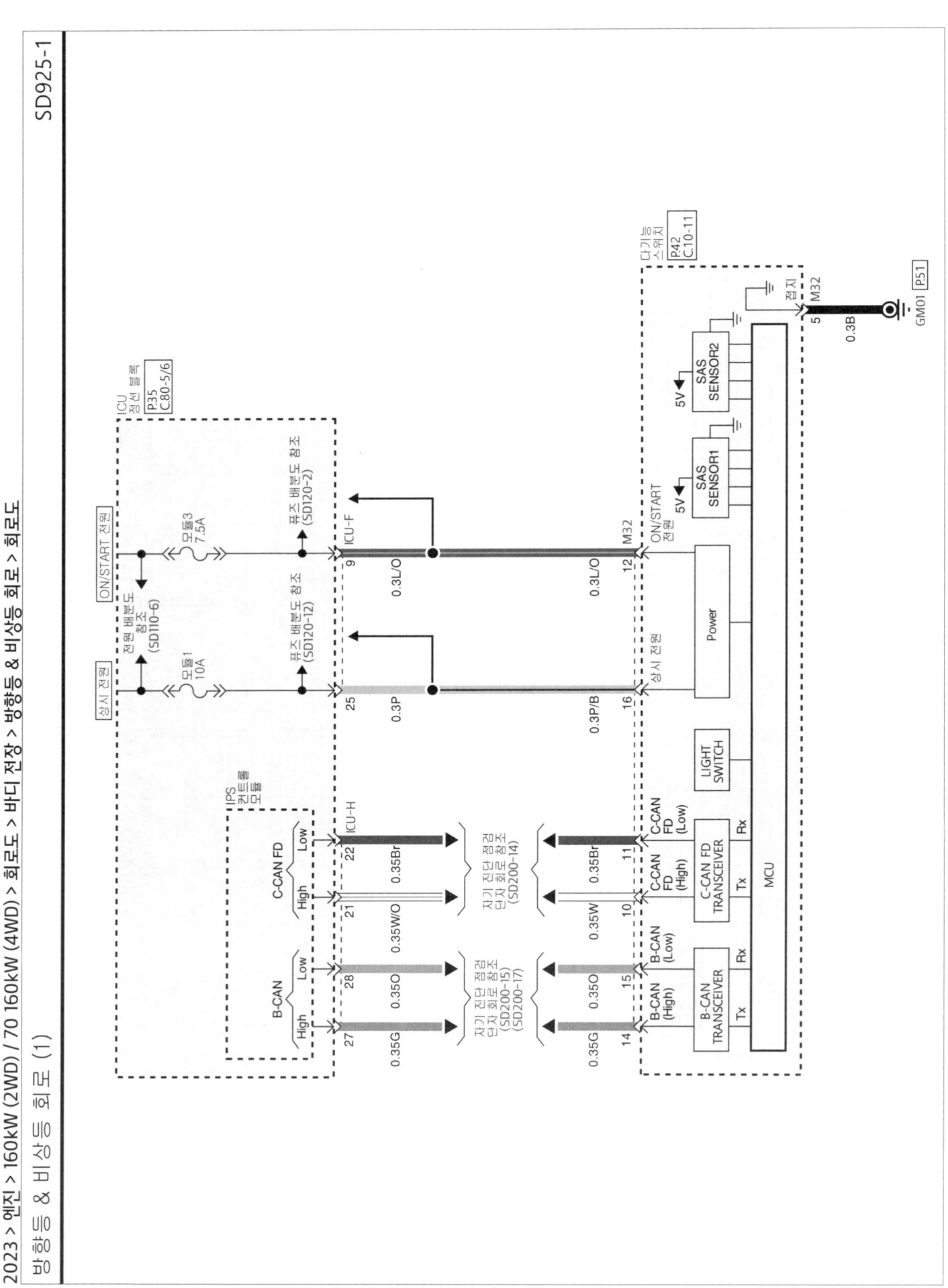

SD925-2

방향등 & 비상등 회로 (2)

ICU 정션 블록
P34/35
C.80-1/4/5

IPS
컨트롤
모듈

비상등
액추에이터

ICU-A
45 0.3W/B

0.3W/B

0.3W/B

0.3W/B

리어 콤비네이션 램프 (OUT) RH
F35-R 6
P.96
C.40-9

리어 콤비네이션 램프 (OUT) LH
F35-L 6
P.92
C.40-9

EF21
P65
1

0.3W/B   0.3W/B   0.3W/B

E05-R 11
전조등 RH
P.15
C.20-4

E05-L 11
전조등 LH
P.8
C.20-3

0.3W/B

비상등 스위치
ICU-G
17 0.22R

비상등 스위치 IND.
7 0.22G

비상등 스위치
P.46
C.10-10

M25
3

M25
6 0.3B

IND.

GM02 P.51

상시 전원

전원 배분도 참조 (SD110-6)
모듈1 10A
퓨즈 배분도 참조 (SD120-12)

ICU-F
25 0.3P

0.3P

1

장기 차단 래치 릴레이 'ON' 전원

전원 배분도 참조 (SD110-6)
메모리1 15A
퓨즈 배분도 참조 (SD120-9)

M06
8 0.5R

0.5R

40

계기판
P.47
C.10-6

상시 전원

12.3" inch TFT LCD

우측 방향 지시

좌측 방향 지시

E-CAN FD

Low M06
33 0.35L

High
32 0.35R

자기 진단 점검 단자 회로도 참조 (SD200-18)

ON/START 전원

전원 배분도 참조 (SD110-6)
계기판 7.5A

35

0.3P

39
ON/START 전원

2023 > 엔진 > 160kW (2WD) / 70 160kW (4WD) > 회로도 > 회로도 > 바디 전장 > 방향등 & 비상등 회로 > 회로도

방향등 & 비상등 회로 (3)

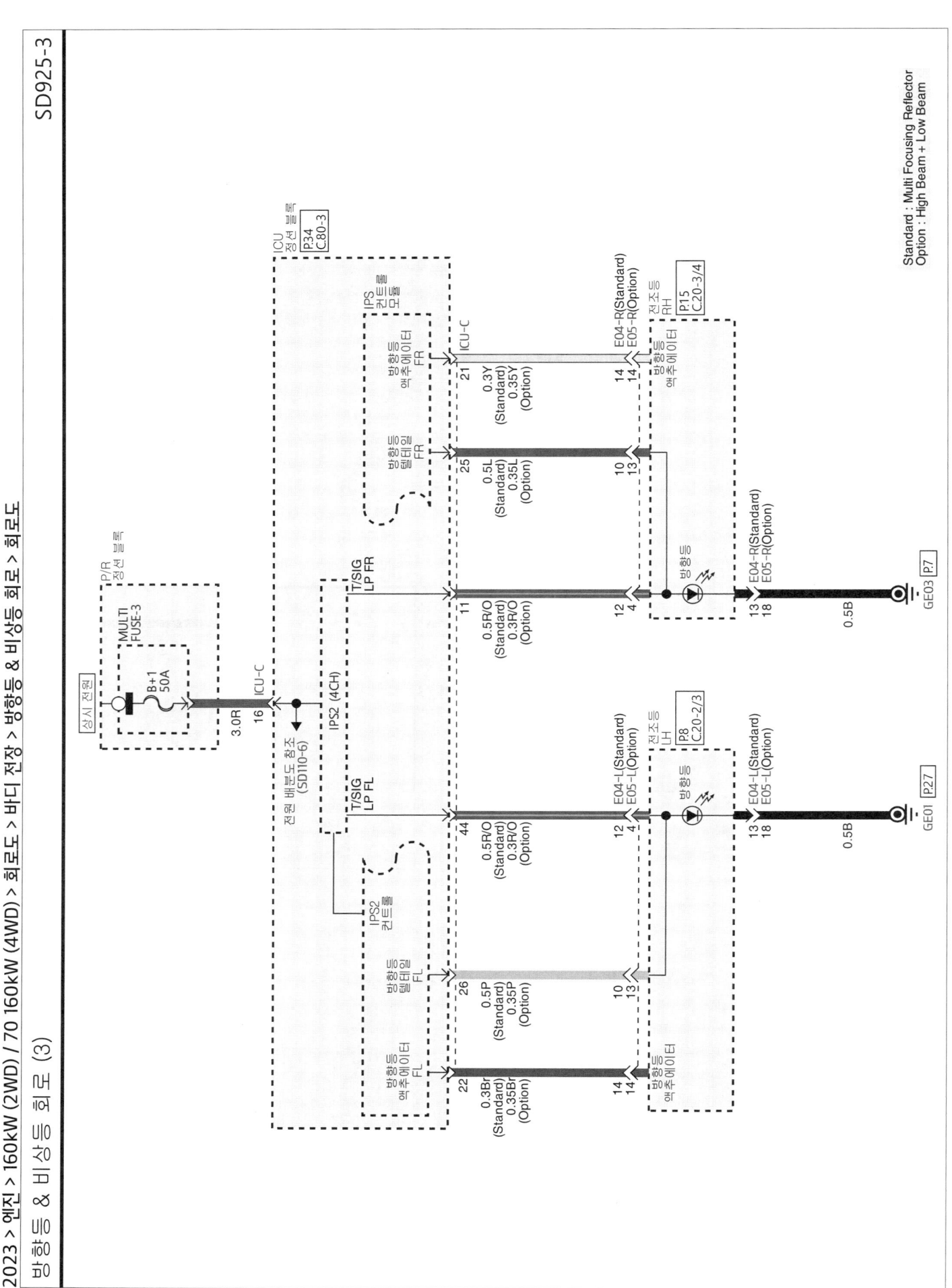

Standard : Multi Focusing Reflector
Option : High Beam + Low Beam

SD925-4

2023 > 엔진 > 160kW (2WD) / 70 160kW (4WD) > 회로도 > 바디 전장 > 방향등 & 비상등 회로 > 회로도

방향등 & 비상등 회로 (4)

빌트인 캠 (Built-in Cam) 회로 (1)

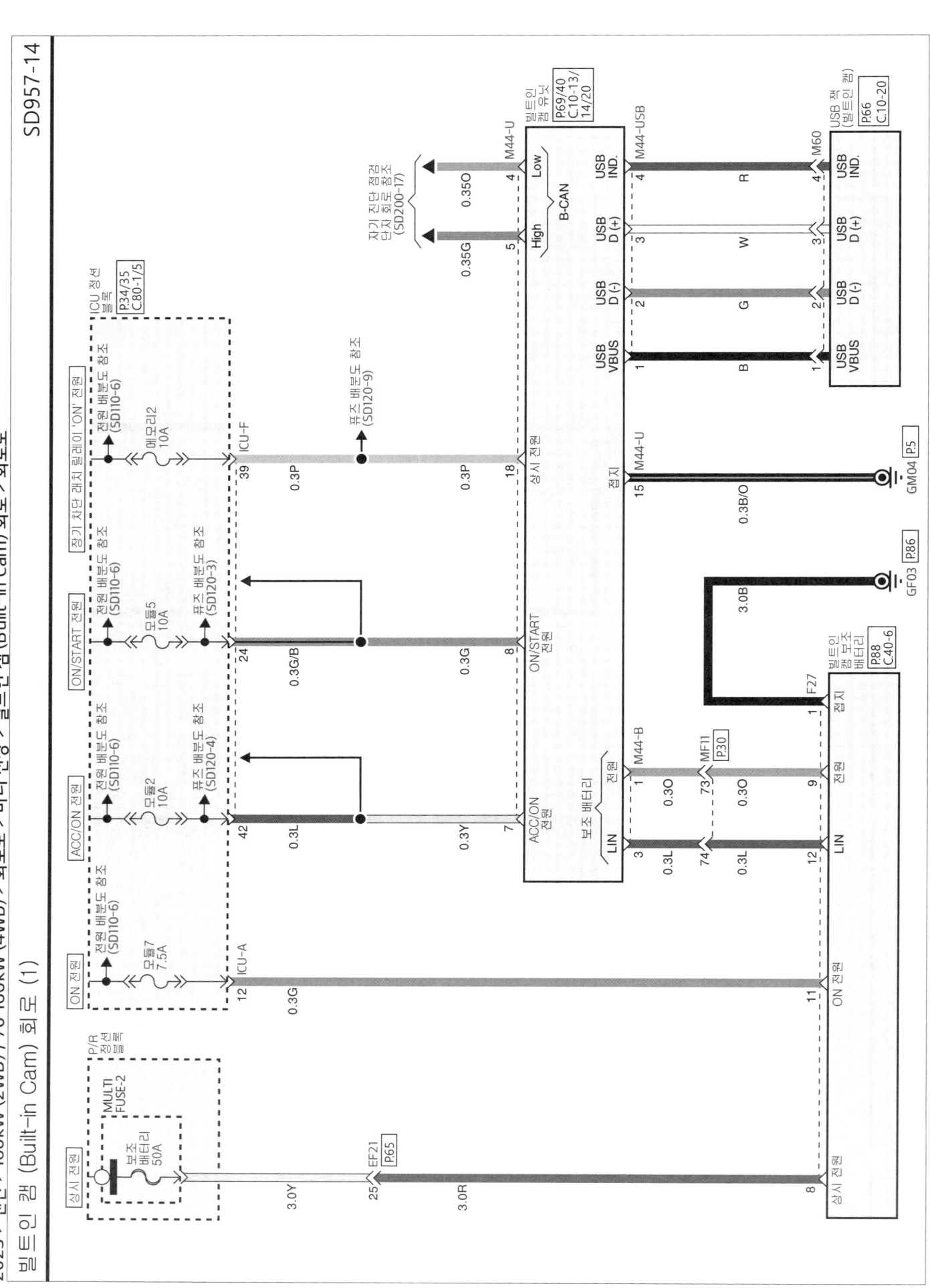

빌트인 캠 (Built-in Cam) 회로 (2)

선루프 회로 (1)

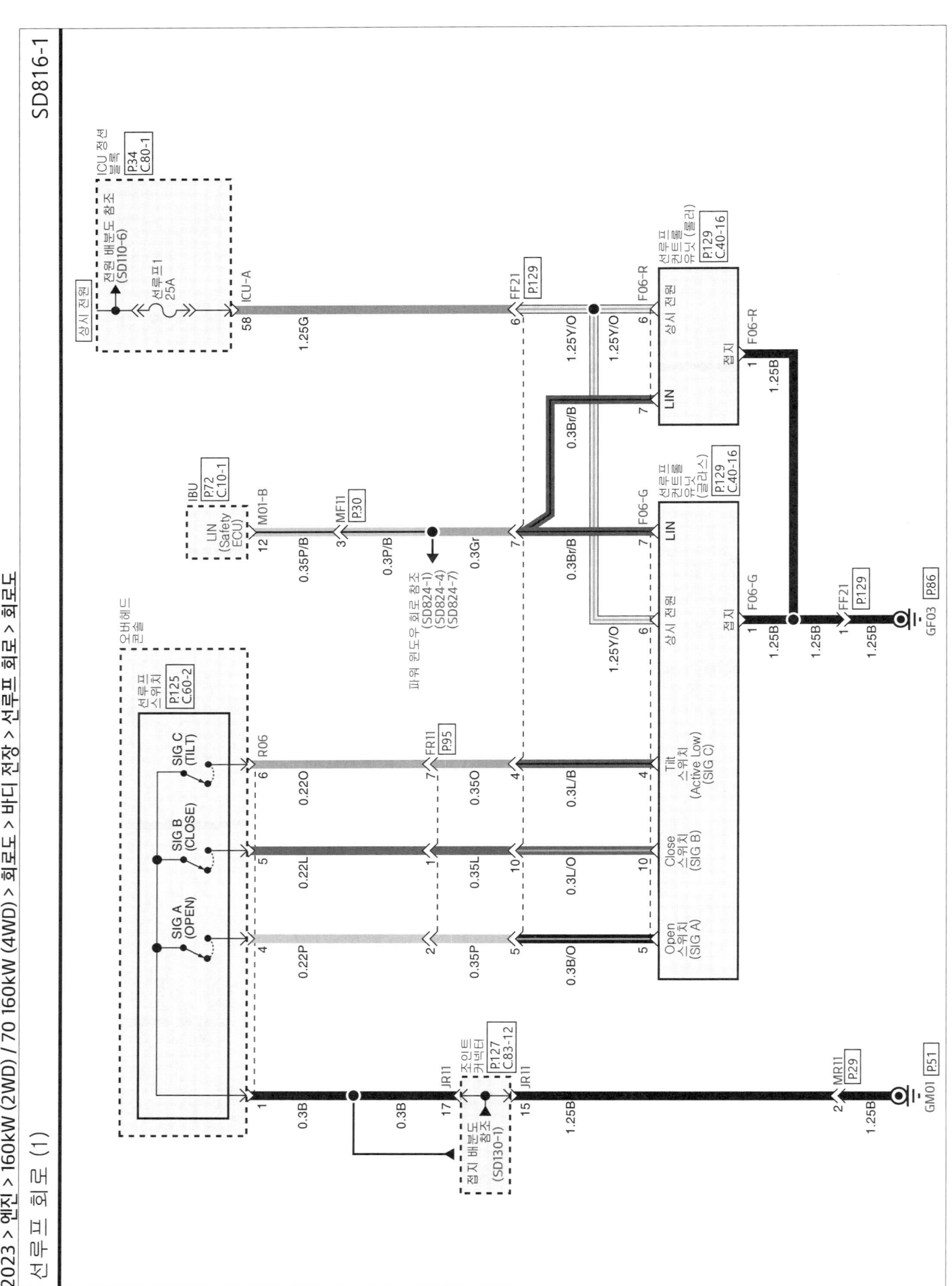

스마트 크루즈 컨트롤 레이더 회로 (1)

SD889-1

시트 히터 회로 (1)

프런트 시트 (1/2)

프런트 시트 (2/2)

프런트
시트 히터
컨트롤
모듈
P.230
C.70-8

운전석 시트 히터 스위치

동승석 시트 히터 스위치

단자	신호	색상
23	LOW IND.	0.5Br
22	MID IND.	0.5R/B
21	HIGH IND.	0.5Y
24	스위치 신호	0.5W/B
9	LOW IND.	0.5P/O
8	MID IND.	0.5G/B
7	HIGH IND.	0.5O/B
10	스위치 신호	0.5L/B

FS21 P.142

12	0.35W/O
11	0.35Br/O
10	0.35Gr/O
9	0.35R/O
8	0.35L/O
7	0.35B/O
6	0.35Y/O
5	0.35G/O

FF11 P.76

7	0.3Br/B	20
6	0.3R/B	19
5	0.3W/B	18
4	0.3R/W	17
11	0.3P/B	12
10	0.3L/W	11
9	0.3Gr/B	10
8	0.3Lg/B	9

F85

동승석 시트 히터 스위치
P.77
C.40-14

LOW IND.
MID IND.
HIGH IND.

운전석 시트 히터 스위치

24 0.5G
0.3G
1 0.5B
FF11 P.76
GF04 P.86
0.5B

접지 배분도
(SD130-1)

- 57 -

2023 > 엔진 > 160kW (2WD) / 70 160kW (4WD) > 회로도 > 바디 전장 > 시트 히터 회로 > 리어 시트

시트 히터 회로 (3)

리어 시트 (1/2)

리어 시트 (2/2)

리어 시트 히터 컨트롤 모듈
P:150
C.70-10

리어 시트 히터 RH 스위치
스위치 신호
LOW IND.
HIGH IND.

23 SS1   S51
0.5G/B
16 SS31   P:150
0.5G/B
18 FS31   P:151
0.35Y/O
7   FD41   P83/119
0.35Br/O
6   DD41   P:121
0.5W/B
4   (D91)
3   [D92]

21
0.5L/B
15
0.5L/B
17
0.35Gr/O
6
0.35Gr/O
5
0.5W
2   2
2

24
0.5Y
14
0.5Y
16
0.35G
5
0.35G
7
0.5W/R
6
8

리어 파워 윈도우 스위치 RH
P:121
C.50-11

리어 시트 히터 RH 스위치

LOW IND.
HIGH IND.

1   (D91)
5   [D92]
1.25B
18 DD41 P:121
1.25B
접지 배분도 참조 (SD130-12)
1.25B
3   FD41 P83/119
1.25B
GF05 P:89

리어 시트 히터 LH 스위치
스위치 신호
LOW IND.
HIGH IND.

9
0.5P/B
6
0.5P/B
8
0.35Y/O
7   FD31 P82/115
0.35Br/O
6   DD31 P:117
0.5W/B
4   (D71)
3   [D72]

7
0.5R/B
5
0.5R/B
7
0.35Gr
6
0.35Gr/O
5
0.5W
2   2
2

10
0.5W
4
0.5W
6
0.35W
5
0.35G
7
0.5W/R
6
8

리어 파워 윈도우 스위치 LH
P:117
C.50-8

리어 시트 히터 LH 스위치

LOW IND.
HIGH IND.

1   (D71)
5   [D72]
1.25B
18 DD31 P:117
1.25B
접지 배분도 참조 (SD130-10)
1.25B
3   FD31 P82/115
1.25B
GF03 P:86

( ) : 우측 업/다운 & 세이프티 미적용
[ ] : 우측 업/다운 & 세이프티 적용

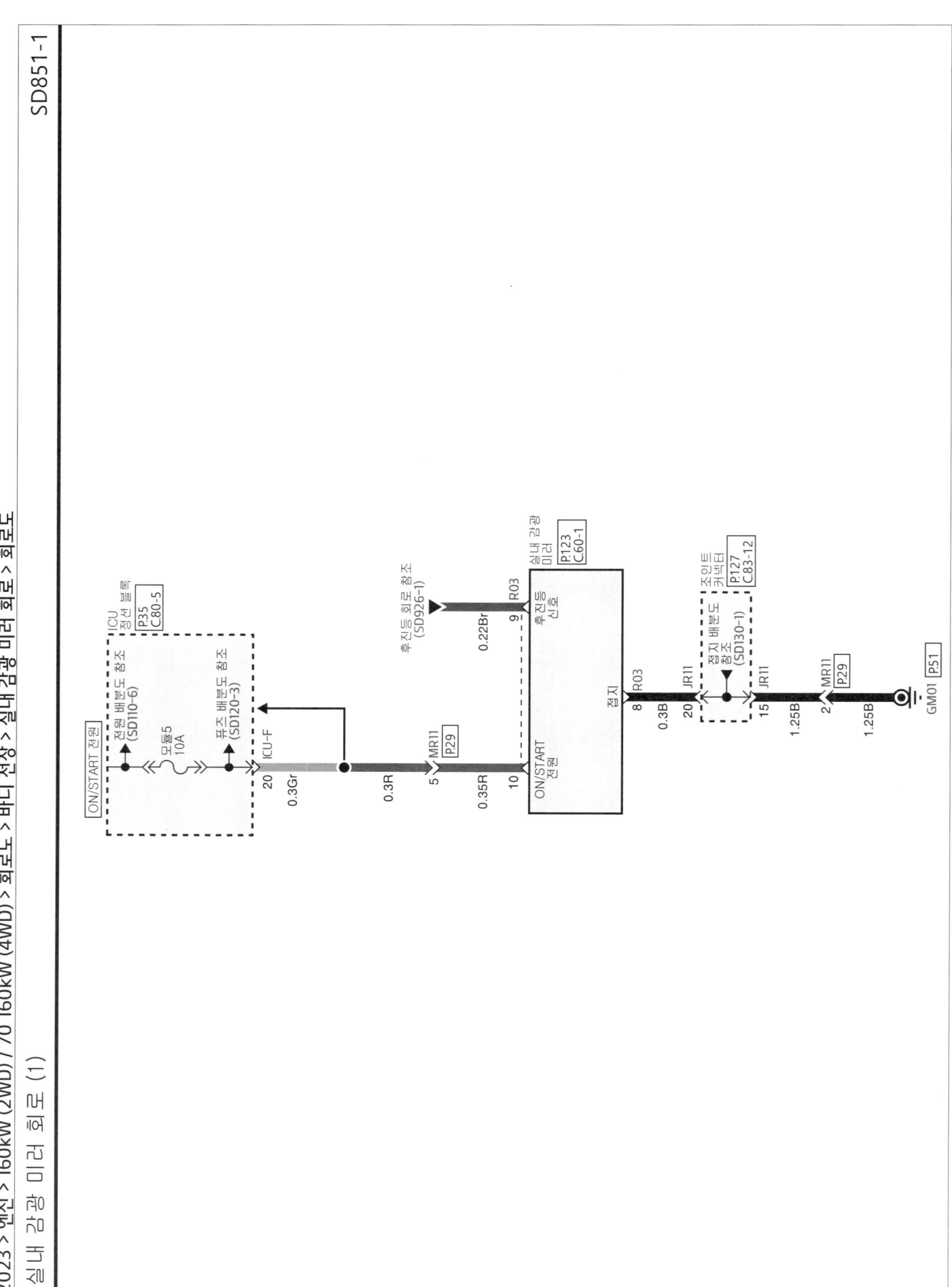

MS 미적용

ICU
정션 블록
P:34
C.80-1

전원 배분도 참조
(SD1l0-6)

모듈1
10A

퓨즈 배분도 참조
(SD120-12)

ICU-A

전원 배분도 참조
(SD1l0-6)

모듈3
7.5A

퓨즈 배분도 참조
(SD120-2)

상시 전원
ON/START 전원

17 0.3R 0.3R FD11 P:106 5 0.35R 6 B+

16 0.35P/B 6 0.35P/B 7 IG1

M C U

운전석 도어 모듈
P:108
C.50-1

자기 진단 점검
단자 회로 참조
(SD200-16)

B-CAN (Low) 1 D01 0.35O
B-CAN (High) 2 0.35G

폴딩 스위치

접지

접지 배분도
참조
(SD130-6)

16 0.5B 1.25B FD11 P:106 1 1.25B GF01 P82

언폴딩 10 D01 0.3Y/B 0.3Y/B 7 D12
폴딩 11 0.3G/O 0.3G/O 6

운전석
아웃사이드
미러 유닛
P:108
C.50-2

LIMIT SWITCH
폴딩 모터 M

FD11 P:106 2 0.3Y/B
P111 FD21 16 0.35Y
D42 7 0.35Y

0.3G/O 3 0.35O 15 0.35O 6

동승석
아웃사이드
미러 유닛
P:113
C.50-5

LIMIT SWITCH
폴딩 모터 M

2023 > 엔진 > 160kW (2WD) / 70 160kW (4WD) > 회로도 > 회로도 > 바디 전장 > 오토 라이트 회로 > 회로도

오토 라이트 회로 (1)

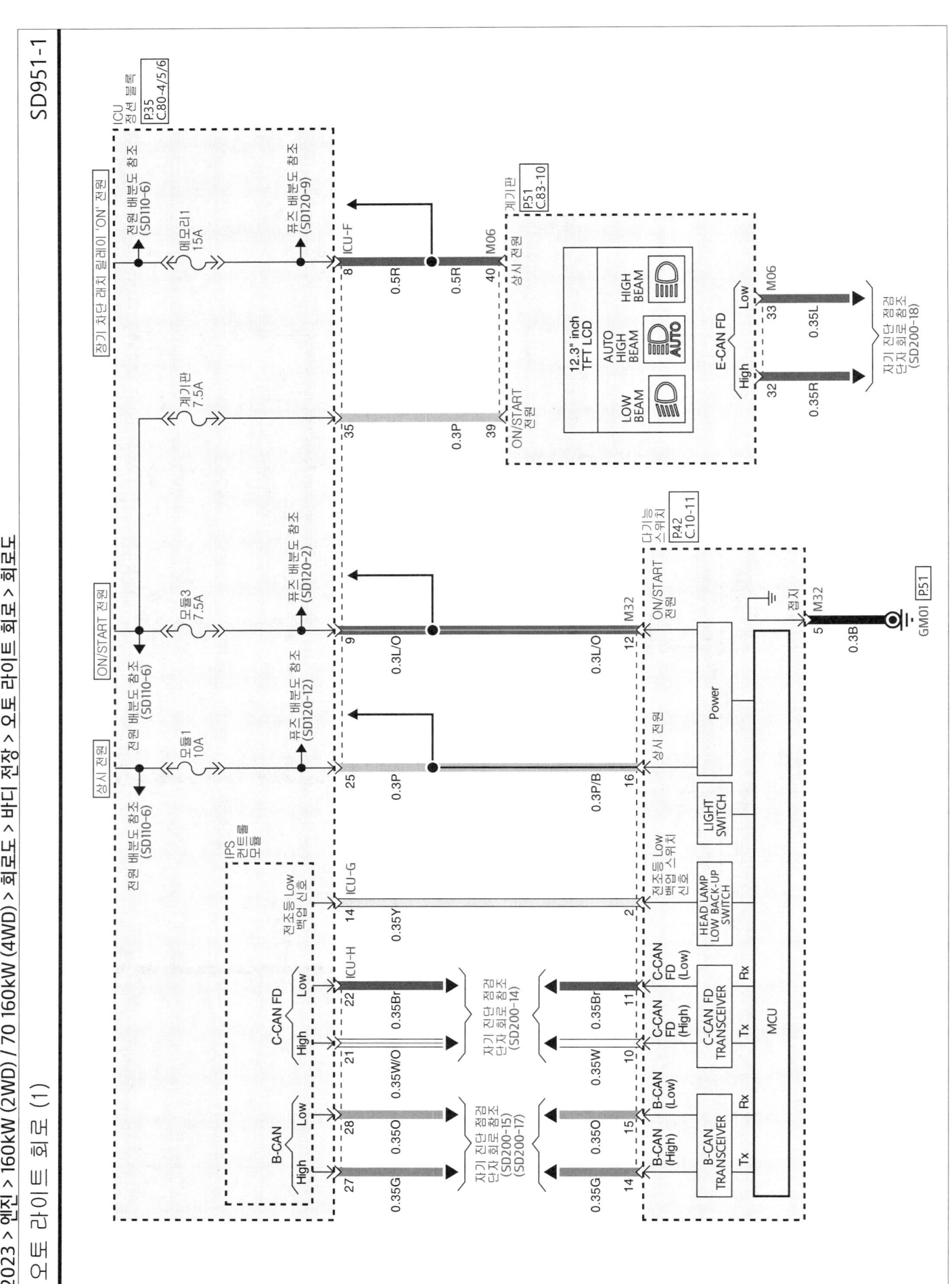

레인 센서 미적용

오토 라이트 & 포토 센서
P.55 C.10-16
오토 라이트 센서

M61
2 0.22Br
1 0.22W
3 0.22L

MM02 P59
1 0.22Br
5 0.22W
8 0.22L

IBU P.72 C.10-1
M01-B
30 전원
28 접지
29 신호
오토 라이트 센서
B-CAN

M01-B
Low 15 0.35O
High 16 0.35G

자기 진단 점검 단자 회로조 (SD200-17)

레인 센서 적용

ICU 정션 블록
P.35 C.80-5

상시 전원
전원 배분도 참조 (SD110-6)
퓨즈 배분도 참조 (SD120-12)
모듈1 10A
ICU-F
25 0.3P
0.3R
MR11 P29
17 0.35P
1 R10

레인 센서
P.124 C.60-2
상시 전원 LIN
3 R10 0.35Gr
접지
2 0.35B

MR11 P29
16 0.22Gr
M01-A
28

IBU P.72 C.10-1
레인 센서_LIN
M01-B
B-CAN
Low 15 0.35O
High 16 0.35G

자기 진단 점검 단자 회로조 (SD200-17)

JR11
20
조인트 커넥터
P.127 C.83-12
접지 배분도 참조 (SD130-1)
JR11
15
MR11 P29
2 1.25B
1.25B
GM01 P.51

오토 라이트 회로 (3)

Option (High Beam + Low Beam)

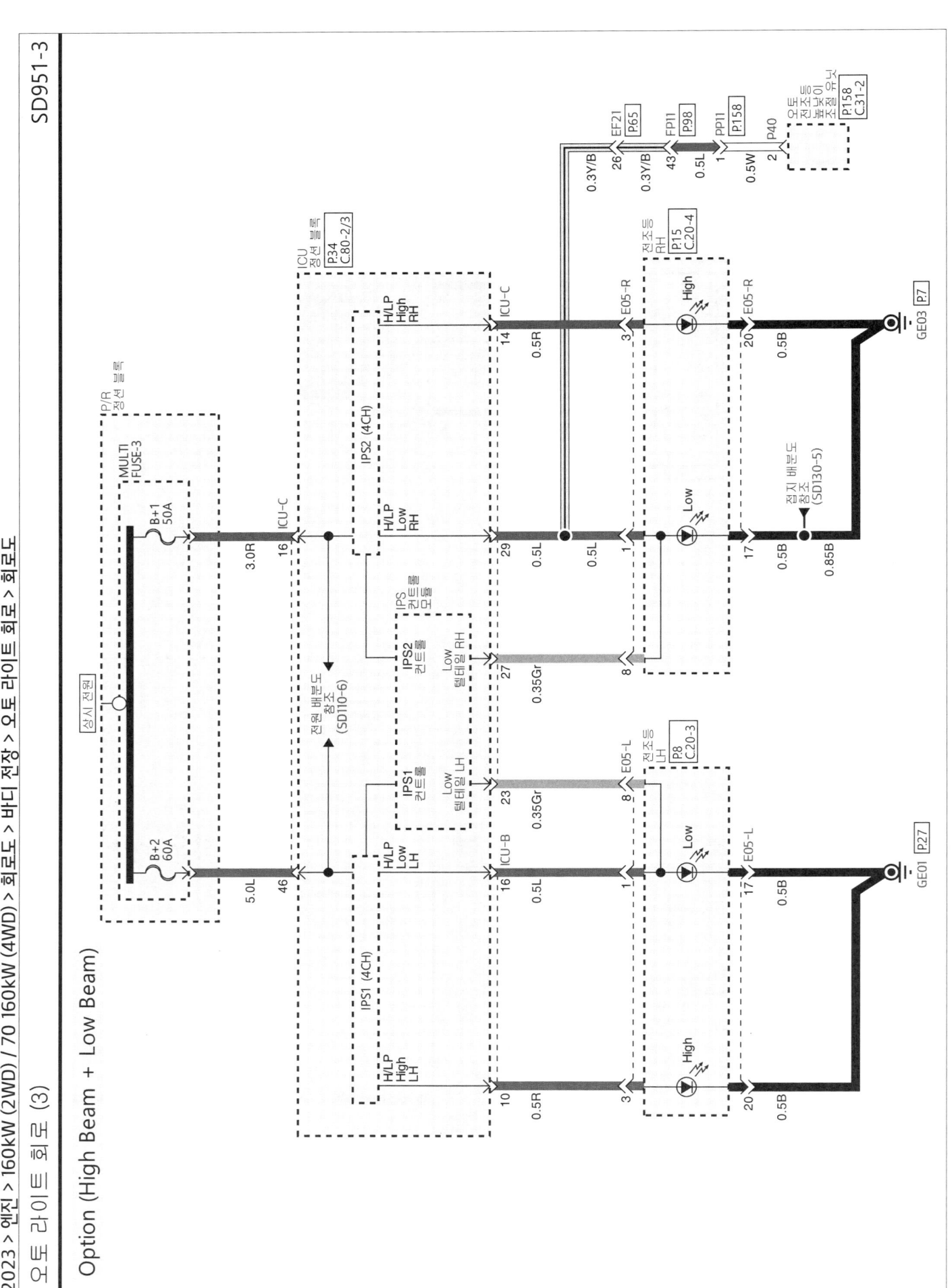

Standard
(Multi Focusing Reflector)

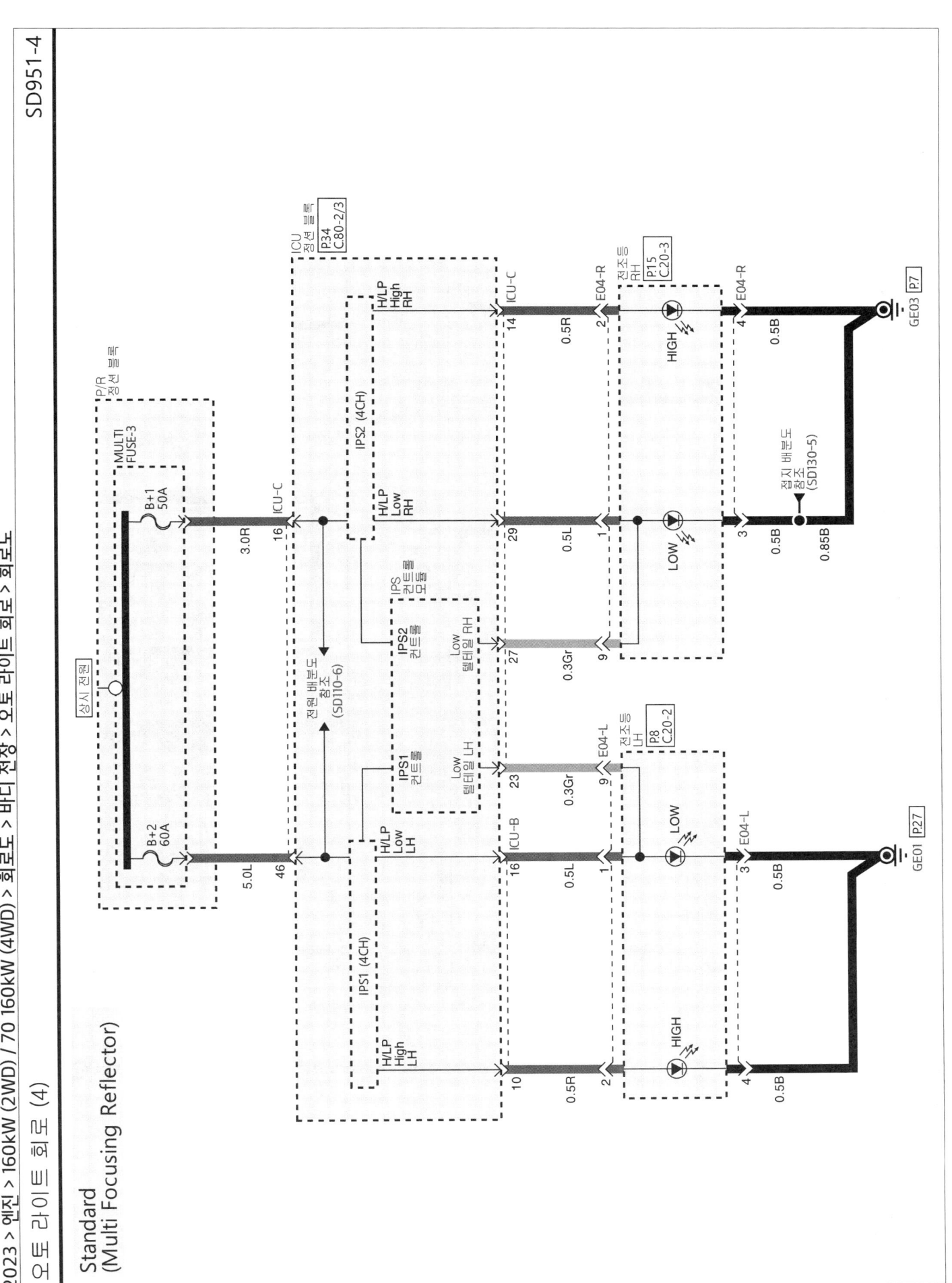

2023 > 엔진 > 160kW (2WD) / 70 160kW (4WD) > 회로도 > 회로도 > 바디 전장 > 오토 플러시 도어 핸들 회로 > 회로도

오토 플러시 도어 핸들 회로 (1)

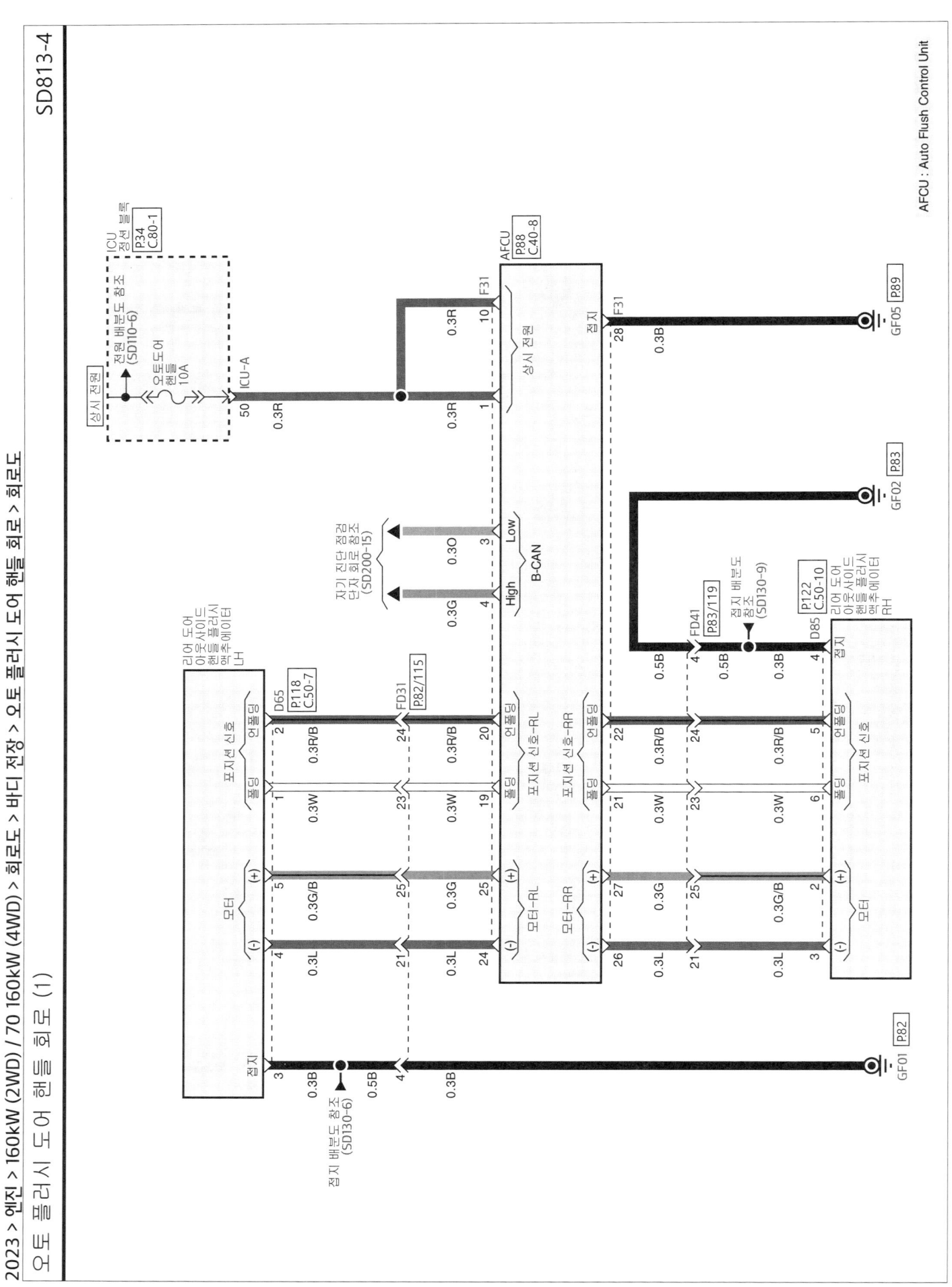

AFCU : Auto Flush Control Unit

오토 플러시 도어 핸들 회로도 (2)

오토 헤드 램프 레벨링 시스템 (AHLS) 회로 (1)

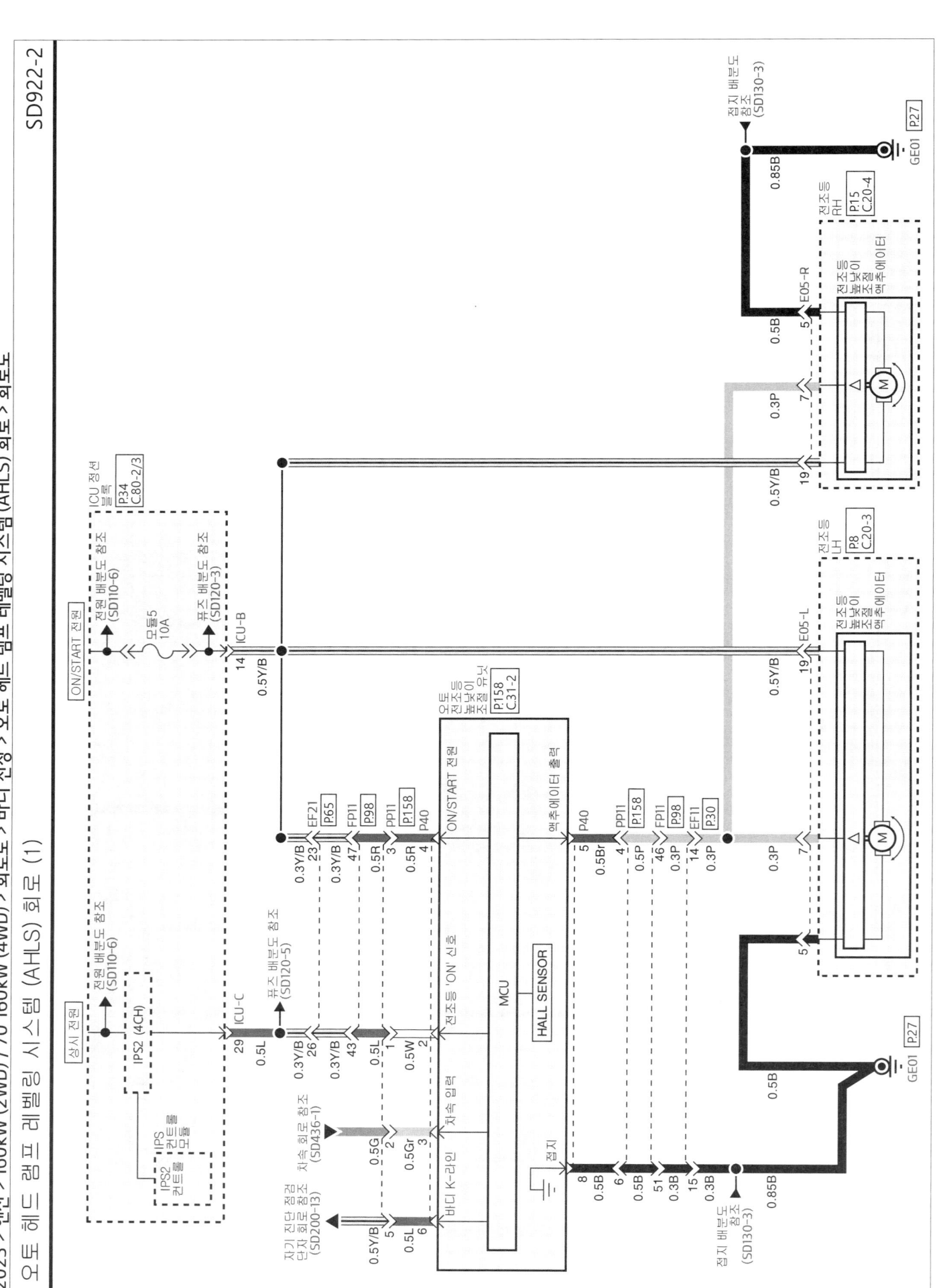

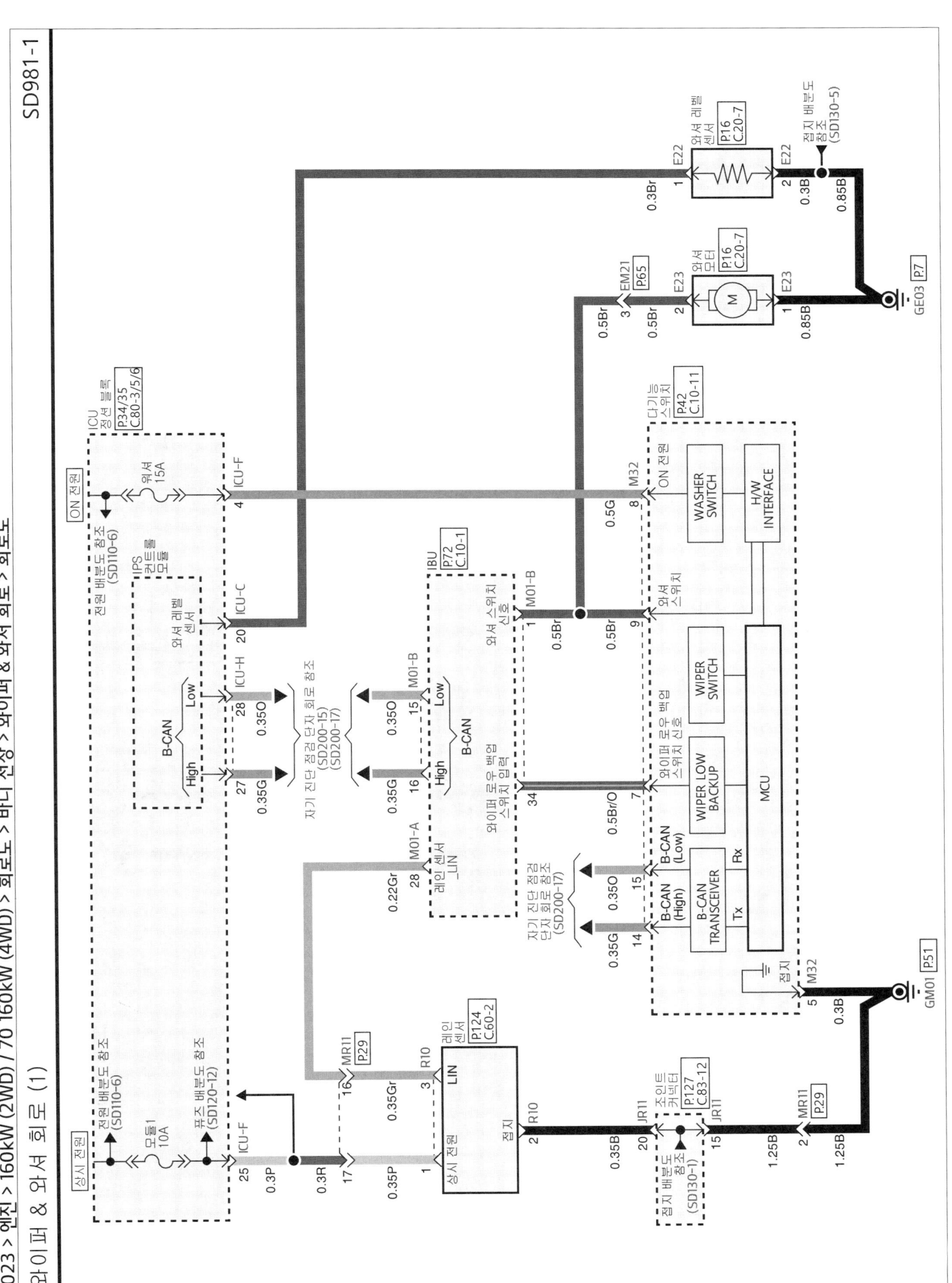

와이퍼 & 와셔 회로 (2)

SD981-2

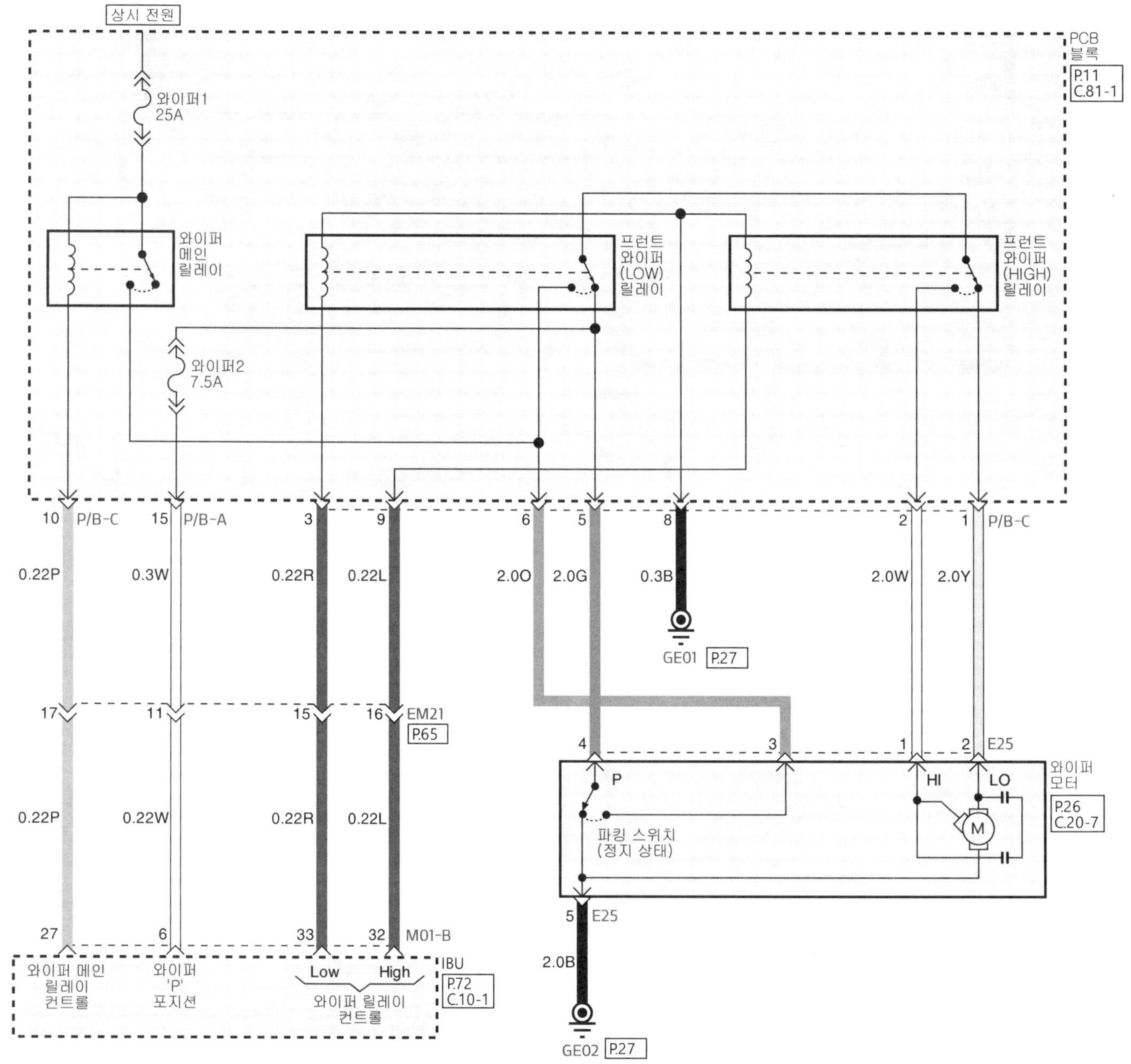

SD957-5

운전자 주차 보조 (ADAS-PRK) 시스템 회로 (1)

RSPA (Remote Smart Parking Assist : 원격 스마트 주차 보조)
+ SVM (Surround View Monitor System : 서라운드 모니터 시스템)
+ PCA (Parking Collision Avoidance Assist : 주차 충돌 방지 보조)

콘솔 어퍼 커버 스위치
P.78 C.40-13

ILL.

2 F80
0.3O

11 0.3B

조명등 회로 참조 (SD941-3)

FF11 P76
12 0.3G   0.3G   1 0.5B
정지 배선도 참조 (SD130-1I)
0.5B   GF04 P86

SVM 스위치

MF31 P76
10 0.3Lg   17   0.3W   10
M18-S
운전자 주차 유닛
P53 C.10-9
SVM 스위치 입력

PDW 스위치

IND.
8 0.3L   15   0.3G   12
IND.
입력

9 0.3Br   19   0.3L   26
PDW 스위치 입력

21 0.3B
접지
5 0.3B
M18-S   GM01 P51

ICU 정션 블록
P35 C.80-5

상기 차단 래치 릴레이 'ON' 전원
전원 배선도 참조 (SD110-6)
메모리2 10A

전원 배선도 참조 (SD110-6)
모듈4 10A
퓨즈 배선도 참조 (SD120-1)

전원 배선도 참조 (SD110-6)
모듈2 10A
퓨즈 배선도 참조 (SD120-4)

ICU-F
39 0.3P
퓨즈 배선도 참조 (SD120-9)
0.3R   3
상시 전원
19   0.3R

ON/START 전원
38 0.3G/O   18
ON/START 전원

42 0.3L   17 0.3L
ACC/ON 전원

ACC/ON 전원
ON/START 전원

E-CAN FD
Low 32 0.35L
High 16 0.35R
자기 진단 점검 단자 회로 참조 (SD200-18)

ADAS (Advanced Driver Assistance System) : 첨단 운전자 지원 시스템
PDW (Parking Distance Warning) : 주차 거리 경고

운전자 주차 보조 (ADAS-PRK) 시스템 회로 (2)

SD957-6

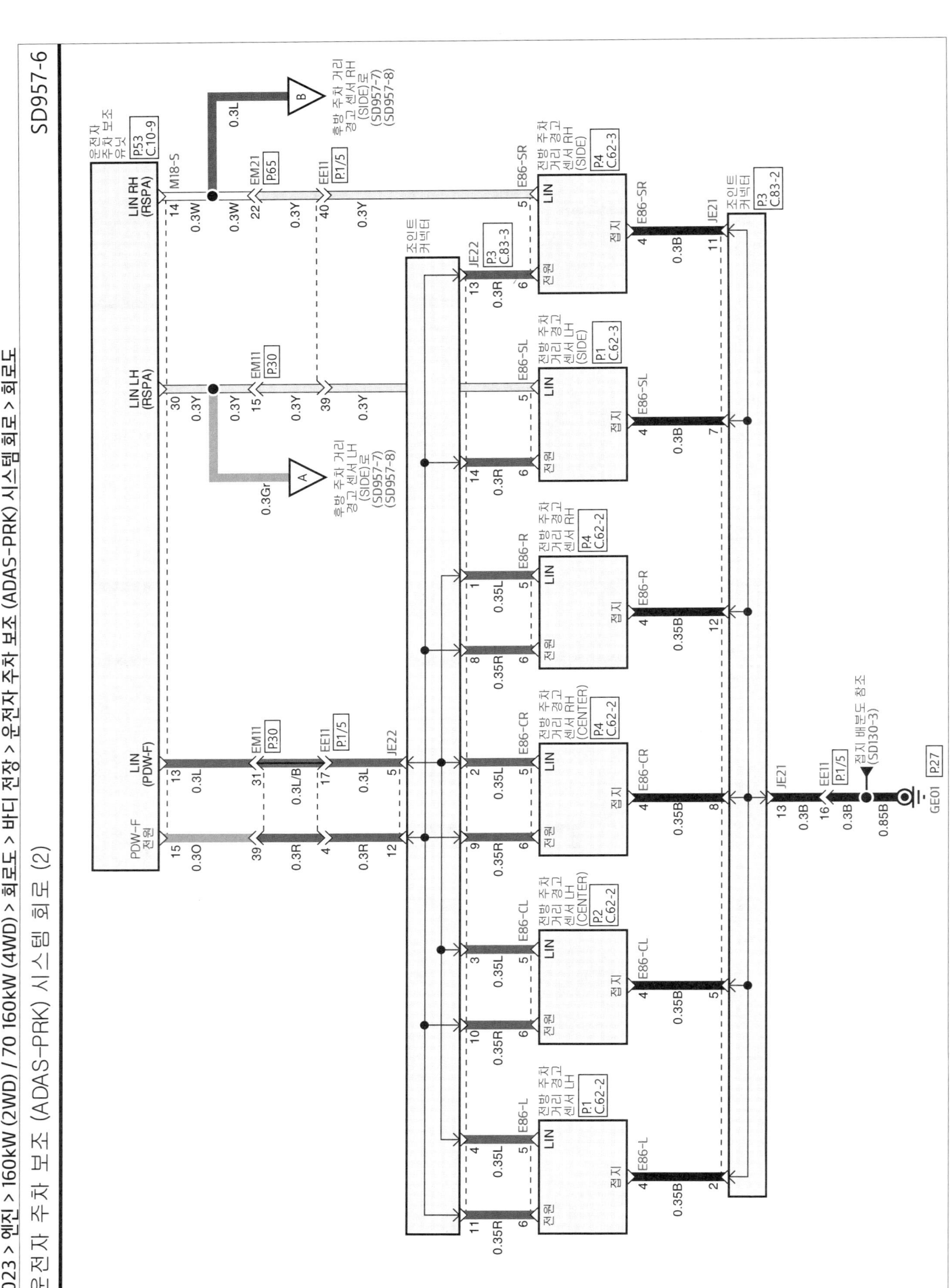

운전자 주차 보조 (ADAS-PRK) 시스템 회로 (3)

GT & GT-Line 미적용

운전자 주차 보조 유닛에서
(SD957-6)

운전자 주차 보조 유닛
P.53 C.10-9

조인트 커넥터
P.134 C.83-13

후방 주차 거리 경고 센서 RH (SIDE)
P.135 C.62-5

후방 주차 거리 경고 센서 LH (SIDE)
P.133 C.62-5

후방 주차 거리 경고 센서 RH
P.135 C.62-4

후방 주차 거리 경고 센서 RH (CENTER)
P.135 C.62-4

후방 주차 거리 경고 센서 LH (CENTER)
P.134 C.62-4

후방 주차 거리 경고 센서 LH
P.133 C.62-4

조인트 커넥터
P.134 C.83-13

접지 배선도 참조 (SD130-1I)

GF04 P.86

2023 > 엔진 > 160kW (2WD) / 70 160kW (4WD) > 회로도 > 회로도 > 바디 전장 > 운전자 주차 보조 (ADAS-PRK) 시스템 회로 > 회로도
운전자 주차 보조 (ADAS-PRK) 시스템 회로 (4)

SD957-8

GT or GT-Line 적용

운전자 주차 보조 (ADAS-PRK) 시스템 회로도 (5)

운전자 주행 보조 (ADAS-DRV) 시스템 회로 (1)

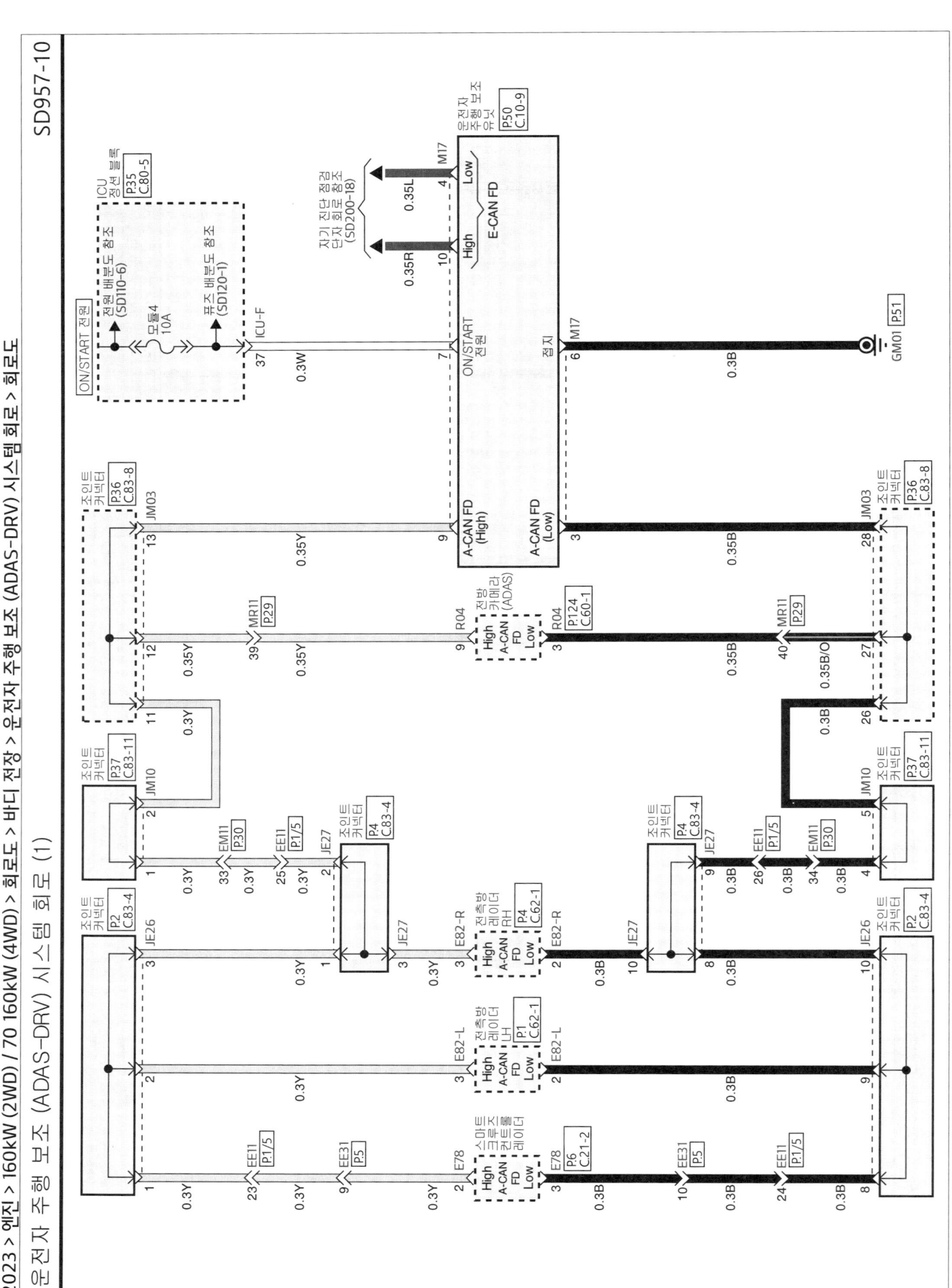

운전자 주행 보조 (ADAS-DRV) 시스템 회로 (2)

SD957-11

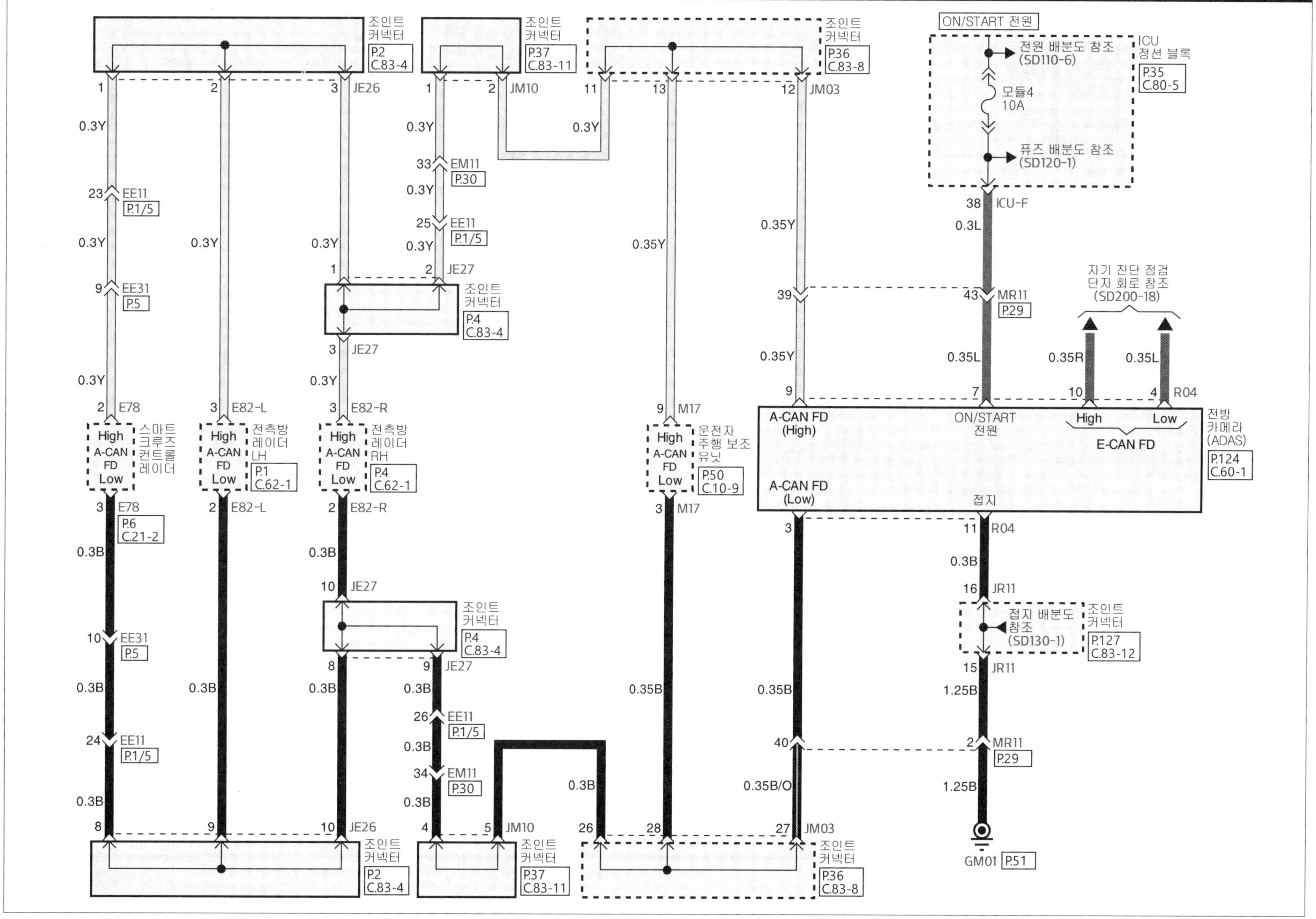

운전자 주행 보조 (ADAS-DRV) 시스템 회로 (3)

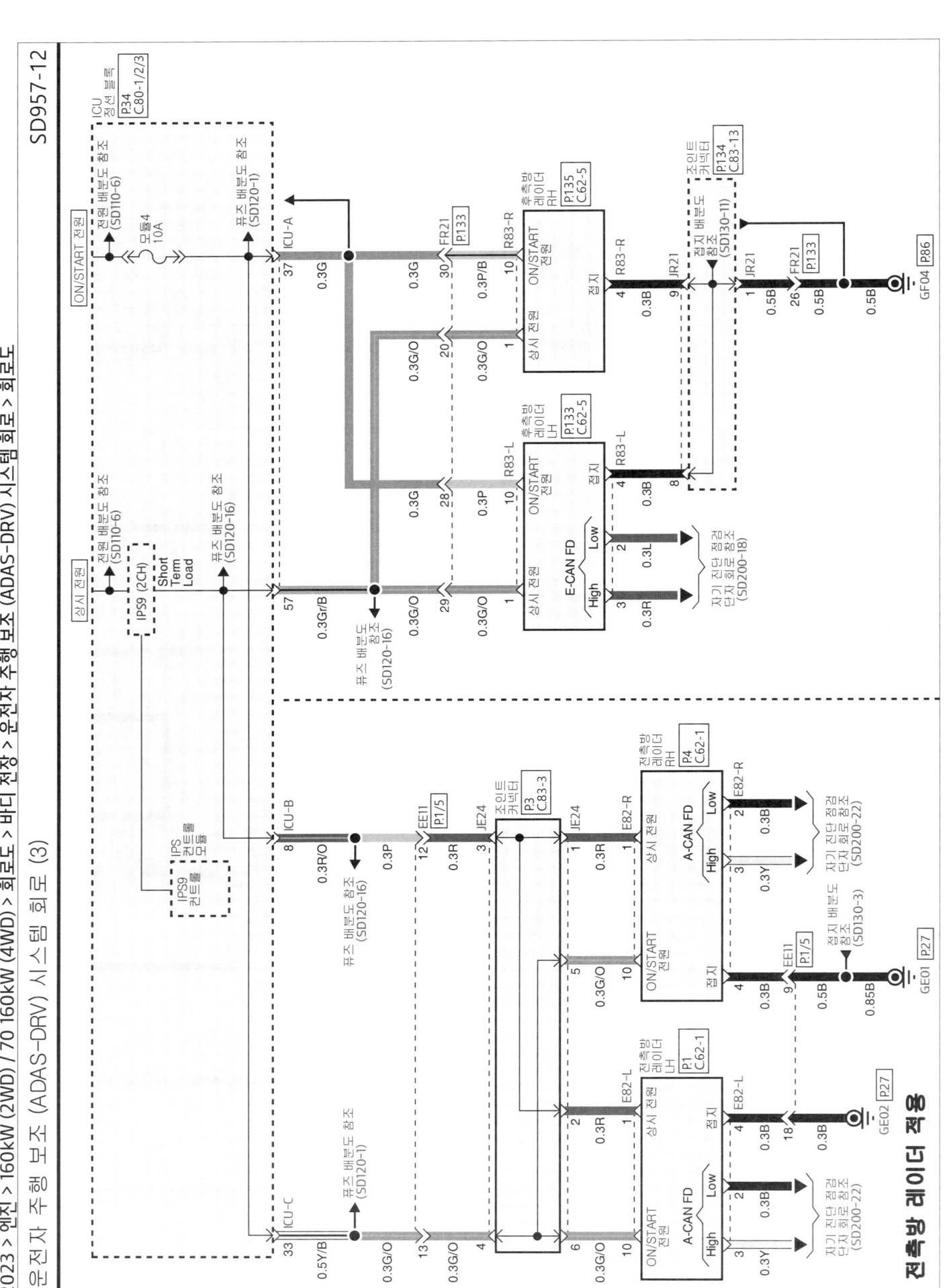

전측방 레이더 적용

SD957-13

운전자 주행 보조 (ADAS-DRV) 시스템 회로 (4)

인텔리전트 파워 스위치 (IPS) 회로 (1)

SD952-9

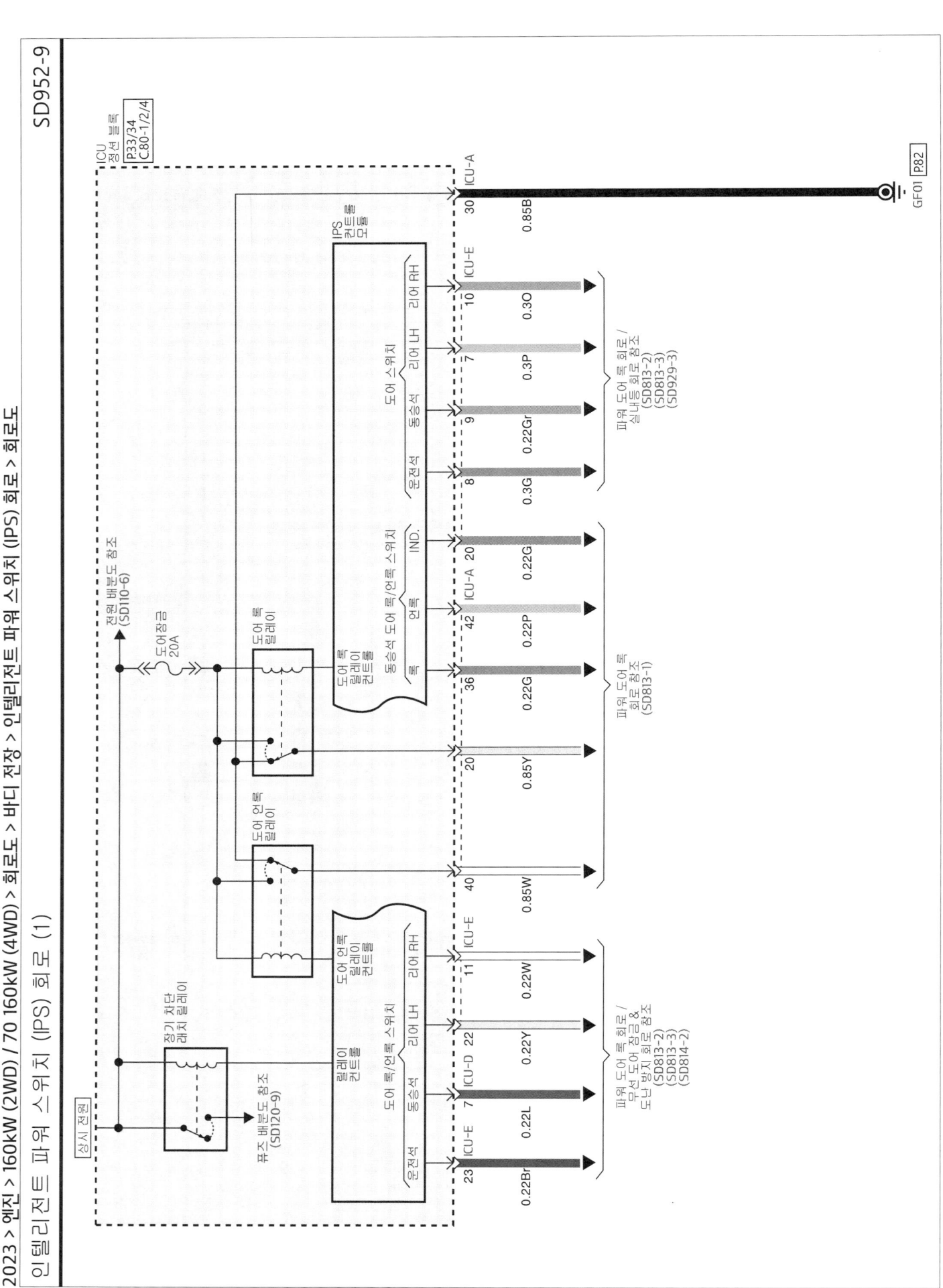

인텔리전트 파워 스위치 (IPS) 회로 (2)

SD952-10

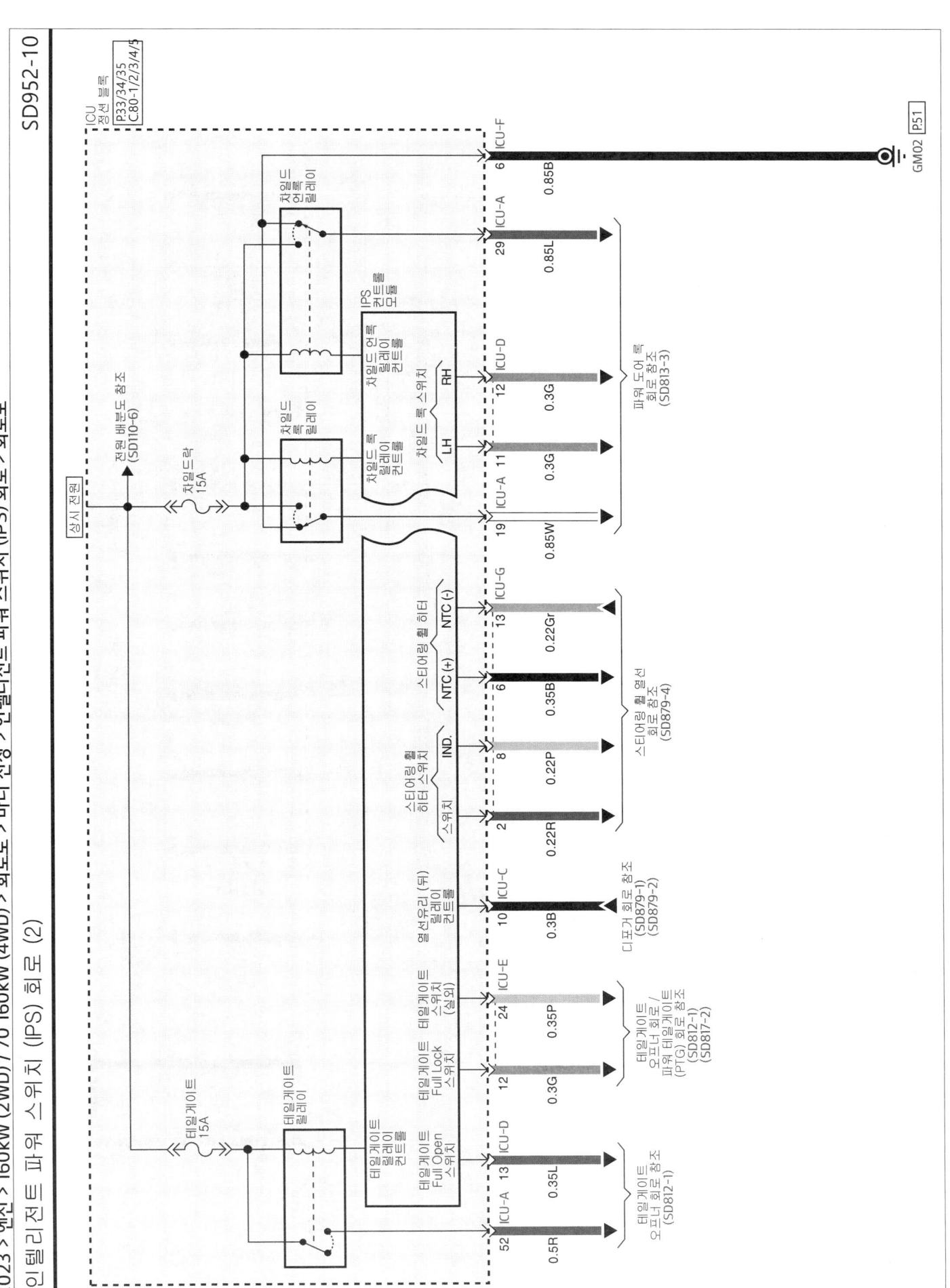

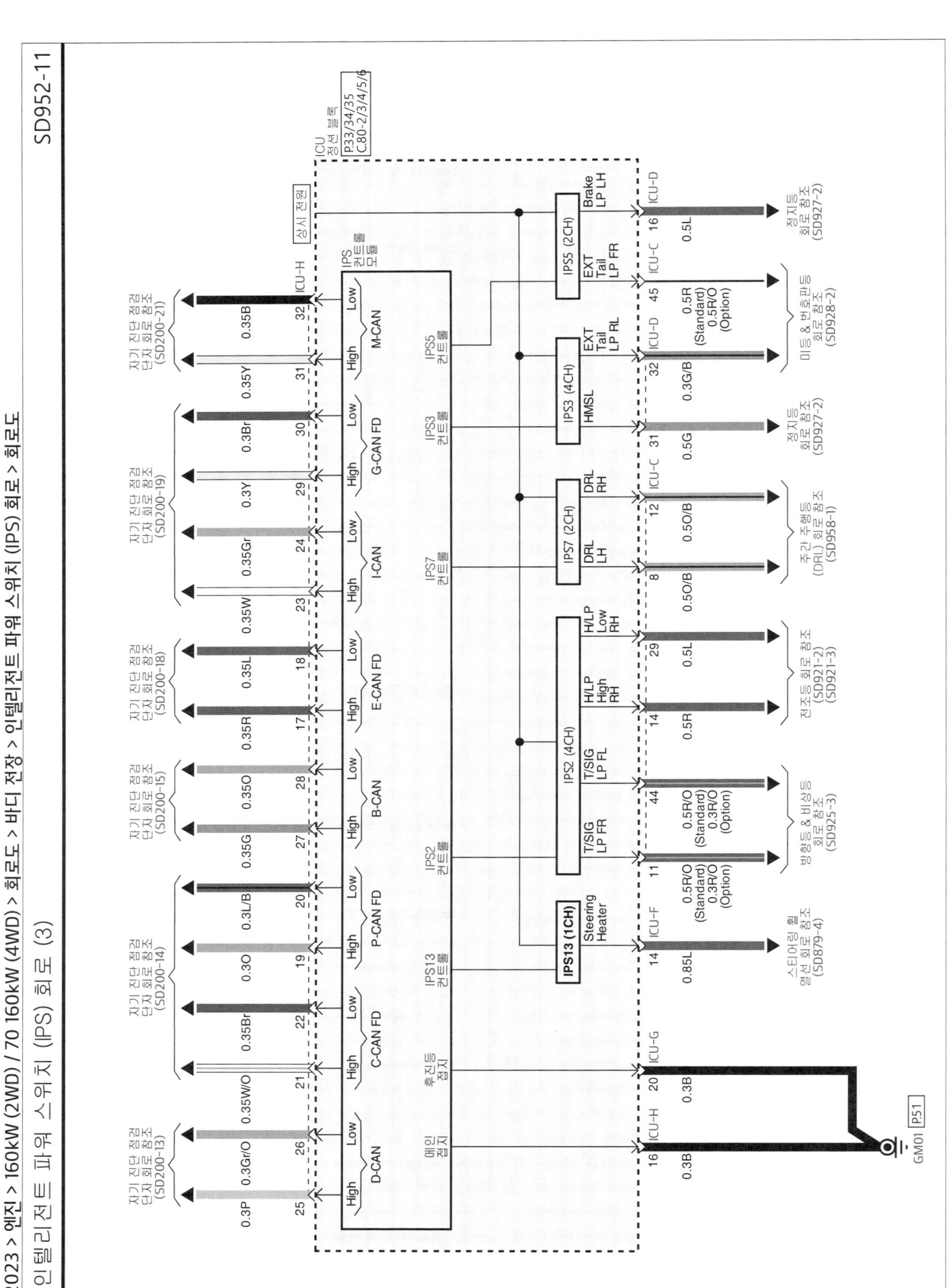

인텔리전트 파워 스위치 (IPS) 회로 (4)

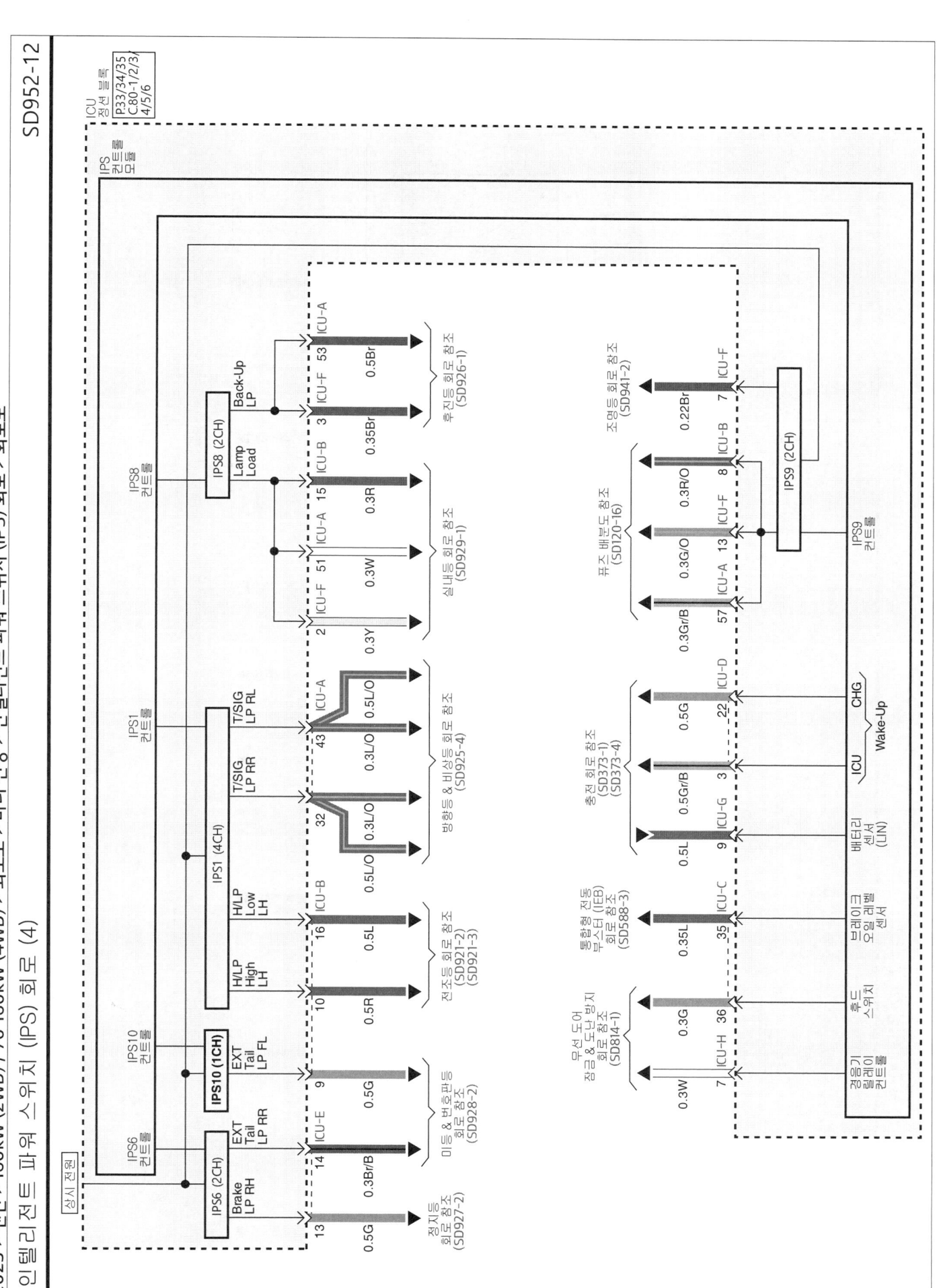

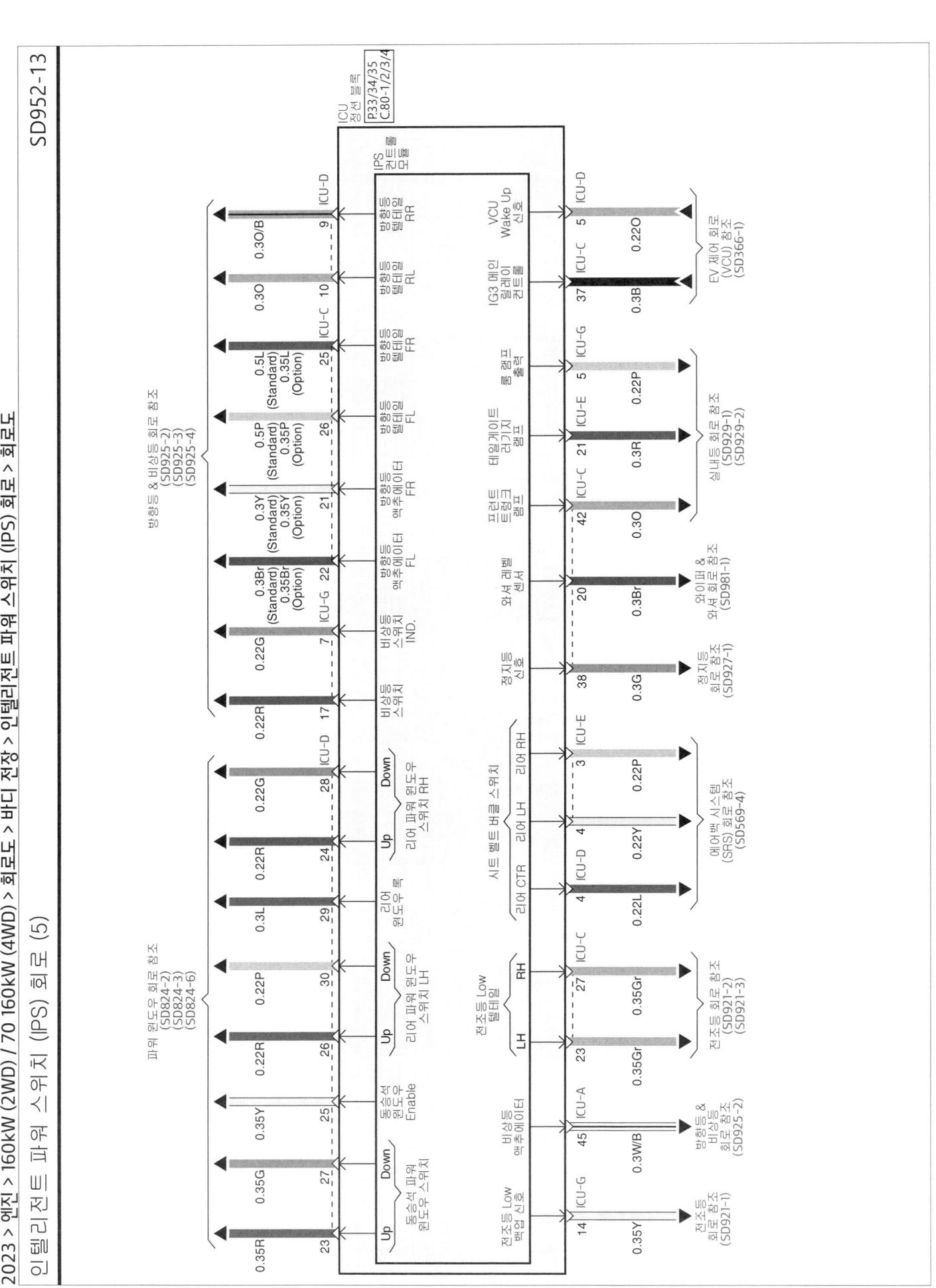

C-CAN FD

ICU	ICU 정션 블록 (종단 저항)
ACU	에어백 컨트롤 모듈 (종단 저항)
M_F_SW	다기능 스위치
IEB	IEB 유닛
R-MDPS	MDPS 유닛
ODS	동승석 무게 감지 센서
ECS	ECS 유닛

: 종단 저항 부하
: 제어기 부품 연청
: 조인트 커넥터
: 하네스 연결 커넥터
: 주선 TWIST PAIR
: 지선 TWIST PAIR

Male
Female

자기 진단 점검 단자 회로 (2)

P-CAN FD

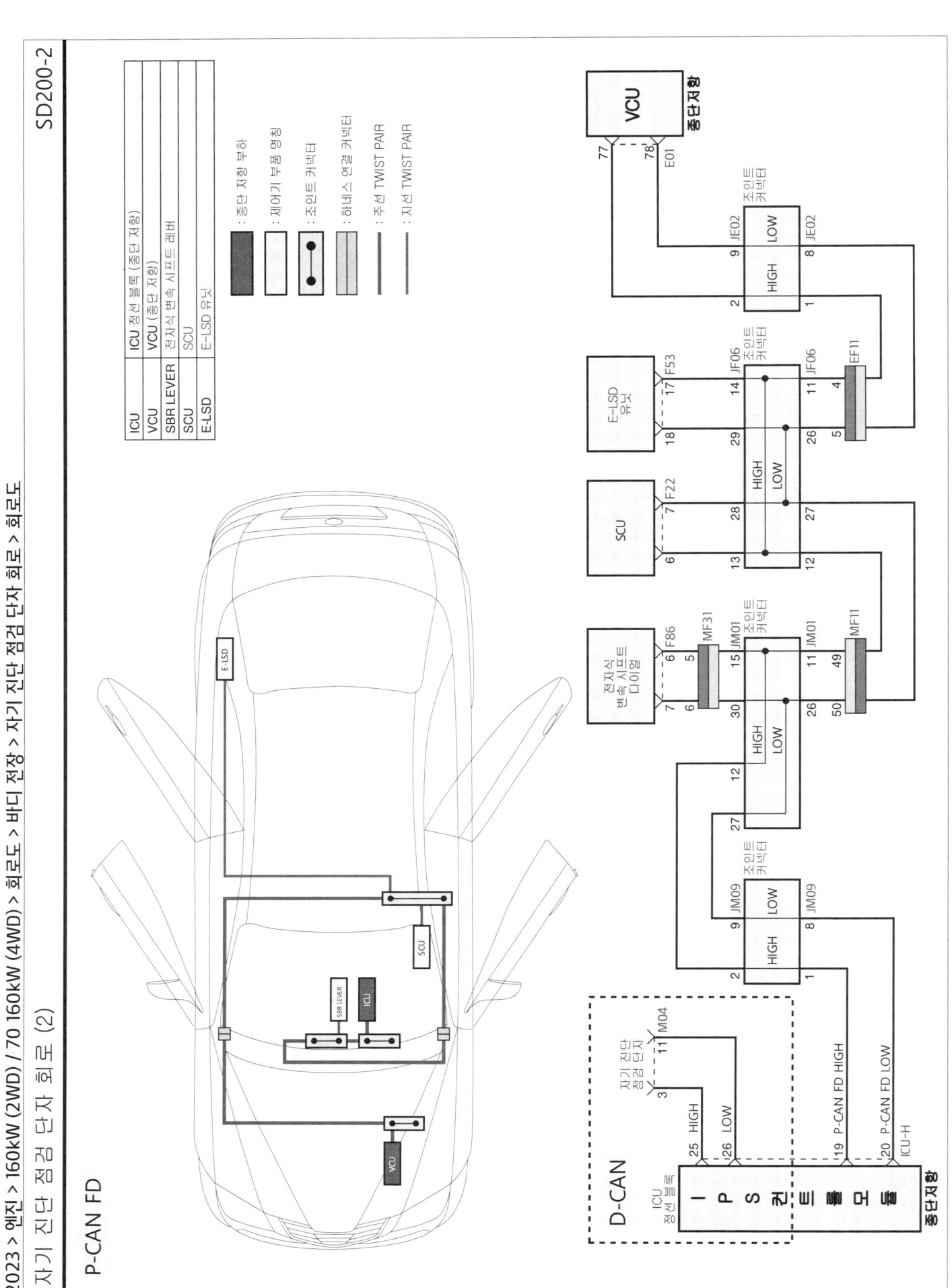

자기 진단 점검 단자 회로 (3)

SD200-3

B-CAN

	: 종단 저항 부하
	: 재어기 부품 명칭
	: 조인트 커넥터
	: 하네스 연결 커넥터
	: 주선 TWIST PAIR
	: 지선 TWIST PAIR

ICU	ICU 정션블록 (종단 저항)
IBU	IBU (종단 저항)
M_F_SW	다기능 스위치
MOOD LP	무드 램프 유닛
SRC	클라스프링
IAU	IAU
BLTN	빌트인 캠 유닛
ROA	후석 승객 감지 센서
CDM	충전 단자 도어 모듈
AFCU	AFCU
DR ST MD	운전석 파워 시트 모듈
PS ST MD	동승석 파워 시트 모듈
DAU	운전석 도어 모듈
CONSOLE TOUCH	콘솔볼륨 스위치

FR ST VENT	프런트 통풍 시트 컨트롤 모듈
FR ST WARMER	프런트 시트 히터 컨트롤 모듈
RR ST WARMER	리어 시트 히터 컨트롤 모듈
WIRELESS CH	무선 충전 유닛
PTG	파워 테일게이트 유닛
T/G SW (RR CAM)	테일게이트 스위치 (실외)
IFS_ECU	IFS 모듈

- 87 -

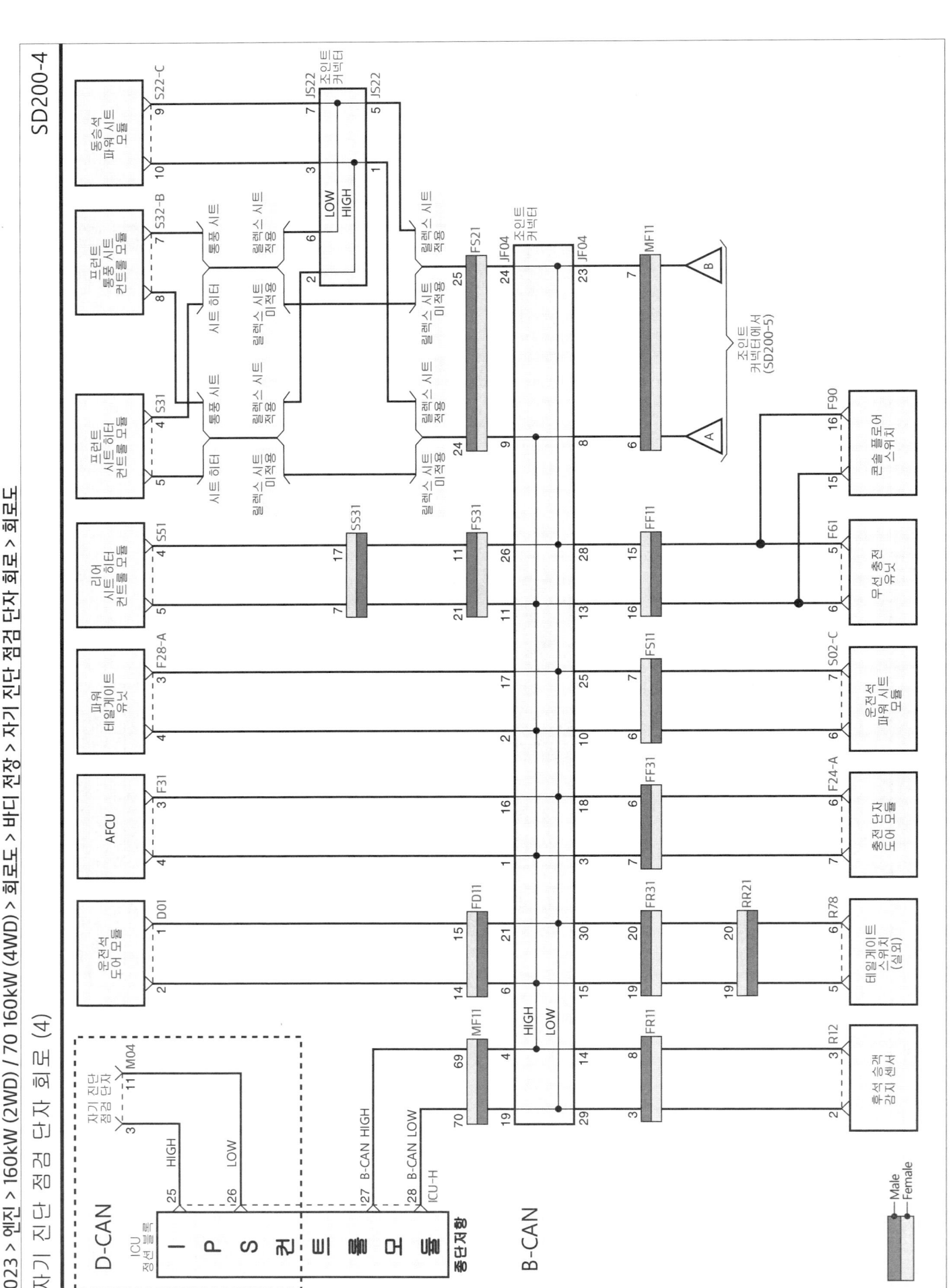

자기 진단 점검 단자 회로 (5)

SD200-5

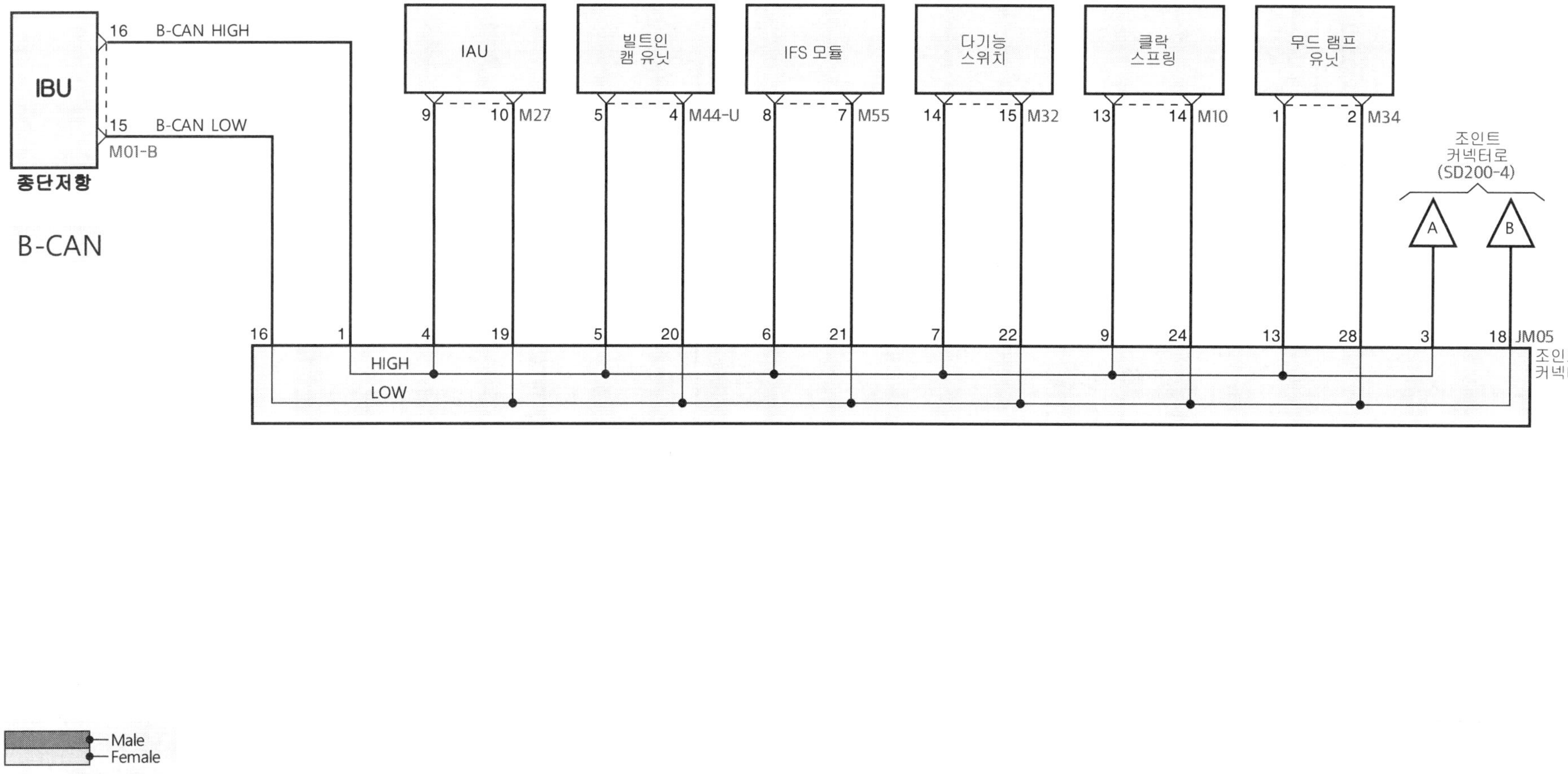

자기 진단 점검 단자 회로 (6)

G-CAN FD

VCMS		
BMU		
RR INV		
ICCU		

ICU	ICU 정션 블록 (종단 저항)
BMU	BMU (종단저항)
SBW_LEVER	전자식 변속 시프트 다이얼
IBU	IBU
IEB	IEB 유닛
VCU	VCU
FR INV	프런트 인버터
RR INV	리어 인버터
VCMS	VCMS
ICCU	ICCU

: 종단 저항 부하
: 제어기 부품 영역
: 조인트 커넥터
: 하네스 연결 커넥터
: 주선 TWIST PAIR
: 지선 TWIST PAIR

자기 진단 점검 단자 회로 (7)

SD200-7

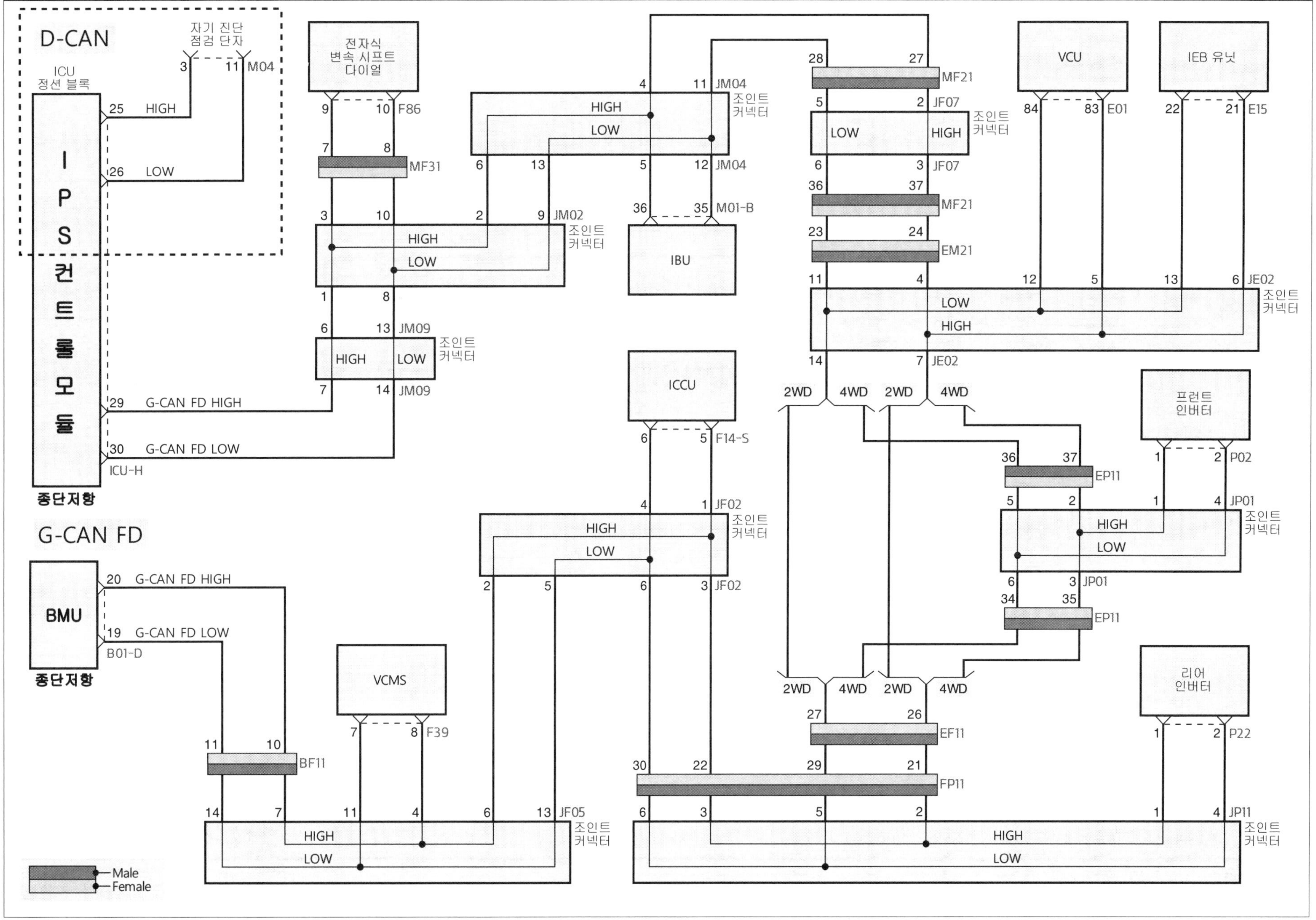

SD200-8

E-CAN FD

ICU	ICU 정션블록 (중단 저항)
FATC	에어컨 컨트롤 모듈 (중단 저항)
ADAS_DRV	운전자 주행 보조 유닛
ADAS_PARK	운전자 주차 보조 유닛
CLUSTER	계기판
FR_CAM	전방 카메라 (ADAS)
HUD	헤드 업 디스플레이
C_RADAR_RL	후측방 레이더 LH

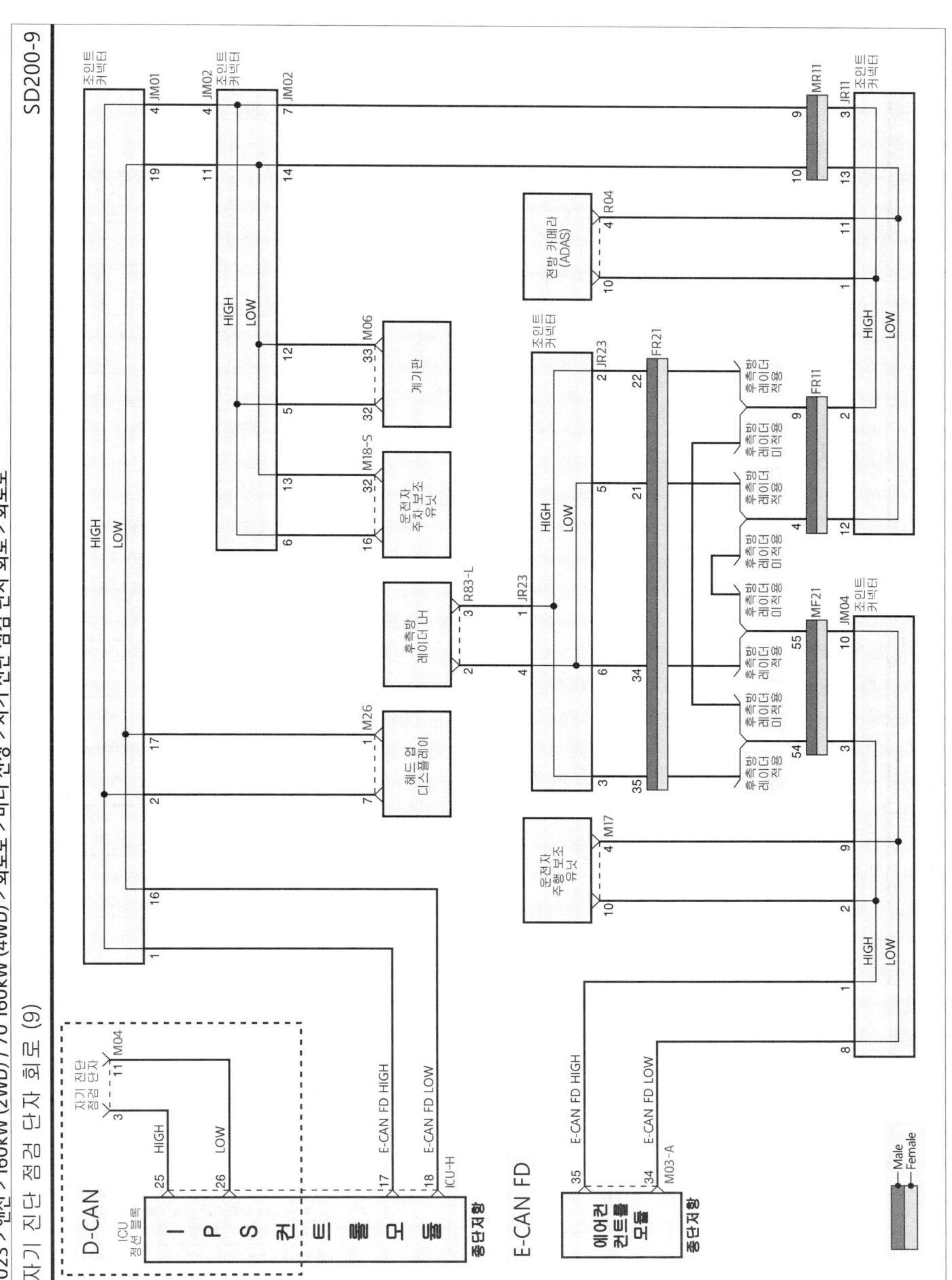

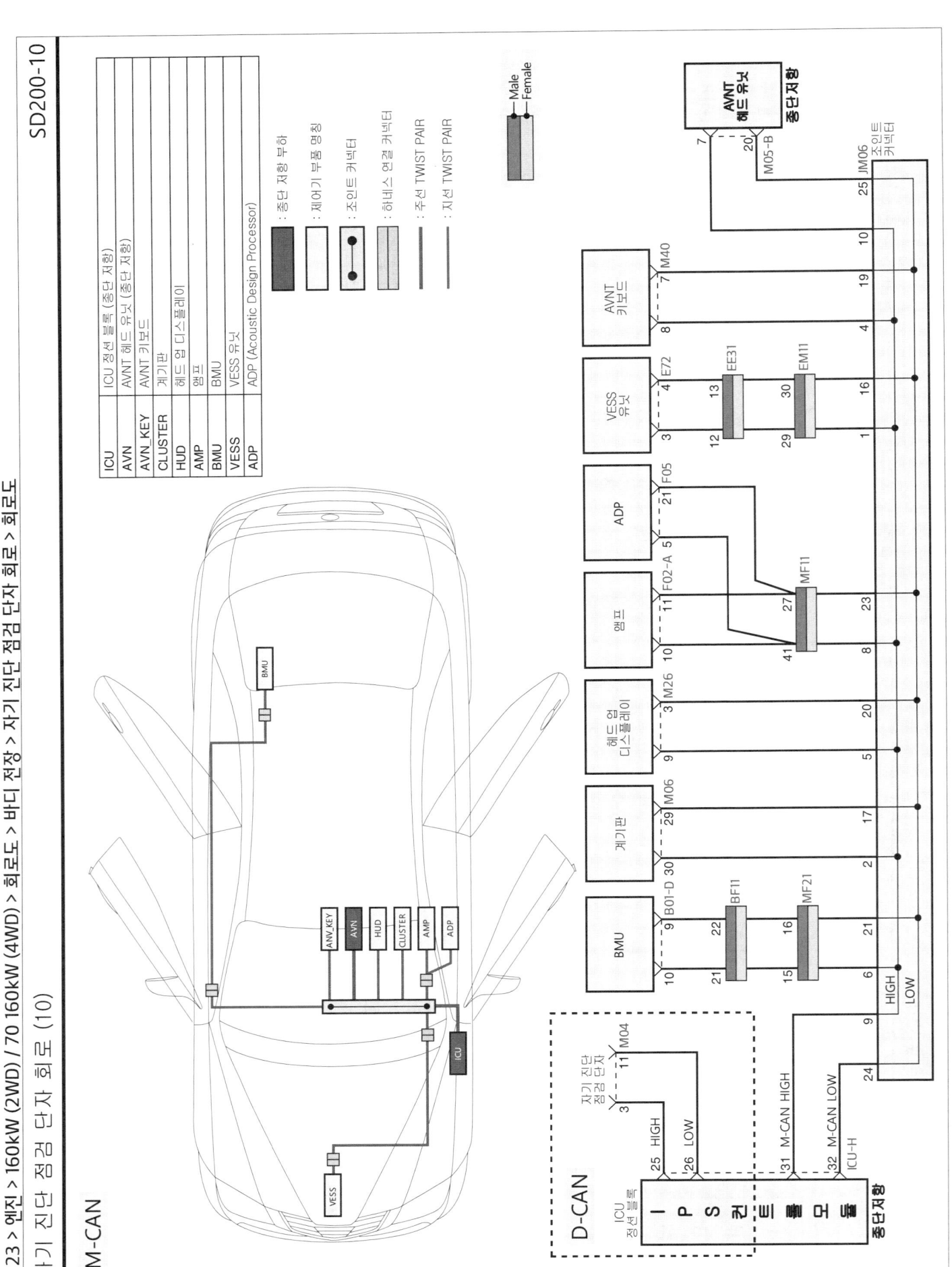

A-CAN FD

SCC	스마트 크루즈 컨트롤 레이더 (종단 저항)
FR_CAM	전방 카메라 (ADAS) (종단 저항)
C_RADAR_FL	전측방 레이더 LH
C_RADAR_FR	전측방 레이더 RH
ADAS_DRV	운전자 주행보조 유닛

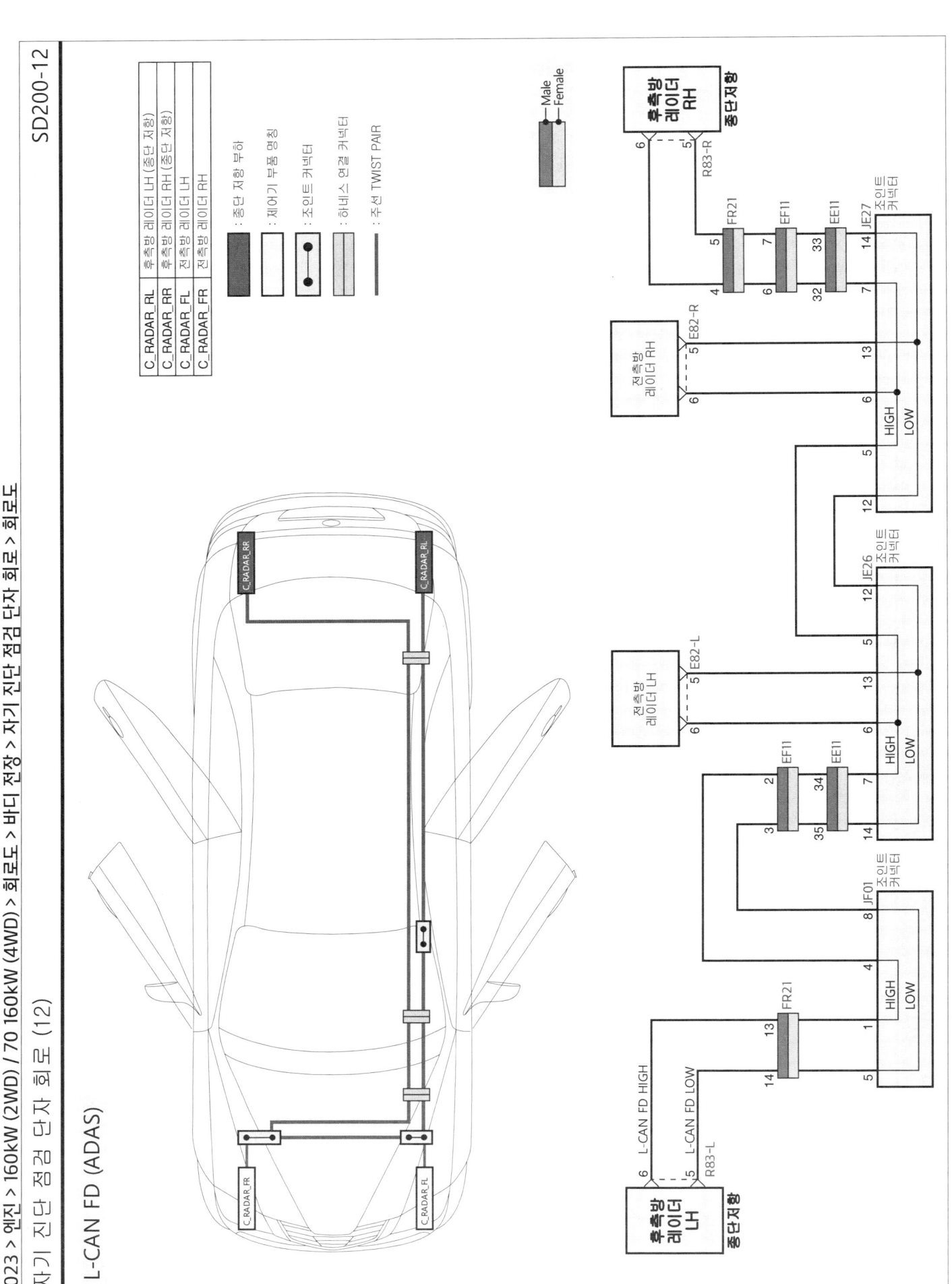

L-CAN FD (ADAS)

자기 진단 점검 단자 회로 (13)

자기 진단 점검 단자 회로 (14)

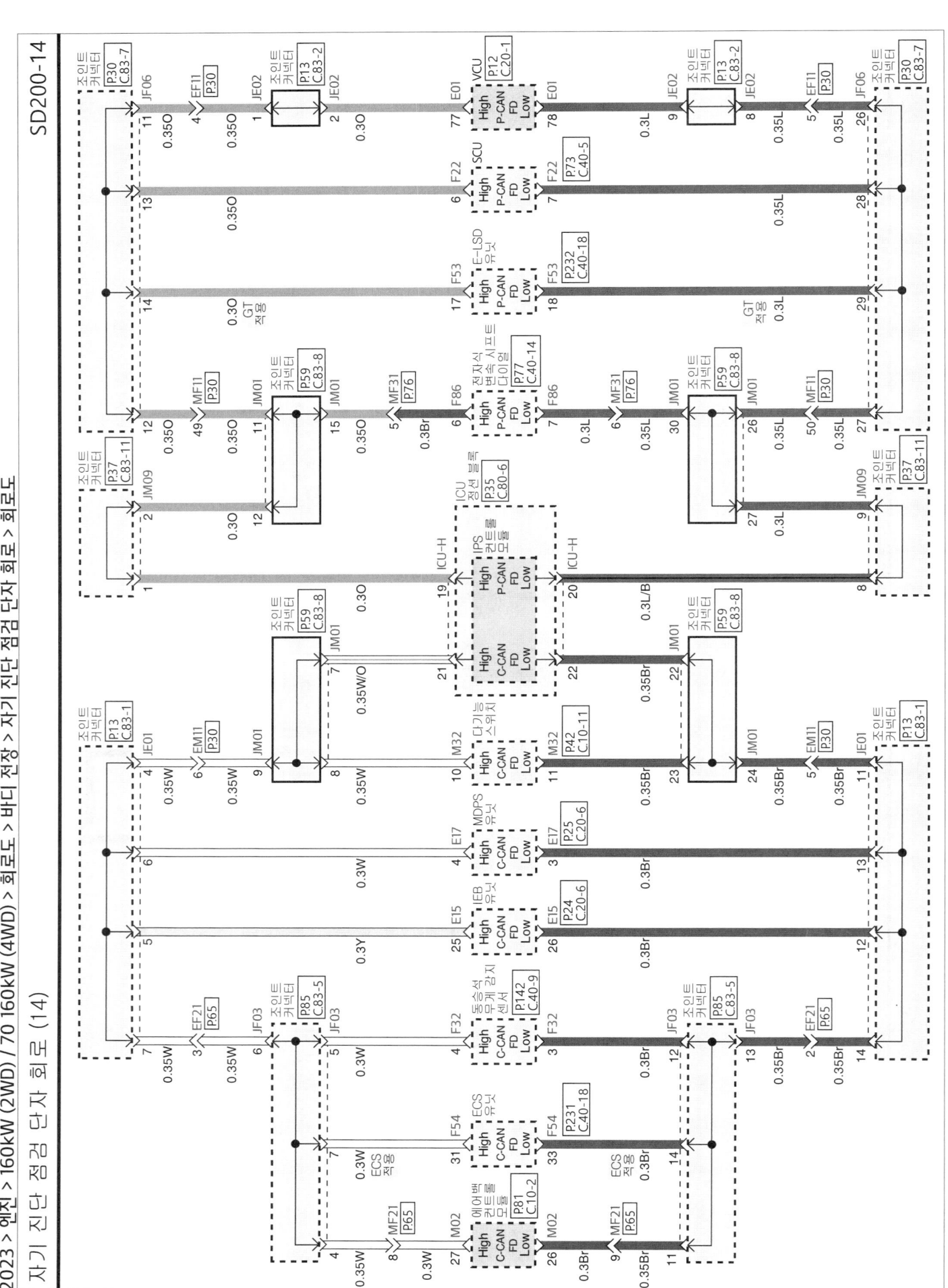

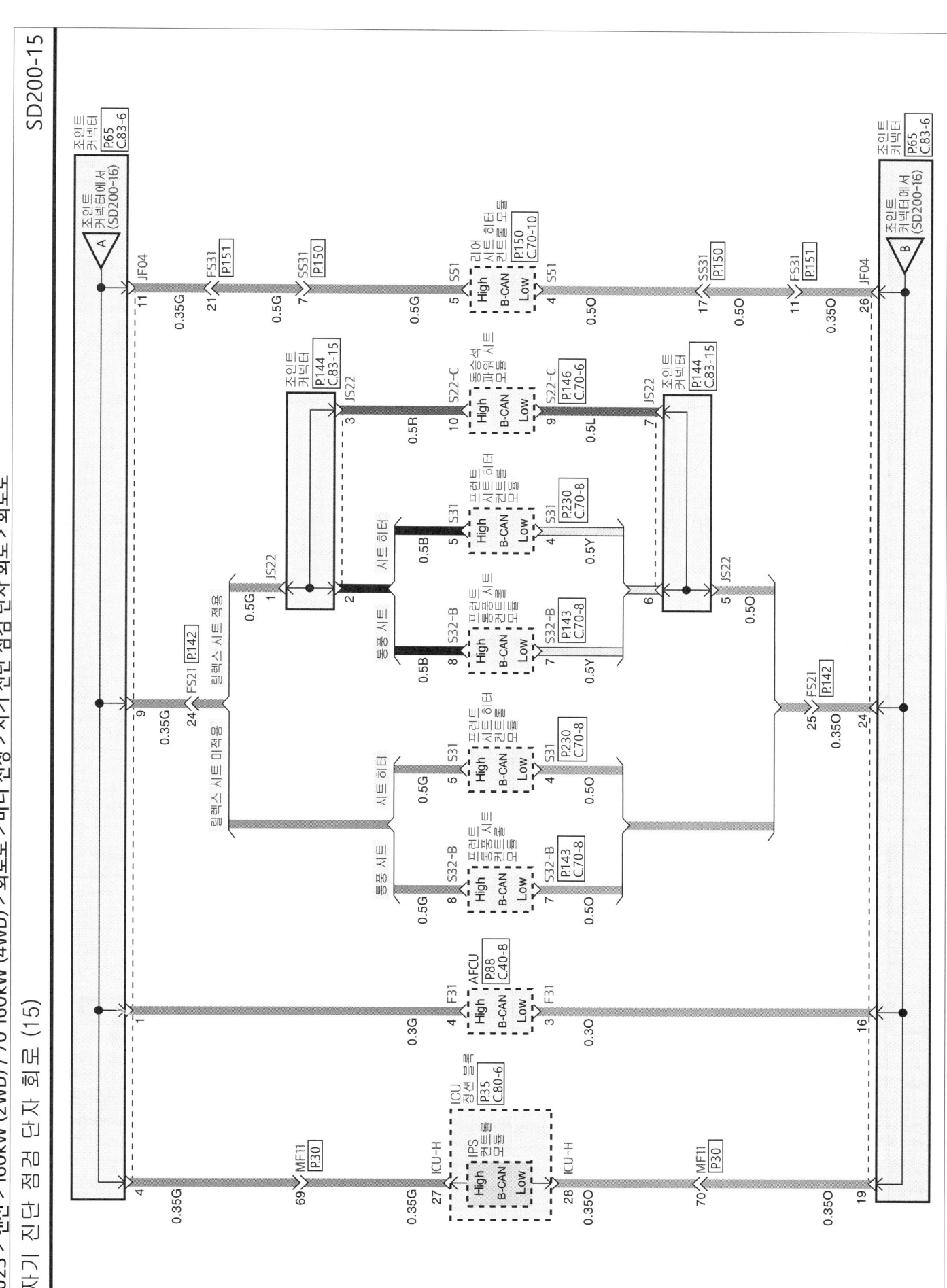

자기 진단 점검 단자 회로 (16)

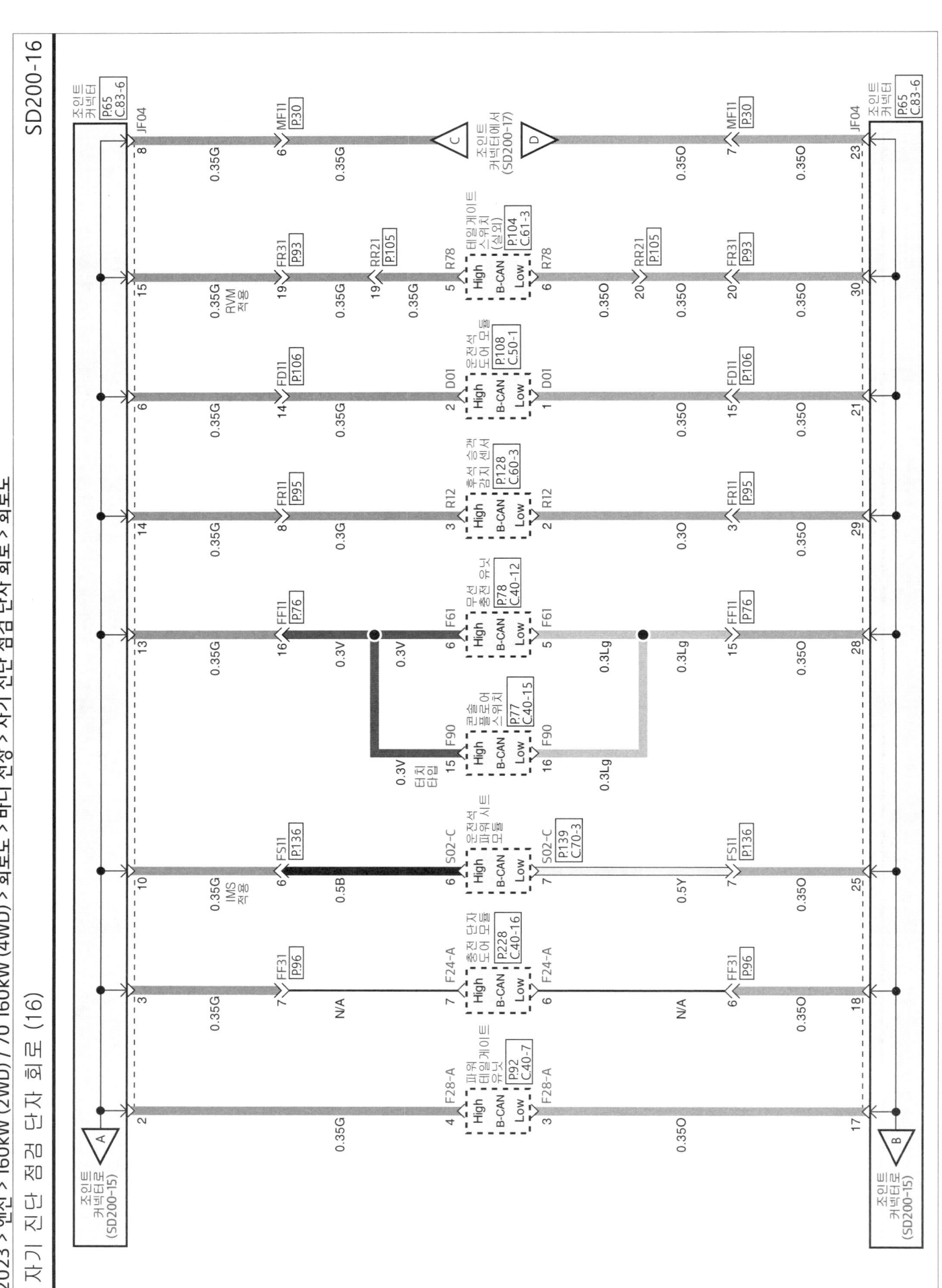

SD200-17

자기 진단 점검 단자 회로 (17)

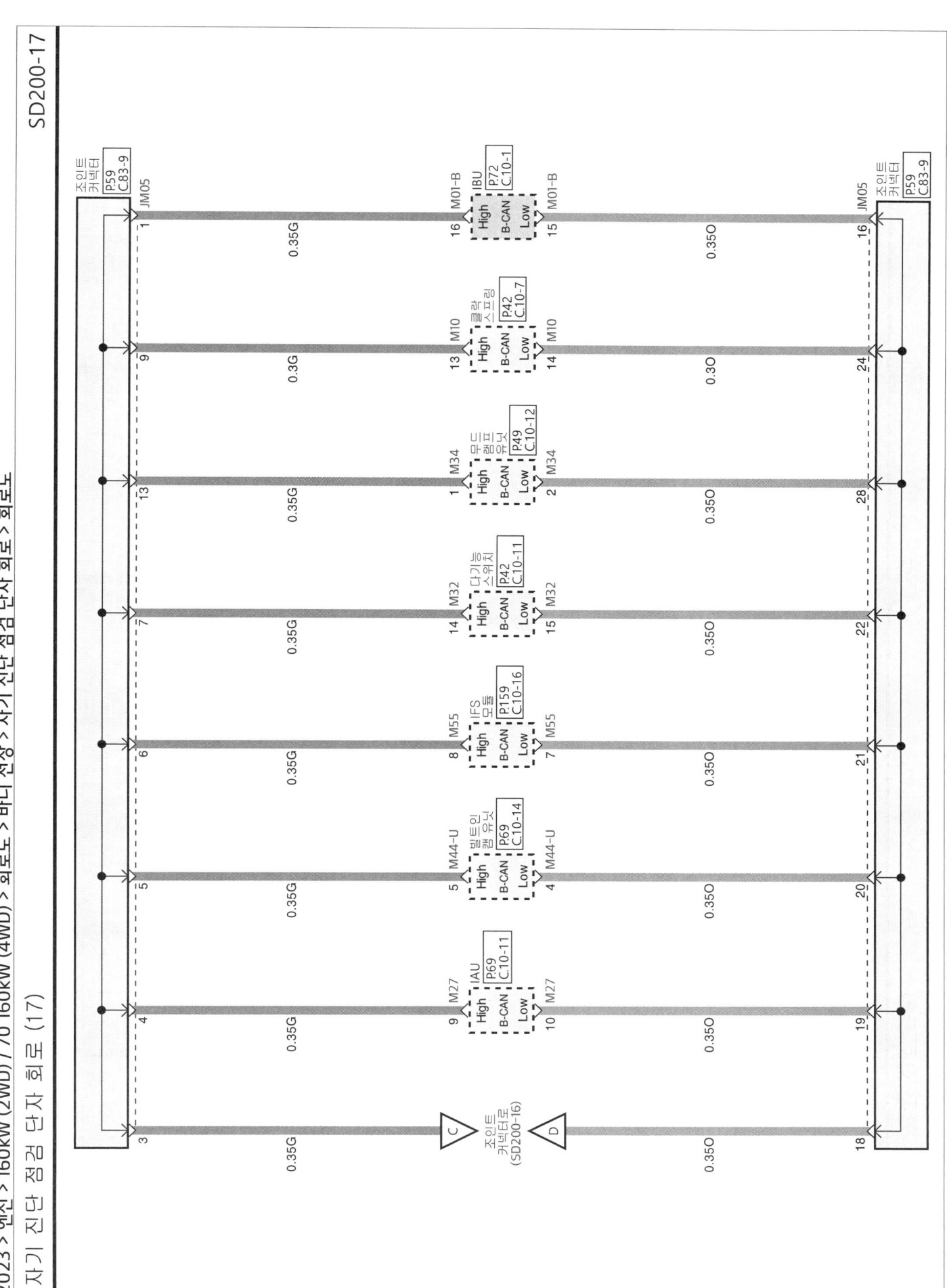

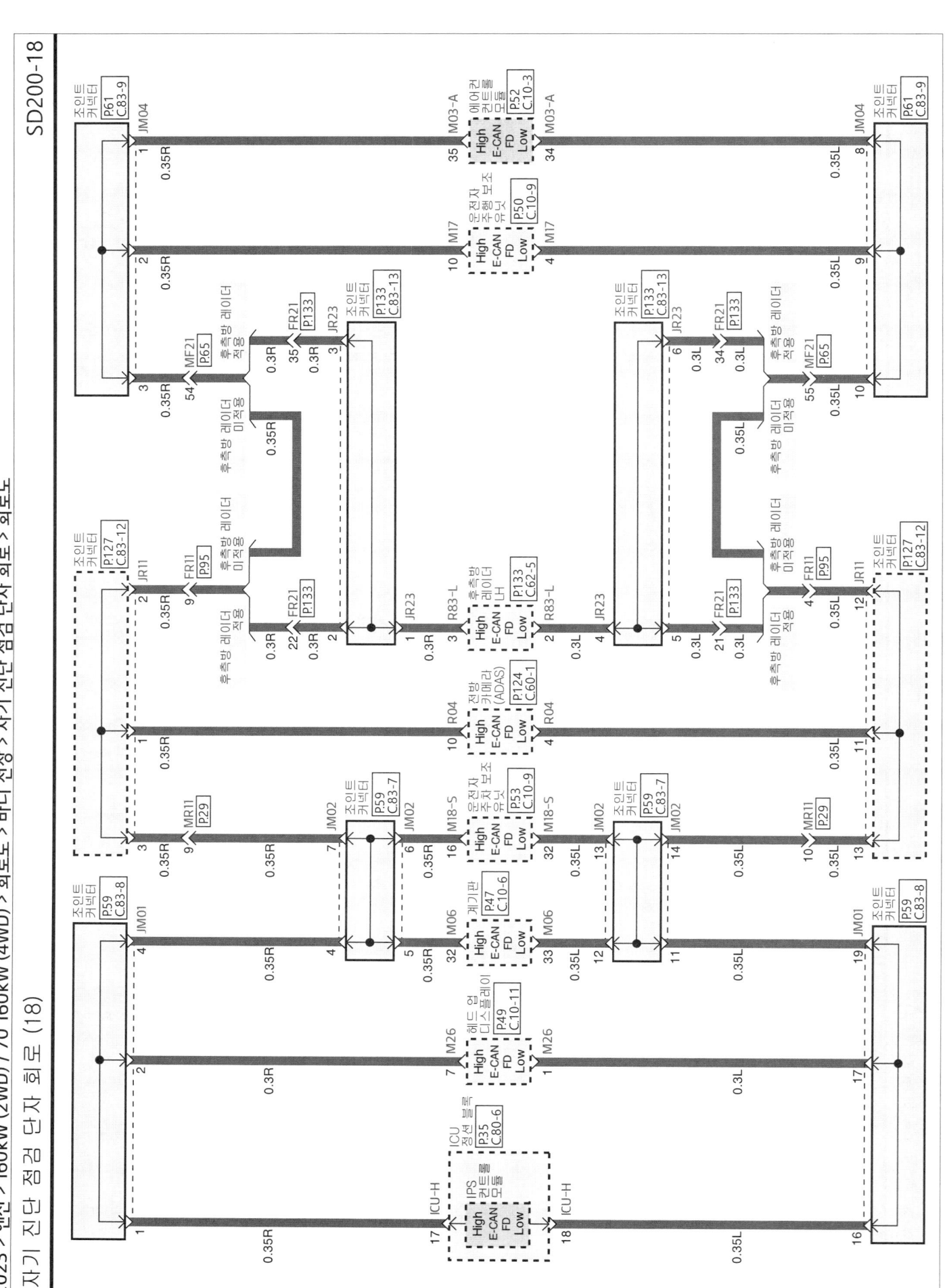

자기 진단 점검 단자 회로 (19)

자기 진단 점검 단자 회로 (20)

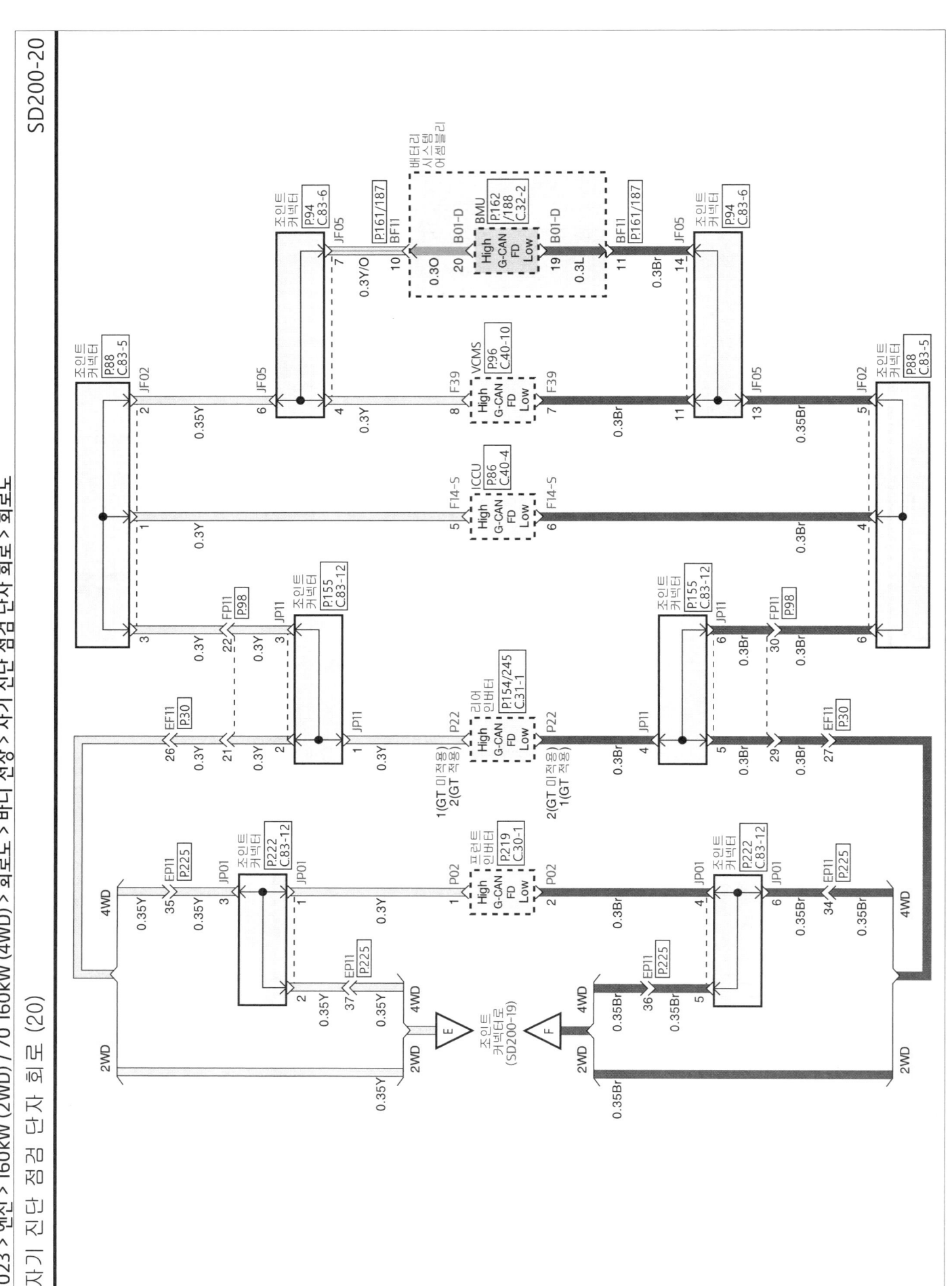

자기 진단 점검 단자 회로 (21)

SD200-21

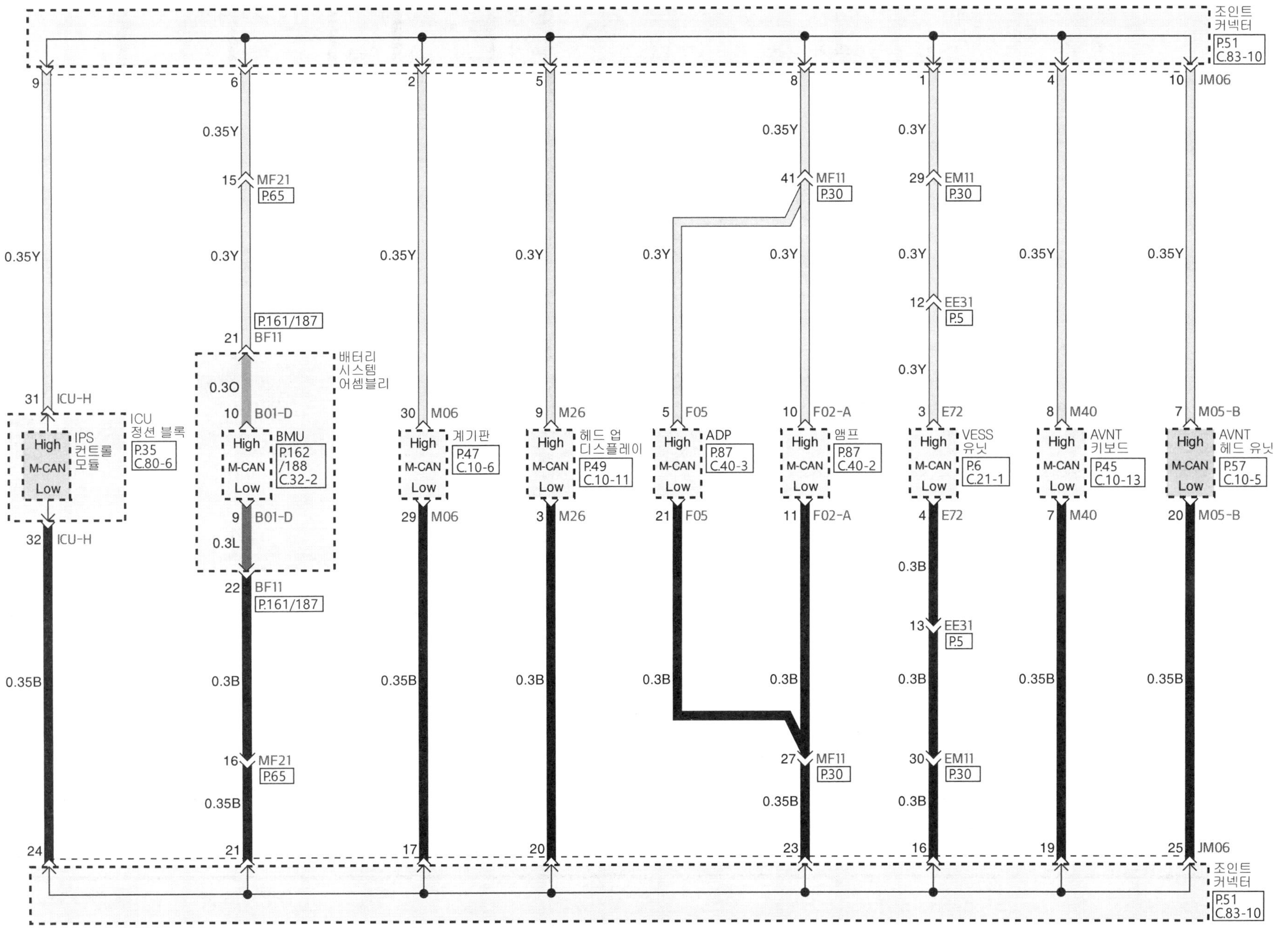

자기 진단 점검 단자 회로 (22)

SD200-22

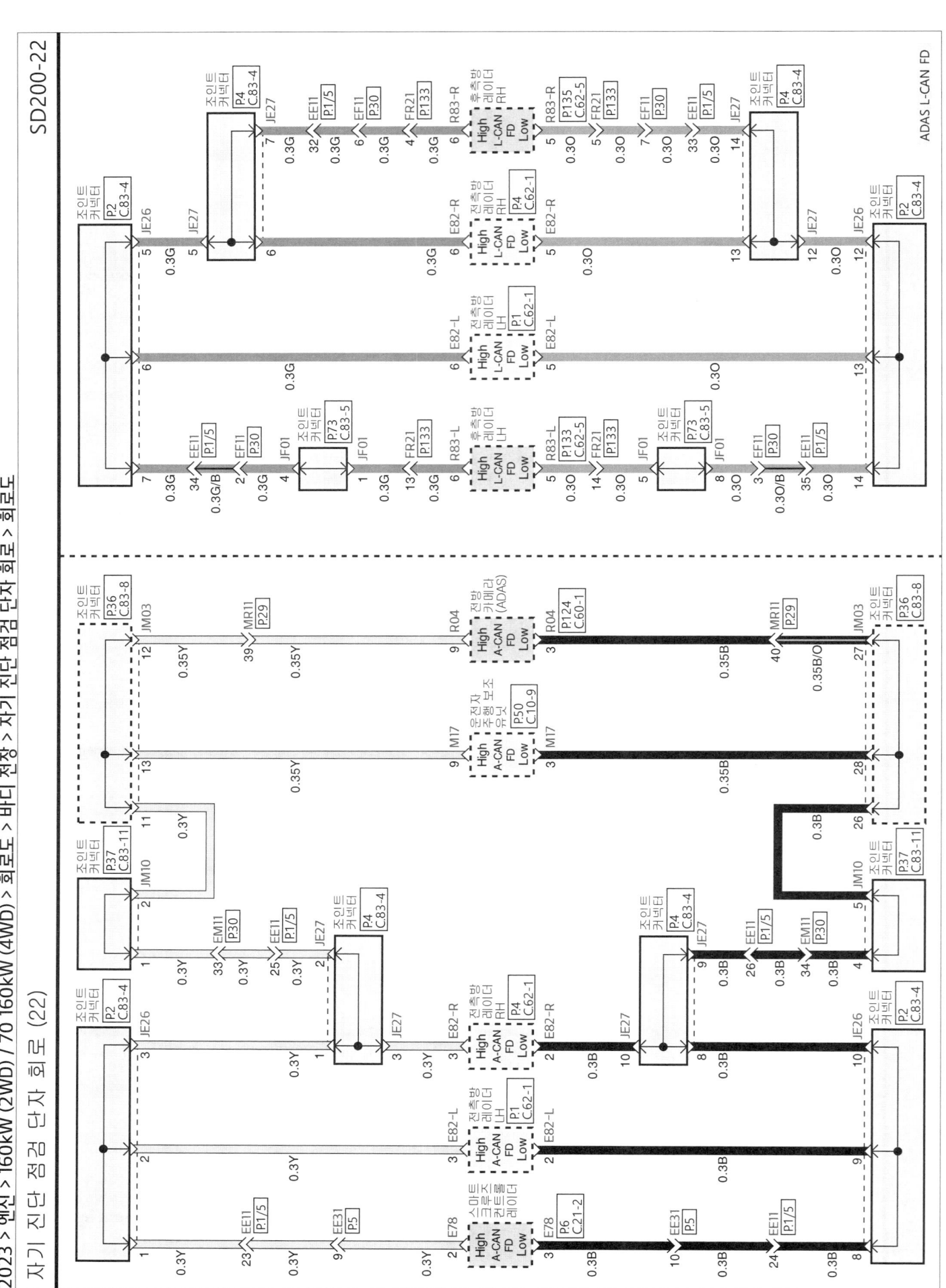

ADAS L-CAN FD

자기 진단 점검 단자 회로 (23)

L-CAN (NFC)

IAU	IAU
DR OSH	운전석 도어 아웃사이드 핸들
PS OSH	동승석 도어 아웃사이드 핸들
WIRELESS CH	무선충전 유닛

- ■ : 종단 저항 부하
- □ : 제어기 부품 명칭
- ● : 조인트 커넥터
- ▦ : 하네스 연결 커넥터
- — : 주선 TWIST PAIR

Male
Female

자기 진단 점검 단자 회로 (24)

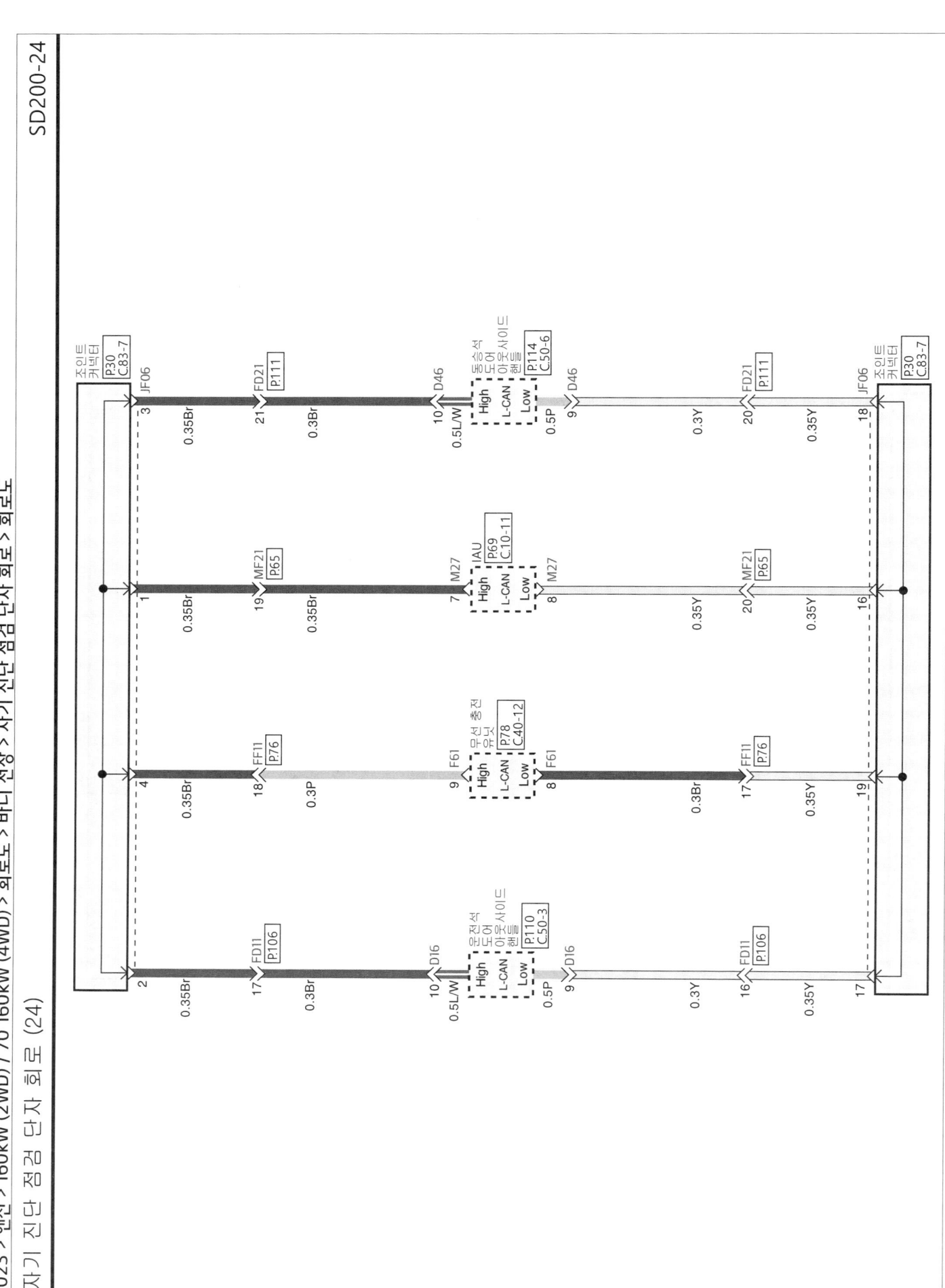

※ ETCS (Electronic Toll Collection System)

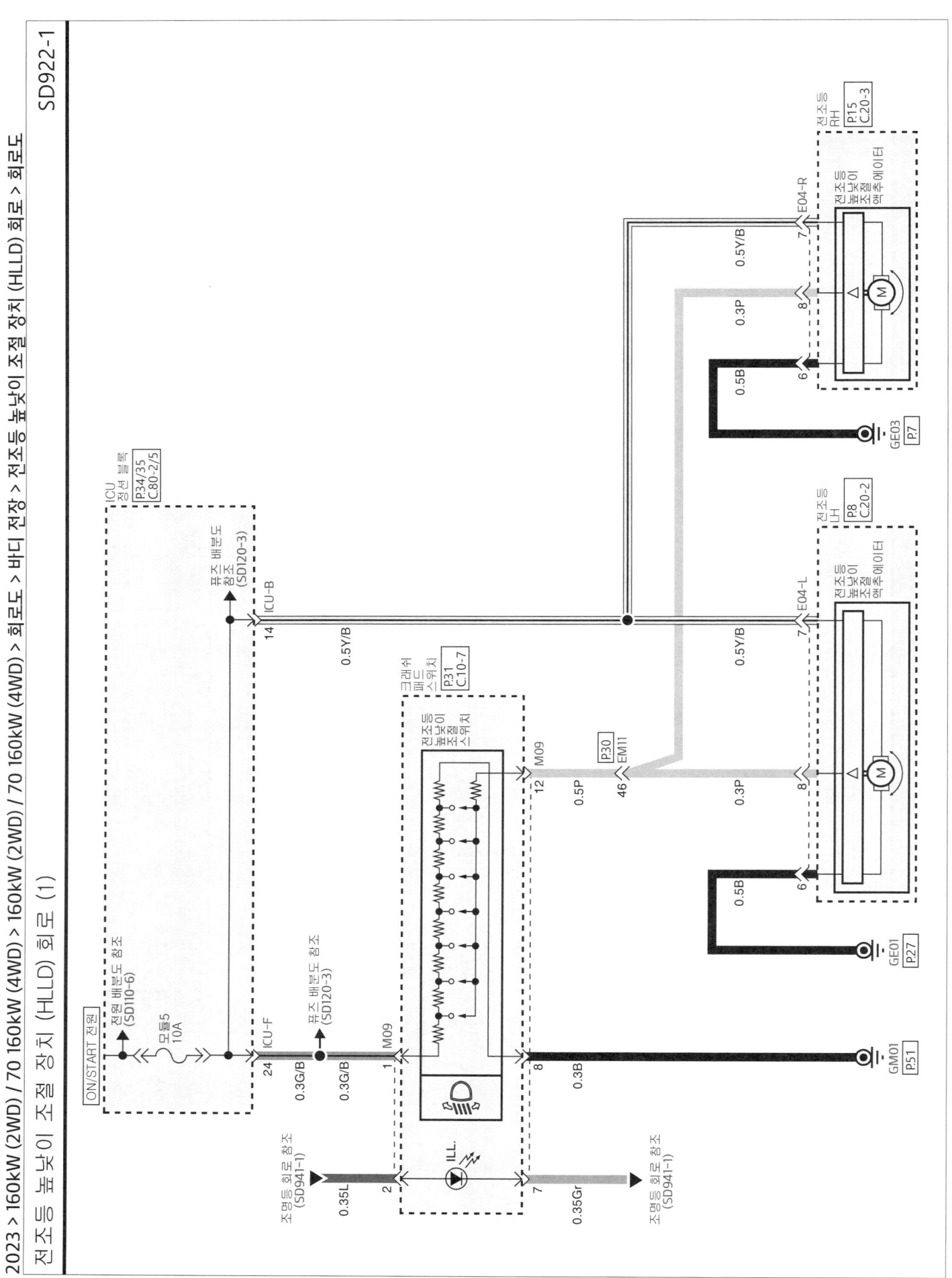

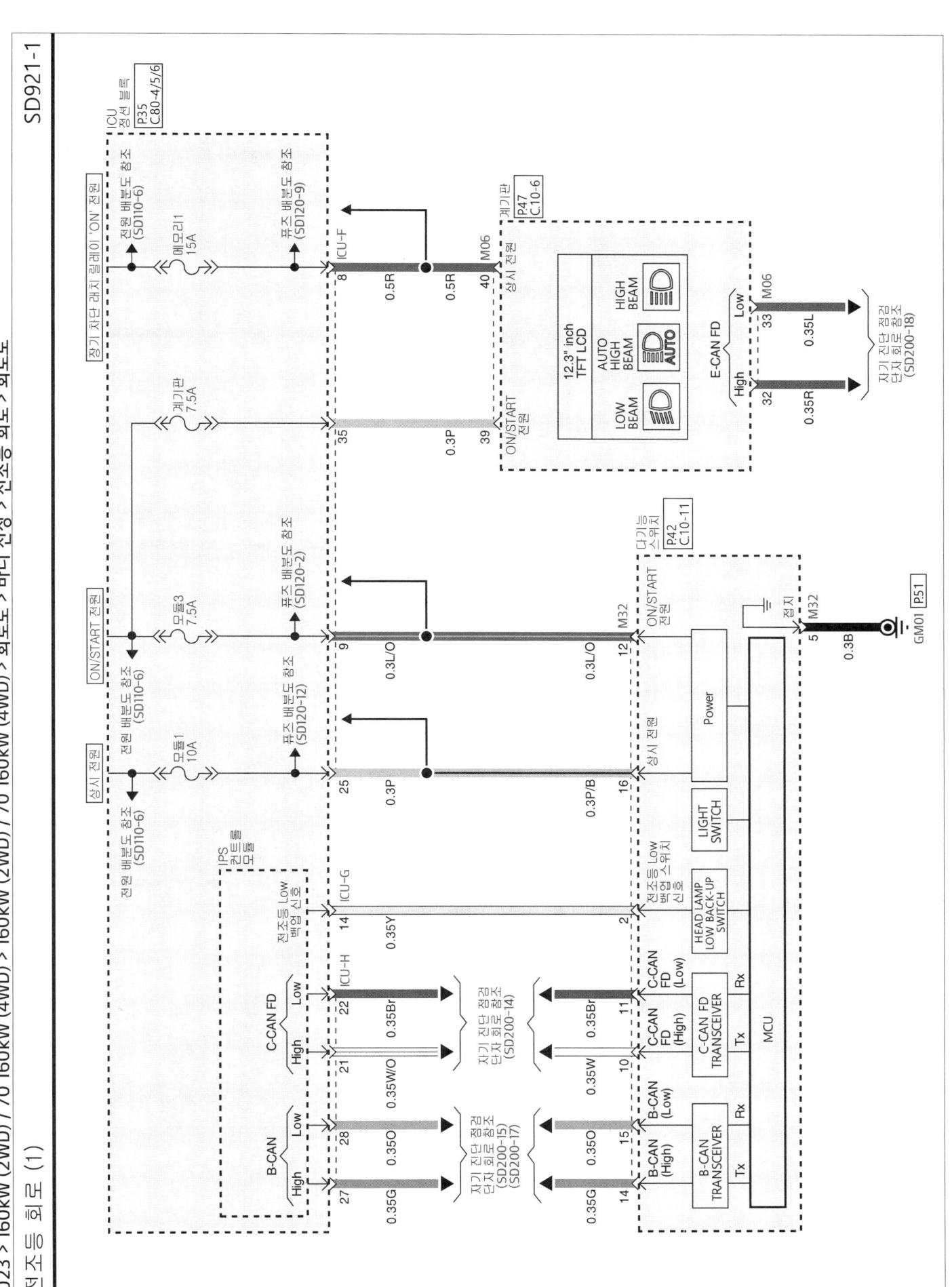

SD921-1

2023 > 160kW (2WD) / 70 160kW (4WD) > 160kW (2WD) / 70 160kW (4WD) > 회로도 > 바디 전장 > 전조등 회로 > 회로도

전조등 회로 (1)

- 111 -

Option (High Beam + Low Beam)

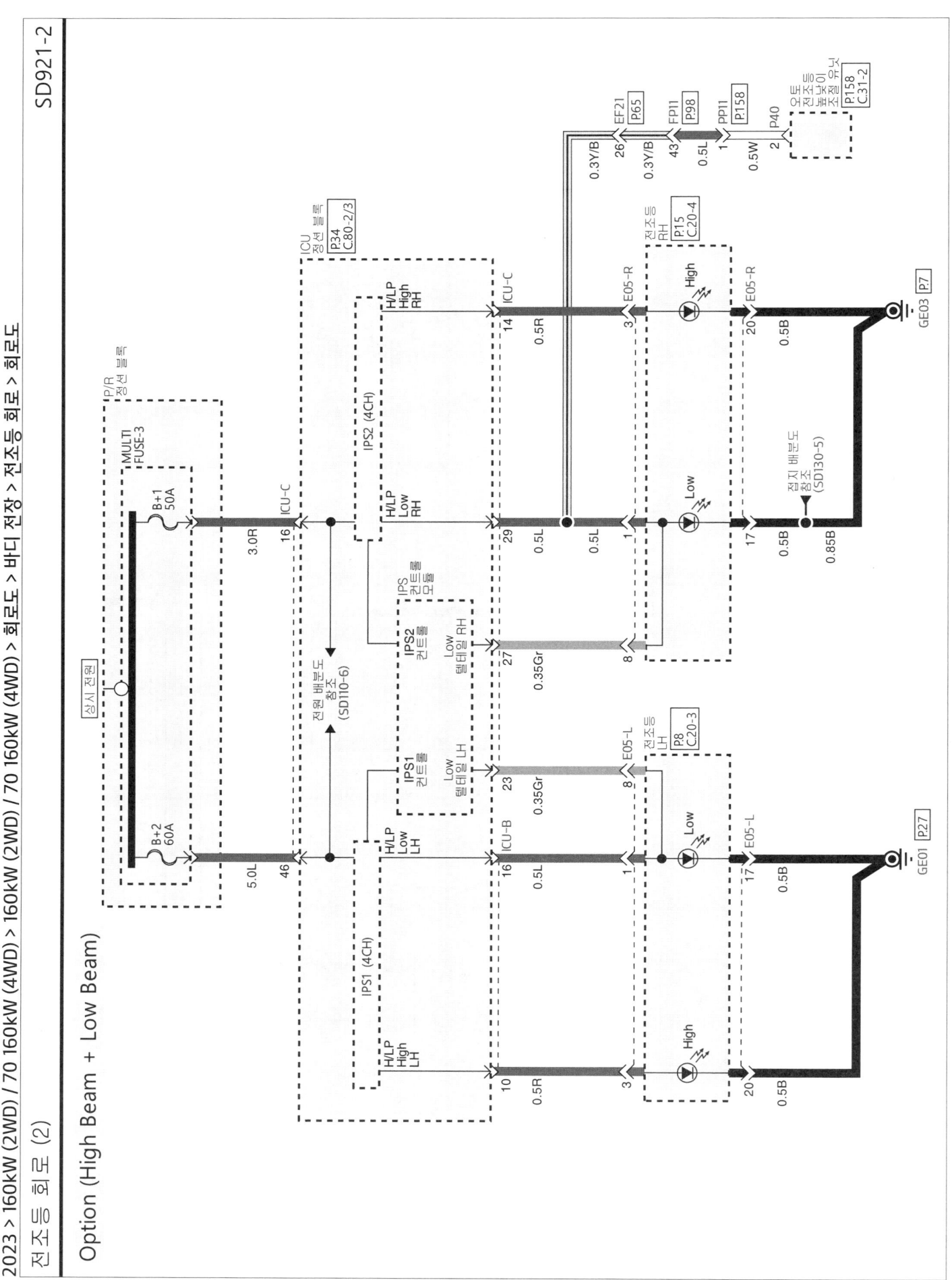

Standard
(Multi Focusing Reflector)

정지등 회로 (1)

SD927-1

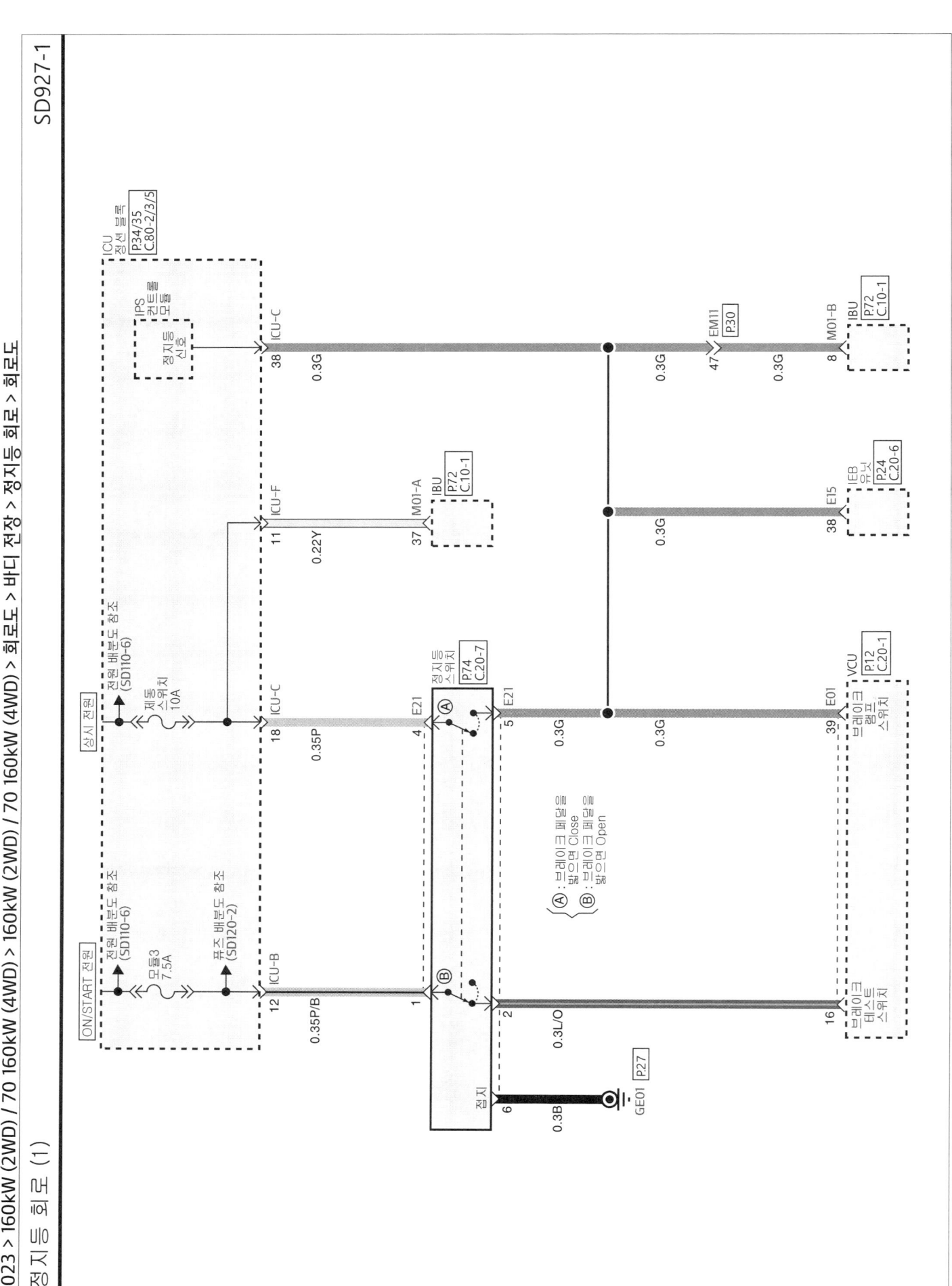

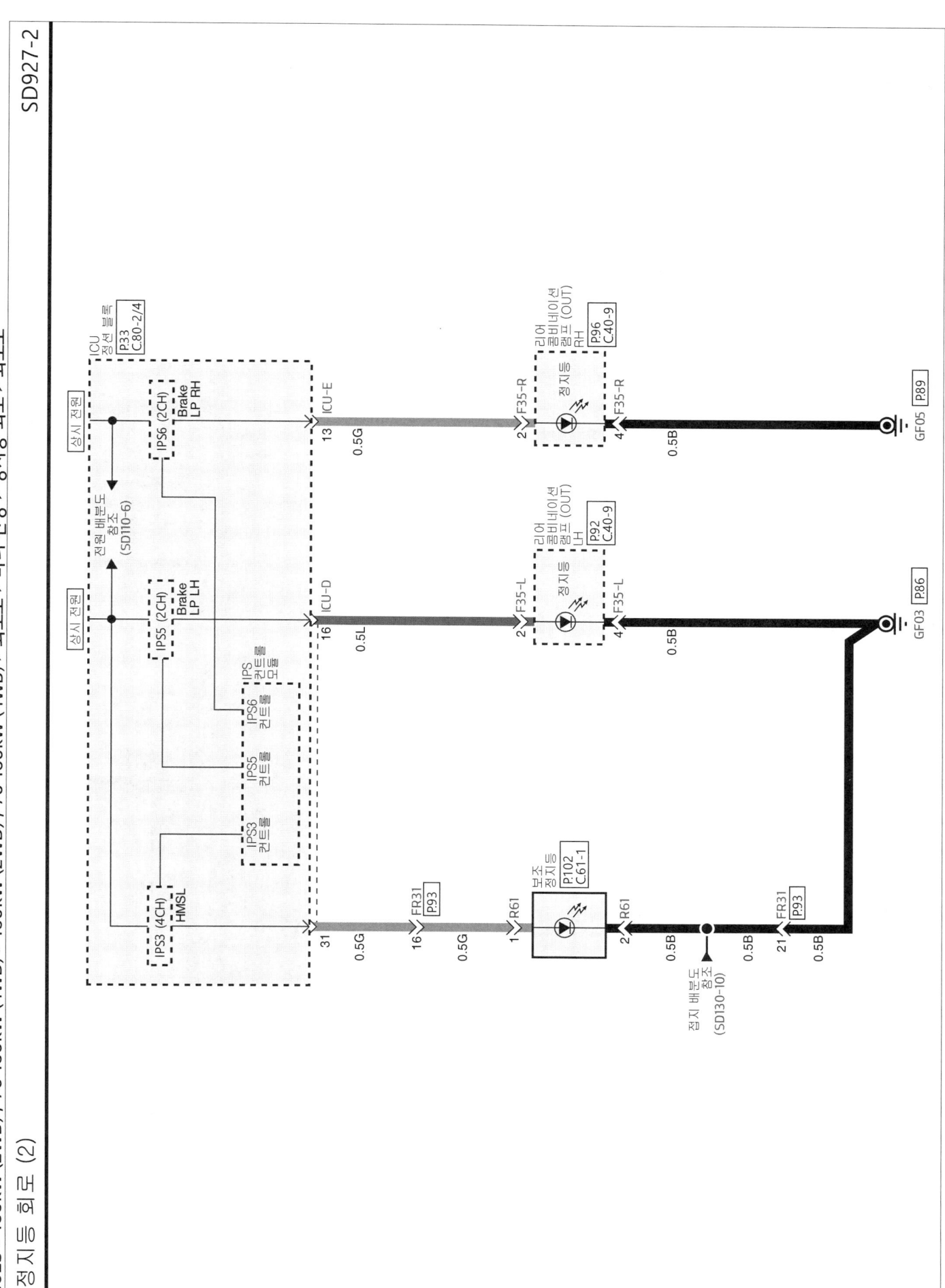

2023 > 160kW (2WD) / 70 160kW (4WD) > 160kW (2WD) / 70 160kW (4WD) > 회로도 > 회로도 > 바디 전장 > 조명등 회로 > 회로도

조명등 회로 (1)

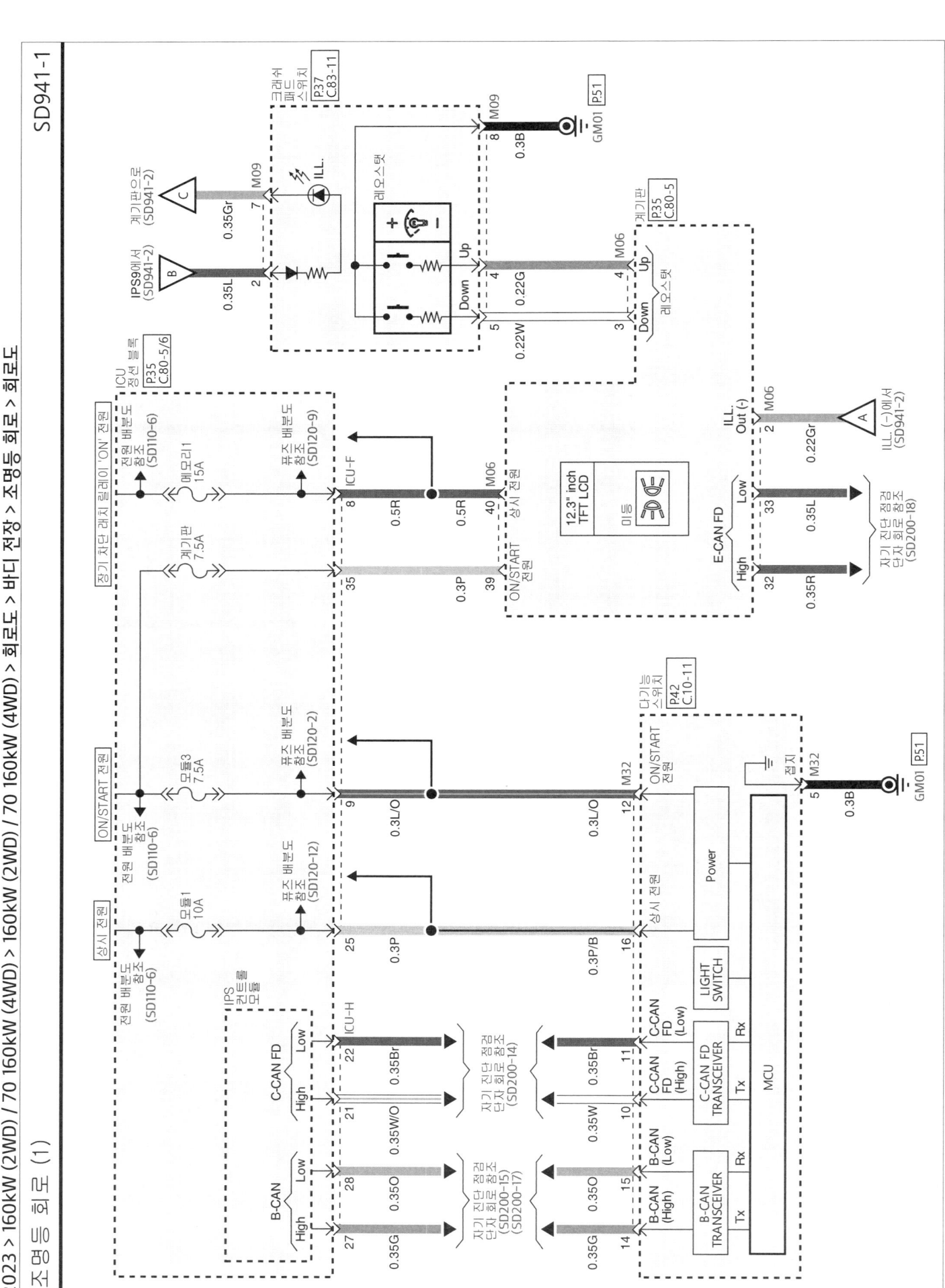

조명등 회로 (2)

SD941-2

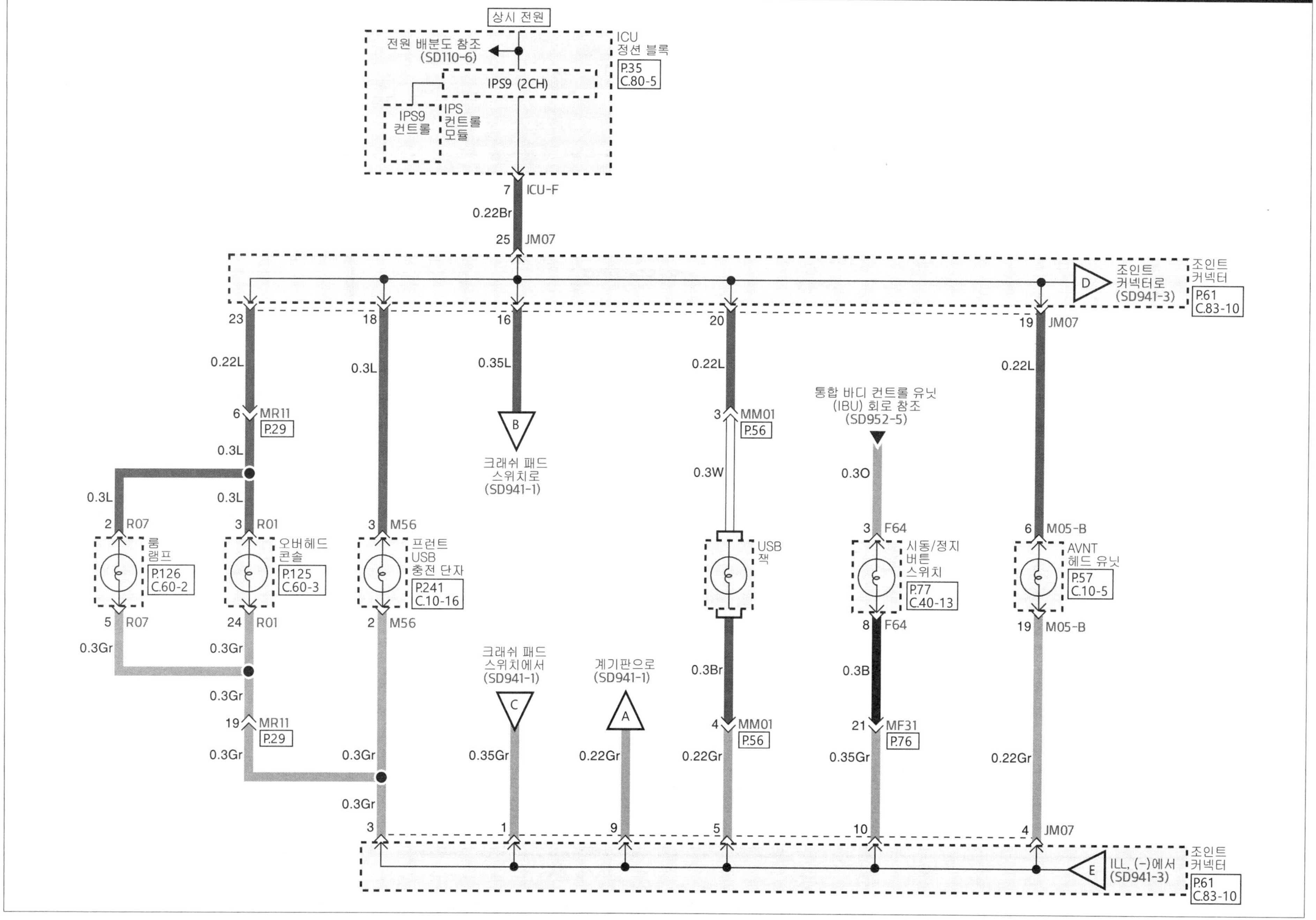

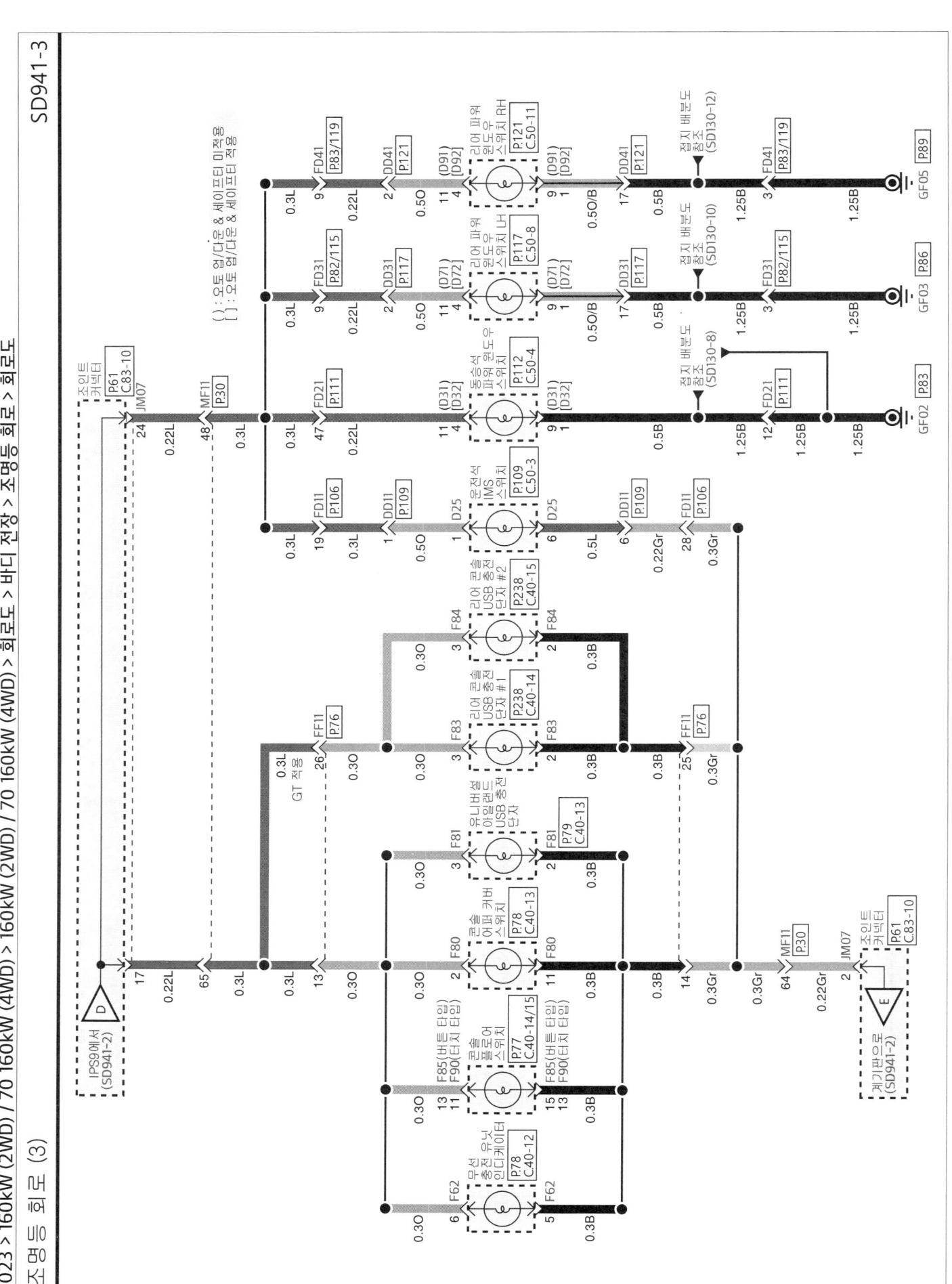

SD958-1

주간 주행등 (DRL) 회로 (1)

ICU 정션블록

전력 차단 래치 릴레이 'ON' 전원

ICU

전원 배분도 참조 (SD110-6)

메모리1
15A

퓨즈 배분도 참조 (SD120-9)

8 ICU-F

0.5R

퓨즈 배분도 참조 (SD120-9)

0.5R

40 M06

P34/35
C.80-3/5/6

P47
C.10-6

계기판

상시 전원

12.3" inch TFT LCD

미등

E-CAN FD

Low 33 M06
High 32

0.35L
0.35R

자기 진단 점검 단자 회로 참조 (SD200-18)

계기판
7.5A

35

0.3P 39

ON/START 전원

퓨즈 배분도 참조 (SD120-2)

ON/START 전원

전원 배분도 참조 (SD110-6)

모듈3
7.5A

9

0.3L/O

0.3L/O 12 M32

P42
C.10-11

다기능 스위치

ON/START 전원

상시 전원

상시 전원

전원 배분도 참조 (SD110-6)

모듈1
10A

퓨즈 배분도 참조 (SD120-12)

25

0.3P

0.3P/B 16

Power

접지 5 M32

0.3B

GM01 P51

IPS 컨트롤 모듈

전원 배분도 참조 (SD110-6)

IPS7 컨트롤 모듈

C-CAN FD

Low 22 ICU-H
High 21

0.35Br
0.35W/O

자기 진단 점검 단자 회로 참조 (SD200-14)

C-CAN FD (Low) 11
C-CAN FD (High) 10

0.35Br
0.35W

LIGHT SWITCH

C-CAN FD TRANSCEIVER Rx Tx

MCU

B-CAN

Low 28
High 27

0.35O
0.35G

자기 진단 점검 단자 회로 참조 (SD200-15) (SD200-17)

B-CAN (Low) 15
B-CAN (High) 14

0.35O
0.35G

B-CAN TRANSCEIVER Rx Tx

상시 전원

전원 배분도 참조 (SD110-6)

IPS7 (2CH)

DRL RH 12 ICU-C

0.5O/B

전조등 RH

P15
C.20-3/4

E04-R (Standard) 11
E05-R (Option) 2

DRL

E04-R (Standard) 13
E05-R (Option) 18

0.5B

GE03 P7

전조등 LH

P8
C.20-2/3

DRL LH 8

0.5O/B

E04-L (Standard) 11
E05-L (Option) 2

DRL

E04-L (Standard) 13
E05-L (Option) 18

0.5B

GE01 P27

Standard : Multi Focusing Reflector
Option : High Beam + Low Beam

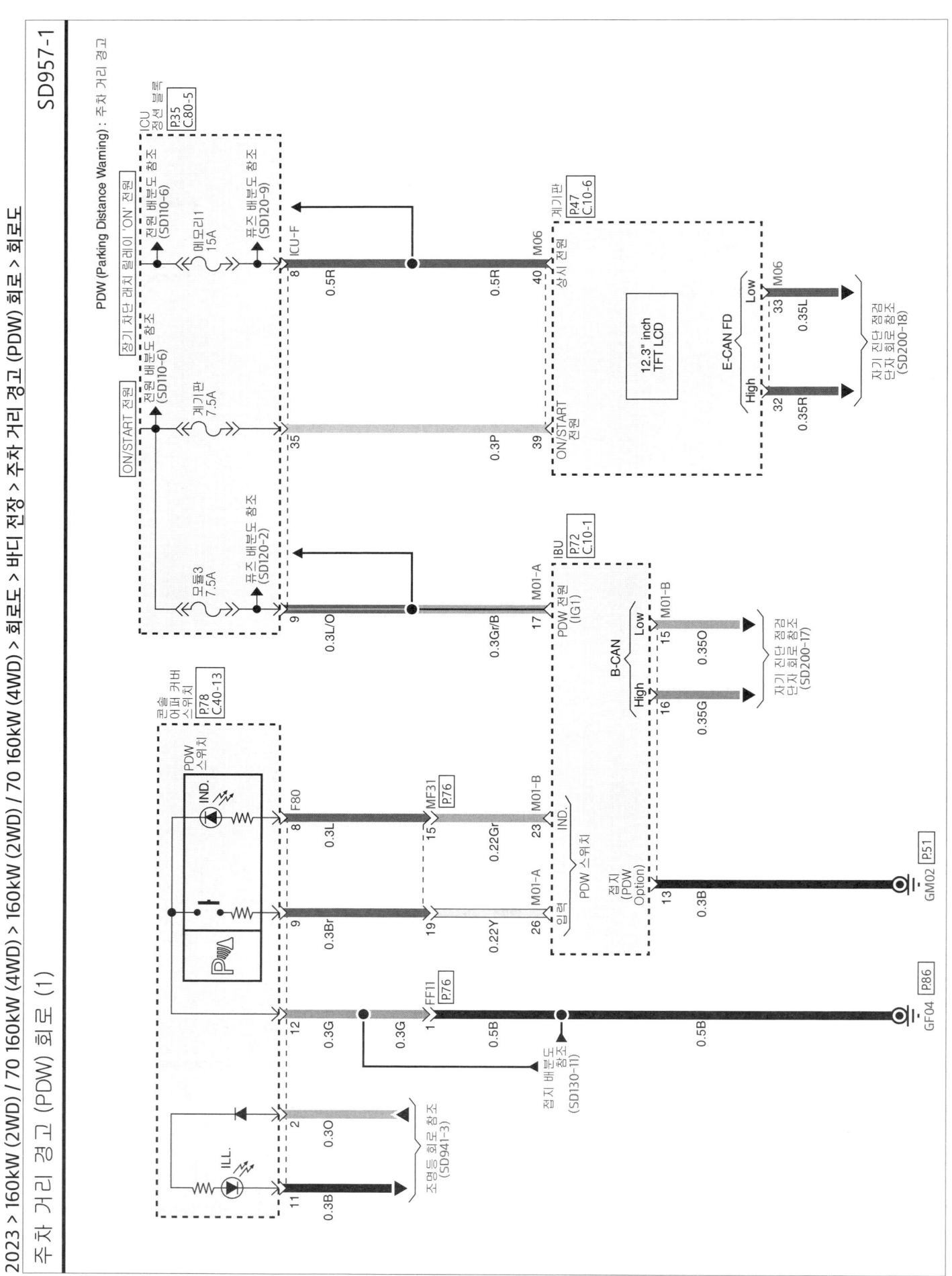

주차 거리 경고 (PDW) 회로 (2)

SD957-2

IBU
P.72
C.10-1
PDW-F 전원
LIN
16
30
M01-A
0.3L
0.3R
0.3L
0.3L
39
31
EM11
P.30
71
MF11
P.30
0.3R
0.3L/B
0.3L/O
4
17
EE11
P.1/5
A
후방 주차 거리 경고 센서로 (SD957-3) (SD957-4)
0.3R
0.3L
12
5
JE22
조인트 커넥터
P.3
C.83-3
11
4
10
3
9
2
8
1
JE22
0.35R
0.35L
6
5
E86-L
E86-CL
E86-CR
E86-R
전원
LIN
접지
전방 주차 거리 경고 센서 LH
P.1
C.62-2
전방 주차 거리 경고 센서 LH (CENTER)
P.2
C.62-2
전방 주차 거리 경고 센서 RH (CENTER)
P.4
C.62-2
전방 주차 거리 경고 센서 RH
P.4
C.62-2
4
0.35B
2
5
8
12
JE21
조인트 커넥터
P.3
C.83-2
13
JE21
0.3B
16
EE11
P.1/5
0.3B
접지 배분도 참조 (SD130-3)
0.85B
GE01
P.27

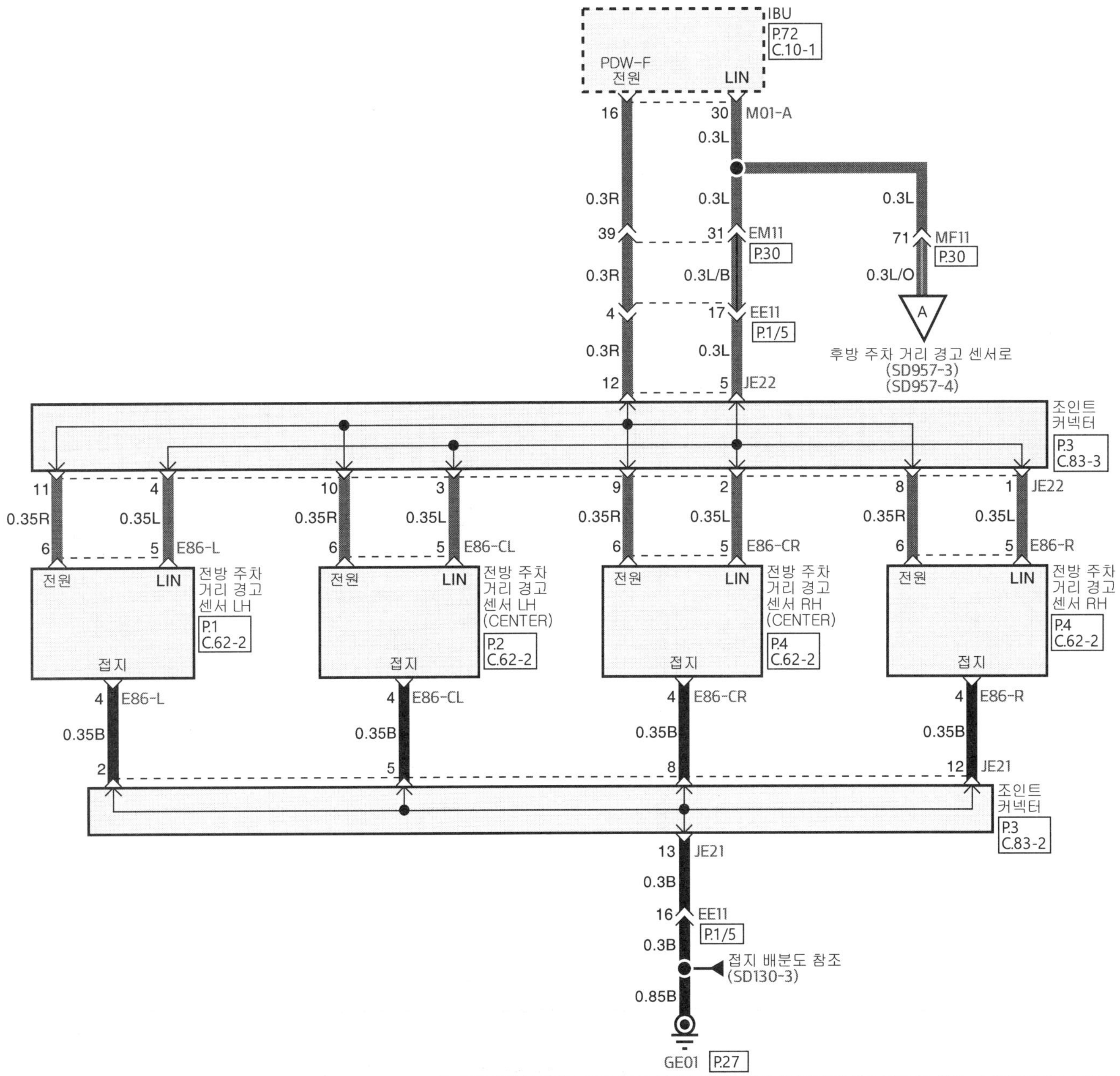

GT & GT-Line 미적용

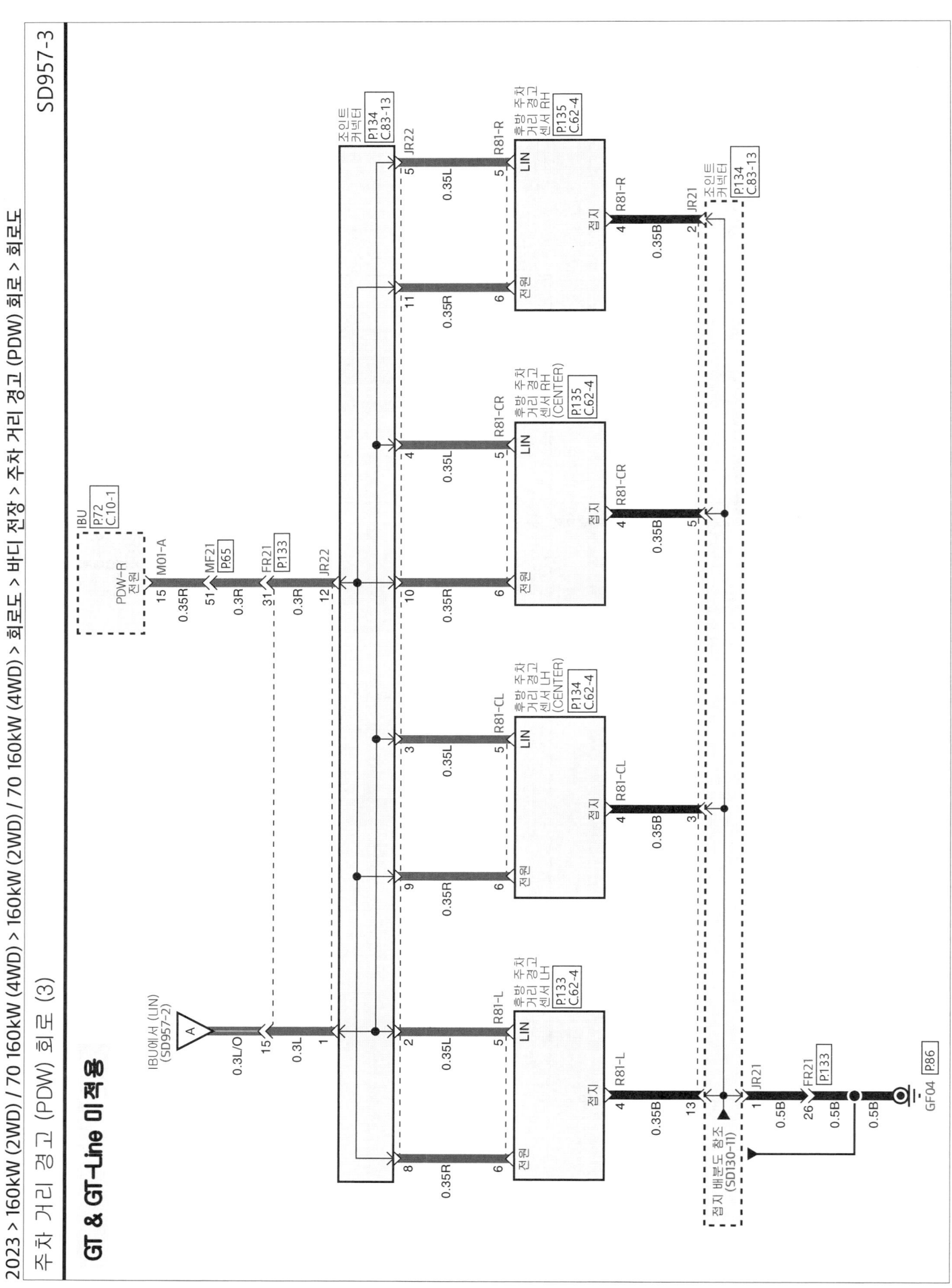

GT/GT-Line 적용

지능형 전조등 시스템 (IFS) 회로 (1)

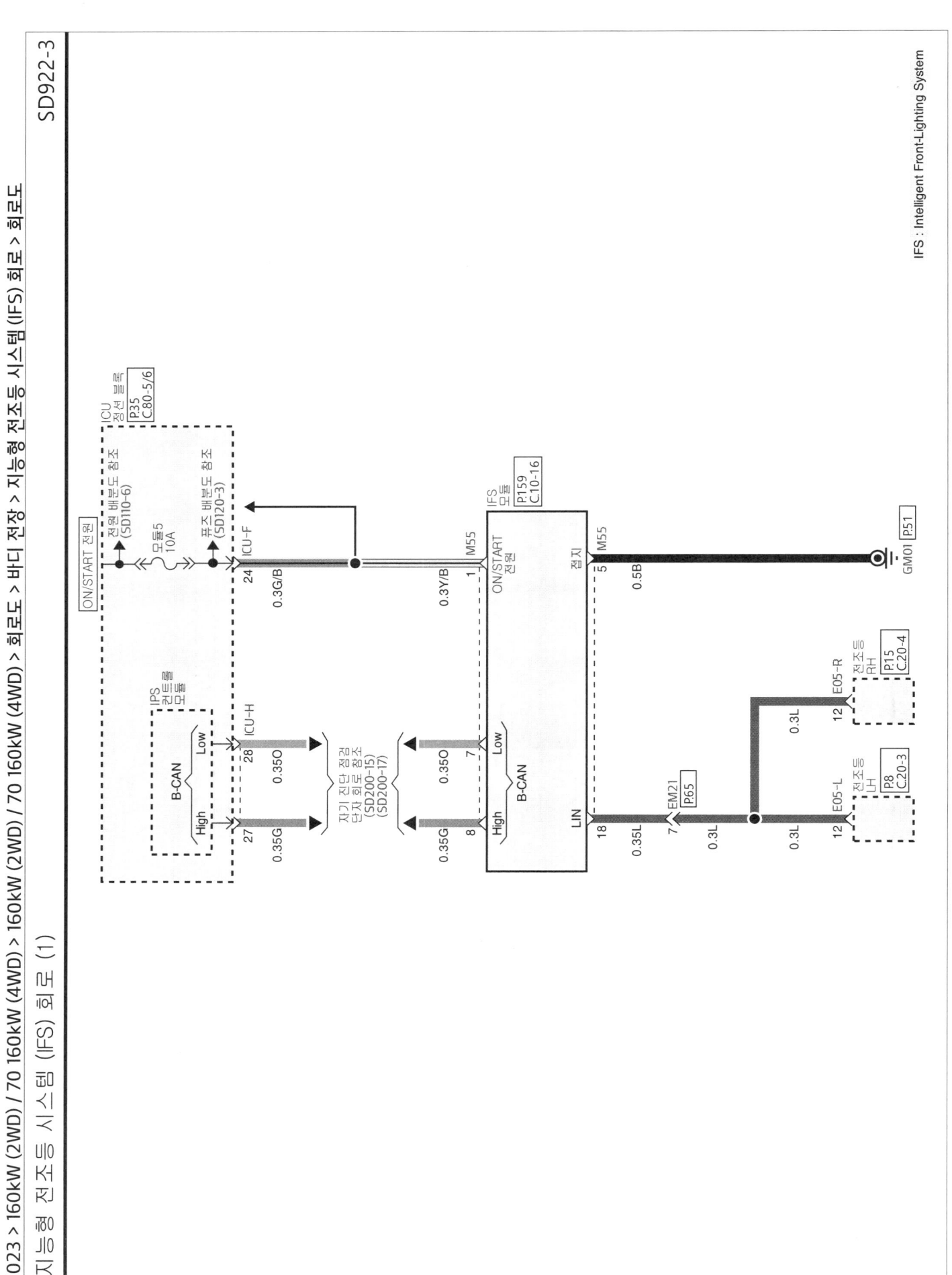

IFS : Intelligent Front-Lighting System

테일게이트 오프너 회로 (1)

파워 테일게이트 미적용

ICU
정션 블록
P33/34
C.80-1/2/4

IPS
컨트롤 모듈

테일게이트
(실외)

ICU-E 24 0.35P 15 FR31 P93 15 RR21 P:105 4 R78(RVM 적용) 6 R79(SVM/빌트인 캠 적용)

테일게이트
(실외)
P104
C.61-3

테일게이트
열림
스위치
(실외)

3 R78(RVM 적용)
3 R79(SVM/빌트인 캠 적용)
0.3B

UR01

0.35P(RVM 적용)
0.3P(SVM/빌트인 캠 적용)

0.35P(RVM 적용)
0.3P(SVM/빌트인 캠 적용)

테일게이트
Full Open
스위치

ICU-D 13 0.35L 22 0.35L 22 0.35L 5 R76

테일게이트
래치
P104
C.61-2

FULL
OPEN
스위치

테일게이트
Full Lock
스위치

ICU-E 12 0.3G 13 0.35G 13 0.35G 4 R76

FULL
LOCK
스위치

3 R76
0.3B

상시 전원

전원 배선도 참조
(SD110-6)

테일게이트
15A

테일게이트
릴레이

테일게이트
릴레이
컨트롤

PTC

M MOTOR

ICU-A 52 0.5R 14 0.5R 14 0.5R 2 1 0.5B

접지 배선도 참조
(SD130-10)

0.5B 21 RR21 P:105 0.5B 0.5B 21 FR31 P93 0.5B

GF03 P86

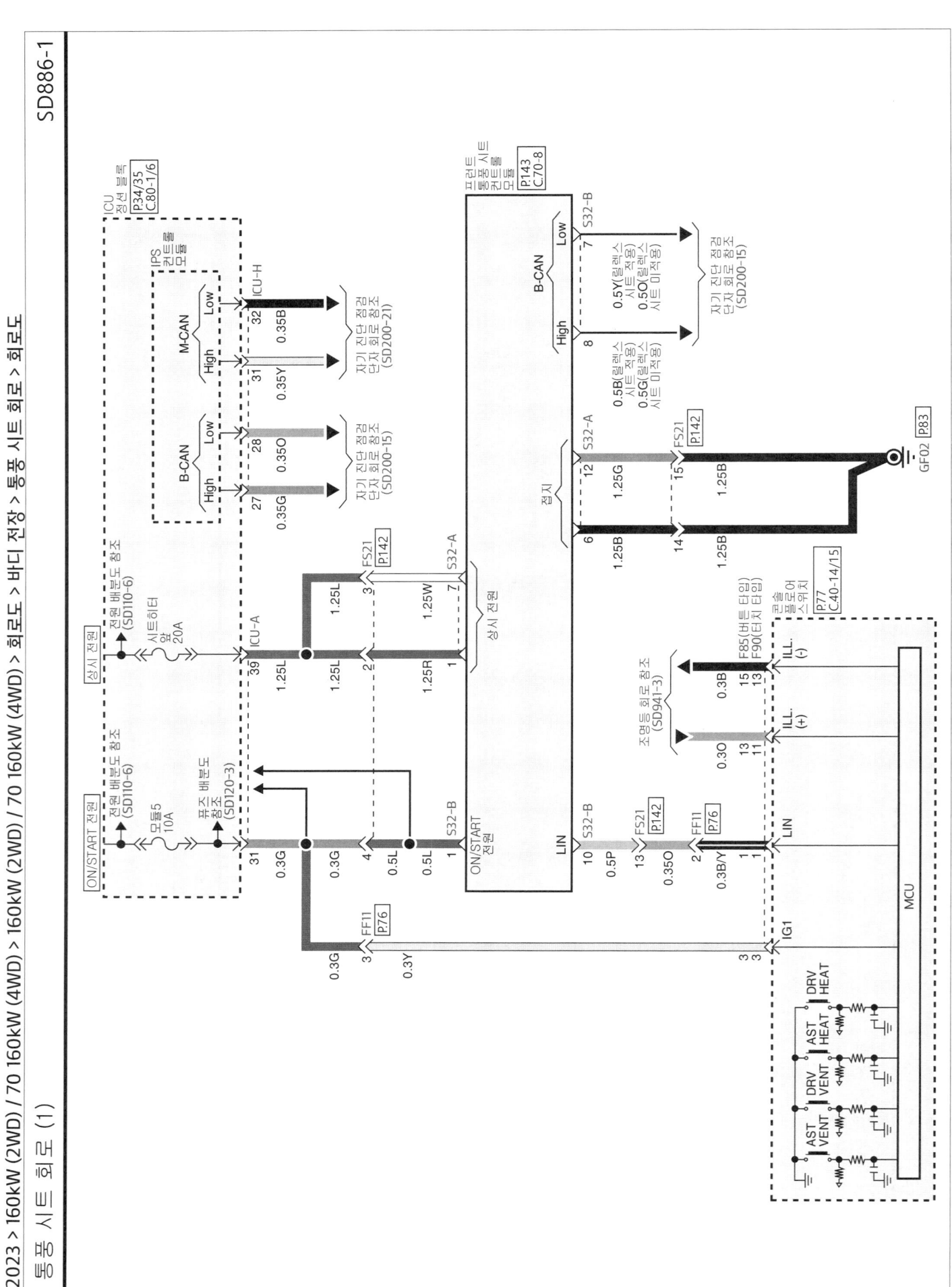

통풍 시트 회로 (2)

운전석
통풍블로어모터   P.138   C.70-4

S07	SPD_F/B	6	0.5L	21	0.22Br	23	0.5Br/O	4	SPD_F/B
FS11	P.136								
FS21	P.142								

SPD   5   0.5G   18   0.22Y   22   0.5L/O   3   SPD   운전석 블로어 모터

접지   3   0.5Gr   22   0.35W   29   0.5W/O   12   접지   통풍석 블로어 모터

전원   7   0.5P   17   0.35R   20   0.5G/O   2   전원

프런트
통풍시트
컨트롤모듈   P.143   C.70-8

S32-B

RPM_IN   16   0.5Br   5   RPM_IN
SPD   15   0.5G/B   5   SPD
접지   24   0.5O/B   3   접지
전원   14   0.5W/B   7   전원

S32-B

통승석
통풍블로어모터   P.144   C.70-7

S27

운전석
통풍시트 쿠션 히터   P.137   C.70-4

| S09 | 히터 접지 | 6 | 1.25Br | 13 | 1.25O | 32 | 1.25Br | 5 | 히터 접지 |
| | 히터 전원 | 3 | 1.25O | 2 | 1.25R | 17 | 1.25Y | 2 | 히터 전원 |
S32-A
S32-B

운전석 시트 히터
통승석 시트 히터

NTC (-)   5   0.5Br/B   26   0.5O   28   0.5Br/O   23   NTC (-)
NTC (+)   4   0.5O/B   12   0.5P   21   0.5Y/B   20   NTC (+)

통승석
통풍시트 쿠션 히터   P.144   C.70-8

S32-A   11   1.25Gr   6   히터 접지   S29
S32-B   3   1.25P   3   히터 전원

NTC (-)   22   0.5Gr/B   5   NTC (-)
NTC (+)   21   0.5P/B   4   NTC (+)

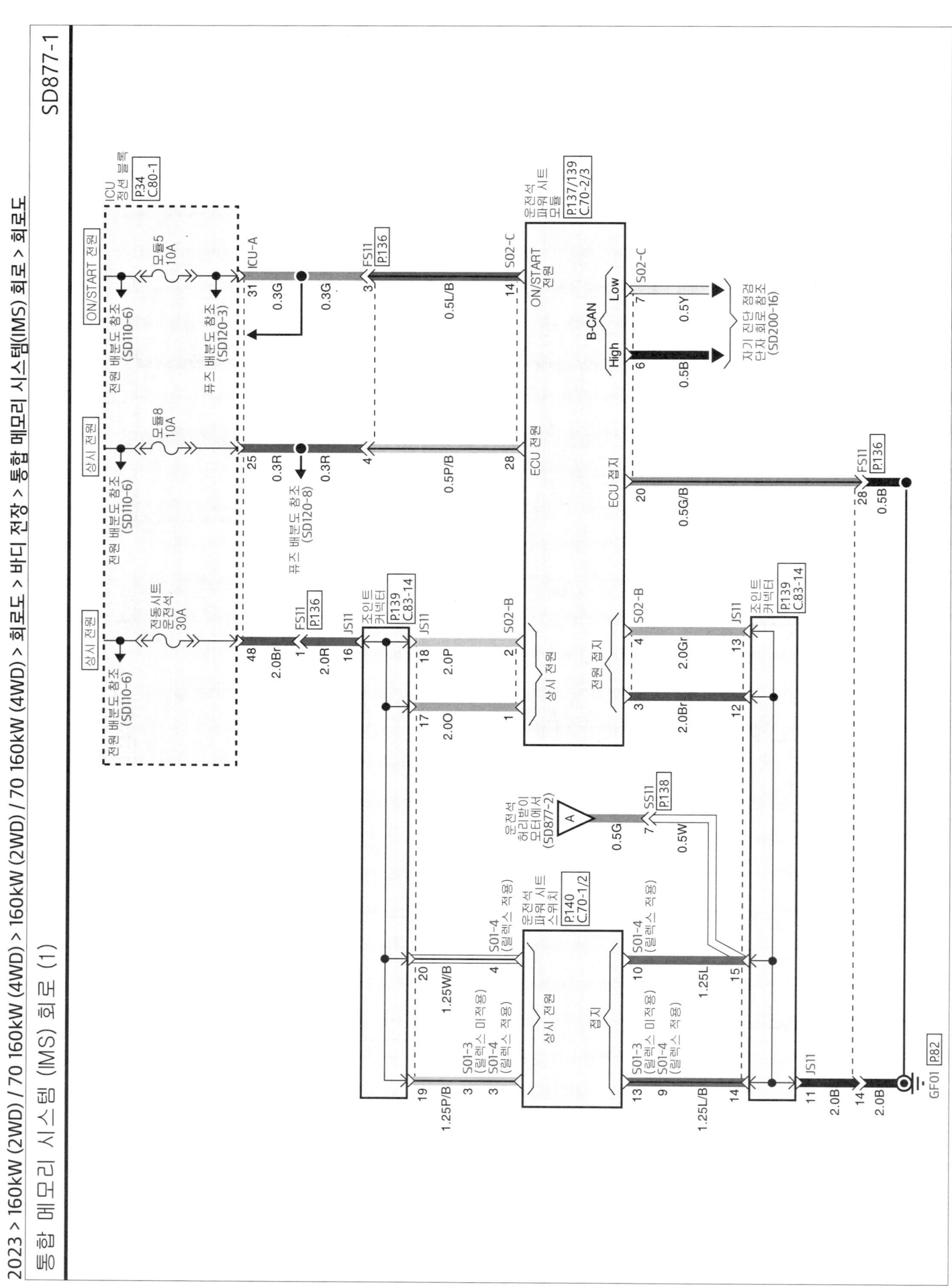

통합 메모리 시스템 (IMS) 회로 (2)

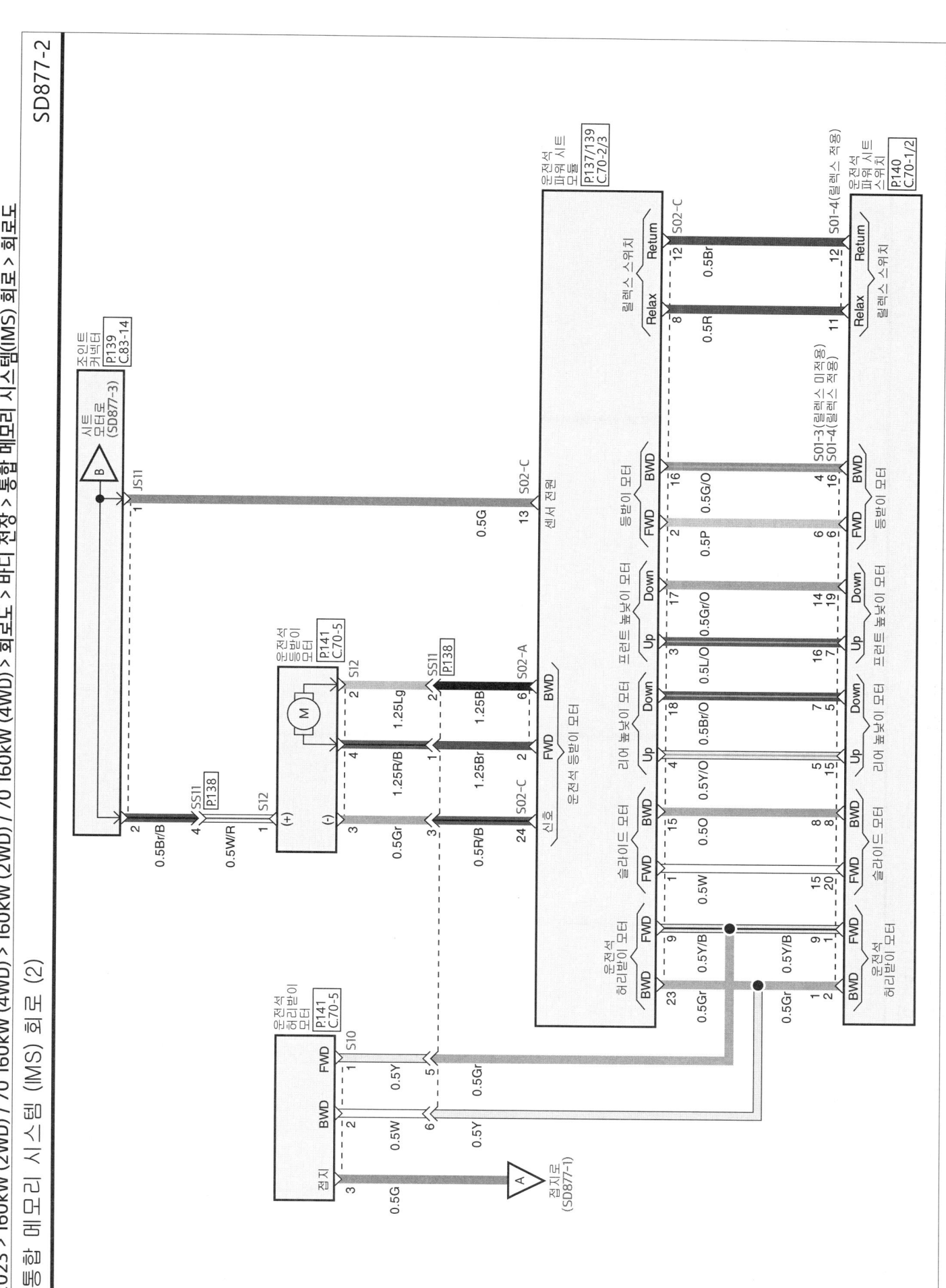

SD877-3

통합 메모리 시스템 (IMS) 회로 (3)

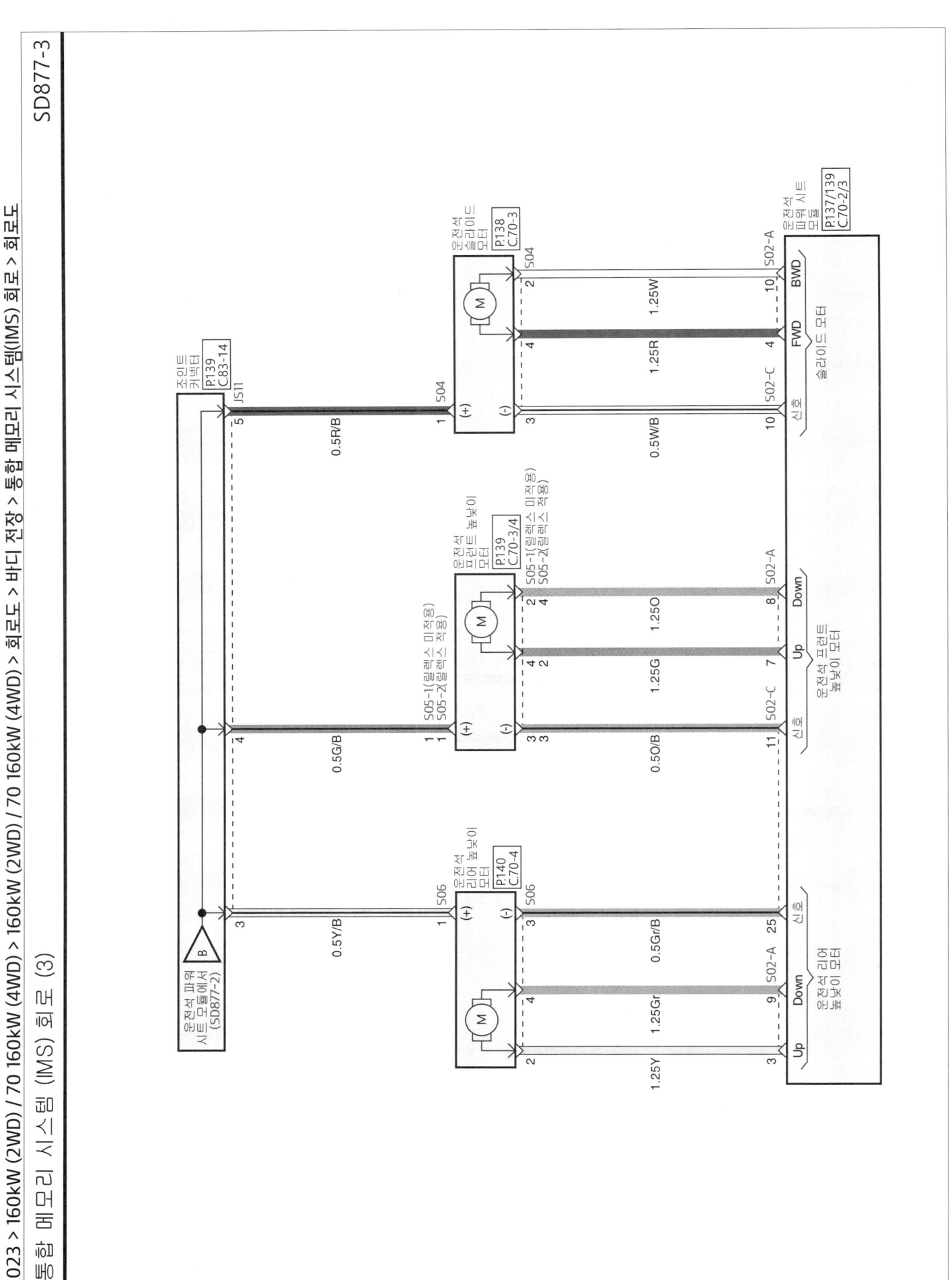

통합 메모리 시스템 (IMS) 회로 (4)

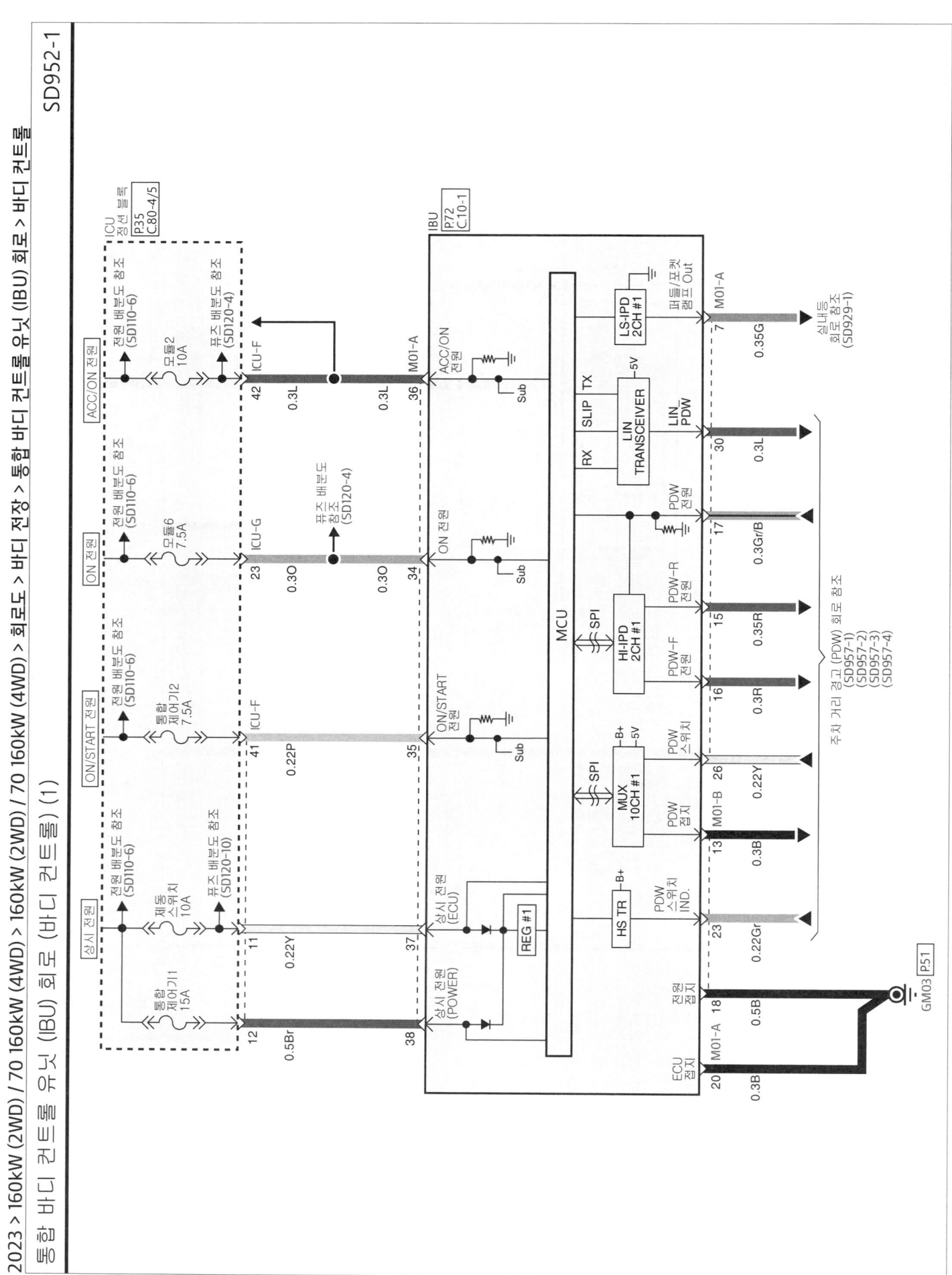

통합 바디 컨트롤 유닛 (IBU) 회로 (바디 컨트롤) (2)

SD952-2

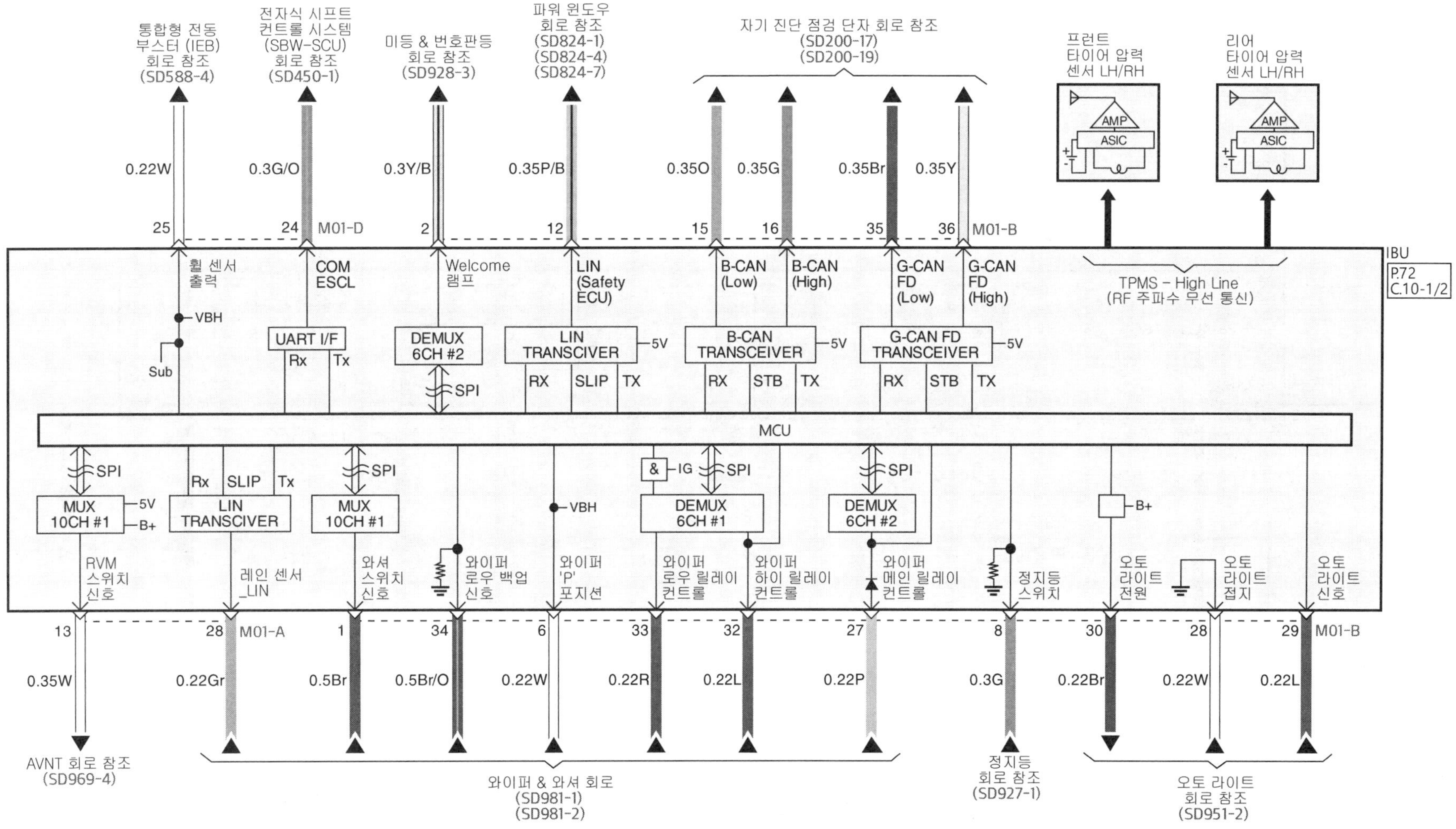

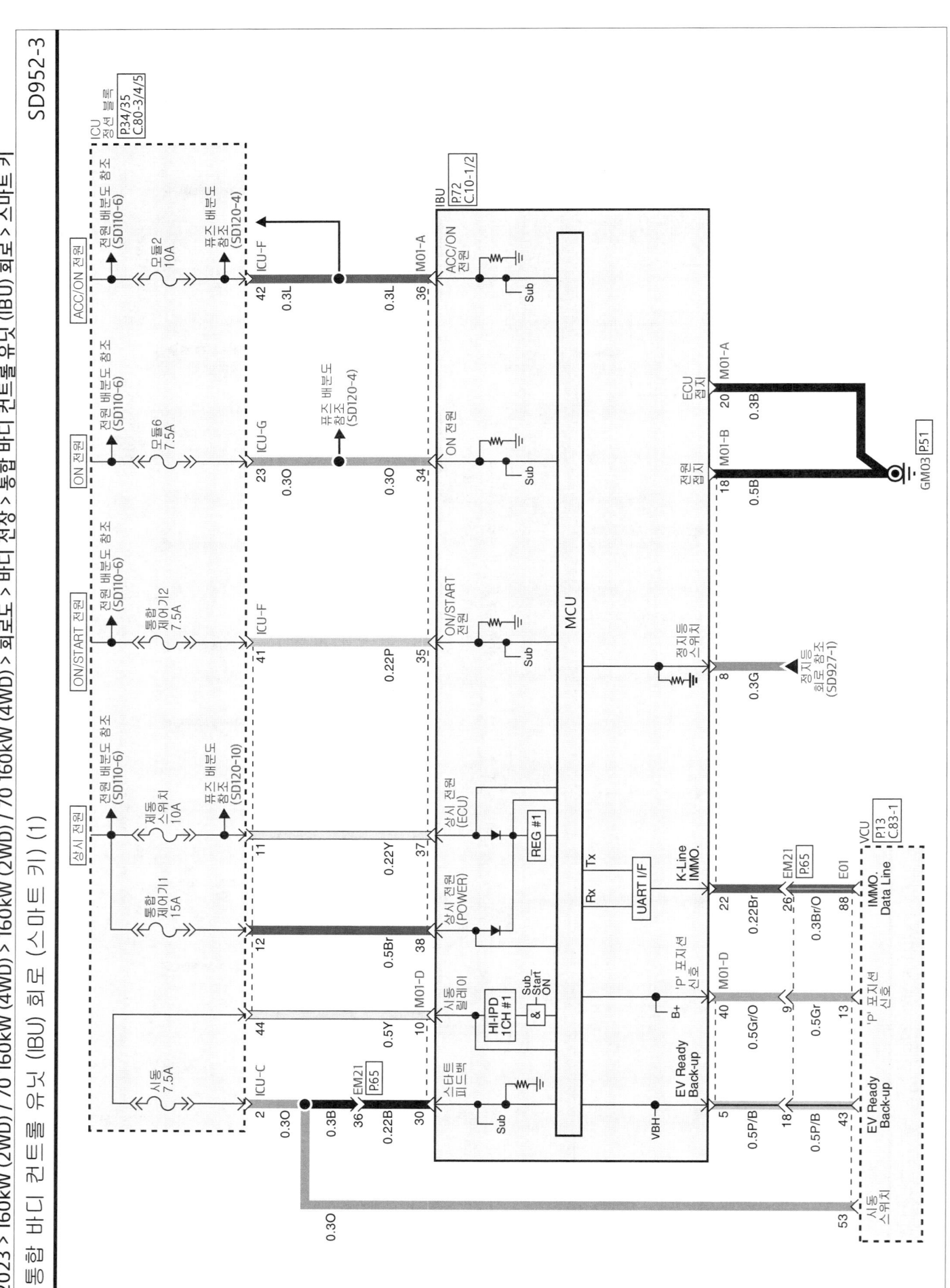

통합 바디 컨트롤 유닛 (IBU) 회로 (스마트 키) (2)

SD952-4

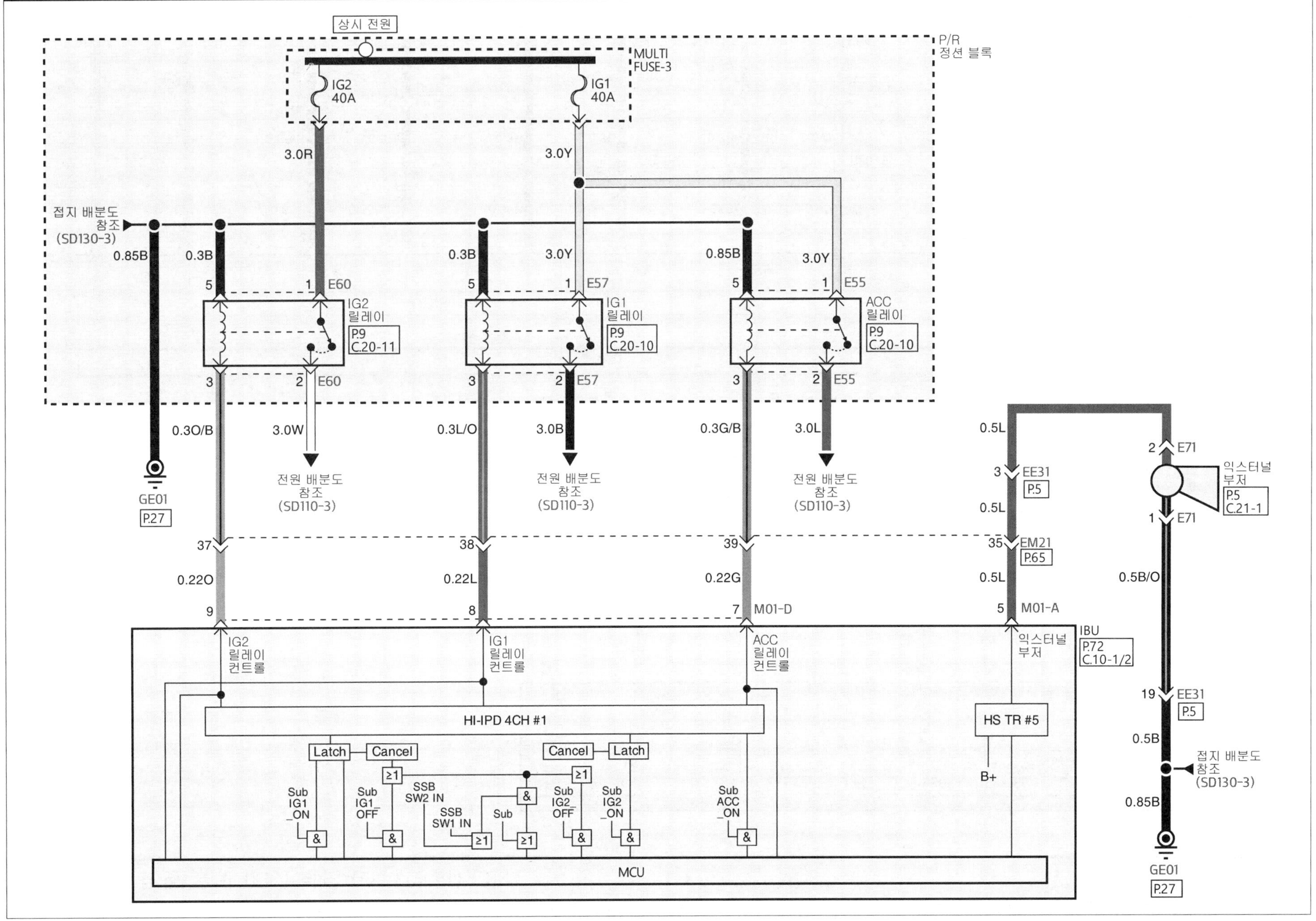

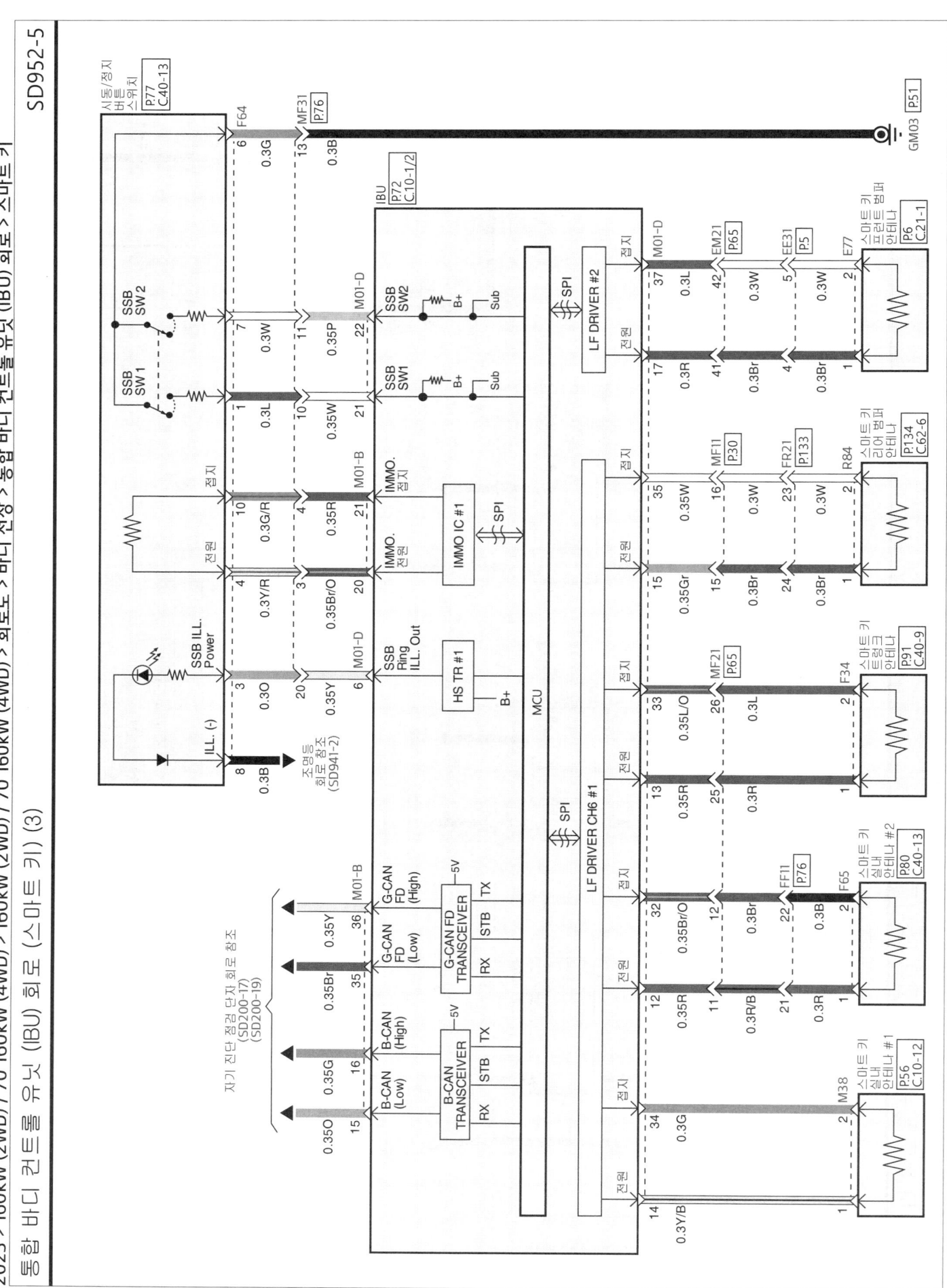

NFC 타입 미적용

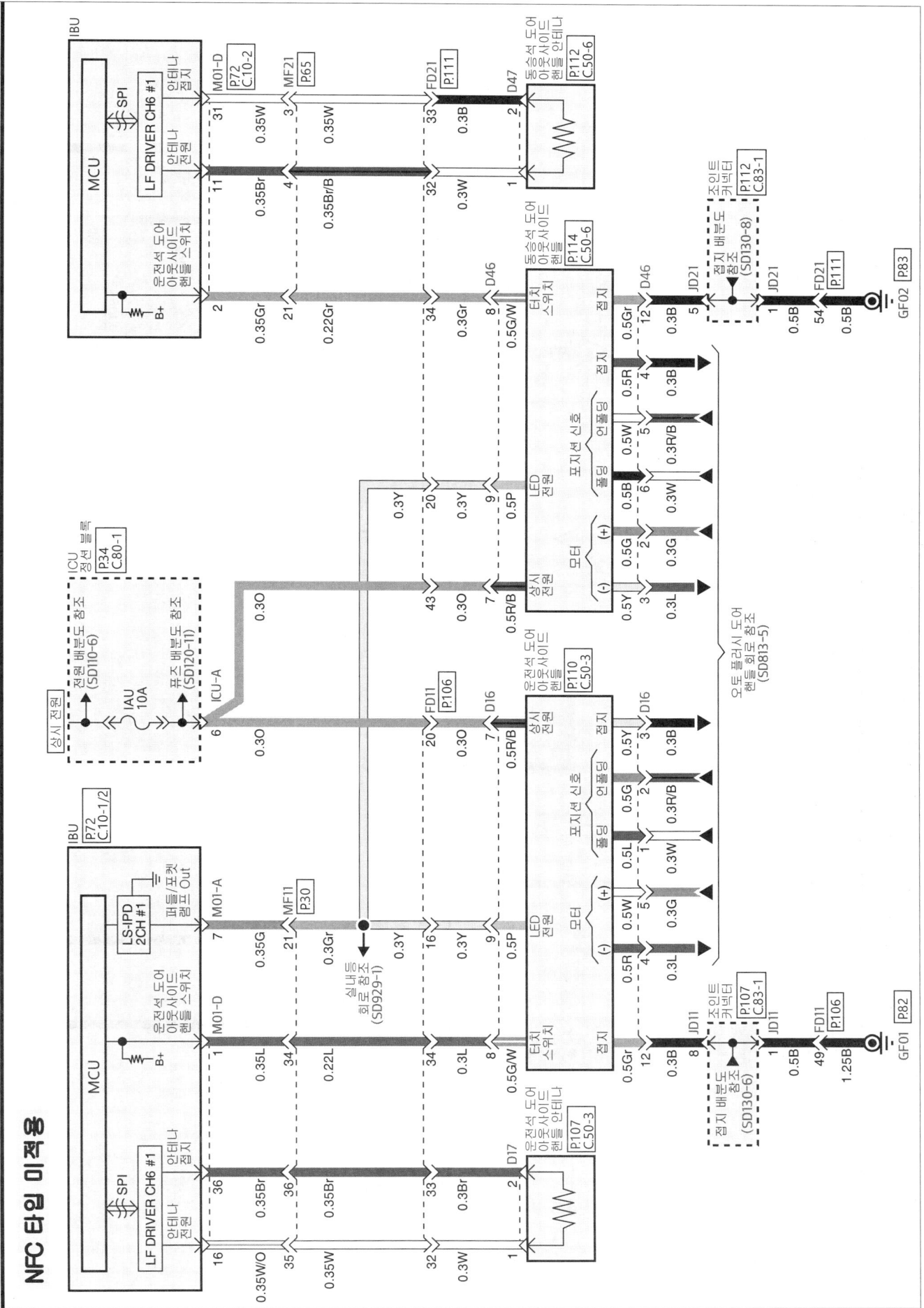

SD952-7

NFC 타입 적용 (1/2)

※ IAU (Identity Authentication Unit)
　BLE (Bluetooth Low Energy)

통합 바디 컨트롤 유닛 (IBU) 회로 (스마트 키) (6)

NFC 타입 적용 (2/2)

운전석 도어 아웃사이드 핸들 (SD813-5)

운전석 도어 아웃사이드 핸들 (SD813-5)

동승석 도어 아웃사이드 핸들 P:114 C.50-6

운전석 도어 아웃사이드 핸들 P:110 C.50-3

조인트 커넥터 P:112 C.83-1

조인트 커넥터 P:107 C.83-1

조인트 커넥터 P:30 C.83-7

IAU P:69 C.10-11

무선충전 유닛 P:78 C.40-12

IAU 10A에서 (SD952-7)

접지 배분도 참조 (SD130-8)

접지 배분도 참조 (SD130-6)

LOCAL-CAN High / Low

모터 (+) (-)

폴딩 / 언폴딩 / 접지 / 포지션신호 / 터치 스위치 / 상시전원

터치 스위치

IBU에서 (SD952-7)

GF01 GF02 P82 P83 P111 P106 P30 P65 P76

0.3L 0.3G 0.3W 0.3R/B 0.3B 0.5Gr 0.3B 0.5B 1.25B
0.5R 0.5W 0.5G 0.5Y 0.5L/W 0.5P 0.5G/W 0.3L 0.5R/B 0.3O
0.3Br 0.35Br 0.3Y 0.35Y 0.22Gr 0.35Gr 0.22L 0.35L 0.3P 0.3Br 0.35Y

파워 도어 록 회로 (1)

SD813-1

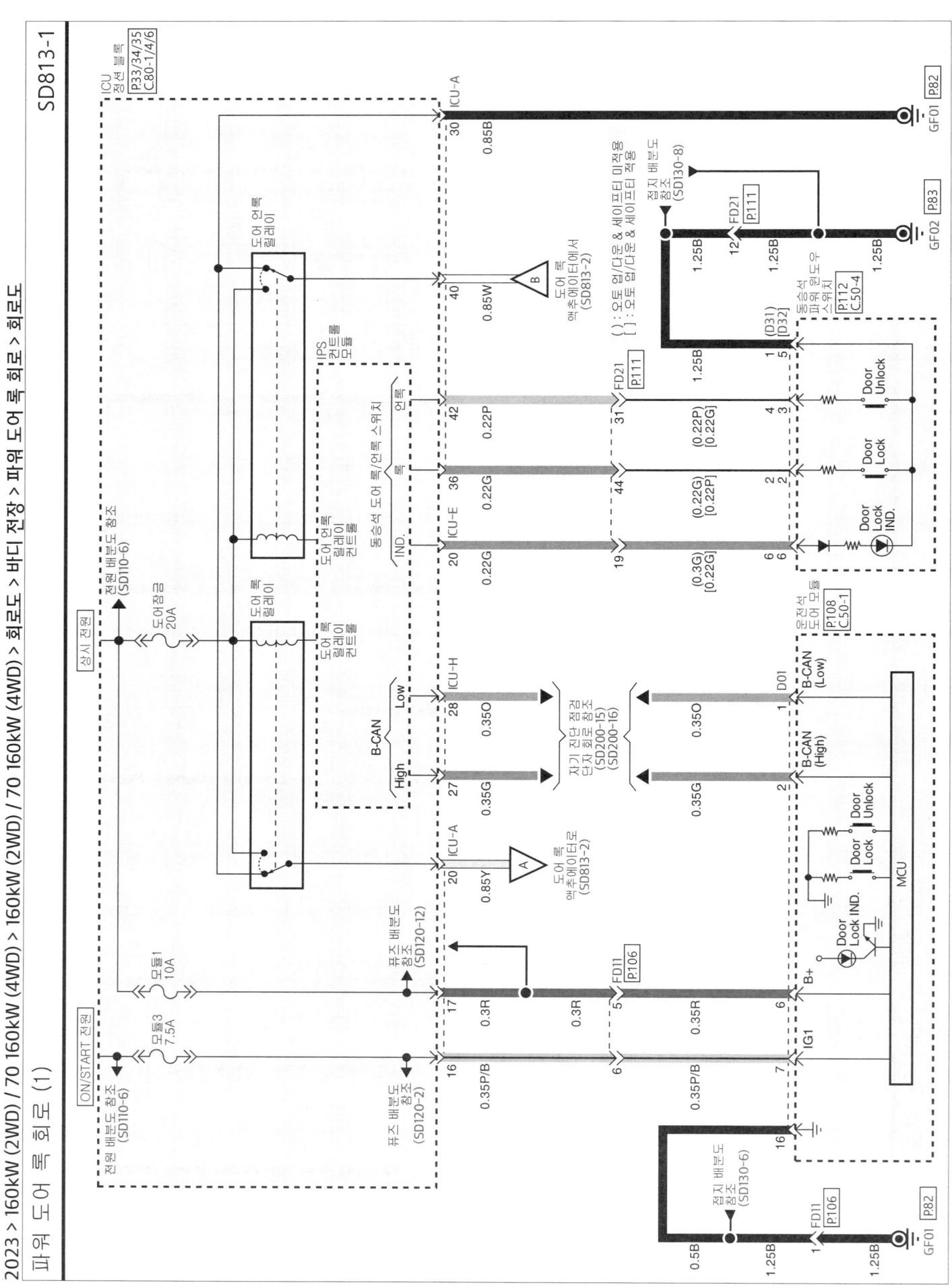

SD813-2

파워 도어 록 회로 (2)

ICU 정션 블록
P:33
C.80-2/4

IPS
컨트롤
모듈

리어 도어 록
좌측에이터도
(SD813-3)

동승석 도어 스위치
ICU-E 9
0.22Gr
FD21 42
P:111
0.3Gr
D35 4
AJAR
동승석
도어 록
좌측에이터
P:114
C.50-4

동승석 도어록/언록 신호
ICU-D 7
0.22L
22
0.3L
5
도어 록
도어 언록
D35 6
0.3B
JD21 4
정지 배선도
참조
(SD130-8)
JD21 1
0.5B
FD21 54
P:111
0.5B
GF02
P:83

조인트 커넥터
P:112
C.83-1

리어 도어 록
좌측에이터도
(SD813-3)
D

10
0.85Y
M
2
0.85Br
9
0.85Br

EF11 9
P:30
0.3G
E15 45
IEB
유닛
P:24
C.20-6

운전석 도어 스위치
ICU-E 8
0.3G
0.3G
FD11 7
P:106
0.3G
D05 5
AJAR
운전석
도어 록
좌측에이터
P:110
C.50-1

운전석 도어록/언록 신호
23
0.22Br
23
0.3Br
4
도어 록
도어 언록
D05 3
0.3B
JD11 7
정지 배선도
참조
(SD130-6)
JD11 1
0.5B
FD11 49
P:106
0.5B
GF01
P:82

조인트 커넥터
P:107
C.83-1

도어 록
릴레이에서
(SD813-1)
A
0.85Gr
11
0.85Gr
7
M
8
0.85W
10
0.85W
B
도어 언록
릴레이도
(SD813-1)

- 141 -

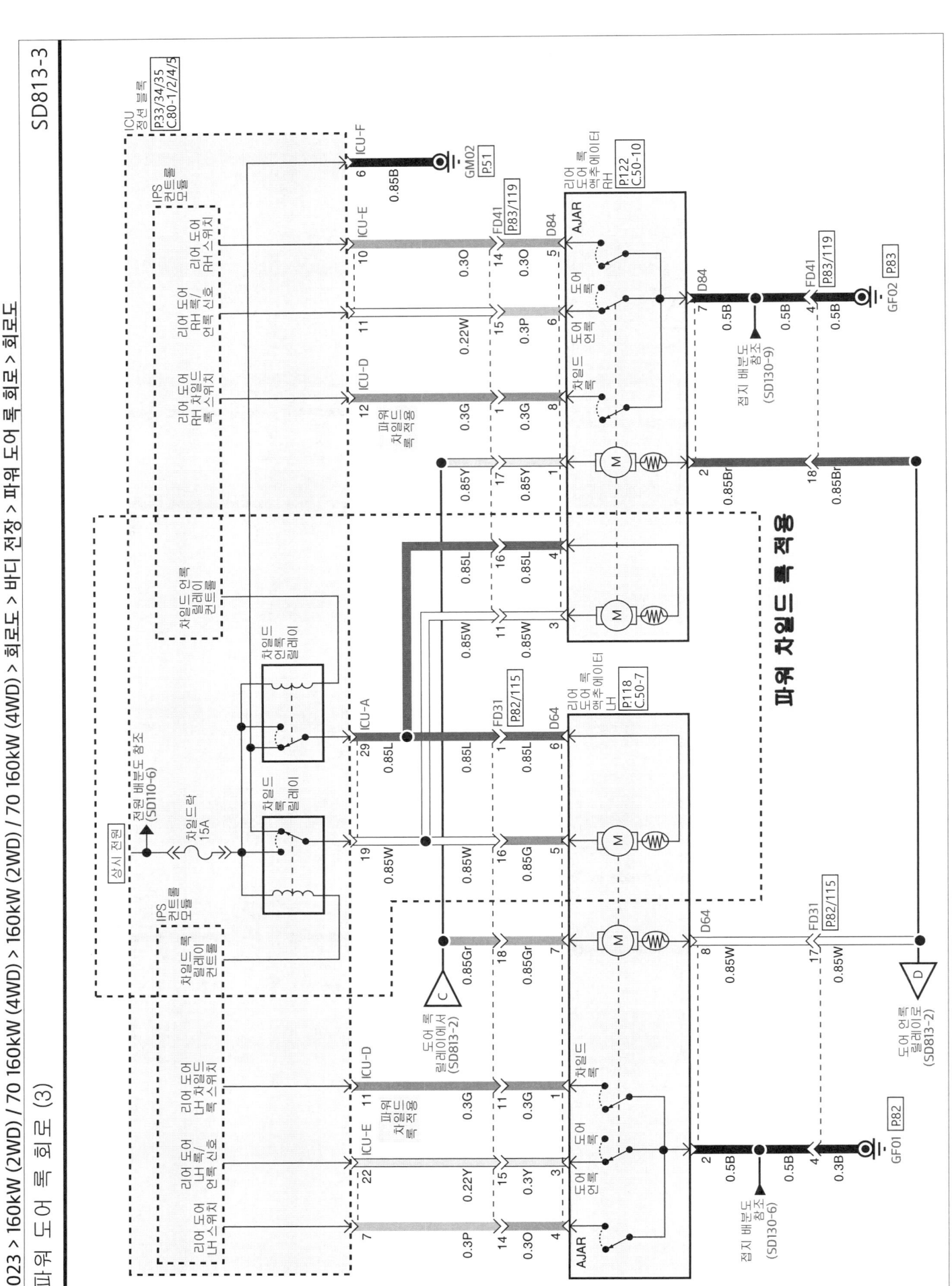

파워 시트 회로 (1)

운전석 시트
(IMS 미적용 - 10WAY)

운전석 시트
(IMS 미적용 - 2WAY)

동승석 시트
(렉서스 미적용 - 10WAY)

동승석 시트
(렉서스 미적용 - 2WAY)

동승석 시트 (1/2)
(릴렉스 적용 - 워크인 미적용)

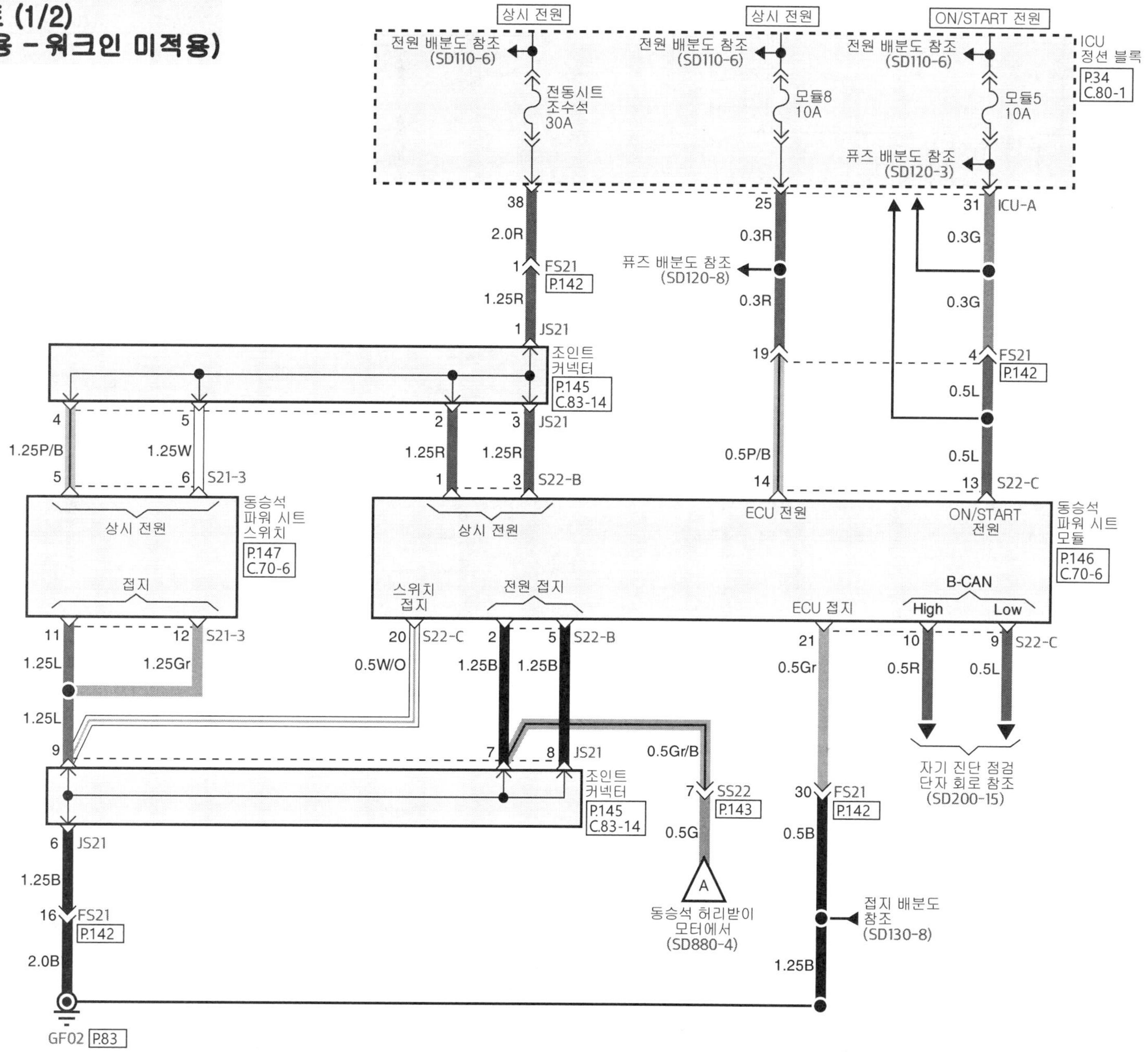

동승석 시트 (2/2)
(릴렉스 적용 - 워크인 미적용)

조인트 커넥터 P:145 C.83-14
JS21

동승석 파워틸트 P:146 C.70-6

동승석 슬라이드 모터 P:143 C.70-7

동승석 리어높낮이 모터 P:147 C.70-7

동승석 프론트높낮이 모터 P:145 C.70-7

조인트 커넥터 P:145 C.83-14
JS21

동승석 등받이 모터 P:148 C.70-9

SS22 P:143

동승석 파워시트 스위치 P:147 C.70-6

릴렉스 스위치

동승석 허리받이 모터 P:148 C.70-9

접지로 (SD880-3)

A

동승석 시트 (1/2)
(릴렉스 적용 - 워크인 적용)

ICU 정션 블록
P34 C.80-1

ON/START 전원
상시 전원
상시 전원

전원 배분도 참조 (SD110-6)
전원 배분도 참조 (SD110-6)
전원 배분도 참조 (SD110-6)

모듈5 10A
모듈8 10A
전동시트 조수석 30A

퓨즈 배분도 참조 (SD120-3)
퓨즈 배분도 참조 (SD120-8)

ICU-A
31 0.3G 0.3G
25 0.3R 0.3R
38 2.0R

FS21 P:142
4 0.5L
19
1 1.25R

동승석 파워시트 모듈
P:146 C.70-6

B-CAN
Low 9 0.5L S22-C
High 10 0.5R

자기 진단 점검 단자 참조 (SD200-15)

13 0.5L S22-C
14 0.5P/B
ON/START 전원
ECU 전원

ECU 접지
21 0.5Gr

FS21 P:142
30 0.5B 1.25B
접지 배분도 참조 (SD130-8)

SS23 P:143
7 0.5G 동승석 하이트 모터(앞) 모터에서 (SD880-6) A

13 0.3B 동승석 워크인 스위치에서 (SD880-6) B

조인트 커넥터 P:145 C.83-14
JS21
3 1.25R
2
S22-B

조인트 커넥터 P:145 C.83-14

상시 전원
전원 접지
5 1.25B
2 1.25B

스위치 접지
S22-C
20 0.5W/O

7 8
JS21

동승석 파워시트 스위치
P:147 C.70-6

S21-3
5 1.25W 6
4 1.25P/B 5

상시 전원
접지

S21-3
12 1.25Gr
11 1.25L
1.25L 9

JS21
6 1.25B
16 2.0B
FS21 P:142

GF02 P:83

동승석 시트 (2/2)
(렉서스 적용 - 워크인 적용)

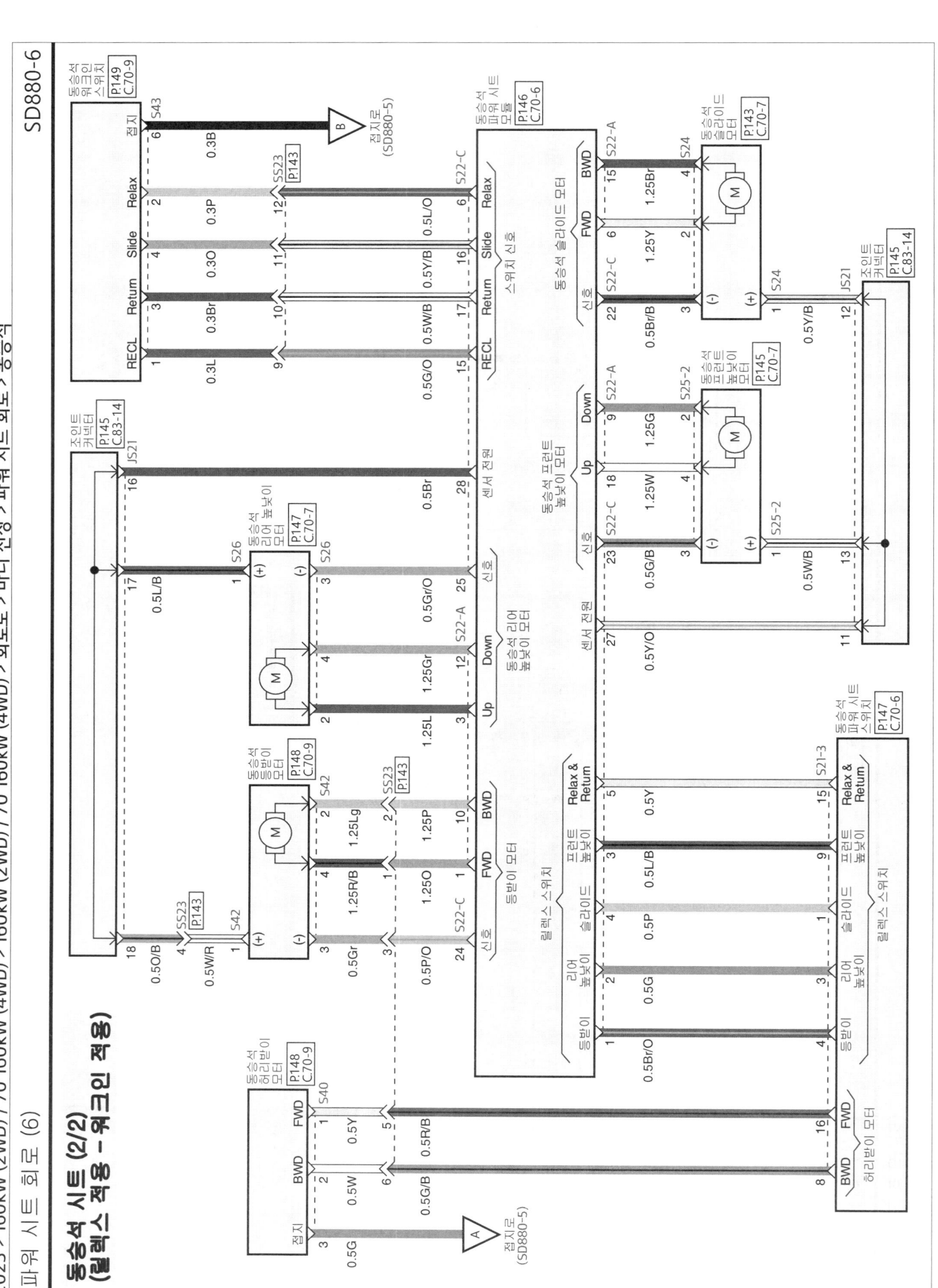

파워 아웃렛 & USB 충전 시스템 회로 (1)

2023 > 160kW (2WD) / 70 160kW (2WD) / 70 160kW (4WD) > 160kW (2WD) / 70 160kW (4WD) > 회로도 > 바디 전장 > 파워 아웃사이드 미러 회로 > IMS 미적용

SD876-1

파워 아웃사이드 미러 회로 (1)

IMS 미적용 (1/2)

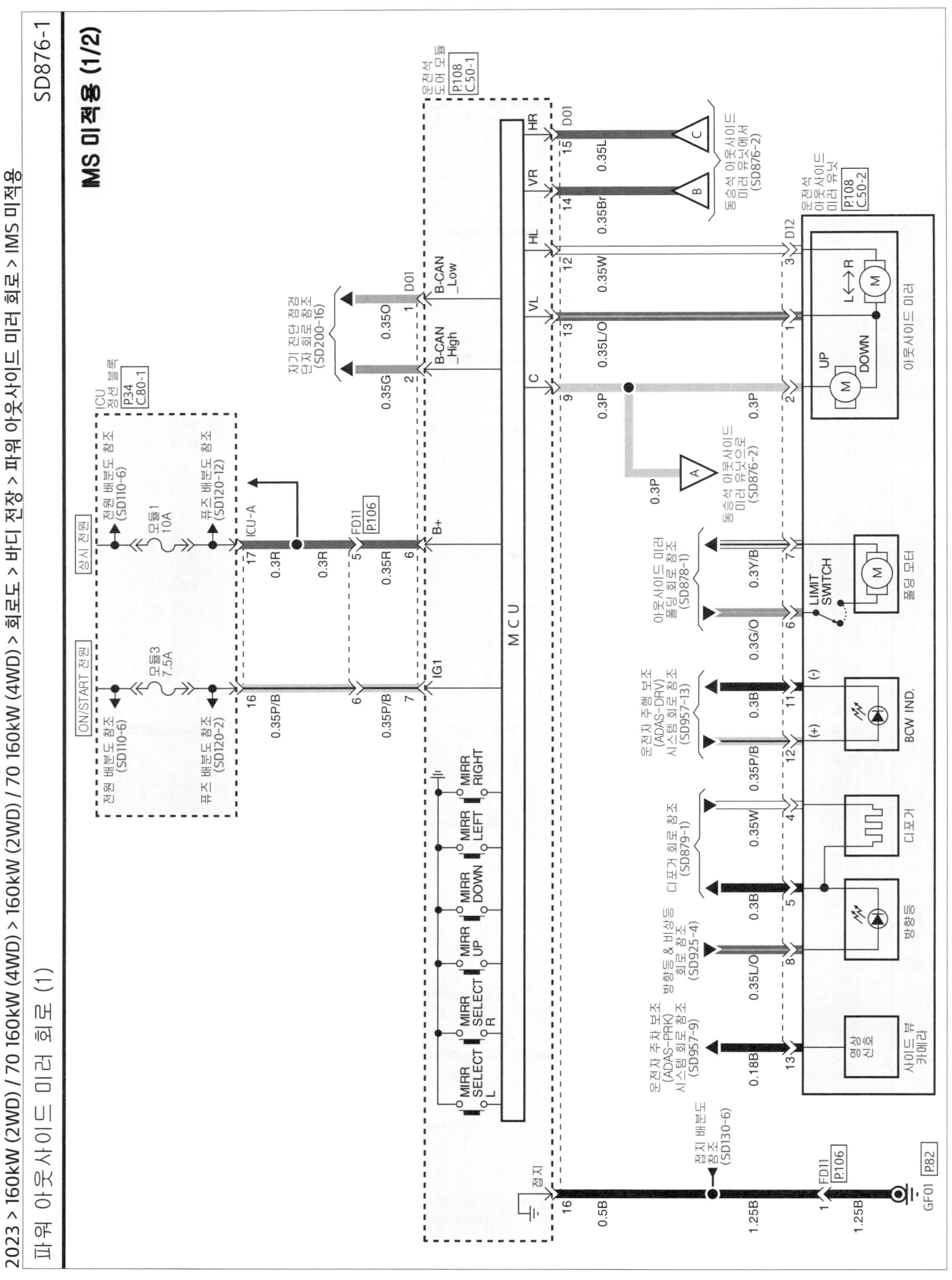

파워 아웃사이드 미러 회로 (2)

IMS 미적용 (2/2)

운전석 도어
모듈러
(SD876-1)

C

0.35L

FD11 P:106

24

0.35W

FD21 P:111

17

0.35W

D42

3

L ↔ R M

B

0.35Br

29

0.35Br

26

0.35Br

1

UP

DOWN

운전석 도어
모듈러
(SD876-1)

A

0.3P

31

0.35P

18

0.35P

2

M

아웃사이드 미러

동승석
아웃사이드
미러 유닛
P:113
C.50-5

아웃사이드 미러
폴딩 회로참조
(SD878-1)

0.35Y

7

0.35O

6

LIMIT
SWITCH

M

폴딩 모터

운전자 주행 보조
(ADAS-DRV)
시스템 회로참조
(SD957-13)

0.3B

11

(-)

0.35R

12

(+)

BCW IND.

디포거 회로참조
(SD879-1)

0.35G

4

디포거

0.3B

5

방향등 & 비상등
회로참조
(SD925-4)

0.35L/O

8

방향등

운전자 주차 보조
(ADAS-PRK)
시스템 회로참조
(SD957-9)

0.18B

13

영상신호

사이드 뷰
카메라

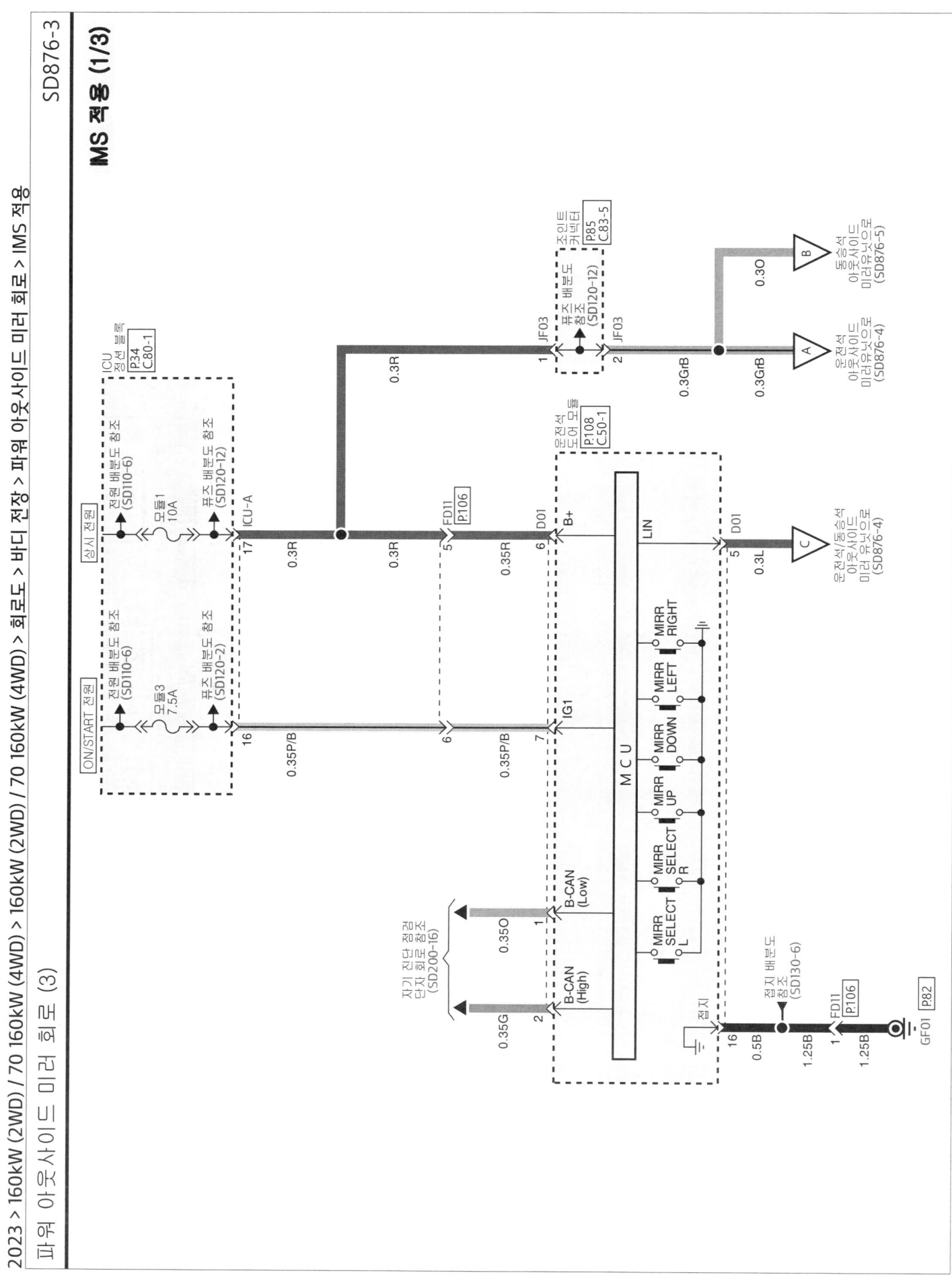

파워 아웃사이드 미러 회로 (4)

SD876-4

IMS 적용 (2/3)

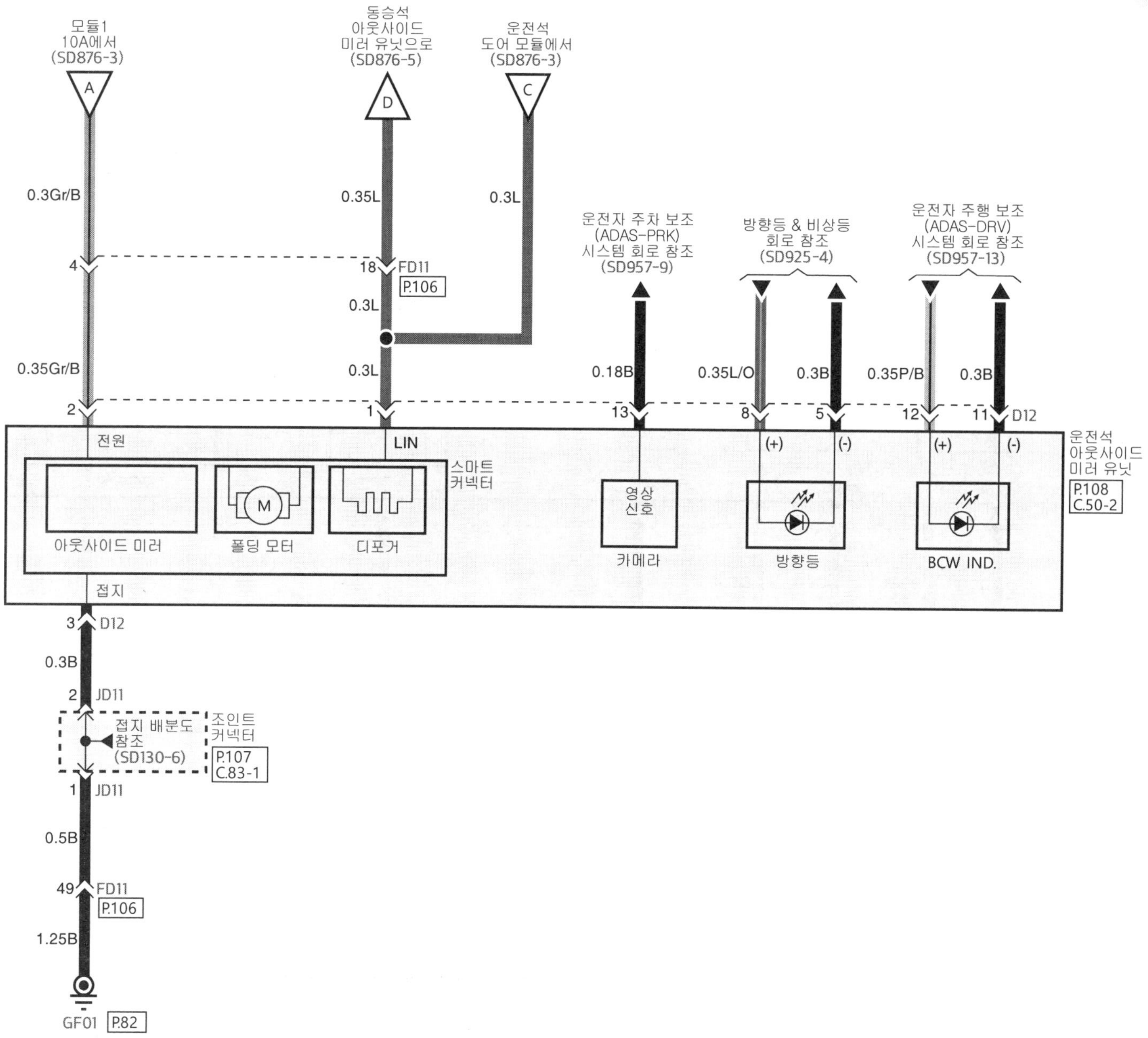

파워 아웃사이드 미러 회로 (5)

IMS 적용 (3/3)

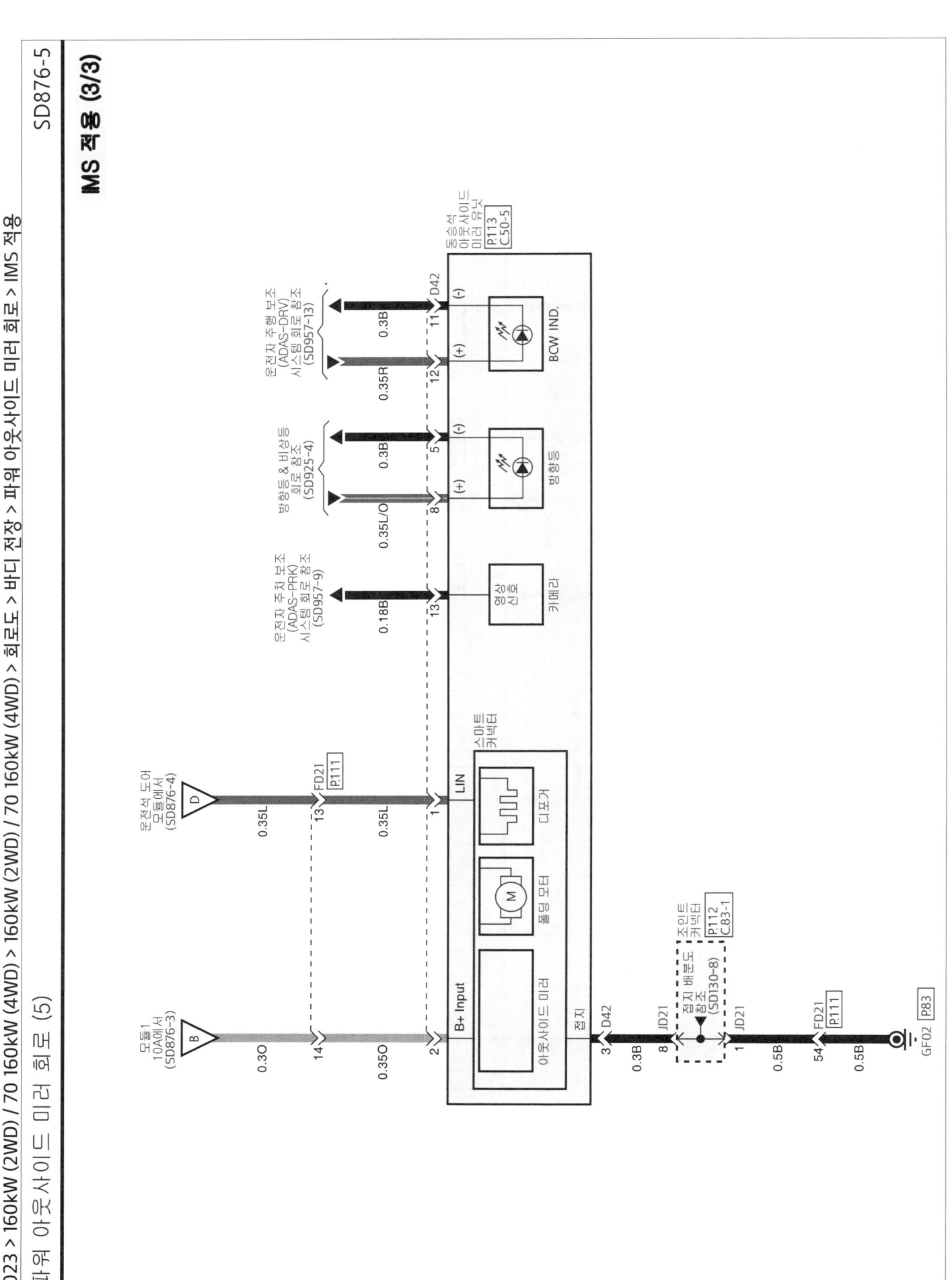

운전석 오토 업/다운 & 세이프티 적용 (1/3)

2023 > 160kW (2WD) / 70 160kW (4WD) > 160kW (2WD) / 70 160kW (4WD) > 회로도 > 바디 전장 > 파워 윈도우 회로 > 운전석 오토 업/다운 > 운전석 오토 업/다운 & 세이프티 적용

SD824-2

파워 윈도우 회로 (2)

운전석 오토 업/다운 & 세이프티 적용 (2/3)

운전석 오토 업/다운 & 세이프티 적용 (3/3)

SD824-4

파워 윈도우 회로 (4)

프런트 오토 업/다운 & 세이프티 적용 (1/3)

2023 > 160kW (2WD) / 70 160kW (4WD) > 160kW (2WD) / 70 160kW (4WD) > 회로도 > 바디 전장 > 파워 윈도우 회로 > 파워 윈도우 우 회로 > 프런트 오토 업/다운 & 세이프티 적용

SD824-5

파워 윈도우 회로 (5)

프런트 오토 업/다운 & 세이프티 적용 (2/3)

파워 윈도우 회로 (6)

프런트 오토 업/다운 & 세이프티 적용 (3/3)

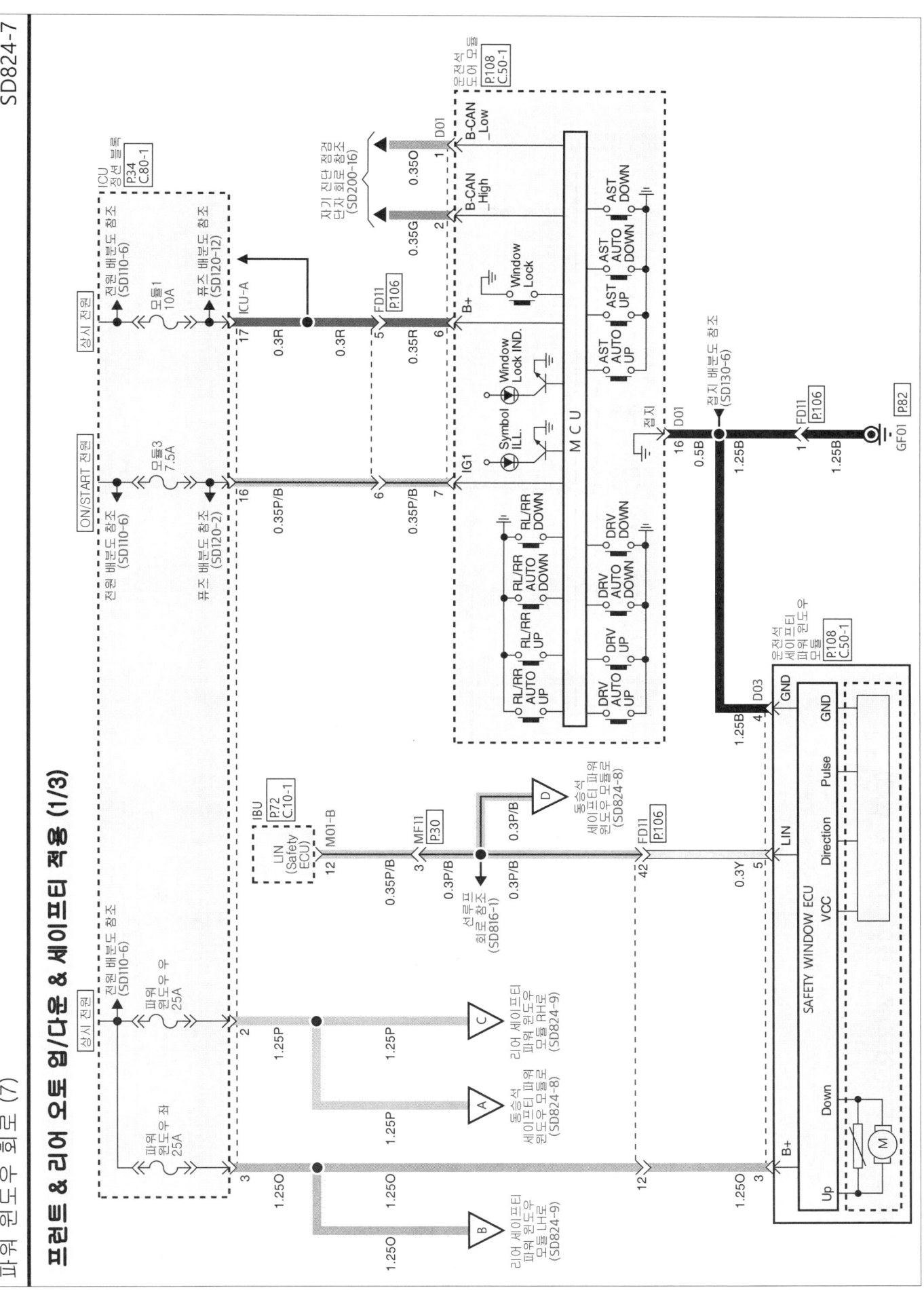

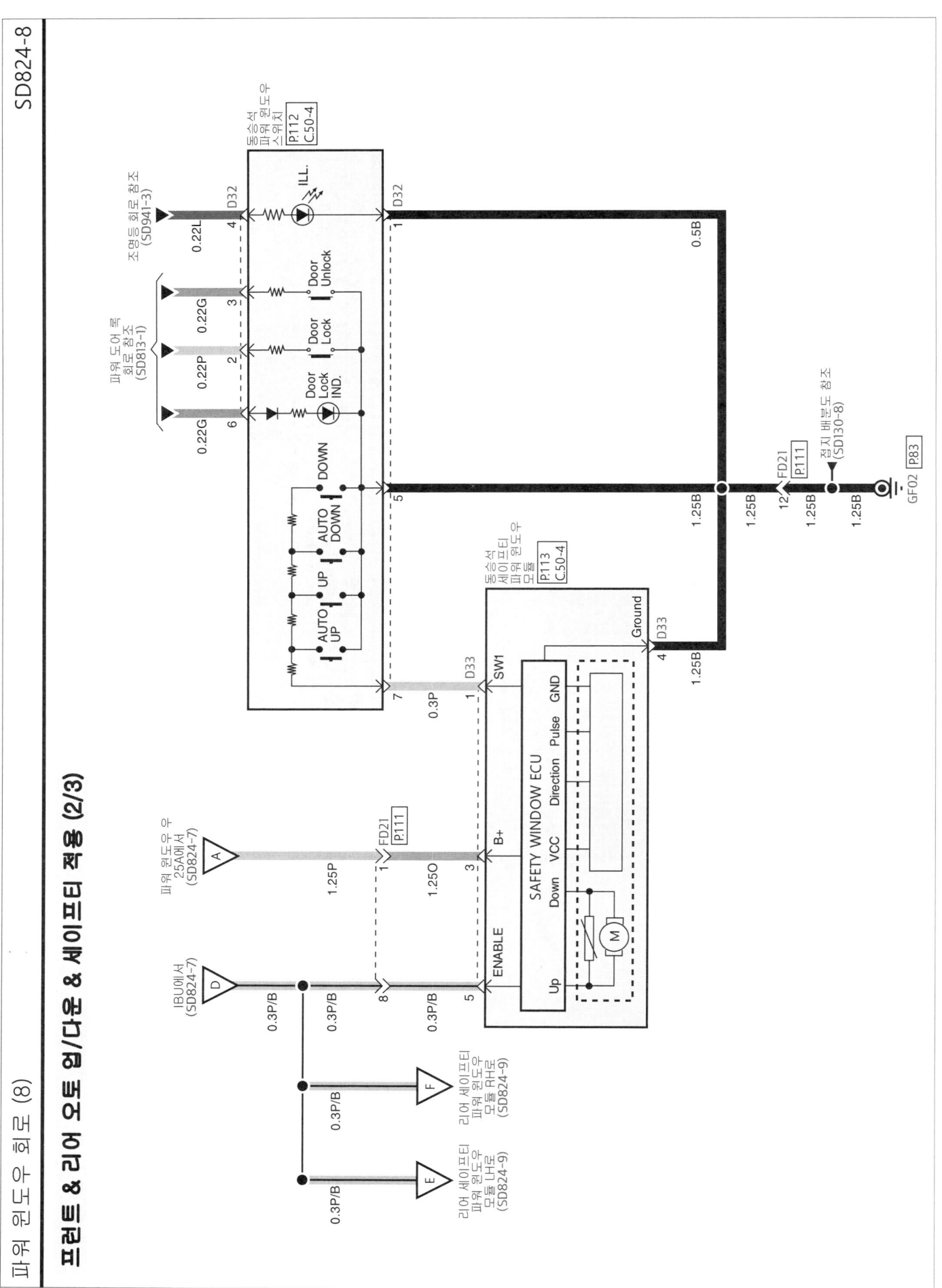

파워 윈도우 회로 (8)

프런트 & 리어 오토 업/다운 & 세이프티 적용 (2/3)

파워 윈도우 회로 (9)

프런트 & 리어 오토 업/다운 & 세이프티 적용 (3/3)

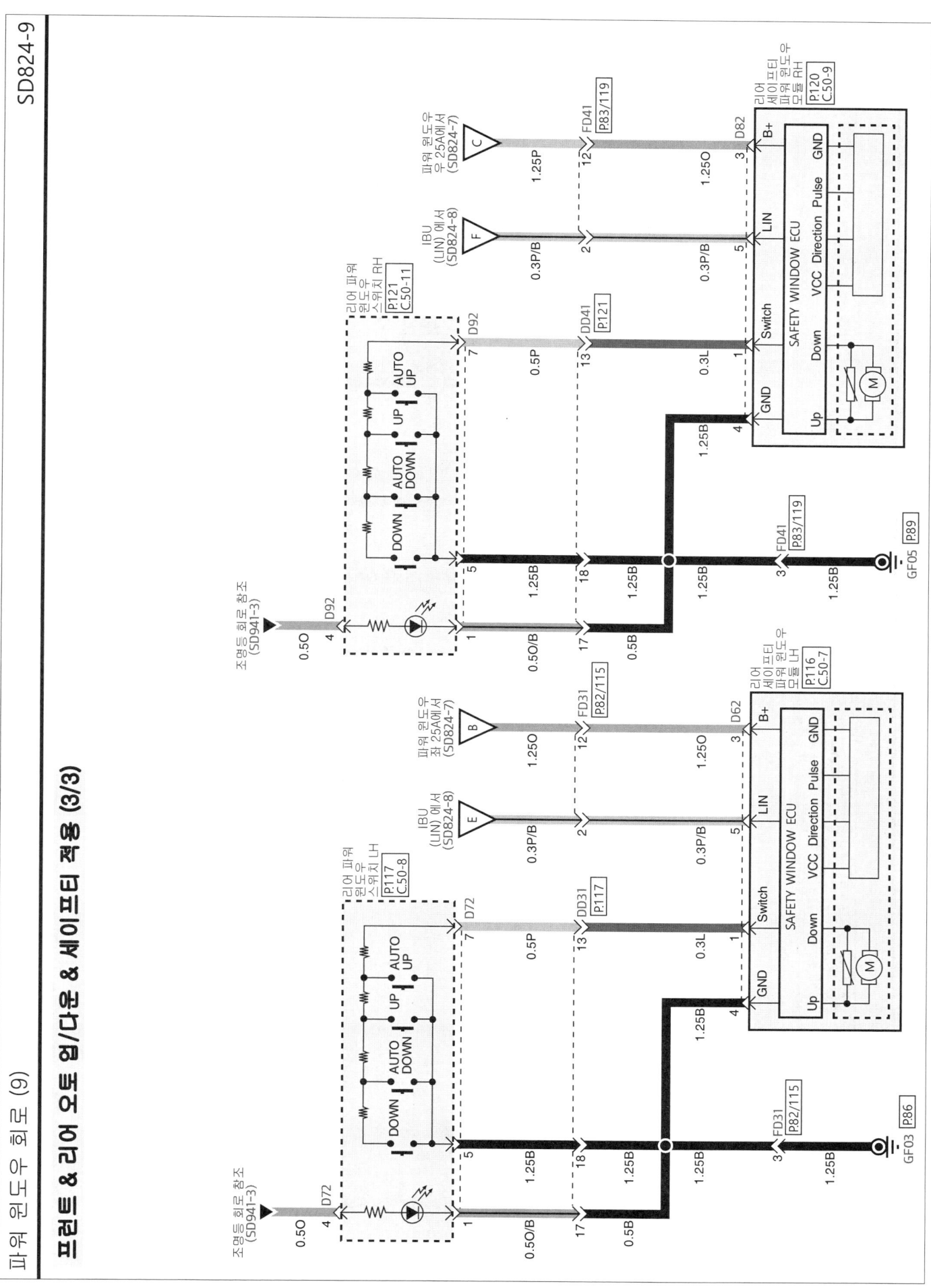

파워 테일게이트 (PTG) 회로 (1)

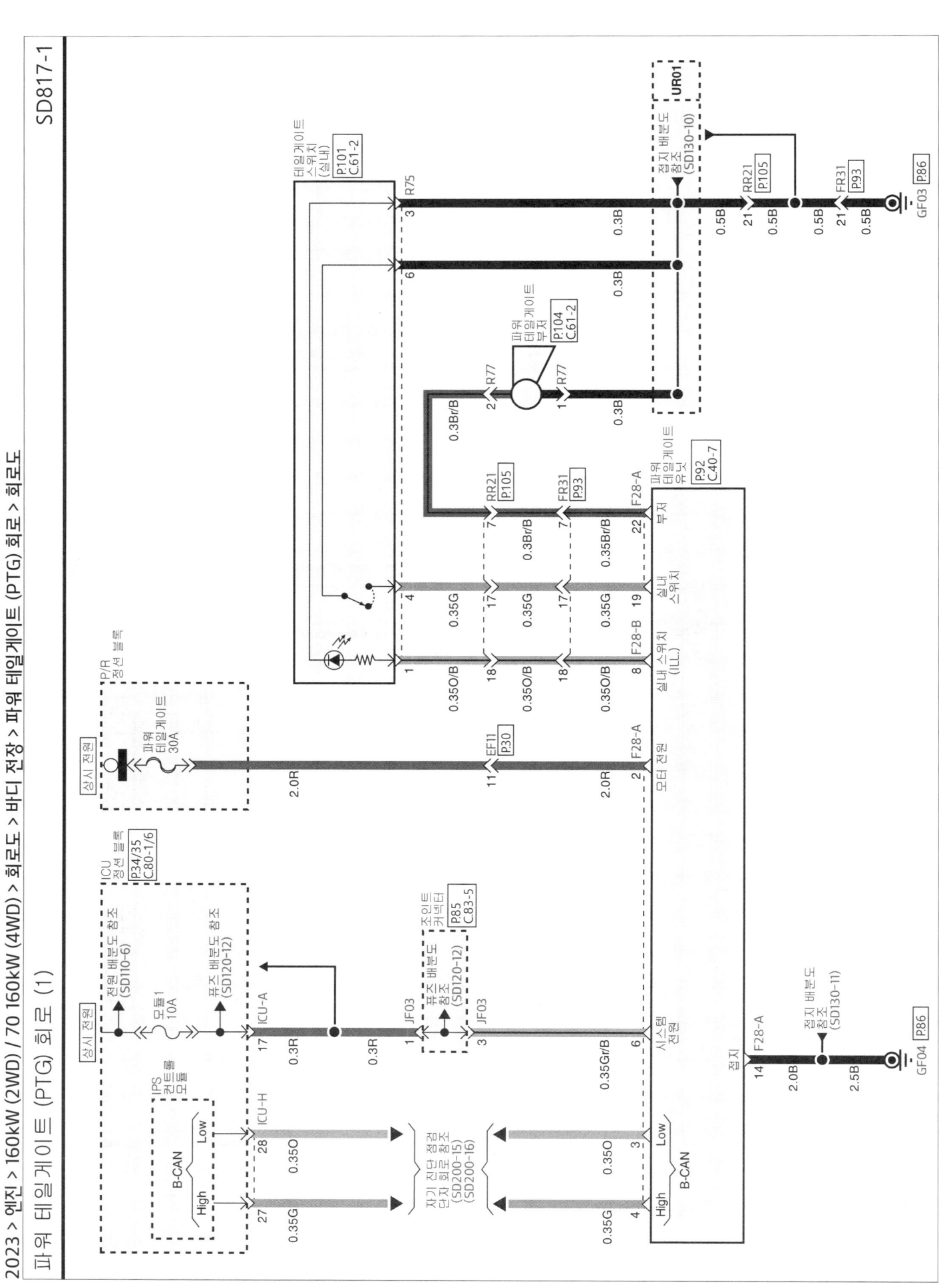

파워 테일게이트 (PTG) 회로 (2)

SD817-2

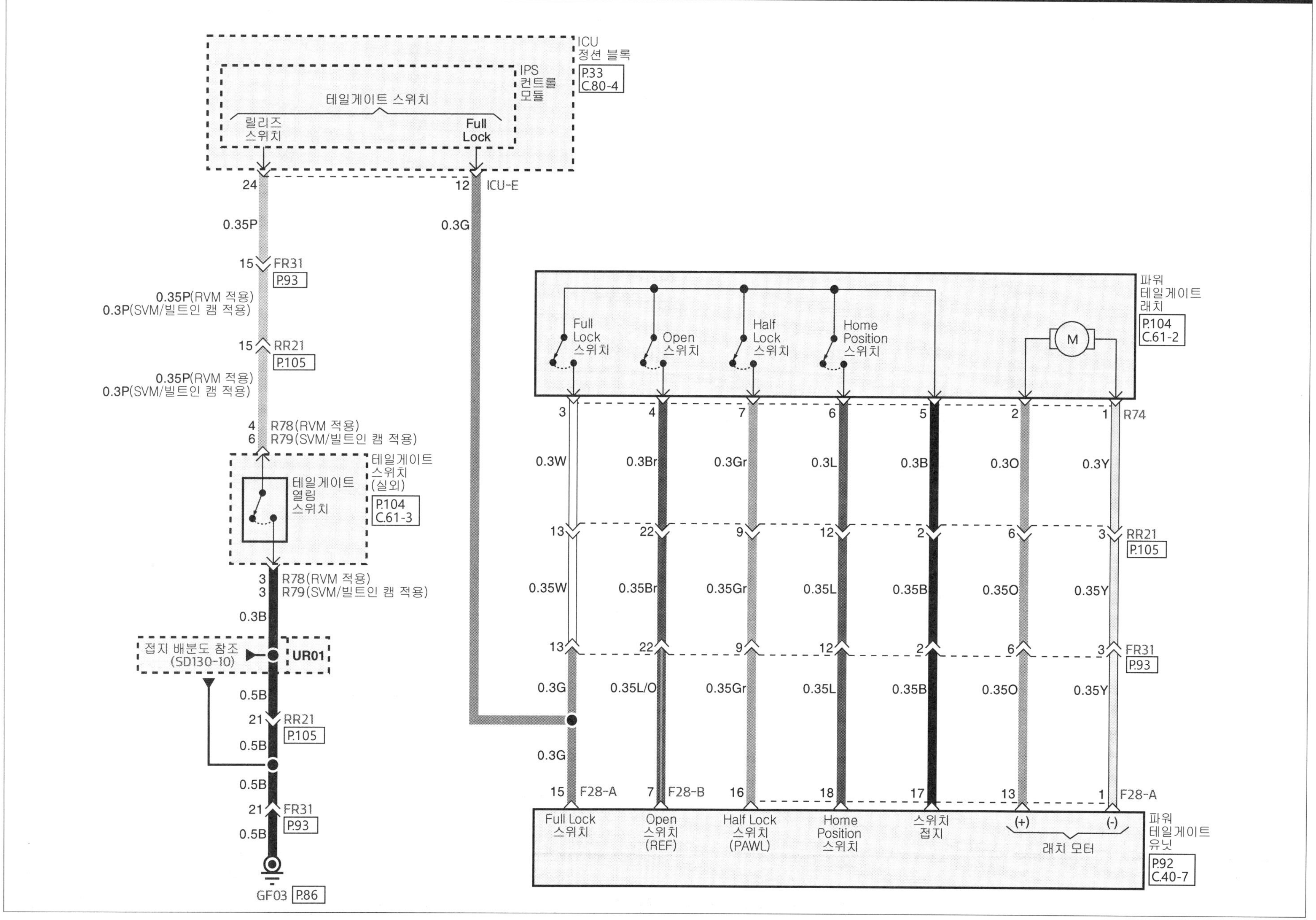

SD817-3

파워 테일게이트 (PTG) 회로 (3)

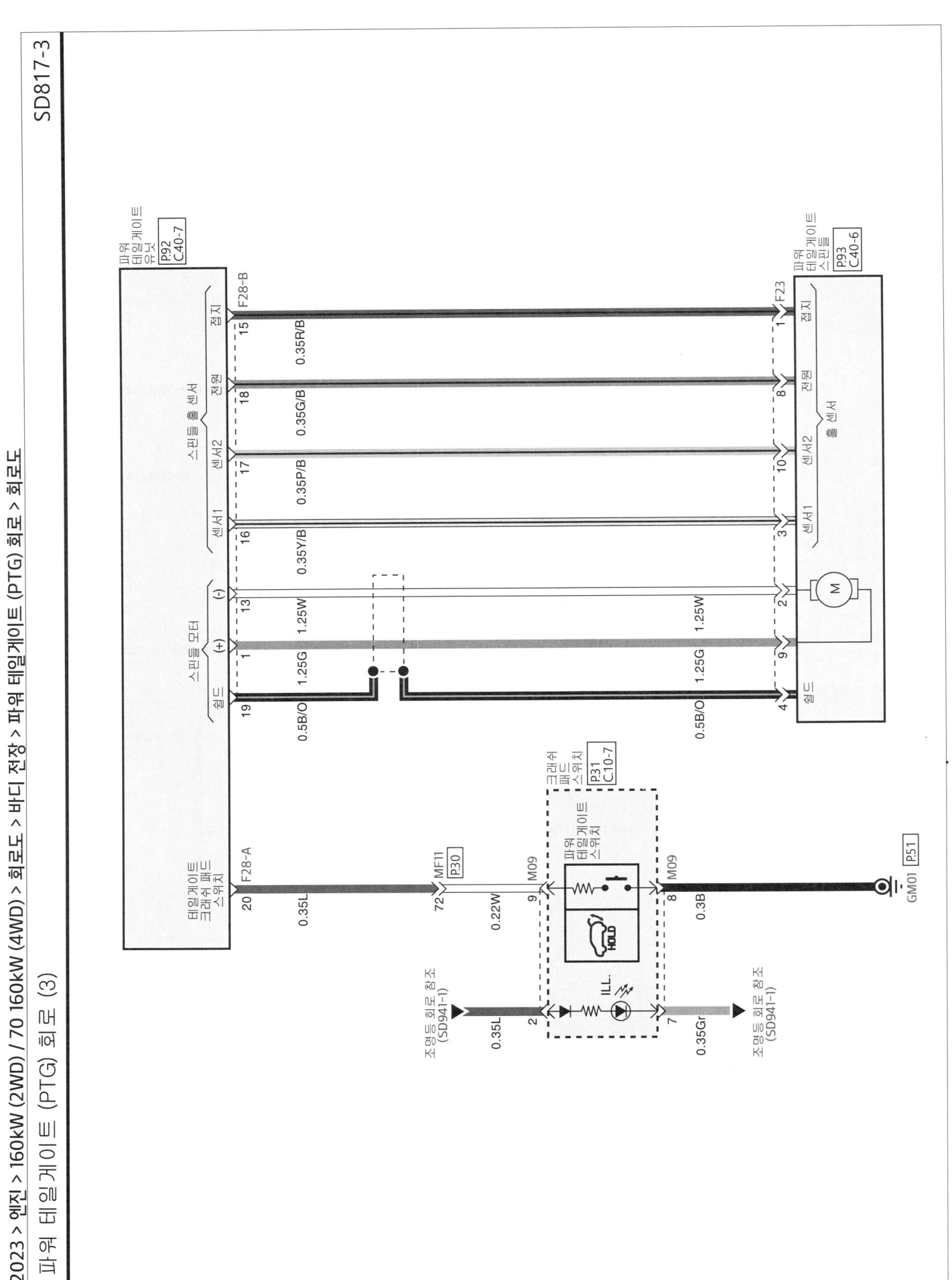

헤드 업 디스플레이 (HUD) 시스템 회로 (1)

ON/START 전원

전원 배분도 참조
(SD110-6)

계기판
7.5A

35

0.3Gr/O

6

ON/START
전원

접지

10

0.3B

4

0.3B

장기 차단 래치 릴레이 'ON' 전원

ICU
정션 블록
P.35
C.80-5

전원 배분도 참조
(SD110-6)

메모리2
10A

39 ICU-F

0.3P

퓨즈 배분도 참조
(SD120-9)

0.3Gr/B

12 M26

상시 전원

헤드 업
디스플레이
P.49
C.10-11

M-CAN

Low   High

3 M26   9

0.3B   0.3Y

E-CAN FD

Low   High

1   7

0.3L   0.3R

자기 진단 점검 단자 회로 참조
(SD200-18)
(SD200-21)

GM01 P51

ICU
정션 블록
P35
C.80-5

상시 전원

전원 배분도 참조
(SD110-6)

IPS9 (2CH)

Short Term
Load

IPS
컨트롤
모듈

IPS9
컨트롤

퓨즈 배분도
참조
(SD120-16)

ICU-F

13

0.3G/O

0.3Gr/B

MR11
P29

7

0.5Gr/B

4

ON/START
전원

접지

B-CAN

High

Low

3

0.3G

2

0.3O

R12

자기 진단 점검
단자 회로참조
(SD200-16)

후석 승객
감지센서
P128
C.60-3

1

R12

0.3B

19

JR11

접지 배분도
참조
(SD130-1)

조인트
커넥터
P127
C.83-12

15

JR11

1.25B

2

MR11
P29

1.25B

GM01 P51

ICU 정션 블록
P.34/35
C.80-1/4/5/6

전원 배분도 참조
(SD110-6)

Back-Up
LP

IPS8 (2CH)

ICU-A
53
0.5Br

FR21
12
P133
0.5Br

GT or GT-Line
적용

후진등
P.226
C.62-6

항 안개등/ &
후진등

R86
1
0.5Br

R86
2
0.5B

JR21
6
0.5B

조인트
커넥터
P.134
C.83-13

접지 배분도
참조
(SD130-11)

JR21
1
0.5B

FR21
26
P133
0.5B

GF04 P86
0.5B

후진등
P.134
C.62-6

GT & GT-Line
미적용

R85
1
0.5Br

R85
2
0.5B

ICU-F
3
0.35Br

MR11
22
P29
0.22Br

R03
9

실내 감광
미러
P.123
C.60-1

B-CAN

Low
ICU-H
28
0.35O

High
27
0.35G

자기 진단 점검
단자 회로 참조
(SD200-15)

전원 배분도 참조
(SD110-6)

ON/START 전원

전자식 변속레버3
10A

ICU-G
12
0.35Gr

MF31
2
P76
0.3Gr

F86
2

전자식 변속
리포트
P.77
C.40-14

ON/START
전원

P-CAN FD

Low
F86
7
0.3L

High
6
0.3Br

G-CAN FD

Low
10
0.3Lg

High
9
0.3Y

자기 진단 점검 단자 회로 참조
(SD200-14)
(SD200-19)

P/R 정션 블록

상시 전원

전자식 변속레버1
40A

3.0Y

전원 배분도
참조
(SD110-1)

2.0Y

전자식 변속레버2
10A

0.5R/B
0.5R/B

EM11
41
P30
0.5R/B

1
0.3P

1

상시 전원

접지
20
0.3G

MF31
9
P76
0.5B

GM01 P51

2023 > 엔진 > 160kW (2WD) / 70 160kW (4WD) > 회로도 > 모터 및 감속기 시스템 > 회로도 > 전자식 시프트 컨트롤 시스템 > 전자식 시프트 컨트롤 시스템 (SBW-SCU) 회로 > 회로도

전자식 시프트 컨트롤 시스템 (SBW-SCU) 회로 (1)

SD450-1

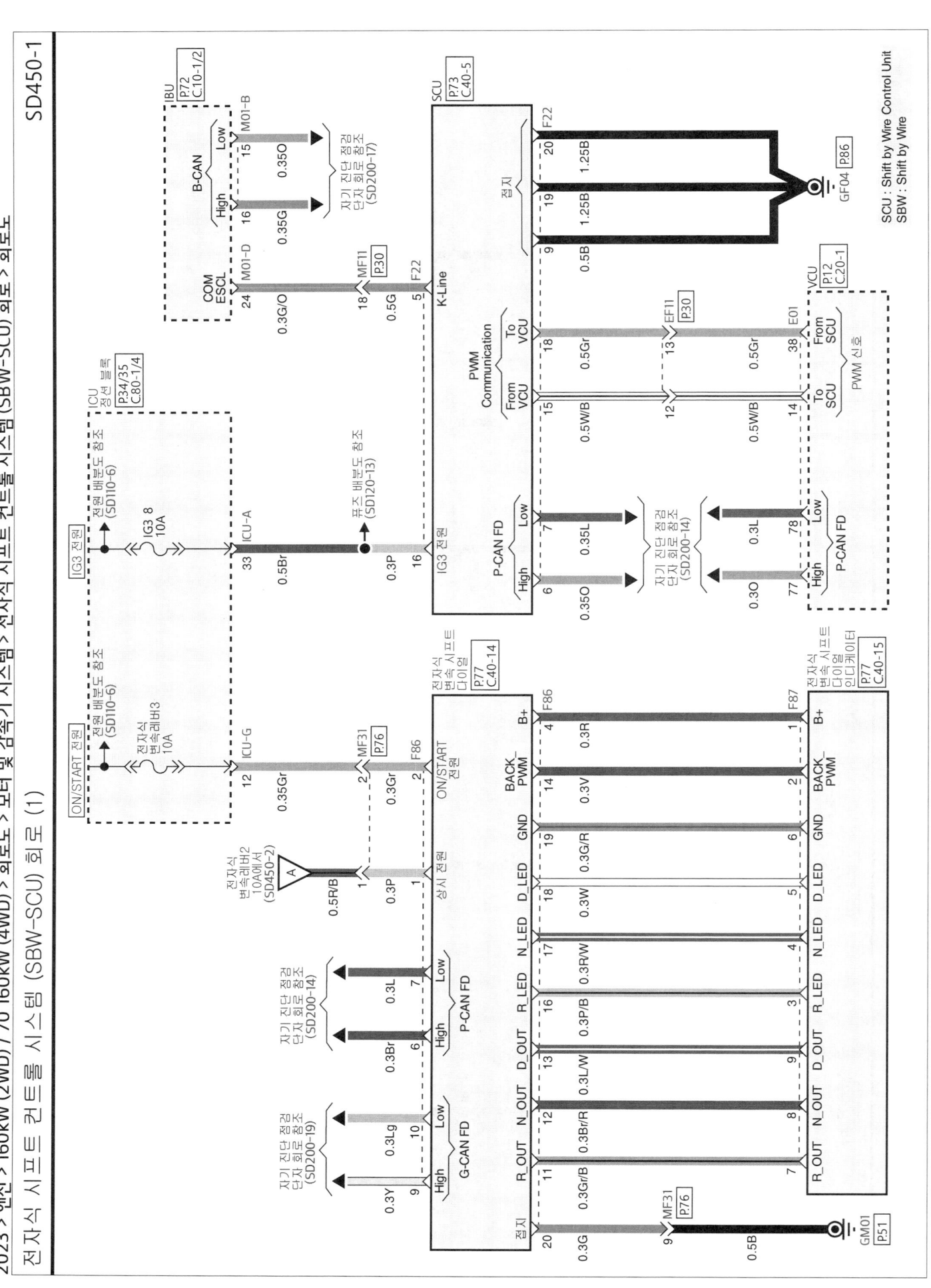

SCU : Shift by Wire Control Unit
SBW : Shift by Wire

전자식 시프트 컨트롤 시스템 (SBW-SCU) 회로 (2)

전자식 오일 펌프 회로 (1)

전자식 오일 펌프 (리어)

전자식 오일 펌프 (프론트) (4WD 적용)

후륜 구동 모터 시스템 (리어 인버터) (1)

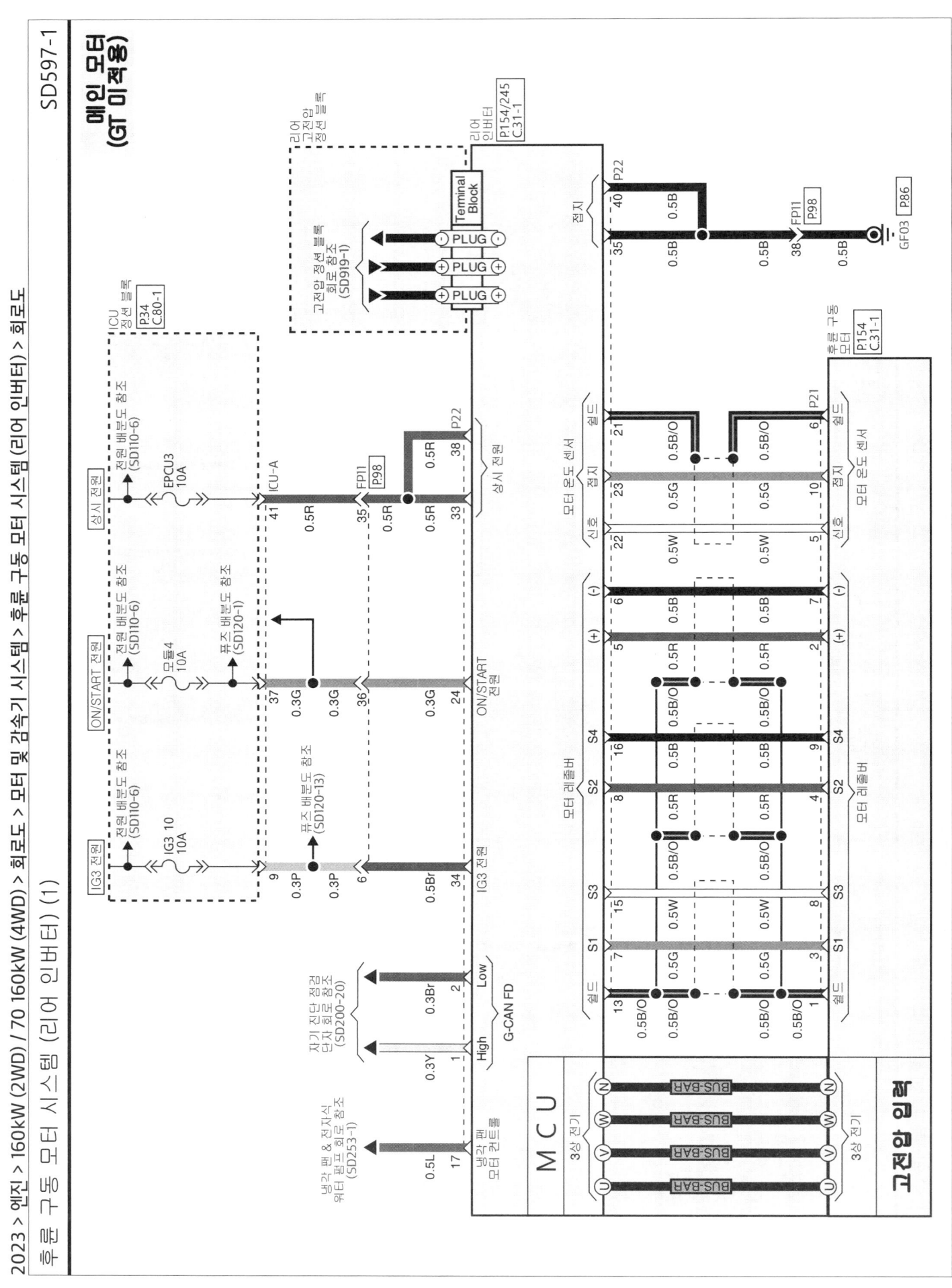

후륜 구동 모터 시스템 (리어 인버터) (3)

서브 모터 (4WD 적용)

프런트 고정함 블록

PLUG (-)
PLUG (+)

Terminal Block

고전압 전선 블록 회로참조 (SD919-4)

프런트 인버터
P219
C.30-1

PCB 블록
P11
C.81-1

P02
40   0.5B
35   0.5B
50   0.5B
EPI1 P225
GE01   P27

전원 배분도 참조 (SD110-4)

EPCU1 15A

상시 전원

12   P/B-C
0.5R
26   0.5R   EPI1 P225
33   0.5R
38   0.5R   P02
상시 전원

오일 펌프 (프런트) 온도 센서
전자식 오일 온도 센서 (프런트)
P220
C.30-1   P03
26   0.3B   2
27   0.3R   1

IG3 전원
전원 배분도 참조 (SD110-5)
IG3 4 10A

11   P/B-A
3   0.5Br
34   0.5Br
IG3 전원

ICU 정션 블록
P34
C.80-3

전원 배분도 참조 (SD110-6)
모듈 4 10A
퓨즈 배분도 참조 (SD120-1)
ICU-C

33   0.5Y/B
0.5Y
2
0.5Y
24
ON/START 전원

자기 진단 점검 단자 회로참조 (SD200-20)

Low   2   0.3Br
High   1   0.3Y
G-CAN FD

전륜 구동 모터
P217
C.30-1

모터 온도 센서
Shield   21   0.5B/O   P02
GND   23   0.5G
SIG   22   0.5W

Shield   6   0.3B/O   P01
GND   10   0.5G
SIG   5   0.5W
모터 온도 센서

모터 레졸버
(-)   6   0.5B
(+)   5   0.5R
S4   16   0.3B/O   0.5B
S2   8   0.5R
S3   15   0.5W   0.3B/O
S1   7   0.5G
Shield   13   0.3B/O

(-)   7   0.5B
(+)   2   0.5R
S4   9   0.5B/O   0.5B
S2   4   0.5R
S3   8   0.5W   0.5B/O
S1   3   0.5G
Shield   1   0.5B/O
모터 레졸버

MCU
3상 전기
W   BUS-BAR
V   BUS-BAR
U   BUS-BAR

고전압 입력
3상 전기
W
V
U
고전압 입력

SD436-2

차속 회로 (2)

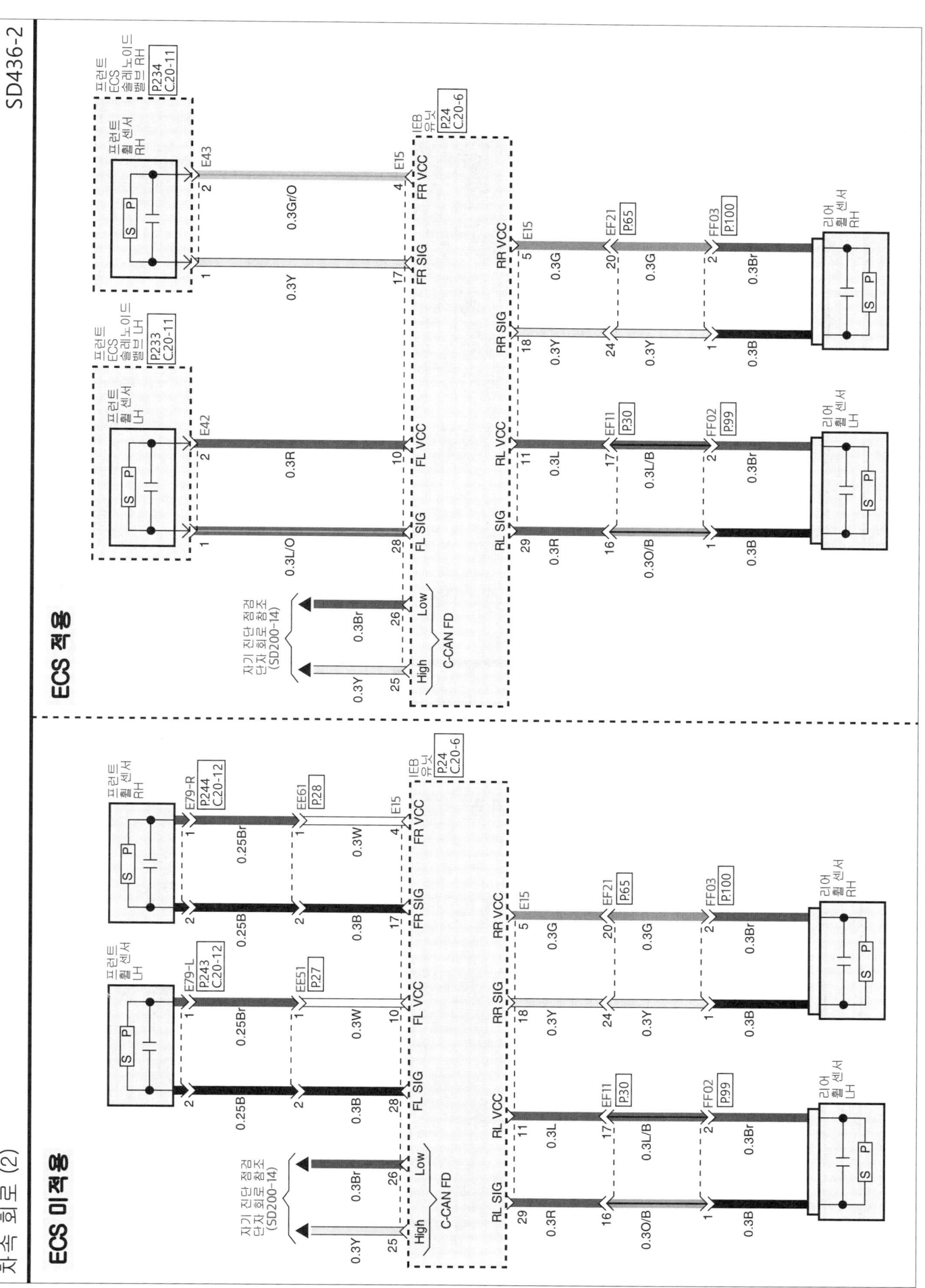

고전압 정션 블록 회로 (1)

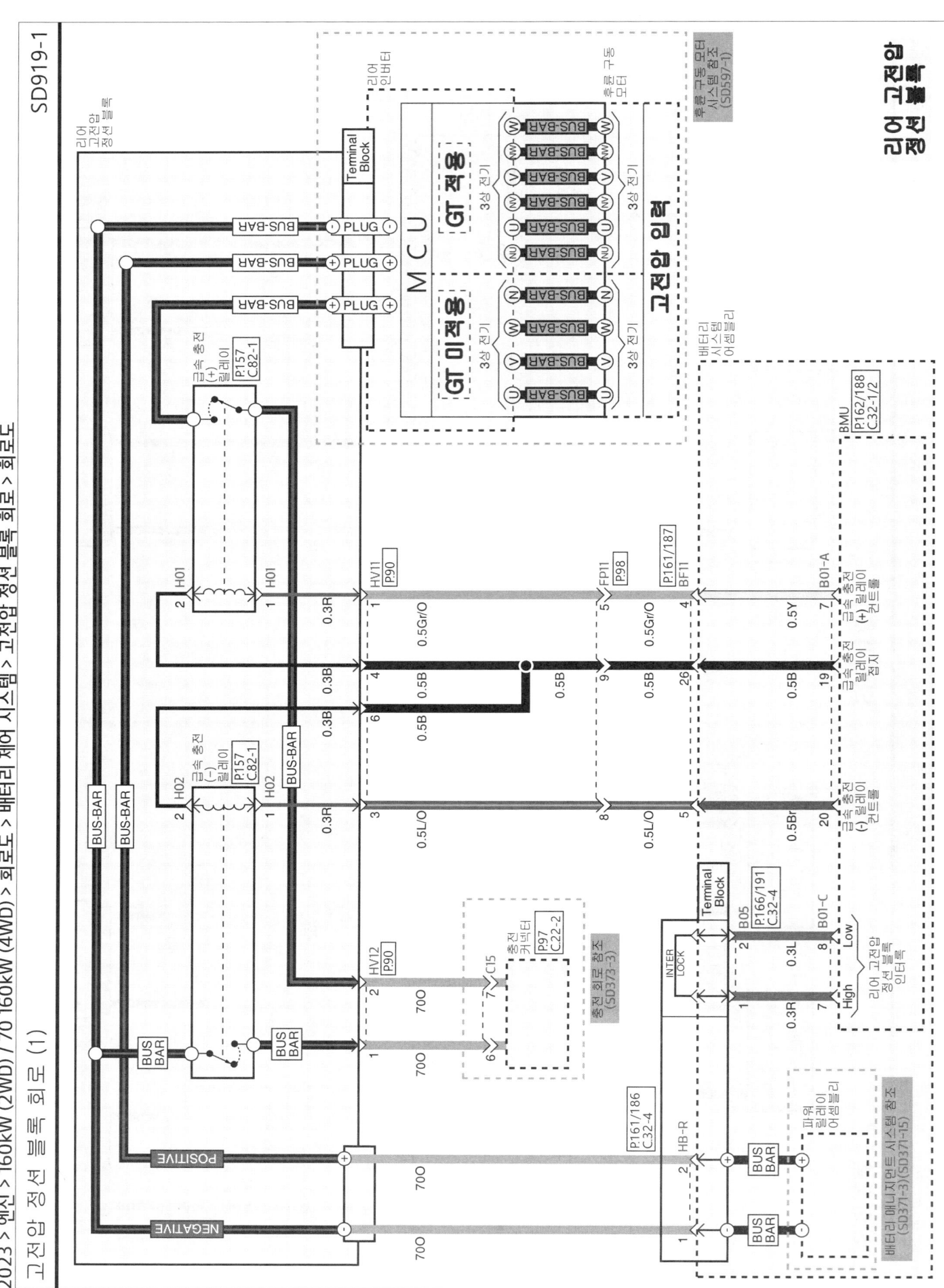

고전압 정션 블록 회로 (2)

프런트 고전압 정션 블록

인터록으로 (SD919-3) C

인터록에서 (SD919-3) D

배터리 시스템 어셈블리

BMU
P:162/188
C.32-2

HV23 P22
6 0.3L
EF21 P65
8 0.5L
P161/187 BFI1
25 0.5L
B01-C
22 0.3Gr
프런트 고전압
정션블록
인터록
(-)

5 0.3L
7 0.5Gr
24 0.5Gr
21 0.3O
(+)
프런트 고전압
정션블록
인터록

Terminal Block
B06(항속형) B07(기본형)
P:167/192
C.32-4

INTER LOCK
2 0.3L 12 Low
프런트 고전압
커넥터 인터록

H12 P23 C.82-1
Terminal Block

INTER LOCK
1
2

1 0.3R 11 High

고전압 정션 블록에서 (SD919-3) A
고전압 정선 블록으로 (SD919-3) B

BUS-BAR
BUS-BAR

H13 P22 C.82-1
POSITIVE
1
16O 16O
P160 C.32-4
HB-FA
1 2

NEGATIVE
2
16O 16O
2 1

파워 릴레이 어셈블리

배터리 매니지먼트
시스템 참조
(SD371-3)
(SD371-I5)

A/COMP 30A

P07-P
3.0O 3.0O

3.0O 3.0O

전자식 에어컨 컴프레서
P.21/218
C.20-12

실내 공조 & 배터리
폭열 관리 회로 참조
(SD971-8)

프런트 고전압
정션 블록 2WD (1/2)

- 181 -

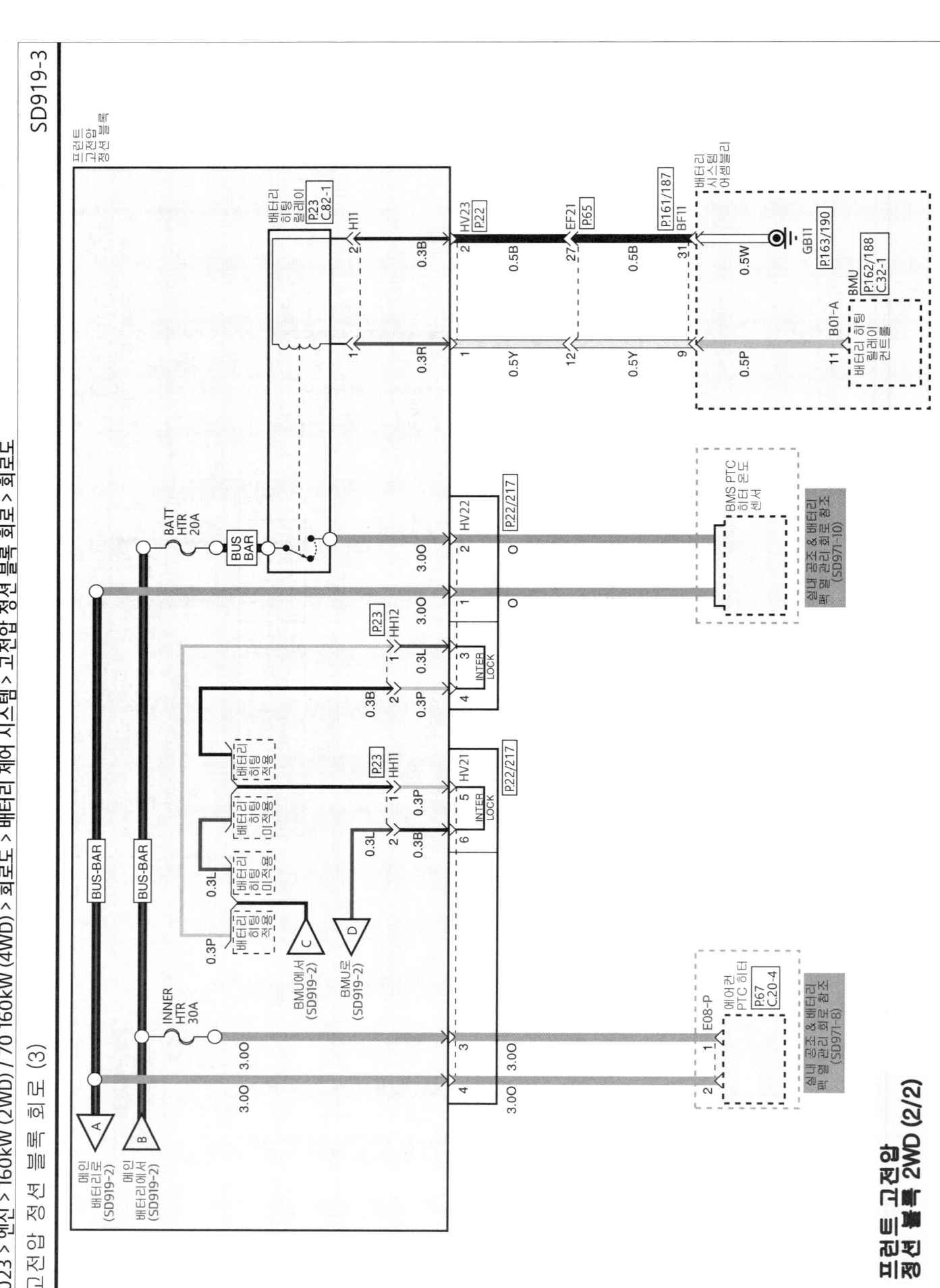

고전압 고전압
정션 블록 2WD (2/2)

고전압 정션 블록 회로 (4)

고전압 정션블록 MCU BUS-BAR PLUG Terminal Block 3상 전기

고전압 일체

POSITIVE

NEGATIVE

INTER LOCK

Terminal Block

A/COMP 30A

P07-P

3.0O

전자식 에어컨 컴프레서
P21/218
C20-12

프런트 고전압
정션 블록 4WD (1/2)

고전압 정션 블록 회로 (5)

프런트 고전압
정션 블록 4WD (2/2)

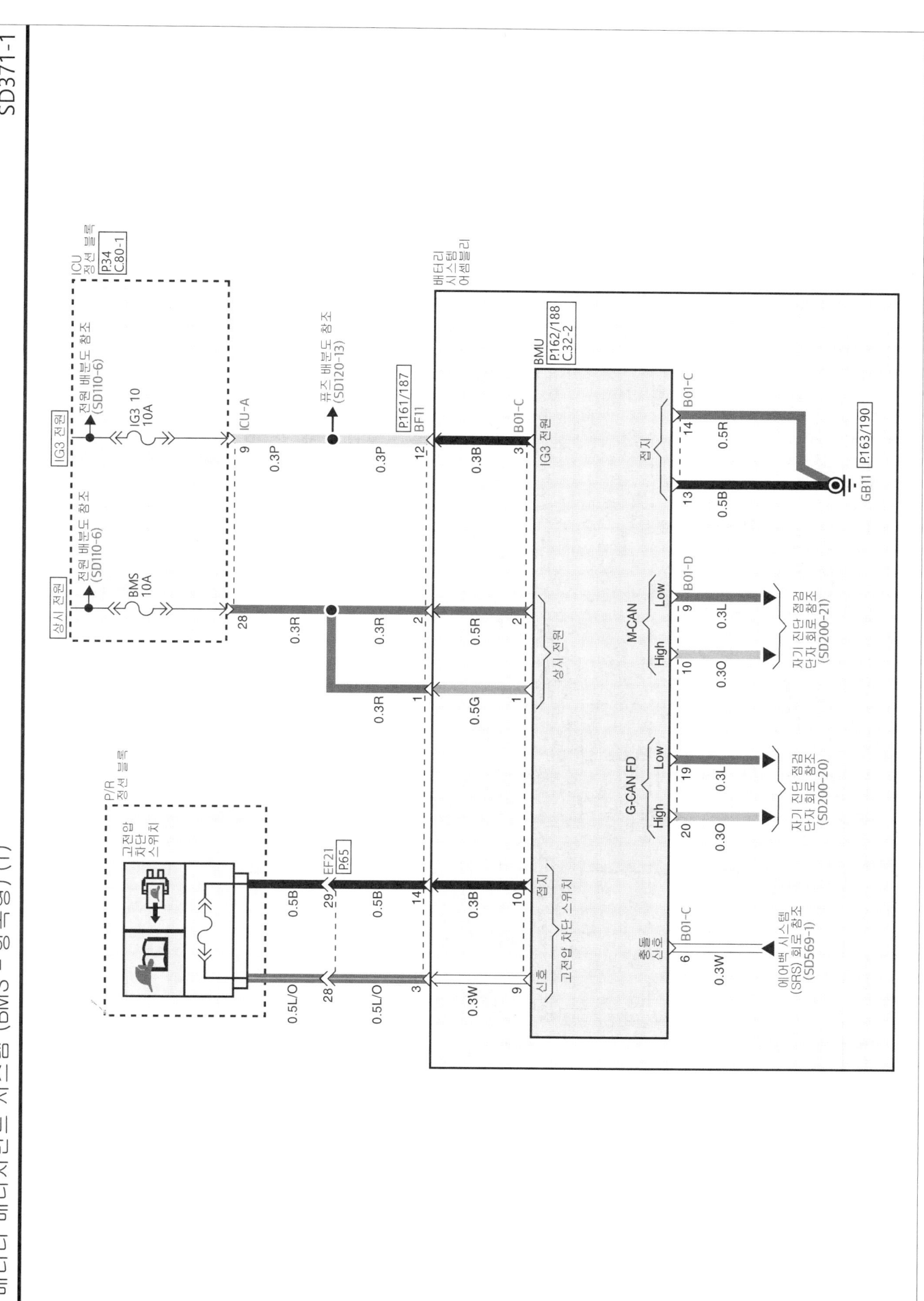

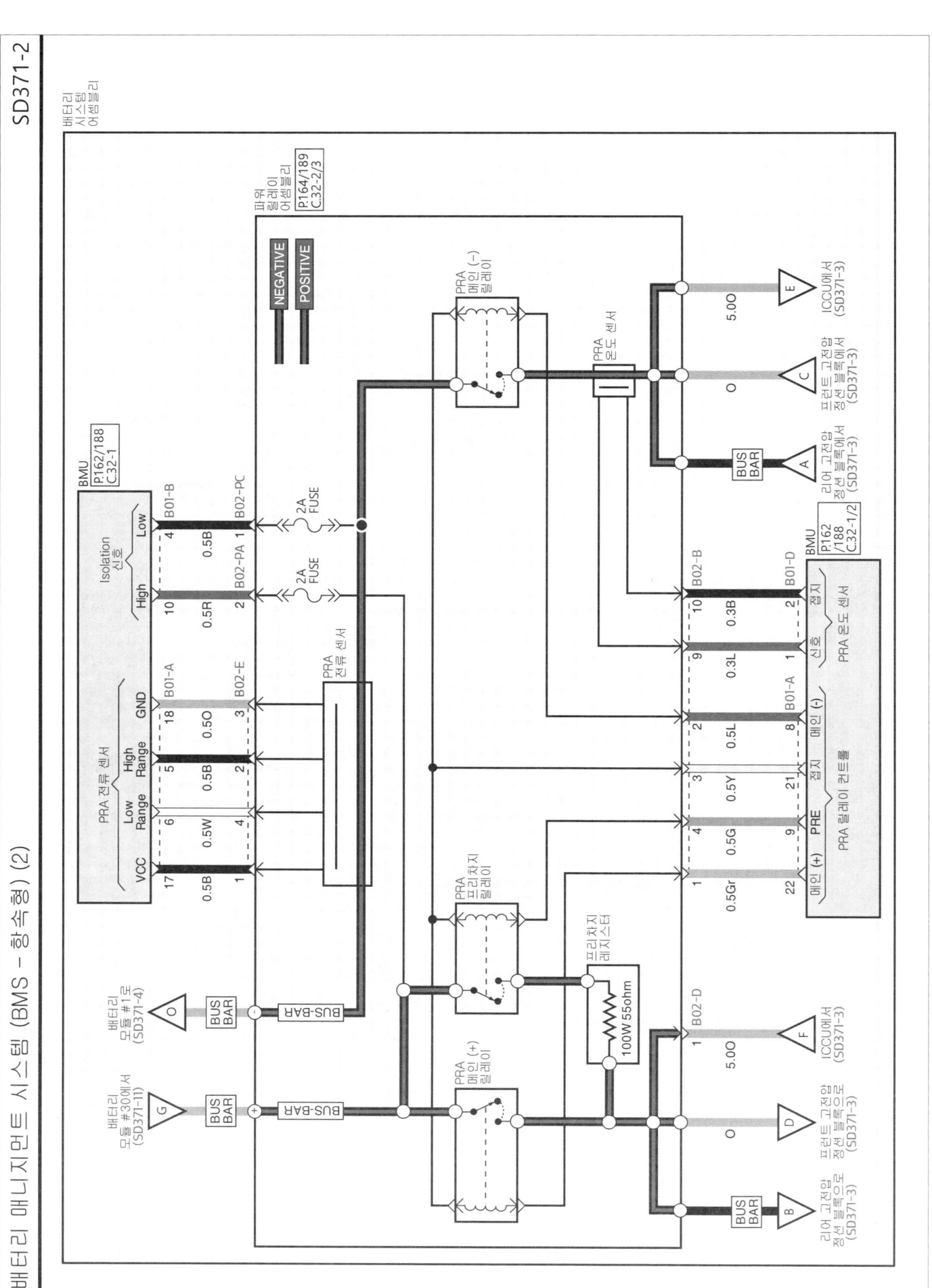

배터리 매니지먼트 시스템 (BMS - 항속형) (3)

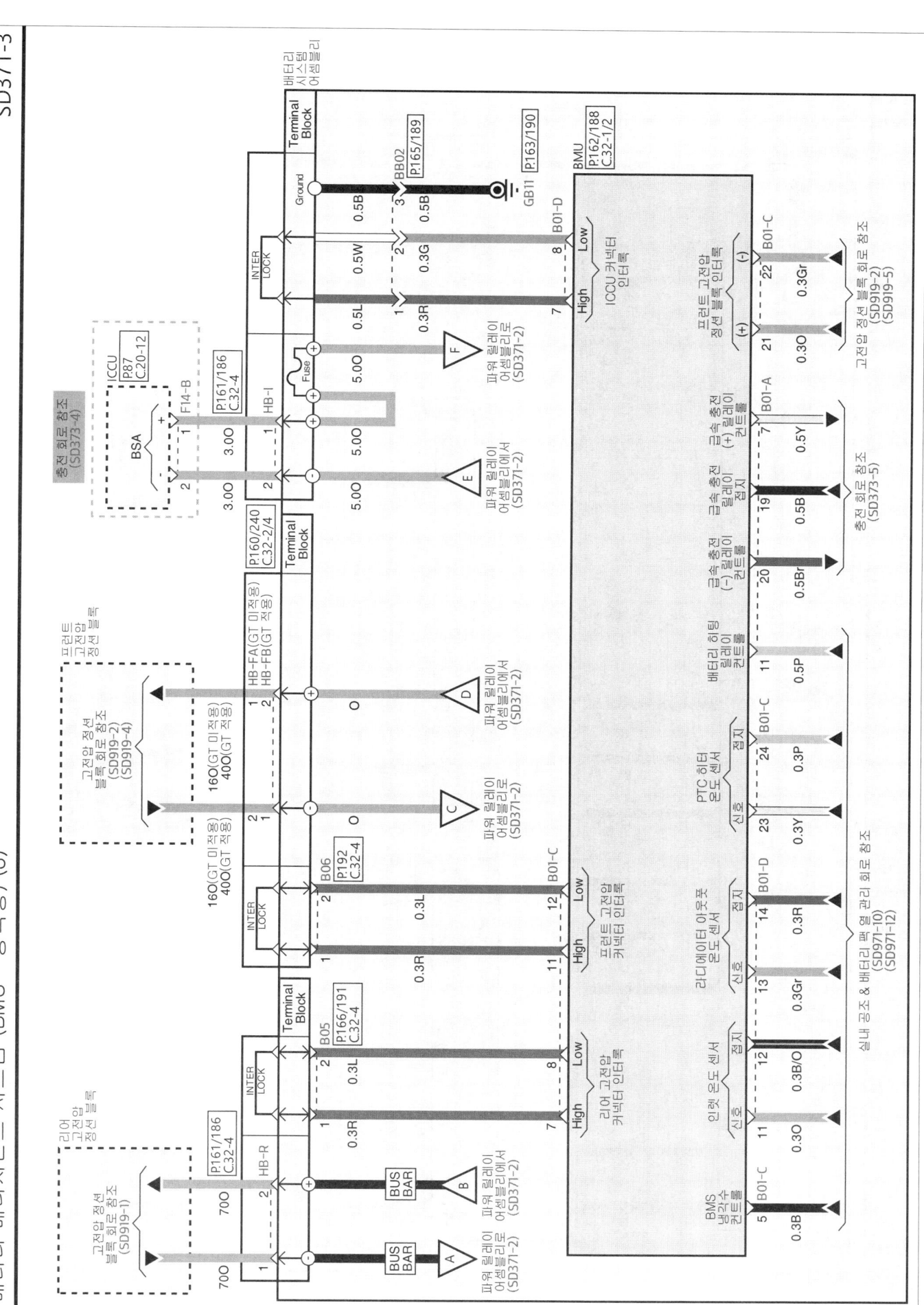

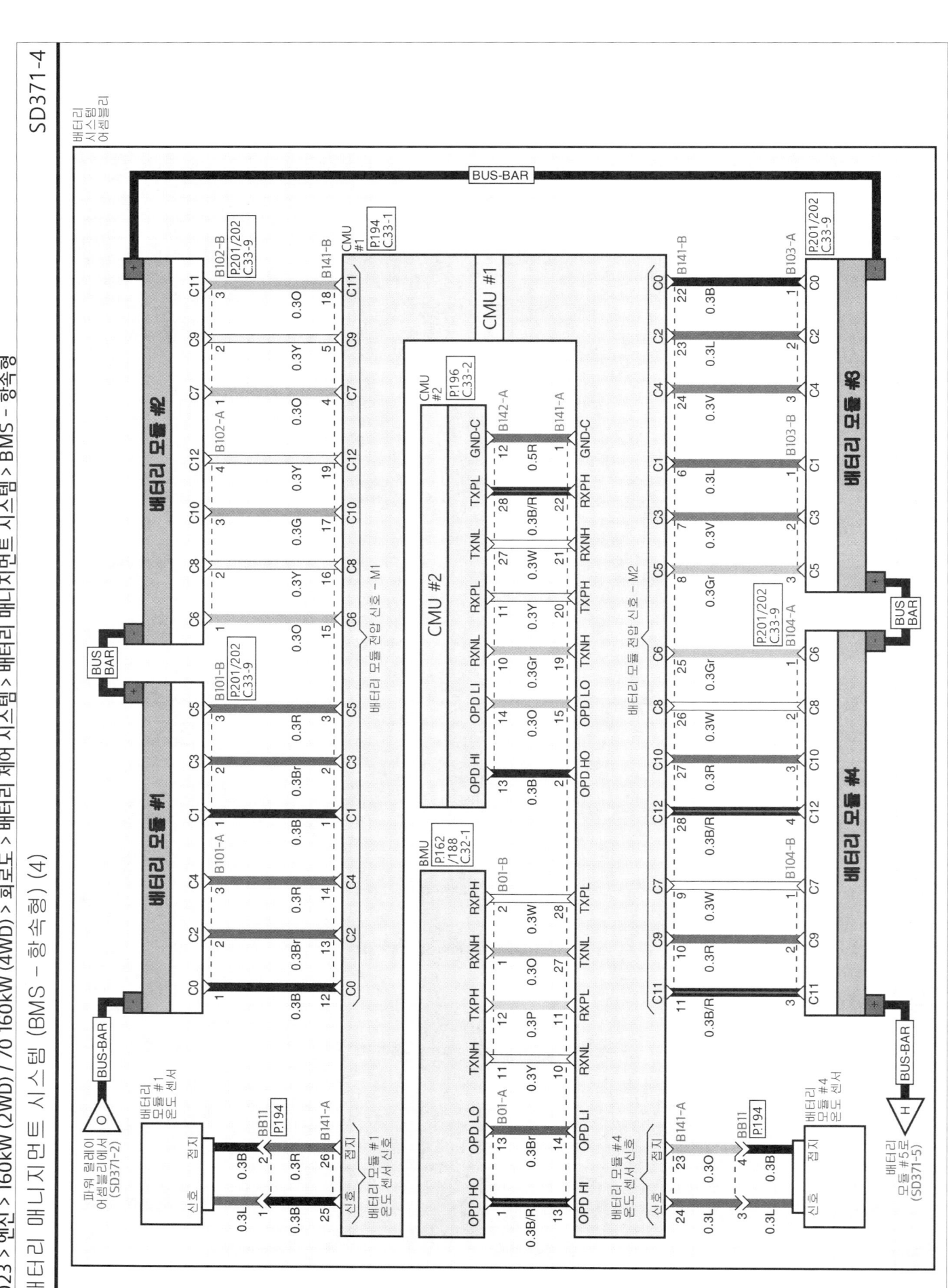

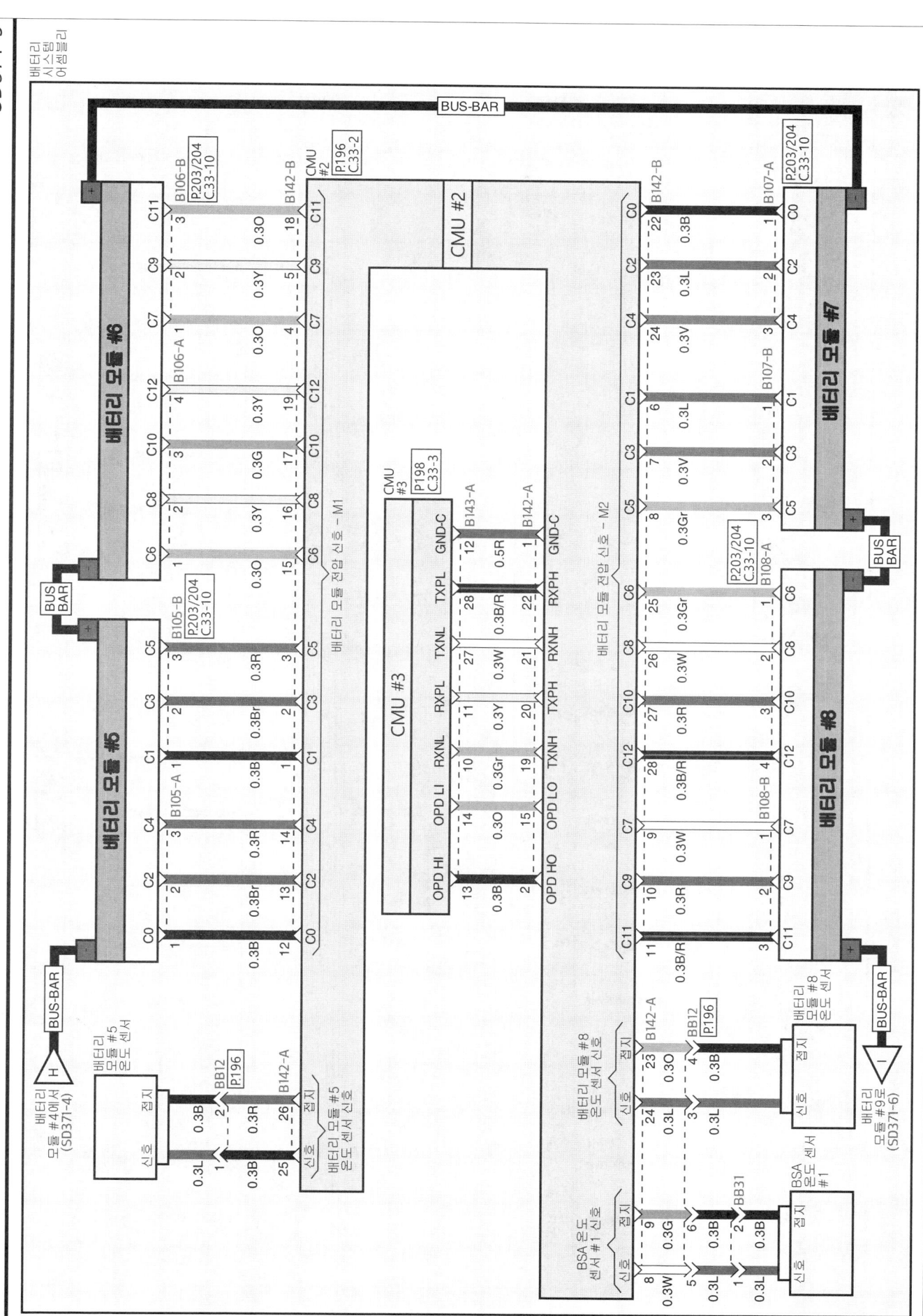

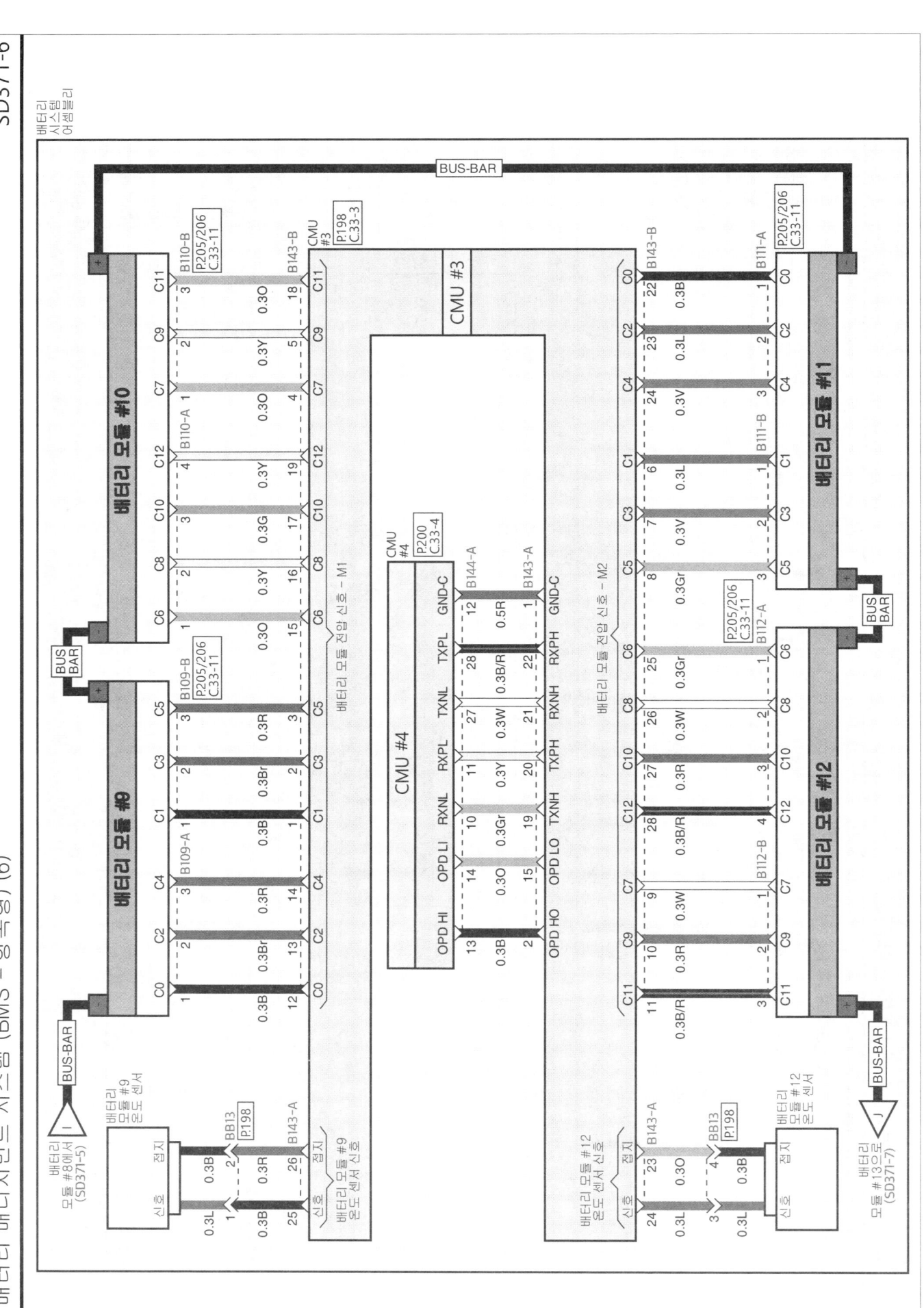

배터리 매니지먼트 시스템 (BMS - 항속형) (7)

SD371-7

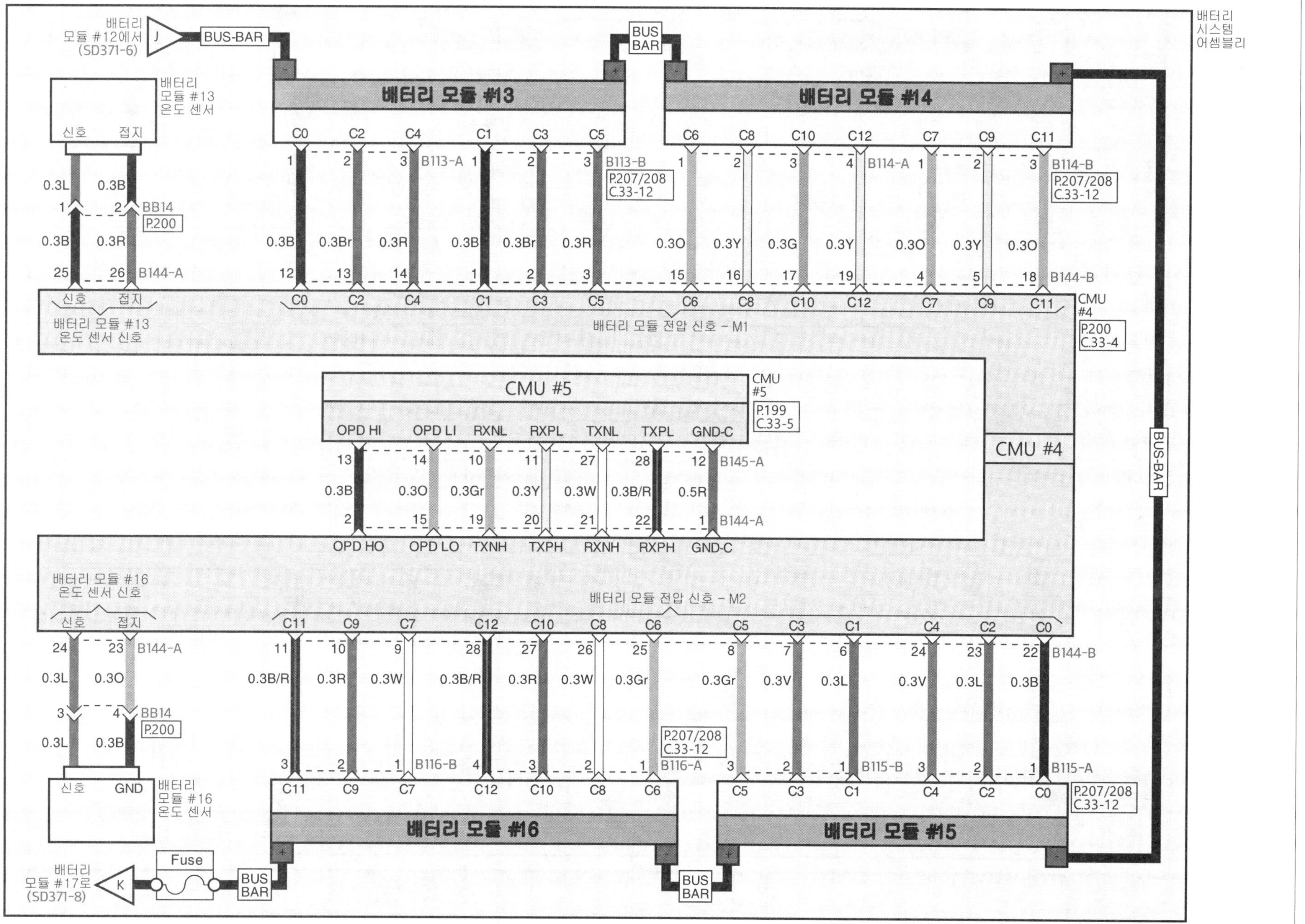

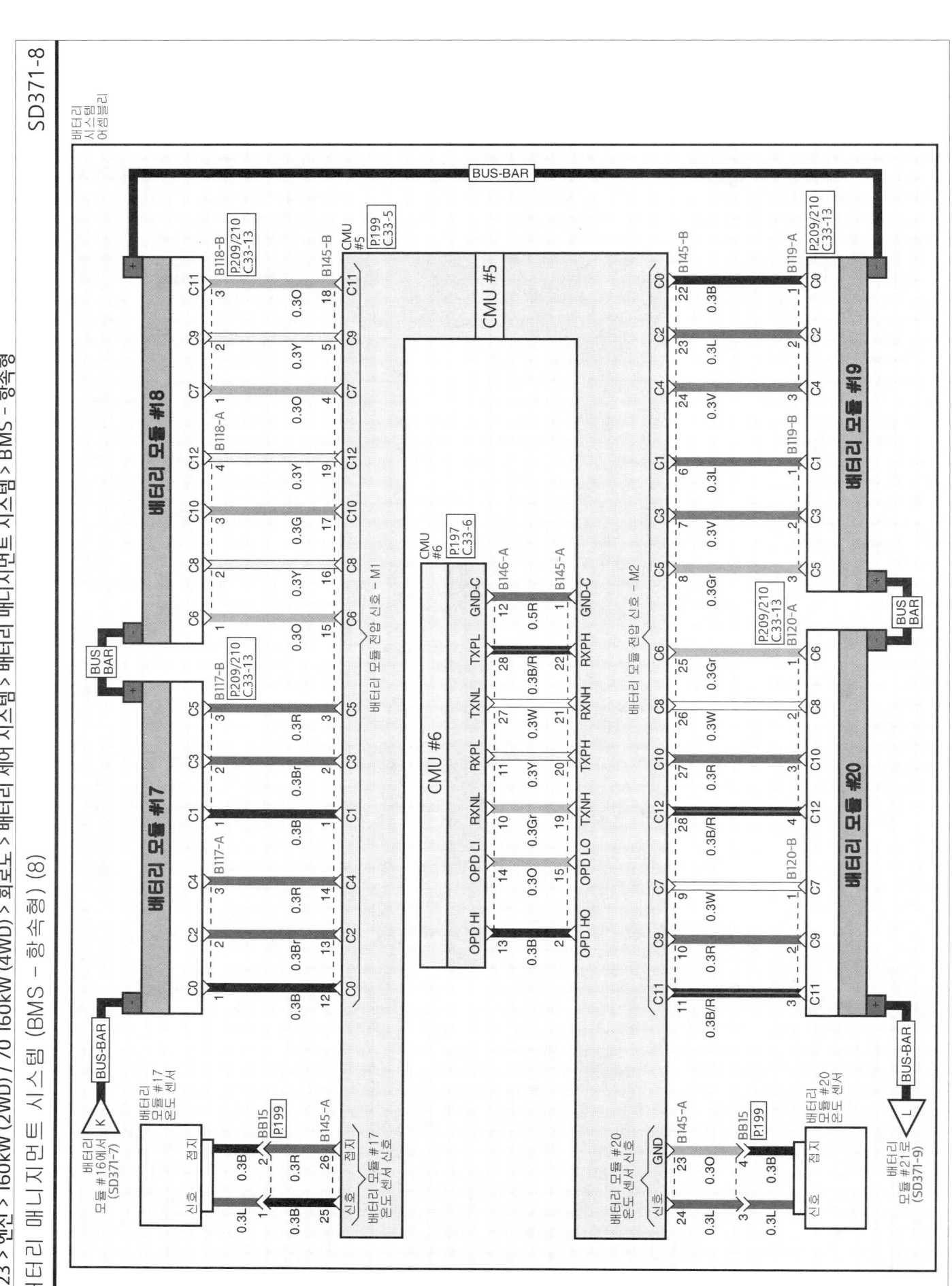

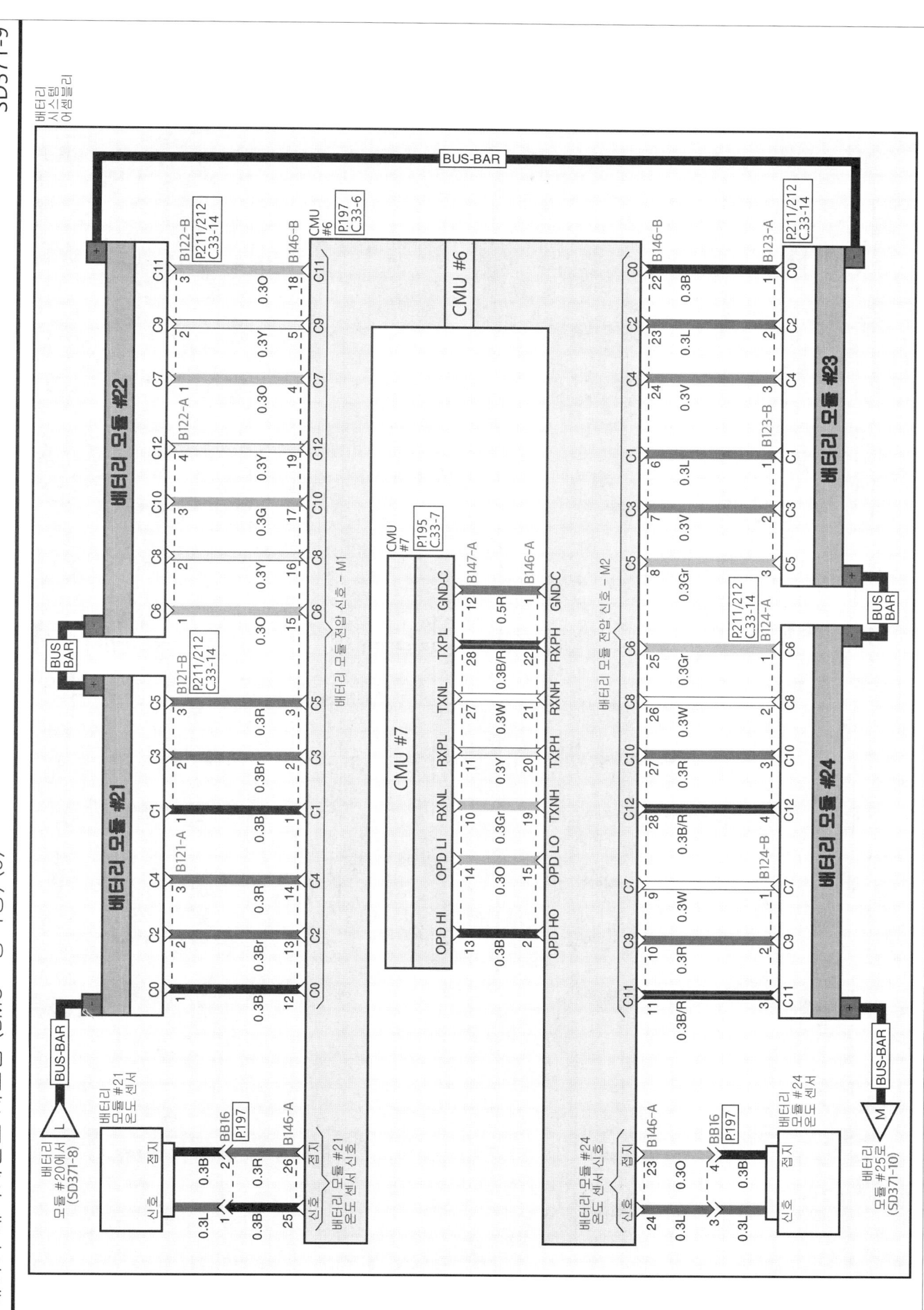

배터리 매니지먼트 시스템 (BMS - 항속형) (10)

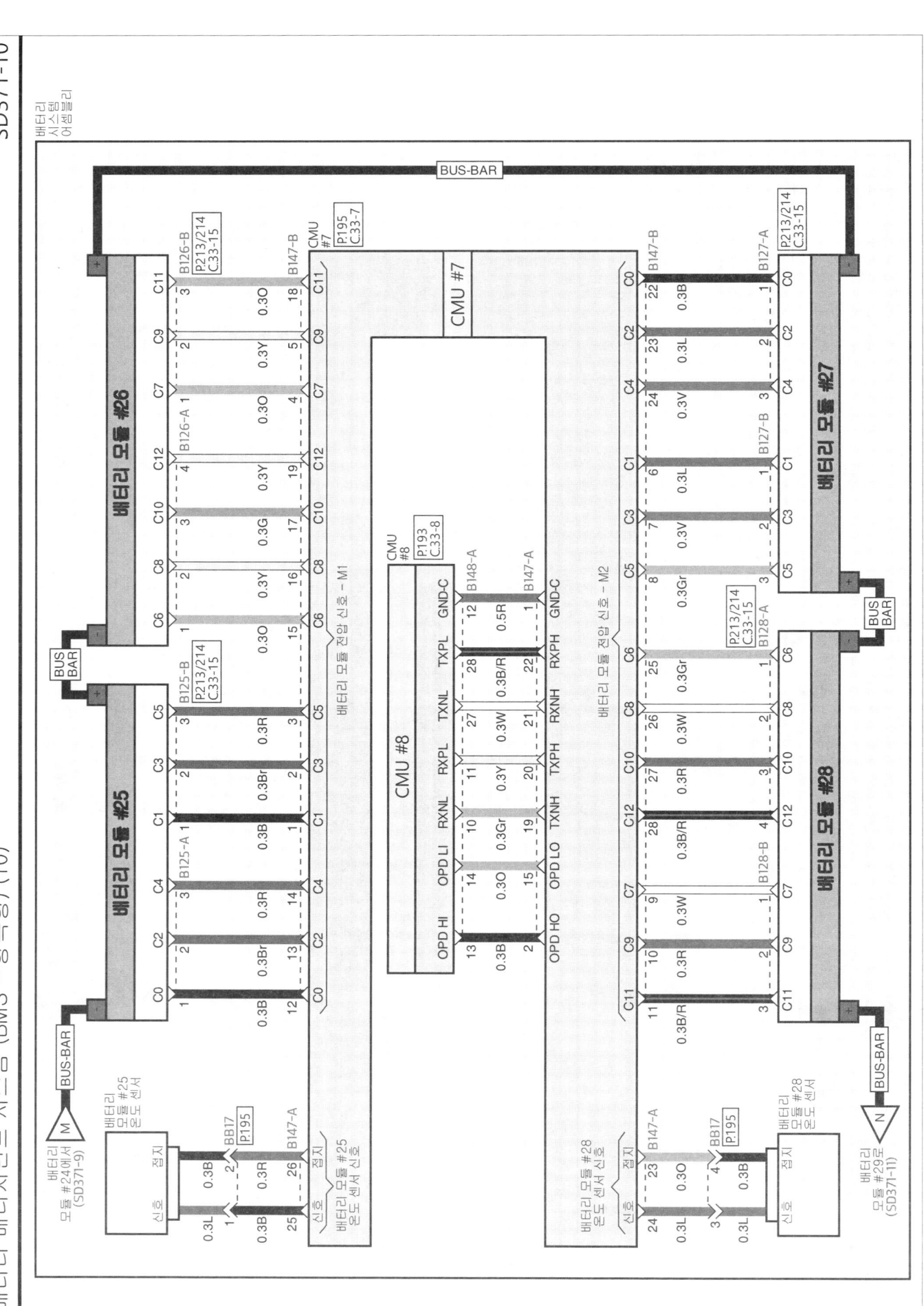

배터리
시스템
어셈블리

BUS-BAR

배터리 모듈 #30

배터리 모듈 #29

B130-B
P215/216
C.33-16

B148-B
CMU
#8
P193
C.33-8

CMU #8

C11   3   0.3O   18   C11
C9   2   0.3Y   5   C9
C7   B130-A 1   0.3O   4   C7
C12   4   0.3Y   19   C12
C10   3   0.3G   17   C10
C8   2   0.3Y   16   C8
C6   1   0.3O   15   C6

BUS
BAR

B129-B
P215/216
C.33-16

C5   3   0.3R   3   C5
C3   2   0.3Br   2   C3
C1   B129-A 1   0.3B   1   C1
C4   3   0.3R   14   C4
C2   2   0.3Br   13   C2
C0   1   0.3B   12   C0

배터리 모듈 전압 신호 - M1

RXNH RXPH B148-A
21   22
0.3O   0.3Y
19   20
TXNH TXPH B148-A

BMU
P162/188
C.32-1/2

B01-A
OPD LI   16   0.3L   15   OPD LO
OPD HI   4   0.3W   2   OPD HO

BUS-BAR

배터리
모듈 #28에서
(SD371-10)   N

배터리
모듈 #29
온도 센서

BB18
P193
접지   26   B148-A
0.3B   2   0.3L
신호   25
0.3L   1
0.3B
배터리 모듈 #29
온도 센서 신호

배터리 모듈 #32
온도 센서 신호

B01-D
접지   6   0.3B   4
신호   5   0.3L   3

배터리 모듈 #31

배터리 모듈 #32

B148-B
B131-B
P215/216
C.33-16

C0   22   0.3B   1   C0
C2   23   0.3L   2   C2
C4   24   0.3V   3   C4
C1   6   0.3L   1   C1
C3   7   0.3V   2   C3
C5   8   0.3Gr   3   C5

BUS
BAR

P215/216
C.33-16
B132-A

C6   25   0.3Gr   1   C6
C8   26   0.3W   2   C8
C10   27   0.3R   2   C10
C12   28   0.3B/R   4   C12
C7   9   0.3W   1   C7
C9   10   0.3R   2   C9
C11   11   0.3B/R   3   C11

B148-A
BB18
P193
BB32

BSA 온도
센서 #2 신호
접지   9   0.3G   6   0.3B   2   0.3B
신호   8   0.3W   5   0.3L   1   0.3L

BSA
온도 센서
#2

배터리
모듈 #32
온도 센서
접지
신호

BUS-BAR   G

파워릴레이
어셈블리로
(SD371-2)

배터리 매니지먼트 시스템 (BMS – 항속형) (12)

SD371-12

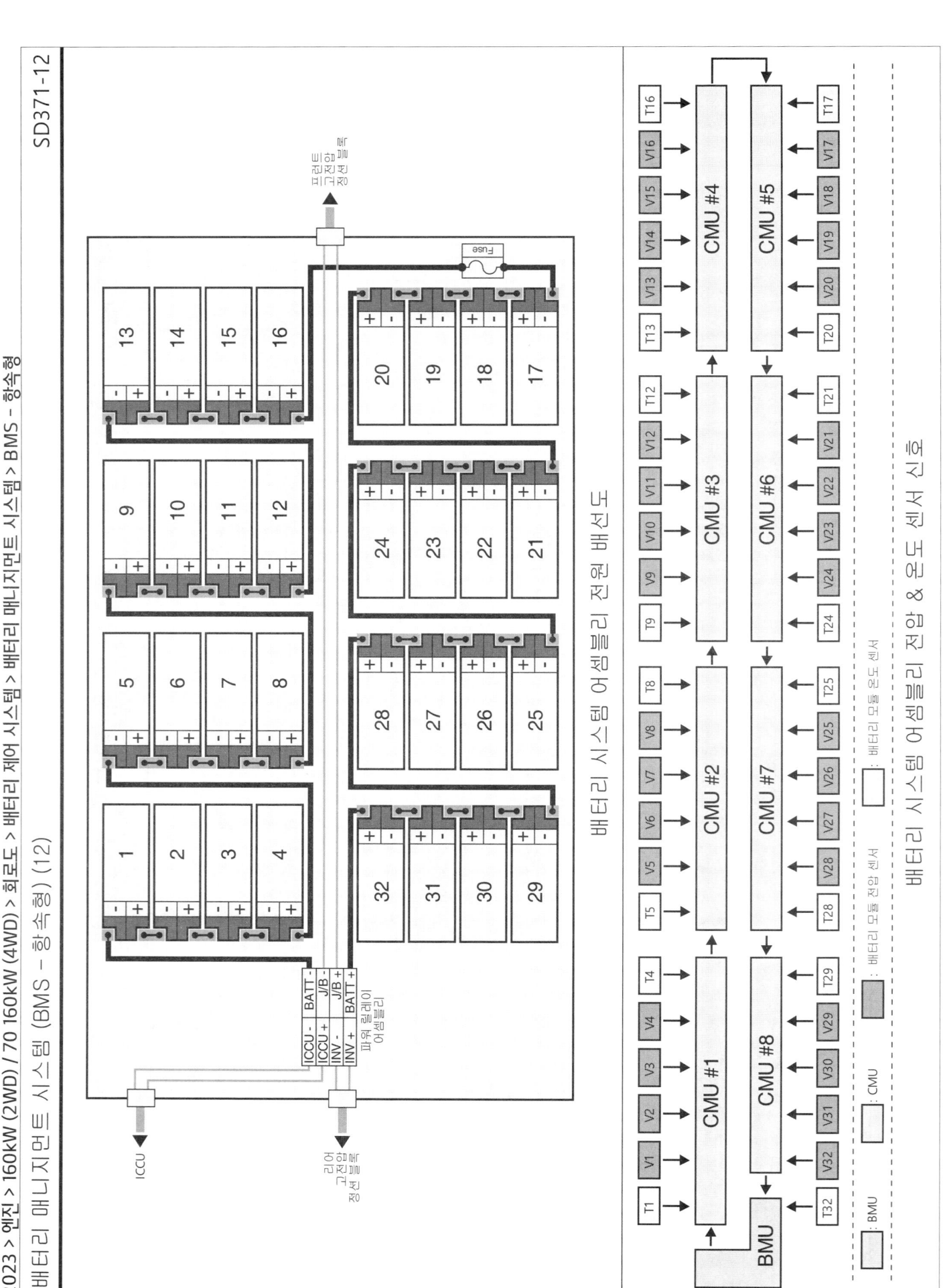

배터리 시스템 어셈블리 전원 배선도

배터리 시스템 어셈블리 전압 & 온도 센서 신호

배터리 매니지먼트 시스템 (BMS – 기본형) (1)

ICU
정션 블록
P.34
C.80-1

IG3 전원
전원 배분도 참조
(SD110-6)
IG3 10
10A
ICU-A
9
0.3P

상시 전원
전원 배분도 참조
(SD110-6)
BMS
10A
28
0.3R

P/R
정션 블록

고전압
차단
스위치

EF21 P65
29
0.5B

0.5L/O
28

퓨즈 배분도 참조
(SD120-13)

P161/187
BF11
12
0.3P

2
0.3R

1
0.3R

14
0.5B

0.5L/O
3

배터리
시스템
어셈블리

BMU
P.162/188
C.32-2

B01-C
3
0.3B

IG3 전원

2
0.5R

상시 전원

1
0.5G

고전압 차단 스위치
10
0.3B

신호
9
0.3W

B01-C
13
0.5B
접지

B01-C
14
0.5R

M-CAN
Low
9
0.3L
High
10
0.3O

G-CAN FD
Low
19
0.3L
High
20
0.3O

B01-C
6
0.3W

B01-D

GB11

P163/190

자기 진단 점검
단자 회로참조
(SD200-21)

자기 진단 점검
단자 회로참조
(SD200-20)

충돌 신호
에어백 시스템
(SRS) 회로참조
(SD569-1)

배터리 매니지먼트 시스템 (BMS - 기본형) (2)

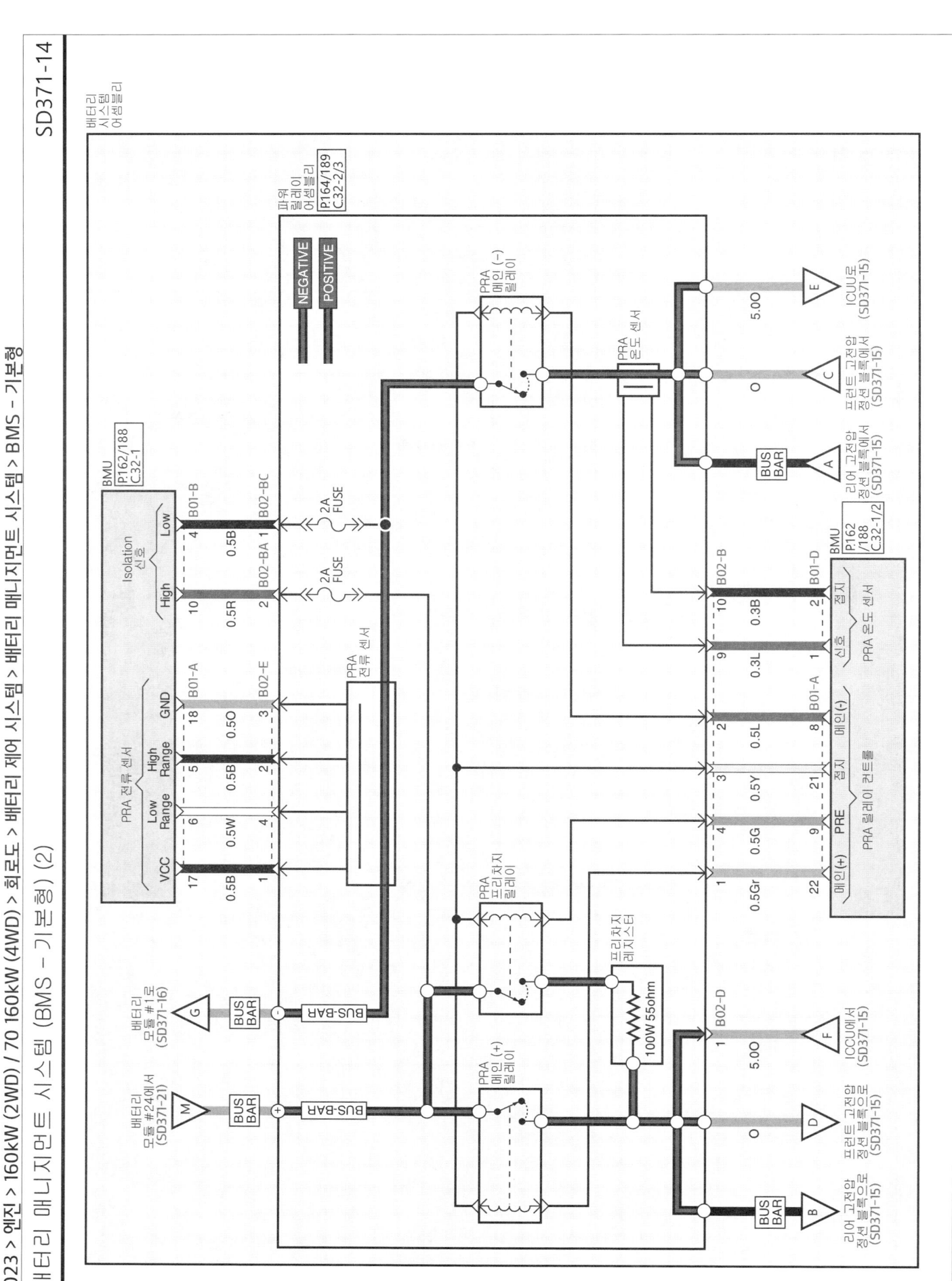

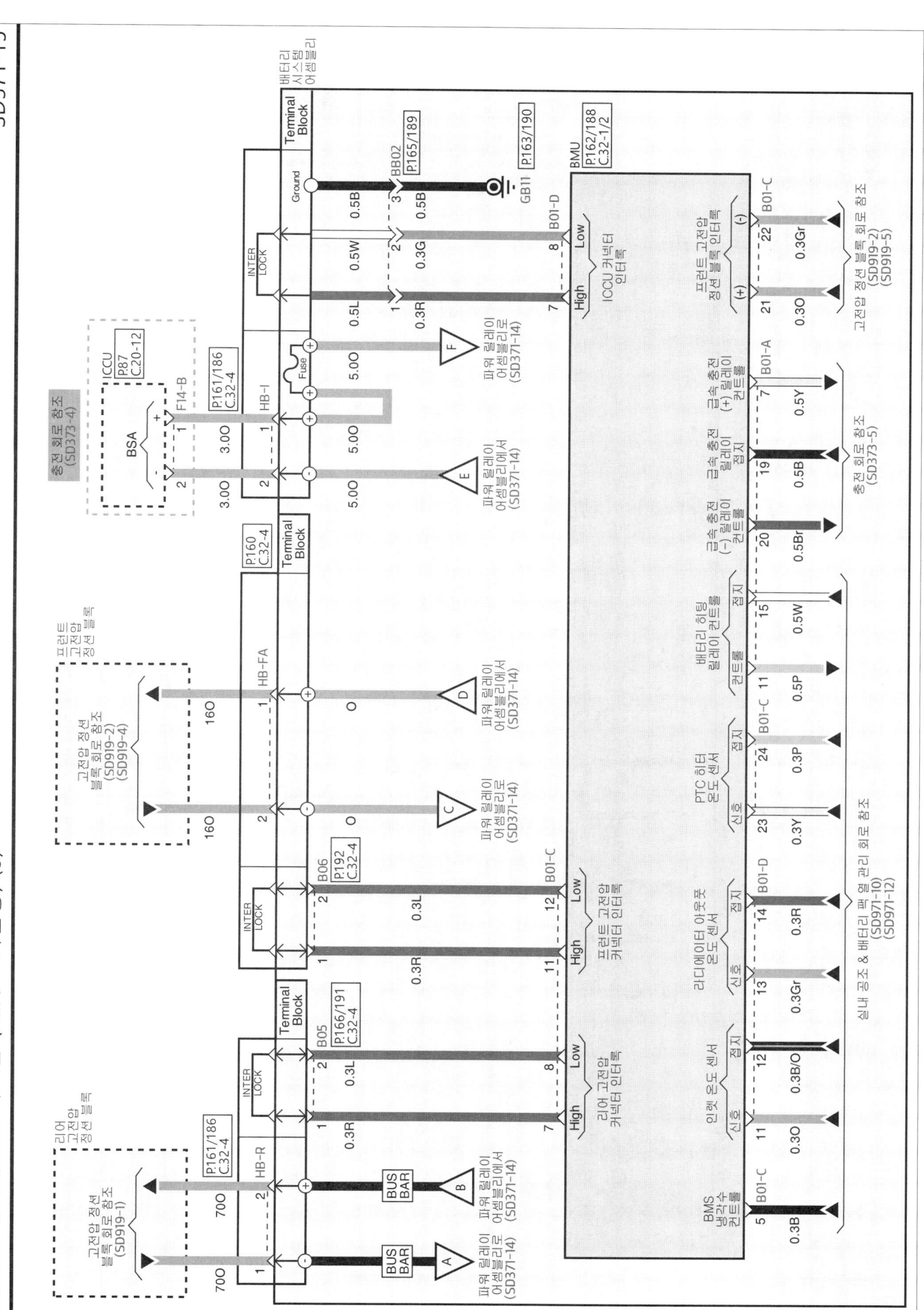

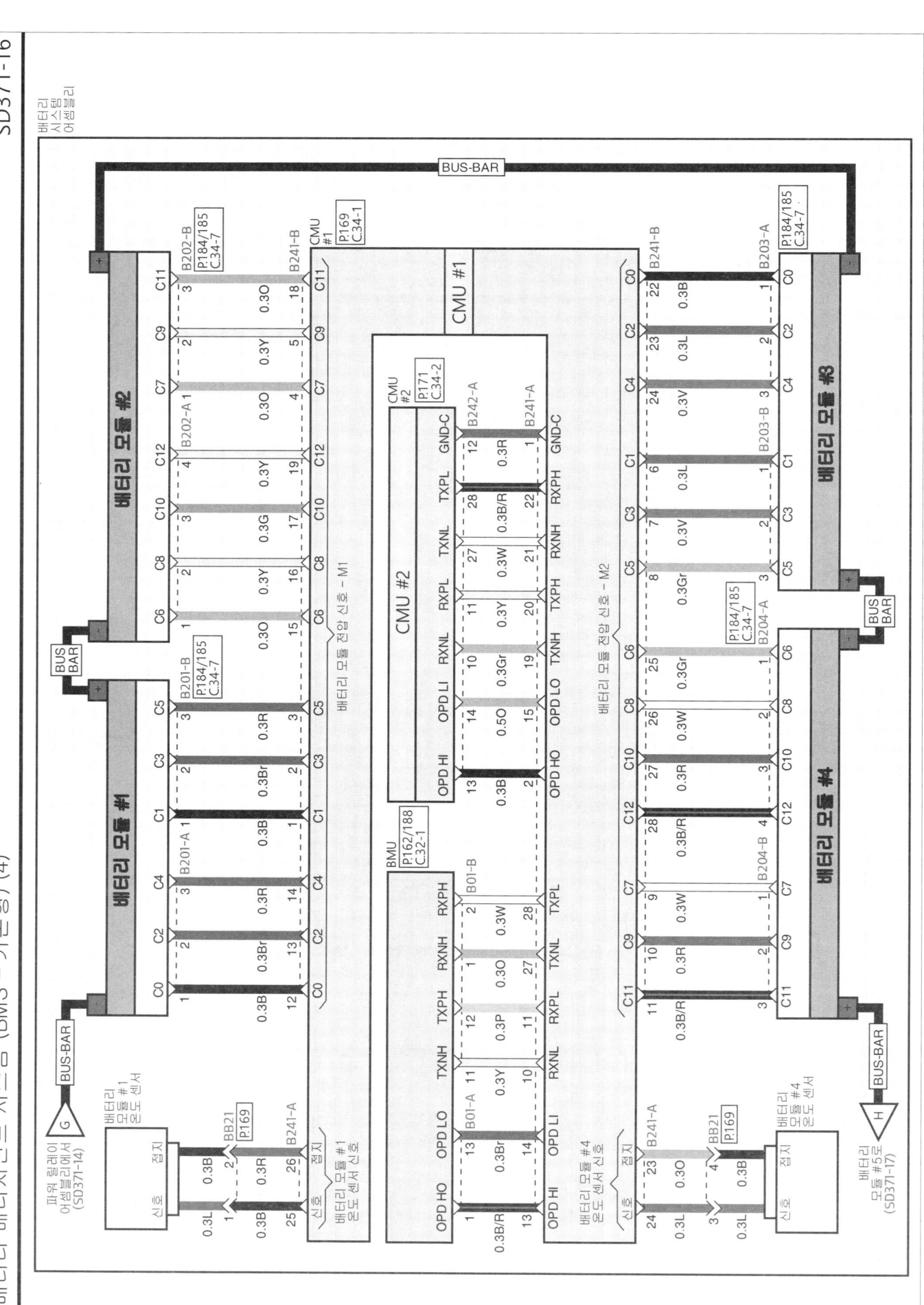

배터리 매니지먼트 시스템 (BMS - 기본형) (5)

배터리 시스템 어셈블리

BUS-BAR

배터리 모듈 #6

배터리 모듈 #5

배터리 모듈 #7

배터리 모듈 #8

CMU #2

CMU #3

배터리 모듈 전압 신호 - M1

배터리 모듈 전압 신호 - M2

배터리 모듈 #5 온도 센서

배터리 모듈 #8 온도 센서

BSA 온도 센서 #1 신호

모듈 #4에서 (SD371-16)

모듈 #9로 (SD371-18)

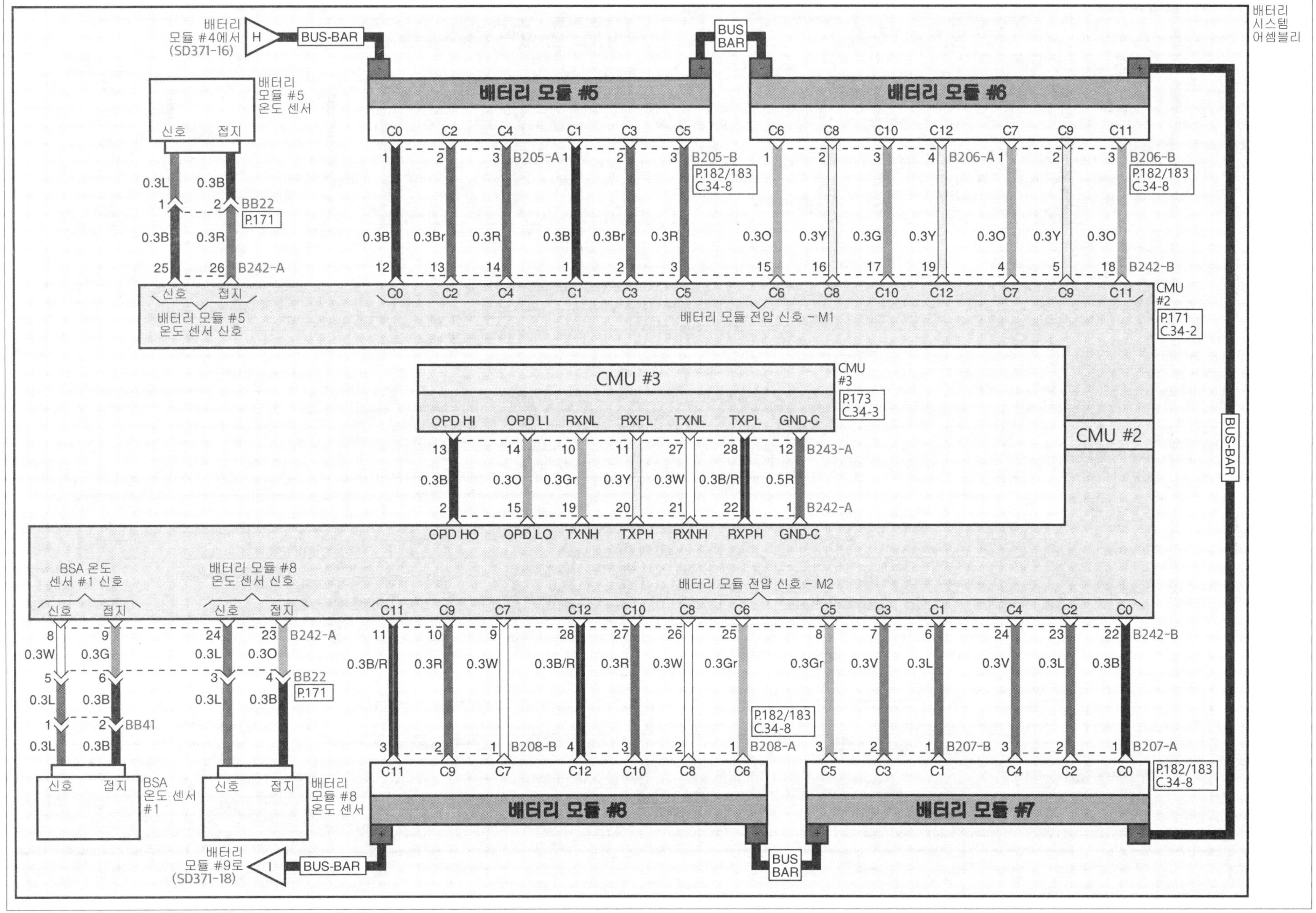

배터리 매니지먼트 시스템 (BMS - 기본형) (6)

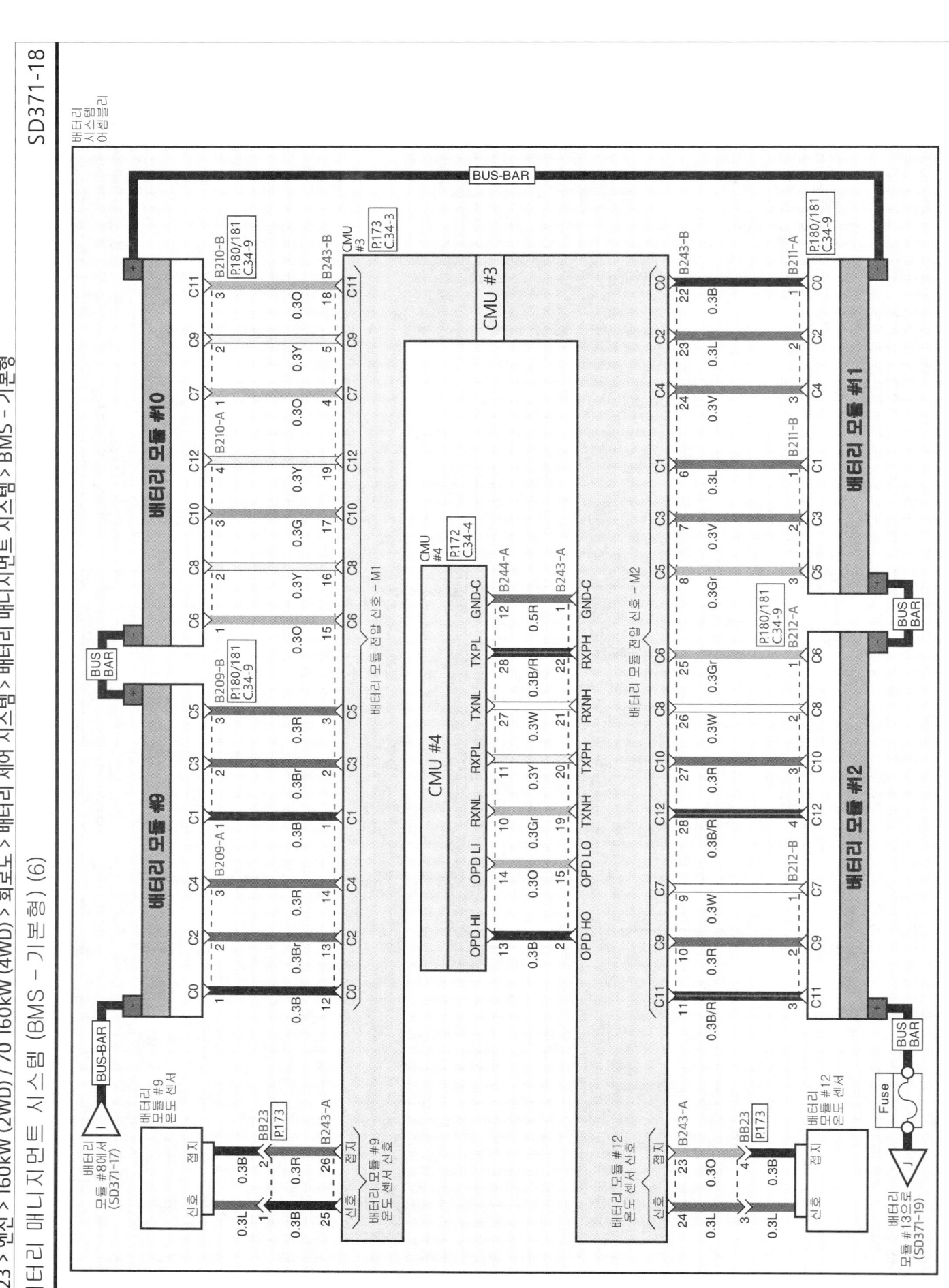

2023 > 엔진 > 160kW (2WD) / 70 160kW (4WD) > 회로도 > 배터리 제어 시스템 > 배터리 매니지먼트 시스템 > BMS – 기본형

배터리 매니지먼트 시스템 (BMS – 기본형) (7)

SD371-19

배터리
시스템
어셈블리

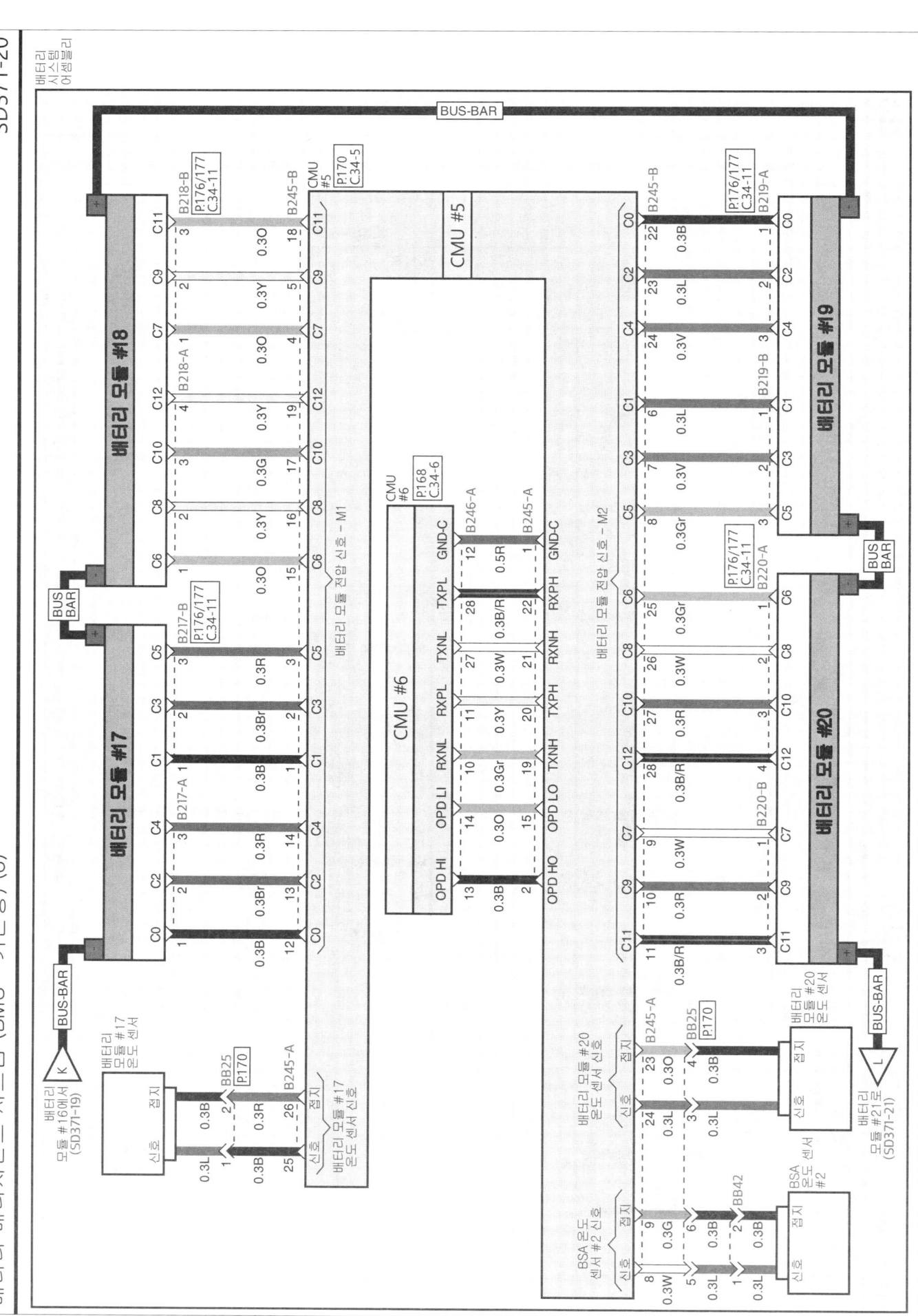

배터리 매니지먼트 시스템 (BMS - 기본형) (9)

SD371-22

배터리 매니지먼트 시스템 (BMS - 기본형) (10)

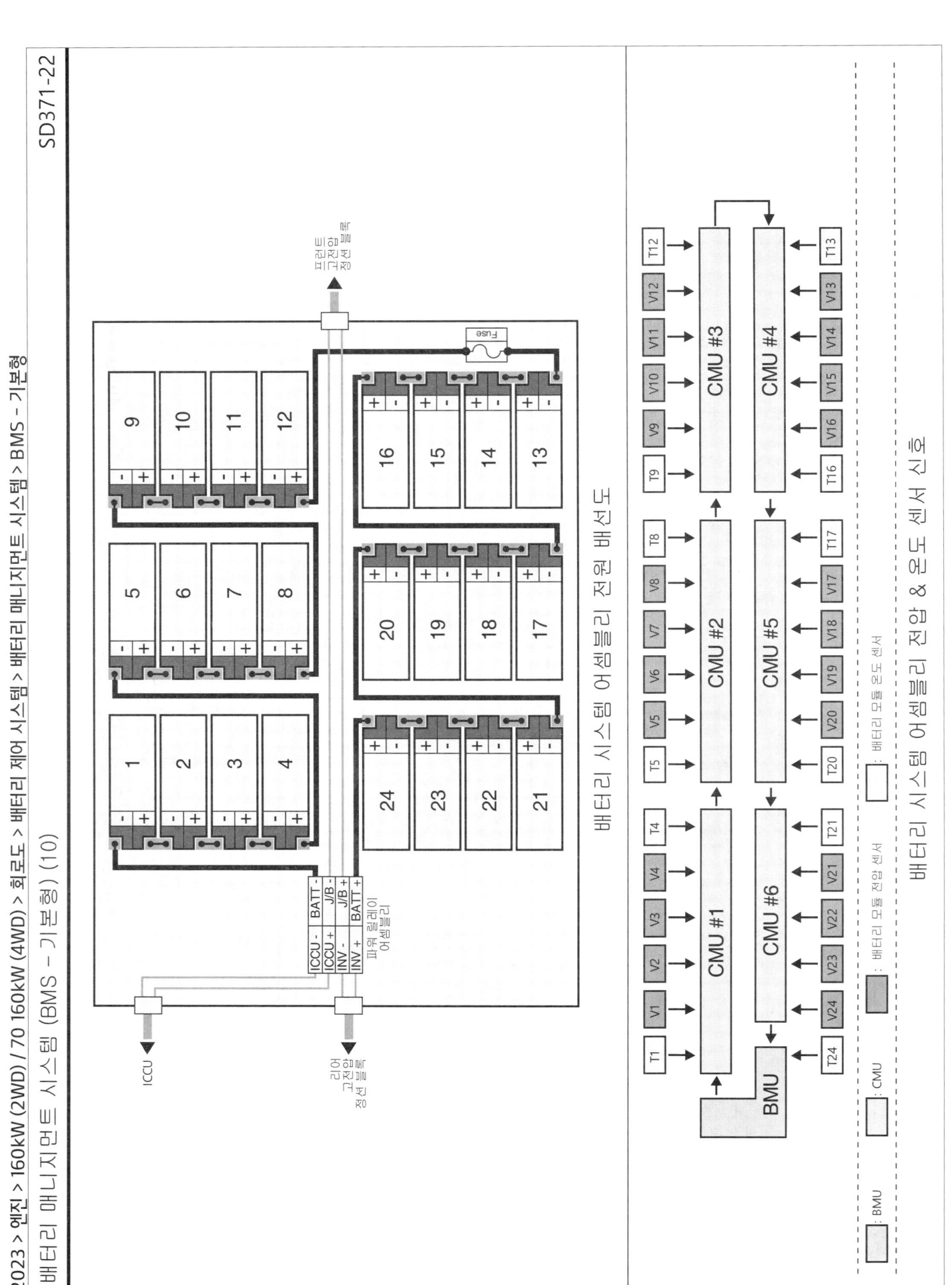

배터리 시스템 어셈블리 전원 배선도

배터리 시스템 어셈블리 전압 & 온도 센서 신호

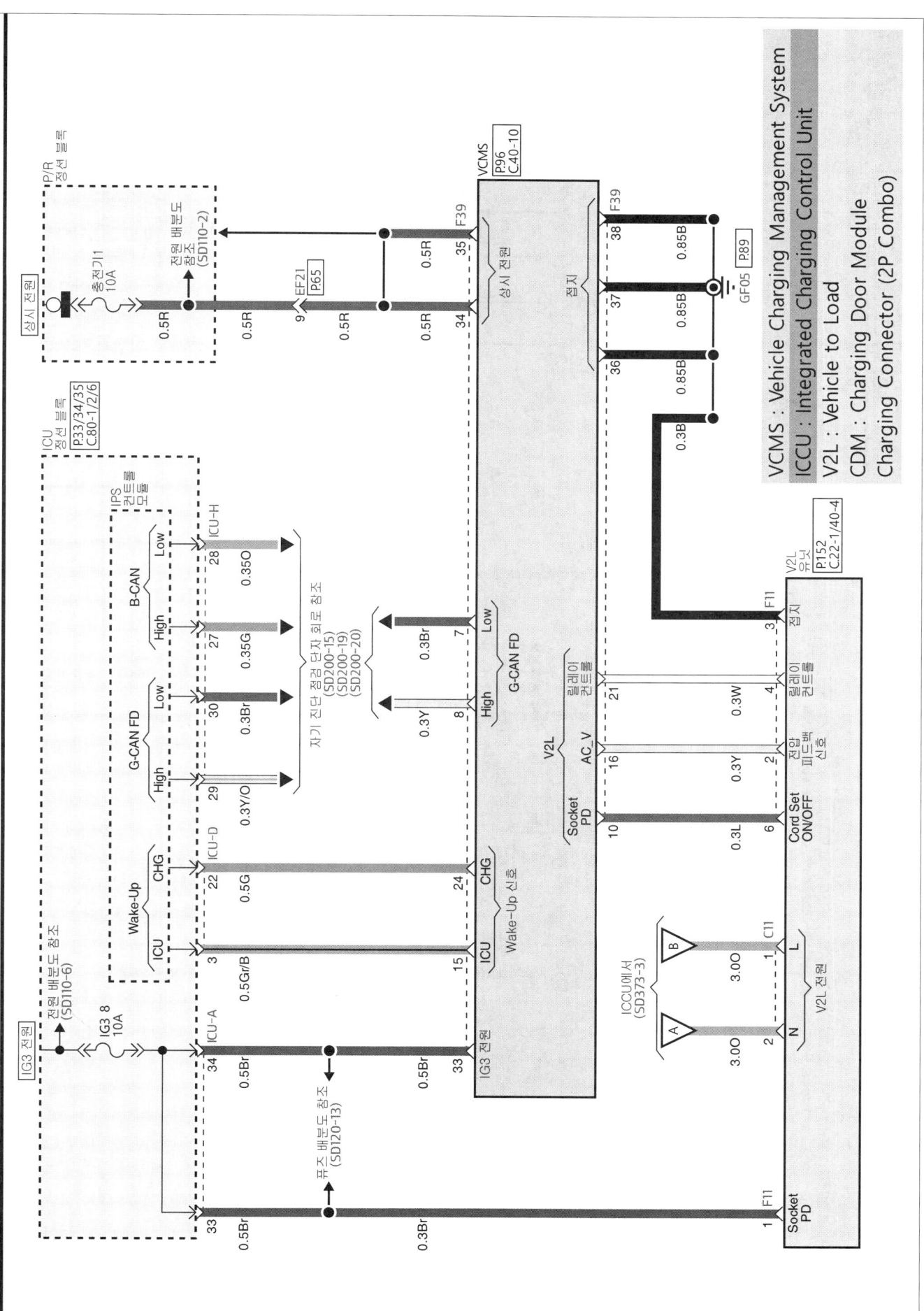

VCMS : Vehicle Charging Management System
ICCU : Integrated Charging Control Unit
V2L : Vehicle to Load
CDM : Charging Door Module
Charging Connector (2P Combo)

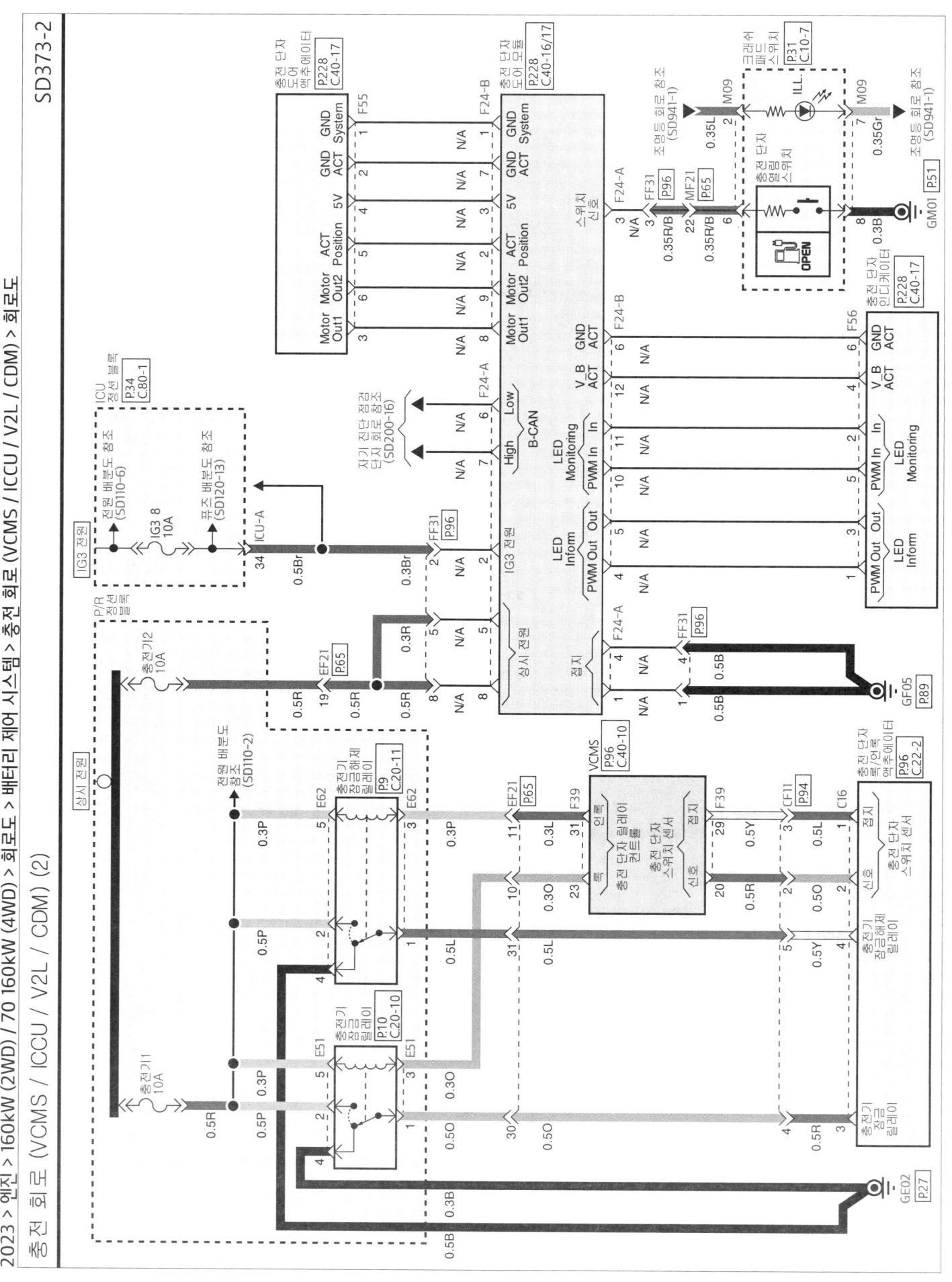

충전 회로 (VCMS / ICCU / V2L / CDM) (3)

SD373-3

충전 회로 (VCMS / ICCU / V2L / CDM) (4)

리어
고전압
정션블록

리어
인버터

Terminal
Block

M C U

GT 적용

3상 전기

BUS-BAR W — W
BUS-BAR WV — WV
BUS-BAR V — V
BUS-BAR NV — NV
BUS-BAR U — U
BUS-BAR NU — NU

3상 전기

고전압 입력

GT 미적용

3상 전기

BUS-BAR N — N
BUS-BAR W — W
BUS-BAR V — V
BUS-BAR U — U

3상 전기

후륜 구동
모터

후륜 구동 모터
시스템 참조
(SD597-1)

PLUG (+)
PLUG (+)
PLUG (+)

BUS-BAR
BUS-BAR
BUS-BAR

급속충전
(+)
릴레이
P.157
C.82-1

H01 2 H01 1   0.3R

HV11 P90 1   0.5Gr/O   FP11 P98 5   0.5Gr/O   P.161/187 BF11 4   0.5Y   B01-A 7

BMU
P.162/188
C.32-1/2

배터리
시스템
어셈블리

급속충전
(+)릴레이
컨트롤

0.3B 4   0.5B   9   0.5B   26   0.5B   19

급속충전
릴레이 접지

0.3B 6   0.5B

BUS-BAR

급속충전
(-)
릴레이
P.157
C.82-1

H02 2 H02 1   0.3R 3   0.5L/O   8   0.5L/O   5   0.5Br   20

급속충전
(-)릴레이
컨트롤

BUS-BAR
BUS-BAR

HV12 P90 2   70O

충전
커넥터(에서)
(SD371-3)

D

충전
커넥터로
(SD371-3)

C

BUS BAR
BUS BAR

Terminal
Block

INTER LOCK

B05 P.166/191 C.32-4 2   0.3L   8   B01-C

Low

1   0.3R   7

High

리어 고전압
정션블록
인터록

파워
릴레이
어셈블리

POSITIVE +   P.161/186 C.32-4 2   HB-R   70O

BUS BAR +

NEGATIVE -   1   70O

BUS BAR -

배터리 매니지먼트 시스템 참조
(SD371-3)(SD371-15)

- 211 -

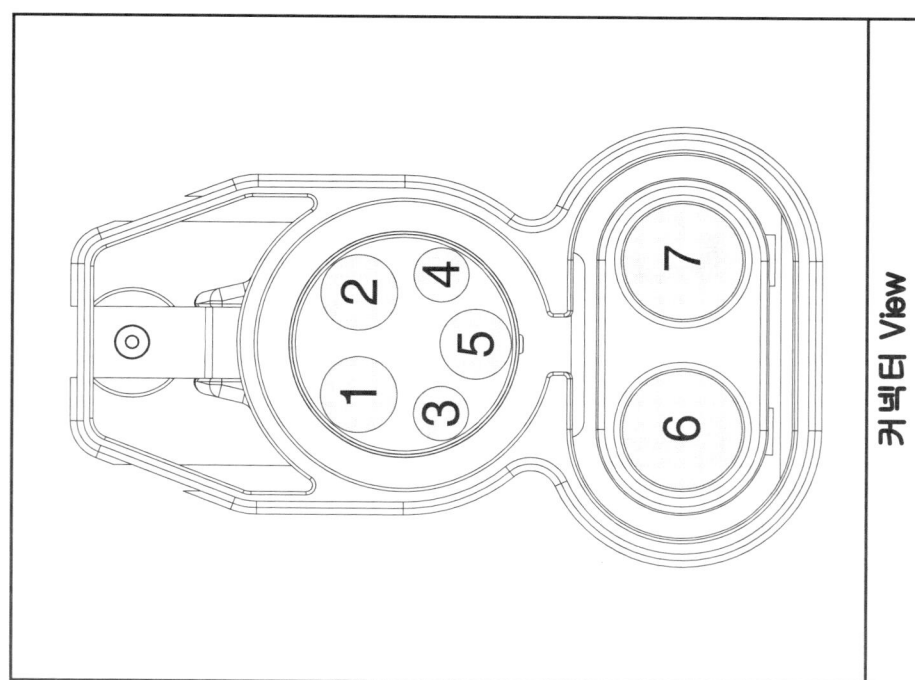

충전 커넥터

후면 View

커넥터 View

통합형 전동 부스터 (IEB) 회로 (1)

IEB : Integrated Electric Booster

PCB 블록
P:11
C.81-1

ON/START 전원

전원배분도 참조
(SD110-4)

IEB3
10A

3　P/B-D

0.3P

IEB 유닛
P:24
C.20-6

44　ON/START 전원

E15

접지

14　E15　5.0B

46　5.0B

GE05　P:73

도어 스위치
45　0.3G

파워 도어록 회로참조
(SD813-2)

P/R 정션 블록

MULTI FUSE-3

IEB2 60A
IEB1 60A

상시 전원

5.0R

5.0R

30

1　상시 전원

G-CAN FD High 21　0.3Y
Low 22　0.3Br

C-CAN FD High 25　0.3Y
Low 26　0.3Br

자기 진단 점검 단자 회로참조
(SD200-14)
(SD200-19)

ICU 정션 블록
P:35
C.80-5

ON/START 전원

전원배분도 참조
(SD110-6)

점화 차단 래치 릴레이 'ON' 전원

전원배분도 참조
(SD110-6)

메모리1 15A

계기판 7.5A

퓨즈배분도 참조
(SD120-9)

ICU-F
8

0.5R

퓨즈배분도 참조
(SD120-9)

0.5R

M06
40

35

0.3P

39

계기판
P:47
C.10-6

ON/START 전원

상시 전원

12.3" inch TFT LCD

파킹 브레이크 BRAKE　ABS　VDC　VDC OFF

E-CAN FD
Low 33　M06　0.35L
High 32　0.35R

자기 진단 점검 단자 회로참조
(SD200-18)

- 213 -

통합형 전동 부스터 (IEB) 회로 (2)

SD588-3

통합형 전동 부스터 (IEB) 회로 (3)

SD588-4

통합형 전동 부스터 (IEB) 회로 (4)

통합형 전동 부스터 (IEB) 회로 (5)

ECS 적용

IEB 유닛 P24 C.20-6

프론트 ECS 솔레노이드 밸브 RH P234 C.20-11

프론트 휠센서 RH

FR VCC 4 E15 ─ 0.3Gr/O ─ E43 2

FR SIG 17 ─ 0.3Y ─ 1

S P

프론트 ECS 솔레노이드 밸브 LH P233 C.20-11

프론트 휠센서 LH

FL VCC 10 ─ 0.3R ─ E42 2

FL SIG 28 ─ 0.3L/O ─ 1

S P

ECS 미적용

IEB 유닛 P24 C.20-6

프론트 휠센서 RH P244 C.20-12

FR VCC 4 E15 0.3W EE61 P28 1 0.25Br E79-R 1

FR SIG 17 0.3B 2 0.25B 2

S P

프론트 휠센서 LH P243 C.20-12

FL VCC 10 0.3W EE51 P27 1 0.25Br E79-L 1

FL SIG 28 0.3B 2 0.25B 2

S P

SD563-1

모터 드리븐 파워 스티어링 회로 (1)

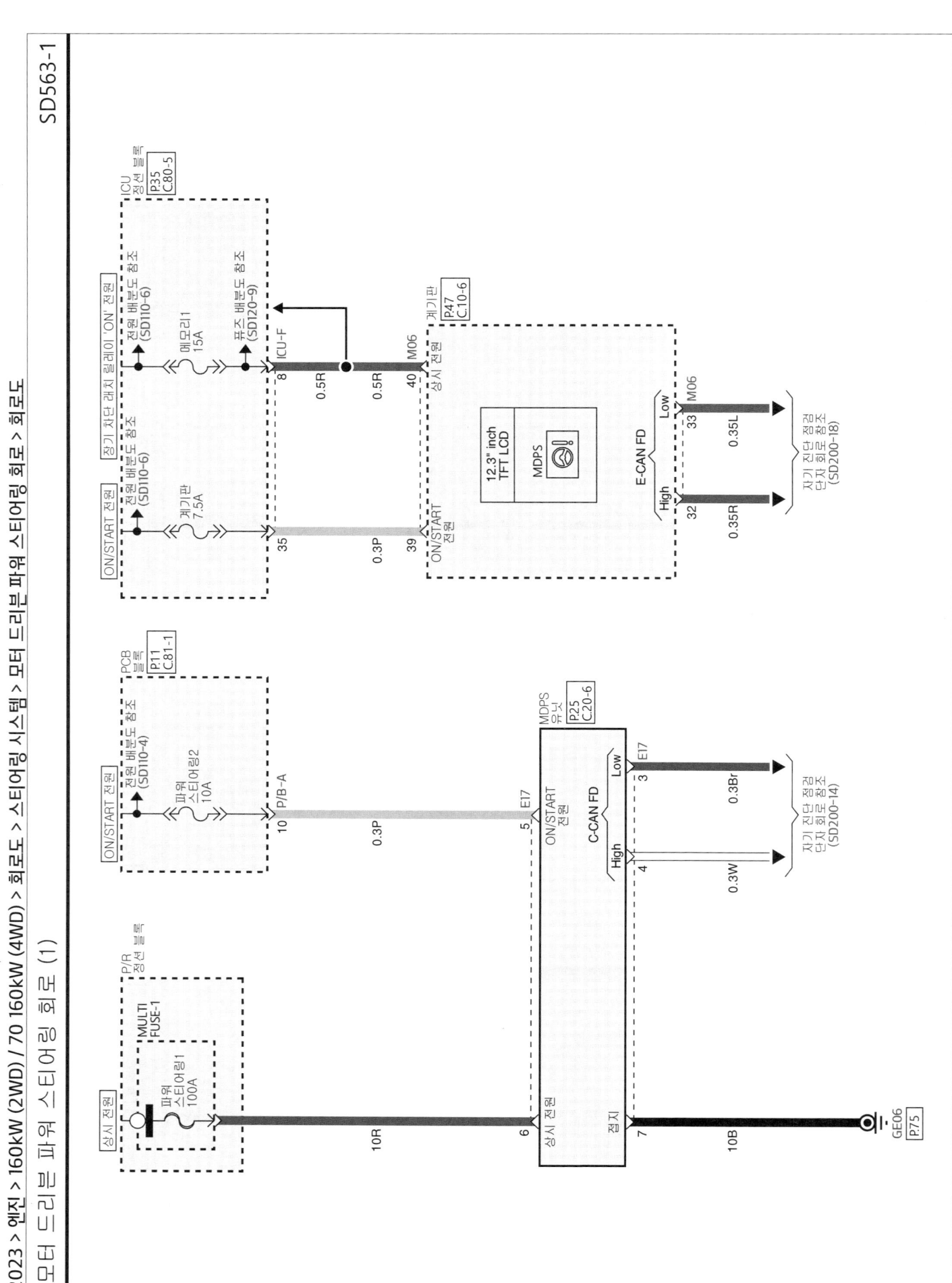

스티어링 휠 열선 회로 (1)

SD879-4

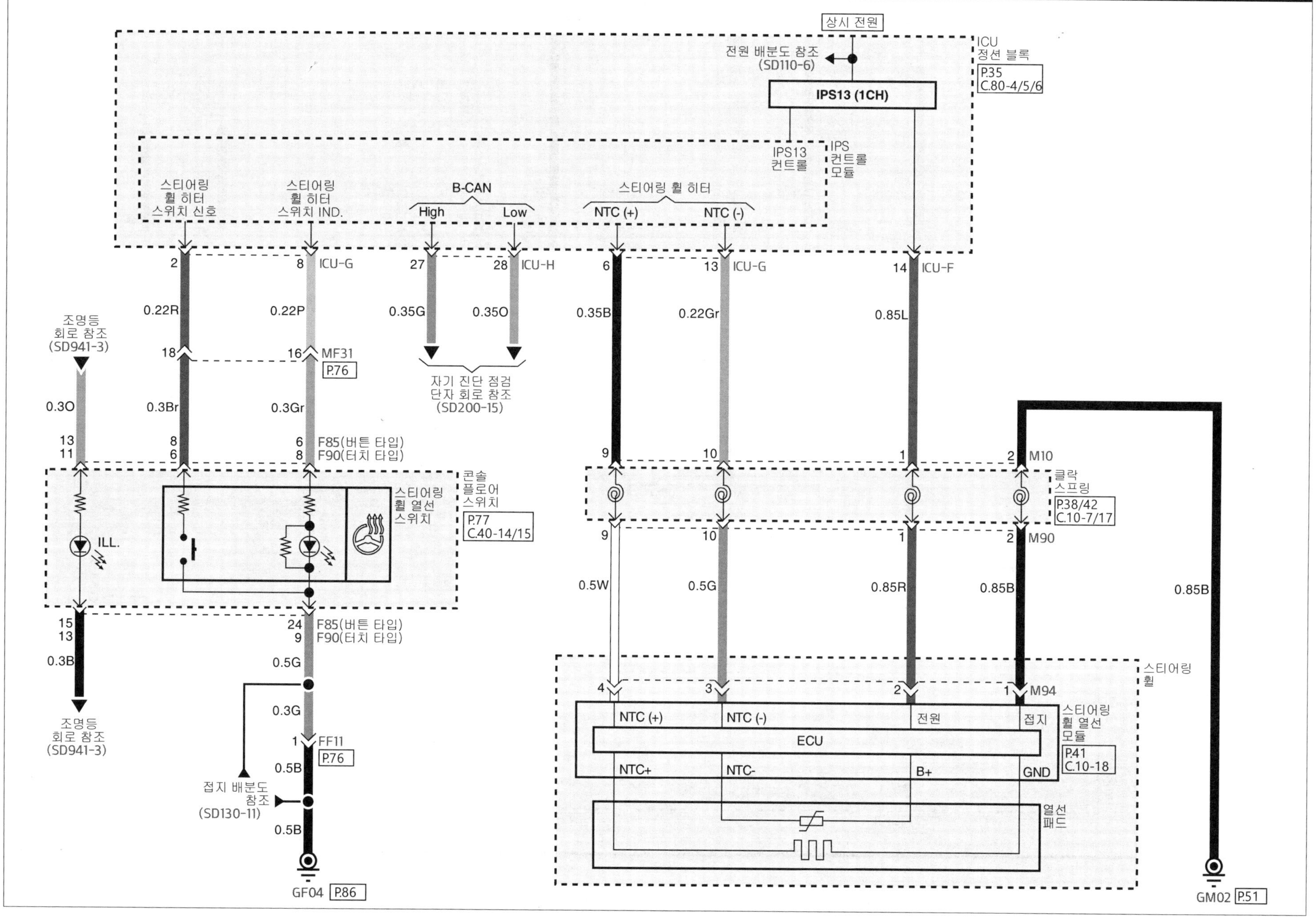

에어백 시스템 (SRS) 회로 (1)

SD569-1

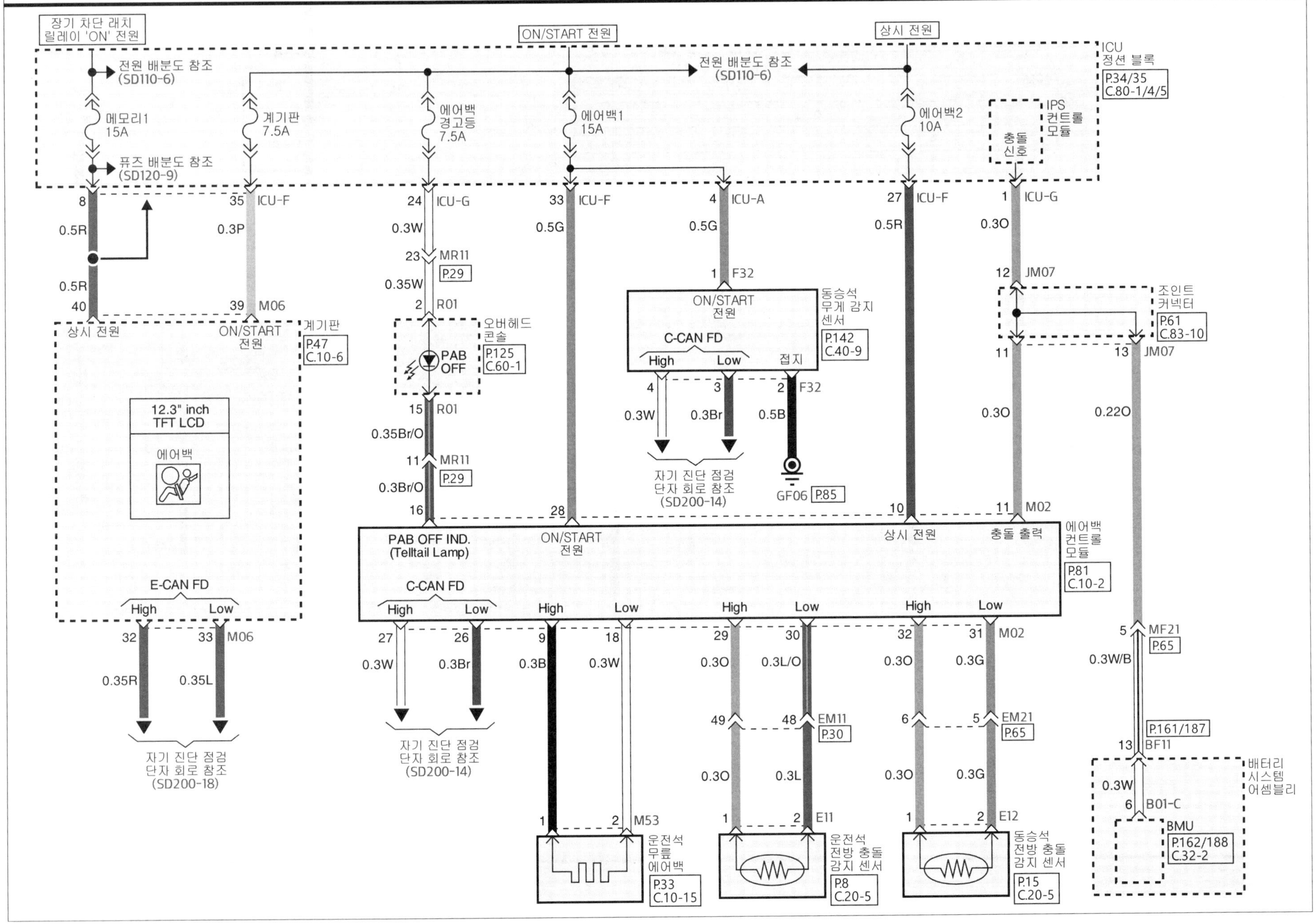

에어백 시스템 (SRS) 회로 (2)

SD569-2

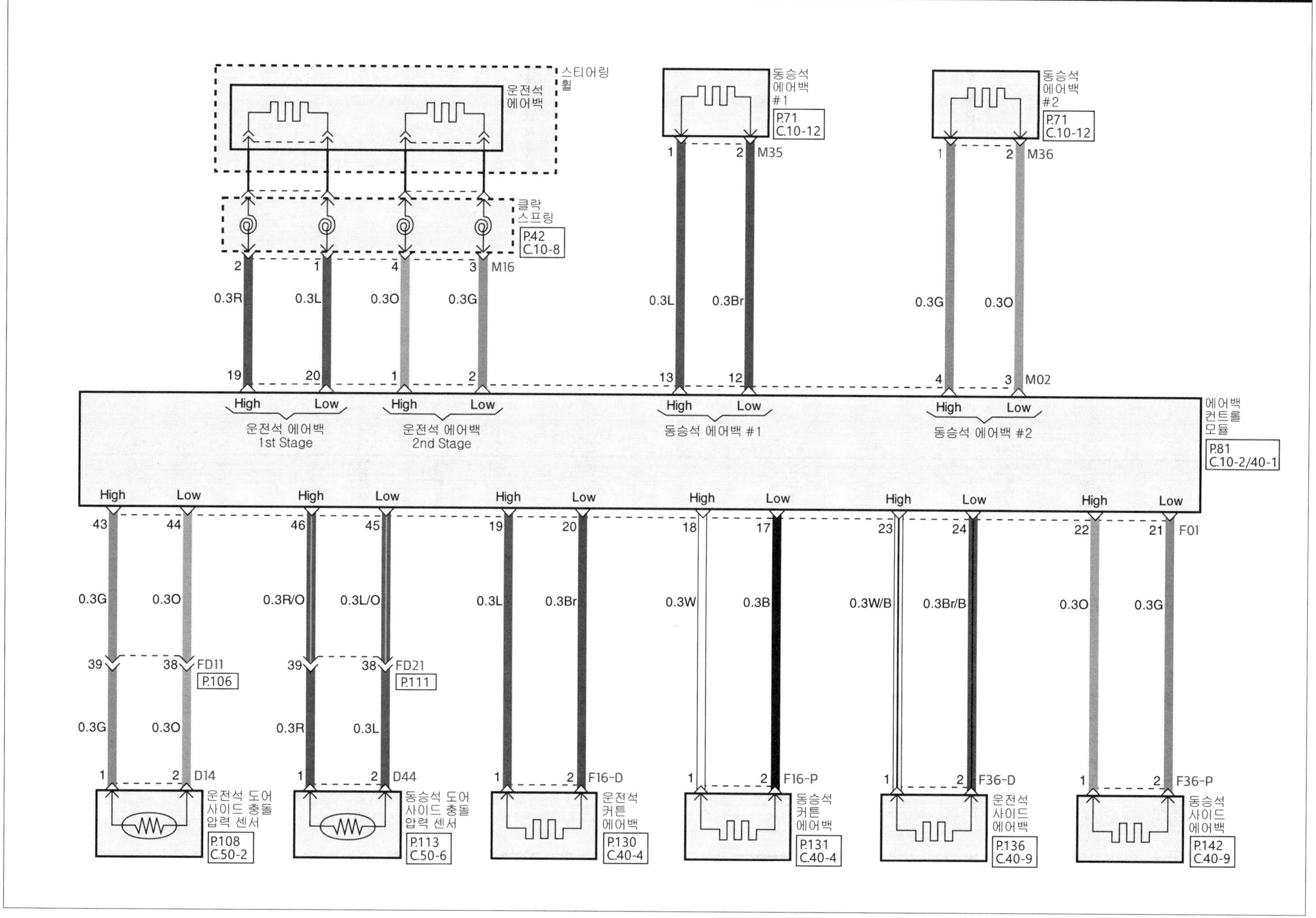

에어백 시스템 (SRS) 회로 (3)

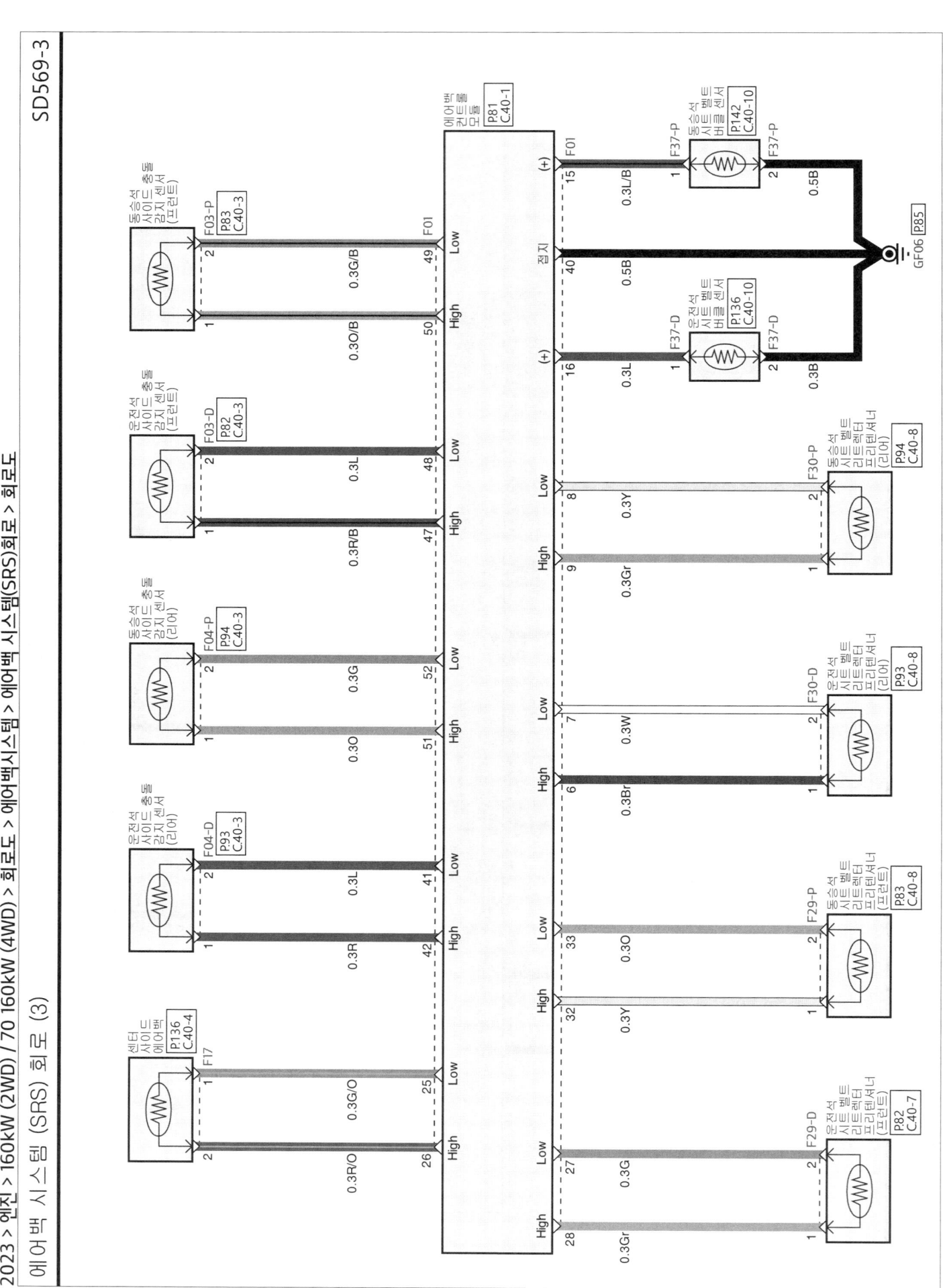

에어백 시스템 (SRS) 회로 (4)

SD569-4

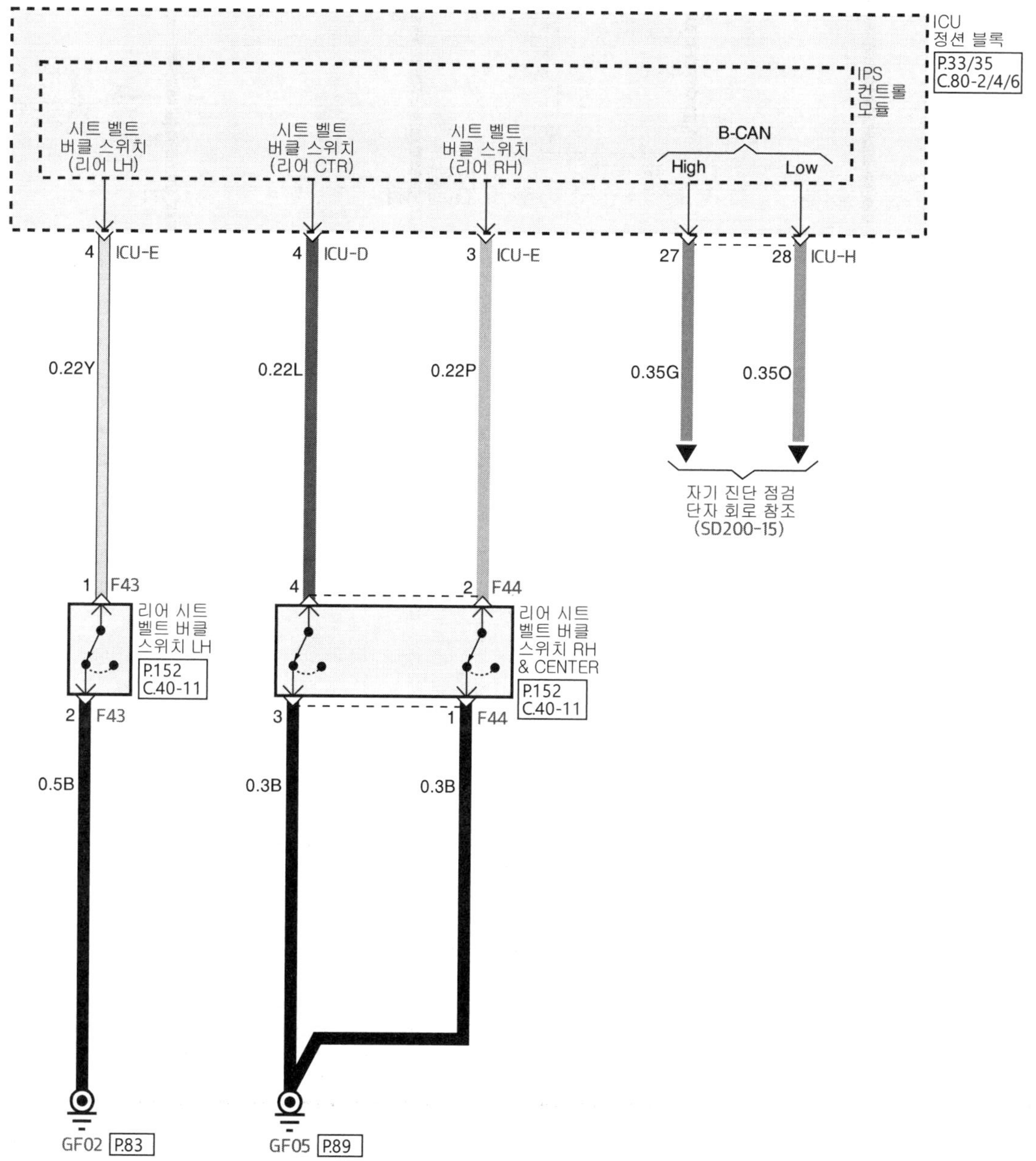

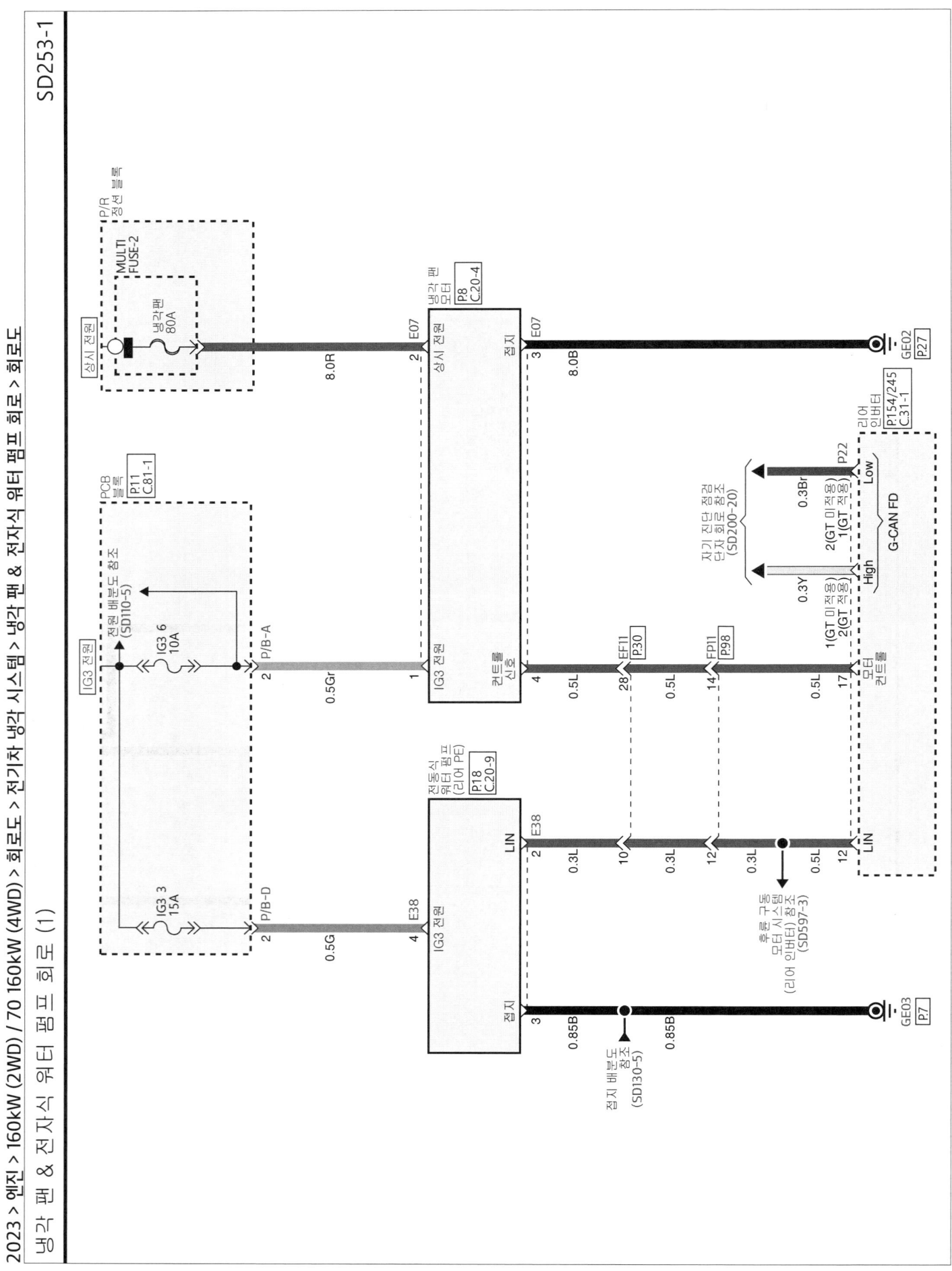

액티브 에어 플랩 시스템 회로 (1)

2023 > 엔진 > 160kW (2WD) / 70 160kW (4WD) > 회로도 > 전기차 냉각 시스템 > 액티브 에어 플랩 시스템 회로 > 회로도

SD253-2

- 225 -

ICU 정선 블록

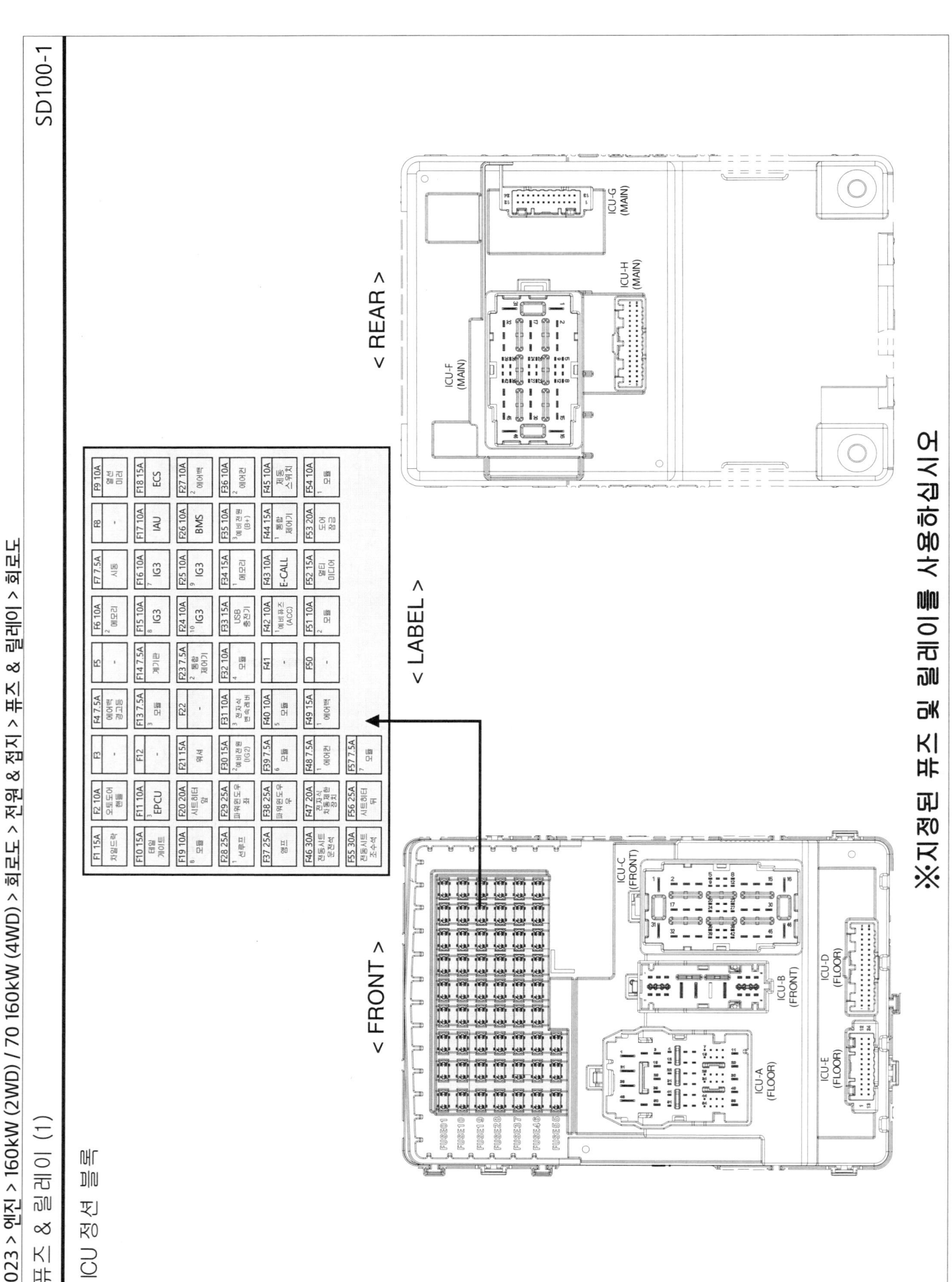

< FRONT >

< LABEL >

< REAR >

※지정된 퓨즈 및 릴레이를 사용하십시오

퓨즈 연결 회로 (ICU 정션 블록)

NO.	퓨즈 명칭	(A)	연결 회로
1	차일드락	15A	차일드 락/언락 릴레이
2	오토도어 핸들	10A	AFCU
4	에어백 경고등	7.5A	오버헤드 콘솔
6	메모리2	10A	ADP, 발드인 캠 유닛, 헤드 업 디스플레이, 운전자 주차 보조 유닛
7	시동	7.5A	VCU, IBU
9	열선미러	10A	운전석/동승석 아웃사이드 미러 유닛
10	테일게이트	15A	테일게이트 릴레이
11	EPCU3	10A	리어 인버터
13	모듈3	7.5A	다기능 스위치, IAU, IBU, 정지등 스위치, 운전석 도어 모듈
14	계기판	7.5A	계기판, 헤드 업 디스플레이
15	IG3 8	10A	V2L 유닛, ICCU, 충전 단자 도어 모듈, VCMS, 전자식 오일 펌프 (리어), SCU
16	IG3 7	10A	미세 먼지 센서, 실내 온도 센서, 에어컨 PTC 히터, 에어컨 컨트롤 모듈, AVNT 헤드 유닛, 제기판
17	IAU	10A	BLE 유닛, IAU, 운전석/동승석 도어 아웃사이드 핸들
18	ECS	15A	ECS 유닛
19	모듈8	10A	운전석/동승석 파워 시트 모듈, 운전석/동승석 매뉴얼 시트 스위치
20	시트히터 앞	20A	프런트 시트 히터 컨트롤 모듈, 프런트 통풍 시트 컨트롤 모듈
21	워셔	15A	다기능 스위치
23	통합재어기2	7.5A	IBU
24	IG3 10	10A	리어 인버터, BMU
25	IG3 9	10A	사용 안함
26	BMS	10A	BMU
27	에어백2	10A	에어백 컨트롤 유닛
28	선루프1	25A	선루프 컨트롤 유닛 (글라스/롤러)
29	파워윈도우 좌	25A	운전석 세이프티 파워 윈도우 모듈, 리어 세이프티 파워 윈도우 모듈 LH, 리어 파워 윈도우 스위치 LH
30	예비전원2 (IG2)	15A	발드인 캠 예비 전원
31	전자식 변속레버3	10A	전자식 변속 시프트 다이얼
32	모듈4	10A	후방향 레이다 LH/RH, 리어 인버터, 콘솔 어퍼 커버 스위치, VESS 유닛, 운전자 주행 보조 유닛, 전방 카메라 (ADAS), 운전자 주차 보조 유닛, 스마트 크루즈 컨트롤 레이다, 프런트 인버터, 전측방 레이다 LH/RH, E-LSD 유닛, ECS 유닛

NO.	퓨즈 명칭	(A)	연결 회로
33	USB 충전기	15A	운전석/동승석 시트 USB 충전 단자, 유니버설 아일랜드 USB 충전 단자, 리어 콘솔 USB 충전 단자 #1/#2
34	메모리1	15A	콘솔 무드 램프 (Upper/Lower), 콘솔 플로어 스위치, 에어컨 컨트롤 모듈, 운전석/동승석 도어 무드 램프, 리어 도어 무드 램프 LH/RH, 제기판, 무드 램프 유닛, 크래쉬 패드 무드 램프 LH/RH, ICU 정션 블록 (퓨즈 - 메모리2)
35	예비전원3 (B+)	10A	발드인 캠 예비전원
36	에어컨2	10A	에어컨 컨트롤 모듈, BSA 칠러 #1, 고압 밸브, 냉각수 밸브, 팽창 밸브 (제습), 팽창 밸브 (히터 펌프), P/R 정션 블록 (블로어 릴레이)
37	앰프	25A	앰프
38	파워윈도우 우	25A	동승석 세이프티 파워 윈도우 모듈, 리어 세이프티 파워 윈도우 모듈 RH, 동승석 파워 윈도우 스위치, 리어 파워 윈도우 스위치 RH
39	모듈6	7.5A	IBU, IAU
40	모듈5	10A	AVNT 헤드 유닛, 실내 감광 미러, 자기 진단 점검 단자, 발드인 캠 유닛, 크래쉬 패드 스위치, IFS 모듈, 오버헤드 콘솔, 앰프, 전조등 LH/RH, 오토 전조등 높낮이 조정 유닛, 콘솔 플로어 스위치, 무선충전 유닛, 프런트 통풍 시트 컨트롤 모듈, 리어 시트 히터 컨트롤 모듈, 프런트 시트 히터 컨트롤 모듈, 운전석/동승석 파워 시트 모듈, ADP
42	예비퓨즈1 (ACC)	10A	예비 퓨즈
44	통합재어기1	15A	IBU
45	제동스위치	10A	IBU, 정지등 스위치
46	전자석 운전석	30A	운전석 파워 시트 모듈, 운전석 파워 시트 스위치
47	전자식 자동제한 장치	10A	E-LSD 유닛
48	에어컨1	7.5A	에어컨 컨트롤 모듈
49	에어백1	15A	에어백 컨트롤 모듈, 동승석 무게 감지 센서
51	모듈2	10A	앰프, ADP, 발드인 캠 유닛, 운전자 주차 보조 유닛, AVNT 키보드, AVNT 헤드 유닛, IBU, IAU, P/R 정션 블록 (파워 아웃렛 릴레이)
52	멀티미디어	15A	AVNT 헤드 유닛
53	도어 잠금	20A	도어 락/언락 릴레이
54	모듈1	10A	바람 스위치, 다기능 스위치, 자기 진단 점검 단자, 운전석 도어 모듈, 레인 센서, 운전석/동승석 아웃사이드 미러 유닛, 파워 테일게이트 유닛, 파워 립
55	전동시트 조수석	30A	동승석 파워 시트 모듈, 동승석 파워 시트 스위치
56	시트히터 뒤	25A	리어 시트 히터 컨트롤 모듈
57	모듈7	7.5A	발드인 캠 보조 배터리

※지정된 퓨즈 및 릴레이를 사용하십시오

퓨즈 & 릴레이 (3)

P/R 정선 블록

NO.	NO.	릴레이 명칭	Type
E51	RLY.1	충전기 잠금 릴레이	MICRO
E52	RLY.2	전자식 변속 레버 릴레이	MICRO
E53	RLY.3	열선유리 (뒤) 릴레이	MINI
E55	RLY.5	ACC 릴레이	MICRO
E57	RLY.7	IG1 릴레이	MICRO
E59	RLY.9	블로어 릴레이	MICRO
E60	RLY.10	IG2 릴레이	MICRO
E61	RLY.11	파워 아웃렛 릴레이	MICRO
E62	RLY.12	충전기 잠금해제 릴레이	MICRO

※지정된 퓨즈 및 릴레이를 사용하십시오

PCB 블록

MULTI FUSE-3
MULTI FUSE-2
MULTI FUSE-1

퓨즈 & 릴레이 (4)　　　SD100-4

퓨즈 연결 회로 (P/R 정션 블록)

퓨즈	NO.	퓨즈 명칭	(A)	연결 회로
MULTI FUSE-1	1	LDC	180A	P/R 정션 블록 (퓨즈 : 파워 테일게이트, EOP1, EOP2, 파워 아웃렛1), ICCU (Low DC-DC 컨버터)
	2	파워 스티어링1	100A	MDPS 유닛
MULTI FUSE-2	3	냉각팬	80A	냉각 팬 모터
	4	열선유리 (뒤)	50A	P/R 정션 블록 (열선유리 (뒤) 릴레이)
	5	보조 배터리	50A	빌트인 캠 보조 배터리
	6	블로어	50A	P/R 정션 블록 (블로어 릴레이)
	8	B+5	60A	PCB 블록 (IG3 메인 릴레이,
	9	B+3	60A	퓨즈 : EPCU1, VCU2, 와이퍼1, 경음기) ICU 정션 블록 (퓨즈 : 시트히터 앞, 전동시트 운전석, 전동시트 조수석, 파워 윈도우 좌, 파워 윈도우 우, 오토도어핸들, EPCU3, 시트히터 뒤, 앰프, 모듈8, 선루프1, 테일게이트, 차일드락, 전자식 자동제한 장치)
MULTI FUSE-3	10	B+2	60A	ICU 정션 블록 (IPS1, IPS6, IPS8, IPS9, IPS10)
	11	B+1	50A	ICU 정션 블록 (IPS2, IPS3, IPS5, IPS7, IPS13)
	12	IEB1	60A	IEB 유닛
	13	IEB2	60A	IEB 유닛
	15	IG1	40A	P/R 정션 블록 (ACC 릴레이1, IG1 릴레이)
	16	IG2	40A	P/R 정션 블록 (IG2 릴레이)

퓨즈	NO.	퓨즈 명칭	(A)	연결 회로
FUSE	1	B+4	40A	ICU 정션 블록 (장기 차단 래치 릴레이, 퓨즈 : 에어백2, 제동 스위치, 통합 제어기1, ECS, BMS, 도어잠금, IAU, 모듈1, 예비전원3 (B+)
	3	전자식 변속레버1	40A	P/R 정션 블록 (전자식 변속레버 릴레이1, 퓨즈 - 전자식 변속레버2)
	4	충전기1	10A	P/R 정션 블록 (충전기 잠금/잠금해제 릴레이) ICCU, VCMS
	5	충전기2	10A	충전 단자 도어 모듈
	6	발전제어	10A	12V 배터리 센서
	8	전동식 워터펌프1	20A	전동식 워터 펌프 1번 (고전압 배터리)
	9	전동식 워터펌프2	20A	전동식 워터 펌프 2번 (고전압 배터리)
	12	VESS	10A	VESS 유닛
	13	VCU1	40A	VCU
	15	파워 아웃렛1	40A	P/R 정션 블록 (파워 아웃렛 릴레이)
	17	파워 테일게이트	30A	파워 테일게이트 유닛
	20	EOP1	40A	전자식 오일 펌프 (리어)
	21	EOP2	40A	전자식 오일 펌프 (프런트)
	23	전자식 변속레버2	10A	SCU, 전자식 변속 시프트 다이얼, P/R 정션 블록 (전자식 변속레버 릴레이)
	24	파워 아웃렛3	20A	리어 파워 아웃렛
	25	파워 아웃렛2	20A	프런트 파워 아웃렛

※지정된 퓨즈 및 릴레이를 사용하십시오

PCB 블록

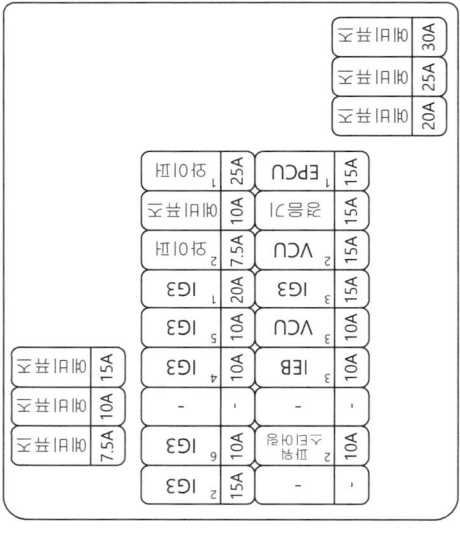

퓨즈 연결 회로 (PCB 블록)

NO.	퓨즈 명칭	(A)	연결 회로
1	와이퍼1	25A	PCB 블록 (와이퍼 메인 릴레이)
2	EPCU1	15A	프런트 인버터
4	경음기	15A	PCB 블록 (경음기 릴레이)
5	와이퍼2	7.5A	IBU
6	VCU2	15A	VCU
7	IG3 1	20A	ICU 정션 블록 (퓨즈 - IG3 7, IG3 8, IG3 9, IG3 10)
8	IG3 3	15A	전자식 워터 펌프 (리어 PE)
9	IG3 5	10A	BMS 냉각수 3웨이 밸브
10	VCU3	10A	VCU
11	IG3 4	10A	프런트 인버터, 전자식 워터 펌프 #1/#2, 전자식 에어컨 컴프레서
12	IEB3	10A	IEB 유닛
15	IG3 6	10A	냉각 팬 모터, 전자식 오일 펌프 (프런트)
16	파워 스티어링2	10A	MDPS 유닛
17	IG3 2	15A	VCU

※지정된 퓨즈 및 릴레이를 사용하십시오

P/R
정션 블록

MULTI
FUSE-2군
(SD110-2)

A

전자식
변속레버2
10A

EF11 F22 SCU
29 10
0.5R/B 0.5R/B 0.5R/B

2.0Y

전자식
변속레버1
40A

전자식
변속레버0
10A

E52

3.0Y 3.0Y 1 E52 5 0.3Y
0.5R/B 0.5R/B 0.3P
EM11 41 MF31 1 F86
전자식
변속레버
다이얼
전자식 시프트

충전기2
10A

EF21 FF31 F24-A
19 0.5R 5 5
0.5R 0.3R N/A
0.5R 8 N/A 8
충전 단자
도어 모듈

VCU1
40A

2.5R E01 VCU
6

발전제어
10A

0.5Gr E18 12V
2 배터리
센서

MULTI
FUSE-1

LDC
180A

파워
스티어링1
100A

12V
배터리

20B

차체
접지

10R E17 MDPS
6 유닛

EF31 F57-P ICCU F57-G
1 (LOW
25B 25B DC-DC 20B
1 컨버터) 1
차체
접지

파워
아웃렛1
40A

E61

2.0W 1

파워
아웃렛
릴레이

EOP2
40A

EPI1 P04
2.5R 1 1
2.5R
4WD
전자식
오일 펌프
(프론트)

EOP1
40A

EFI1 FPI1 P24
2.5R 25 1 1
2.5R 2.5R
전자식
오일 펌프
(리어)

파워
테일게이트
30A

F28-A
2.0R 11 2
2.0R
파워 테일게이트
파워
테일게이트
유닛

전원 배분도 (2)

SD110-2

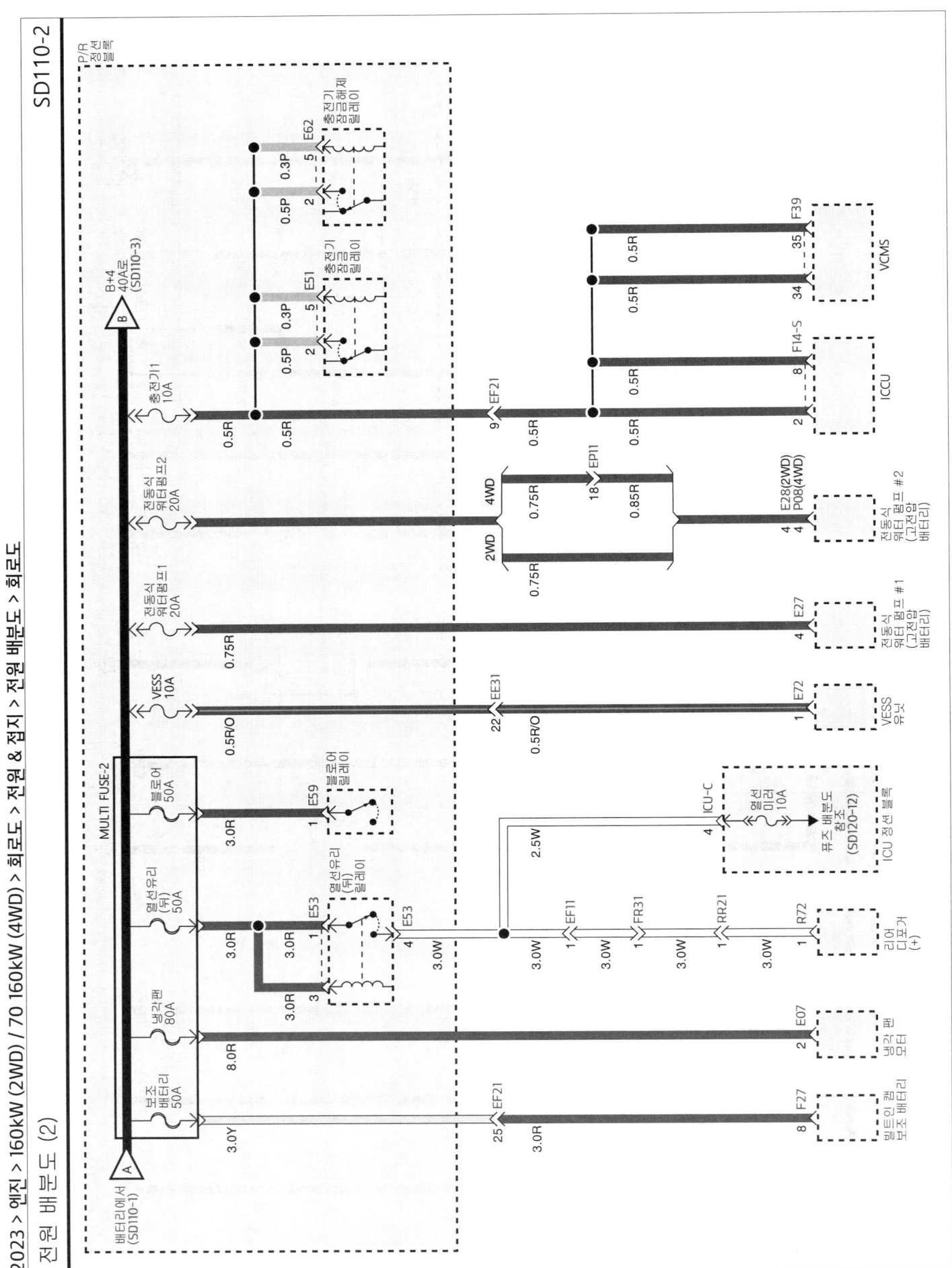

전원 배분도 (3)

SD110-3

P/R
정션블록

MULTI
FUSE-3

B+5
60A — 5.0L — J   PCB
블록으로(B+5)
(SD110-4)

IG2
40A — 3.0R — E60 [IG2 릴레이] E60 — 3.0W — H   ICU 정션
블록으로(IG2)
(SD110-6)

2.0P — I   PCB
블록으로(IG1)
(SD110-4)

IG1
40A — 3.0Y — E57 [IG1 릴레이] E57 — 3.0B / 3.0B — G   ICU 정션
블록으로(IG1)
(SD110-6)

3.0Y — E55 [ACC 릴레이] E55 — 3.0L — F   ICU 정션
블록으로(ACC)
(SD110-6)

B+2
60A — 5.0L — E   ICU 정션
블록으로(B+2)
(SD110-6)

B+3
60A — 5.0W — D   ICU 정션
블록으로(B+3)
(SD110-6)

IEB2
60A — 5.0R — E15 30

IEB1
60A — 5.0R — 1   IEB 유닛

B+1
50A — 3.0R — C   ICU 정션
블록으로(B+1)
(SD110-6)

B+4
40A — 3.0W — K   ICU 정션
블록으로(B+4)
(SD110-6)

B
배터리에서
(SD110-2)

전원 배분도 (4)

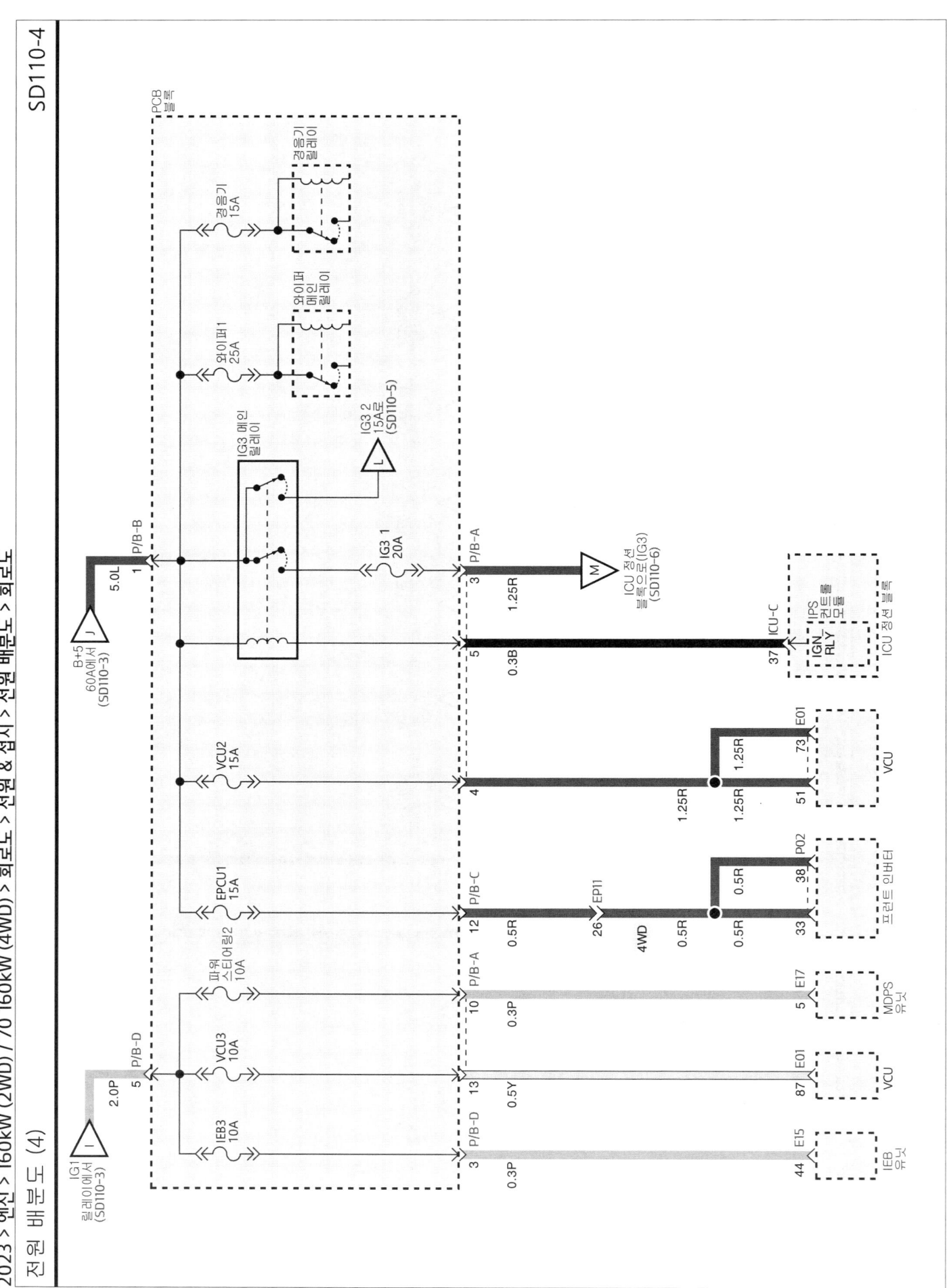

전원 배분도 (5)

SD110-5

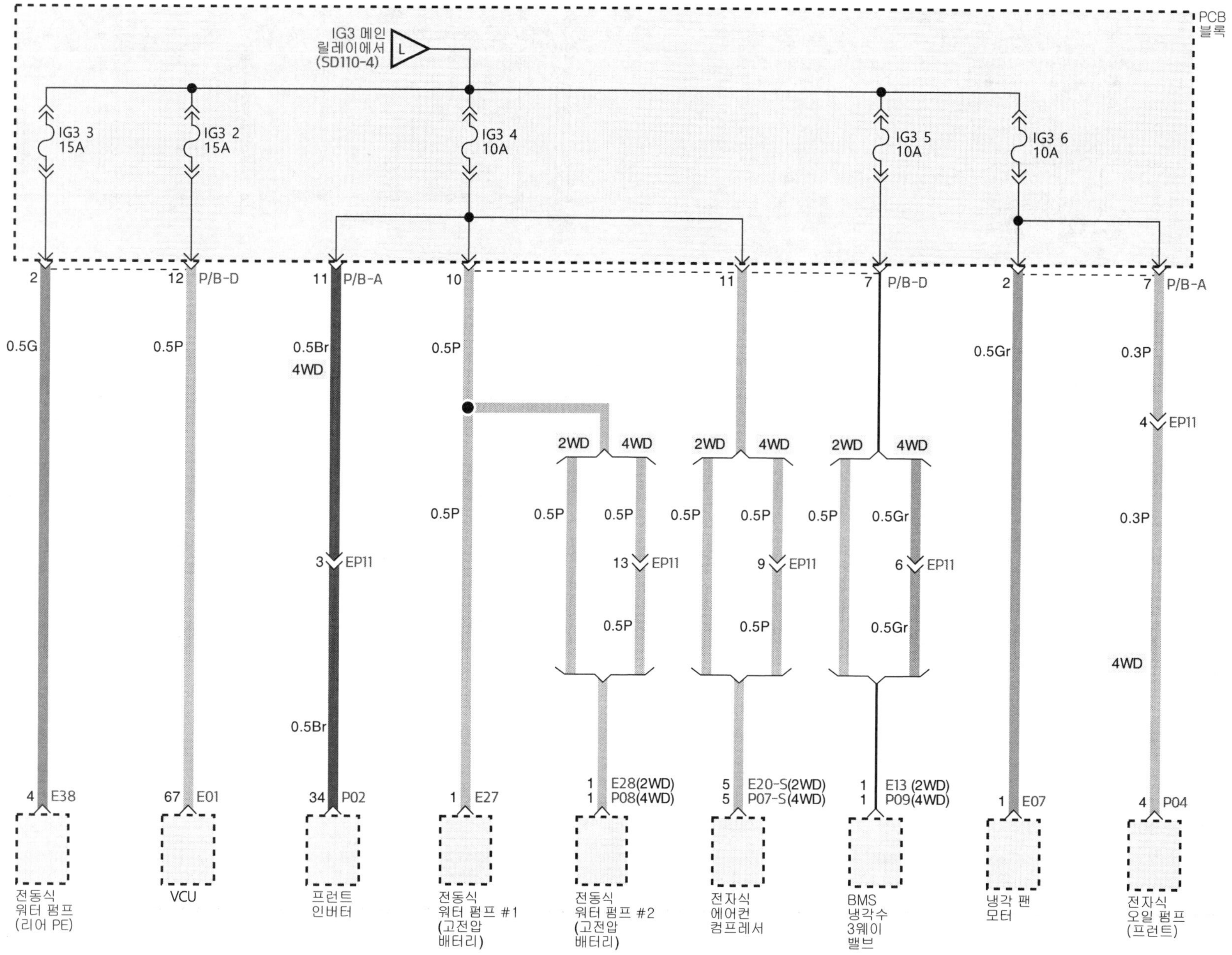

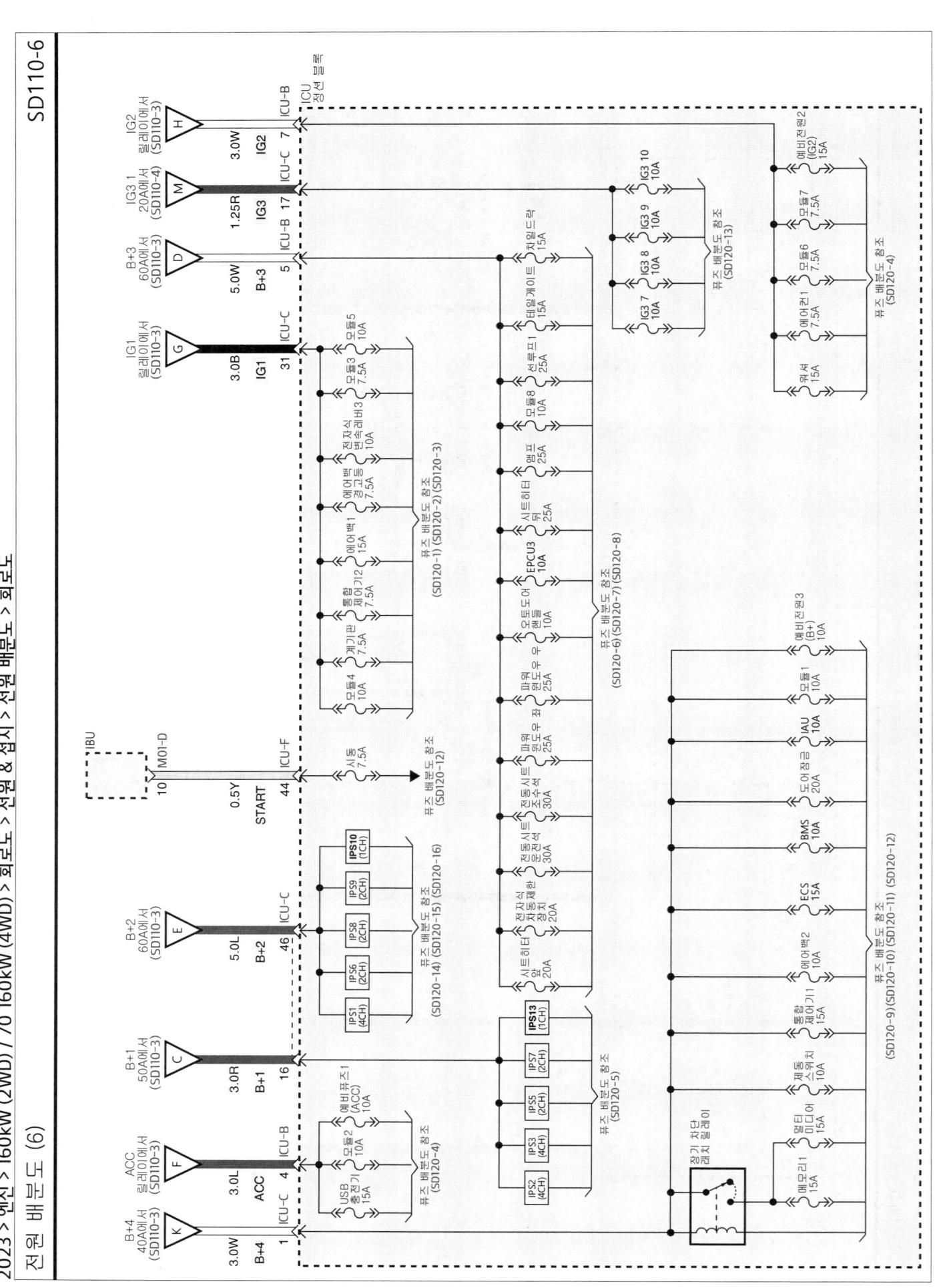

퓨즈 배분도 (1)

SD120-2

퓨즈 배분도 (2)

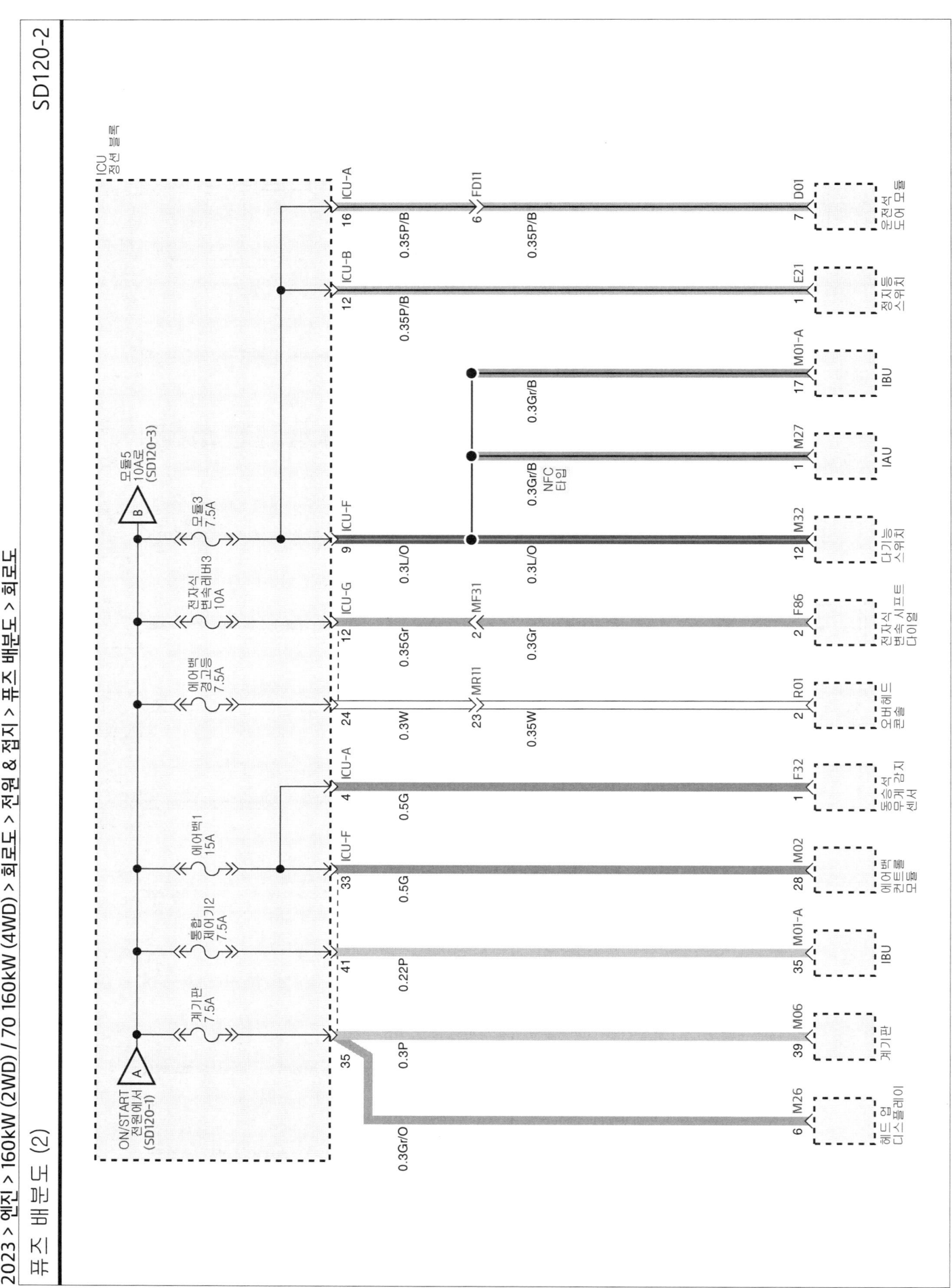

Standard : Multi Focusing Reflector
Option : High Beam + Low Beam

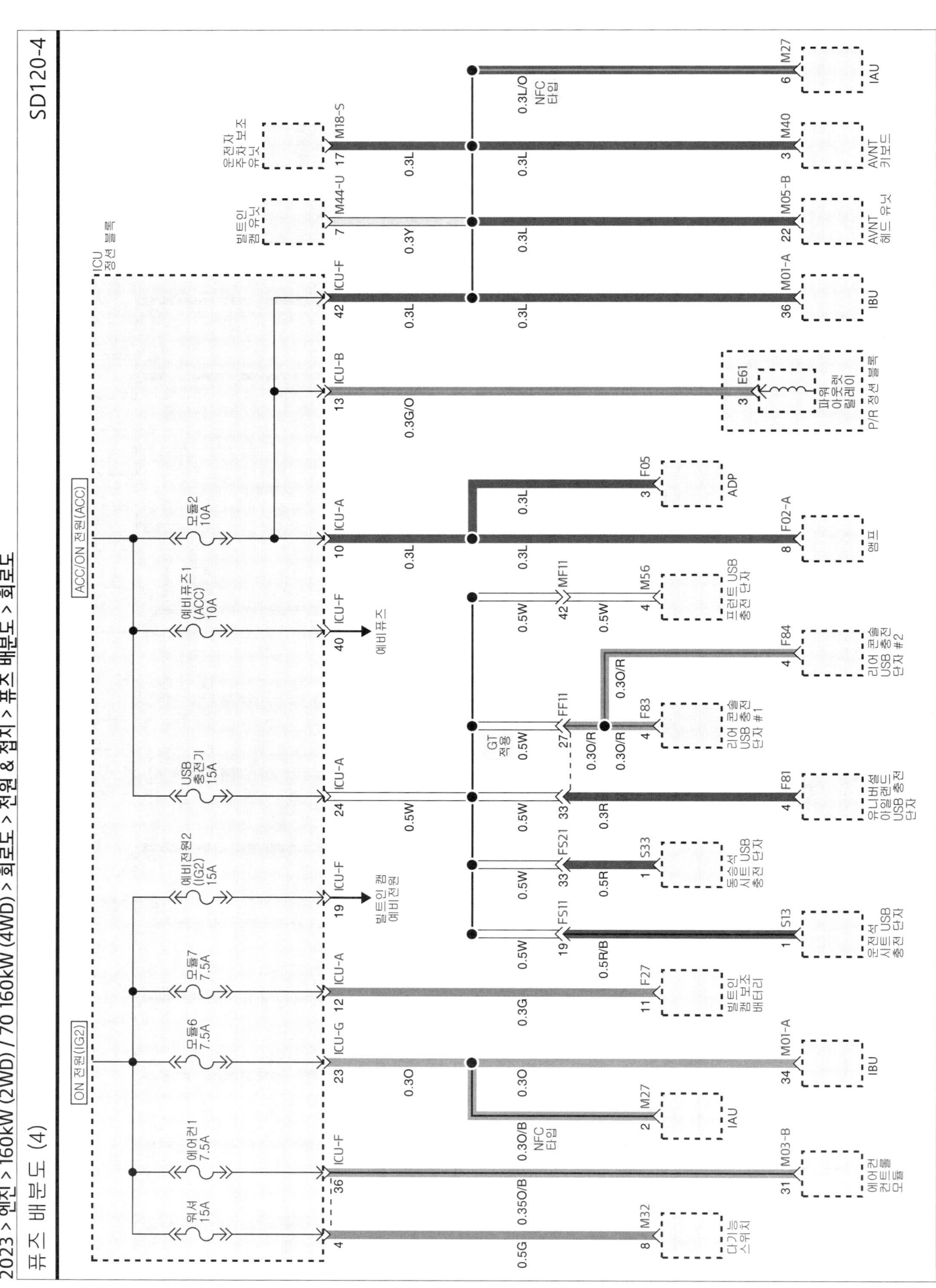

Standard : Multi Focusing Reflector
Option : High Beam + Low Beam

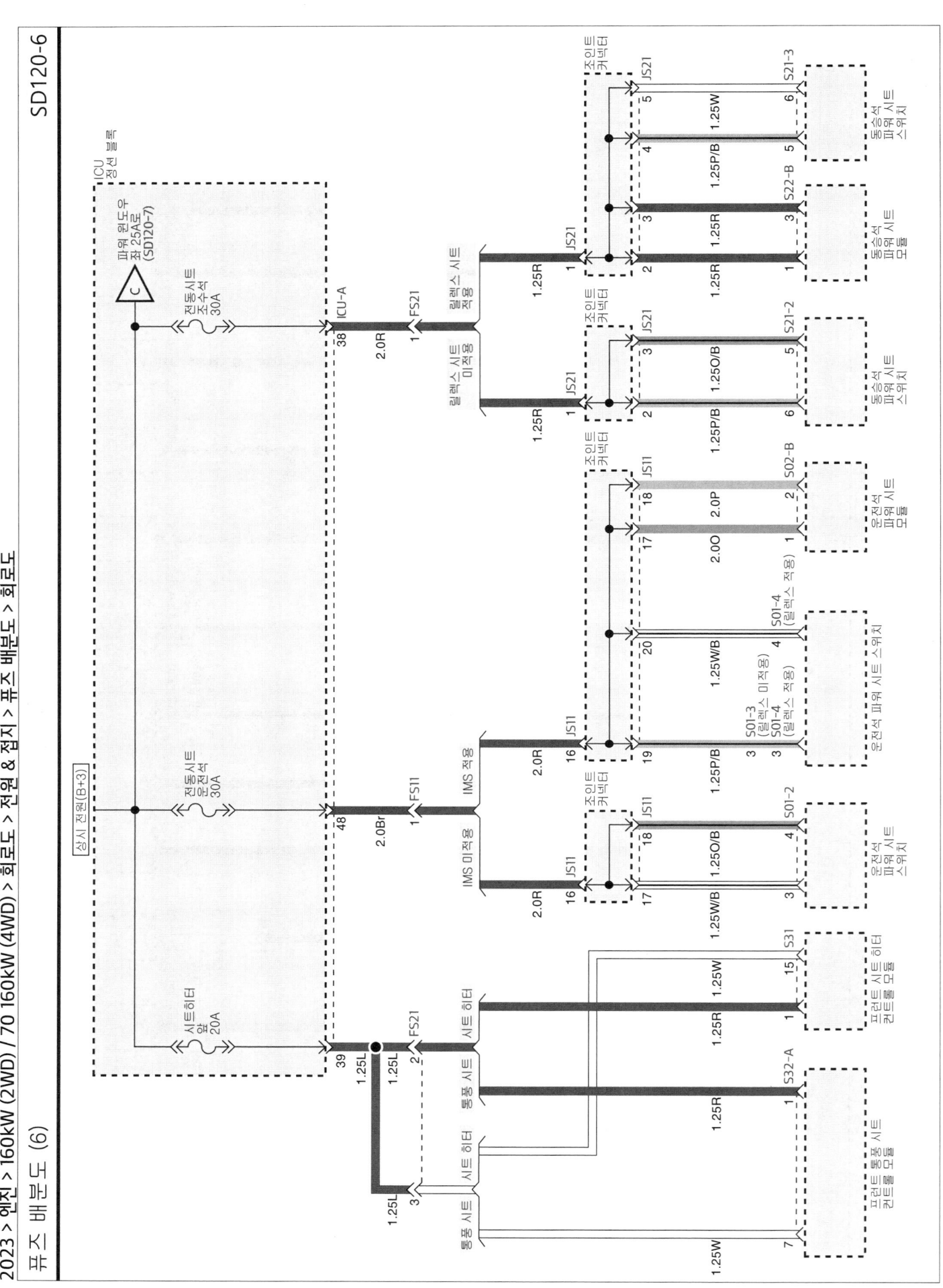

퓨즈 배분도 (7)

SD120-7

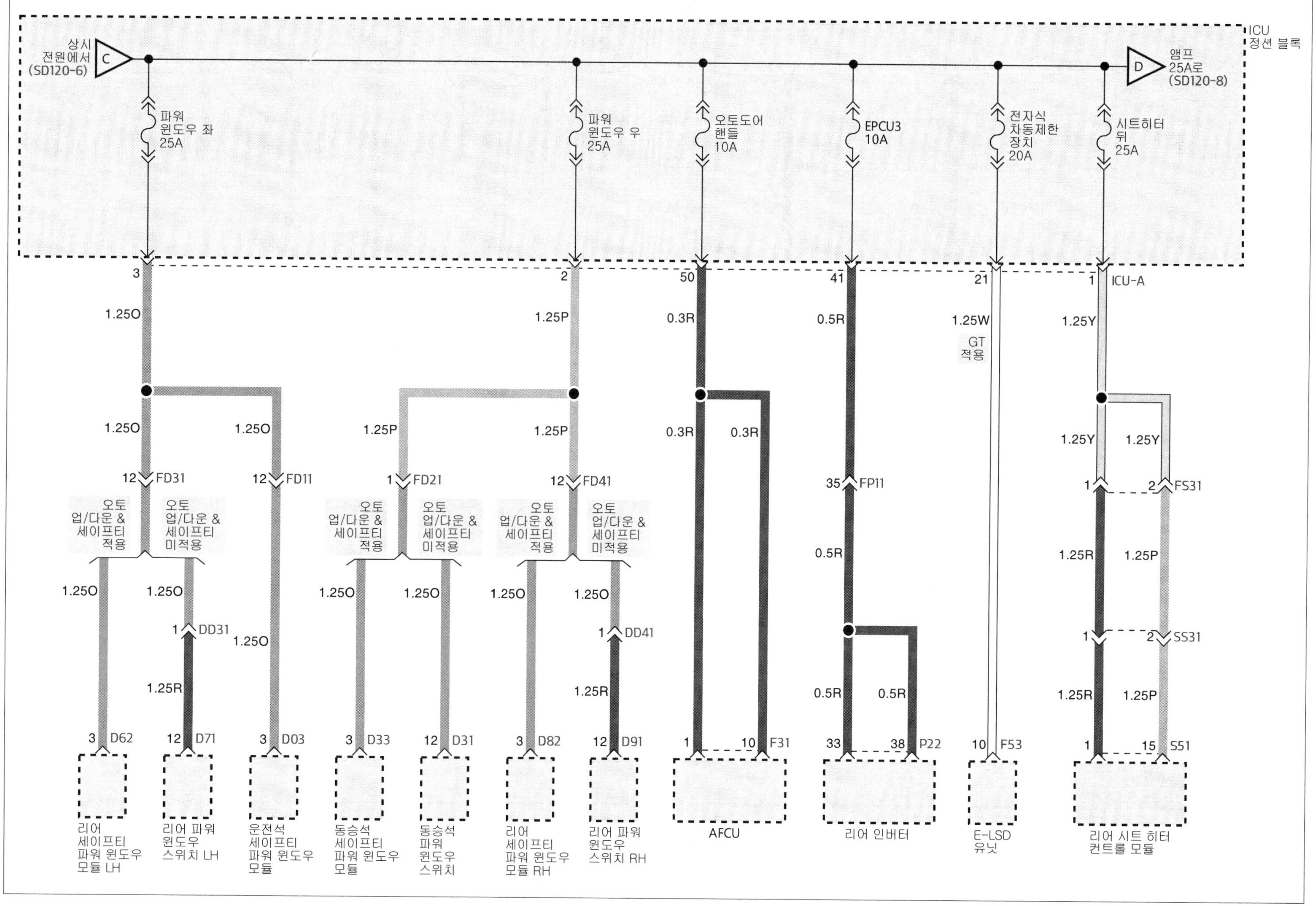

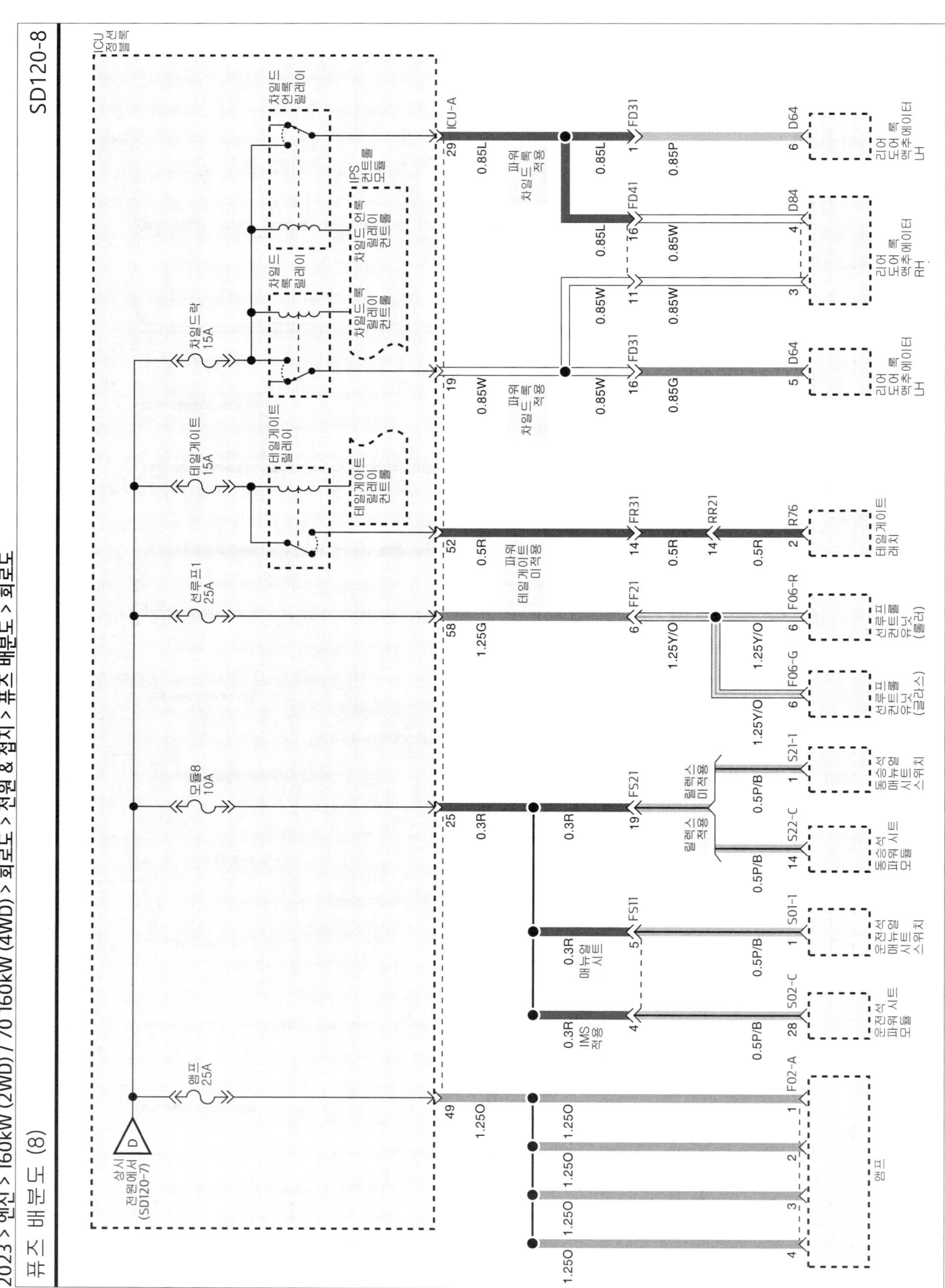

퓨즈 배분도 (9)

SD120-9

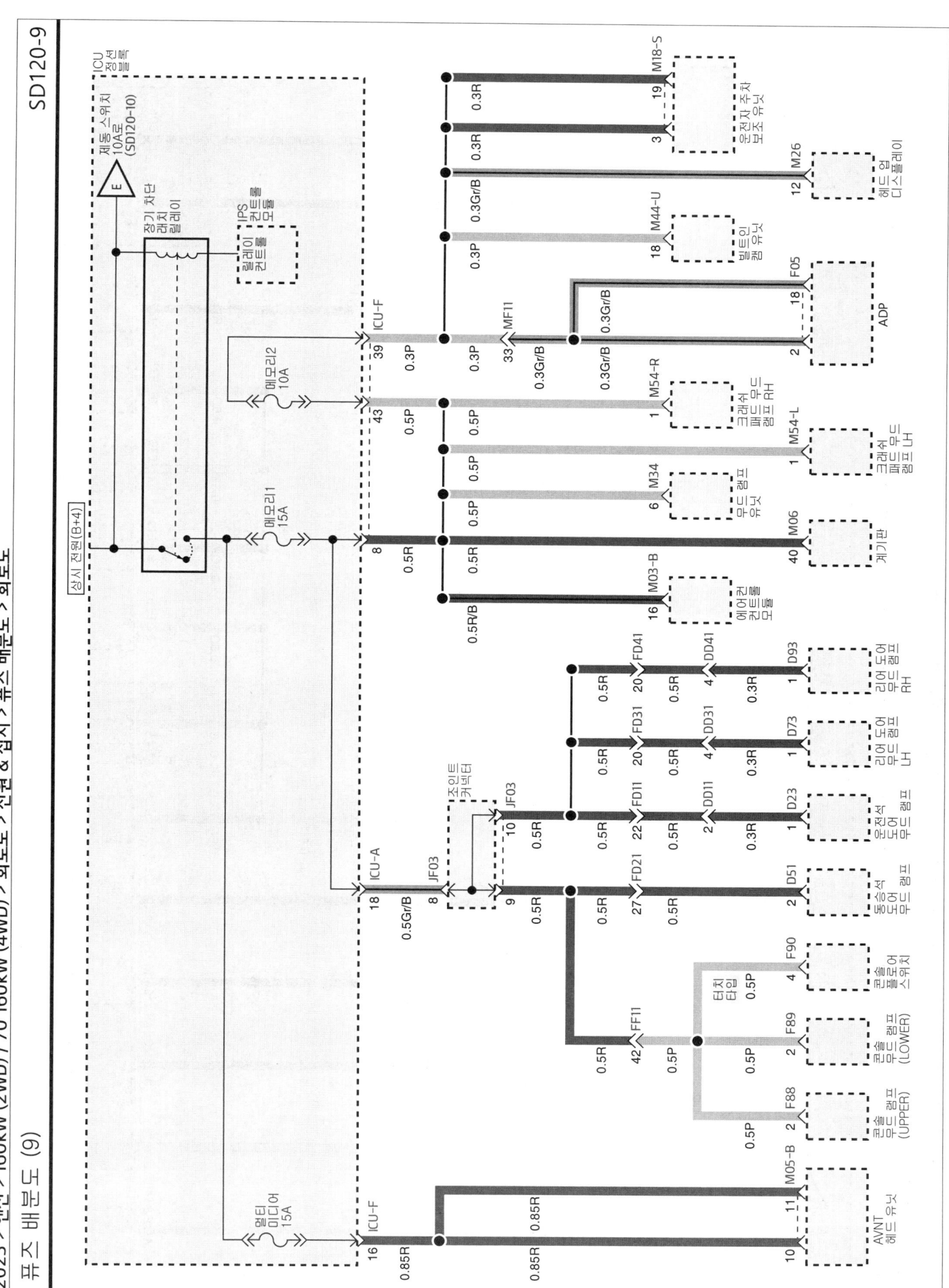

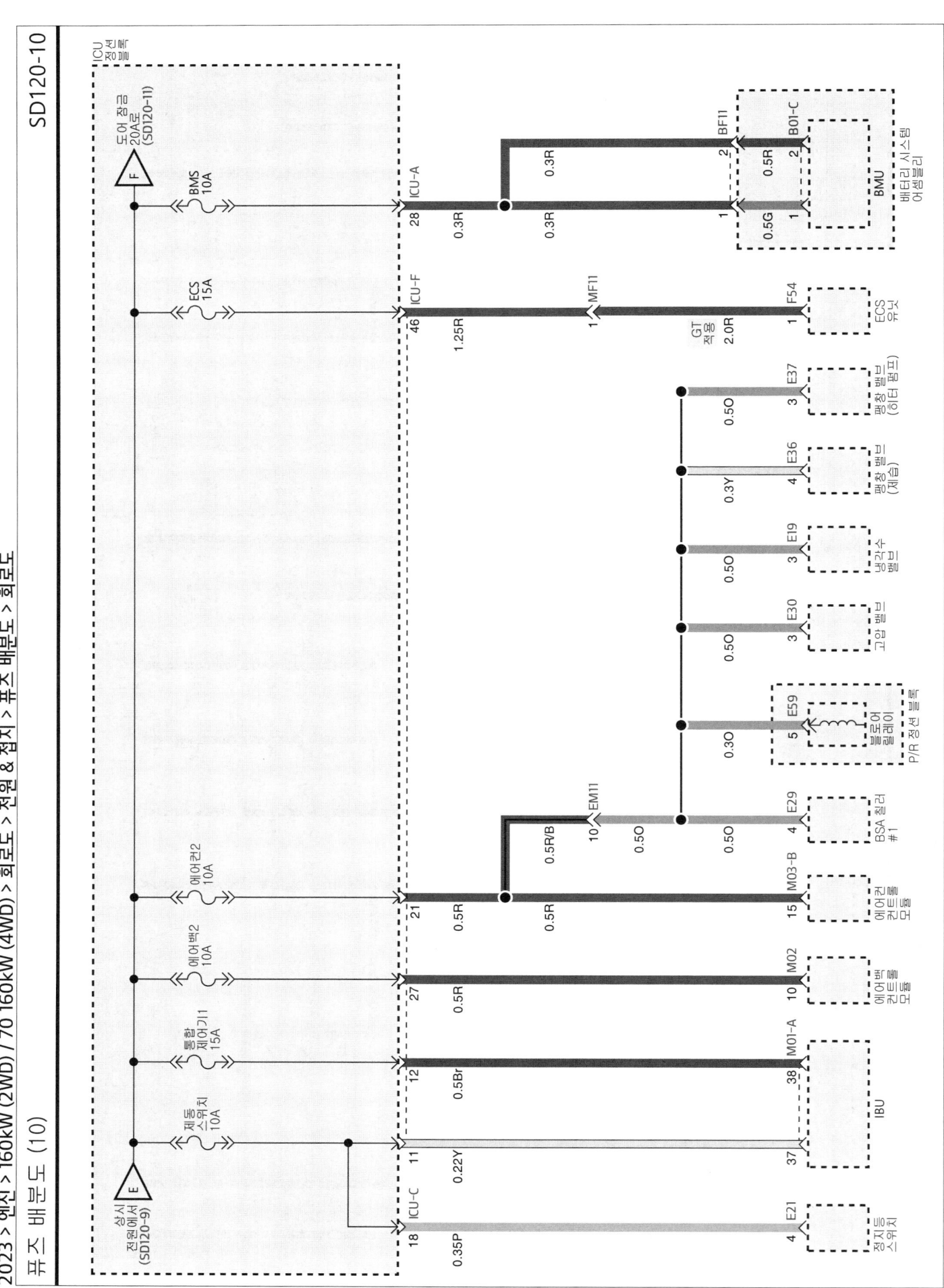

퓨즈 배분도 (11)

SD120-11

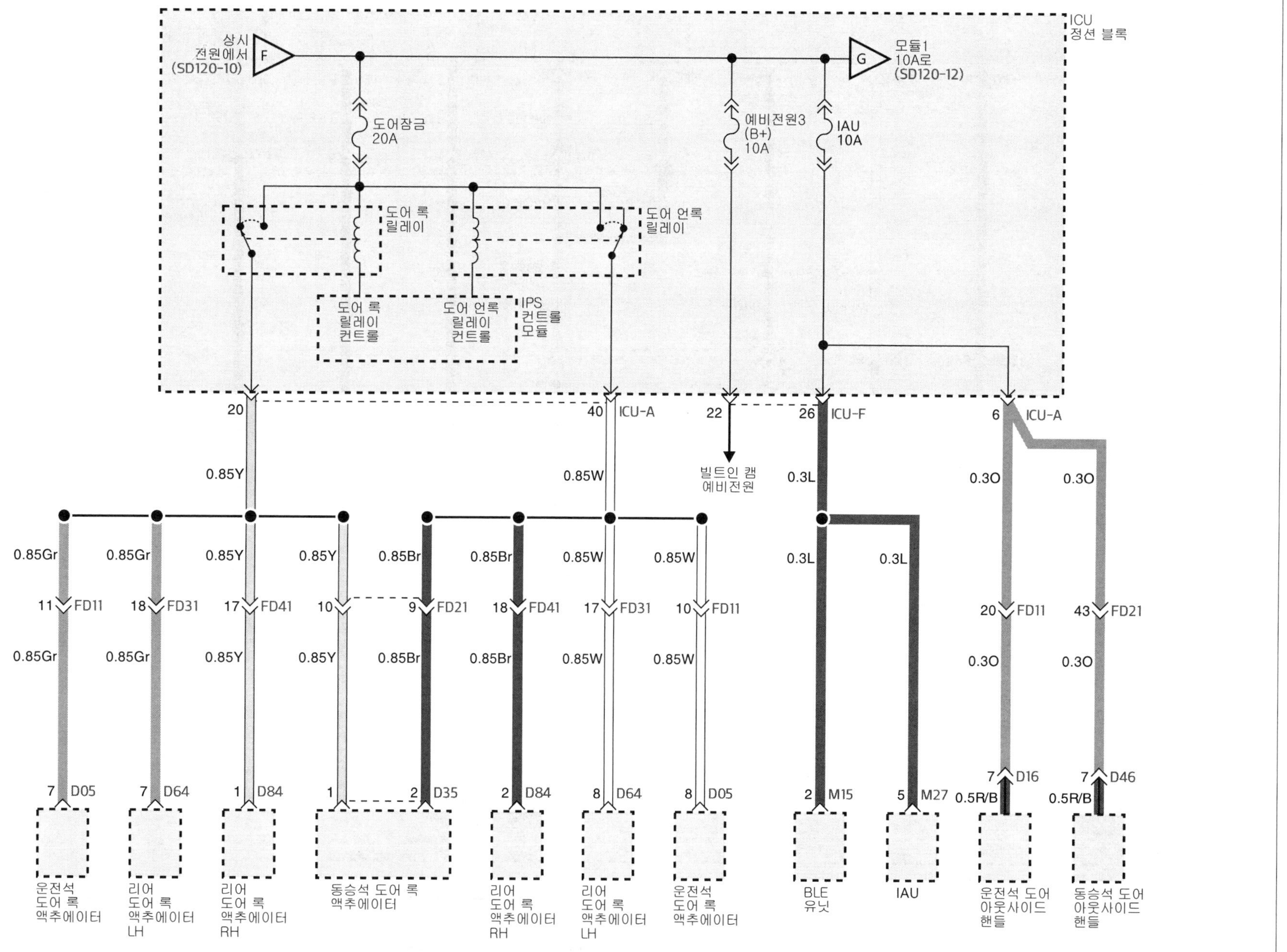

퓨즈 배분도 (12)

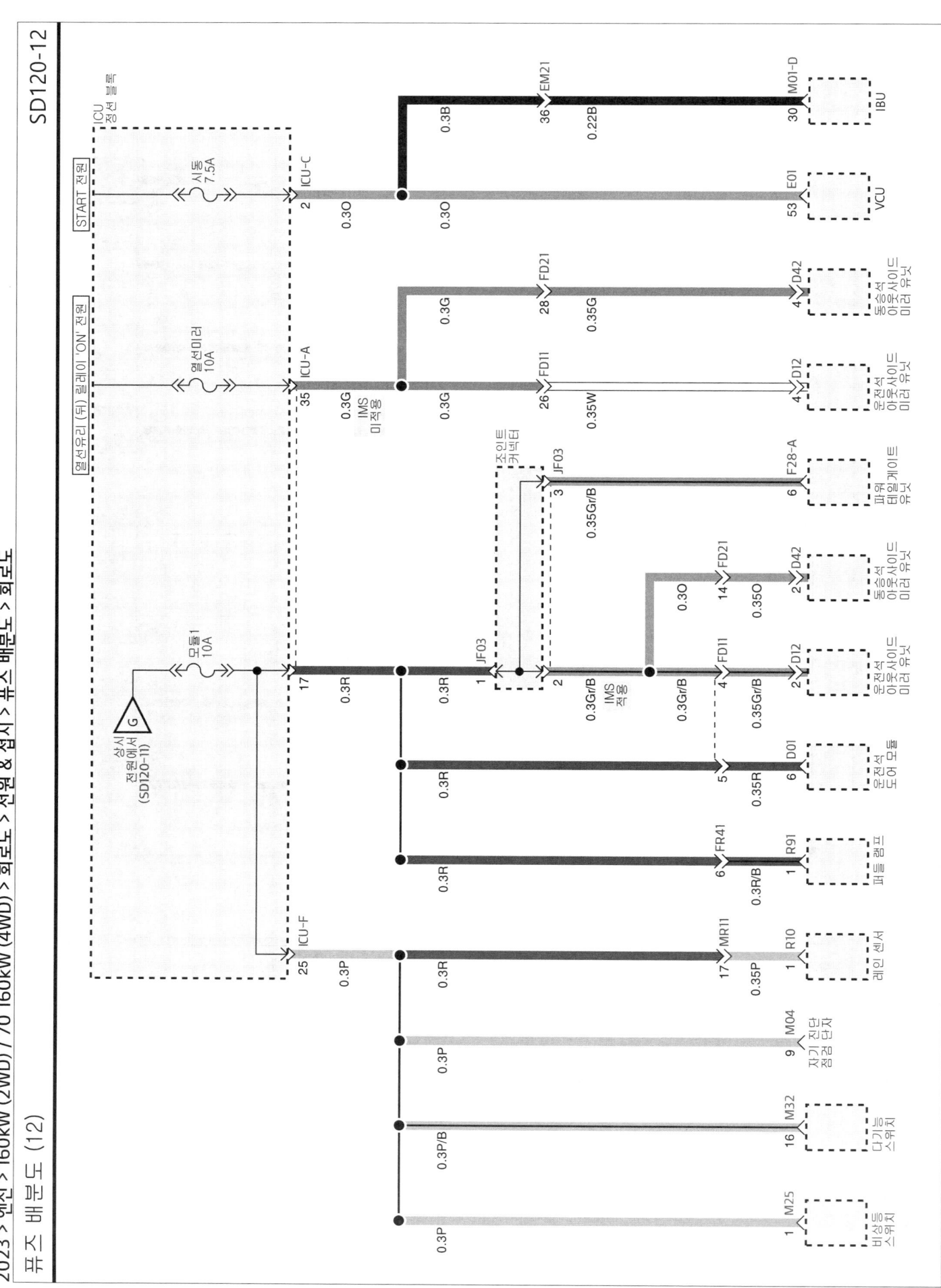

퓨즈 배분도 (13) SD120-13

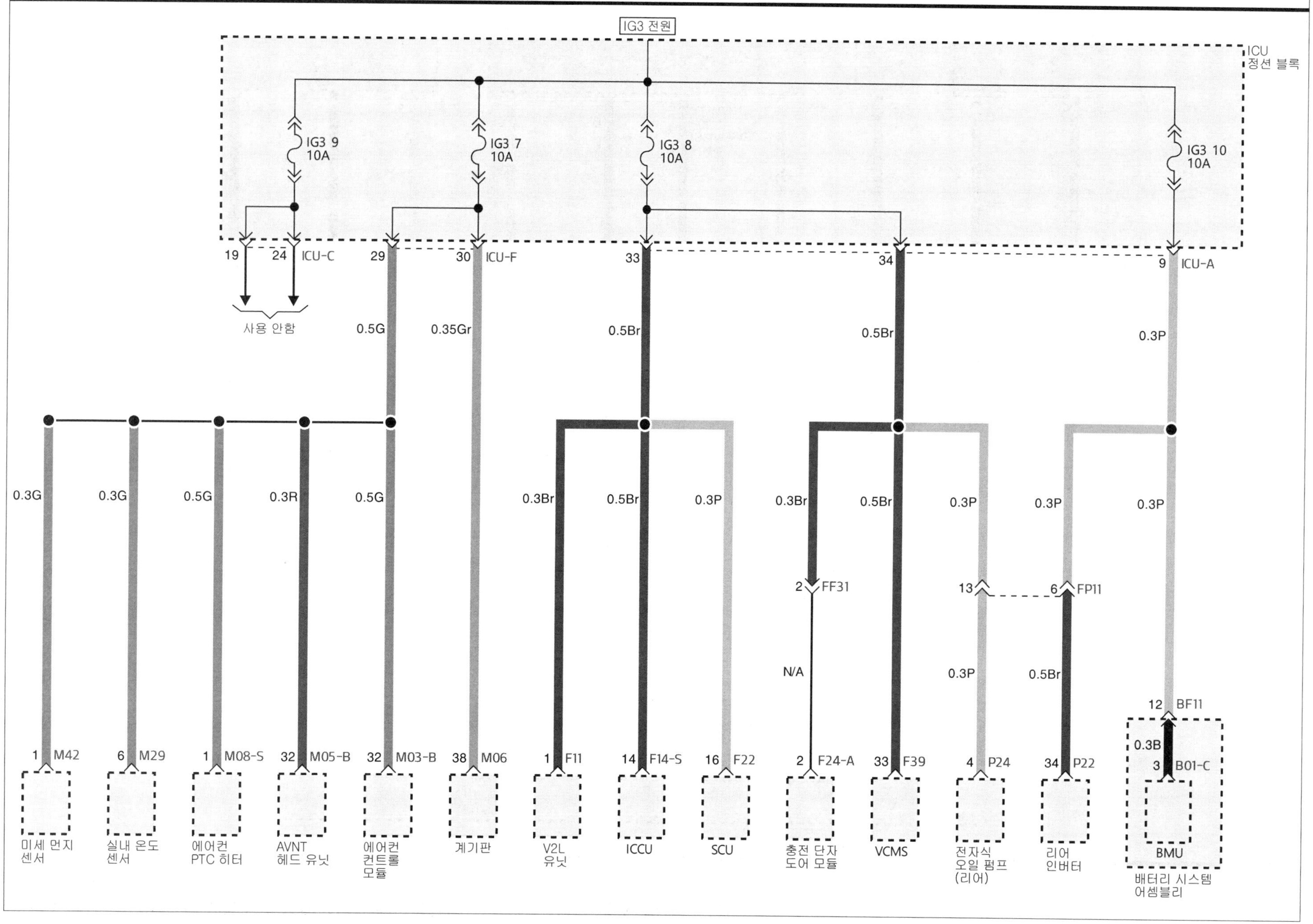

퓨즈 배분도 (14)

SD120-14

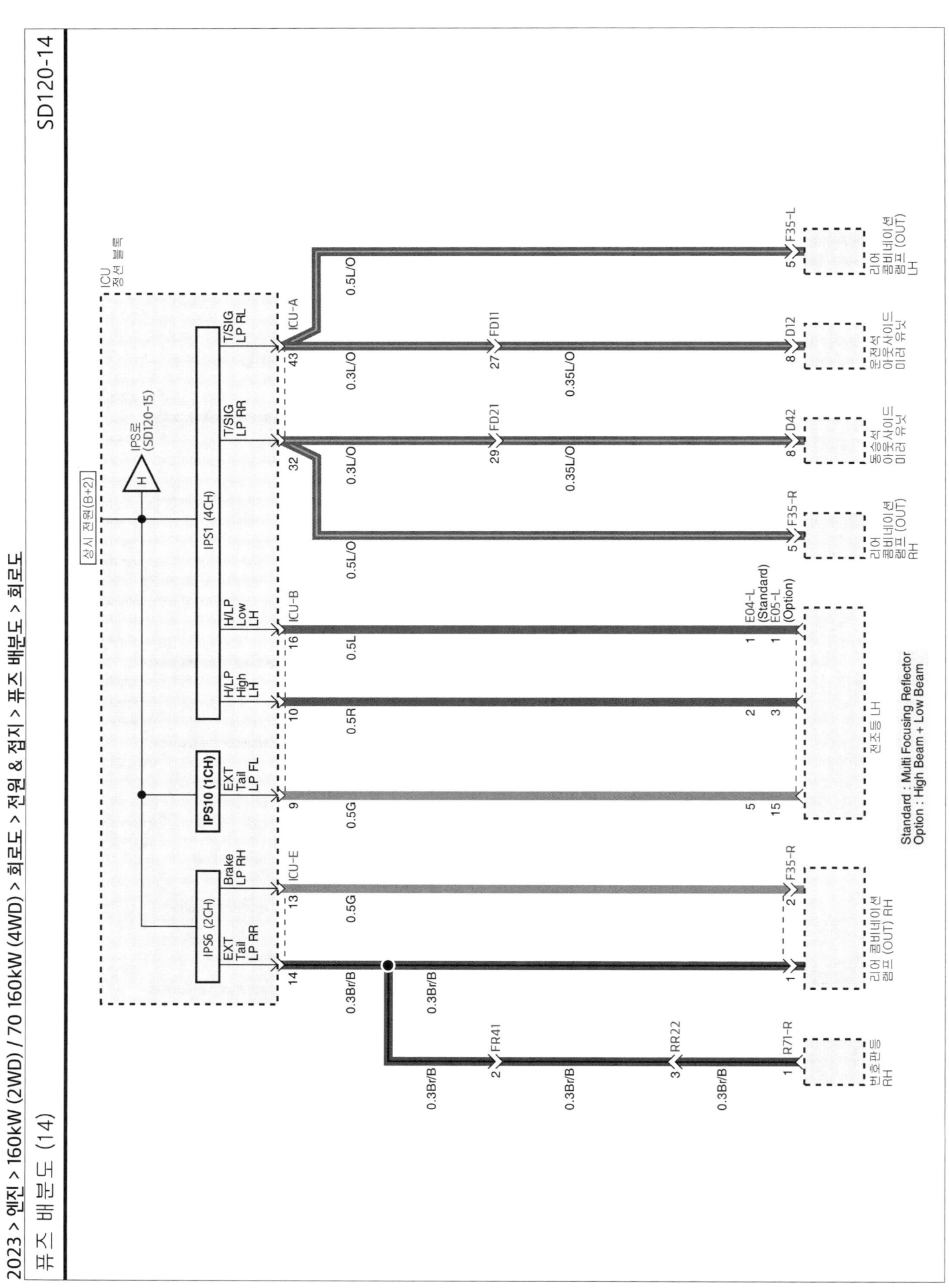

퓨즈 배분도 (15)

SD120-15

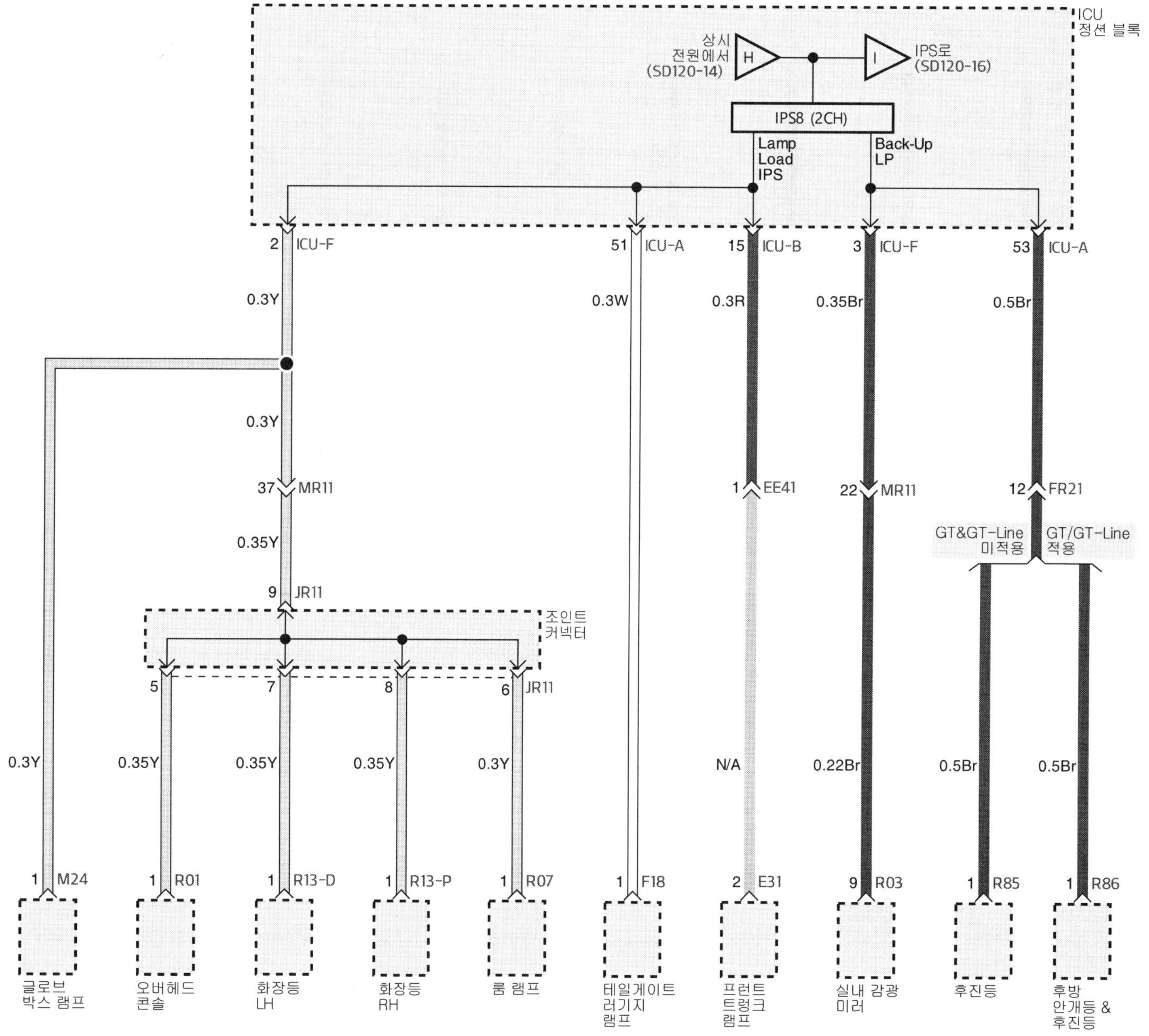

퓨즈 배분도 (16)

SD120-16

퓨즈 배분도 (17)

ICU 정션 블록

IPS90에서
(SD120-16)

조인트 커넥터

():오토 업/다운 & 세이프티 미적용
[]:오토 업/다운 & 세이프티 적용

커넥터	단자/전선
ICU-F	7 / 0.22Br
JM07	25
JM07	17
JM07	16
JM07	18 / 0.3L
JM07	19 / 0.22L
JM07	20 / 0.22L
JM07	23 / 0.22L
JM07	24 / 0.22L

MF11 65 / 0.3L
MF11 48 / 0.3L
MR11 6 / 0.3L
MM01 3 / 0.3W

리어 파워 윈도우 스위치 RH
FD41 9 / 0.3L
DD41 2 / 0.22L
(D91)[D92] 11 / 4 / 0.50

리어 파워 윈도우 스위치 LH
FD31 9 / 0.3L
DD31 2 / 0.22L
(D71)[D72] 11 / 4 / 0.50

동승석 파워 윈도우 스위치
FD21 47 / 0.3L
DD21 2 / 0.22L
(D31)[D32] 11 / 4 / 0.50

운전석 IMS 스위치
FD11 19 / 0.3L
DD11 1 / 0.3L
D25 1 / 0.50

오버헤드 콘솔
MR11 6 / 0.3L
R01 3 / 0.3L

룸 램프
R07 2 / 0.3L

USB 잭
MM01 3 / 0.3W
M05-B

AVNT 헤드 유닛
M05-B 6 / 0.22L

프런트 USB 충전 단자
M56 3 / 0.3L

리어 콘솔 USB 충전 단자 #2
F84 3 / 0.3O

리어 콘솔 USB 충전 단자 #1
FF11 26 / 0.3L
F83 3 / 0.3O

유니버설 아일랜드 USB 충전 단자
F81 3 / 0.3O

무선 충전 유닛 인디케이터
F62 6 / 0.3O

콘솔 어퍼 커버 스위치
MF11 13 / 0.3O
F80 2 / 0.3O

GT 적용
0.3L

콘솔 블록어 스위치
F85 (버튼 타입) 13 / 0.3O
F90 (터치 타입) 11 / 0.3O

크래쉬 패드로어 스위치
M09 2 / 0.35L

- 253 -

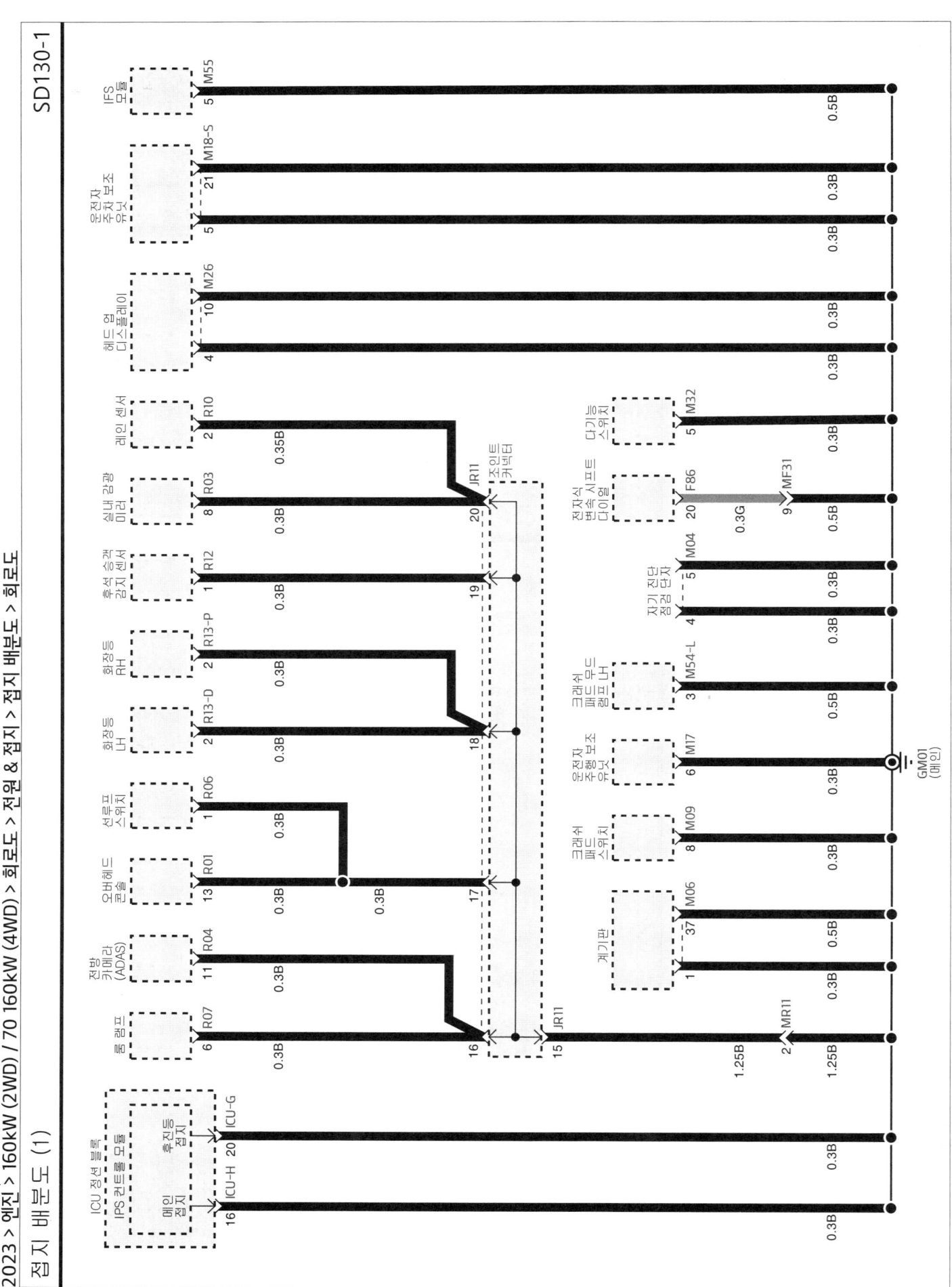

접지 배분도 (2)

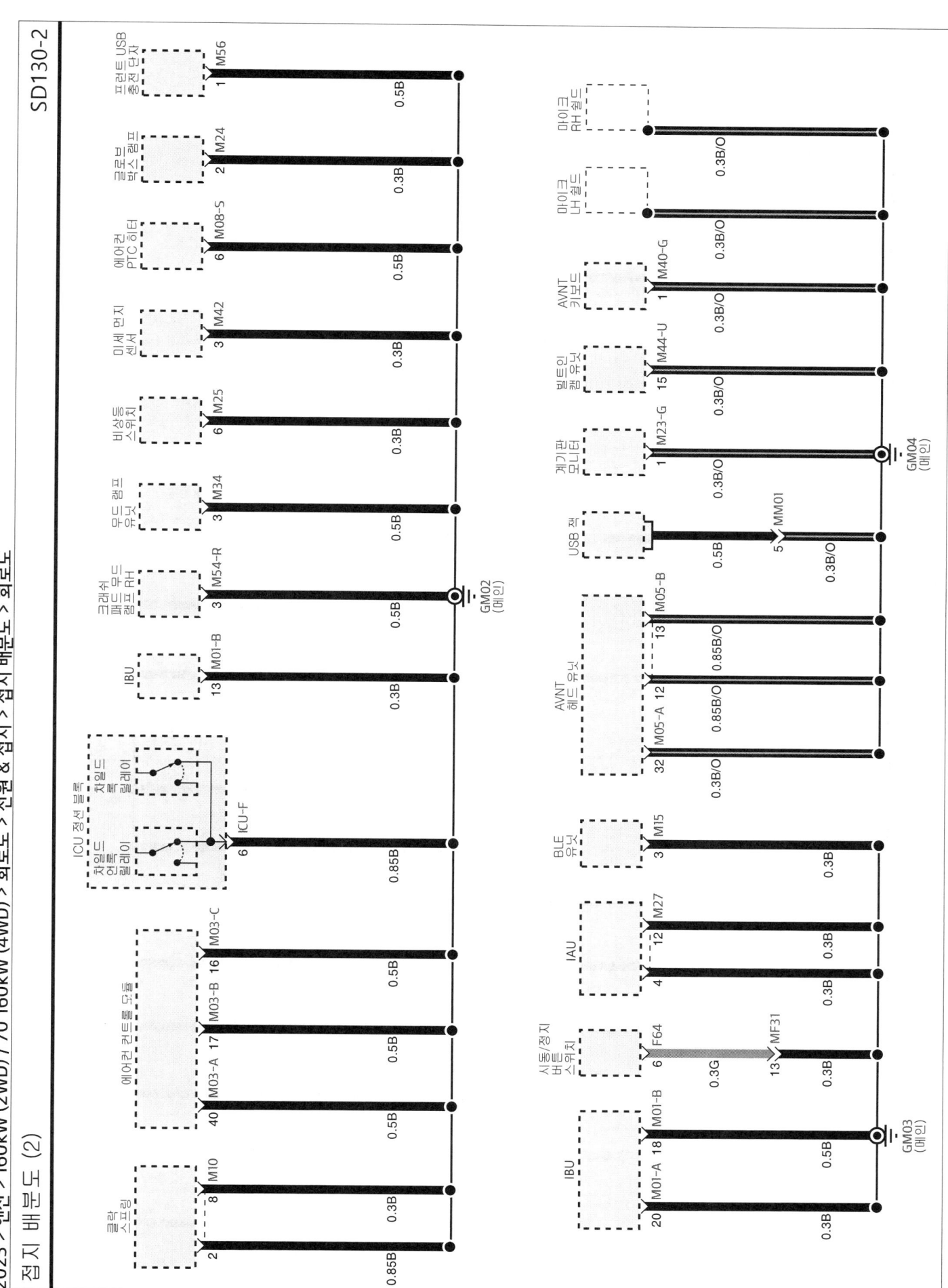

접지 배분도 (3)

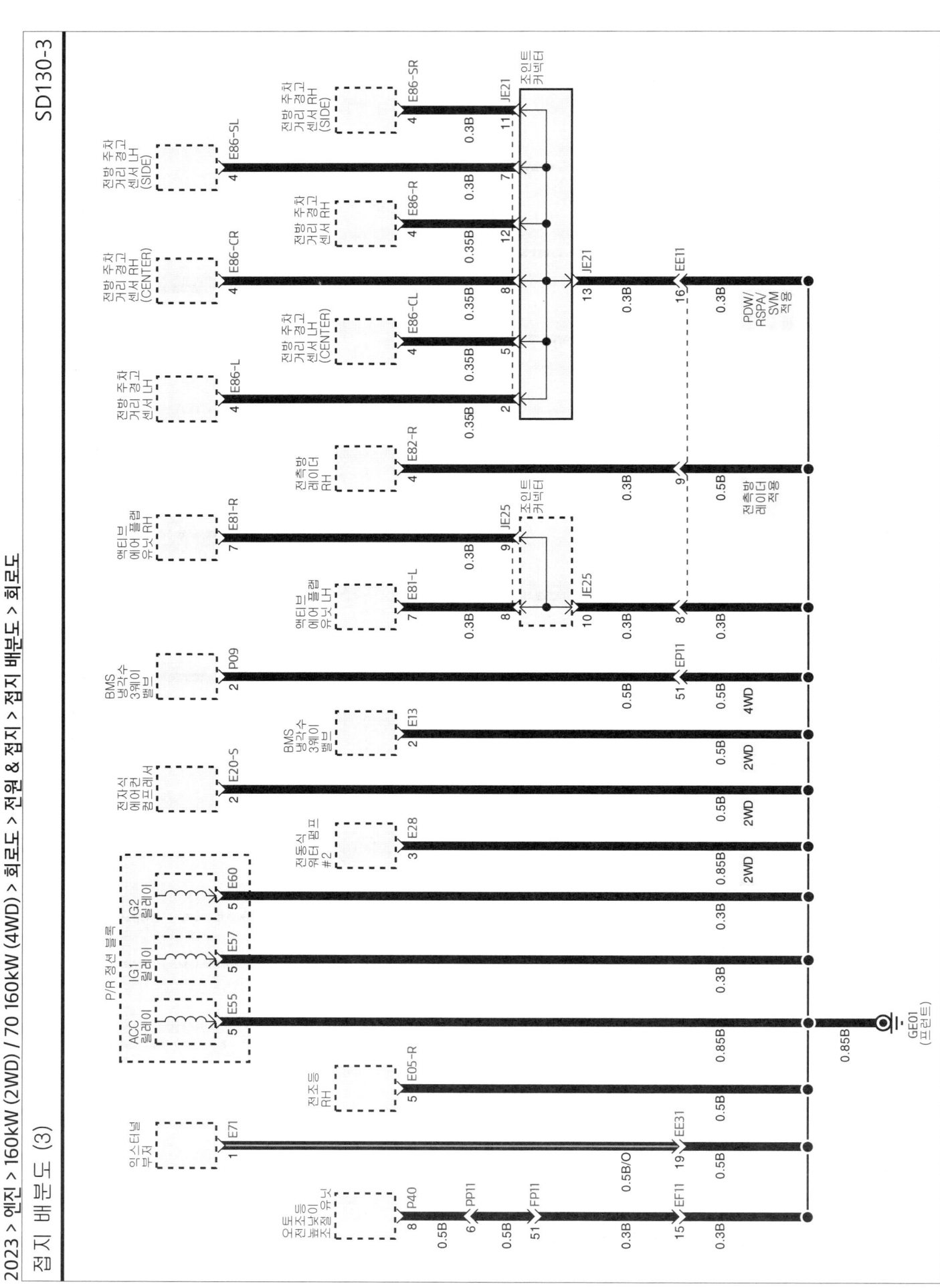

접지 배분도 (4)

SD130-4

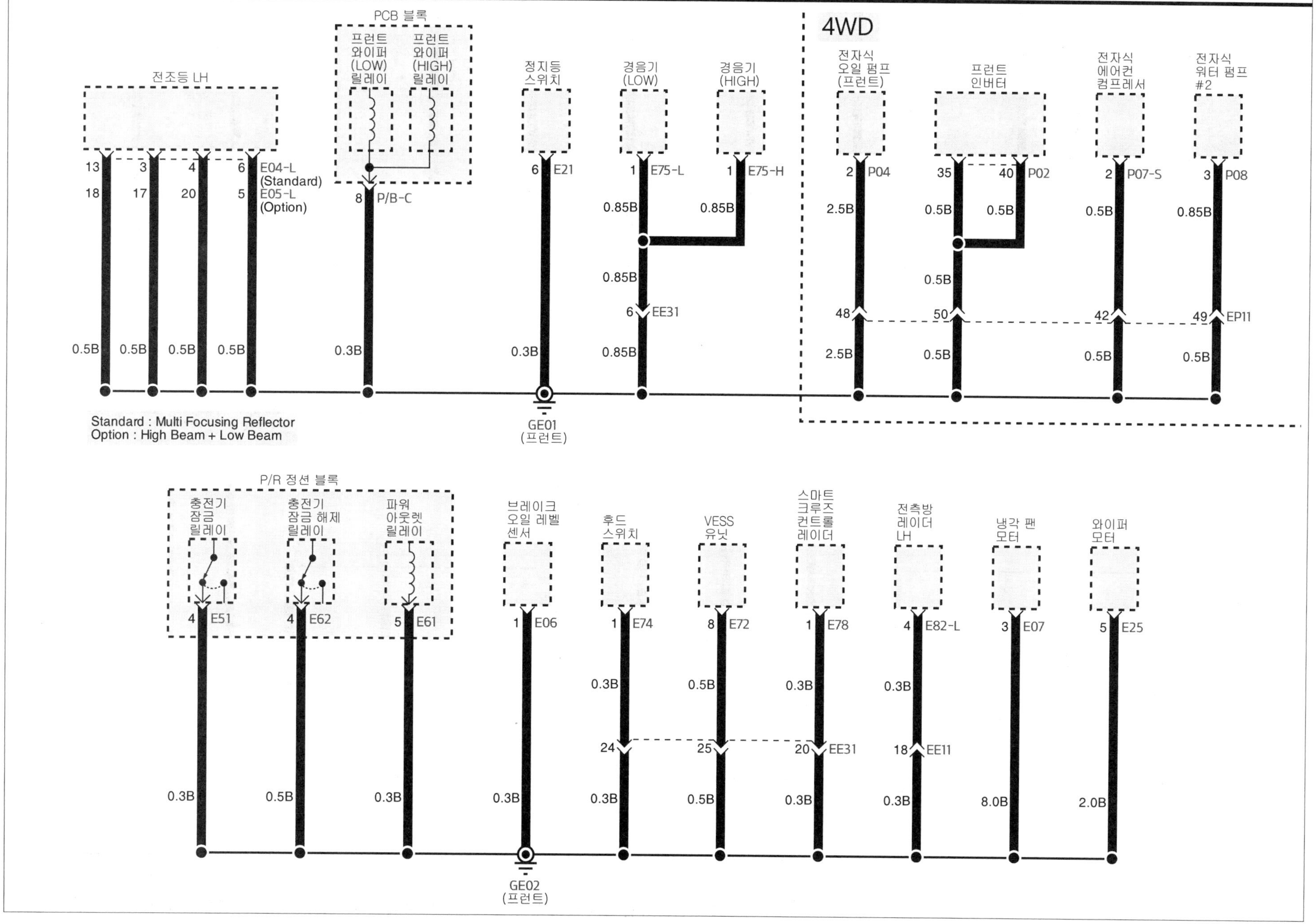

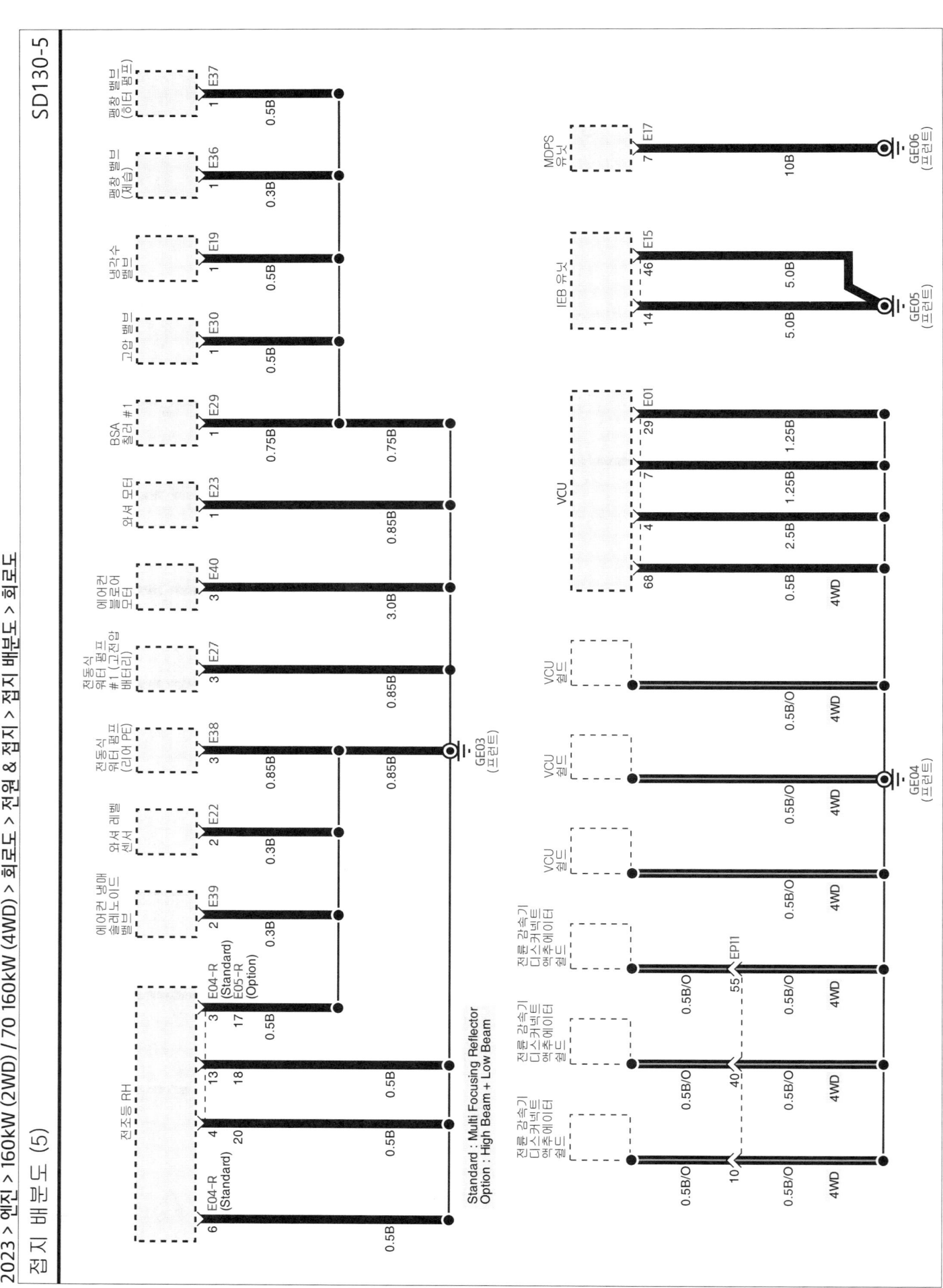

Standard : Multi Focusing Reflector
Option : High Beam + Low Beam

접지 배분도 (6)

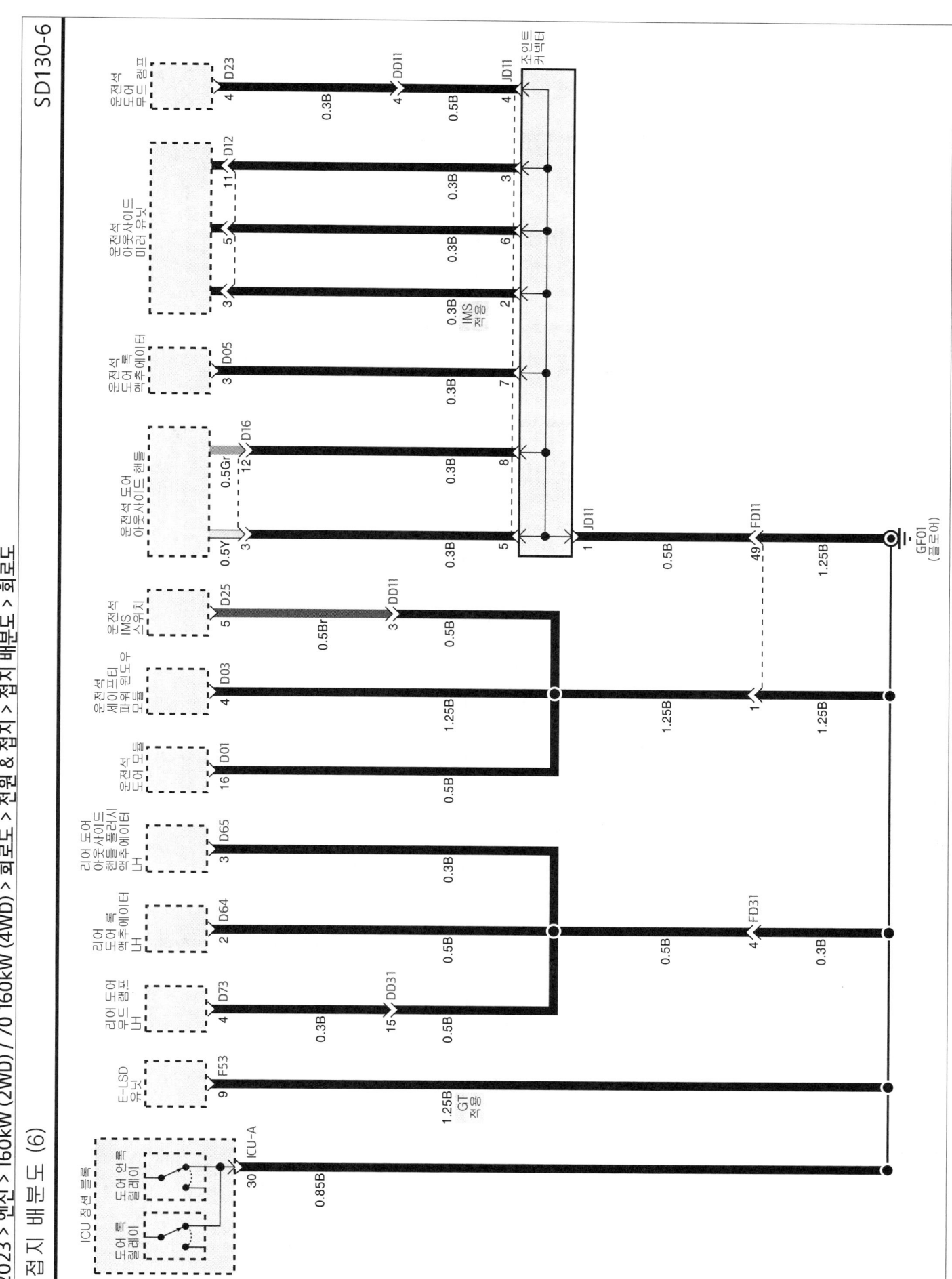

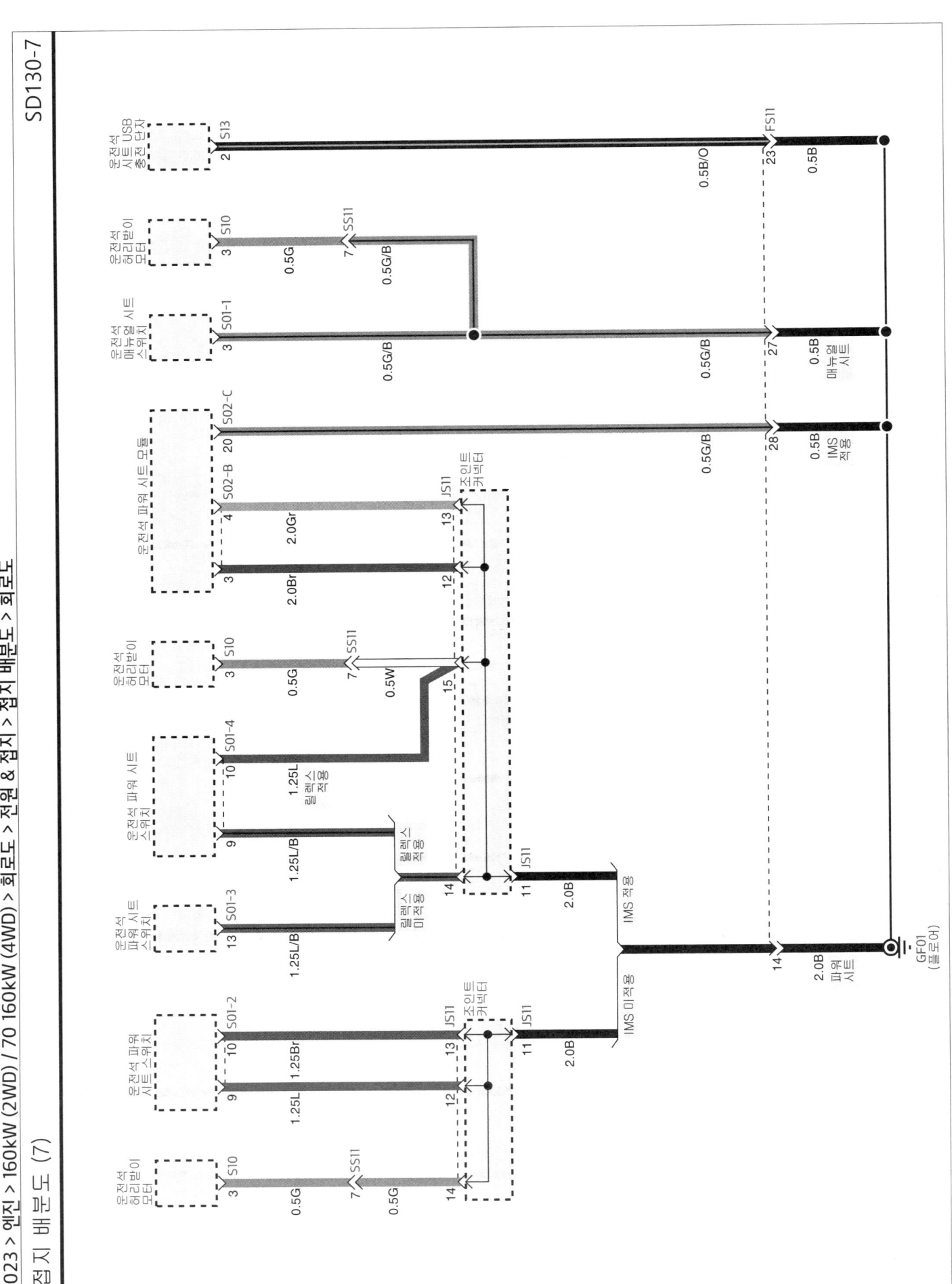

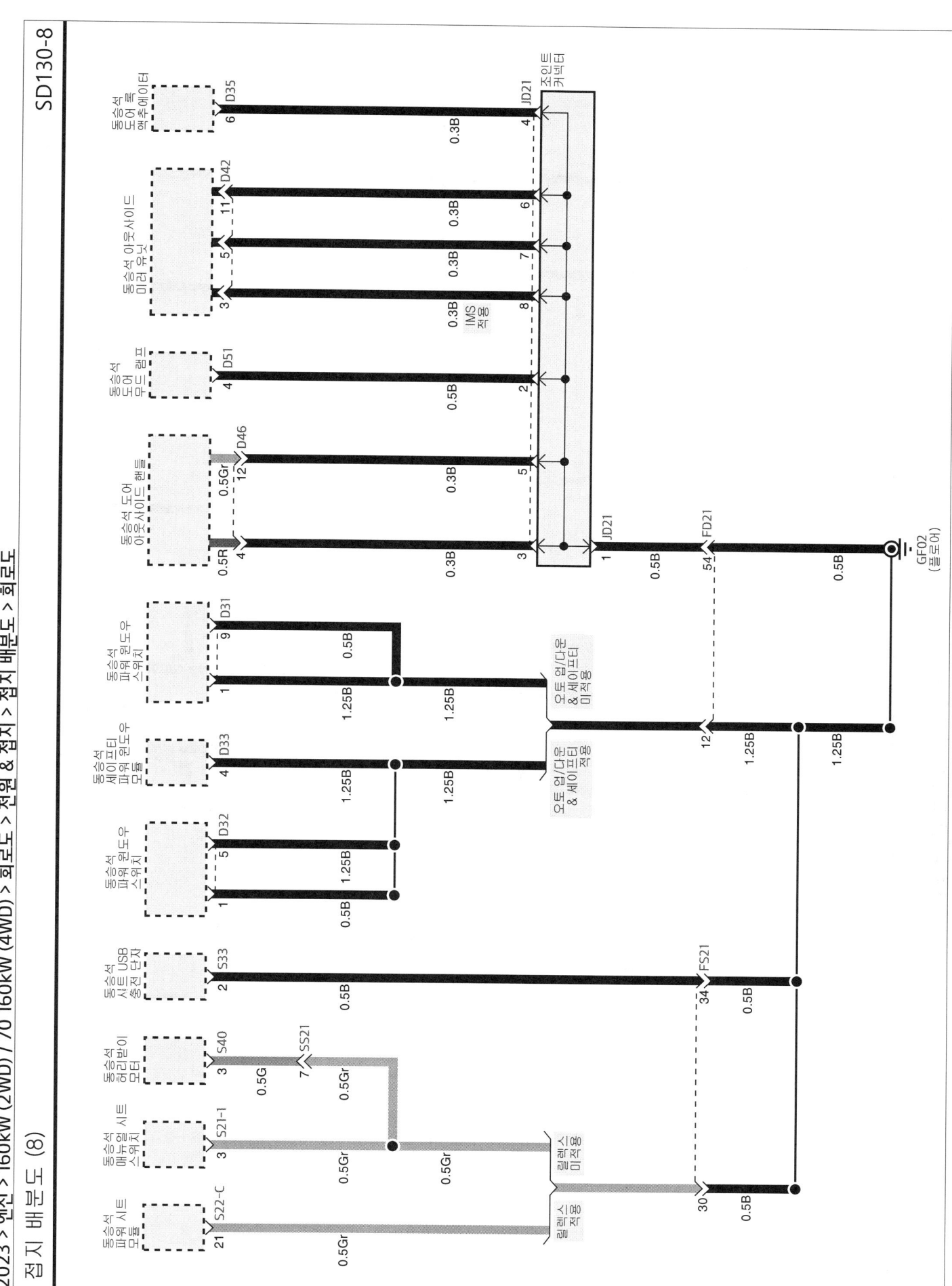

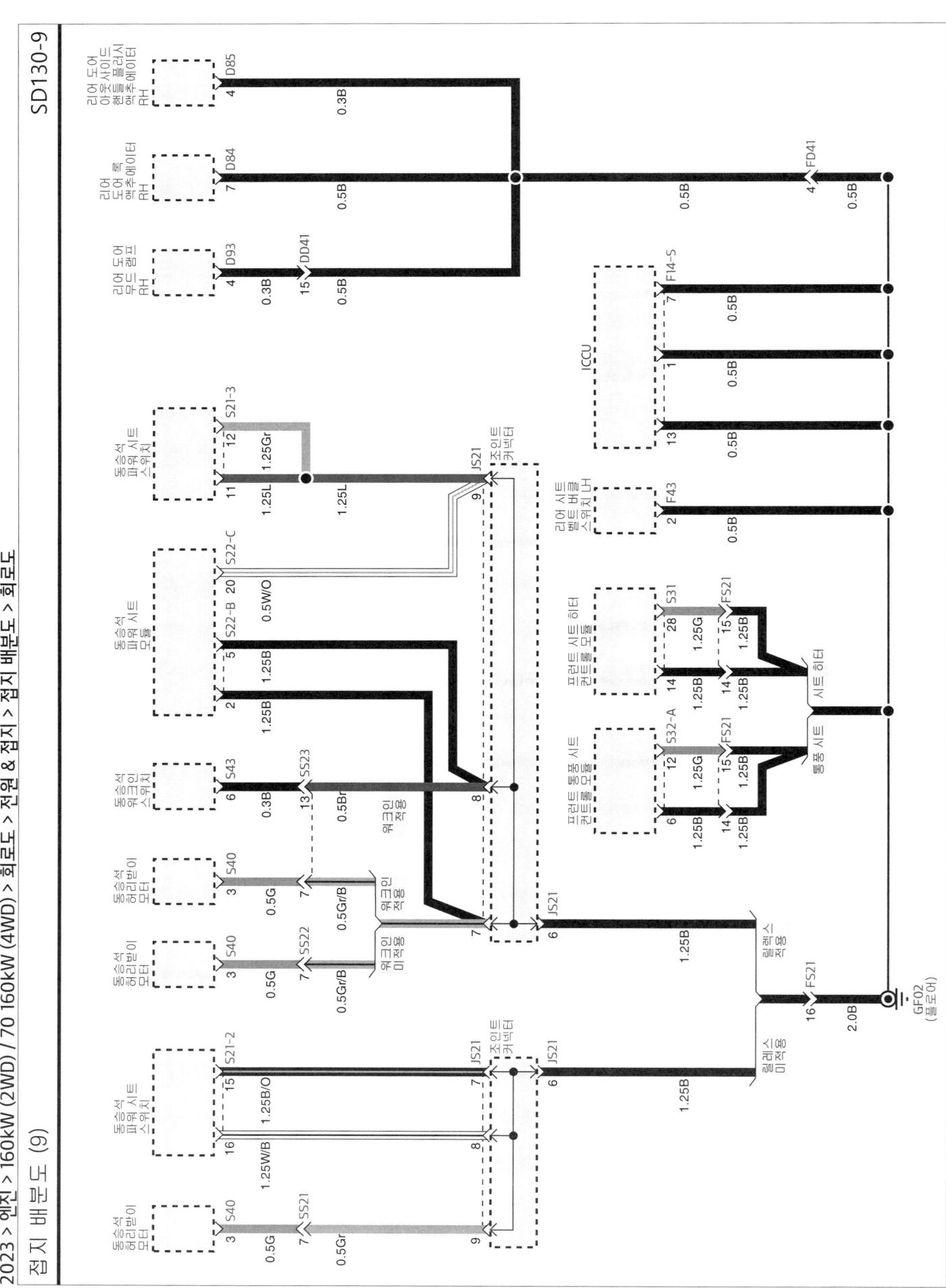

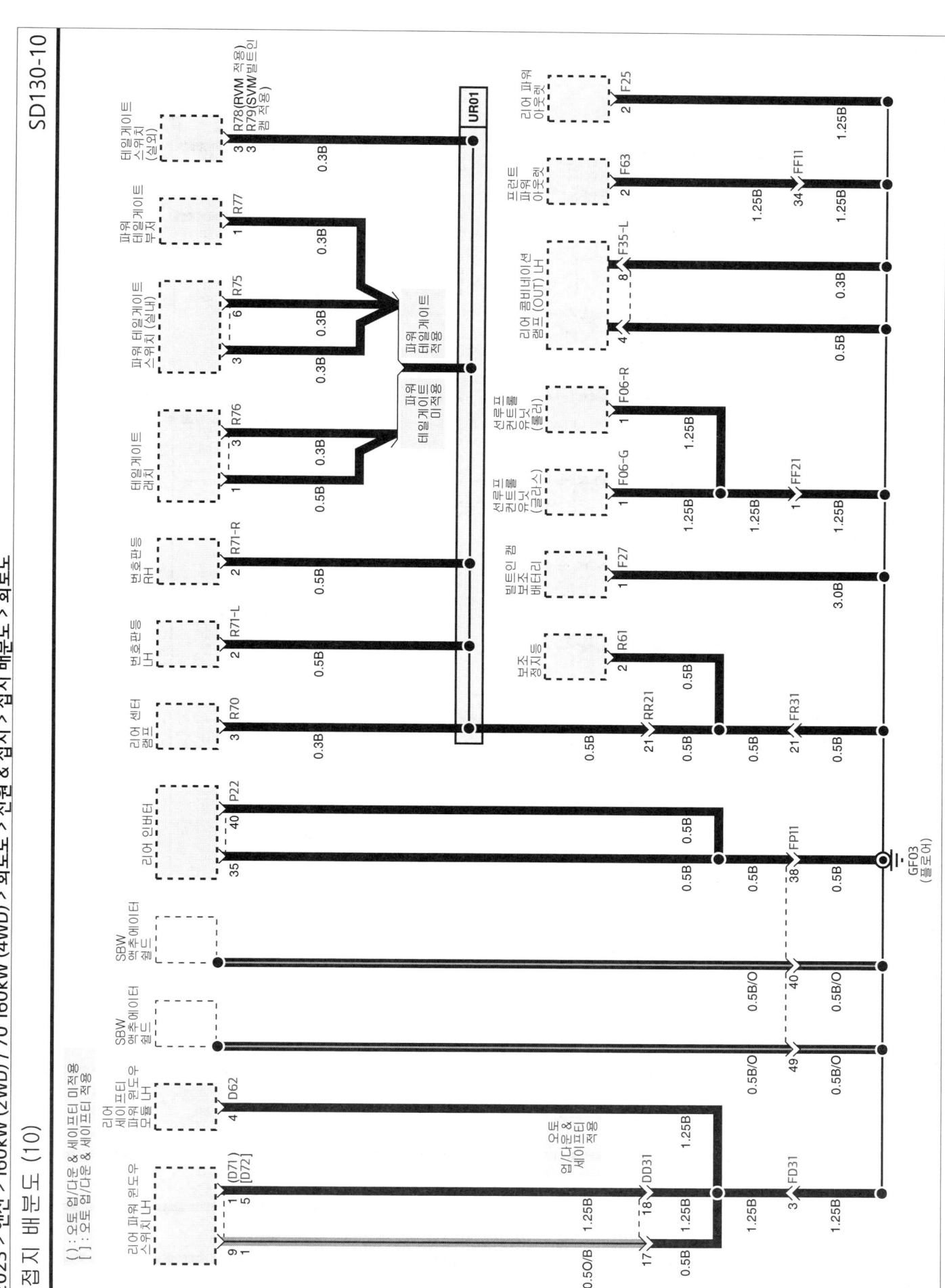

정지 배분도 (11)

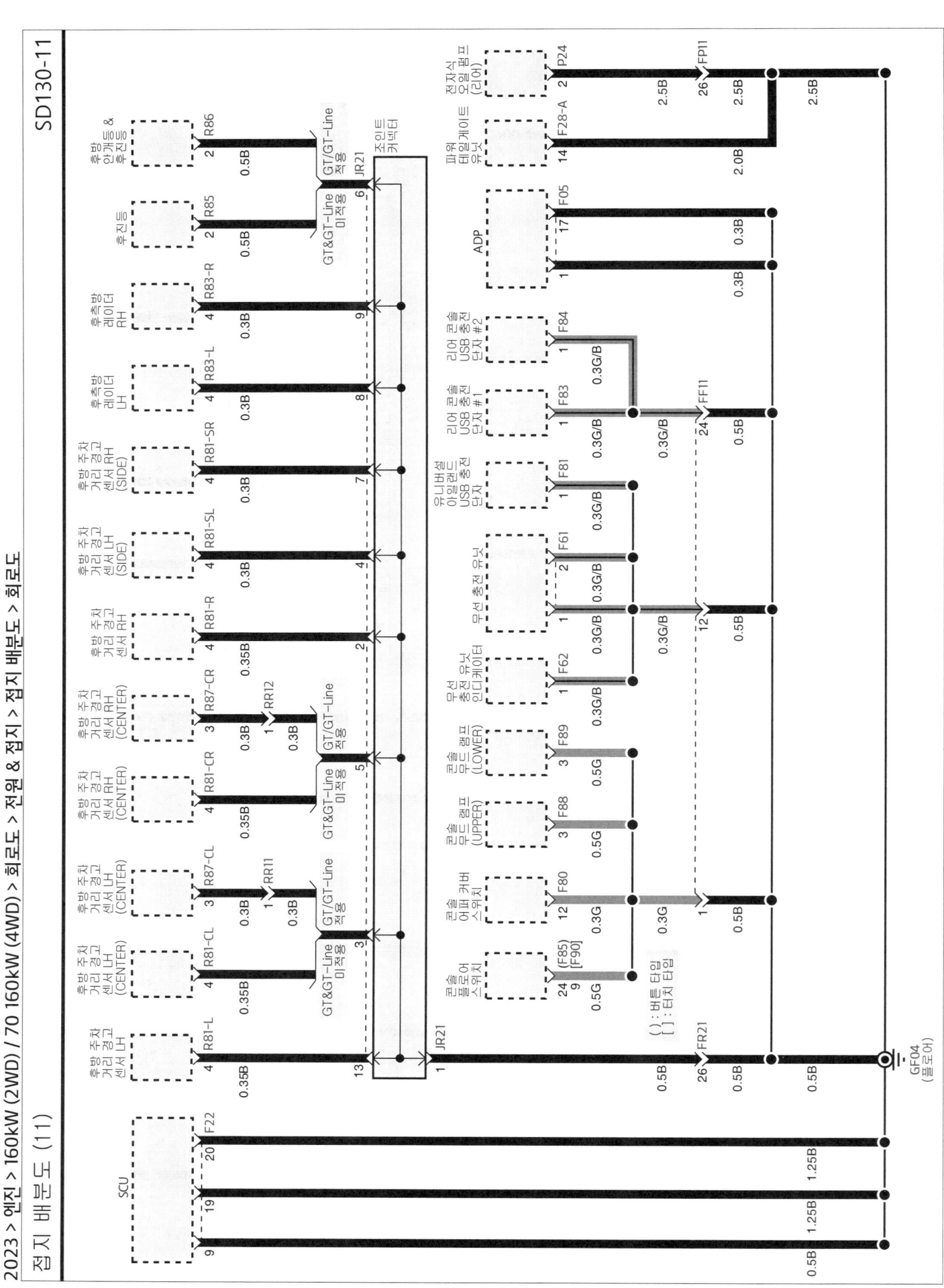

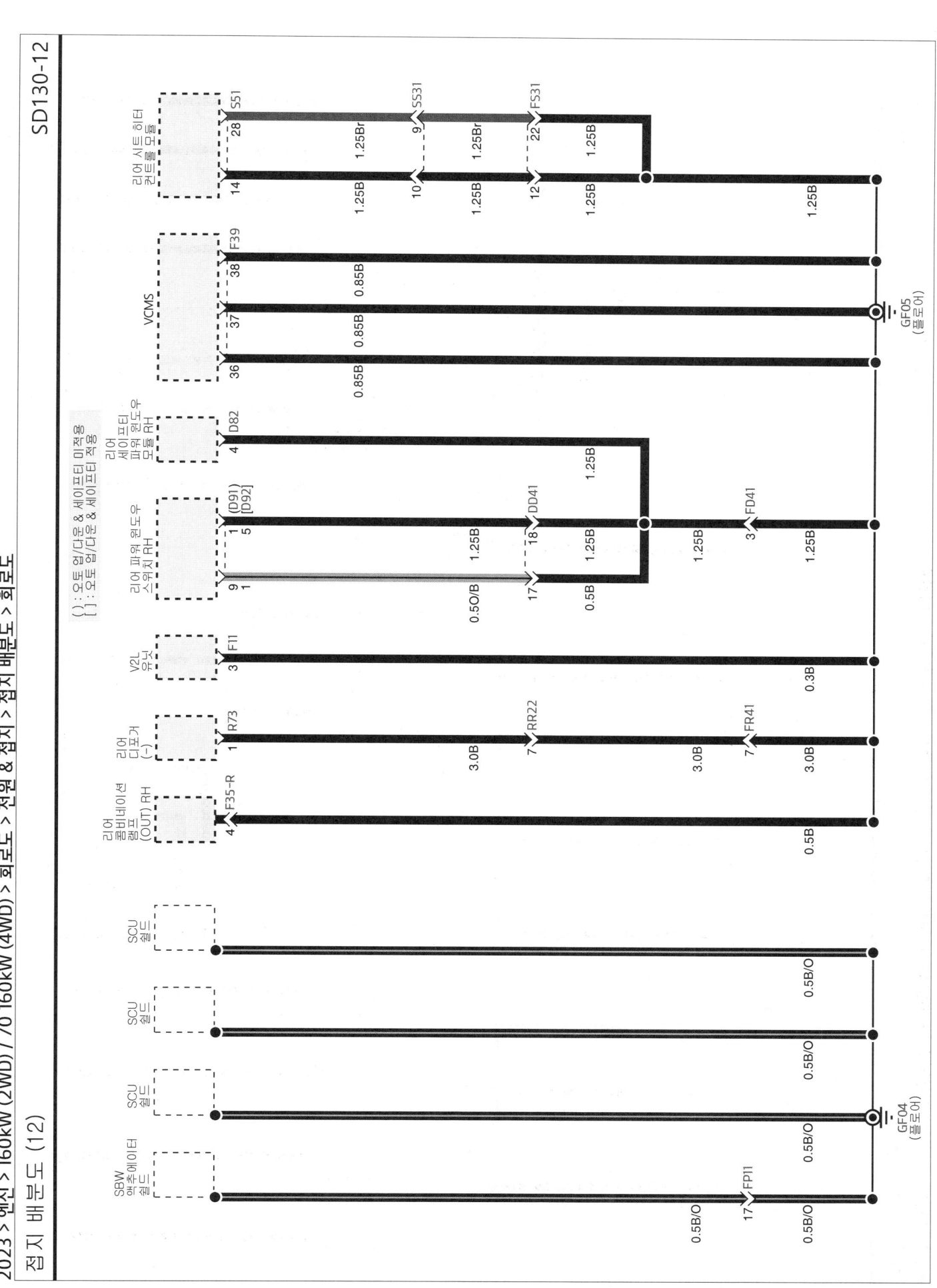

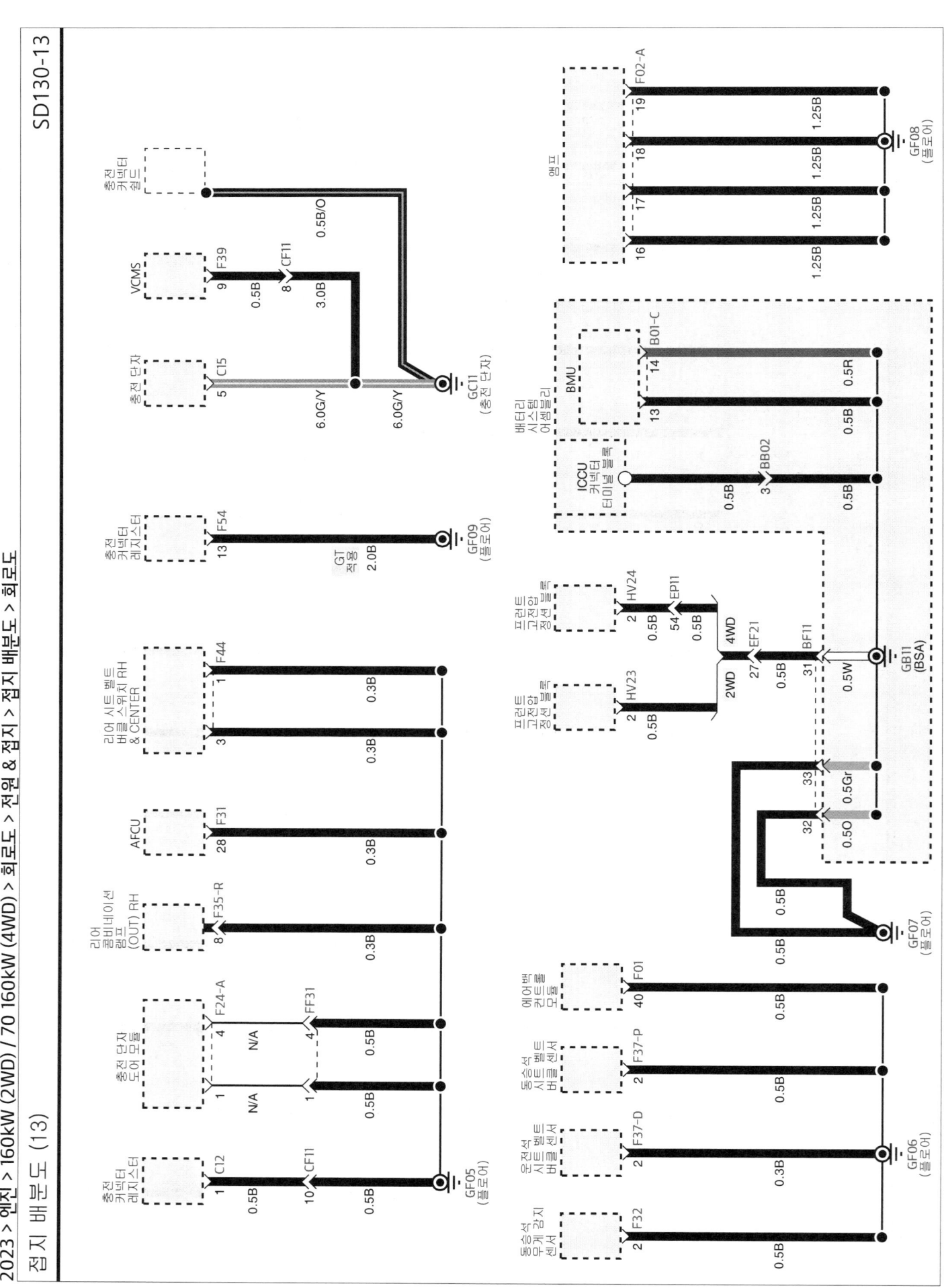

P/R 정션 블록

상시 전원

VCU1 40A

VCU
P.12
C.20-1

E01

2.5R
6

상시 전원 (DAS)

PCB 블록
P.11
C.81-1

전원 배분도 참조 (SD110-5)

IG3 전원

IG3 2 15A

P/B-D

12

0.5P

67

IG3 전원

ON/START 전원

전원 배분도 참조 (SD110-4)

VCU3 10A

P/B-A

13

0.5Y

87

ON/START 전원

상시 전원

전원 배분도 참조 (SD110-4)

VCU2 15A

4

1.25R

1.25R

51

1.25R

73

상시 전원

IG3 Relay On Request

GND E01
28 0.5W

8.75V
72 0.5G

S3
34 0.5R

S2
35 0.5G

S1
12 0.5Br

전력 감속기 디스커넥트 액추에이터 홀센서

U
1 2.0Y

W
5 2.0W

V
3 2.0B

전력 감속기 디스커넥트 액추에이터 전원

전력 구동 모터 시스템 (프론트 인버터) 참조 (SD597-4)

89 0.3O

EF11
P30
18 0.22O

ICU-D
5

ICU 정션 블록
P33/34
C.80-2/3

IPS 컨트롤 모듈

VCU Wake Up 신호

IG3 메인 릴레이

전원 배분도 참조 (SD110-4)

5

0.3B

37

ICU-C

IG3 메인 릴레이 컨트롤

감전사고 위험이 있으므로 작업전원 (SD000) 페이지의 전기차 시스템 주의 사항을 숙지 후 작업을 실시한다.

- 267 -

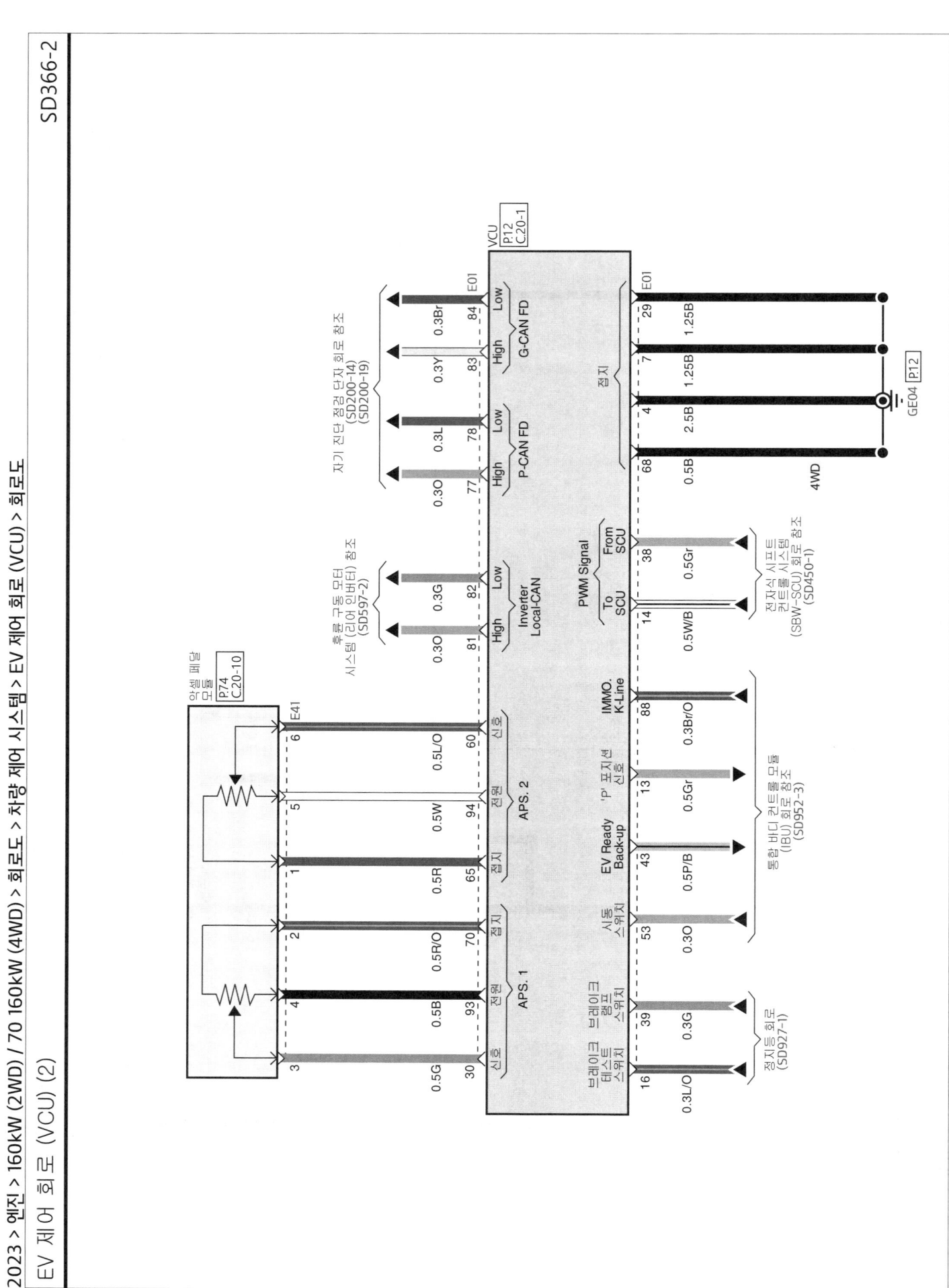

실내 공조 & 배터리 팩 열 관리 회로 (1)

SD971-1

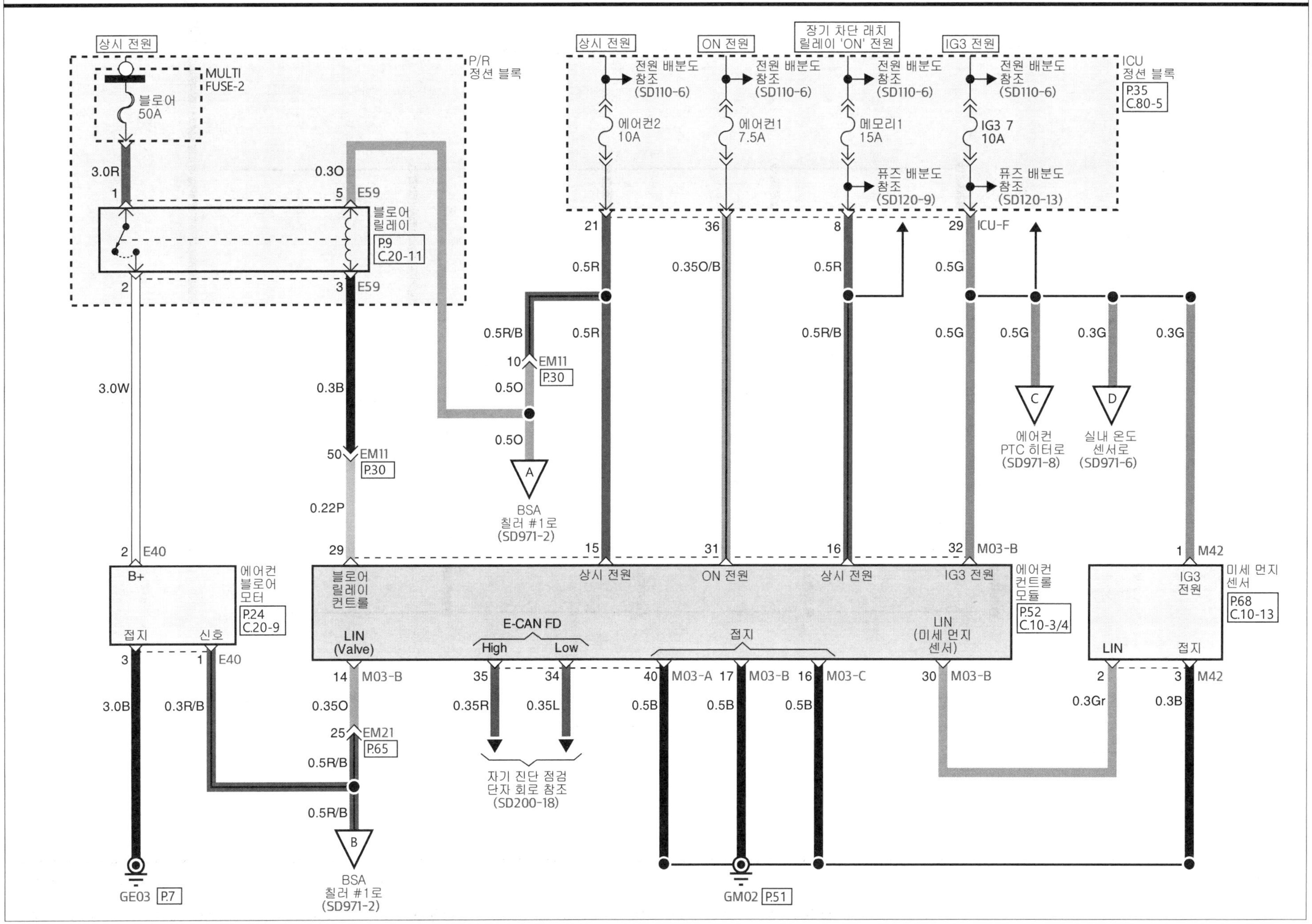

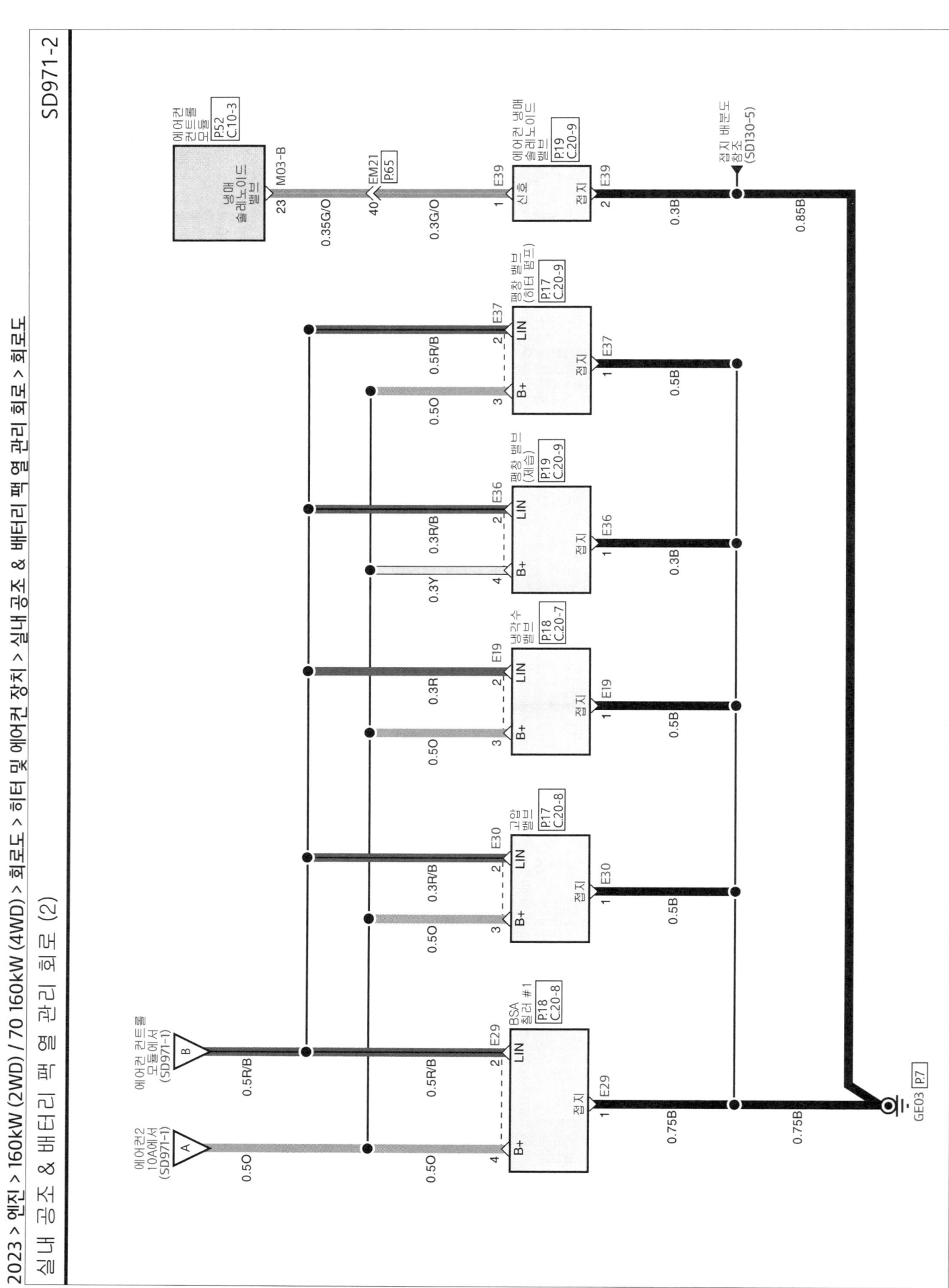

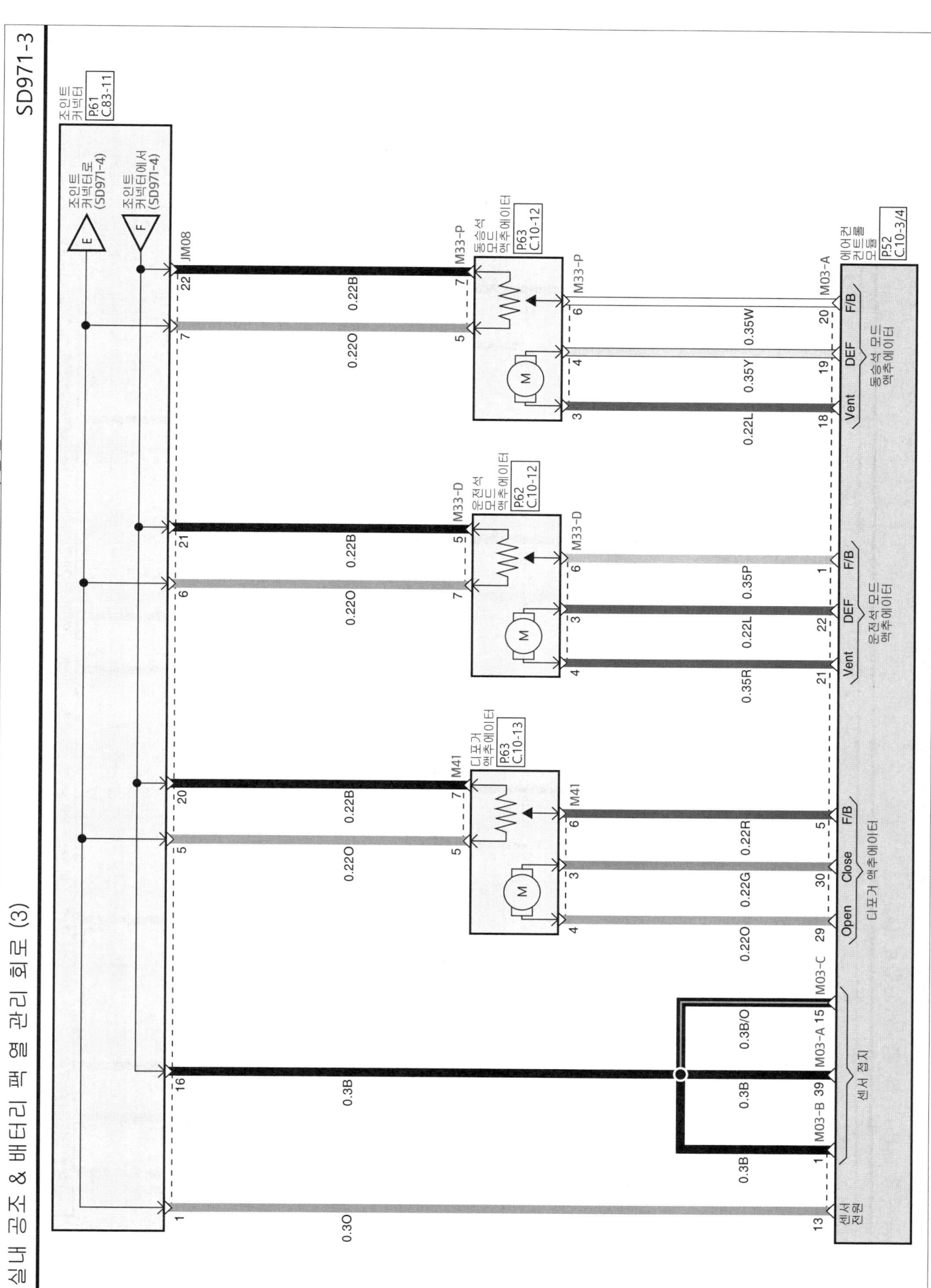

실내 공조 & 배터리 팩 열 관리 회로 (4)

SD971-4

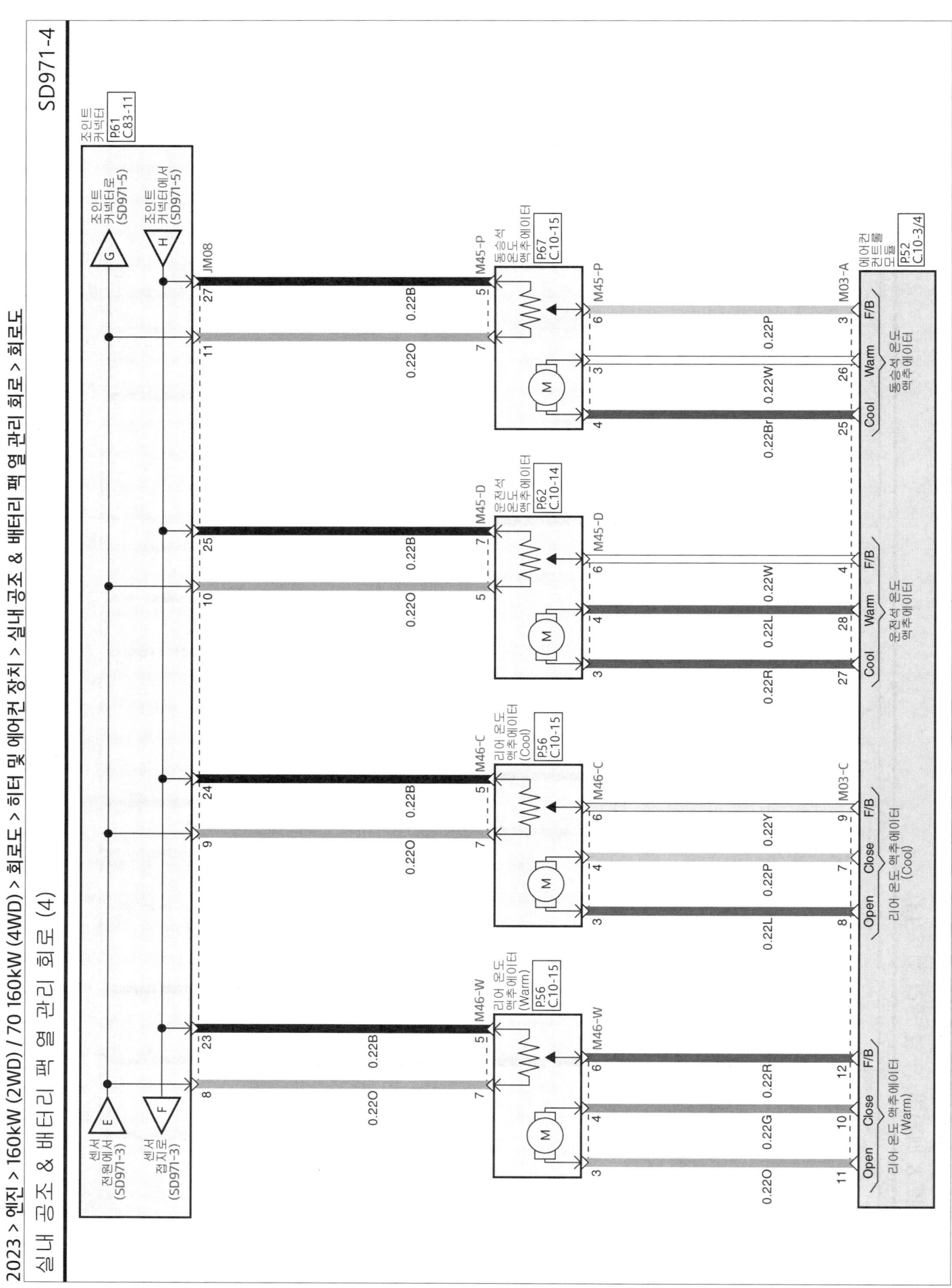

실내 공조 & 배터리 팩 열 관리 회로 (5)

SD971-5

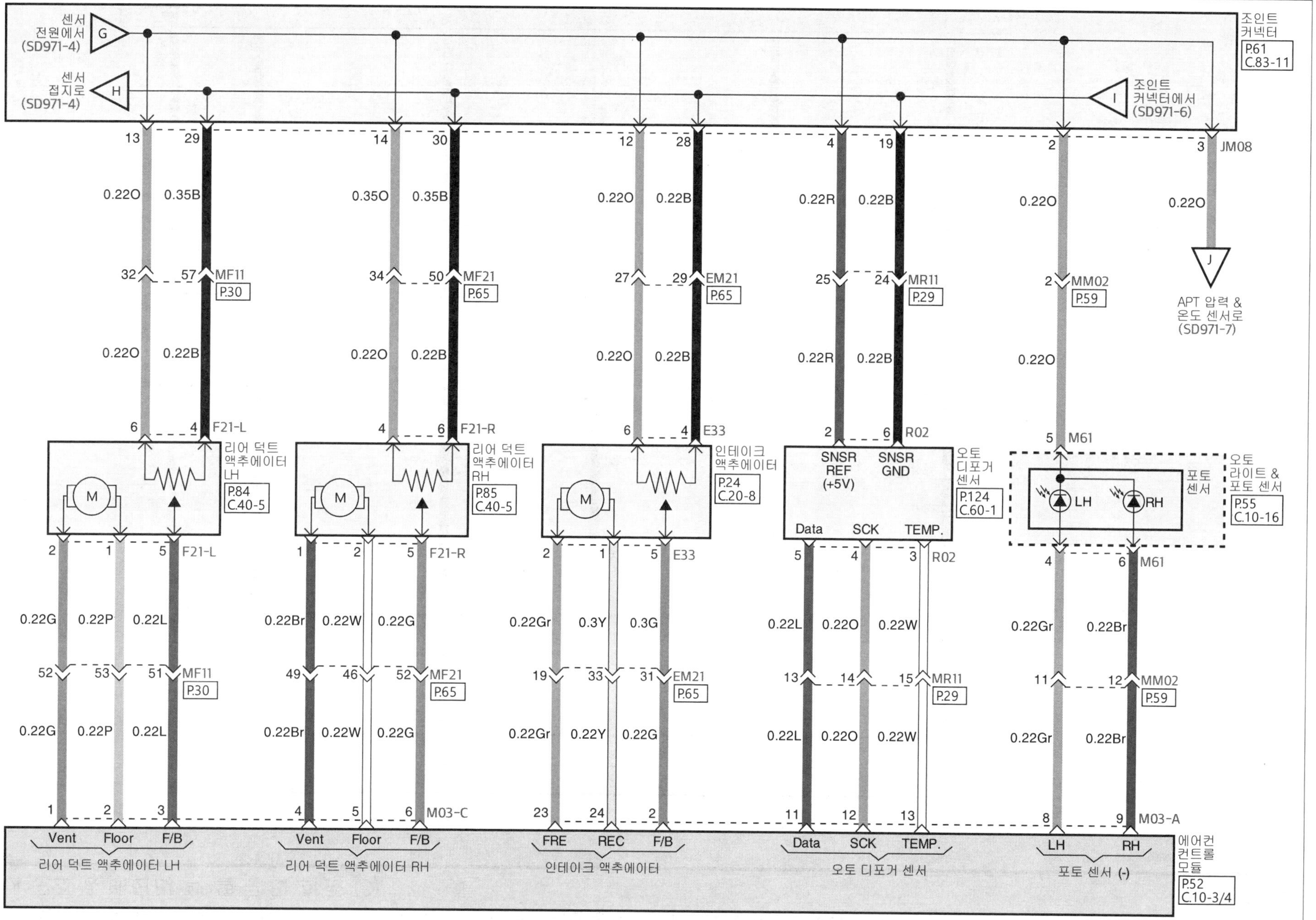

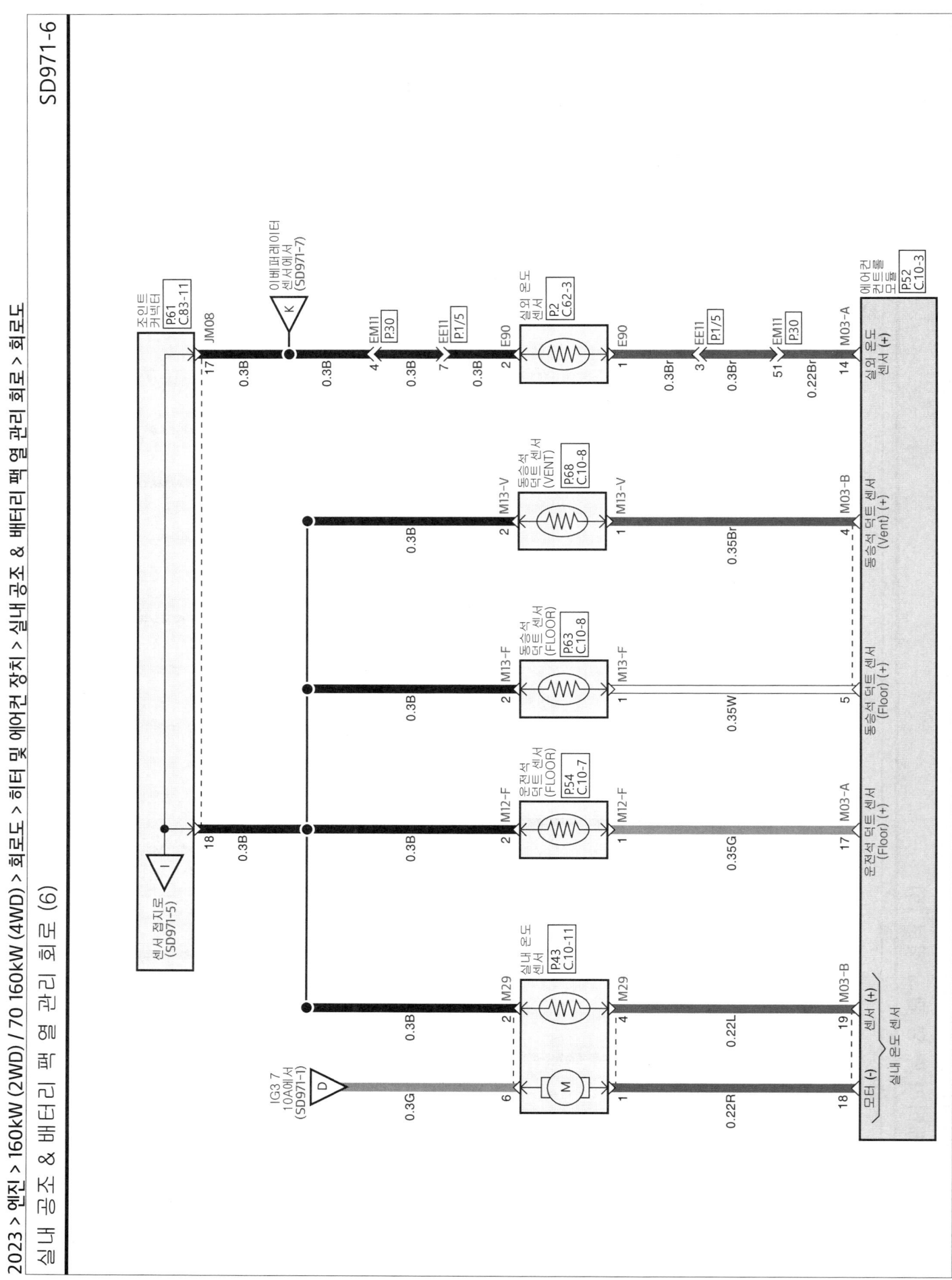

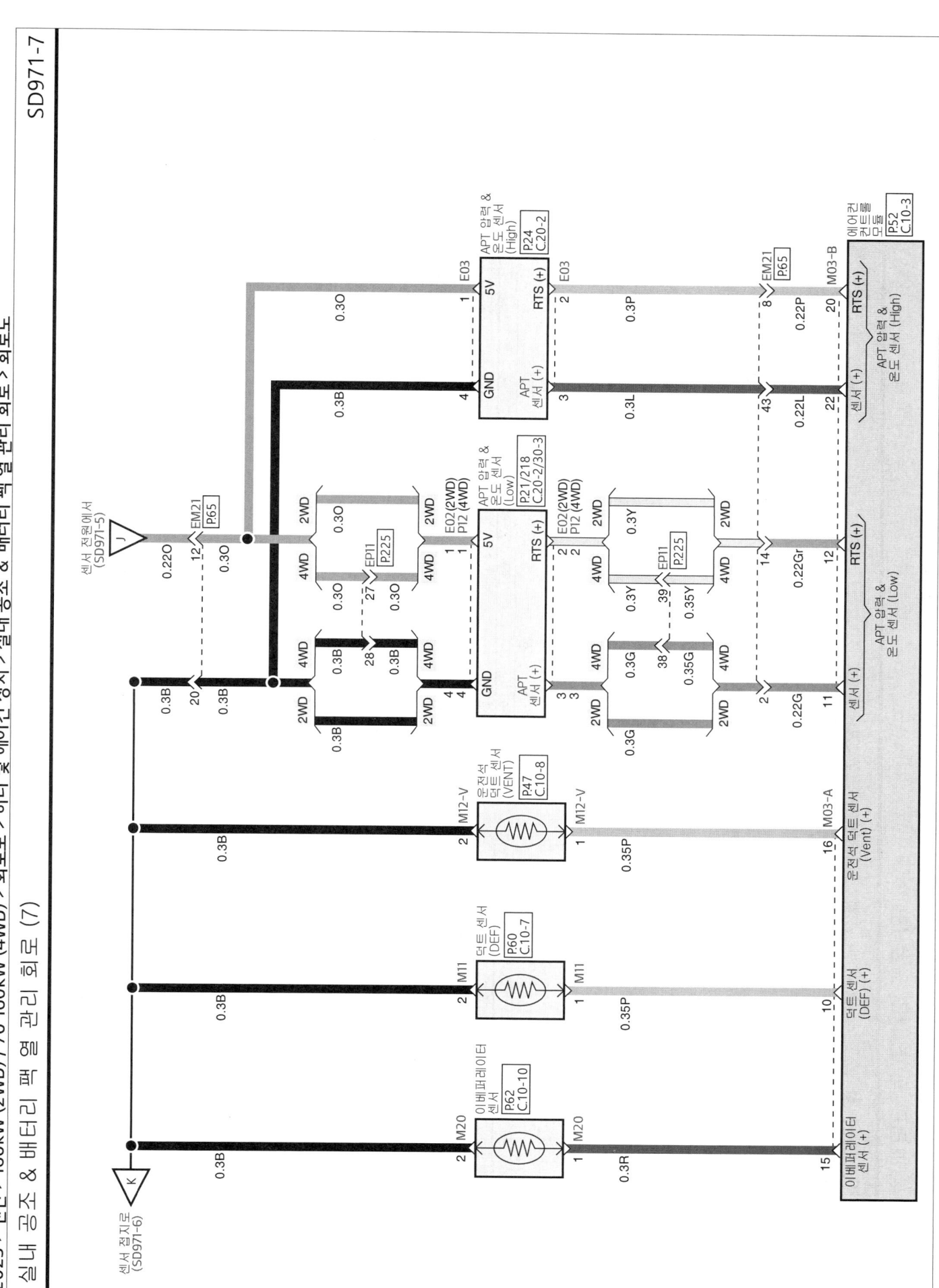

실내 공조 & 배터리 팩 열 관리 회로 (8)

에어컨 PTC 히터 &
전자식 에어컨 컴프레서

배터리 시스템 어셈블리 - 2WD (1/2)

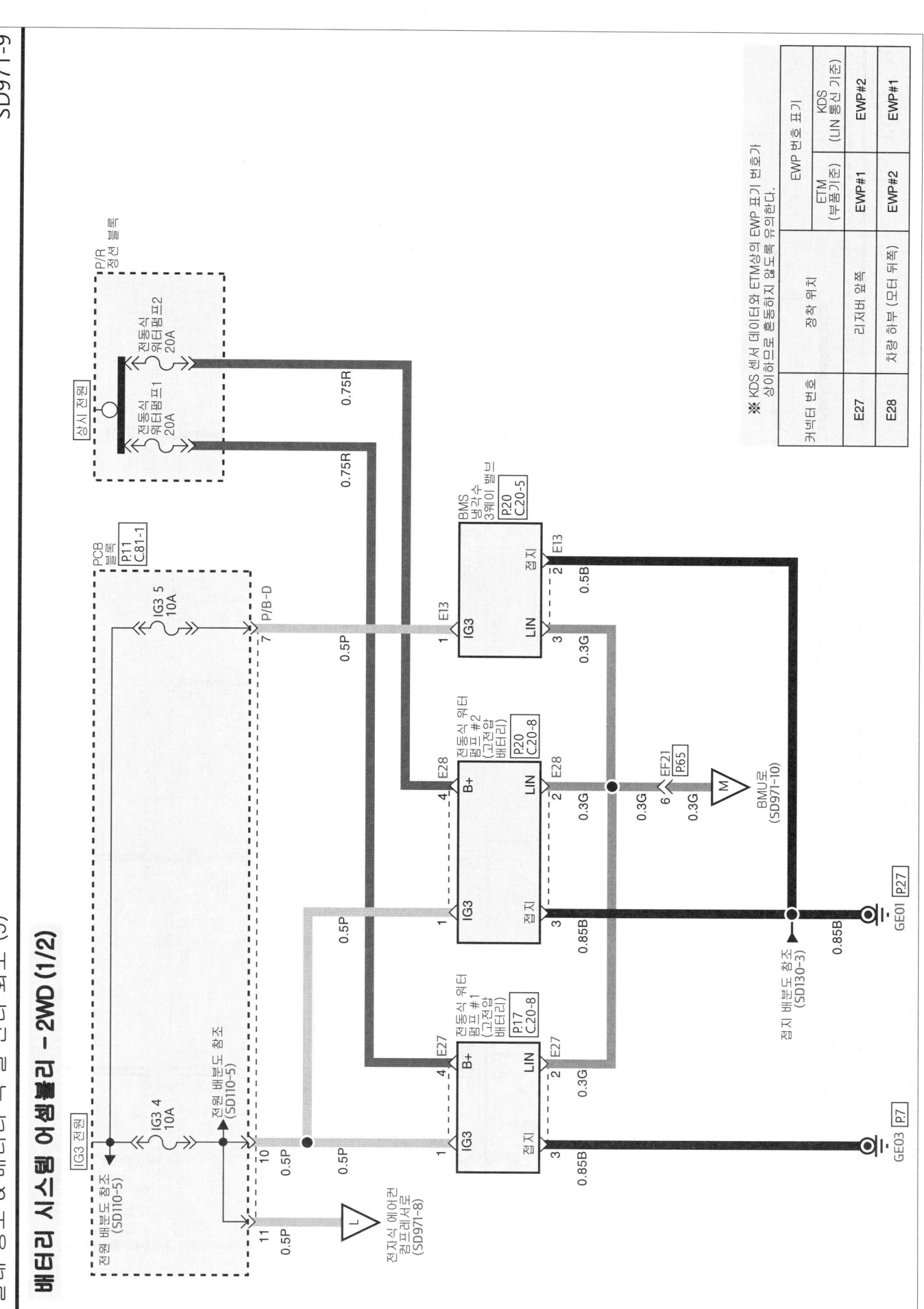

커넥터 번호	장착 위치	EWP 번호 표기		
		ETM (부품기준)	KDS (LIN 통신 기준)	
		EWP		
E27	리저버 앞쪽	EWP#1	EWP#2	
E28	차량 하부 (모터 뒤쪽)	EWP#2	EWP#1	

※ KDS 센서 데이터와 ETM상의 EWP 표기 번호가 상이하므로 혼동하지 않도록 유의한다.

실내 공조 & 배터리 팩 열 관리 회로 (10)

배터리 시스템 어셈블리 - 2WD (2/2)

배터리 시스템 어셈블리 – 4WD (1/2)

커넥터 번호	장착 위치	ETM (부품기준)	KDS (LIN통신기준)
		EWP 변호표기	
E27	리저버 앞쪽	EWP#1	EWP#2
P08	차량 하부 (모터 뒤쪽)	EWP#2	EWP#1

※ KDS 센서 데이터와 ETM상의 EWP 표기 변호가
상이하므로 혼동하지 않도록 유의한다.

배터리 시스템 어셈블리 – 4WD (2/2)

커넥터 정보

일반사항

전기차 시스템 주의사항

회로도

커넥터 정보

구성 부품 위치도

하네스 위치도

부품 인덱스

CV10-1

메인 하네스 (1)

M01-A IBU

WRK P/No.	-
Vendor P/No.	MG656873-5
Vendor P/Name	KET_025_40F

20	19	18	17	16	15	14	13	12	11	10	9	8	7	6	5	4	3	2	1
40	39	38	37	36	35	34	33	32	31	30	29	28	27	26	25	24	23	22	21

1. -
2. -
3. -
4. - 익스터널 부저 (컨트롤)
5. L
6. -
7. G 퍼들/포켓 램프 : 퍼들 램프 - [NFC 타입 미적용]
   운전석 도어 아웃사이드 핸들,
   동승석 도어 아웃사이드 핸들
8. -
9. -
10. -
11. -
12. -
13. W [SVM 미적용] 콘솔 어퍼 커버 스위치 (RVM 스위치)
14. -
15. R [PDW 적용] 센서 전원 : 후방 주차 거리 경고 센서
16. R [PDW 적용] 센서 전원 : 전방 주차 거리 경고 센서
17. Gr/B ICU 정션 블록 (퓨즈 - 모듈3)
18. -
19. -

20. B 접지 (GM03)
21. -
22. -
23. -
24. -
25. -
26. Y [PDW 적용] 콘솔 어퍼 커버 스위치 (PDW 스위치)
27. - 레인 센서 (LIN)
28. Gr -
29. -
30. L [PDW 적용] 센서 신호 (LIN) :
   전방 주차 거리 경고 센서,
   후방 주차 거리 경고 센서
31. -
32. -
33. -
34. O ICU 정션 블록 (퓨즈 - 모듈6)
35. P ICU 정션 블록 (퓨즈 - 통합 제어기2)
36. L ICU 정션 블록 (퓨즈 - 모듈2)
37. Y ICU 정션 블록 (퓨즈 - 제어 스위치)
38. Br ICU 정션 블록 (퓨즈 - 통합 제어기1)
39. -
40. -

M01-B IBU

WRK P/No.	-
Vendor P/No.	MG656874-41
Vendor P/Name	KET_025060_36F

18	17	16	15	14	13	12	11	10	9	8	7	6	5	4	3	2	1
36	35	34	33	32	31	30	29	28	27	26	25	24	23	22	21	20	19

1. Br 와셔 스위치 신호 : 다기능 스위치, 와셔 모터
2. Y/B Welcome램프 : 전조등 LH/RH,
   리어 콤비네이션 램프 (Out) LH/RH,
   리어 센터 램프
3. -
4. -
5. -
6. W PCB 블록 (퓨즈 - 와이퍼2)
7. -
8. G 정지등 스위치 (정지등 신호)
9. -
10. -
11. -
12. P/B LIN (Safety ECU) :
   운전석/동승석 세이프티 파워
   윈도우 모듈, 리어 세이프티 파워
   윈도우 모듈 LH/RH,
   선루프 컨트롤 유닛 (글라스루프)
13. B 접지 (GM02)
14. -
15. O B-CAN (Low)
16. G B-CAN (High)
17. -
18. B 접지 (GM03)
19. -
20. Br/O 시동/정지 버튼 스위치 (IMMO. 안테나 전원)

21. R 시동/정지 버튼 스위치 (IMMO. 안테나 접지)
22. Br VCU (IMMO. Date Line)
23. Gr [PDW 적용] 콘솔 어퍼 커버 스위치 (PDW 스위치 IND.)
24. -
25. -
26. -
27. P PCB 블록 (와이퍼 메인 릴레이 - 컨트롤)
28. W [레인 센서 미적용] 오토 라이트 센서 & 포토 센서 (오토 라이트 센서 접지)
29. L [레인 센서 미적용] 오토 라이트 센서 & 포토 센서 (오토 라이트 센서 신호)
30. Br [레인 센서 미적용] 오토 라이트 센서 & 포토 센서 (오토 라이트 센서 전원)
31. -
32. L PCB 블록 (프런트 와이퍼 (High) 릴레이 - 컨트롤)
33. R PCB 블록 (프런트 와이퍼 (Low) 릴레이 - 컨트롤)
34. Br/O 다기능 스위치
   (와이퍼 로우 뒷유 스위치 입력)
35. Br G-CAN FD (Low)
36. Y G-CAN FD (High)

메인 하네스 (2)

M01-D IBU

WRK P/No.	-
Vendor P/No.	MG656872
Vendor P/Name	KET_025_40F

1. L - 터치 스위치 :
2. Gr 운전석 도어 아웃사이드 핸들
      - 터치 스위치 :
      동승석 도어 아웃사이드 핸들
3. -
4. -
5. P/B VCU (EV Ready Back-up)
6. Y 시동/정지 버튼 스위치
   (SSB Symbol ILL. (+))
7. G P/R 정션 블록 (ACC 릴레이 - 컨트롤)
8. L P/R 정션 블록 (IG1 릴레이 - 컨트롤)
9. O P/R 정션 블록 (IG2 릴레이 - 컨트롤)
10. Y ICU 정션 블록 (퓨즈 - 시동)
11. Br 동승석 도어 아웃사이드 핸들
12. R 스마트 키 실내 안테나 #2 (전원)
13. R/O 스마트 키 트렁크 안테나 (전원)
14. Y/B 스마트 키 실내 안테나 #1 (전원)
15. Gr 스마트 키 리어 범퍼 안테나 (전원)
16. W/O 운전석 도어 아웃사이드 핸들
17. R 스마트 키 프론트 범퍼 안테나 (전원)
18. -
19. -

20. -
21. W 시동/정지 버튼 스위치 (SSB SW1)
22. P 시동/정지 버튼 스위치 (SSB SW2)
23. -
24. G/O SCU (COM ESCL)
25. W IEB 유닛 (휠센서 출력)
26. -
27. -
28. -
29. -
30. B ICU 정션 블록 (퓨즈 - 시동)
31. W 동승석 도어 아웃사이드 핸들
   안테나 (접지)
32. Br/O 스마트 키 실내 안테나 #2 (접지)
33. L/O 스마트 키 트렁크 안테나 (접지)
34. G 스마트 키 실내 안테나 #1 (접지)
35. W 스마트 키 리어 범퍼 안테나 (접지)
36. Br 운전석 도어 아웃사이드 핸들
   안테나 (접지)
37. L 스마트 키 프론트 범퍼 안테나 (접지)
38. -
39. -
40. Gr/O VCU ('P' 포지션 신호)

M02 에어백 컨트롤 모듈

WRK P/No.	-
Vendor P/No.	6189-7935
Vendor P/Name	SUM_ACU_36F

1. O 운전석 에어백 (2nd Stage - High)
2. G 운전석 에어백 (2nd Stage - Low)
3. O 동승석 에어백 #2 (Low)
4. G 동승석 에어백 #2 (High)
5. -
6. -
7. -
8. -
9. B 운전석 무릎 에어백 (High)
10. R ICU 정션 블록 (퓨즈 - 에어백2)
11. O 충돌 출력 : BMU,
   ICU 정션 블록 (IPS 컨트롤 모듈)
12. Br 동승석 에어백 #1 (Low)
13. L 동승석 에어백 #1 (High)
14. -
15. -
16. Br/O 오버헤드 콘솔 (PAB Off IND.)
17. -
18. W 운전석 무릎 에어백 (Low)

19. R 운전석 에어백 (1st Stage - High)
20. L 운전석 에어백 (1st Stage - Low)
21. -
22. -
23. -
24. -
25. -
26. Br C-CAN FD (Low)
27. W C-CAN FD (High)
28. G ICU 정션 블록 (퓨즈 - 에어백1)
29. O
30. L/O 운전석 전방 충돌 감지 센서 (High)
31. G 운전석 전방 충돌 감지 센서 (Low)
32. O 동승석 전방 충돌 감지 센서 (Low)
33. - 동승석 전방 충돌 감지 센서 (High)
34. -
35. -
36. -

M03-A 에어컨 컨트롤 모듈

WRK P/No.	-
Vendor P/No.	MG655708
Vendor P/Name	KET_025II_40F

| 20 | 19 | 18 | 17 | 16 | 15 | 14 | 13 | 12 | 11 | 10 | 9 | 8 | 7 | 6 | 5 | 4 | 3 | 2 | 1 |
| 40 | 39 | 38 | 37 | 36 | 35 | 34 | 33 | 32 | 31 | 30 | 29 | 28 | 27 | 26 | 25 | 24 | 23 | 22 | 21 |

1. P 운전석 모드 엑추에이터 (F/B)
2. G 인테이크 엑추에이터 (F/B)
3. P 동승석 온도 엑추에이터 (F/B)
4. W 운전석 온도 엑추에이터 (F/B)
5. R 디포거 엑추에이터 (F/B)
6. - -
7. - -
8. Gr 오토 라이트 & 포토 센서 (포토 센서 LH -)
9. Br 오토 라이트 & 포토 센서 (포토 센서 RH -)
10. P 덕트 센서 (DEF) (+)
11. L 오토 디포거 센서 (Data)
12. O 오토 디포거 센서 (SCK)
13. W 오토 디포거 센서 (Temp.)
14. Br 실외 온도 센서 (+)
15. R 이베퍼레이터 센서 (+)
16. P 운전석 덕트 센서 (Vent) (+)
17. G 운전석 덕트 센서 (Floor) (+)
18. L 동승석 모드 엑추에이터 (Vent)
19. Y 동승석 모드 엑추에이터 (DEF)
20. W 동승석 모드 엑추에이터 (F/B)
21. R 운전석 모드 엑추에이터 (Vent)

22. L 운전석 모드 엑추에이터 (DEF)
23. Gr 인테이크 엑추에이터 (FRE)
24. Y 인테이크 엑추에이터 (REC)
25. Br 동승석 온도 엑추에이터 (Cool)
26. W 동승석 온도 엑추에이터 (Warm)
27. R 운전석 온도 엑추에이터 (Cool)
28. L 운전석 온도 엑추에이터 (Warm)
29. O 디포거 엑추에이터 (DEF)
30. G 디포거 엑추에이터 (Vent)
31. Gr 전자식 에어컨 컴프레서 (인터록 -)
32. G 전자식 에어컨 컴프레서 (인터록 +)
33. - -
34. L E-CAN FD (Low)
35. R E-CAN FD (High)
36. - -
37. L Climate-CAN (High) : 에어컨 PTC 히터, 전자식 에어컨 컴프레서
38. R Climate-CAN (Low) : 에어컨 PTC 히터, 전자식 에어컨 컴프레서
39. B 센서 접지
40. B 접지 (GM02)

M03-B 에어컨 컨트롤 모듈

WRK P/No.	-
Vendor P/No.	MG654922-3
Vendor P/Name	KET_025II_32F

| 16 | 15 | 14 | 13 | 12 | 11 | 10 | 9 | 8 | 7 | 6 | 5 | 4 | 3 | 2 | 1 |
| 32 | 31 | 30 | 29 | 28 | 27 | 26 | 25 | 24 | 23 | 22 | 21 | 20 | 19 | 18 | 17 |

1. B 센서 접지
2. Gr 에어컨 PTC 히터 (인터록 -)
3. Y 에어컨 PTC 히터 (인터록 +)
4. Br 동승석 덕트 센서 (Vent) (+)
5. W 동승석 덕트 센서 (Floor) (+)
6. - -
7. - -
8. - -
9. - -
10. - -
11. G APT 압력 & 온도 센서 (Low) (APT 센서 +)
12. Gr APT 압력 & 온도 센서 (Low) (RTS +)
13. O 센서 전원
14. O LIN (Valve) : 에어컨 블로어 모터, BSA 칠러 #1, 고압 밸브, 냉각수 밸브, 팽창 밸브 (제습), 팽창 밸브 (히터 펌프)
15. R ICU 정션 블록 (퓨즈 - 에어컨2)
16. R/B ICU 정션 블록 (퓨즈 - 메모리1)

17. B 접지 (GM02)
18. R 실내 온도 센서 (모터 -)
19. L 실내 온도 센서 (센서 +)
20. P APT 압력 & 온도 센서 (High) (RTS +)
21. - -
22. L APT 압력 & 온도 센서 (High) (APT 센서 +)
23. G/O 에어컨 냉매 솔레노이드 밸브 (신호)
24. - -
25. - -
26. - -
27. - -
28. - -
29. P P/R 정션 블록 (블로어 릴레이 - 컨트롤)
30. Gr 미세 먼지 센서 (LIN)
31. O/B ICU 정션 블록 (퓨즈 - 에어컨1)
32. G ICU 정션 블록 (퓨즈 - IG3 7)

메인 하네스 (4)

M03-C 에어컨 컨트롤 모듈

WRK P/No.	-
Vendor P/No.	MG65666-5
Vendor P/Name	KET_025_16F

1. G 리어 덕트 액추에이터 LH (Vent)
2. P 리어 덕트 액추에이터 LH (Floor)
3. L 리어 덕트 액추에이터 LH (F/B)
4. Br 리어 덕트 액추에이터 RH (Vent)
5. W 리어 덕트 액추에이터 RH (Floor)
6. G 리어 덕트 액추에이터 RH (F/B)
7. P 리어 온도 액추에이터 LH (Cool) (Close)
8. L 리어 온도 액추에이터 LH (Cool) (Open)
9. Y 리어 온도 액추에이터 RH (Cool) (F/B)
10. G 리어 온도 액추에이터 LH (Warm) (Close)
11. O 리어 온도 액추에이터 LH (Warm) (Open)
12. R 리어 온도 액추에이터 RH (Warm) (F/B)
13. - -
14. - -
15. B/O 센서 접지
16. B 접지 (GM02)

M04 자기 진단 점검 단자

WRK P/No.	-
Vendor P/No.	51115-1611
Vendor P/Name	MLX_OBDII_16F

1. - -
2. - -
3. P D-CAN (High)
4. B 접지 (GM01)
5. B 접지 (GM01)
6. Gr ICU 정션블록 (퓨즈 - 모듈5)
7. - -
8. - -
9. P ICU 정션블록 (퓨즈 - 모듈1)
10. - -
11. Gr/O D-CAN (Low)
12. - -
13. Y/B 오토 전조등 높낮이 조절 유닛 (바디 K-Line)
14. - -
15. - -
16. - -

M05-A AVNT 헤드 유닛

WRK P/No.	-
Vendor P/No.	2188698-1
Vendor P/Name	AMP_020060_38F

1. Y [앰프 미적용] 리어 도어 스피커 LH (RL (+))
2. Br [앰프 미적용] 리어 도어 스피커 LH (RL (-))
3. Y [앰프 작동] 앰프 (NAVI Voice (+))
4. R [앰프 작동] 앰프 (SPDIF (+))
5. W AVNT키보드 (리셋)
6. R/O [SVM 미적용] 테일게이트 스위치 - 전원
(실외) (리어 뷰 카메라 - 전원)
7. R [SVM 미적용] 테일게이트 스위치 - 비디오 신호
(실외) (리어 뷰 카메라 - 비디오 신호)
8. - -
9. - -
10. - -
11. G -
12. - -
13. W [앰프 미적용] FL (+) :
운전석 도어 스피커,
운전석 도어 트위터 스피커
14. B [앰프 미적용] FL (-) :
운전석 도어 스피커,
운전석 도어 트위터 스피커
15. G [앰프 미적용] FR (-) :
동승석 도어 스피커,
동승석 도어 트위터 스피커
16. R [앰프 미적용] FR (+) :
동승석 도어 스피커,
동승석 도어 트위터 스피커

17. Br [앰프 작동] 앰프 (NAVI Voice (-))
18. B [앰프 작동] 앰프 (SPDIF (-))
19. B/O [앰프 작동] 앰프 (SPDIF 접지)
20. B/O [SVM 미적용] 테일게이트 카메라 - 파워 접지
(실외) (리어 뷰 카메라 - 파워 접지)
21. B [SVM 미적용] 테일게이트 카메라 - 비디오 접지
(실외) (리어 뷰 카메라 - 비디오 접지)
22. B/O [앰프 작동] 앰프 (NAVI Voice 실드 접지)
23. - 앰프 (NAVI Voice 실드 접지)
24. - -
25. - -
26. B 오버헤드 콘솔 (신호 접지)
27. Gr [앰프 미적용] 리어 도어 스피커 RH (RR (-))
28. O USB 잭 (DTC)
[앰프 미적용] 리어 도어 스피커 RH (RR (+))
29. - -
30. - -
31. - -
32. B/O [SVM/빌트인 캠 작동] 접지 (GM04)
33. B/O [SVM 미적용] 테일게이트 스위치
(실외) (리어 뷰 카메라 - 실드 접지)
34. - -
35. - -
36. - -
37. - -
38. Y 계기판 (Speed Out)

2023 > 엔진 > 160kW (2WD) / 70 160kW (4WD) > 커넥터 정보 > 메인 하네스 > 회로도

메인 하네스 (5)   CV10-5

M05-B AVNT 헤드 유닛

WRK P/No.	-	
Vendor P/No.	2188701-3	
Vendor P/Name	AMP_020060_35F	

1. R 마이크 RH (+)
2. G 마이크 LH (+)
3. -
4. -
5. -
6. L ILL. (+)
7. Y M-CAN (High)
8. -
9. -
10. R ICU 정션 블록(퓨즈 - 멀티 미디어)
11. B/O ICU 정션 블록(퓨즈 - 멀티 미디어)
12. B/O 접지 (GM04)
13. B/O 접지 (GM04)
14. B 마이크 RH (-)
15. W 마이크 LH (-)
16. -
17. -
18. -

19. Gr ILL. (-)
20. B M-CAN (Low)
21. -
22. L ICU 정션 블록(퓨즈 - 모듈2)
23. G AVNT기본도 (전원)
24. Gr 계기판 모니터 (전원)
25. -
26. -
27. -
28. -
29. -
30. -
31. -
32. R ICU 정션 블록(퓨즈 - IG37)
33. P ICU 정션 블록(퓨즈 - 모듈5)
34. B AVNT기본도 (접지)
35. W 계기판 모니터 (접지)

M05-C AVNT 헤드 유닛

WRK P/No.	-	
Vendor P/No.	2188704-1	
Vendor P/Name	AMP_020_21F	

1. -
2. W I-CAN (High)
3. -
4. -
5. -
6. -
7. -
8. -
9. Gr I-CAN (Low)
10. -
11. -
12. -
13. -
14. -
15. -
16. O 오버헤드콘솔 (MTS 키패드 신호)
17. -
18. -
19. -
20. -
21. -

M05-M AVNT 헤드 유닛 (프런트 모니터)

WRK P/No.	-	
Vendor P/No.	KR21101-0E	
Vendor P/Name	KET_018FAKRA_01F	

1. B 계기판 모니터 (영상 신호)

메인 하네스 (6)

CV10-6

M05-V AVNT 헤드 유닛

WRK P/No.	-	
Vendor P/No.	KR21101-0I	
Vendor P/Name	KET_018FAKRA_01F	

1. B   [빌트인 캠 미적용]
운전자 주차 보조 유닛 (SVM 영상 신호)
[빌트인 캠 적용]
빌트인 캠 유닛 (SVM 영상 신호)

M06-L 계기판 (BVM 영상 신호)

WRK P/No.	-	
Vendor P/No.	KR21101-0C	
Vendor P/Name	KET_018FAKRA_01F	

1. B   운전자 주차 보조 유닛 (BVM 영상 신호)

M06 계기판

WRK P/No.	-	
Vendor P/No.	CL6424-0069-0	
Vendor P/Name	HRS_025_40F	

20	19	18	17	16	15	14	13	12	11	10	9	8	7	6	5	4	3	2	1
40	39	38	37	36	35	34	33	32	31	30	29	28	27	26	25	24	23	22	21

1. B   접지 (GM01)
2. Gr ILL. (-)
3. W   크래쉬 패드 스위치 (레오스탯 - Down)
4. G   크래쉬 패드 스위치 (레오스탯 - Up)
5. -   -
6. -   -
7. -   -
8. -   -
9. -   -
10. -   -
11. -   -
12. Y   -
13. -   -
14. -   -
15. -   -
16. -   -
17. -   -
18. -   -
19. -   -
20. -   -

21. -   -
22. -   -
23. -   -
24. -   -
25. -   -
26. -   -
27. -   -
28. -   -
29. B   M-CAN (Low)
30. Y   M-CAN (High)
31. -   -
32. R   E-CAN FD (High)
33. L   E-CAN FD (Low)
34. -   Speed Out:
오토컨조등 불낮이 조절 유닛,
35. -   AVNT 헤드 유닛
36. -   -
37. B   접지 (GM01)
38. Gr ICU 정션 블록 (퓨즈 - IG3 7)
39. P   ICU 정션 블록 (퓨즈 - 계기판)
40. R   ICU 정션 블록 (퓨즈 - 메모리1)

M08-S 에어컨 PTC 히터 (신호)

WRK P/No.	1898002098AS
Vendor P/No.	MG641107-5
Vendor P/Name	KET_090IIWP_06F

1. G ICU 정션 블록 (퓨즈 - IG37)
2. L Climate-CAN (High) : 에어컨 컨트롤 모듈
3. R Climate-CAN (Low) : 에어컨 컨트롤 모듈
4. Y 에어컨 컨트롤 모듈 (인터록 (+))
5. Gr 에어컨 컨트롤 모듈 (인터록 (-))
6. B 접지 (GM02)

M09 크래쉬 패드 스위치

WRK P/No.	-
Vendor P/No.	CL6424-0052-7
Vendor P/Name	HRS_025_16F

1. G/B ICU 정션 블록 (퓨즈 - 모듈5)
2. L ILL. (+)
3. - -
4. G 계기판 (레오스탯 Up)
5. W 계기판 (레오스탯 Down)
6. R/B 충전 단자 도어 모듈 (충전 단자 열림 스위치)
7. Gr ILL. (-)
8. B 접지 (GM01)
9. W 파워 테일게이트 유닛 (파워 테일게이트 스위치 신호)

10. - -
11. Gr IEB 유닛 (VDC OFF 스위치 신호)
12. P [HLLD 적용] 전조등 높낮이 조절 스위치 : 전조등 LH/RH
13. W IEB 유닛 (EPB 스위치 #1 신호)
14. G IEB 유닛 (EPB 스위치 #2 신호)
15. Y IEB 유닛 (EPB 스위치 #3 신호)
16. Br IEB 유닛 (EPB 스위치 #4 신호)

M10 클락 스프링 (스티어링 휠 리모트 컨트롤 스위치)

WRK P/No.	-
Vendor P/No.	MG65118
Vendor P/Name	KET_025060_14F

1. L 스티어링 휠 열선 모듈 (전원) :
2. B ICU 정션 블록 (IPS13) 스티어링 휠 열선 모듈 (접지) : 접지 (GM02)
3. - -
4. - -
5. - -
6. - -
7. G/O 스티어링 휠 리모트 컨트롤 스위치 (IPS9) LH : ICU 정션 블록 (IPS9)

8. B 접지 (GM02)
9. B 스티어링 휠 열선 모듈 (NTC (+)) : ICU 정션 블록 (IPS 컨트롤 모듈)
10. Gr 스티어링 휠 열선 모듈 (NTC (-)) : ICU 정션 블록 (IPS 컨트롤 모듈)
11. - 경음기 스위치 : PCB 블록 (경음기 릴레이)
12. W B-CAN (High)
13. G B-CAN (Low)
14. O

M11 덕트 센서 (DEF)

WRK P/No.	1898005404AS
Vendor P/No.	MG611857
Vendor P/Name	KET_090III_02F

1. P 에어컨 컨트롤 모듈 (센서 (+))
2. B 에어컨 컨트롤 모듈 (접지)

M12-F 운전석 덕트 센서 (Floor)

WRK P/No.	1898005404AS
Vendor P/No.	MG611857
Vendor P/Name	KET_090III_02F

1. G 에어컨 컨트롤 모듈 (센서 (+))
2. B 에어컨 컨트롤 모듈 (접지)

메인 하네스 (8)

M12-V 운전석 덕트 센서 (Vent)

WRK P/No.	1898005404AS
Vendor P/No.	MG611857
Vendor P/Name	KET_090III_02F

1. P 에어컨 컨트롤 모듈 (센서 (+))
2. B 에어컨 컨트롤 모듈 (접지)

M13-F 동승석 덕트 센서 (Floor)

WRK P/No.	1898005404AS
Vendor P/No.	MG611857
Vendor P/Name	KET_090III_02F

1. W 에어컨 컨트롤 모듈 (센서 (+))
2. B 에어컨 컨트롤 모듈 (접지)

M13-V 동승석 덕트 센서 (Vent)

WRK P/No.	1898005404AS
Vendor P/No.	MG611857
Vendor P/Name	KET_090III_02F

1. Br 에어컨 컨트롤 모듈 (센서 (+))
2. B 에어컨 컨트롤 모듈 (접지)

M14-L 미드 스피커 LH

WRK P/No.	1879006548AS
Vendor P/No.	HK267-02120
Vendor P/Name	KUM_060_02F

1. G 앰프 (+)
2. O 앰프 (-)

M14-R 미드 스피커 RH

WRK P/No.	1879006548AS
Vendor P/No.	HK267-02120
Vendor P/Name	KUM_060_02F

1. O 앰프 (+)
2. Gr 앰프 (-)

M15 BLE (Bluetooth Low Energy) 유닛

WRK P/No.	-
Vendor P/No.	MG65923
Vendor P/Name	KET_025_04F

1. - -
2. L ICU 정션 블록 (퓨즈 - IAU)
3. B 접지 (GM03)
4. Gr IAU (LIN)

M16 운전석 에어백

WRK P/No.	-
Vendor P/No.	MG655420-3
Vendor P/Name	KET_040III_04F

1. L 에어백 컨트롤 모듈
   (1st Stage - Low)
2. R 에어백 컨트롤 모듈
   (1st Stage - High)
3. G 에어백 컨트롤 모듈
   (2nd Stage - Low)
4. O 에어백 컨트롤 모듈
   (2nd Stage - High)

M17 운전자 주행 보조 유닛

WRK P/No.	-
Vendor P/No.	MG656971-5
Vendor P/Name	KET_020_12F

1. -
2. -
3. B   A-CAN FD (Low)
4. L   E-CAN FD (Low)
5. -
6. B   접지 (GM01)

7. W   ICU 정션 블록 (퓨즈 - 모듈4)
8. -
9. Y   A-CAN FD (High)
10. R   E-CAN FD (High)
11. -
12. -

M18-C 운전자 주차 보조 유닛

WRK P/No.	-
Vendor P/No.	KR22101-0C
Vendor P/Name	KET_018FAKRA_02F

1. B   계기판 (BVM 영상 신호)

2. B   SVM 영상 신호 :
[빌트인 캠 미적용]
AVNT 헤드 유닛
[빌트인 캠 적용]
빌트인 캠 유닛

M18-S 운전자 주차 보조 유닛

WRK P/No.	-
Vendor P/No.	MG657039-5
Vendor P/Name	KET_020_32F

1. -
2. -
3. R   ICU 정션 블록 (퓨즈 - 메모리2)
4. -
5. B   접지 (GM01)
6. -
7. -
8. -
9. -
10. W   콘솔 어퍼 커버 스위치 (SVM 스위치)
11. -
12. G   콘솔 어퍼 커버 스위치 (PDW 스위치 IND.)
13. L   LIN (PDW-F) :
14. W   LIN (RSPA RH) : 전방 주차 거리 경고 센서 RH (Side), 후방 주차 거리 경고 센서 RH (Side)
15. O   PDW-F 전원 : 전방 주차 거리 경고 센서
16. R   E-CAN FD (High)

17. L   ICU 정션 블록 (퓨즈 - 모듈2)
18. G/O ICU 정션 블록 (퓨즈 - 모듈4)
19. R   ICU 정션 블록 (퓨즈 - 메모리2)
20. -
21. B   접지 (GM01)
22. -
23. -
24. -
25. -
26. L   콘솔 어퍼 커버 스위치 (PDW 스위치)
27. -
28. -
29. L   LIN (PDW-R) : 후방 주차 거리 경고 센서
30. Y   LIN (RSPA LH) : 전방 주차 거리 경고 센서 LH (Side), 후방 주차 거리 경고 센서 LH (Side)
31. L   PDW-R 전원 : 후방 주차 거리 경고 센서
32. L   E-CAN FD (Low)

- 290 -

메인 하네스 (10)

CV10-10

M18-V 운전자 주차 보조 유닛

WRK P/No.	-
Vendor P/No.	KR24101-0Z
Vendor P/Name	KET_018FAKRA_04F

1.B 리어 영상 신호 입력:
[벨트인 캠 미적용]
테일게이트 스위치(실외)
[벨트인 캠 적용]
2.B 프런트 영상 신호 입력:
전방 카메라 (SVM)

3.B 사이드 LH 영상 신호 입력:
운전석 아웃사이드 미러 유닛
4.B 사이드 RH 영상 신호 입력:
동승석 아웃사이드 미러 유닛

M20 이베퍼레이터 센서

WRK P/No.	999990011AS
Vendor P/No.	368538-1
Vendor P/Name	AMP_070_02F

2.B 에어컨 컨트롤 모듈 (센서 접지)

1.R 에어컨 컨트롤 모듈 (센서 (+))

M23 계기판 모니터

WRK P/No.	-
Vendor P/No.	MG656964-5
Vendor P/Name	KET_025FAKRA_05F

1.Gr AVNT 헤드 유닛 (전원)
2.-
3.-

4.W AVNT 헤드 유닛 (접지)
5.B AVNT 헤드 유닛
(영상 신호)

M23-G 계기판 모니터 (접지)

WRK P/No.	-
Vendor P/No.	172863-2
Vendor P/Name	AMP_250DL_01F

1.B/O 접지 (GM04)

M24 글로브 박스 램프

WRK P/No.	-
Vendor P/No.	MG657063
Vendor P/Name	KET_C025_02F

1.Y ICU 정션블록 (IPS8)
2.B 접지 (GM02)

M25 비상등 스위치

WRK P/No.	-
Vendor P/No.	CL6424-0049-2
Vendor P/Name	HRS_025_06F

1.P IND.:ICU 정션블록 (퓨즈 - 모듈1)
2.-
3.R 스위치:ICU 정션블록
(IPS 컨트롤 모듈)

4.G IND.:ICU 정션블록
(IPS 컨트롤 모듈)
5.-
6.B 스위치:접지 (GM02)

메인 하네스 (11)

M26 헤드 업 디스플레이

WRK P/No.	-
Vendor P/No.	GT25_12DS-HU
Vendor P/Name	HRS_025_12F

1. L　E-CAN FD (Low)
2. -　-
3. B　M-CAN (Low)
4. B　접지 (GM01)
5. -　-
6. Gr/O　ICU 정션 블록 (퓨즈 - 계기판)

7. R　E-CAN FD (High)
8. -　-
9. Y　M-CAN (High)
10. B　접지 (GM01)
11. -　-
12. Gr/B　ICU 정션 블록 (퓨즈 - 메모리2)

M27 IAU (Identity Authentication Unit)

WRK P/No.	-
Vendor P/No.	MG655794
Vendor P/Name	KET_020_12F

1. Gr/B　ICU 정션 블록(퓨즈 - 모듈3)
2. O/B　ICU 정션 블록(퓨즈 - 모듈6)
3. -　-
4. B　접지 (GM03)
5. L　ICU 정션 블록 (퓨즈 - IAU)
6. L/O　ICU 정션 블록(퓨즈 - 모듈2)

7. Br　LOCAL-CAN (High) :
　　무선충전 유닛, 운전석/동승석 도어
　　아웃사이드 핸들
8. Y　LOCAL-CAN (Low) :
　　무선충전 유닛, 운전석/동승석 도어
　　아웃사이드 핸들
9. G　B-CAN (High)
10. O　B-CAN (Low)
11. Gr　LIN : BLE 유닛
12. B　접지 (GM03)

M29 실내 온도 센서

WRK P/No.	1898004716AS
Vendor P/No.	MG651439
Vendor P/Name	KET_91A_06F

1. R　에어컨 컨트롤 모듈 (모터 (-))
2. B　에어컨 컨트롤 모듈 (센서 접지)
3. -　-

4. L　에어컨 컨트롤 모듈 (센서 (+))
5. -　-
6. G　ICU 정션 블록 (퓨즈 - IG37)

M32 다기능 스위치

WRK P/No.	-
Vendor P/No.	MG656962
Vendor P/Name	KET_025060_16F

1. -　-
2. Y　전조등 Low 빔용 스위치 신호:
　　ICU 정션 블록 (IPS 컨트롤 모듈)
3. -　-
4. -　-
5. B　접지 (GM01)
6. -　-
7. Br/O　IBU (와이퍼 로우 빔용 스위치 입력)
8. G　ICU 정션 블록 (퓨즈 - 위치)

9. Br　와셔 스위치 신호:
　　IBU, 와셔 모터
10. W　C-CAN FD (High)
11. Br　C-CAN FD (Low)
12. L/O　ICU 정션 블록 (퓨즈 - 모듈3)
13. -　-
14. G　B-CAN (High)
15. O　B-CAN (Low)
16. P/B　ICU 정션 블록 (퓨즈 - 모듈1)

M33-D 운전석 모드 액추에이터

WRK P/No.	1891307224AS
Vendor P/No.	PH845-07640
Vendor P/Name	KUM_CDR_07F

			1
			3
	6	5	4
2	7		

1. - -
2. - -
3. L 에어컨 컨트롤 모듈 (DEF)
4. R 에어컨 컨트롤 모듈 (Vent)

5. B 에어컨 컨트롤 모듈 (센서 접지)
6. P 에어컨 컨트롤 모듈 (F/B)
7. O 에어컨 컨트롤 모듈 (센서 전원)

M33-P 동승석 모드 액추에이터

WRK P/No.	1891307224AS
Vendor P/No.	PH845-07640
Vendor P/Name	KUM_CDR_07F

			1
			3
	6	5	4
2	7		

1. - -
2. - -
3. L 에어컨 컨트롤 모듈 (Vent)
4. Y 에어컨 컨트롤 모듈 (DEF)

5. O 에어컨 컨트롤 모듈 (센서 전원)
6. W 에어컨 컨트롤 모듈 (F/B)
7. B 에어컨 컨트롤 모듈 (센서 접지)

M34 무드 램프 유닛

WRK P/No.	-
Vendor P/No.	CL6424-0073-7
Vendor P/Name	HRS_025_06F

			1
6	5	4	3	2	1

1. G B-CAN (High)
2. O B-CAN (Low)
3. B 접지 (GM02)
4. - -

5. Y/O LIN : 크래쉬 패드 무드 램프 LH/RH,
콘솔무드램프 (Upper/Lower),
운전석/동승석도어무드램프,
리어도어무드램프 LH/RH

6. P ICU 정션 블록 (퓨즈 - 메모리1)

M35 동승석 에어백 #1

WRK P/No.	-
Vendor P/No.	3340-1531
Vendor P/Name	DEL_025_02F

2	1

1. L 에어백 컨트롤 모듈 (High)
2. Br 에어백 컨트롤 모듈 (Low)

M36 동승석 에어백 #2

WRK P/No.	-
Vendor P/No.	3340-1530
Vendor P/Name	DEL_SRS_02F

2	1

1. G 에어백 컨트롤 모듈 (High)
2. O 에어백 컨트롤 모듈 (Low)

M38 스마트 키 실내 안테나 #1

WRK P/No.	-
Vendor P/No.	MG611271-7
Vendor P/Name	KET_060_02F

2	1

1. Y/B IBU (전원)
2. G IBU (접지)

M42 미세 먼지 센서

	WRK P/No.	-
	Vendor P/No.	HK876-04020
	Vendor P/Name	APT_025_04F

1. G   ICU 정션 블록 (퓨즈 - IG37)
2. Gr   에어컨 컨트롤 모듈 (LIN)
3. B   접지 (GM02)
4. -   -

M44-A 빌트인 캠 유닛

	WRK P/No.	-
	Vendor P/No.	59Z063-000-E
	Vendor P/Name	RSB_018FAKRA_01F

1. B   AVNT 헤드 유닛 (SVM 영상 신호)

M44-B 빌트인 캠 유닛

	WRK P/No.	-
	Vendor P/No.	505570-0401
	Vendor P/Name	MLX_020_04F

1. O   빌트인 캠 보조 배터리 (전원)
2. -   -
3. L   빌트인 캠 보조 배터리 (LIN)
4. -   -

M40 AVNT 키보드

	WRK P/No.	-
	Vendor P/No.	936348-2
	Vendor P/Name	AMP_025_12F

1. -   -
2. G   AVNT 헤드 유닛 (전원)
3. L   ICU 정션 블록 (퓨즈 - 모듈2)
4. -   -
5. -   -
6. -   -
7. B   M-CAN (Low)
8. Y   M-CAN (High)
9. -   -
10. B   AVNT 헤드 유닛 (접지)
11. -   -
12. W   AVNT 헤드 유닛 (리셋)

M40-G AVNT 키보드 (접지)

	WRK P/No.	-
	Vendor P/No.	172863-2
	Vendor P/Name	AMP_250DL_01F

1. B/O   접지 (GM04)

M41 디포거 액추에이터

	WRK P/No.	1891307224AS
	Vendor P/No.	PH845-07010
	Vendor P/Name	KUM_CDR_07F

1. -   -
2. -   -
3. G   에어컨 컨트롤 모듈 (Close)
4. O   에어컨 컨트롤 모듈 (Open)
5. O   에어컨 컨트롤 모듈 (센서 전원)
6. R   에어컨 컨트롤 모듈 (F/B)
7. B   에어컨 컨트롤 모듈 (센서 접지)

M44-C 빌트인 캠 유닛

WRK P/No.	-
Vendor P/No.	59Z115-000-K
Vendor P/Name	RSB_018FAKRA_02F

1. B   전방 카메라 (빌트인 캠)
(프런트 뷰 영상 신호)

2. B

M44-S 빌트인 캠 유닛

WRK P/No.	-
Vendor P/No.	59Z115-000-C
Vendor P/Name	RSB_018FAKRA_02F

1. B   운전자 주차 보조 유닛
(리어 뷰 영상 신호)

2. B   운전자 주차 보조 유닛
(SVM 영상신호)

M44-U 빌트인 캠 유닛

WRK P/No.	-
Vendor P/No.	220203-NA
Vendor P/Name	YRC_025_18F

1. -
2. -
3. -
4. O   B-CAN (Low)
5. G   B-CAN (High)
6. -
7. Y   ICU 정션 블록 (퓨즈 - 모듈2)
8. G   ICU 정션 블록 (퓨즈 - 모듈5)
9. O   전방 카메라 (빌트인 캠) (전원)
10. R   오버헤드 콘솔 (빌트인 캠 스위치)
11. W   오버헤드 콘솔
(빌트인 캠 스위치 IND.)
12. L   전방 카메라 (빌트인 캠) (IND.)
13. -
14. Br   전방 카메라 (빌트인 캠) (접지)
15. B/O   접지 (GM04)
16. -
17. -
18. P   ICU 정션 블록 (퓨즈 - 메모리2)

M45-D 운전석 온도 액추에이터

WRK P/No.	1891307224AS
Vendor P/No.	PH845-07670
Vendor P/Name	KUM_CDR_07F

1. -
2. -
3. R   에어컨 컨트롤 모듈 (Cool)
4. L   에어컨 컨트롤 모듈 (Warm)
5. O   에어컨 컨트롤 모듈 (센서 전원)
6. W   에어컨 컨트롤 모듈 (F/B)
7. B   에어컨 컨트롤 모듈 (센서 접지)

M45-P　동승석 온도 액추에이터

WRK P/No.	1891307224AS
Vendor P/No.	PH845-07670
Vendor P/Name	KUM_CDR_07F

1. -　　-
2. -　　-
3. W　에어컨 컨트롤 모듈 (Warm)
4. Br　에어컨 컨트롤 모듈 (Cool)

5. B　에어컨 컨트롤 모듈 (센서 접지)
6. P　에어컨 컨트롤 모듈 (F/B)
7. O　에어컨 컨트롤 모듈 (센서 전원)

M46-C　리어 온도 액추에이터 (Cool)

WRK P/No.	1891307224AS
Vendor P/No.	PH845-07020
Vendor P/Name	KUM_CDR_07F

1. -　　-
2. -　　-
3. L　에어컨 컨트롤 모듈 (Open)
4. P　에어컨 컨트롤 모듈 (Close)

5. B　에어컨 컨트롤 모듈 (센서 접지)
6. Y　에어컨 컨트롤 모듈 (F/B)
7. O　에어컨 컨트롤 모듈 (센서 전원)

M46-W　리어 온도 액추에이터 (Warm)

WRK P/No.	1891307224AS
Vendor P/No.	PH845-07670
Vendor P/Name	KUM_CDR_07F

1. -　　-
2. -　　-
3. O　에어컨 컨트롤 모듈 (Open)
4. G　에어컨 컨트롤 모듈 (Close)

5. B　에어컨 컨트롤 모듈 (센서 접지)
6. R　에어컨 컨트롤 모듈 (F/B)
7. O　에어컨 컨트롤 모듈 (센서 전원)

M53　운전석 무릎 에어백

WRK P/No.	-
Vendor P/No.	3340-1528
Vendor P/Name	DEL_SRS_02F

1. B　에어백 컨트롤 모듈 (High)
2. W　에어백 컨트롤 모듈 (Low)

M54-L　크래쉬 패드 무드 램프 LH

WRK P/No.	999990054AS
Vendor P/No.	1743164-2
Vendor P/Name	AMP_MQS_03F

1. P　ICU 정션블록 (퓨즈 - 메모리1)
2. Y/O　무드 램프 유닛 (LIN)

3. B　접지 (GM01)

M54-R　크래쉬 패드 무드 램프 RH

WRK P/No.	999990054AS
Vendor P/No.	1743164-2
Vendor P/Name	AMP_MQS_03F

1. P　ICU 정션블록 (퓨즈 - 메모리1)
2. Y/O　무드 램프 유닛 (LIN)

3. B　접지 (GM02)

메인 하네스 (16)

M55　IFS 모듈

WRK P/No.	-
Vendor P/No.	MG655628
Vendor P/Name	KET_060_18F

```
 9  8  7  6  5  4  3  2  1  10
18 17 16 15 14 13 12 11
```

1. Y/B　ICU 정션 블록 (퓨즈 - 모듈5)
2. -　-
3. -　-
4. -　-
5. B　접지 (GM01)
6. -　-
7. O　B-CAN (Low)
8. G　B-CAN (High)
9. -　-
10. -　-
11. -　-
12. -　-
13. -　-
14. -　-
15. -　-
16. -　-
17. -　-
18. L　LIN : 전조등 LH/RH

M56　프런트 USB 충전 단자

WRK P/No.	-
Vendor P/No.	220201-NA
Vendor P/Name	YRC_025_04F

```
4 3 2 1
```

1. B　접지 (GM02)
2. Gr　ILL. (-)
3. L　ILL. (+)
4. W　ICU 정션 블록 (퓨즈 - USB 충전기)

메인 익스텐션 하네스

M61　오토 라이트 & 포토 센서

WRK P/No.	1898004716AS
Vendor P/No.	MG651439
Vendor P/Name	KET_91A_06F

```
6 5 4 3 2 1
```

1. W　IBU (오토 라이트 센서 접지)
2. Br　IBU (오토 라이트 센서 전원)
3. L　IBU (오토 라이트 센서 신호)
4. Gr　에어컨 컨트롤 모듈 (포토 센서 LH (-))
5. O　에어컨 컨트롤 모듈 (포토 센서 (+))
6. Br　에어컨 컨트롤 모듈 (포토 센서 RH (-))

M63　센터 스피커

WRK P/No.	1879006548AS
Vendor P/No.	HK267-02120
Vendor P/Name	KUM_060_02F

```
2 1
```

1. R　앰프 (+)
2. G　앰프 (-)

스티어링 휠 하네스

M90

클락 스프링

WRK P/No.	-
Vendor P/No.	MG655118
Vendor P/Name	KET_14F

1. R   ICU 정션 블록 (IPS13) :
스티어링 휠 열선 모듈 (전원)

2. B   접지 (GM02) :
스티어링 휠 열선 모듈 (접지)

3. -

4. -

5. -

6. -

7. L   ICU 정션 블록 (IPS9) : 스티어링 휠
리모트 컨트롤 스위치 LH

8. Y   접지 (GM02) : 드라이브 모드 스위치,
패들 시프트 (Up) 스위치 RH,
패들 시프트 (Down) 스위치 LH,
스티어링 휠 리모트 컨트롤
스위치 LH/RH, e-GT 스위치

9. W   ICU 정션 블록 (IPS 컨트롤 모듈) :
스티어링 휠 열선 모듈 (NTC (+))

10. G   ICU 정션 블록 (IPS 컨트롤 모듈) :
스티어링 휠 열선 모듈 (NTC (-))

11. -

12. B   PCB 블록 (경음기 릴레이) :
경음기 스위치

13. P   B-CAN (High) : 스티어링 휠
컨트롤 스위치 LH

14. Gr   B-CAN (Low) : 스티어링 휠
컨트롤 스위치 LH

M91

스티어링 휠 리모트 컨트롤
스위치 LH

WRK P/No.	-
Vendor P/No.	6424-0053-0
Vendor P/Name	HIROSE_12F

1. L   ICU 정션 블록 (IPS9)

2. Br   ILL. (+) : 드라이브 모드 스위치,
스티어링 휠 리모트 컨트롤
스위치 RH, e-GT 스위치

3. W/R   패들 시프트 (Up) 스위치 RH (신호)

4. O   패들 시프트 (Down)스위치 LH
(신호)

5. Lg   스티어링 휠 리모트 컨트롤
스위치 RH (Audio SW1)

6. V   스티어링 휠 리모트 컨트롤
스위치 RH (Audio SW2)

7. P   B-CAN (High)

8. Gr   B-CAN (Low)

9. S   드라이브 모드 스위치
(DMS 스위치 신호)

10. W/B   e-GT 스위치 (신호)

11. -

12. Y   접지 (GM02)

M92

스티어링 휠 리모트 컨트롤
스위치 RH

WRK P/No.	-
Vendor P/No.	6424-0073-7
Vendor P/Name	HIROSE_06F

1. Br   스티어링 휠 리모트 컨트롤
스위치 LH (ILL.)

2. Lg   스티어링 휠 리모트 컨트롤
스위치 LH (Audio SW1)

3. V   스티어링 휠 리모트 컨트롤
스위치 LH (Audio SW2)

4. -

5. -

6. Y   접지 (GM02)

M93 경음기 스위치

WRK P/No.	-
Vendor P/No.	MG634151
Vendor P/Name	KET_01F

1.B PCB 블록 (경음기 릴레이 - 컨트롤)

M94 스티어링 휠 열선 모듈

WRK P/No.	-
Vendor P/No.	MG620160
Vendor P/Name	KET_04M

1.B 접지 (GM02)
2.R 전원 : ICU 정션 블록 (IPS13)
3.G NTC (-) : ICU 정션 블록 (IPS 컨트롤 모듈)
4.W NTC (+) : ICU 정션 블록 (IPS 컨트롤 모듈)

M95 패들 시프트 (Down) 스위치 LH

WRK P/No.	-
Vendor P/No.	1743164
Vendor P/Name	AMP_03F

1.Y 접지 (GM02)
2.-
3.O 스티어링 휠 리모트 컨트롤 스위치 LH (신호)

M96 패들 시프트 (Up) 스위치 RH

WRK P/No.	-
Vendor P/No.	1743164
Vendor P/Name	AMP_03F

1.Y 접지 (GM02)
2.-
3.W/R 스티어링 휠 리모트 컨트롤 스위치 LH (신호)

M98 드라이브 모드 스위치

WRK P/No.	-
Vendor P/No.	1743164
Vendor P/Name	AMP_03F

1.Y 접지 (GM02)
2.Br 스티어링 휠 리모트 컨트롤 스위치 LH (ILL. (+))
3.S 스티어링 휠 리모트 컨트롤 스위치 LH (신호)

M99 e-GT 스위치

WRK P/No.	-
Vendor P/No.	1743164
Vendor P/Name	AMP_03F

1.Y 접지 (GM02)
2.Br 스티어링 휠 리모트 컨트롤 스위치 LH (ILL. (+))
3.W/B 스티어링 휠 리모트 컨트롤 스위치 LH (신호)

메인 하네스 (19)

안테나 피더 케이블

ANT-L   LTE 안테나 (LTE2)

WRK P/No.	-
Vendor P/No.	-
Vendor P/Name	01F

1. N/A   AVNT 헤드 유닛 (LTE2)

ANT-A   콤비네이션 안테나 (RADIO/GPS/DMB/LTE1)

WRK P/No.	-
Vendor P/No.	-
Vendor P/Name	03M

1. N/A   AVNT 헤드 유닛 (Radio)
2. N/A   AVNT 헤드 유닛 (GPS/DMB)
3. N/A   AVNT 헤드 유닛(LTE1)

M05-GD   AVNT 헤드 유닛 (GPS/DMB)

WRK P/No.	-
Vendor P/No.	-
Vendor P/Name	01F

1. N/A   콤비네이션 안테나

M05-L1   AVNT 헤드 유닛 (LTE1)

WRK P/No.	-
Vendor P/No.	-
Vendor P/Name	01F

1. N/A   콤비네이션 안테나

M05-L2   AVNT 헤드 유닛 (LTE2)

WRK P/No.	-
Vendor P/No.	-
Vendor P/Name	01F

1. N/A   LTE 안테나

M05-R   AVNT 헤드 유닛 (Radio)

WRK P/No.	-
Vendor P/No.	-
Vendor P/Name	01F

1. N/A   콤비네이션 안테나

메인 하네스 (20)

M05-U   AVNT 헤드 유닛
(USB)

WRK P/No.	-
Vendor P/No.	-
Vendor P/Name	04F

3. W   AVNT 헤드 유닛 (D (-))
4. R   AVNT 헤드 유닛 (VCC)

1. B   AVNT 헤드 유닛 (GND)
2. G   AVNT 헤드 유닛 (D (+))

빌트인 캠 USB 하네스

M44-USB   빌트인 캠 유닛 (USB)

WRK P/No.	-
Vendor P/No.	GT17HSK-4S-HU
Vendor P/Name	HIROSE_GT8_04F

3. W   USB 잭 (빌트인 캠) (D (+))
4. R   USB 잭 (빌트인 캠) (IND.)

1. B   USB 잭 (빌트인 캠) (VBUS)
2. G   USB 잭 (빌트인 캠) (D (-))

M60   USB 잭 (빌트인 캠)

WRK P/No.	-
Vendor P/No.	GT17HSK-4S-HU
Vendor P/Name	HIROSE_GT8_04F

3. W   빌트인 캠 유닛 (D (+))
4. R   빌트인 캠 유닛 (IND.)

1. B   빌트인 캠 유닛 (VBUS)
2. G   빌트인 캠 유닛 (D (-))

WRK P/No.	-
Vendor P/No.	1897301-2
Vendor P/Name	AMP_ECU_94F

E01　VCU

1. Y　전륜 감속기 디스커넥트 액추에이터
(액추에이터 전원 - U)
2. -　-
3. B　전륜 감속기 디스커넥트 액추에이터
(액추에이터 전원 - V)
4. B　접지 (GE04)
5. W　전륜 감속기 디스커넥트 액추에이터
(액추에이터 전원 - W)
6. R　P/R 정션 블록 (퓨즈 - VCU1)
7. B　접지 (GE04)
8. -　-
9. -　-
10. -　-
11. -　-
12. Br　전륜 감속기 디스커넥트 액추에이터
(홀 센서 - S1)
13. Gr　IBU (P' 포지션 신호)
14. W/B　PWM 신호 (To SCU) :
SCU (PWM Communication - From VCU)
15. -　-
16. L/O　접지등 스위치
(브레이크 테스트 스위치)
17. -　-
18. -　-
19. -　-
20. -　-
21. -　-

22. -　-
23. -　-
24. -　-
25. -　-
26. -　-
27. -　-
28. W　전륜 감속기 디스커넥트 액추에이터
(홀 센서 - GND)
29. B　접지 (GE04)
30. G　악셀 페달 모듈 (APS.1 신호)
31. -　-
32. -　-
33. -　-
34. R　전륜 감속기 디스커넥트 액추에이터
(홀 센서 - S3)
35. G　전륜 감속기 디스커넥트 액추에이터
(홀 센서 - S2)
36. -　-
37. -　　PWM 신호 (From SCU) :
38. Gr　SCU (PWM Communication - To VCU)
39. G　접지등 스위치 (접지등 신호)
40. -　-
41. -　-
42. -　-
43. P/B　IBU (EV Ready Back-up)
44. -　-

45. -　-
46. -　-
47. -　-
48. -　-
49. -　-
50. -　-
51. R　PCB 블록 (퓨즈 - VCU2)
52. -　-
53. O　ICU 정션 블록 (퓨즈 - 시동)
54. -　-
55. -　-
56. -　-
57. -　-
58. -　-
59. -　-
60. L/O　악셀 페달 모듈 (APS.2 신호)
61. -　-
62. -　-
63. -　-
64. -　-
65. R　악셀 페달 모듈 (APS.2 접지)
66. -　-
67. P　PCB 블록 (퓨즈 - IG3 2)
68. B　접지 (GE04)
69. -　-
70. R/O　악셀 페달 모듈 (APS.1 접지)
71. -　-

72. G　전륜 감속기 디스커넥트 액추에이터
(홀 센서 - 8.75V)
73. R　PCB 블록 (퓨즈 - VCU2)
74. -　-
75. -　-
76. -　-
77. O　P-CAN FD (High)
78. L　P-CAN FD (Low)
79. -　-
80. -　Local-CAN (High) :
81. O　프런트 인버터, 리어 인버터
82. G　Local-CAN (Low) :
프런트 인버터, 리어 인버터
83. Y　G-CAN FD (High)
84. Br　G-CAN FD (Low)
85. -　-
86. -　-
87. Y　PCB 블록 (퓨즈 - VCU3)
88. Br/O　IBU (IMMO. Data Line)
89. O　IG3 Relay On Request :
ICU 정션 블록 (IPS 컨트롤 모듈 -
VCU Wake Up 신호)
90. -　-
91. -　-
92. -　-
93. B　악셀 페달 모듈 (APS.1 전원)
94. W　악셀 페달 모듈 (APS.2 전원)

CV20-2

E02　APT 압력 & 온도 센서 (Low – 2WD)

WRK P/No.	-
Vendor P/No.	1897711-2
Vendor P/Name	AMP_MQSWP_04F

1. O　에어컨 컨트롤 모듈 (센서 전원)
2. Y　에어컨 컨트롤 모듈 (RTS (+))
3. G　에어컨 컨트롤 모듈 (APT 센서 (+))
4. B　에어컨 컨트롤 모듈 (센서 접지)

E03　APT 압력 & 온도 센서 (High)

WRK P/No.	-
Vendor P/No.	1897711-2
Vendor P/Name	AMP_MQSWP_04F

1. O　에어컨 컨트롤 모듈 (센서 전원)
2. P　에어컨 컨트롤 모듈 (RTS (+))
3. L　에어컨 컨트롤 모듈 (APT 센서 (+))
4. B　에어컨 컨트롤 모듈 (센서 접지)

E04-L　전조등 LH (Standard)

WRK P/No.	-
Vendor P/No.	MG56862-5
Vendor P/Name	KET_025060WP_14F

1. L　전조등 Low : ICU 정션 블록 (IPS1)
2. R　전조등 High : ICU 정션 블록 (IPS1)
3. B　전조등 Low : 접지 (GE01)
4. B　전조등 High : 접지 (GE01)
5. G　포지션 램프 : ICU 정션 블록 (IPS10)
6. B　전조등 높낮이 조절 액추에이터 : 접지 (GE01)
7. Y/B　전조등 높낮이 조절 액추에이터 : ICU 정션 블록 (퓨즈 - 모듈5)
8. P　전조등 높낮이 조절 액추에이터 : 크래쉬 패드드 스위치 (전조등 높낮이 조절 스위치)
9. Gr　ICU 정션 블록 (IPS 컨트롤 모듈 - 전조등 Low 헤드램일 LH)
10. P　ICU 정션 블록 (IPS 컨트롤 모듈 - 방향등 헤드램일 LH)
11. O/B　DRL : ICU 정션 블록 (IPS7)
12. R/O　방향등 : ICU 정션 블록 (IPS2)
13. B　방향등/포지션 램프/DRL : 접지 (GE01)
14. Br　ICU 정션 블록 (IPS 컨트롤 모듈 - 방향등 액추에이터)

프런트 하네스 (3)

E04-R	전조등 RH (Standard)	WRK P/No.	-
		Vendor P/No.	MG656862-5
		Vendor P/Name	KET_025060WP_14F

1. L 전조등 Low : ICU 정션 블록 (IPS2)
2. R 전조등 High : ICU 정션 블록 (IPS2)
3. B 전조등 Low : 접지 (GE03)
4. B 전조등 High : 접지 (GE03)
5. R 포지션 램프 : ICU 정션 블록 (IPS5)
6. B 전조등 높낮이 조절 액추에이터 :
   접지 (GE03)
7. Y/B 전조등 높낮이 조절 액추에이터 :
   ICU 정션 블록 (퓨즈 - 모듬5)

8. P 전조등 높낮이 조절 액추에이터 :
   크래쉬 패드 스위치
   (전조등 높낮이 조절 스위치)
9. Gr ICU 정션 블록 (IPS 컨트롤 모듬 -
   전조등 Low 텔테일 RH)
10. L ICU 정션 블록 (IPS 컨트롤 모듬 -
   방향등 텔테일 RH)
11. O/B DRL : ICU 정션 블록 (IPS7)
12. R/O 방향등 : ICU 정션 블록 (IPS2)
13. B 방향등/포지션 램프/DRL :
   접지 (GE03)
14. Y ICU 정션 블록 (IPS 컨트롤 모듬 -
   방향등 액추에이터)

E05-L	전조등 LH (Option)	WRK P/No.	-
		Vendor P/No.	MG657201-5
		Vendor P/Name	KET_025060WP_20F

1. L 전조등 Low : ICU 정션 블록 (IPS1)
2. O/B DRL : ICU 정션 블록 (IPS7)
3. R 전조등 High : ICU 정션 블록 (IPS1)
4. R/O 방향등 : IPS 정션 블록 (IPS2)
5. B 전조등 높낮이 조절 액추에이터 :
   접지 (GE01)
6. -
7. P 전조등 높낮이 조절 액추에이터 :
   오토 전조등 높낮이 조절 유닛
8. Gr ICU 정션 블록 (IPS 컨트롤 모듬 -
   전조등 Low 텔테일 LH)
9. -
10. Y IBU (Welcome 램프)

11. W/B ICU 정션 블록 (IPS 컨트롤 모듬 -
   비상등 액추에이터)
12. L IFS 모듬 (LIN)
13. P ICU 정션 블록 (IPS 컨트롤 모듬 -
   방향등 텔테일 LH)
14. Br ICU 정션 블록 (IPS 컨트롤 모듬 -
   방향등 액추에이터 LH)
15. G 포지션 램프 : ICU 정션 블록 (IPS10)
16. -
17. B 전조등 Low : 접지 (GE01)
18. B 방향등/포지션 램프/DRL :
   접지 (GE01)
19. Y/B 전조등 높낮이 조절 액추에이터 :
   ICU 정션 블록 (퓨즈 - 모듬5)
20. B 전조등 High : 접지 (GE01)

프런트 하네스 (4)

E05-R 전조등 RH (Option)

WRK P/No.		
Vendor P/No.	-	MG657201-5
Vendor P/Name		KET_025060WP_20F

1. L 전조등 Low : ICU 정션 블록 (IPS2)
2. O/B DRL : ICU 정션 블록 (IPS7)
3. R 전조등 High : ICU 정션 블록 (IPS2)
4. R/O 방향등 : IPS 정션 블록 (IPS2)
5. B 전조등 높낮이 조절 액추에이터 : 접지 (GE01)
6. -
7. P 전조등 높낮이 조절 액추에이터 : 오토 전조등 높낮이 조절 유닛
8. Gr ICU 정션 블록 (IPS 컨트롤 모듈 - 전조등 Low 테일램프 RH)
9. -
10. Y IBU (Welcome 램프)
11. W/B ICU 정션 블록 (IPS 컨트롤 모듈 - 비상등 액추에이터)
12. L IFS 모듈 (LIN)
13. L ICU 정션 블록 (IPS 컨트롤 모듈 - 방향등 테일램프 RH)
14. Y ICU 정션 블록 (IPS 컨트롤 모듈 - 방향등 액추에이터 RH)
15. R/O 표지선 램프 : ICU 정션 블록 (IPS5)
16. -
17. B 전조등 Low : 접지 (GE03)
18. B 방향등포지션 램프/DRL : 접지 (GE03)
19. Y/B 전조등 높낮이 조절 액추에이터 : ICU 정션 블록 (퓨즈 - 모듈5)
20. B 전조등 High : 접지 (GE03)

E06 브레이크 오일 레벨 센서

WRK P/No.		
Vendor P/No.	-	MG65894-5
Vendor P/Name		KET_025_02F

2. L ICU 정션 블록 (IPS 컨트롤 모듈)
1. B 접지 (GE02)

E07 냉각 팬 모터

WRK P/No.		
Vendor P/No.	-	3509-2764
Vendor P/Name		DCS_4.8/9.5WP_04F

3. B 접지 (GE02)
4. L 리어 인버터 (컨트롤 신호)
1. Gr PCB 블록 (퓨즈 - IG3 6)
2. R P/R 정션 블록 (Multi Fuse2 - 냉각팬)

E08-P 에어컨 PTC 히터 (전원)

WRK P/No.		
Vendor P/No.	-	35415834
Vendor P/Name		DEL_HV110WP_02F

2. O 프런트 고전압 정션 블록 (-)
1. O 프런트 고전압 정션 블록 (퓨즈 - INTER HTR)

프런트 하네스 (5)

CV20-5

E10 페달 스트로크 센서

WRK P/No.	999990097AS
Vendor P/No.	1-967616-1
Vendor P/Name	AMP_MQSWP_06F

1. L IEB 유닛 (페달 #1 - 전원)
2. R IEB 유닛 (페달 #1 - 신호)
3. G IEB 유닛 (페달 #1 - 접지)
4. Y IEB 유닛 (페달 #2 - 전원)
5. B IEB 유닛 (페달 #2 - 신호)
6. Gr IEB 유닛 (페달 #2 - 접지)

E11 운전석 전방 충돌 감지 센서

WRK P/No.	-
Vendor P/No.	MSAIRB-02-1KA-Y
Vendor P/Name	JST_050WP_02F

1. O 에어백 컨트롤 모듈 (High)
2. L 에어백 컨트롤 모듈 (Low)

E12 동승석 전방 충돌 감지 센서

WRK P/No.	-
Vendor P/No.	MSAIRB-02-1KA-Y
Vendor P/Name	JST_050WP_02F

1. O 에어백 컨트롤 모듈 (High)
2. G 에어백 컨트롤 모듈 (Low)

E13 BMS 냉각수 3웨이 밸브 (2WD)

WRK P/No.	1898007348AS
Vendor P/No.	MG643302-5
Vendor P/Name	KET_090IIWP_03F

1. P PCB 블록 (퓨즈 - IG3 5)
2. B 접지 (GE01)
3. G BMU (LIN)

E15 IEB 유닛 (Integrated Electric Booster)

WRK P/No.	-
Vendor P/No.	2317063-2
Vendor P/Name	AMP_050110250WP_46F

1. R P/R 정션 블록 (Multi Fuse3 - IEB1)
2. Y 리어 EPB 액추에이터 RH (+)
3. G 리어 EPB 액추에이터 RH (-)
4. W [ECS 미적용] 프런트 휠 센서 RH (VCC)
   Gr/O [ECS 적용] 프런트 ECS 솔레노이드 밸브 RH (프런트 휠 센서 RH (VCC))
5. G 리어 휠 센서 RH (VCC)
6. W 크래쉬 패드 스위치 (EPB 스위치 1)
7. G 크래쉬 패드 스위치 (EPB 스위치 2)
8. Y 크래쉬 패드 스위치 (EPB 스위치 3)
9. G/O 크래쉬 패드 스위치 (EPB 스위치 4)
10. W [ECS 미적용] 프런트 휠 센서 LH (VCC)
   R [ECS 적용] 프런트 ECS 솔레노이드 밸브 LH (프런트 휠 센서 LH (VCC))
11. L 리어 휠 센서 LH (VCC)
12. L 리어 EPB 액추에이터 LH (-)
13. O 리어 EPB 액추에이터 LH (+)
14. B 접지 (GE05)
15. -
16. -
17. B [ECS 미적용] 프런트 휠 센서 RH (SIG)
   Y [ECS 적용] 프런트 ECS 솔레노이드 밸브 RH (SIG)
18. Y 리어 휠 센서 RH (SIG)
19. -
20. -
21. Y G-CAN FD (High)
22. Br G-CAN FD (Low)

23. W IBU (휠 센서 출력)
24. -
25. Y C-CAN FD (High)
26. Br C-CAN FD (Low)
27. -
28. B [ECS 미적용] 프런트 휠 센서 LH (SIG)
   L/O [ECS 적용] 프런트 ECS 솔레노이드 밸브 LH (SIG)
29. R 리어 휠 센서 LH (SIG)
30. R P/R 정션 블록 (Multi Fuse3 - IEB2)
31. L 페달 스트로크 센서 (페달 #1 - 전원)
32. R 페달 스트로크 센서 (페달 #1 - 신호)
33. G 페달 스트로크 센서 (페달 #1 - 접지)
34. Gr 페달 스트로크 센서 (페달 #2 - 접지)
35. B 페달 스트로크 센서 (페달 #2 - 신호)
36. Y 페달 스트로크 센서 (페달 #2 - 전원)
37. -
38. G 정지등 스위치 (정지등 신호)
39. L 크래쉬 패드 스위치 (VDC Off 스위치)
40. -
41. Gr 콘솔 어퍼 커버 스위치 (Auto Hold 스위치)
42. -
43. -
44. P PCB 블록 (퓨즈 - IEB3)
45. G 운전석 도어 록 액추에이터 (도어 열림 신호)
46. B 접지 (GE05)

E16 BMS PTC 히터 온도 센서 (2WD)

WRK P/No.	1879008840AS
Vendor P/No.	33401217
Vendor P/Name	PKD_050WP_02F

1. Br/B BMU (신호)
2. G/O BMU (접지)

E17 MDPS 유닛

WRK P/No.	-
Vendor P/No.	MG645785-5
Vendor P/Name	KET_060375WP_07F

1. -
2. -
3. Br C-CAN FD (Low)
4. W C-CAN FD (High)
5. P PCB 블록 (퓨즈 - 파워 스티어링2)
6. R P/R 정션 블록 (Multi Fuse1 - 파워 스티어링1)
7. B 접지 (GE06)

E18 12V 배터리 센서

WRK P/No.	-
Vendor P/No.	MG644146-5
Vendor P/Name	KET_040WP_02F

1. L ICU 정션 블록 (IPS 컨트롤 모듈)
2. Gr P/R 정션 블록 (퓨즈 - 발전제어)

E19 냉각수 펌프

WRK P/No.	1898007348AS
Vendor P/No.	MG643302-5
Vendor P/Name	KET_090IIWP_03F

1. B 접지 (GE03)
2. R 에어컨 컨트롤 모듈 (LIN)
3. O ICU 정션 블록 (퓨즈 - 에어컨2)

E20-S 전자식 에어컨 컴프레서 (신호 - 2WD)

WRK P/No.	-
Vendor P/No.	MG645579-5
Vendor P/Name	KET_060WP_06F

1. Gr 에어컨 컨트롤 모듈 (인터록 (-))
2. B 접지 (GE01)
3. W Climate-CAN (Low) : 에어컨 컨트롤 모듈
4. Y 에어컨 컨트롤 모듈 (인터록 (+))
5. P PCB 블록 (퓨즈 - IG3 4)
6. Br Climate-CAN (High) : 에어컨 컨트롤 모듈

E21 정지등 스위치

WRK P/No.	1879004332AS
Vendor P/No.	HP285-06021
Vendor P/Name	KUM_TWP_06F

1. P/B ICU 정션 블록 (퓨즈 - 모듈3)
2. L/O 브레이크 테스트 스위치 : VCU
3. -
4. P ICU 정션 블록 (퓨즈 - 제동 스위치)
5. G 브레이크 램프 스위치 : VCU, IEB 유닛, IBU, ICU 정션 블록 (IPS 컨트롤 모듈)
6. B 접지 (GE01)

E22 와셔 레벨 센서

WRK P/No.	-
Vendor P/No.	368261-2
Vendor P/Name	AMP_EJWP_02F

1. Br ICU 정션 블록 (IPS 컨트롤 모듈)
2. B 접지 (GE03)

E23 와셔 모터

WRK P/No.	1898002049AS
Vendor P/No.	MG641362
Vendor P/Name	KET_090IIWP_03F

1. B 접지 (GE03)
2. Br 다기능 스위치 (와셔 스위치 신호)
3. - -

E25 와이퍼 모터

WRK P/No.	-
Vendor P/No.	2316653-2
Vendor P/Name	AMP_110WP_05F

1. W PCB 블록 (프런트 와이퍼 (High) 릴레이)
2. Y PCB 블록 (프런트 와이퍼 (High) 릴레이)
3. O PCB 블록 (프런트 와이퍼 (Low) 릴레이)
4. G PCB 블록 (프런트 와이퍼 (Low) 릴레이)
5. B 접지 (GE02)

프런트 하네스 (8)　　　　　　　　　　　　　　　　　　　　　　　　　　　CV20-8

E27 전동식 워터 펌프 #1
(고전압 배터리)

WRK P/No.	-
Vendor P/No.	33218553
Vendor P/Name	DEL_050WP_04F

3. B　접지 (GE03)
4. R　P/R 정션 블록
　　　(퓨즈 - 전동식 워터펌프1)

1. P　PCB 블록 (퓨즈 - IG3 4)
2. G　BMU (LIN)

E28 전동식 워터 펌프 #2
(고전압 배터리 - 2WD)

WRK P/No.	-
Vendor P/No.	33218553
Vendor P/Name	DEL_050WP_04F

3. B　접지 (GE01)
4. R　P/R 정션 블록
　　　(퓨즈 - 전동식 워터펌프2)

1. P　PCB 블록 (퓨즈 - IG3 4)
2. G　BMU (LIN)

E29 BSA 칠러 #1

WRK P/No.	-
Vendor P/No.	1-1670918-1
Vendor P/Name	AMP_050WP_04F

3. -
4. O　ICU 정션 블록 (퓨즈 - 에어컨2)

1. B　접지 (GE03)
2. R/B　에어컨 컨트롤 모듈 (LIN)

E30 고압 밸브

WRK P/No.	-
Vendor P/No.	1-2203771-1
Vendor P/Name	AMP_MCON1.2CB_03F

3. O　ICU 정션 블록 (퓨즈 - 에어컨2)

1. B　접지 (GE03)
2. R/B　에어컨 컨트롤 모듈 (LIN)

E32 BMS 냉각수 온도 센서 (인렛)

WRK P/No.	-
Vendor P/No.	33401217
Vendor P/Name	PKD_050WP_02F

2. Y　BMU (접지)

1. G　BMU (신호)

E33 인테이크 액추에이터

WRK P/No.	1879003111AS
Vendor P/No.	HP286-06021
Vendor P/Name	KUM_TWP_06F

4. B　에어컨 컨트롤 모듈 (센서 접지)
5. G　에어컨 컨트롤 모듈 (F/B)
6. O　에어컨 컨트롤 모듈 (센서 전원)

1. Y　에어컨 컨트롤 모듈 (REC)
2. Gr　에어컨 컨트롤 모듈 (FRE)
3. -　-

E35 BMS 냉각수 온도 센서
(라디에이터 아웃풋 – 2WD)

WRK P/No.	-
Vendor P/No.	33401217
Vendor P/Name	PKD_050WP_02F

BMU (신호) 　　　 2. P/B 　　 BMU (접지)

1. Gr

E36 팽창 밸브 (제습)

WRK P/No.	-
Vendor P/No.	805-122-541
Vendor P/Name	HSM_MLK_04F

3. -
4. Y

접지 (GE03)

1. B
2. R/B 에어컨 컨트롤 모듈 (LIN)

E37 팽창 밸브 (히터 펌프)

WRK P/No.	1898005832AS
Vendor P/No.	936254-2
Vendor P/Name	AMP_MCP_04F

3. O
4. -

ICU 정션 블록 (퓨즈 - 에어컨2)
-

1. B
2. R/B 에어컨 컨트롤 모듈 (LIN)

접지 (GE03)

E38 전동식 워터 펌프 (리어 PE)

WRK P/No.	-
Vendor P/No.	33218553
Vendor P/Name	DEL_050WP_04F

3. B
4. G

접지 (GE03)
PCB 블록 (퓨즈 - IG3 3)

1. -
2. L 리어 인버터 (LIN)

E39 에어컨 냉매 솔레노이드 밸브

WRK P/No.	-
Vendor P/No.	1-967644-1
Vendor P/Name	AMP_MQSWP_02F

2. B 　　접지 (GE03)

1. G/O 에어컨 컨트롤 모듈 (신호)

E40 에어컨 블로어 모터

WRK P/No.	-
Vendor P/No.	1897210-1
Vendor P/Name	AMP_110250WP_04F

3. B
4. -

접지 (GE03)
-

1. R/B 에어컨 컨트롤 모듈 (LIN)
2. W P/R 정션 블록 (블로어 릴레이)

프런트 하네스 (10)

E41 악셀 페달 모듈

WRK P/No.	999990109AS
Vendor P/No.	6189-1083
Vendor P/Name	SUM_025_06F

1. R   VCU (APS.2 - 전지)
2. R/O VCU (APS.1 - 전지)
3. G   VCU (APS.1 - 신호)
4. B   VCU (APS.1 - 전원)
5. W   VCU (APS.2 - 전원)
6. L/O VCU (APS.2 - 신호)

E51 충전기 잠금 릴레이 (RLY.1)

WRK P/No.	-
Vendor P/No.	-
Vendor P/Name	05F

1. O SW : 충전 단자 록/언록 액추에이터
2. P SW : P/R 정션 블록 (퓨즈 - 충전기1)
3. O Coil : VCMS
4. B SW : 접지 (GE02)
5. P Coil : P/R 정션 블록 (퓨즈 - 충전기1)

E52 전자식 변속 레버 릴레이 (RLY.2)

WRK P/No.	-
Vendor P/No.	-
Vendor P/Name	05F

1. Y SW : P/R 정션 블록
      (퓨즈 - 전자식 변속레버1)
2. L SW : SBW 액추에이터
3. O Coil : SCU (릴레이 컨트롤)
4. -
5. Y Coil : P/R 정션 블록
      (퓨즈 - 전자식 변속레버2)

E53 열선유리 (뒤) 릴레이 (RLY.3)

WRK P/No.	-
Vendor P/No.	-
Vendor P/Name	04F

1. R SW : P/R 정션 블록
      (Multi Fuse2 - 열선유리 (뒤))
2. B Coil : ICU 정션 블록
      (IPS 컨트롤 모듈 - 릴레이 컨트롤)
3. R SW : P/R 정션 블록
      (Multi Fuse2 - 열선유리 (뒤))
4. W SW : 리어 디포거,
      ICU 정션 블록 (퓨즈 - 열선미러)

E55 ACC 릴레이 (RLY.5)

WRK P/No.	-
Vendor P/No.	-
Vendor P/Name	05F

1. Y SW : P/R 정션 블록
      (Multi Fuse3 - IG1)
2. L SW : ICU 정션 블록
3. G/B Coil : IBU (릴레이 컨트롤)
4. -
5. B Coil : 접지 (GE01)

E57 IG1 릴레이 (RLY.7)

WRK P/No.	-
Vendor P/No.	-
Vendor P/Name	05F

1. Y SW : P/R 정션 블록
      (Multi Fuse3 - IG1)
2. B SW : ICU 정션 블록
3. L/O Coil : IBU (릴레이 컨트롤)
4. -
5. B Coil : 접지 (GE01)

E59 블로어 릴레이 (RLY.9)

WRK P/No.	-
Vendor P/No.	-
Vendor P/Name	05F

```
 1  2
 5  4  3
```

1. R SW : P/R 정션 블록 (Multi Fuse2 - 블로어)
2. W SW : 에어컨 블로어 모터
3. B Coil : 에어컨 컨트롤 모듈 (릴레이 컨트롤)
4. - -
5. O Coil : ICU 정션 블록 (퓨즈 - 에어컨2)

E60 IG2 릴레이 (RLY.10)

WRK P/No.	-
Vendor P/No.	-
Vendor P/Name	05F

```
 1  2
 5  4  3
```

1. R SW : P/R 정션 블록 (Multi Fuse3 - IG2)
2. W SW : ICU 정션 블록
3. O/B Coil : IBU (릴레이 컨트롤)
4. - -
5. B Coil : 점지 (GE01)

E61 파워 아웃렛 릴레이 (RLY.11)

WRK P/No.	-
Vendor P/No.	-
Vendor P/Name	05F

```
 1  2
 5  4  3
```

1. W SW : P/R 정션 블록 (퓨즈 - 파워 아웃렛1)
2. R SW : P/R 정션 블록 (퓨즈 - 파워 아웃렛2, 파워 아웃렛3)
3. G/O Coil : ICU 정션 블록
4. - -
5. B Coil : 점지 (GE02)

E62 충전기 잠금해제 릴레이 (RLY.12)

WRK P/No.	-
Vendor P/No.	-
Vendor P/Name	05F

```
 1  2
 5  4  3
```

1. L SW : 충전 단자 록/언록 액추에이터
2. P SW : P/R 정션 블록 (퓨즈 - 충전기1)
3. P Coil : VCMS
4. B SW : 점지 (GE02)
5. P Coil : P/R 정션 블록 (퓨즈 - 충전기1)

E42 프런트 ECS 솔레노이드 밸브 LH (ECS 적용)

WRK P/No.	1897604113AS
Vendor P/No.	MG640333-5
Vendor P/Name	KET_SWP_04M

1. L/O IEB 유닛 (프런트 휠 센서 (SIG))
2. R IEB 유닛 (프런트 휠 센서 (VCC))
3. Br/B ECS 유닛 (솔레노이드 (+))
4. Gr ECS 유닛 (솔레노이드 (-))

E43 프런트 ECS 솔레노이드 밸브 RH (ECS 적용)

WRK P/No.	1897604113AS
Vendor P/No.	MG640333-5
Vendor P/Name	KET_SWP_04M

1. Y IEB 유닛 (프런트 휠 센서 (SIG))
2. Gr/O IEB 유닛 (프런트 휠 센서 (VCC))
3. W/B ECS 유닛 (솔레노이드 (+))
4. B ECS 유닛 (솔레노이드 (-))

프런트 트렁크 램프 익스텐션 하네스

E31　　프런트 트렁크 램프

WRK P/No.	-
Vendor P/No.	-
Vendor P/Name	02M

1. N/A　　ICU 정션 블록 (IPS 컨트롤 모듈)　　　2. N/A　　ICU 정션 블록 (IPS8)

프런트 휠 센서 익스텐션 하네스

E79-L　　프런트 휠 센서 LH (ECS 미적용)

WRK P/No.	1898005372AS
Vendor P/No.	936059-2
Vendor P/Name	TE_2.8WP_02P

1. Br　　IEB 유닛 (VCC)　　　2. B　　IEB 유닛 (SIG)

E79-R　　프런트 휠 센서 RH (ECS 미적용)

WRK P/No.	1898005372AS
Vendor P/No.	936059-2
Vendor P/Name	TE_2.8WP_02P

1. Br　　IEB 유닛 (VCC)　　　2. B　　IEB 유닛 (SIG)

고전압 케이블 하네스

F14-B　　ICCU (고전압 배터리)

WRK P/No.	-
Vendor P/No.	MG657139-11
Vendor P/Name	KET_HV280WP_02F

1. O　　배터리 시스템 어셈블리
　　　　(파워 릴레이 어셈블리(+))　　　2. O　　배터리 시스템 어셈블리
　　　　　　　　　　　　　　　　　　　　　(파워 릴레이 어셈블리(-))

P07-P　　전자식 에어컨 컴프레서 (전원)

WRK P/No.	-
Vendor P/No.	MG657174-11
Vendor P/Name	KET_HV280WP_02F

1. O　　프런트 고전압 정션 블록(+)　　　2. O　　프런트 고전압 정션 블록 (-)

프런트 엔드 모듈 하네스 (1)

CV21-1

E71 익스터널 부저

WRK P/No.	1898006940AS
Vendor P/No.	MG653494-5
Vendor P/Name	KET_090IIWP_02F

1. B/O   접지 (GE01)
2. L   IBU (컨트롤)

E72 VESS 유닛

WRK P/No.	1879002882AS
Vendor P/No.	HP285-08021
Vendor P/Name	KUM_TWP_08F

1. R/O   P/R 정션 블록(퓨즈 - VESS)
2. G   ICU 정션 블록(퓨즈 - 모듈4)
3. Y   M-CAN (High)
4. B   M-CAN (Low)
5. -   -
6. -   -
7. -   -
8. B   접지 (GE02)

E74 후드 스위치

WRK P/No.	1895902114AS
Vendor P/No.	PB625-02027
Vendor P/Name	KUM_NMWP_02F

1. B   접지 (GE02)
2. G   ICU 정션 블록 (IPS 컨트롤 모듈)

E71 경음기 (High)

WRK P/No.	1898004015AS
Vendor P/No.	PU465-02627
Vendor P/Name	KUM_NDWP_02F

1. B   접지 (GE01)
2. G   PCB 블록 (경음기 릴레이)

E75-L 경음기 (Low)

WRK P/No.	1898004015AS
Vendor P/No.	PU465-02627
Vendor P/Name	KUM_NDWP_02F

1. B   접지 (GE01)
2. G   PCB 블록 (경음기 릴레이)

E77 스마트 키 프런트 범퍼 안테나

WRK P/No.	1879004714AS
Vendor P/No.	HP285-02021
Vendor P/Name	KUM_025WP_02F

1. Br   IBU (전원)
2. W   IBU (접지)

프런트 엔드 모듈 하네스 (2)

E78   스마트 크루즈 컨트롤 레이더

WRK P/No.	1879003562AS
Vendor P/No.	MG643284-5
Vendor P/Name	KET_025WP_06F

1. B   접지 (GE02)
2. Y   A-CAN FD (High)
3. B   A-CAN FD (Low)
4. -   -
5. -   -
6. P   ICU 정션블록 (퓨즈 - 모듈4)

충전 단자 하네스 (1)　　　　　　　　　　　　　　CV22-1

C11　V2L 유닛 (전원)

WRK P/No.	-
Vendor P/No.	MG657174-11
Vendor P/Name	KET_HV280WP_02F

1. O　ICCU (L)
2. O　ICCU (N)

C12　충전 단자 레지스터

WRK P/No.	-
Vendor P/No.	MG645870-5
Vendor P/Name	KET_060WP_03F

1. B　접지 (GF05)
2. -　-
3. G　충전 단자 (PD)

C13-1　충전 단자 온도 센서 #1 (급속 (+))

WRK P/No.	-
Vendor P/No.	BAF113B002-00A0
Vendor P/Name	AMPHENOL_TEMP_SNSR_02F

2　1

1. B　VCMS (+)
2. B　VCMS (-)

C13-2　충전 단자 온도 센서 #2 (급속 (-))

WRK P/No.	-
Vendor P/No.	BAF113B002-00A0
Vendor P/Name	AMPHENOL_TEMP_SNSR_02F

2　1

1. W　VCMS (+)
2. W　VCMS (-)

C13-3　충전 단자 온도 센서 #3 (완속)

WRK P/No.	-
Vendor P/No.	BAF113B002-00A0
Vendor P/Name	AMPHENOL_TEMP_SNSR_02F

2　1

1. P　VCMS (+)
2. P　VCMS (-)

C14-AC　ICCU (AC Input)

WRK P/No.	-
Vendor P/No.	HKC06-67720
Vendor P/Name	KSC_HV110375WP_06F

1. -　-
2. Y　충전 단자 (5Pin Combo) (- N)
3. -　-
4. R　충전 단자 (5Pin Combo) (+ L)
5. O　V2L 유닛 (N)
6. O　V2L 유닛 (L)

충전 단자 하네스 (2)

C15 충전 단자 (5Pin Combo)

WRK P/No.	-
Vendor P/No.	91667-CV010
Vendor P/Name	INLET_COMBO_05M

1. Y   ICCU (-N)
2. R   ICCU (+L)
3. W   VCMS (CP)
4. G   PD : VCMS, 충전 단자 레지스터

5. G/Y   접지 (GC11)
6. O   리어 고전압 정션 블록
      (급속 충전 (-) 릴레이)
7. O   리어 고전압 정션 블록
      (급속 충전 (+) 릴레이)

C16 충전 단자 록/언록 액추에이터

WRK P/No.	-
Vendor P/No.	MX19004S51
Vendor P/Name	JAE_040WP_04F

1. L   VCMS (접지)
2. O   VCMS (신호)

3. R   P/R 정션 블록
      (충전기 잠금 릴레이)
4. Y   P/R 정션 블록
      (충전기 잠금해제 릴레이)

LDC 접지 하네스

F57-G ICCU (LOW DC-DC 컨버터 (−))

WRK P/No.	-
Vendor P/No.	-
Vendor P/Name	01P

1. B   차체 접지

프런트 파워 일렉트릭 모듈 하네스 (1)

P01 전륜 구동 모터 (4WD)

WRK P/No.	187900939AS
Vendor P/No.	2-1897726-3
Vendor P/Name	AMP_060WP_10F

1. B/O 프런트 인버터 (모터 레졸버 (Shield))
2. R 프런트 인버터 (모터 레졸버 (+))
3. G 프런트 인버터 (모터 레졸버 (S1))
4. R 프런트 인버터 (모터 레졸버 (S2))
5. W 프런트 인버터 (온도 센서 신호)
6. B/O 프런트 인버터 (모터 레졸버 (Shield))
7. B 프런트 인버터 (모터 레졸버 (-))
8. W 프런트 인버터 (모터 레졸버 (S3))
9. B 프런트 인버터 (모터 레졸버 (S4))
10. G 프런트 인버터 (온도 센서 접지)

P03 전자식 오일 펌프 온도 센서 (프런트) (4WD)

WRK P/No.	-
Vendor P/No.	3331-8607
Vendor P/Name	DEL_050WP_02F

1. R 프런트 인버터 (신호)
2. B 프런트 인버터 (접지)

P04 전자식 오일 펌프 (프런트) (4WD)

WRK P/No.	-
Vendor P/No.	2337611-2
Vendor P/Name	AMP_110WP_04F

1. R P/R 정션 블록 (퓨즈 - EOP2)
2. B 접지 (GE01)
3. L 프런트 인버터 (LIN)
4. P PCB 블록 (퓨즈 - IG3 6)

P02 프런트 인버터 (시스템) (4WD)

WRK P/No.	-
Vendor P/No.	1473252-1
Vendor P/Name	AMP_MQSJPT_40F

1. Y G-CAN FD (High)
2. Br G-CAN FD (Low)
3. -
4. -
5. R 전륜 구동 모터 (모터 레졸버 (+))
6. B 전륜 구동 모터 (모터 레졸버 (-))
7. G 전륜 구동 모터 (모터 레졸버 (S1))
8. R 전륜 구동 모터 (모터 레졸버 (S2))
9. -
10. O VCU (Local-CAN (High))
11. G VCU (Local-CAN (Low))
12. L 전자식 오일 펌프 (프런트) (LIN)
13. B/O 전륜 구동 모터 (모터 레졸버 (Shield))
14. -
15. W 전륜 구동 모터 (모터 레졸버 (S3))
16. B 전륜 구동 모터 (모터 레졸버 (S4))
17. -
18. -
19. -
20. -
21. B/O 전륜 구동 모터 (온도 센서 (Shield))
22. W 전륜 구동 모터 (온도 센서 (신호))
23. G 전륜 구동 모터 (온도 센서 (접지))
24. Y ICU 정션 블록 (퓨즈 - 모듈4)
25. -
26. B 전자식 오일 펌프 온도 센서 (프런트)(접지)
27. R 전자식 오일 펌프 온도 센서 (프런트)(신호)
28. -
29. -
30. -
31. -
32. -
33. R PCB 블록 (퓨즈 - EPCU1)
34. Br PCB 블록 (퓨즈 - IG3 4)
35. B 접지 (GE01)
36. -
37. -
38. R PCB 블록 (퓨즈 - EPCU1)
39. -
40. B 접지 (GE01)

CV30-2

프런트 파워 일렉트릭 모듈 모듈 하네스 (2)

P05 BMS PTC 히터 온도 센서 (4WD)

WRK P/No.	1879008840AS
Vendor P/No.	33401217
Vendor P/Name	PKD_050WP_02F

[2][1]

1. Br/B BMU (신호)
2. G/O BMU (접지)

P06 전륜 감속기 디스커넥트 액추에이터 (4WD)

WRK P/No.	-
Vendor P/No.	35133202
Vendor P/Name	DEL_060110WP_08F

[5 4 3 2 1 / 8 7 6]

1. G   VCU (홀 센서 - 8.75V)
2. W   VCU (홀 센서 - GND)
3. Br VCU (홀 센서 - S1)
4. G   VCU (홀 센서 - S2)
5. R   VCU (홀 센서 - S3)
6. Y   VCU (액추에이터 전원 - U)
7. W   VCU (액추에이터 전원 - W)
8. B   VCU (액추에이터 전원 - V)

P07-S 전자식 에어컨 컴프레서 (신호 - 4WD)

WRK P/No.	-
Vendor P/No.	MG645579-5
Vendor P/Name	KET_060WP_06F

[3 2 1 / 6 5 4]

1. Gr 에어컨 컨트롤 모듈 모음 (인터록 (-))
2. B   접지 (GE01)
3. W   Climate-CAN (Low) : 에어컨 컨트롤 모듈 모음
4. Y   에어컨 컨트롤 모듈 모음 (인터록 (+))
5. P   PCB 블록 (퓨즈 - IG3 4)
6. Br Climate-CAN (High) : 에어컨 컨트롤 모듈 모음

P08 전동식 워터 펌프 #2 (고전압 배터리 - 4WD)

WRK P/No.	-
Vendor P/No.	3321-8537
Vendor P/Name	DEL_050WP_04F

[4][3][2][1]

1. P PCB 블록 (퓨즈 - IG3 4)
2. G BMU (LIN)
3. B 접지 (GE01)
4. R P/R 정션 블록 (퓨즈 - 전동식 워터펌프2)

P09 BMS 냉각수 3웨이 밸브 (4WD)

WRK P/No.	1898007348AS
Vendor P/No.	MG643302-5
Vendor P/Name	KET_090IIWP_03F

[3 2 1]

1. Gr PCB 블록 (퓨즈 - IG3 5)
2. B   접지 (GE01)
3. G   BMU (LIN)

P10 BMS 냉각수 온도 센서 (라디에이터 아웃풋 - 4WD)

WRK P/No.	1879008840AS
Vendor P/No.	33401217
Vendor P/Name	PKD_050WP_02F

[2][1]

1. Gr   BMU (신호)
2. P/B BMU (접지)

프런트 파워 일렉트릭 모듈 하네스 (3)

P12   APT 압력 & 온도 센서
(Low – 4WD)

WRK P/No.	-
Vendor P/No.	1-967640-1
Vendor P/Name	AMP_MQSWP_04F

1. O   에어컨 컨트롤 모듈 (센서 전원)
2. Y   에어컨 컨트롤 모듈 (RTS (+))

3. G   에어컨 컨트롤 모듈 (APT 센서 (+))
4. B   에어컨 컨트롤 모듈 (센서 접지)

리어 파워 일렉트릭 모듈 하네스 (1)

CV31-1

P21 후룬 구동 모터

WRK P/No.	1879009399AS
Vendor P/No.	2-1897726-3
Vendor P/Name	AMP_060WP_10F

1. B/O 리어 인버터 (모터 레졸버 (Shield))
2. R 리어 인버터 (모터 레졸버 (+))
3. G 리어 인버터 (모터 레졸버 (S1))
4. R 리어 인버터 (모터 레졸버 (S2))
5. W 리어 인버터 (온도 센서 신호)
6. B/O 리어 인버터 (모터 레졸버 (Shield))
7. B 리어 인버터 (모터 레졸버 (-))
8. W 리어 인버터 (모터 레졸버 (S3))
9. B 리어 인버터 (모터 레졸버 (S4))
10. G 리어 인버터 (온도 센서 접지)

P23 전자식 오일 펌프 온도 센서 (리어)

WRK P/No.	-
Vendor P/No.	3331-8607
Vendor P/Name	DEL_050WP_02F

1. R 리어 인버터 (신호)
2. B 리어 인버터 (접지)

P24 전자식 오일 펌프 (리어)

WRK P/No.	-
Vendor P/No.	2337611-2
Vendor P/Name	AMP_110WP_04F

1. R P/R 정션 블록 (퓨즈 - EOP1)
2. B 접지 (GF04)
3. L 리어 인버터 (LIN)
4. P ICU 정션 블록 (퓨즈 - IG3 8)

P22 리어 인버터 (시스템)

WRK P/No.	-
Vendor P/No.	1473252-1
Vendor P/Name	AMP_MQSJPT_40F

1. Y [GT 미적용]G-CAN FD (High)
   Br [GT 적용]G-CAN FD (Low)
2. Br [GT 미적용]G-CAN FD (Low)
   Y [GT 적용]G-CAN FD (High)
3. -
4. -
5. R 후룬 구동 모터 (모터 레졸버 (+))
6. B 후룬 구동 모터 (모터 레졸버 (-))
7. G 후룬 구동 모터 (모터 레졸버 (S1))
8. R 후룬 구동 모터 (모터 레졸버 (S2))
9. -
10. O [GT 미적용]VCU (Local-CAN (Low))
    G [GT 적용]VCU (Local-CAN (Low))
11. G [GT 미적용]VCU (Local-CAN (High))
    O [GT 적용]VCU (Local-CAN (High))
12. L LIN : 전자식 오일 펌프 (리어 PE),
    전동식 워터 펌프 (리어 PE),
    엑티브 에어 플랩 유닛 LH/RH
13. B/O 후룬 구동 모터 (모터 레졸버 (Shield))
14. -
15. W 후룬 구동 모터 (모터 레졸버 (S3))
16. B 후룬 구동 모터 (모터 레졸버 (S4))
17. L 냉각 팬 모터 (컨트롤)
18. -
19. -
20. -
21. B/O 후룬 구동 모터 (온도 센서 (Shield))
22. W 후룬 구동 모터 (온도 센서 신호)
23. G 후룬 구동 모터 (온도 센서 접지)
24. G ICU 정션 블록 (퓨즈 - 모듈4)
25. -
26. B 전자식 오일 펌프 온도 센서 (리어) (접지)
27. R 전자식 오일 펌프 온도 센서 (리어) (신호)
28. -
29. -
30. -
31. -
32. -
33. R ICU 정션 블록 (퓨즈 - EPCU3)
34. Br ICU 정션 블록 (퓨즈 - IG3 10)
35. B 접지 (GF03)
36. -
37. -
38. R ICU 정션 블록 (퓨즈 - EPCU3)
39. -
40. B 접지 (GF03)

리어 파워 일렉트릭 모듈 하네스 (2)

P25   SBW 액추에이터

	WRK P/No.	-
	Vendor P/No.	6189-7691
	Vendor P/Name	SUM_025090WP_10F

1. W	SCU (Encoder B)		6. -	-
2. -	-		7. R	SCU (Encoder전원)
3. G	P/R 정션 블록		8. B	SCU (Encoder접지)
4. L	(전자식 변속레버 릴레이)		9. W	SCU (Phase - W)
5. B	SCU (Phase - U)		10. Y	SCU (Phase - V)

P27   E-LSD 모터 어셈블리 (GT 적용)

	WRK P/No.	1895906114AS
	Vendor P/No.	PB625-06727
	Vendor P/Name	KUM_NMWP_06F

1. W	E-LSD 유닛 (모터 - A)		4. R	E-LSD 유닛 (압력 센서 - 전원)
2. G	E-LSD 유닛 (모터 - B)		5. Gr	E-LSD 유닛 (압력 센서 - 접지)
3. G	E-LSD 유닛 (압력 센서 - 신호)		6. B/O	E-LSD 유닛 (모터 쉴드)

오토 전조등 높낮이 조절 유닛 익스텐션하네스

P40   오토 전조등 높낮이 조절 유닛

	WRK P/No.	-
	Vendor P/No.	42210-00
	Vendor P/Name	08F

1. -	-		5. Br	전조등 LH/RH
2. W	ICU 정션 블록 (IPS2)		6. L	(전조등 높낮이 조절 액추에이터)
3. Gr	계기판 (Speed Out)		7. -	자기 진단 점검 단자 (바디K-Line)
4. R	ICU 정션 블록 (퓨즈 - 모듈5)		8. B	접지 (GE01)

- 322 -

배터리 하네스 (1)

B01-A　BMU

WRK P/No.	-
Vendor P/No.	MG655758
Vendor P/Name	KET_025_24F

1. B/R　CMU #1 (OPD HO)
2. -　-
3. -　-
4. W　[항속형] CMU #8 (OPD HI) [기본형] CMU #6 (OPD HI)
5. B　파워 릴레이 어셈블리 (PRA 전류 센서 - High Range)
6. W　파워 릴레이 어셈블리 (PRA 전류 센서 - Low Range)
7. Y　리어 고전압 정션 블록 (급속충전 (+) 릴레이 - 컨트롤)
8. L　리어 고전압 정션 블록 (급속충전 (-) 릴레이 - 컨트롤)
9. G　파워 릴레이 어셈블리 (PRA 메인 (-) 릴레이 - 컨트롤)
10. -　파워 릴레이 어셈블리 (PRA 프리차지 릴레이 - 컨트롤)
11. P　프론트 고전압 정션 블록 (배터리 히팅 릴레이 - 컨트롤)
12. -　-
13. Br　CMU #1 (OPD LO)

14. -　-
15. -　-
16. L　[항속형] CMU #8 (OPD LI) [기본형] CMU #6 (OPD LI)
17. B　파워 릴레이 어셈블리 (PRA 전류 센서 - VCC)
18. O　파워 릴레이 어셈블리 (PRA 전류 센서 - GND)
19. B　리어 고전압 정션 블록 (급속충전 정션 블록 접지)
20. Br　리어 고전압 정션 블록 (급속충전 (-) 릴레이 - 컨트롤)
21. Y　파워 릴레이 어셈블리 (PRA 메인 (-) 릴레이 - 컨트롤)
22. Gr　파워 릴레이 어셈블리 (PRA 릴레이 - 접지) (PRA 메인 (+) 릴레이 - 컨트롤)
23. -　-
24. -　-

B01-B　BMU

WRK P/No.	-
Vendor P/No.	MG655757
Vendor P/Name	KET_025_20F

1. O　CMU #1 (RXNH)
2. W　CMU #1 (RXPH)
3. -　-
4. B　파워 릴레이 어셈블리 (Isolation (-))
5. -　-
6. -　-
7. -　-
8. -　-
9. -　-
10. R　파워 릴레이 어셈블리 (Isolation (+))
11. Y　CMU #1 (TXNH)
12. P　CMU #1 (TXPH)
13. -　-
14. -　-
15. -　-
16. -　-
17. -　-
18. -　-
19. -　-
20. -　-

배터리 하네스 (2)

CV32-2

B01-C BMU

WRK P/No.	-
Vendor P/No.	MG656931-4
Vendor P/Name	KET_025II_20F

1.G ICU 정션 블록 (퓨즈 - BMS)
2.R ICU 정션 블록 (퓨즈 - BMS)
3.B ICU 정션 블록 (퓨즈 - IG3 10)
4.-
5.B LIN: 전자식 워터 펌프 #1/#2, BMS 냉각수 3웨이 밸브
6.W 에어백 컨트롤 모듈 (충돌 신호)
7.R 리어 고전압 커넥터 터미널 블록 (인터록 - High)
8.L 리어 고전압 커넥터 터미널 블록 (인터록 - Low)
9.W 고전압 차단 스위치 (신호)
10.B 고전압 차단 스위치 (접지)
11.R 프론트 고전압 커넥터 터미널 블록 (인터록 - High)
12.L 프론트 고전압 커넥터 터미널 블록 (인터록 - Low)
13.B 접지 (GB11)
14.R 접지 (GB11)
15.-
16.-
17.-
18.-
19.-
20.-
21.O 프론트 고전압 정션 블록 (인터록 - (+))
22.Gr 프론트 고전압 정션 블록 (인터록 - (-))
23.Y BMS PTC 히터 온도 센서 (신호)
24.P BMS PTC 히터 온도 센서 (접지)

HB-FB 고전압 배터리
(프론트 고전압 정션 블록)
(GT 적용)

WRK P/No.	-
Vendor P/No.	MG657211-11
Vendor P/Name	KET_HVSC_1900_02F

1.O 프론트 고전압 정션 블록 (-)
2.O 프론트 고전압 정션 블록 (+)

B01-D BMU

WRK P/No.	-
Vendor P/No.	MG656995-4
Vendor P/Name	KET_025II_20F

1.L 파워 릴레이 어셈블리 (PRA 온도 센서 - 신호)
2.B 파워 릴레이 어셈블리 (PRA 온도 센서 - 접지)
3.-
4.-
5.L [향속형] 배터리 모듈 #32 온도 센서 (신호) [기본형] 배터리 모듈 #24 온도 센서 (신호)
6.B [향속형] 배터리 모듈 #32 온도 센서 (접지) [기본형] 배터리 모듈 #24 온도 센서 (접지)
7.R ICU 고전압 커넥터 터미널 블록 (인터록 - High)
8.G ICU 고전압 커넥터 터미널 블록 (인터록 - Low)
9.L M-CAN (Low)
10.O M-CAN (High)
11.O BMS 냉각수 온도 센서 (인렛 - 신호)
12.B/O BMS 냉각수 온도 센서 (인렛 - 접지)
13.Gr BMS 냉각수 온도 센서 (라디에이터 아웃풋 - 신호)
14.R BMS 냉각수 온도 센서 (라디에이터 아웃풋 - 접지)
15.-
16.-
17.-
18.-
19.L G-CAN FD (Low)
20.O G-CAN FD (High)

B02-B 파워 릴레이 어셈블리 (Main)

WRK P/No.	-
Vendor P/No.	MG655608
Vendor P/Name	KET_N060_10F

1.Gr BMU (PRA 메인 (+) 릴레이 - 컨트롤)
2.L BMU (PRA 메인 (-) 릴레이 - 컨트롤)
3.Y BMU (PRA 릴레이 - 접지)
4.G BMU (PRA 프리차지 릴레이 - 컨트롤)
5.-
6.-
7.-
8.-
9.L BMU (PRA 온도 센서 - 신호)
10.B BMU (PRA 온도 센서 - 접지)

CV32-3

배터리 하네스 (3)

B02-BA 파워 릴레이 어셈블리 (Isolation +)
(기본형)

WRK P/No.	1879010297AS
Vendor P/No.	MG655593
Vendor P/Name	KET_N060_02F

1. -

2. R   BMU (Isolation신호 - High)

B02-BC 파워 릴레이 어셈블리 (Isolation −)
(기본형)

WRK P/No.	-
Vendor P/No.	MG612950
Vendor P/Name	KET_N060_02F

1. B   BMU (Isolation신호 - Low)

2. -

B02-D 파워 릴레이 어셈블리 (+)

WRK P/No.	-
Vendor P/No.	MG610658
Vendor P/Name	KET_375_01F

1. O   ICCU (+)

B02-E 파워 릴레이 어셈블리
(Current Sensor)

WRK P/No.	-
Vendor P/No.	1-1456426-5
Vendor P/Name	TE_250WP_04F

1. B   BMU (PRA전류 센서 - VCC)
2. B   BMU (PRA전류 센서 - High Range)
3. O   BMU (PRA전류 센서 - GND)
4. W   BMU (PRA전류 센서 - Low Range)

B02-PA 파워 릴레이 어셈블리 (Isolation +)
(향속형)

WRK P/No.	-
Vendor P/No.	MG612950
Vendor P/Name	KET_N060_02F

1. -

2. R   BMU (Isolation신호 - High)

B02-PC 파워 릴레이 어셈블리 (Isolation −)
(향속형)

WRK P/No.	1879010297AS
Vendor P/No.	MG655593
Vendor P/Name	KET_N060_02F

1. B   BMU (Isolation신호 - Low)

2. -

배터리 하네스 (4)

B05 리어 고전압 커넥터 터미널 블록 (인터록)

WRK P/No.	-
Vendor P/No.	MG657063
Vendor P/Name	KET_C025_02F

2. L   BMU (Low)

1. R   BMU (High)

B06 프런트 고전압 커넥터 터미널 블록 (인터록) (함속형)

WRK P/No.	-
Vendor P/No.	MG645590
Vendor P/Name	KET_N060_02M

2. L   BMU (Low)

1. R   BMU (High)

B07 프런트 고전압 커넥터 터미널 블록 (인터록) (기본형)

WRK P/No.	-
Vendor P/No.	-
Vendor P/Name	02M

2. L   BMU (Low)

1. R   BMU (High)

HB-FA 고전압 배터리 (프런트 고전압 정션 블록) (GT 미적용)

WRK P/No.	-
Vendor P/No.	MG657178-11
Vendor P/Name	KET_HV1500WP_02F

2. O   프런트 고전압 정션 블록 (-)

1. O   프런트 고전압 정션 블록 (+)

HB-I 고전압 배터리 (ICCU)

WRK P/No.	-
Vendor P/No.	MG657170-11
Vendor P/Name	KET_HV630WP_02F

2. O   ICCU (-)

1. O   ICCU (+)

HB-R 고전압 배터리 (리어 고전압 정션 블록)

WRK P/No.	-
Vendor P/No.	MG657180-11
Vendor P/Name	KET_HV1900(70SQ)WP_02F

2. O   리어 고전압 정션 블록 (+)

1. O   리어 고전압 정션 블록 (-)

CV33-1

배터리 하네스 (항속형) (1)

B141-A　CMU #1

WRK P/No.	-
Vendor P/No.	220261
Vendor P/Name	YURA_28F

1. R　CMU #2 (GND-C)
2. B　CMU #2 (OPD HO)
3. -　-
4. -　-
5. -　-
6. -　-
7. -　-
8. -　-
9. -　-
10. Y　BMU (RXNL)
11. P　BMU (RXPL)
12. -　-
13. B/R　BMU (OPD HI)
14. Br　BMU (OPD LI)
15. O　CMU #2 (OPD LO)
16. -　-

17. -　-
18. -　-
19. Gr　CMU #2 (TXNH)
20. Y　CMU #2 (TXPH)
21. W　CMU #2 (RXNH)
22. B/R　CMU #2 (RXPH)
23. O　배터리 모듈 #4 온도 센서 (접지)
24. L　배터리 모듈 #4 온도 센서 (신호)
25. B　배터리 모듈 #1 온도 센서 (신호)
26. R　배터리 모듈 #1 온도 센서 (접지)
27. O　BMU (TXNL)
28. W　BMU (TXPL)

B141-B　CMU #1

WRK P/No.	-
Vendor P/No.	220262
Vendor P/Name	YURA_28F

1. B　배터리 모듈 #1 (C1)
2. Br　배터리 모듈 #1 (C3)
3. R　배터리 모듈 #1 (C5)
4. O　배터리 모듈 #2 (C7)
5. Y　배터리 모듈 #2 (C9)
6. L　배터리 모듈 #3 (C1)
7. V　배터리 모듈 #3 (C3)
8. Gr　배터리 모듈 #3 (C5)
9. W　배터리 모듈 #4 (C7)
10. R　배터리 모듈 #4 (C9)
11. B/R　배터리 모듈 #4 (C11)
12. B　배터리 모듈 #1 (C0)
13. Br　배터리 모듈 #1 (C2)
14. R　배터리 모듈 #1 (C4)

15. O　배터리 모듈 #2 (C6)
16. Y　배터리 모듈 #2 (C8)
17. G　배터리 모듈 #2 (C10)
18. O　배터리 모듈 #2 (C11)
19. Y　배터리 모듈 #2 (C12)
20. -　-
21. -　-
22. B　배터리 모듈 #3 (C0)
23. L　배터리 모듈 #3 (C2)
24. V　배터리 모듈 #3 (C4)
25. Gr　배터리 모듈 #4 (C6)
26. W　배터리 모듈 #4 (C8)
27. R　배터리 모듈 #4 (C10)
28. B/R　배터리 모듈 #4 (C12)

배터리 하네스 (항속형) (2)

B142-A CMU #2

WRK P/No.	-
Vendor P/No.	220261
Vendor P/Name	YURA_28F

1.R CMU #3 (GND-C)
2.B CMU #3 (OPD HO)
3.- -
4.- -
5.- -
6.- -
7.- -
8.W BSA 온도 센서 #1 (신호)
9.G BSA 온도 센서 #1 (접지)
10.Gr CMU #1 (RXNL)
11.Y CMU #1 (RXPL)
12.R CMU #1 (GND-C)
13.B CMU #1 (OPD HI)
14.O CMU #1 (OPD LI)
15.O CMU #3 (OPD LO)
16.- -

17.- -
18.- -
19.Gr CMU #3 (TXNH)
20.Y CMU #3 (TXPH)
21.W CMU #3 (RXNH)
22.B/R CMU #3 (RXPH)
23.O 배터리 모듈 #8 온도 센서 (접지)
24.L 배터리 모듈 #8 온도 센서 (신호)
25.B 배터리 모듈 #5 온도 센서 (신호)
26.R 배터리 모듈 #5 온도 센서 (접지)
27.W CMU #1 (TXNL)
28.B/R CMU #1 (TXPL)

B142-B CMU #2

WRK P/No.	-
Vendor P/No.	220262
Vendor P/Name	YURA_28F

1.B 배터리 모듈 #5 (C1)
2.Br 배터리 모듈 #5 (C3)
3.R 배터리 모듈 #5 (C5)
4.O 배터리 모듈 #6 (C7)
5.Y 배터리 모듈 #6 (C9)
6.L 배터리 모듈 #7 (C1)
7.V 배터리 모듈 #7 (C3)
8.Gr 배터리 모듈 #7 (C5)
9.W 배터리 모듈 #8 (C7)
10.R 배터리 모듈 #8 (C9)
11.B/R 배터리 모듈 #8 (C11)
12.B 배터리 모듈 #5 (C0)
13.Br 배터리 모듈 #5 (C2)
14.R 배터리 모듈 #5 (C4)

15.O 배터리 모듈 #6 (C6)
16.Y 배터리 모듈 #6 (C8)
17.G 배터리 모듈 #6 (C10)
18.O 배터리 모듈 #6 (C11)
19.Y 배터리 모듈 #6 (C12)
20.- -
21.- -
22.B 배터리 모듈 #7 (C0)
23.L 배터리 모듈 #7 (C2)
24.V 배터리 모듈 #7 (C4)
25.Gr 배터리 모듈 #8 (C6)
26.W 배터리 모듈 #8 (C8)
27.R 배터리 모듈 #8 (C10)
28.B/R 배터리 모듈 #8 (C12)

배터리 하네스 (항속형) (3)

CV33-3

B143-A	CMU #3		WRK P/No.	-
			Vendor P/No.	220261
			Vendor P/Name	YURA_28F

1. R   CMU #4 (GND-C)
2. B   CMU #4 (OPD HO)
3. -
4. -
5. -
6. -
7. -
8. -
9. -
10. Gr   CMU #2 (RXNL)
11. Y   CMU #2 (RXPL)
12. R   CMU #2 (GND-C)
13. B   CMU #2 (OPD HI)
14. O   CMU #2 (OPD LI)
15. O   CMU #4 (OPD LO)
16. -

17. -   -
18. -   -
19. Gr   CMU #4 (TXNH)
20. Y   CMU #4 (TXPH)
21. W   CMU #4 (RXNH)
22. B/R   CMU #4 (RXPH)
23. O   배터리 모듈 #12 온도 센서 (접지)
24. L   배터리 모듈 #12 온도 센서 (신호)
25. B   배터리 모듈 #9 온도 센서 (신호)
26. R   배터리 모듈 #9 온도 센서 (접지)
27. W   CMU #2 (TXNL)
28. B/R   CMU #2 (TXPL)

B143-B	CMU #3		WRK P/No.	-
			Vendor P/No.	220262
			Vendor P/Name	YURA_28F

1. B   배터리 모듈 #9 (C1)
2. Br   배터리 모듈 #9 (C3)
3. R   배터리 모듈 #9 (C5)
4. O   배터리 모듈 #10 (C7)
5. Y   배터리 모듈 #10 (C9)
6. L   배터리 모듈 #11 (C1)
7. V   배터리 모듈 #11 (C3)
8. Gr   배터리 모듈 #11 (C5)
9. W   배터리 모듈 #12 (C7)
10. R   배터리 모듈 #12 (C9)
11. B/R   배터리 모듈 #12 (C11)
12. B   배터리 모듈 #9 (C0)
13. Br   배터리 모듈 #9 (C2)
14. R   배터리 모듈 #9 (C4)

15. O   배터리 모듈 #10 (C6)
16. Y   배터리 모듈 #10 (C8)
17. G   배터리 모듈 #10 (C10)
18. O   배터리 모듈 #10 (C11)
19. Y   배터리 모듈 #10 (C12)
20. -   -
21. -   -
22. B   배터리 모듈 #11 (C0)
23. L   배터리 모듈 #11 (C2)
24. V   배터리 모듈 #11 (C4)
25. Gr   배터리 모듈 #12 (C6)
26. W   배터리 모듈 #12 (C8)
27. R   배터리 모듈 #12 (C10)
28. B/R   배터리 모듈 #12 (C12)

배터리 하네스 (항속형) (4)

B144-A CMU #4

WRK P/No.	-
Vendor P/No.	220261
Vendor P/Name	YURA_28F

1. R CMU #5 (GND-C)
2. B CMU #5 (OPD HO)
3. - -
4. - -
5. - -
6. - -
7. - -
8. - -
9. - -
10. Gr CMU #3 (RXNL)
11. Y CMU #3 (RXPL)
12. R CMU #3 (GND-C)
13. B CMU #3 (OPD HI)
14. O CMU #3 (OPD LI)
15. O CMU #5 (OPD LO)
16. - -

17. - -
18. - -
19. Gr CMU #5 (TXNH)
20. Y CMU #5 (TXPH)
21. W CMU #5 (RXNH)
22. B/R CMU #5 (RXPH)
23. O 배터리 모듈 #16 온도 센서 (접지)
24. L 배터리 모듈 #16 온도 센서 (신호)
25. B 배터리 모듈 #13 온도 센서 (신호)
26. R 배터리 모듈 #13 온도 센서 (접지)
27. W CMU #3 (TXNL)
28. B/R CMU #3 (TXPL)

B144-B CMU #4

WRK P/No.	-
Vendor P/No.	220262
Vendor P/Name	YURA_28F

1. B 배터리 모듈 #13 (C1)
2. Br 배터리 모듈 #13 (C3)
3. R 배터리 모듈 #13 (C5)
4. O 배터리 모듈 #14 (C7)
5. Y 배터리 모듈 #14 (C9)
6. L 배터리 모듈 #15 (C1)
7. V 배터리 모듈 #15 (C3)
8. Gr 배터리 모듈 #15 (C5)
9. W 배터리 모듈 #16 (C7)
10. R 배터리 모듈 #16 (C9)
11. B/R 배터리 모듈 #16 (C11)
12. B 배터리 모듈 #13 (C0)
13. Br 배터리 모듈 #13 (C2)
14. R 배터리 모듈 #13 (C4)

15. O 배터리 모듈 #14 (C6)
16. Y 배터리 모듈 #14 (C8)
17. G 배터리 모듈 #14 (C10)
18. O 배터리 모듈 #14 (C11)
19. Y 배터리 모듈 #14 (C12)
20. - -
21. - -
22. B 배터리 모듈 #15 (C0)
23. L 배터리 모듈 #15 (C2)
24. V 배터리 모듈 #15 (C4)
25. Gr 배터리 모듈 #16 (C6)
26. W 배터리 모듈 #16 (C8)
27. R 배터리 모듈 #16 (C10)
28. B/R 배터리 모듈 #16 (C12)

CV33-5

배터리 하네스 (항속형) (5)

B145-A　CMU #5

WRK P/No.	-
Vendor P/No.	220261
Vendor P/Name	YURA_28F

1. R　CMU #6 (GND-C)
2. B　CMU #6 (OPD HO)
3. -　-
4. -　-
5. -　-
6. -　-
7. -　-
8. -　-
9. -　-
10. Gr　CMU #4 (RXNL)
11. Y　CMU #4 (RXPL)
12. R　CMU #4 (GND-C)
13. B　CMU #4 (OPD HI)
14. O　CMU #4 (OPD LI)
15. O　CMU #6 (OPD LO)
16. -　-
17. -　-
18. -　-
19. Gr　CMU #6 (TXNH)
20. Y　CMU #6 (TXPH)
21. W　CMU #6 (RXNH)
22. B/R　CMU #6 (RXPH)
23. O　배터리 모듈 #20 온도 센서 (접지)
24. L　배터리 모듈 #20 온도 센서 (신호)
25. B　배터리 모듈 #17 온도 센서 (신호)
26. R　배터리 모듈 #17 온도 센서 (접지)
27. W　CMU #4 (TXNL)
28. B/R　CMU #4 (TXPL)

B145-B　CMU #5

WRK P/No.	-
Vendor P/No.	220262
Vendor P/Name	YURA_28F

1. B　배터리 모듈 #17 (C1)
2. Br　배터리 모듈 #17 (C3)
3. R　배터리 모듈 #17 (C5)
4. O　배터리 모듈 #18 (C7)
5. Y　배터리 모듈 #18 (C9)
6. L　배터리 모듈 #19 (C1)
7. V　배터리 모듈 #19 (C3)
8. Gr　배터리 모듈 #19 (C5)
9. W　배터리 모듈 #20 (C7)
10. R　배터리 모듈 #20 (C9)
11. B/R　배터리 모듈 #20 (C11)
12. B　배터리 모듈 #17 (C0)
13. Br　배터리 모듈 #17 (C2)
14. R　배터리 모듈 #17 (C4)
15. O　배터리 모듈 #18 (C6)
16. Y　배터리 모듈 #18 (C8)
17. G　배터리 모듈 #18 (C10)
18. O　배터리 모듈 #18 (C11)
19. Y　배터리 모듈 #18 (C12)
20. -　-
21. -　-
22. B　배터리 모듈 #19 (C0)
23. L　배터리 모듈 #19 (C2)
24. V　배터리 모듈 #19 (C4)
25. Gr　배터리 모듈 #20 (C6)
26. W　배터리 모듈 #20 (C8)
27. R　배터리 모듈 #20 (C10)
28. B/R　배터리 모듈 #20 (C12)

배터리 하네스 (항속형) (6)

CV33-6

B146-A   CMU #6

WRK P/No.	-
Vendor P/No.	220261
Vendor P/Name	YURA_28F

1. R   CMU #7 (GND-C)
2. B   CMU #7 (OPD HO)
3. -   -
4. -   -
5. -   -
6. -   -
7. -   -
8. -   -
9. -   -
10. Gr   CMU #5 (RXNL)
11. Y   CMU #5 (RXPL)
12. R   CMU #5 (GND-C)
13. B   CMU #5 (OPD HI)
14. O   CMU #5 (OPD LI)
15. O   CMU #7 (OPD LO)
16. -

17. -   -
18. -   -
19. Gr   CMU #7 (TXNH)
20. Y   CMU #7 (TXPH)
21. W   CMU #7 (RXNH)
22. B/R CMU #7 (RXPH)
23. O   배터리 모듈 #24 온도 센서 (접지)
24. L   배터리 모듈 #24 온도 센서 (신호)
25. B   배터리 모듈 #21 온도 센서 (신호)
26. R   배터리 모듈 #21 온도 센서 (접지)
27. W   CMU #5 (TXNL)
28. B/R CMU #5 (TXPL)

B146-B   CMU #6

WRK P/No.	-
Vendor P/No.	220262
Vendor P/Name	YURA_28F

1. B   배터리 모듈 #21 (C1)
2. Br   배터리 모듈 #21 (C3)
3. R   배터리 모듈 #21 (C5)
4. O   배터리 모듈 #22 (C7)
5. Y   배터리 모듈 #22 (C9)
6. L   배터리 모듈 #23 (C1)
7. V   배터리 모듈 #23 (C3)
8. Gr   배터리 모듈 #23 (C5)
9. W   배터리 모듈 #24 (C7)
10. R   배터리 모듈 #24 (C9)
11. B/R 배터리 모듈 #24 (C11)
12. B   배터리 모듈 #21 (C0)
13. Br   배터리 모듈 #21 (C2)
14. R   배터리 모듈 #21 (C4)

15. O   배터리 모듈 #22 (C6)
16. Y   배터리 모듈 #22 (C8)
17. G   배터리 모듈 #22 (C10)
18. O   배터리 모듈 #22 (C11)
19. Y   배터리 모듈 #22 (C12)
20. -   -
21. -   -
22. B   배터리 모듈 #23 (C0)
23. L   배터리 모듈 #23 (C2)
24. V   배터리 모듈 #23 (C4)
25. Gr   배터리 모듈 #24 (C6)
26. W   배터리 모듈 #24 (C8)
27. R   배터리 모듈 #24 (C10)
28. B/R 배터리 모듈 #24 (C12)

배터리 하네스 (항속형) (7)

B147-A   CMU #7

WRK P/No.	-
Vendor P/No.	220261
Vendor P/Name	YURA_28F

1. R   CMU #8 (GND-C)
2. B   CMU #8 (OPD HO)
3. -   -
4. -   -
5. -   -
6. -   -
7. -   -
8. -   -
9. -   -
10. Gr   CMU #6 (RXNL)
11. Y   CMU #6 (RXPL)
12. R   CMU #6 (GND-C)
13. B   CMU #6 (OPD HI)
14. O   CMU #6 (OPD LI)
15. O   CMU #8 (OPD LO)
16. -   -

17. -   -
18. -   -
19. Gr   CMU #8 (TXNH)
20. Y   CMU #8 (TXPH)
21. W   CMU #8 (RXNH)
22. B/R   CMU #8 (RXPH)
23. O   배터리 모듈 #28 온도 센서 (접지)
24. L   배터리 모듈 #28 온도 센서 (신호)
25. B   배터리 모듈 #25 온도 센서 (신호)
26. R   CMU #6 (TXNL)
27. W   CMU #6 (TXPL)
28. B/R   배터리 모듈 #25 온도 센서 (접지)

B147-B   CMU #7

WRK P/No.	-
Vendor P/No.	220262
Vendor P/Name	YURA_28F

1. B   배터리 모듈 #25 (C1)
2. Br   배터리 모듈 #25 (C3)
3. R   배터리 모듈 #25 (C5)
4. O   배터리 모듈 #26 (C7)
5. Y   배터리 모듈 #26 (C9)
6. L   배터리 모듈 #27 (C1)
7. V   배터리 모듈 #27 (C3)
8. Gr   배터리 모듈 #27 (C5)
9. W   배터리 모듈 #28 (C7)
10. R   배터리 모듈 #28 (C9)
11. B/R   배터리 모듈 #28 (C11)
12. B   배터리 모듈 #25 (C0)
13. Br   배터리 모듈 #25 (C2)
14. R   배터리 모듈 #25 (C4)

15. O   배터리 모듈 #26 (C6)
16. Y   배터리 모듈 #26 (C8)
17. G   배터리 모듈 #26 (C10)
18. O   배터리 모듈 #26 (C11)
19. Y   배터리 모듈 #26 (C12)
20. -   -
21. -   -
22. B   배터리 모듈 #27 (C0)
23. L   배터리 모듈 #27 (C2)
24. V   배터리 모듈 #27 (C4)
25. Gr   배터리 모듈 #28 (C6)
26. W   배터리 모듈 #28 (C8)
27. R   배터리 모듈 #28 (C10)
28. B/R   배터리 모듈 #28 (C12)

배터리 하네스 (항속형) (8)

CV33-8

B148-A CMU #8

	WRK P/No.	-	
	Vendor P/No.	220261	
	Vendor P/Name	YURA_28F	

1. -
2. W BMU (OPD HO)
3. -
4. -
5. -
6. -
7. -
8. W BSA 온도 센서 #2 (신호)
9. G BSA 온도 센서 #2 (접지)
10. Gr CMU #7 (RXNL)
11. Y CMU #7 (RXPL)
12. R CMU #7 (GND-C)
13. B CMU #7 (OPD HI)
14. O CMU #7 (OPD LI)
15. L BMU (OPD LO)

16. - -
17. - -
18. - -
19. O CMU #8 (TXNH)
20. Y CMU #8 (TXPH)
21. O CMU #8 (RXNH)
22. Y CMU #8 (RXPH)
23. - -
24. - -
25. B 배터리 모듈 #29 온도 센서 (신호)
26. L 배터리 모듈 #29 온도 센서 (접지)
27. W CMU #7 (TXNL)
28. B/R CMU #7 (TXPL)

B148-B CMU #8

	WRK P/No.	-	
	Vendor P/No.	220262	
	Vendor P/Name	YURA_28F	

1. B 배터리 모듈 #29 (C1)
2. Br 배터리 모듈 #29 (C3)
3. R 배터리 모듈 #29 (C5)
4. O 배터리 모듈 #30 (C7)
5. Y 배터리 모듈 #30 (C9)
6. L 배터리 모듈 #31 (C1)
7. V 배터리 모듈 #31 (C3)
8. Gr 배터리 모듈 #31 (C5)
9. W 배터리 모듈 #32 (C7)
10. R 배터리 모듈 #32 (C9)
11. B/R 배터리 모듈 #32 (C11)
12. B 배터리 모듈 #29 (C0)
13. Br 배터리 모듈 #29 (C2)
14. R 배터리 모듈 #29 (C4)

15. O 배터리 모듈 #30 (C6)
16. Y 배터리 모듈 #30 (C8)
17. G 배터리 모듈 #30 (C10)
18. O 배터리 모듈 #30 (C11)
19. Y 배터리 모듈 #30 (C12)
20. - -
21. - -
22. B 배터리 모듈 #31 (C0)
23. L 배터리 모듈 #31 (C2)
24. V 배터리 모듈 #31 (C4)
25. Gr 배터리 모듈 #32 (C6)
26. W 배터리 모듈 #32 (C8)
27. R 배터리 모듈 #32 (C10)
28. B/R 배터리 모듈 #32 (C12)

B103-A 배터리 모듈 #3

WRK P/No.	-	K100234-00
Vendor P/No.		
Vendor P/Name	KET_2.0mm W to Plug Housing_04F	

3. V   CMU #1 (C4)
4. -   -

B103-B 배터리 모듈 #3

WRK P/No.	-	K100233-30
Vendor P/No.		
Vendor P/Name	KET_2.0mm W to Plug Housing_03F	

3. Gr   CMU #1 (C5)

B104-A 배터리 모듈 #4

WRK P/No.	-	K100234-00
Vendor P/No.		
Vendor P/Name	KET_2.0mm W to Plug Housing_04F	

3. R   CMU #1 (C10)
4. B/R   CMU #1 (C12)

B104-B 배터리 모듈 #4

WRK P/No.	-	K100233-30
Vendor P/No.		
Vendor P/Name	KET_2.0mm W to Plug Housing_03F	

3. B/R   CMU #1 (C11)

1. B   CMU #1 (C0)
2. L   CMU #1 (C2)

1. L   CMU #1 (C1)
2. V   CMU #1 (C3)

1. Gr   CMU #1 (C6)
2. W   CMU #1 (C8)

1. W   CMU #1 (C7)
2. R   CMU #1 (C9)

B101-A 배터리 모듈 #1

WRK P/No.	-	K100234-00
Vendor P/No.		
Vendor P/Name	KET_2.0mm W to Plug Housing_04F	

3. R   CMU #1 (C4)
4. -   -

B101-B 배터리 모듈 #1

WRK P/No.	-	K100233-30
Vendor P/No.		
Vendor P/Name	KET_2.0mm W to Plug Housing_03F	

3. R   CMU #1 (C5)

B102-A 배터리 모듈 #2

WRK P/No.	-	K100234-00
Vendor P/No.		
Vendor P/Name	KET_2.0mm W to Plug Housing_04F	

3. G   CMU #1 (C10)
4. Y   CMU #1 (C12)

B102-B 배터리 모듈 #2

WRK P/No.	-	K100233-30
Vendor P/No.		
Vendor P/Name	KET_2.0mm W to Plug Housing_03F	

3. O   CMU #1 (C11)

1. B   CMU #1 (C0)
2. Br   CMU #1 (C2)

1. B   CMU #1 (C1)
2. Br   CMU #1 (C3)

1. O   CMU #1 (C6)
2. Y   CMU #1 (C8)

1. O   CMU #1 (C7)
2. Y   CMU #1 (C9)

배터리 하네스 (항속형) (10)

B105-A 배터리 모듈 #5

WRK P/No.	-
Vendor P/No.	K100234-00
Vendor P/Name	KET_2.0mm W to Plug Housing_04F

1. B   CMU #2 (C0)
2. Br CMU #2 (C2)
3. R   CMU #2 (C4)
4. -   -

B105-B 배터리 모듈 #5

WRK P/No.	-
Vendor P/No.	K100233-30
Vendor P/Name	KET_2.0mm W to Plug Housing_03F

1. B   CMU #2 (C1)
2. Br CMU #2 (C3)
3. R   CMU #2 (C5)

B106-A 배터리 모듈 #6

WRK P/No.	-
Vendor P/No.	K100234-00
Vendor P/Name	KET_2.0mm W to Plug Housing_04F

1. O   CMU #2 (C6)
2. Y   CMU #2 (C8)
3. G   CMU #2 (C10)
4. Y   CMU #2 (C12)

B106-B 배터리 모듈 #6

WRK P/No.	-
Vendor P/No.	K100233-30
Vendor P/Name	KET_2.0mm W to Plug Housing_03F

1. O   CMU #2 (C7)
2. Y   CMU #2 (C9)
3. O   CMU #2 (C11)

B107-A 배터리 모듈 #7

WRK P/No.	-
Vendor P/No.	K100234-00
Vendor P/Name	KET_2.0mm W to Plug Housing_04F

1. B   CMU #2 (C0)
2. L   CMU #2 (C2)
3. V   CMU #2 (C4)
4. -   -

B107-B 배터리 모듈 #7

WRK P/No.	-
Vendor P/No.	K100233-30
Vendor P/Name	KET_2.0mm W to Plug Housing_03F

1. L   CMU #2 (C1)
2. V   CMU #2 (C3)
3. Gr CMU #2 (C5)

B108-A 배터리 모듈 #8

WRK P/No.	-
Vendor P/No.	K100234-00
Vendor P/Name	KET_2.0mm W to Plug Housing_04F

1. Gr CMU #2 (C6)
2. W   CMU #2 (C8)
3. R   CMU #2 (C10)
4. B/R CMU #2 (C12)

B108-B 배터리 모듈 #8

WRK P/No.	-
Vendor P/No.	K100233-30
Vendor P/Name	KET_2.0mm W to Plug Housing_03F

1. W   CMU #2 (C7)
2. R   CMU #2 (C9)
3. B/R CMU #2 (C11)

배터리 하네스 (항속형) (11)

B109-A 배터리 모듈 #9

WRK P/No.	-	K100234-00
Vendor P/No.		
Vendor P/Name	KET_2.0mm W to Plug Housing_04F	

1. B   CMU #3 (C0)
2. Br CMU #3 (C2)
3. R   CMU #3 (C4)
4. -   -

B109-B 배터리 모듈 #9

WRK P/No.	-	K100233-30
Vendor P/No.		
Vendor P/Name	KET_2.0mm W to Plug Housing_03F	

1. B   CMU #3 (C1)
2. Br CMU #3 (C3)
3. R   CMU #3 (C5)

B110-A 배터리 모듈 #10

WRK P/No.	-	K100234-00
Vendor P/No.		
Vendor P/Name	KET_2.0mm W to Plug Housing_04F	

1. O   CMU #3 (C6)
2. Y   CMU #3 (C8)
3. G   CMU #3 (C10)
4. Y   CMU #3 (C12)

B110-B 배터리 모듈 #10

WRK P/No.	-	K100233-30
Vendor P/No.		
Vendor P/Name	KET_2.0mm W to Plug Housing_03F	

1. O   CMU #3 (C7)
2. Y   CMU #3 (C9)
3. O   CMU #3 (C11)

B111-A 배터리 모듈 #11

WRK P/No.	-	K100234-00
Vendor P/No.		
Vendor P/Name	KET_2.0mm W to Plug Housing_04F	

1. B   CMU #3 (C0)
2. L   CMU #3 (C2)
3. V   CMU #3 (C4)
4. -   -

B111-B 배터리 모듈 #11

WRK P/No.	-	K100233-30
Vendor P/No.		
Vendor P/Name	KET_2.0mm W to Plug Housing_03F	

1. L   CMU #3 (C1)
2. V   CMU #3 (C3)
3. Gr CMU #3 (C5)

B112-A 배터리 모듈 #12

WRK P/No.	-	K100234-00
Vendor P/No.		
Vendor P/Name	KET_2.0mm W to Plug Housing_04F	

1. Gr CMU #3 (C6)
2. W   CMU #3 (C8)
3. R   CMU #3 (C10)
4. B/R CMU #3 (C12)

B112-B 배터리 모듈 #12

WRK P/No.	-	K100233-30
Vendor P/No.		
Vendor P/Name	KET_2.0mm W to Plug Housing_03F	

1. W   CMU #3 (C7)
2. R   CMU #3 (C9)
3. B/R CMU #3 (C11)

배터리 하네스 (항속형) (12)

B113-A 배터리 모듈 #13

WRK P/No.	-	
Vendor P/No.	K100234-00	
Vendor P/Name	KET_2.0mm W to Plug Housing_04F	

1. B   CMU #4 (C0)
2. Br   CMU #4 (C2)
3. R   CMU #4 (C4)
4. -   -

B113-B 배터리 모듈 #13

WRK P/No.	-	
Vendor P/No.	K100233-30	
Vendor P/Name	KET_2.0mm W to Plug Housing_03F	

1. B   CMU #4 (C1)
2. Br   CMU #4 (C3)
3. R   CMU #4 (C5)

B114-A 배터리 모듈 #14

WRK P/No.	-	
Vendor P/No.	K100234-00	
Vendor P/Name	KET_2.0mm W to Plug Housing_04F	

1. O   CMU #4 (C6)
2. Y   CMU #4 (C8)
3. G   CMU #4 (C10)
4. Y   CMU #4 (C12)

B114-B 배터리 모듈 #14

WRK P/No.	-	
Vendor P/No.	K100233-30	
Vendor P/Name	KET_2.0mm W to Plug Housing_03F	

1. O   CMU #4 (C7)
2. Y   CMU #4 (C9)
3. O   CMU #4 (C11)

B115-A 배터리 모듈 #15

WRK P/No.	-	
Vendor P/No.	K100234-00	
Vendor P/Name	KET_2.0mm W to Plug Housing_04F	

1. B   CMU #4 (C0)
2. L   CMU #4 (C2)
3. V   CMU #4 (C4)
4. -   -

B115-B 배터리 모듈 #15

WRK P/No.	-	
Vendor P/No.	K100233-30	
Vendor P/Name	KET_2.0mm W to Plug Housing_03F	

1. L   CMU #4 (C1)
2. V   CMU #4 (C3)
3. Gr   CMU #4 (C5)

B116-A 배터리 모듈 #16

WRK P/No.	-	
Vendor P/No.	K100234-00	
Vendor P/Name	KET_2.0mm W to Plug Housing_04F	

1. Gr   CMU #4 (C6)
2. W   CMU #4 (C8)
3. R   CMU #4 (C10)
4. B/R CMU #4 (C12)

B116-B 배터리 모듈 #16

WRK P/No.	-	
Vendor P/No.	K100233-30	
Vendor P/Name	KET_2.0mm W to Plug Housing_03F	

1. W   CMU #4 (C7)
2. R   CMU #4 (C9)
3. B/R CMU #4 (C11)

B117-A 배터리 모듈 #17

WRK P/No.	-
Vendor P/No.	K100234-00
Vendor P/Name	KET_2.0mm W to Plug Housing_04F

3. R CMU #5 (C4)
4. - -

1. B CMU #5 (C0)
2. Br CMU #5 (C2)

B117-B 배터리 모듈 #17

WRK P/No.	-
Vendor P/No.	K100233-30
Vendor P/Name	KET_2.0mm W to Plug Housing_03F

3. R CMU #5 (C5)

1. B CMU #5 (C1)
2. Br CMU #5 (C3)

B118-A 배터리 모듈 #18

WRK P/No.	-
Vendor P/No.	K100234-00
Vendor P/Name	KET_2.0mm W to Plug Housing_04F

3. G CMU #5 (C10)
4. Y CMU #5 (C12)

1. O CMU #5 (C6)
2. Y CMU #5 (C8)

B118-B 배터리 모듈 #18

WRK P/No.	-
Vendor P/No.	K100233-30
Vendor P/Name	KET_2.0mm W to Plug Housing_03F

3. O CMU #5 (C11)

1. O CMU #5 (C7)
2. Y CMU #5 (C9)

B119-A 배터리 모듈 #19

WRK P/No.	-
Vendor P/No.	K100234-00
Vendor P/Name	KET_2.0mm W to Plug Housing_04F

3. V CMU #5 (C4)
4. - -

1. B CMU #5 (C0)
2. L CMU #5 (C2)

B119-B 배터리 모듈 #19

WRK P/No.	-
Vendor P/No.	K100233-30
Vendor P/Name	KET_2.0mm W to Plug Housing_03F

3. Gr CMU #5 (C5)

1. L CMU #5 (C1)
2. V CMU #5 (C3)

B120-A 배터리 모듈 #20

WRK P/No.	-
Vendor P/No.	K100234-00
Vendor P/Name	KET_2.0mm W to Plug Housing_04F

3. R CMU #5 (C10)
4. B/R CMU #5 (C12)

1. Gr CMU #5 (C6)
2. W CMU #5 (C8)

B120-B 배터리 모듈 #20

WRK P/No.	-
Vendor P/No.	K100233-30
Vendor P/Name	KET_2.0mm W to Plug Housing_03F

3. B/R CMU #5 (C11)

1. W CMU #5 (C7)
2. R CMU #5 (C9)

2023 > 엔진 > 160kW (2WD) / 70 160kW (4WD) > 커넥터 정보 > 배터리 하네스 (항속형) > 회로도

배터리 하네스 (항속형) (14)

B121-A 배터리 모듈 #1

WRK P/No.	-	K100234-00
Vendor P/No.		
Vendor P/Name	KET_2.0mm W to Plug Housing_04F	

1. B   CMU #6 (C0)
2. Br CMU #6 (C2)
3. R   CMU #6 (C4)
4. -   -

B121-B 배터리 모듈 #1

WRK P/No.	-	K100233-30
Vendor P/No.		
Vendor P/Name	KET_2.0mm W to Plug Housing_03F	

1. B   CMU #6 (C1)
2. Br CMU #6 (C3)
3. R   CMU #6 (C5)

B122-A 배터리 모듈 #2

WRK P/No.	-	K100234-00
Vendor P/No.		
Vendor P/Name	KET_2.0mm W to Plug Housing_04F	

1. O   CMU #6 (C6)
2. Y   CMU #6 (C8)
3. G   CMU #6 (C10)
4. Y   CMU #6 (C12)

B122-B 배터리 모듈 #2

WRK P/No.	-	K100233-30
Vendor P/No.		
Vendor P/Name	KET_2.0mm W to Plug Housing_03F	

1. O   CMU #6 (C7)
2. Y   CMU #6 (C9)
3. O   CMU #6 (C11)

B123-A 배터리 모듈 #23

WRK P/No.	-	K100234-00
Vendor P/No.		
Vendor P/Name	KET_2.0mm W to Plug Housing_04F	

1. B   CMU #6 (C0)
2. L   CMU #6 (C2)
3. V   CMU #6 (C4)
4. -   -

B123-B 배터리 모듈 #23

WRK P/No.	-	K100233-30
Vendor P/No.		
Vendor P/Name	KET_2.0mm W to Plug Housing_03F	

1. L   CMU #6 (C1)
2. V   CMU #6 (C3)
3. Gr CMU #6 (C5)

B124-A 배터리 모듈 #24

WRK P/No.	-	K100234-00
Vendor P/No.		
Vendor P/Name	KET_2.0mm W to Plug Housing_04F	

1. Gr CMU #6 (C6)
2. W   CMU #6 (C8)
3. R   CMU #6 (C10)
4. B/R CMU #6 (C12)

B124-B 배터리 모듈 #24

WRK P/No.	-	K100233-30
Vendor P/No.		
Vendor P/Name	KET_2.0mm W to Plug Housing_03F	

1. W   CMU #6 (C7)
2. R   CMU #6 (C9)
3. B/R CMU #6 (C11)

배터리 하네스 (항속형) (15)

B125-A　배터리 모듈 #25

WRK P/No.	-
Vendor P/No.	K100234-00
Vendor P/Name	KET_2.0mm W to Plug Housing_04F

3. R　CMU #7 (C4)
4. -　-

1. B　CMU #7 (C0)
2. Br　CMU #7 (C2)

B125-B　배터리 모듈 #25

WRK P/No.	-
Vendor P/No.	K100233-30
Vendor P/Name	KET_2.0mm W to Plug Housing_03F

3. R　CMU #7 (C5)

1. B　CMU #7 (C1)
2. Br　CMU #7 (C3)

B126-A　배터리 모듈 #26

WRK P/No.	-
Vendor P/No.	K100234-00
Vendor P/Name	KET_2.0mm W to Plug Housing_04F

3. G　CMU #7 (C10)
4. Y　CMU #7 (C12)

1. O　CMU #7 (C6)
2. Y　CMU #7 (C8)

B126-B　배터리 모듈 #26

WRK P/No.	-
Vendor P/No.	K100233-30
Vendor P/Name	KET_2.0mm W to Plug Housing_03F

3. O　CMU #7 (C11)

1. O　CMU #7 (C7)
2. Y　CMU #7 (C9)

B127-A　배터리 모듈 #27

WRK P/No.	-
Vendor P/No.	K100234-00
Vendor P/Name	KET_2.0mm W to Plug Housing_04F

3. V　CMU #7 (C4)
4. -　-

1. B　CMU #7 (C0)
2. L　CMU #7 (C2)

B127-B　배터리 모듈 #27

WRK P/No.	-
Vendor P/No.	K100233-30
Vendor P/Name	KET_2.0mm W to Plug Housing_03F

3. Gr　CMU #7 (C5)

1. L　CMU #7 (C1)
2. V　CMU #7 (C3)

B128-A　배터리 모듈 #28

WRK P/No.	-
Vendor P/No.	K100234-00
Vendor P/Name	KET_2.0mm W to Plug Housing_04F

3. R　CMU #7 (C10)
4. B/R　CMU #7 (C12)

1. Gr　CMU #7 (C6)
2. W　CMU #7 (C8)

B128-B　배터리 모듈 #28

WRK P/No.	-
Vendor P/No.	K100233-30
Vendor P/Name	KET_2.0mm W to Plug Housing_03F

3. B/R　CMU #7 (C11)

1. W　CMU #7 (C7)
2. R　CMU #7 (C9)

배터리 하네스 (항속형) (16)

B129-A   배터리 모듈 #29

WRK P/No.	-	K100234-00
Vendor P/No.		
Vendor P/Name		KET_2.0mm W to Plug Housing_04F

3. R   CMU #8 (C4)
4. -   -

1. B   CMU #8 (C0)
2. Br   CMU #8 (C2)

B129-B   배터리 모듈 #29

WRK P/No.	-	K100233-30
Vendor P/No.		
Vendor P/Name		KET_2.0mm W to Plug Housing_03F

3. R   CMU #8 (C5)

1. B   CMU #8 (C1)
2. Br   CMU #8 (C3)

B130-A   배터리 모듈 #30

WRK P/No.	-	K100234-00
Vendor P/No.		
Vendor P/Name		KET_2.0mm W to Plug Housing_04F

3. G   CMU #8 (C10)
4. Y   CMU #8 (C12)

1. O   CMU #8 (C6)
2. Y   CMU #8 (C8)

B130-B   배터리 모듈 #30

WRK P/No.	-	K100233-30
Vendor P/No.		
Vendor P/Name		KET_2.0mm W to Plug Housing_03F

3. O   CMU #8 (C11)

1. O   CMU #8 (C7)
2. Y   CMU #8 (C9)

B131-A   배터리 모듈 #31

WRK P/No.	-	K100234-00
Vendor P/No.		
Vendor P/Name		KET_2.0mm W to Plug Housing_04F

3. V   CMU #8 (C4)
4. -   -

1. B   CMU #8 (C0)
2. L   CMU #8 (C2)

B131-B   배터리 모듈 #31

WRK P/No.	-	K100233-30
Vendor P/No.		
Vendor P/Name		KET_2.0mm W to Plug Housing_03F

3. Gr   CMU #8 (C5)

1. L   CMU #8 (C1)
2. V   CMU #8 (C3)

B132-A   배터리 모듈 #32

WRK P/No.	-	K100234-00
Vendor P/No.		
Vendor P/Name		KET_2.0mm W to Plug Housing_04F

3. R   CMU #8 (C10)
4. B/R   CMU #8 (C12)

1. Gr   CMU #8 (C6)
2. W   CMU #8 (C8)

B132-B   배터리 모듈 #32

WRK P/No.	-	K100233-30
Vendor P/No.		
Vendor P/Name		KET_2.0mm W to Plug Housing_03F

3. B/R   CMU #8 (C11)

1. W   CMU #8 (C7)
2. R   CMU #8 (C9)

배터리 하네스 (기본형) (1)

CV34-1

B241-B CMU #1

WRK P/No.	-
Vendor P/No.	220262
Vendor P/Name	YURA_28F

1. B 배터리 모듈 #1 (C1)
2. Br 배터리 모듈 #1 (C3)
3. R 배터리 모듈 #1 (C5)
4. O 배터리 모듈 #2 (C7)
5. Y 배터리 모듈 #2 (C9)
6. L 배터리 모듈 #3 (C1)
7. V 배터리 모듈 #3 (C3)
8. Gr 배터리 모듈 #3 (C5)
9. W 배터리 모듈 #4 (C7)
10. R 배터리 모듈 #4 (C9)
11. B/R 배터리 모듈 #4 (C11)
12. B 배터리 모듈 #1 (C0)
13. Br 배터리 모듈 #1 (C2)
14. R 배터리 모듈 #1 (C4)

15. O 배터리 모듈 #2 (C6)
16. Y 배터리 모듈 #2 (C8)
17. G 배터리 모듈 #2 (C10)
18. O 배터리 모듈 #2 (C11)
19. Y 배터리 모듈 #2 (C12)
20. -
21. -
22. B 배터리 모듈 #3 (C0)
23. L 배터리 모듈 #3 (C2)
24. V 배터리 모듈 #3 (C4)
25. Gr 배터리 모듈 #4 (C6)
26. W 배터리 모듈 #4 (C8)
27. R 배터리 모듈 #4 (C10)
28. B/R 배터리 모듈 #4 (C12)

B241-A CMU #1

WRK P/No.	-
Vendor P/No.	220261
Vendor P/Name	YURA_28F

1. R CMU #2 (GND-C)
2. B CMU #2 (OPD HO)
3. -
4. -
5. -
6. -
7. -
8. -
9. -
10. Y BMU (RXNL)
11. P BMU (RXPL)
12. -
13. B/R BMU (OPD HI)
14. Br BMU (OPD LI)
15. O CMU #2 (OPD LO)
16. -

17. -
18. -
19. Gr CMU #2 (TXNH)
20. Y CMU #2 (TXPH)
21. W CMU #2 (RXNH)
22. B/R CMU #2 (RXPH)
23. O 배터리 모듈 #4 온도 센서 (접지)
24. L 배터리 모듈 #4 온도 센서 (신호)
25. B 배터리 모듈 #1 온도 센서 (신호)
26. R 배터리 모듈 #1 온도 센서 (접지)
27. O BMU (TXNL)
28. W BMU (TXPL)

CV34-2

배터리 하네스 (기본형) (2)

B242-A	CMU #2	WRK P/No.	-
		Vendor P/No.	220261
		Vendor P/Name	YURA_28F

1. R   CMU #3 (GND-C)
2. B   CMU #3 (OPD HO)
3. -   -
4. -   -
5. -   -
6. -   -
7. -   -
8. W   BSA 온도 센서 #1 (신호)
9. G   BSA 온도 센서 #1 (접지)
10. Gr   CMU #1 (RXNL)
11. Y   CMU #1 (RXPL)
12. R   CMU #1 (GND-C)
13. B   CMU #1 (OPD HI)
14. O   CMU #1 (OPD LI)
15. O   CMU #3 (OPD LO)
16. -   -

17. -   -
18. -   -
19. Gr   CMU #3 (TXNH)
20. Y   CMU #3 (TXPH)
21. W   CMU #3 (RXNH)
22. B/R   CMU #3 (RXPH)
23. O   배터리 모듈 #8 온도 센서 (접지)
24. L   배터리 모듈 #8 온도 센서 (신호)
25. B   배터리 모듈 #5 온도 센서 (신호)
26. R   배터리 모듈 #5 온도 센서 (접지)
27. W   CMU #1 (TXNL)
28. B/R   CMU #1 (TXPL)

B242-B	CMU #2	WRK P/No.	-
		Vendor P/No.	220262
		Vendor P/Name	YURA_28F

1. B   배터리 모듈 #5 (C1)
2. Br   배터리 모듈 #5 (C3)
3. R   배터리 모듈 #5 (C5)
4. O   배터리 모듈 #6 (C7)
5. Y   배터리 모듈 #6 (C9)
6. L   배터리 모듈 #7 (C1)
7. V   배터리 모듈 #7 (C3)
8. Gr   배터리 모듈 #7 (C5)
9. W   배터리 모듈 #8 (C7)
10. R   배터리 모듈 #8 (C9)
11. B/R   배터리 모듈 #8 (C11)
12. B   배터리 모듈 #5 (C0)
13. Br   배터리 모듈 #5 (C2)
14. R   배터리 모듈 #5 (C4)

15. O   배터리 모듈 #6 (C6)
16. Y   배터리 모듈 #6 (C8)
17. G   배터리 모듈 #6 (C10)
18. O   배터리 모듈 #6 (C11)
19. Y   배터리 모듈 #6 (C12)
20. -   -
21. -   -
22. B   배터리 모듈 #7 (C0)
23. L   배터리 모듈 #7 (C2)
24. V   배터리 모듈 #7 (C4)
25. Gr   배터리 모듈 #8 (C6)
26. W   배터리 모듈 #8 (C8)
27. R   배터리 모듈 #8 (C10)
28. B/R   배터리 모듈 #8 (C12)

배터리 하네스 (기본형) (3)

B243-A   CMU #3

WRK P/No.	-
Vendor P/No.	220261
Vendor P/Name	YURA_28F

1. R   CMU #4 (GND-C)
2. B   CMU #4 (OPD HO)
3. -   -
4. -   -
5. -   -
6. -   -
7. -   -
8. -   -
9. -   -
10. Gr   CMU #2 (RXNL)
11. Y   CMU #2 (RXPL)
12. R   CMU #2 (GND-C)
13. B   CMU #2 (OPD HI)
14. O   CMU #2 (OPD LI)
15. O   CMU #4 (OPD LO)
16. -   -

17. -   -
18. -   -
19. Gr   CMU #4 (TXNH)
20. Y   CMU #4 (TXPH)
21. W   CMU #4 (RXNH)
22. B/R CMU #4 (RXPH)
23. O   배터리 모듈 #12 온도 센서 (접지)
24. L   배터리 모듈 #12 온도 센서 (신호)
25. B   배터리 모듈 #9 온도 센서 (신호)
26. R   배터리 모듈 #9 온도 센서 (접지)
27. W   CMU #2 (TXNL)
28. B/R CMU #2 (TXPL)

B243-B   CMU #3

WRK P/No.	-
Vendor P/No.	220262
Vendor P/Name	YURA_28F

1. B   배터리 모듈 #9 (C1)
2. Br   배터리 모듈 #9 (C3)
3. R   배터리 모듈 #9 (C5)
4. O   배터리 모듈 #10 (C7)
5. Y   배터리 모듈 #10 (C9)
6. L   배터리 모듈 #11 (C1)
7. V   배터리 모듈 #11 (C3)
8. Gr   배터리 모듈 #11 (C5)
9. W   배터리 모듈 #12 (C7)
10. R   배터리 모듈 #12 (C9)
11. B/R 배터리 모듈 #12 (C11)
12. B   배터리 모듈 #9 (C0)
13. Br 배터리 모듈 #9 (C2)
14. R   배터리 모듈 #9 (C4)

15. O   배터리 모듈 #10 (C6)
16. Y   배터리 모듈 #10 (C8)
17. G   배터리 모듈 #10 (C10)
18. O   배터리 모듈 #10 (C11)
19. Y   배터리 모듈 #10 (C12)
20. -   -
21. -   -
22. B   배터리 모듈 #11 (C0)
23. L   배터리 모듈 #11 (C2)
24. V   배터리 모듈 #11 (C4)
25. Gr 배터리 모듈 #12 (C6)
26. W   배터리 모듈 #12 (C8)
27. R   배터리 모듈 #12 (C10)
28. B/R 배터리 모듈 #12 (C12)

CV34-4

배터리 하네스 (기본형) (4)

B244-A CMU #4

WRK P/No.	-
Vendor P/No.	220261
Vendor P/Name	YURA_28F

1. R   CMU #5 (GND-C)
2. B   CMU #5 (OPD HO)
3. -   -
4. -   -
5. -   -
6. -   -
7. -   -
8. -   -
9. -   -
10. Gr   CMU #3 (RXNL)
11. Y   CMU #3 (RXPL)
12. R   CMU #3 (GND-C)
13. B   CMU #3 (OPD HI)
14. O   CMU #3 (OPD LI)
15. O   CMU #5 (OPD LO)
16. -   -

17. -   -
18. -   -
19. Gr   CMU #5 (TXNH)
20. Y   CMU #5 (TXPH)
21. W   CMU #5 (RXNH)
22. B/R   CMU #5 (RXPH)
23. O   배터리 모듈 #16 온도 센서 (접지)
24. L   배터리 모듈 #16 온도 센서 (신호)
25. B   배터리 모듈 #13 온도 센서 (신호)
26. R   배터리 모듈 #13 온도 센서 (접지)
27. W   CMU #3 (TXNL)
28. B/R   CMU #3 (TXPL)

B244-B CMU #4

WRK P/No.	-
Vendor P/No.	220262
Vendor P/Name	YURA_28F

1. B   배터리 모듈 #13 (C1)
2. Br   배터리 모듈 #13 (C3)
3. R   배터리 모듈 #13 (C5)
4. O   배터리 모듈 #14 (C7)
5. Y   배터리 모듈 #14 (C9)
6. L   배터리 모듈 #15 (C1)
7. V   배터리 모듈 #15 (C3)
8. Gr   배터리 모듈 #15 (C5)
9. W   배터리 모듈 #16 (C7)
10. R   배터리 모듈 #16 (C9)
11. B/R   배터리 모듈 #16 (C11)
12. B   배터리 모듈 #13 (C0)
13. Br   배터리 모듈 #13 (C2)
14. R   배터리 모듈 #13 (C4)

15. O   배터리 모듈 #14 (C6)
16. Y   배터리 모듈 #14 (C8)
17. G   배터리 모듈 #14 (C10)
18. O   배터리 모듈 #14 (C11)
19. Y   배터리 모듈 #14 (C12)
20. -   -
21. -   -
22. B   배터리 모듈 #15 (C0)
23. L   배터리 모듈 #15 (C2)
24. V   배터리 모듈 #15 (C4)
25. Gr   배터리 모듈 #16 (C6)
26. W   배터리 모듈 #16 (C8)
27. R   배터리 모듈 #16 (C10)
28. B/R   배터리 모듈 #16 (C12)

배터리 하네스 (기본형) (5)

B245-A   CMU #5

WRK P/No.	-
Vendor P/No.	220261
Vendor P/Name	YURA_28F

1. R   CMU #6 (GND-C)
2. B   CMU #6 (OPD HO)
3. -
4. -
5. -
6. -
7. -
8. W   BSA 온도 센서 #2 (신호)
9. G   BSA 온도 센서 #2 (접지)
10. Gr   CMU #4 (RXNL)
11. Y   CMU #4 (RXPL)
12. R   CMU #4 (GND-C)
13. B   CMU #4 (OPD HI)
14. O   CMU #4 (OPD LI)
15. O   CMU #6 (OPD LO)
16. -
17. -   -
18. -   -
19. Gr   CMU #6 (TXNH)
20. Y   CMU #6 (TXPH)
21. W   CMU #6 (RXNH)
22. B/R CMU #6 (RXPH)
23. O   배터리 모듈 #20 온도 센서 (접지)
24. L   배터리 모듈 #20 온도 센서 (신호)
25. B   배터리 모듈 #17 온도 센서 (신호)
26. R   배터리 모듈 #17 온도 센서 (접지)
27. W   CMU #4 (TXNL)
28. B/R CMU #4 (TXPL)

B245-B   CMU #5

WRK P/No.	-
Vendor P/No.	220262
Vendor P/Name	YURA_28F

1. B   배터리 모듈 #17 (C1)
2. Br   배터리 모듈 #17 (C3)
3. R   배터리 모듈 #17 (C5)
4. O   배터리 모듈 #18 (C7)
5. Y   배터리 모듈 #18 (C9)
6. L   배터리 모듈 #19 (C1)
7. V   배터리 모듈 #19 (C3)
8. Gr   배터리 모듈 #19 (C5)
9. W   배터리 모듈 #20 (C7)
10. R   배터리 모듈 #20 (C9)
11. B/R 배터리 모듈 #20 (C11)
12. B   배터리 모듈 #17 (C0)
13. Br   배터리 모듈 #17 (C2)
14. R   배터리 모듈 #17 (C4)
15. O   배터리 모듈 #18 (C6)
16. Y   배터리 모듈 #18 (C8)
17. G   배터리 모듈 #18 (C10)
18. O   배터리 모듈 #18 (C11)
19. Y   배터리 모듈 #18 (C12)
20. -   -
21. -   -
22. B   배터리 모듈 #19 (C0)
23. L   배터리 모듈 #19 (C2)
24. V   배터리 모듈 #19 (C4)
25. Gr   배터리 모듈 #20 (C6)
26. W   배터리 모듈 #20 (C8)
27. R   배터리 모듈 #20 (C10)
28. B/R 배터리 모듈 #20 (C12)

배터리 하네스 (기본형) (6)

CV34-6

B246-A   CMU #6

WRK P/No.	-
Vendor P/No.	220261
Vendor P/Name	YURA_28F

1. - -
2. W BMU (OPD HO)
3. - -
4. - -
5. - -
6. - -
7. - -
8. - -
9. - -
10. Gr CMU #5 (RXNL)
11. Y CMU #5 (RXPL)
12. R CMU #5 (GND-C)
13. B CMU #5 (OPD HI)
14. O CMU #5 (OPD LI)
15. L BMU (OPD LO)

16. - -
17. - -
18. - -
19. L CMU #6 (TXNH)
20. O CMU #6 (TXPH)
21. L CMU #6 (RXNH)
22. O CMU #6 (RXPH)
23. - -
24. - -
25. B 배터리 모듈 #21 온도 센서 (신호)
26. R 배터리 모듈 #21 온도 센서 (접지)
27. W CMU #5 (TXNL)
28. B/R CMU #5 (TXPL)

B246-B   CMU #6

WRK P/No.	-
Vendor P/No.	220262
Vendor P/Name	YURA_28F

1. B 배터리 모듈 #21 (C1)
2. Br 배터리 모듈 #21 (C3)
3. R 배터리 모듈 #21 (C5)
4. O 배터리 모듈 #22 (C7)
5. Y 배터리 모듈 #22 (C9)
6. L 배터리 모듈 #23 (C1)
7. V 배터리 모듈 #23 (C3)
8. Gr 배터리 모듈 #23 (C5)
9. W 배터리 모듈 #24 (C7)
10. R 배터리 모듈 #24 (C9)
11. B/R 배터리 모듈 #24 (C11)
12. B 배터리 모듈 #21 (C0)
13. Br 배터리 모듈 #21 (C2)
14. R 배터리 모듈 #21 (C4)

15. O 배터리 모듈 #22 (C6)
16. Y 배터리 모듈 #22 (C8)
17. G 배터리 모듈 #22 (C10)
18. O 배터리 모듈 #22 (C11)
19. Y 배터리 모듈 #22 (C12)
20. - -
21. - -
22. B 배터리 모듈 #23 (C0)
23. L 배터리 모듈 #23 (C2)
24. V 배터리 모듈 #23 (C4)
25. Gr 배터리 모듈 #24 (C6)
26. W 배터리 모듈 #24 (C8)
27. R 배터리 모듈 #24 (C10)
28. B/R 배터리 모듈 #24 (C12)

배터리 하네스 (기본형) (7)

B201-A   배터리 모듈 #1

WRK P/No.	-	K100234-00
Vendor P/No.		K100234-00
Vendor P/Name	KET_2.0mm W to Plug Housing_04F	

1. B   CMU #1 (C0)
2. Br   CMU #1 (C2)

B201-B   배터리 모듈 #1

WRK P/No.	-	K100233-30
Vendor P/No.		K100233-30
Vendor P/Name	KET_2.0mm W to Plug Housing_03F	

1. B   CMU #1 (C1)
2. Br   CMU #1 (C3)

3. R   CMU #1 (C4)
4. -   -

3. R   CMU #1 (C5)

B202-A   배터리 모듈 #2

WRK P/No.	-	K100234-00
Vendor P/No.		K100234-00
Vendor P/Name	KET_2.0mm W to Plug Housing_04F	

1. O   CMU #1 (C6)
2. Y   CMU #1 (C8)

3. G   CMU #1 (C10)
4. Y   CMU #1 (C12)

B202-B   배터리 모듈 #2

WRK P/No.	-	K100233-30
Vendor P/No.		K100233-30
Vendor P/Name	KET_2.0mm W to Plug Housing_03F	

1. O   CMU #1 (C7)
2. Y   CMU #1 (C9)

3. O   CMU #1 (C11)

B203-A   배터리 모듈 #3

WRK P/No.	-	K100234-00
Vendor P/No.		K100234-00
Vendor P/Name	KET_2.0mm W to Plug Housing_04F	

1. B   CMU #1 (C0)
2. L   CMU #1 (C2)

3. V   CMU #1 (C4)
4. -   -

B203-B   배터리 모듈 #3

WRK P/No.	-	K100233-30
Vendor P/No.		K100233-30
Vendor P/Name	KET_2.0mm W to Plug Housing_03F	

1. L   CMU #1 (C1)
2. V   CMU #1 (C3)

3. Gr   CMU #1 (C5)

B204-A   배터리 모듈 #4

WRK P/No.	-	K100234-00
Vendor P/No.		K100234-00
Vendor P/Name	KET_2.0mm W to Plug Housing_04F	

1. Gr   CMU #1 (C6)
2. W   CMU #1 (C8)

3. R   CMU #1 (C10)
4. B/R   CMU #1 (C12)

B204-B   배터리 모듈 #4

WRK P/No.	-	K100233-30
Vendor P/No.		K100233-30
Vendor P/Name	KET_2.0mm W to Plug Housing_03F	

1. W   CMU #1 (C7)
2. R   CMU #1 (C9)

3. B/R   CMU #1 (C11)

배터리 하네스 (기본형) (8)

B205-A 배터리 모듈 #5

WRK P/No.	-	K100234-00
Vendor P/No.		
Vendor P/Name	KET_2.0mm W to Plug Housing_04F	

3. R CMU #2 (C4)
4. - -

1. B CMU #2 (C0)
2. Br CMU #2 (C2)

B205-B 배터리 모듈 #5

WRK P/No.	-	K100233-30
Vendor P/No.		
Vendor P/Name	KET_2.0mm W to Plug Housing_03F	

3. R CMU #2 (C5)

1. B CMU #2 (C1)
2. Br CMU #2 (C3)

B206-A 배터리 모듈 #6

WRK P/No.	-	K100234-00
Vendor P/No.		
Vendor P/Name	KET_2.0mm W to Plug Housing_04F	

3. G CMU #2 (C10)
4. Y CMU #2 (C12)

1. O CMU #2 (C6)
2. Y CMU #2 (C8)

B206-B 배터리 모듈 #6

WRK P/No.	-	K100233-30
Vendor P/No.		
Vendor P/Name	KET_2.0mm W to Plug Housing_03F	

3. O CMU #2 (C11)

1. O CMU #2 (C7)
2. Y CMU #2 (C9)

B207-A 배터리 모듈 #7

WRK P/No.	-	K100234-00
Vendor P/No.		
Vendor P/Name	KET_2.0mm W to Plug Housing_04F	

3. V CMU #2 (C4)
4. - -

1. B CMU #2 (C0)
2. L CMU #2 (C2)

B207-B 배터리 모듈 #7

WRK P/No.	-	K100233-30
Vendor P/No.		
Vendor P/Name	KET_2.0mm W to Plug Housing_03F	

3. Gr CMU #2 (C5)

1. L CMU #2 (C1)
2. V CMU #2 (C3)

B208-A 배터리 모듈 #8

WRK P/No.	-	K100234-00
Vendor P/No.		
Vendor P/Name	KET_2.0mm W to Plug Housing_04F	

3. R CMU #2 (C10)
4. B/R CMU #2 (C12)

1. Gr CMU #2 (C6)
2. W CMU #2 (C8)

B208-B 배터리 모듈 #8

WRK P/No.	-	K100233-30
Vendor P/No.		
Vendor P/Name	KET_2.0mm W to Plug Housing_03F	

3. B/R CMU #2 (C11)

1. W CMU #2 (C7)
2. R CMU #2 (C9)

배터리 하네스 (기본형) (9)

B209-A 배터리 모듈 #9

WRK P/No.	-
Vendor P/No.	K100234-00
Vendor P/Name	KET_2.0mm W to Plug Housing_04F

3. R CMU #3 (C4)
4. - -

1. B CMU #3 (C0)
2. Br CMU #3 (C2)

B209-B 배터리 모듈 #9

WRK P/No.	-
Vendor P/No.	K100233-30
Vendor P/Name	KET_2.0mm W to Plug Housing_03F

3. R CMU #3 (C5)

1. B CMU #3 (C1)
2. Br CMU #3 (C3)

B210-A 배터리 모듈 #10

WRK P/No.	-
Vendor P/No.	K100234-00
Vendor P/Name	KET_2.0mm W to Plug Housing_04F

3. G CMU #3 (C10)
4. Y CMU #3 (C12)

1. O CMU #3 (C6)
2. Y CMU #3 (C8)

B210-B 배터리 모듈 #10

WRK P/No.	-
Vendor P/No.	K100233-30
Vendor P/Name	KET_2.0mm W to Plug Housing_03F

3. O CMU #3 (C11)

1. O CMU #3 (C7)
2. Y CMU #3 (C9)

B211-A 배터리 모듈 #11

WRK P/No.	-
Vendor P/No.	K100234-00
Vendor P/Name	KET_2.0mm W to Plug Housing_04F

3. V CMU #3 (C4)
4. - -

1. B CMU #3 (C0)
2. L CMU #3 (C2)

B211-B 배터리 모듈 #11

WRK P/No.	-
Vendor P/No.	K100233-30
Vendor P/Name	KET_2.0mm W to Plug Housing_03F

3. Gr CMU #3 (C5)

1. L CMU #3 (C1)
2. V CMU #3 (C3)

B212-A 배터리 모듈 #12

WRK P/No.	-
Vendor P/No.	K100234-00
Vendor P/Name	KET_2.0mm W to Plug Housing_04F

3. R CMU #3 (C10)
4. B/R CMU #3 (C12)

1. Gr CMU #3 (C6)
2. W CMU #3 (C8)

B212-B 배터리 모듈 #12

WRK P/No.	-
Vendor P/No.	K100233-30
Vendor P/Name	KET_2.0mm W to Plug Housing_03F

3. B/R CMU #3 (C11)

1. W CMU #3 (C7)
2. R CMU #3 (C9)

CV34-10

배터리 하네스 (기본형) (10)

B213-A 배터리 모듈 #13

WRK P/No.	-	K100234-00
Vendor P/No.	K100234-00	
Vendor P/Name	KET_2.0mm W to Plug Housing_04F	

1. B   CMU #4 (C0)
2. Br CMU #4 (C2)
3. R   CMU #4 (C4)
4. -   -

B213-B 배터리 모듈 #13

WRK P/No.	-	K100233-30
Vendor P/No.	K100233-30	
Vendor P/Name	KET_2.0mm W to Plug Housing_03F	

1. B   CMU #4 (C1)
2. Br CMU #4 (C3)
3. R   CMU #4 (C5)

B214-A 배터리 모듈 #14

WRK P/No.	-	K100234-00
Vendor P/No.	K100234-00	
Vendor P/Name	KET_2.0mm W to Plug Housing_04F	

1. O   CMU #4 (C6)
2. Y   CMU #4 (C8)
3. G   CMU #4 (C10)
4. Y   CMU #4 (C12)

B214-B 배터리 모듈 #14

WRK P/No.	-	K100233-30
Vendor P/No.	K100233-30	
Vendor P/Name	KET_2.0mm W to Plug Housing_03F	

1. O   CMU #4 (C7)
2. Y   CMU #4 (C9)
3. O   CMU #4 (C11)

B215-A 배터리 모듈 #15

WRK P/No.	-	K100234-00
Vendor P/No.	K100234-00	
Vendor P/Name	KET_2.0mm W to Plug Housing_04F	

1. B   CMU #4 (C0)
2. L   CMU #4 (C2)
3. V   CMU #4 (C4)
4. -   -

B215-B 배터리 모듈 #15

WRK P/No.	-	K100233-30
Vendor P/No.	K100233-30	
Vendor P/Name	KET_2.0mm W to Plug Housing_03F	

1. L   CMU #4 (C1)
2. V   CMU #4 (C3)
3. Gr CMU #4 (C5)

B216-A 배터리 모듈 #16

WRK P/No.	-	K100234-00
Vendor P/No.	K100234-00	
Vendor P/Name	KET_2.0mm W to Plug Housing_04F	

1. Gr CMU #4 (C6)
2. W   CMU #4 (C8)
3. R   CMU #4 (C10)
4. B/R CMU #4 (C12)

B216-B 배터리 모듈 #16

WRK P/No.	-	K100233-30
Vendor P/No.	K100233-30	
Vendor P/Name	KET_2.0mm W to Plug Housing_03F	

1. W   CMU #4 (C7)
2. R   CMU #4 (C9)
3. B/R CMU #4 (C11)

배터리 하네스 (기본형) (11)

B217-A 배터리 모듈 #17

WRK P/No.	-	K100234-00
Vendor P/No.		
Vendor P/Name		KET_2.0mm W to Plug Housing_04F

Pin: 4 3 2 1

1. B   CMU #5 (C0)
2. Br   CMU #5 (C2)
3. R   CMU #5 (C4)
4. -   -

B217-B 배터리 모듈 #17

WRK P/No.	-	K100233-30
Vendor P/No.		
Vendor P/Name		KET_2.0mm W to Plug Housing_03F

Pin: 3 2 1

1. B   CMU #5 (C1)
2. Br   CMU #5 (C3)
3. R   CMU #5 (C5)

B218-A 배터리 모듈 #18

WRK P/No.	-	K100234-00
Vendor P/No.		
Vendor P/Name		KET_2.0mm W to Plug Housing_04F

Pin: 4 3 2 1

1. O   CMU #5 (C6)
2. Y   CMU #5 (C8)
3. G   CMU #5 (C10)
4. Y   CMU #5 (C12)

B218-B 배터리 모듈 #18

WRK P/No.	-	K100233-30
Vendor P/No.		
Vendor P/Name		KET_2.0mm W to Plug Housing_03F

Pin: 3 2 1

1. O   CMU #5 (C7)
2. Y   CMU #5 (C9)
3. O   CMU #5 (C11)

B219-A 배터리 모듈 #19

WRK P/No.	-	K100234-00
Vendor P/No.		
Vendor P/Name		KET_2.0mm W to Plug Housing_04F

Pin: 4 3 2 1

1. B   CMU #5 (C0)
2. L   CMU #5 (C2)
3. V   CMU #5 (C4)
4. -   -

B219-B 배터리 모듈 #19

WRK P/No.	-	K100233-30
Vendor P/No.		
Vendor P/Name		KET_2.0mm W to Plug Housing_03F

Pin: 3 2 1

1. L   CMU #5 (C1)
2. V   CMU #5 (C3)
3. Gr   CMU #5 (C5)

B220-A 배터리 모듈 #20

WRK P/No.	-	K100234-00
Vendor P/No.		
Vendor P/Name		KET_2.0mm W to Plug Housing_04F

Pin: 4 3 2 1

1. Gr   CMU #5 (C6)
2. W   CMU #5 (C8)
3. R   CMU #5 (C10)
4. B/R   CMU #5 (C12)

B220-B 배터리 모듈 #20

WRK P/No.	-	K100233-30
Vendor P/No.		
Vendor P/Name		KET_2.0mm W to Plug Housing_03F

Pin: 3 2 1

1. W   CMU #5 (C7)
2. R   CMU #5 (C9)
3. B/R   CMU #5 (C11)

배터리 하네스 (기본형) (12)

B221-A   배터리 모듈 #21

WRK P/No.	-	K100234-00
Vendor P/No.		
Vendor P/Name	KET_2.0mm W to Plug Housing_04F	

3. R   CMU #6 (C4)
4. -   -

1. B   CMU #6 (C0)
2. Br   CMU #6 (C2)

B221-B   배터리 모듈 #21

WRK P/No.	-	K100233-30
Vendor P/No.		
Vendor P/Name	KET_2.0mm W to Plug Housing_03F	

3. R   CMU #6 (C5)

1. B   CMU #6 (C1)
2. Br   CMU #6 (C3)

B222-A   배터리 모듈 #22

WRK P/No.	-	K100234-00
Vendor P/No.		
Vendor P/Name	KET_2.0mm W to Plug Housing_04F	

3. G   CMU #6 (C10)
4. Y   CMU #6 (C12)

1. O   CMU #6 (C6)
2. Y   CMU #6 (C8)

B222-B   배터리 모듈 #22

WRK P/No.	-	K100233-30
Vendor P/No.		
Vendor P/Name	KET_2.0mm W to Plug Housing_03F	

3. O   CMU #6 (C11)

1. O   CMU #6 (C7)
2. Y   CMU #6 (C9)

B223-A   배터리 모듈 #23

WRK P/No.	-	K100234-00
Vendor P/No.		
Vendor P/Name	KET_2.0mm W to Plug Housing_04F	

3. V   CMU #6 (C4)
4. -   -

1. B   CMU #6 (C0)
2. L   CMU #6 (C2)

B223-B   배터리 모듈 #23

WRK P/No.	-	K100233-30
Vendor P/No.		
Vendor P/Name	KET_2.0mm W to Plug Housing_03F	

3. Gr   CMU #6 (C5)

1. L   CMU #6 (C1)
2. V   CMU #6 (C3)

B224-A   배터리 모듈 #24

WRK P/No.	-	K100234-00
Vendor P/No.		
Vendor P/Name	KET_2.0mm W to Plug Housing_04F	

3. R   CMU #6 (C10)
4. B/R   CMU #6 (C12)

1. Gr   CMU #6 (C6)
2. W   CMU #6 (C8)

B224-B   배터리 모듈 #24

WRK P/No.	-	K100233-30
Vendor P/No.		
Vendor P/Name	KET_2.0mm W to Plug Housing_03F	

3. B/R   CMU #6 (C11)

1. W   CMU #6 (C7)
2. R   CMU #6 (C9)

플로어 하네스 (1)

CV40-1

WRK P/No.	-
Vendor P/No.	6189-7936
Vendor P/Name	SUM_ACU_52F

F01　에어백 컨트롤 모듈

1. - 　-
2. - 　-
3. - 　-
4. - 　-
5. - 　-
6. Br 　운전석 시트 벨트 리트랙터 (리어) (High)
7. W 　운전석 시트 벨트 리트랙터 (리어) (Low)
8. Y 　동승석 시트 벨트 리트랙터 (리어) (Low)
9. Gr 　동승석 시트 벨트 리트랙터 (리어) (High)
10. - 　-
11. - 　-
12. - 　-
13. - 　-
14. - 　-

15. L/B 　동승석 시트 벨트 버클 센서 (+)
16. L 　운전석 시트 벨트 버클 센서 (+)
17. B 　동승석 커튼 에어백 (Low)
18. W 　운전석 커튼 에어백 (High)
19. L 　운전석 커튼 에어백 (Low)
20. Br 　동승석 커튼 에어백 (Low)
21. G 　동승석 사이드 에어백 (High)
22. O 　운전석 사이드 에어백 (High)
23. W/B 　운전석 사이드 에어백 (Low)
24. Br/B 　센터 사이드 에어백 (Low)
25. G/O 　센터 사이드 에어백 (High)
26. R/O 　운전석 시트 벨트 리트랙터
27. G 　운전석 시트 벨트 리트랙터
28. Gr 　프리텐셔너 시트 벨트 리트랙터

29. - 　-
30. - 　-
31. - 　동승석 시트 벨트 리트랙터
32. Y 　동승석 시트 벨트 리트랙터 (High)
33. O 　프리텐셔너 시트 벨트 리트랙터 (Low)
34. - 　-
35. - 　-
36. - 　-
37. - 　-
38. - 　-
39. - 　-
40. B 　접지 (GF06)
41. L 　운전석 사이드 충돌 감지 센서 (리어) (Low)
42. R 　운전석 사이드 충돌 감지 센서 (리어) (High)

43. G 　운전석 도어 사이드 충돌 압력 센서 (High)
44. O 　운전석 도어 사이드 충돌 압력 센서 (Low)
45. L/O 　동승석 도어 사이드 충돌 압력 센서 (Low)
46. R/O 　동승석 도어 사이드 충돌 압력 센서 (High)
47. R/B 　운전석 사이드 충돌 감지 센서 (프런트) (High)
48. L 　운전석 사이드 충돌 감지 센서 (프런트) (Low)
49. G/B 　동승석 사이드 충돌 감지 센서 (프런트) (Low)
50. O/B 　동승석 사이드 충돌 감지 센서 (프런트) (High)
51. O 　동승석 사이드 충돌 감지 센서 (리어) (High)
52. G 　동승석 사이드 충돌 감지 센서 (리어) (Low)

플로어 하네스 (2)

CV40-2

F02-A 앰프

WRK P/No.	-
Vendor P/No.	4-2188225-8
Vendor P/Name	AMP_020060_28F

1. O : ICU 정션 블록 (퓨즈 - 앰프)
2. O : ICU 정션 블록 (퓨즈 - 앰프)
3. O : ICU 정션 블록 (퓨즈 - 앰프)
4. O : ICU 정션 블록 (퓨즈 - 앰프)
5. -
6. -
7. -
8. L : ICU 정션 블록 (퓨즈 - 모듈2)
9. Y : AVNT 헤드 유닛 (NAVI VOICE (+))
10. Y : M-CAN (High)
11. B : M-CAN (Low)
12. W : FL (+) : 운전석 도어 스피커, 운전석 도어 트위터 스피커
13. Br : FL (-) : 운전석 도어 스피커, 운전석 도어 트위터 스피커
14. R : FR (+) : 동승석 도어 스피커, 동승석 도어 트위터 스피커

15. G : FR (-) : 동승석 도어 스피커, 동승석 도어 트위터 스피커
16. B : 접지 (GF08)
17. B : 접지 (GF08)
18. B : 접지 (GF08)
19. B : 접지 (GF08)
20. R : AVNT 헤드 유닛 (SPDIF (+))
21. B : AVNT 헤드 유닛 (SPDIF (-))
22. B/O : AVNT 헤드 유닛 (SPDIF 쉴드)
23. Br : ICU 정션 블록 (퓨즈 - 모듈5)
24. Gr : AVNT 헤드 유닛 (NAVI VOICE (-))
25. Y : 센터 스피커 (+)
26. B : 센터 스피커 (-)
27. -
28. -

F02-B 앰프

WRK P/No.	-
Vendor P/No.	5-2188225-6
Vendor P/Name	AMP_020060_28F

1. Y : RL (+) : 리어 도어 스피커 LH, 리어 도어 트위터 스피커 LH
2. Br : RL (-) : 리어 도어 스피커 LH, 리어 도어 트위터 스피커 LH
3. O : RR (+) : 리어 도어 스피커 RH, 리어 도어 트위터 스피커 RH
4. Gr : RR (-) : 리어 도어 스피커 RH, 리어 도어 트위터 스피커 RH
5. -
6. -
7. -
8. -
9. -
10. -
11. -
12. L : 서라운드 스피커 LH (+)
13. Y : 서라운드 스피커 LH (-)
14. P : 서라운드 스피커 RH (+)

15. R : 서라운드 스피커 RH (-)
16. Br : 서브 우퍼 (서브 우퍼1 (+))
17. W : 서브 우퍼 (서브 우퍼1 (-))
18. P : 서브 우퍼 (서브 우퍼2 (+))
19. R : 서브 우퍼 (서브 우퍼2 (-))
20. -
21. -
22. -
23. O : ADP (High)
24. Gr : ADP (Low)
25. G : 미드 스피커 LH (+)
26. O : 미드 스피커 LH (-)
27. W : 미드 스피커 RH (+)
28. Br : 미드 스피커 RH (-)

블로어 하네스 (3)

CV40-3

F03-D 운전석 사이드 충돌 감지 센서 (프런트)

WRK P/No.	-
Vendor P/No.	MSAIRB-02-5MA-Y
Vendor P/Name	JST_050WP_02F

1. R/B 에어백 컨트롤 모듈 (High)
2. L 에어백 컨트롤 모듈 (Low)

F03-P 동승석 사이드 충돌 감지 센서 (프런트)

WRK P/No.	-
Vendor P/No.	MSAIRB-02-5MA-Y
Vendor P/Name	JST_050WP_02F

1. O/B 에어백 컨트롤 모듈 (High)
2. G/B 에어백 컨트롤 모듈 (Low)

F04-D 운전석 사이드 충돌 감지 센서 (리어)

WRK P/No.	-
Vendor P/No.	MSAIRB-02-1SA-Y
Vendor P/Name	JST_050WP_02F

1. R 에어백 컨트롤 모듈 (High)
2. L 에어백 컨트롤 모듈 (Low)

F04-P 동승석 사이드 충돌 감지 센서 (리어)

WRK P/No.	-
Vendor P/No.	MSAIRB-02-1SA-Y
Vendor P/Name	JST_050WP_02F

1. O 에어백 컨트롤 모듈 (High)
2. G 에어백 컨트롤 모듈 (Low)

F05 ADP (Acoustic Design Processor)

WRK P/No.	-
Vendor P/No.	MG657039-5
Vendor P/Name	KET_020_32F

1. B 접지 (GF04)
2. Gr/B ICU 정션 블록 (퓨즈 - 메모리2)
3. L ICU 정션 블록 (퓨즈 - 모듬2)
4. -
5. Y M-CAN (High)
6. -
7. -
8. -
9. -
10. -
11. -
12. -
13. -
14. -
15. -
16. O 앰프 (ADP_M (High))
17. B 접지 (GF04)
18. Gr/B ICU 정션 블록 (퓨즈 - 메모리2)
19. G ICU 정션 블록 (퓨즈 - 모듬5)
20. -
21. B M-CAN (Low)
22. -
23. -
24. -
25. -
26. -
27. -
28. -
29. -
30. -
31. -
32. Gr 앰프 (ADP_M (Low))

플로어 하네스 (4)

F11 V2L 유닛 (신호)

WRK P/No.	-
Vendor P/No.	2343432-1
Vendor P/Name	AMP_SUBM_025_06F

1. Br ICU 정션블록 (퓨즈 - IG3 8)
2. Y   VCMS (AC_V)
3. B   접지 (GF05)
4. W   VCMS (릴레이 컨트롤)
5. -   -
6. L   VCMS (Socket PD)

F14-S ICCU (신호)

WRK P/No.	1879003514AS
Vendor P/No.	1897688-2
Vendor P/Name	AMP_060WP_18F

1. B   접지 (GF05)
2. R   P/R 정션블록 (퓨즈 - 충전기1)
3. -   -
4. -   -
5. Y   G-CAN FD (High)
6. Br G-CAN FD (Low)
7. B   접지 (GF05)
8. R   P/R 정션블록 (퓨즈 - 충전기1)
9. -   -
10. - -
11. - -
12. - -
13. B 접지 (GF05)
14. Br ICU 정션블록 (퓨즈 - IG3 8)
15. - -
16. - -
17. - -
18. - -

F16-D 운전석 커튼 에어백

WRK P/No.	-
Vendor P/No.	3340-1530
Vendor P/Name	DEL_SRS_02F

1. L   에어백 컨트롤 모듈 (High)
2. Br 에어백 컨트롤 모듈 (Low)

F16-P 동승석 커튼 에어백

WRK P/No.	-
Vendor P/No.	3340-1530
Vendor P/Name	DEL_SRS_02F

1. W   에어백 컨트롤 모듈 (High)
2. B   에어백 컨트롤 모듈 (Low)

F17 센터 사이드 에어백

WRK P/No.	-
Vendor P/No.	SABRB-02-1A2-M
Vendor P/Name	JST_025WP_02F

1. G/O 에어백 컨트롤 모듈 (Low)
2. R/O 에어백 컨트롤 모듈 (High)

F18 테일게이트 러기지 램프

WRK P/No.	9999900055AS
Vendor P/No.	368500-1
Vendor P/Name	AMP_070_03F

1. W ICU 정션 블록 (IPS8)
2. -
3. R ICU 정션 블록 (IPS 컨트롤 모듈)

F20 서브 우퍼

WRK P/No.	1879003722AS
Vendor P/No.	HK265-04020
Vendor P/Name	KUM_060_04F

1. Br 앰프 (서브 우퍼1 (+))
2. W 앰프 (서브 우퍼1 (-))
3. P 앰프 (서브 우퍼2 (+))
4. R 앰프 (서브 우퍼2 (-))

F21-L 리어 덕트 액추에이터 LH

WRK P/No.	1879003111AS
Vendor P/No.	HP286-06021
Vendor P/Name	KUM_TWP_06F

1. P 에어컨 컨트롤 모듈 (Floor)
2. G 에어컨 컨트롤 모듈 (Vent)
3. -
4. B 에어컨 컨트롤 모듈 (센서 접지)
5. L 에어컨 컨트롤 모듈 (F/B)
6. O 에어컨 컨트롤 모듈 (센서 전원)

F21-R 리어 덕트 액추에이터 RH

WRK P/No.	1879003111AS
Vendor P/No.	HP286-06021
Vendor P/Name	KUM_TWP_06F

1. Br 에어컨 컨트롤 모듈 (Vent)
2. W 에어컨 컨트롤 모듈 (Floor)
3. -
4. O 에어컨 컨트롤 모듈 (센서 전원)
5. G 에어컨 컨트롤 모듈 (F/B)
6. B 에어컨 컨트롤 모듈 (센서 접지)

F22 SCU

WRK P/No.	-
Vendor P/No.	3318-7877
Vendor P/Name	DEL_025060_20F

1. B SBW 액추에이터 (Phase - U)
2. Y SBW 액추에이터 (Phase - V)
3. -
4. -
5. G IBU (COM ESCL)
6. O P-CAN FD (High)
7. L P-CAN FD (Low)
8. B SBW 액추에이터 (Encoder 접지)
9. B 접지 (GF04)
10. R/B P/R 정션 블록 (퓨즈 - 전자식 변속레버2)
11. W SBW 액추에이터 (Phase - W)
12. O P/R 정션 블록 (전자식 변속레버 릴레이)
13. G SBW 액추에이터 (Encoder A)
14. W SBW 액추에이터 (Encoder B)
15. W/B PWM Communication (From VCU) : VCU (PWM 신호 - To SCU)
16. P ICU 정션 블록 (퓨즈 - IG3 8)
17. R SBW 액추에이터 (Encoder 전원)
18. Gr PWM Communication (To VCU) : VCU (PWM 신호 - From SCU)
19. B 접지 (GF04)
20. B 접지 (GF04)

F23 파워 테일게이트 스핀들

WRK P/No.	999990123AS
Vendor P/No.	1563125-1
Vendor P/Name	AMP_050110_10M

1. R/B 파워 테일게이트 유닛 (스핀들 홀 센서 (접지))
2. W 파워 테일게이트 유닛 (모터 (-))
3. Y/B 파워 테일게이트 유닛 (스핀들 홀 센서 (신호1))
4. B/O 파워 테일게이트 유닛 (모터 쉴드)
5. -
6. -
7. -
8. G/B 파워 테일게이트 유닛 (스핀들 홀 센서 (전원))
9. G 파워 테일게이트 유닛 (모터 (+))
10. P/B 파워 테일게이트 유닛 (스핀들 홀 센서 (신호2))

F25 리어 파워 아웃렛

WRK P/No.	-
Vendor P/No.	MG630685-5
Vendor P/Name	KET_2505_02F

1. L P/R 정션 블록 (퓨즈 - 파워 아웃렛3)
2. B 접지 (GF03)

F27 빌트인 캠 보조 배터리

WRK P/No.	-
Vendor P/No.	HP516-12021
Vendor P/Name	KUM_025110WP_12F

1. B 접지 (GF03)
2. -
3. -
4. -
5. -
6. -
7. -
8. R P/R 정션 블록 (Multi Fuse2 - 보조 배터리)
9. O 빌트인 캠 유닛 (전원)
10. -
11. G ICU 정션 블록 (퓨즈 - 모듈7)
12. L 빌트인 캠 유닛 (LIN)

F28-A 파워 테일게이트 유닛

WRK P/No.	-
Vendor P/No.	0-2236269-2
Vendor P/Name	AMP_025110_24F

1. Y 파워 테일게이트 래치 (래치 모터 (-))
2. R P/R 정션 블록 (퓨즈 - 파워 테일게이트)
3. O B-CAN (Low)
4. G B-CAN (High)
5. -
6. Gr/B ICU 정션 블록 (퓨즈 - 모듈1)
7. -
8. -
9. -
10. -
11. -
12. -
13. O 파워 테일게이트 래치 (래치 모터 (+))
14. B 접지 (GF04)
15. G Full Lock 스위치 : ICU 정션 블록 (IPS 컨트롤 모듈)
16. Gr 파워 테일게이트 래치 (Half Lock 스위치 (PAWL))
17. B 파워 테일게이트 래치 (스위치 접지)
18. L 파워 테일게이트 래치 (Home Position 스위치)
19. G 테일게이트 스위치 (실내) (스위치 신호)
20. L 크래쉬 패드 스위치 (파워 테일게이트 스위치)
21. -
22. Br/B 파워 테일게이트 부저
23. -
24. -

F28-B 파워 테일게이트 유닛

WRK P/No.	-
Vendor P/No.	1-2236269-1
Vendor P/Name	AMP_025110_24F

1. G 파워 테일게이트 스핀들 (스핀들 모터 (+))
2. -
3. -
4. -
5. -
6. -
7. L/O 파워 테일게이트 래치 (Open 스위치 (REF))
8. O/B 테일게이트 스위치 (실내) (스위치 ILL. (+))
9. -
10. -
11. -
12. -
13. W 파워 테일게이트 스핀들 (스핀들 모터 (-))
14. -
15. R/B 파워 테일게이트 스핀들 (스핀들 홀 센서 (접지))
16. Y/B 파워 테일게이트 스핀들 (스핀들 홀 센서 (신호1))
17. P/B 파워 테일게이트 스핀들 (스핀들 홀 센서 (신호2))
18. G/B 파워 테일게이트 스핀들 (스핀들 홀 센서 (전원))
19. B/O 파워 테일게이트 스핀들 (스핀들 모터 (실드))
20. -
21. -
22. -
23. -
24. -

F29-D 운전석 시트 벨트 리트랙터 프리텐셔너 (프리텐)

WRK P/No.	-
Vendor P/No.	3507-2834
Vendor P/Name	DEL_025_02F

1. Gr 에어백 컨트롤 모듈 (High)
2. G 에어백 컨트롤 모듈 (Low)

F29-P 동승석 시트 벨트 리트렉터 프리텐셔너 (프런트)

WRK P/No.	-
Vendor P/No.	3507-2834
Vendor P/Name	DEL_025_02F

1. Y 에어백 컨트롤 모듈 (High)

2. O 에어백 컨트롤 모듈 (Low)

F30-D 운전석 시트 벨트 리트렉터 프리텐셔너 (리어)

WRK P/No.	-
Vendor P/No.	3507-2834
Vendor P/Name	DEL_025_02F

1. Br 에어백 컨트롤 모듈 (High)

2. W 에어백 컨트롤 모듈 (Low)

F30-P 동승석 시트 벨트 리트렉터 프리텐셔너 (리어)

WRK P/No.	-
Vendor P/No.	3507-2834
Vendor P/Name	DEL_025_02F

1. Gr 에어백 컨트롤 모듈 (High)

2. Y 에어백 컨트롤 모듈 (Low)

F31 AFCU

WRK P/No.	-
Vendor P/No.	MG655759
Vendor P/Name	KET_025II_28F

| 14 | 13 | 12 | 11 | 10 | 9 | 8 | 7 | 6 | 5 | 4 | 3 | 2 | 1 |
| 28 | 27 | 26 | 25 | 24 | 23 | 22 | 21 | 20 | 19 | 18 | 17 | 16 | 15 |

1. R ICU 정션 블록 (퓨즈 - 오토도어 핸들)

2. -

3. O B-CAN (Low)

4. G B-CAN (High)

5. -

6. -

7. -

8. -

9. -

10. R ICU 정션 블록 (퓨즈 - 오토도어 핸들)

11. L 운전석 도어 아웃사이드 핸들 (모터 (-))

12. G 운전석 도어 아웃사이드 핸들 (모터 (+))

13. L 동승석 도어 아웃사이드 핸들 (모터 (-))

14. G 동승석 도어 아웃사이드 핸들 (모터 (+))

15. W 운전석 도어 아웃사이드 핸들 (홀딩 신호)

16. R/B 운전석 도어 아웃사이드 핸들 (언폴딩 신호)

17. W 동승석 도어 아웃사이드 핸들 (홀딩 신호)

18. R/B 동승석 도어 아웃사이드 핸들 (언폴딩 신호)

19. W 리어 도어 아웃사이드 핸들 플러시 LH (홀딩 신호)

20. R/B 리어 도어 아웃사이드 핸들 플러시 LH (언폴딩 신호)

21. W 리어 도어 아웃사이드 핸들 플러시 RH (홀딩 신호)

22. R/B 리어 도어 아웃사이드 핸들 플러시 RH (언폴딩 신호)

23. -

24. L 리어 도어 아웃사이드 핸들 플러시 LH (모터 (-))

25. G 리어 도어 아웃사이드 핸들 플러시 LH (모터 (+))

26. L 리어 도어 아웃사이드 핸들 플러시 RH (모터 (-))

27. G 리어 도어 아웃사이드 핸들 플러시 RH (모터 (+))

28. B 접지 (GF05)

F32 동승석 무게 감지 센서

WRK P/No.	-
Vendor P/No.	SABRB-04-1SB-Y
Vendor P/Name	JST_025WP_04F

1.G ICU 정션 블록 (퓨즈 - 에어백1)
2.B 접지 (GF06)
3.Br C-CAN FD (Low)
4.W C-CAN FD (High)

F34 스마트 키 트렁크 안테나

WRK P/No.	-
Vendor P/No.	MG611271-7
Vendor P/Name	KET_060_02F

1.R IBU (전원)
2.L IBU (접지)

F35-L 리어 콤비네이션 램프 (OUT) LH

WRK P/No.	-
Vendor P/No.	MG655673-5
Vendor P/Name	KET_N060WP_08M

1.G/B 미등 : ICU 정션 블록 (IPS3)
2.L 정지등 : ICU 정션 블록 (IPS5)
3.Y/O IBU (Welcome 램프)
4.B 정지등/미등 : 접지 (GF03)
5.L/O 방향등 : ICU 정션 블록 (IPS1)
6.W/B ICU 정션 블록 (IPS 컨트롤 모듈 - 비상등 옥추에이터)
7.O ICU 정션 블록 (IPS 컨트롤 모듈 - 방향등 텔테일 LH)
8.B 방향등 : 접지 (GF03)

F35-R 리어 콤비네이션 램프 (OUT) RH

WRK P/No.	-
Vendor P/No.	MG655673-5
Vendor P/Name	KET_N060WP_08M

1.Br/B 미등 : ICU 정션 블록 (IPS6)
2.G 정지등 : ICU 정션 블록 (IPS6)
3.Y/B IBU (Welcome 램프)
4.B 정지등/미등 : 접지 (GF05)
5.L/O 방향등 : ICU 정션 블록 (IPS1)
6.W/B ICU 정션 블록 (IPS 컨트롤 모듈 - 비상등 옥추에이터)
7.O/B ICU 정션 블록 (IPS 컨트롤 모듈 - 방향등 텔테일 RH)
8.B 방향등 : 접지 (GF05)

F36-D 운전석 사이드 에어백

WRK P/No.	-
Vendor P/No.	SABRB-02-1A-Y
Vendor P/Name	JST_025WP_02F

1.W/B 에어백 컨트롤 모듈 (High)
2.Br/B 에어백 컨트롤 모듈 (Low)

F36-P 동승석 사이드 에어백

WRK P/No.	-
Vendor P/No.	SABRB-02-1A-Y
Vendor P/Name	JST_025WP_02F

1.O 에어백 컨트롤 모듈 (High)
2.G 에어백 컨트롤 모듈 (Low)

CV40-10

F37-D 운전석 시트 벨트 버클 센서

WRK P/No.	-
Vendor P/No.	BABRB-02-1A-Y
Vendor P/Name	JST_025_02F

1.L 에어백 컨트롤 모듈(+)
2.B 접지 (GF06)

F37-P 동승석 시트 벨트 버클 센서

WRK P/No.	-
Vendor P/No.	BABRB-02-1A-Y
Vendor P/Name	JST_025_02F

1.L/B 에어백 컨트롤 모듈(+)
2.B 접지 (GF06)

F57-P ICCU (Low DC-DC 컨버터 (+))

WRK P/No.	-
Vendor P/No.	91985-CV010
Vendor P/Name	KSC_91985CV010_01F

1.B P/R 정션 블록 (Multi Fuse1 - LDC)

F39 VCMS

WRK P/No.	-
Vendor P/No.	1473252-4
Vendor P/Name	AMP_MQSJPT_40F

1.W 충전 단자 (CP)
2.- -
3.- -
4.- -
5.- -
6.- -
7.Br G-CAN FD (Low)
8.Y G-CAN FD (High)
9.B 충전 단자 (CP (-)), 접지 (GC11)
10.L V2L 유닛 (Socket PD)
11.G 충전 단자 (PD)
12.- -
13.Gr 충전 단자 온도 센서 #1 (금속 (+)) (+)
14.W/B 충전 단자 온도 센서 #1 (금속 (+)) (-)
15.Gr/B ICU 정션 블록 (IPS 컨트롤 모듈 - Wake-Up (ICU))
16.Y V2L 유닛 (AC_V)
17.Gr 충전 단자 온도 센서 #3 (완속) (+)
18.P 충전 단자 온도 센서 #3 (완속) (-)
19.- -
20.R 충전 단자 록/언록 액추에이터 (신호)

21.W V2L 유닛 (릴레이 컨트롤)
22.- -
23.O P/R 정션 블록 (충전기 잠금 릴레이)
24.G ICU 정션 블록 (IPS 컨트롤 모듈 - Wake-Up (CHG))
25.- -
26.- -
27.P 충전 단자 온도 센서 #2 (금속 (-)) (+)
28.W 충전 단자 온도 센서 #2 (금속 (-)) (-)
29.Y 충전 단자 록/언록 액추에이터 (접지)
30.- -
31.L P/R 정션 블록 (충전기 잠금해제 릴레이)
32.- -
33.Br ICU 정션 블록 (퓨즈 - IG3 8)
34.R P/R 정션 블록 (퓨즈 - 충전기1)
35.R P/R 정션 블록 (퓨즈 - 충전기1)
36.B 접지 (GF05)
37.B 접지 (GF05)
38.B 접지 (GF05)
39.- -
40.- -

F43 리어 시트 벨트 버클 스위치 LH

WRK P/No.	-
Vendor P/No.	MG652987
Vendor P/Name	KET_040III_02F

1. Y   ICU 정션블록(IPS 컨트롤 모듈)
2. B   접지(GF05)

F44 리어 시트 벨트 버클 스위치 RH & CENTER

WRK P/No.	-
Vendor P/No.	CL6405-0012-4-000
Vendor P/Name	HRS_KM025B_04F

1. B   리어 RH : 접지 (GF05)
2. P   리어 RH : ICU 정션블록 (IPS 컨트롤 모듈)
3. B   리어 CTR : 접지 (GF05)
4. L   리어 CTR : ICU 정션블록 (IPS 컨트롤 모듈)

F47 서라운드 스피커 LH

WRK P/No.	187900548AS
Vendor P/No.	HK267-02120
Vendor P/Name	KUM_060_02F

1. L   앰프(+)
2. Y   앰프(-)

F48 서라운드 스피커 RH

WRK P/No.	187900548AS
Vendor P/No.	HK267-02120
Vendor P/Name	KUM_060_02F

1. P   앰프(+)
2. R   앰프(-)

F45 리어 ECS 솔레노이드 밸브 LH (ECS 적용)

WRK P/No.	9999900013AS
Vendor P/No.	7-967570-4
Vendor P/Name	AMP_MQSWP_02M

1. Gr/B   ECS 유닛(솔레노이드RL (+))
2. L/O   ECS 유닛(솔레노이드RL (-))

F46 리어 ECS 솔레노이드 밸브 RH (ECS 적용)

WRK P/No.	9999900013AS
Vendor P/No.	7-967570-4
Vendor P/Name	AMP_MQSWP_02M

1. O   ECS 유닛(솔레노이드RR (+))
2. G/B   ECS 유닛(솔레노이드RR (-))

플로어 하네스 (12)

리어 휠 센서 익스텐션 하네스

F52-L	리어 EPB 액추에이터 LH	WRK P/No.	-
		Vendor P/No.	33347439
		Vendor P/Name	APTIV_02F

1. W   IEB 유닛 (-)

2. G   IEB 유닛 (+)

F52-R	리어 EPB 액추에이터 RH	WRK P/No.	-
		Vendor P/No.	33347439
		Vendor P/Name	APTIV_02F

1. W   IEB 유닛 (-)

2. G   IEB 유닛 (+)

콘솔 익스텐션 하네스

F61	무선 충전 유닛	WRK P/No.	-
		Vendor P/No.	MG655823
		Vendor P/Name	KET_025II_12F

| 12 | 11 | 10 | 9 | 8 | 7 | 6 | 5 | 4 | 3 | 2 | 1 |

1. G/B   접지 (GF04)
2. G/B   접지 (GF04)
3. W   무선 충전 유닛 인디케이터
         (Amber LED)
4. Gr   무선 충전 유닛 인디케이터
         (Green LED)
5. Lg   B-CAN (Low)
6. V   B-CAN (High)

7. -   -
8. Br   [NFC 타임 적용]
         LOCAL-CAN (Low) : IAU
9. P   [NFC 타임 적용]
         LOCAL-CAN (High) : IAU
10. -   -
11. L   ICU 정션 블록 (퓨즈 - 모듈5)
12. R   ICU 정션 블록 (IPS9)

F62	무선 충전 유닛 인디케이터	WRK P/No.	-
		Vendor P/No.	MG656919
		Vendor P/Name	KET_025II_06F

| 6 | 5 | 4 | 3 | 2 | 1 |

1. G/B   접지 (GF04)
2. Gr   무선 충전 유닛 (Green LED)
3. W   무선 충전 유닛 (Amber LED)

4. -   -
5. B   ILL. (-)
6. O   ILL. (+)

F63 프런트 파워 아웃렛

WRK P/No.	-
Vendor P/No.	999990005AS
Vendor P/Name	172864-2
	TE_250_02F

1. R P/R 정션 블록 (퓨즈 - 파워 아웃렛2)
2. B 접지 (GF03)

F64 시동/정지 버튼 스위치

WRK P/No.	-
Vendor P/No.	MG610372
Vendor P/Name	KET_040_10F

1. L IBU (SSB SW1)
2. -
3. O IBU (SSB Ring ILL. Out)
4. Y/R IBU (IMMO. 전원)
5. -
6. G 접지 (GM03)
7. W IBU (SSB SW2)
8. B ILL. (-)
9. -
10. G/R IBU (IMMO. 접지)

F65 스마트 키 실내 안테나 #2

WRK P/No.	-
Vendor P/No.	MG611271-7
Vendor P/Name	KET_060_02F

1. R IBU (전원)
2. B IBU (접지)

F80 콘솔 어퍼 커버 스위치

WRK P/No.	-
Vendor P/No.	CL6424-0051-4
Vendor P/Name	KM025B_12F

1. Y ICU 정션 블록 (퓨즈 - 모듈4)
2. O ILL. (+)
3. W Auto Hold 스위치 : IEB 유닛
4. -
5. -
6. -
7. -
8. L PDW 스위치 IND. : [ADAS 미적용] IBU
   [ADAS 적용] 운전자 주차 보조 유닛
9. Br PDW 스위치 :
   [ADAS 미적용] IBU
   [ADAS 적용] 운전자 주차 보조 유닛
10. Lg [ADAS 미적용] RVM 스위치 : IBU
    [ADAS 적용] SVM 스위치 :
    운전자 주차 보조 유닛
11. B ILL. (-)
12. G 접지 (GF04)

F81 유니버설 아일랜드 USB 충전 단자

WRK P/No.	-
Vendor P/No.	220201-NA
Vendor P/Name	YURA_025_04F

1. G/B 접지 (GF04)
2. B ILL. (-)
3. O ILL. (+)
4. R ICU 정션 블록 (퓨즈 - USB 충전기)

블로어 하네스 (14)

CV40-14

F83 리어 콘솔 USB 충전 단자 #1

WRK P/No.	-
Vendor P/No.	220201-NA
Vendor P/Name	YURA_025_04F

1. G/B — 접지 (GF04)
2. B — ILL. (-)
3. O — ILL. (+)
4. O/R — ICU 정션 블록 (퓨즈 - USB 충전기)

F85 콘솔 블로어 스위치 (버튼 타입)

WRK P/No.	-
Vendor P/No.	CL6424-0072-4
Vendor P/Name	HIROSE_025_24F

1. B/Y — [통풍 시트 적용] 프런트 통풍 시트 컨트롤 모듈 (LIN)
2. - — -
3. Y — ICU 정션 블록 (퓨즈 - 모듈5)
4. - — -
5. - — -
6. Gr — 스티어링 휠 열선 스위치 IND. : ICU 정션 블록 (IPS 컨트롤 모듈)
7. - — -
8. Br — 스티어링 휠 열선 스위치 : ICU 정션 블록 (IPS 컨트롤 모듈)
9. Lg/B — [통풍 시트 미적용] 프런트 컨트롤 시트 히터 컨트롤 모듈 (운전석) 스위치 - 신호
10. Gr/B — [통풍 시트 미적용] 프런트 컨트롤 시트 히터 컨트롤 모듈 (운전석) 스위치 - High IND.
11. L/W — [통풍 시트 미적용] 프런트 컨트롤 시트 히터 컨트롤 모듈 (운전석) 스위치 - Mid IND.
12. P/B — [통풍 시트 미적용] 프런트 컨트롤 시트 히터 컨트롤 모듈 (운전석) 스위치 - Low IND.
13. O — ILL. (+)
14. - — -
15. B — ILL. (-)
16. - — -
17. R/W — [통풍 시트 미적용] 프런트 컨트롤 시트 히터 컨트롤 모듈 (동승석) 스위치 - 신호
18. W/B — [통풍 시트 미적용] 프런트 컨트롤 시트 히터 컨트롤 모듈 (동승석) 스위치 - High IND.
19. R/B — [통풍 시트 미적용] 프런트 컨트롤 시트 히터 컨트롤 모듈 (동승석) 스위치 - Mid IND.
20. Br/B — [통풍 시트 미적용] 프런트 컨트롤 시트 히터 컨트롤 모듈 (동승석) 스위치 - Low IND.
21. - — -
22. - — -
23. - — -
24. G — 접지 (GF04)

F86 전자식 변속 시프트 다이얼

WRK P/No.	-
Vendor P/No.	1897404223AS
	MG610363
Vendor P/Name	KET_040_20F

1. P — P/R 정션 블록 (퓨즈 - 전자식 변속레버2)
2. Gr — ICU 정션 블록 (퓨즈 - 전자식 변속레버3)
3. - — -
4. R — 전자식 변속 시프트 다이얼 인디케이터 (B+)
5. - — -
6. Br — P-CAN FD (High)
7. L — P-CAN FD (Low)
8. - — -
9. Y — G-CAN FD (High)
10. Lg — G-CAN FD (Low)
11. Gr/B — 전자식 변속 시프트 다이얼 인디케이터 (R_Out)
12. Br/R — 전자식 변속 시프트 다이얼 인디케이터 (N_Out)
13. L/W — 전자식 변속 시프트 다이얼 인디케이터 (D_Out)
14. V — 전자식 변속 시프트 다이얼 인디케이터 (Back_PWM)
15. - — -
16. P/B — 전자식 변속 시프트 다이얼 인디케이터 (R_LED)
17. R/W — 전자식 변속 시프트 다이얼 인디케이터 (N_LED)
18. W — 전자식 변속 시프트 다이얼 인디케이터 (D_LED)
19. G/R — 전자식 변속 시프트 다이얼 인디케이터 (GND)
20. G — 접지 (GM01)

F87　전자식 변속 시프트 다이얼 인디케이터

WRK P/No.	-
Vendor P/No.	560123-1000
Vendor P/Name	MOLEX_020_10F

1. R 　전자식 변속 시프트 다이얼 (B+)
2. V 　전자식 변속 시프트 다이얼 (Back_PWM)
3. P/B 　전자식 변속 시프트 다이얼 (R_LED)
4. R/W 　전자식 변속 시프트 다이얼 (N_LED)
5. W 　전자식 변속 시프트 다이얼 (D_LED)
6. G/R 　전자식 변속 시프트 다이얼 (GND)
7. Gr/B 　전자식 변속 시프트 다이얼 (R_Out)
8. Br/R 　전자식 변속 시프트 다이얼 (N_Out)
9. L/W 　전자식 변속 시프트 다이얼 (D_Out)
10. - 　-

F88　콘솔 무드 램프 (Upper)

WRK P/No.	-
Vendor P/No.	MG656923
Vendor P/Name	KET_025II_04F

1. Y/R 　무드 램프 유닛 (LIN)
2. P 　ICU 정션 블록 (퓨즈 - 메모리1)
3. G 　접지 (GF04)
4. - 　-

F84　리어 콘솔 USB 충전 단자 #2

WRK P/No.	-
Vendor P/No.	220201-NA
Vendor P/Name	YURA_025_04F

1. G/B 　접지 (GF04)
2. B 　ILL. (-)
3. O 　ILL. (+)
4. O/R 　ICU 정션 블록 (퓨즈 - USB 충전기)

F89　콘솔 무드 램프 (Lower)

WRK P/No.	-
Vendor P/No.	MG656923
Vendor P/Name	KET_025II_04F

1. Y/R 　무드 램프 유닛 (LIN)
2. P 　ICU 정션 블록 (퓨즈 - 메모리1)
3. G 　접지 (GF04)
4. - 　-

F90　콘솔 플로어 스위치 (터치 타입)

WRK P/No.	-
Vendor P/No.	CL6424-0052-7
Vendor P/Name	HIROSE_05_16F

1. B/Y 　프런트 통풍 시트 컨트롤 모듈 (LIN)
2. - 　-
3. Y 　ICU 정션 블록 (퓨즈 - 모듈5)
4. P 　ICU 정션 블록 (퓨즈 - 메모리1)
5. - 　-
6. Br 　스티어링 휠 열선 스위치 :
　　　ICU 정션 블록 (IPS 컨트롤 모듈)
7. - 　-
8. Gr 　스티어링 휠 열선 스위치 IND. :
　　　ICU 정션 블록 (IPS 컨트롤 모듈)
9. G 　접지 (GF04)
10. - 　-
11. O 　ILL. (+)
12. - 　ILL. (-)
13. B 　
14. - 　
15. V 　B-CAN (High)
16. Lg 　B-CAN (Low)

플로어 하네스 (16)

선루프 익스텐션 하네스

F06-G 선루프 컨트롤 유닛 (글라스)

WRK P/No.	-
Vendor P/No.	MG655347
Vendor P/Name	KET_10F

5 4 3 2 1
10 9 8 7 6

1. B 접지 (GF03)
2. -
3. -
4. L/B 선루프 스위치 (Tilt 스위치)
5. B/O 선루프 스위치 (Open 스위치)

6. Y/O ICU 정션블록 (퓨즈 - 선루프1)
7. Br/B IBU (LIN (Safety ECU))
8. -
9. -
10. L/O 선루프 스위치 (Close 스위치)

F06-R 선루프 컨트롤 유닛 (롤러)

WRK P/No.	-
Vendor P/No.	MG655347
Vendor P/Name	KET_10F

5 4 3 2 1
10 9 8 7 6

1. B 접지 (GF03)
2. -
3. -
4. -
5. -

6. Y/O ICU 정션블록 (퓨즈 - 선루프1)
7. Br/B IBU (LIN (Safety ECU))
8. -
9. -
10. -

충전 단자 도어 모듈 익스텐션 하네스

F24-A 충전 단자 도어 모듈

WRK P/No.	-
Vendor P/No.	MG656940-5
Vendor P/Name	KET_08F

1. N/A 접지 (GF05)
2. N/A ICU 정션블록 (퓨즈 - IG3 8)
3. N/A 크래쉬 패드 언드 스위치 (충전 단자 열림 스위치)
4. N/A 접지 (GF05)

5. N/A P/R 정션블록 (퓨즈 - 충전기2)
6. N/A B-CAN (Low)
7. N/A B-CAN (High)
8. N/A P/R 정션블록 (퓨즈 - 충전기2)

F24-B 충전 단자 도어 모듈

WRK P/No.	-	
Vendor P/No.	MG656901-5	
Vendor P/Name	KET_12F	

1. N/A 충전 단자 도어 액추에이터 (GND System)
2. N/A 충전 단자 도어 액추에이터 (ACT Position)
3. N/A 충전 단자 도어 액추에이터 (5V)
4. N/A 충전 단자 인디케이터 (LED Inform PWM Out)
5. N/A 충전 단자 인디케이터 (LED Inform Out)
6. N/A 충전 단자 인디케이터 (GND ACT)

7. N/A 충전 단자 도어 액추에이터 (GND ACT)
8. N/A 충전 단자 도어 액추에이터 (Motor Out1)
9. N/A 충전 단자 도어 액추에이터 (Motor Out2)
10. N/A 충전 단자 인디케이터 (LED Monitoring PWM In)
11. N/A 충전 단자 인디케이터 (LED Monitoring In)
12. N/A 충전 단자 인디케이터 (V_B ACT)

F55 충전 단자 도어 액추에이터

WRK P/No.	-	
Vendor P/No.	MG657056-4	
Vendor P/Name	KET_06F	

1. N/A 충전 단자 도어 모듈 (GND System)
2. N/A 충전 단자 도어 모듈 (GND ACT)
3. N/A 충전 단자 도어 모듈 (Motor Out1)
4. N/A 충전 단자 도어 모듈 (5V)
5. N/A 충전 단자 도어 모듈 (ACT Position)
6. N/A 충전 단자 도어 모듈 (Motor Out2)

F56 충전 단자 인디케이터

WRK P/No.	-	
Vendor P/No.	MG657056-5	
Vendor P/Name	KET_06F	

1. N/A 충전 단자 도어 모듈 (LED Inform PWM Out)
2. N/A 충전 단자 도어 모듈 (LED Monitoring In)
3. N/A 충전 단자 도어 모듈 (LED Inform Out)

4. N/A 충전 단자 도어 모듈 (V_B ACT)
5. N/A 충전 단자 도어 모듈 (LED Monitoring PWM In)
6. N/A 충전 단자 도어 모듈 (GND ACT)

F53	E-LSD (Electronic Limited Slip Differential) 유닛	WRK P/No.	-
		Vendor P/No.	3318-7877
		Vendor P/Name	DEL_025060_20F

1. G E-LSD 모터 어셈블리 (모터 (B))
2. W E-LSD 모터 어셈블리 (모터 (A))
3. - -
4. - -
5. R E-LSD 모터 어셈블리
    (암렉 센서 (전원))
6. - -
7. G ICU 정션 블록 (퓨즈 - 모듈4)
8. B/O E-LSD 모터 어셈블리
    (모터 Shield)
9. B 접지 (GF01)
10. W ICU 정션 블록
    (퓨즈 - 전자식 차동제한 장치)

11. - -
12. - -
13. - -
14. G E-LSD 모터 어셈블리
    (암렉 센서 (신호))
15. Gr E-LSD 모터 어셈블리
    (암렉 센서 (접지))
16. - -
17. O P-CAN FD (High)
18. L P-CAN FD (Low)
19. - -
20. - -

F54	ECS (Electronic Controlled Suspension) 유닛	WRK P/No.	-
		Vendor P/No.	2005238-1
		Vendor P/Name	AMP_ABS_38F

1. R ICU 정션 블록 (퓨즈 - ECS)
2. Gr/B 리어 ECS 솔레노이드 밸브 LH
    (솔레노이드 RL (+))
3. O 리어 ECS 솔레노이드 밸브 RH
    (솔레노이드 RR (+))
4. Br/B 프런트 ECS 솔레노이드 밸브 LH
    (솔레노이드 FL (+))
5. W/B 프런트 ECS 솔레노이드 밸브 RH
    (솔레노이드 FR (+))
6. - -
7. - -
8. - -
9. - -
10. - -
11. - -
12. - -
13. B 접지 (GF09)
14. L/O 리어 ECS 솔레노이드 밸브 LH
    (솔레노이드 RL (-))
15. G/B 리어 ECS 솔레노이드 밸브 RH
    (솔레노이드 RR (-))
16. Gr 프런트 ECS 솔레노이드 밸브 LH
    (솔레노이드 FL (-))

17. B 프런트 ECS 솔레노이드 밸브 RH
    (솔레노이드 FR (-))
18. - -
19. - -
20. - -
21. - -
22. - -
23. - -
24. - -
25. - -
26. - -
27. - -
28. - -
29. - -
30. - -
31. W C-CAN FD (High)
32. - -
33. Br C-CAN FD (Low)
34. - -
35. - -
36. G ICU 정션 블록 (퓨즈 - 모듈4)
37. - -
38. - -

운전석 도어 하네스

D01 운전석 도어 모듈

WRK P/No.	-
Vendor P/No.	MG655666
Vendor P/Name	KET_025_16F

1.O -
2.G -
3.-
4.-
5.L [IMS 적용]LIN :
운전석 아웃사이드 미러 유닛,
동승석 아웃사이드 미러 유닛
6.R ICU 정션 블록 (퓨즈 - 모듈1)
7.P/B ICU 정션 블록 (퓨즈 - 모듈3)
8.-
9.P [IMS 미적용]아웃사이드 미러 - C :
운전석 아웃사이드 미러 유닛,
동승석 아웃사이드 미러 유닛
O [IMS 적용]운전석 IMS 스위치 (신호)
10.Y/B [IMS 미적용]운전석 연결링 신호 :
운전석 아웃사이드 미러 유닛,
동승석 아웃사이드 미러 유닛

11.G/O [IMS 미적용]롤딩신호 :
운전석 아웃사이드 미러 유닛,
동승석 아웃사이드 미러 유닛
12.W [IMS 미적용]
운전석 아웃사이드 미러 유닛
(아웃사이드 미러 - HL)
13.L/O [IMS 미적용]
운전석 아웃사이드 미러 유닛
(아웃사이드 미러 - VL)
14.Br [IMS 미적용]
동승석 아웃사이드 미러 유닛
(아웃사이드 미러 - VR)
15.L [IMS 미적용]
동승석 아웃사이드 미러 유닛
(아웃사이드 미러 - HR)
16.B 접지 (GF01)

D03 운전석 세이프티 파워 윈도우 모듈

WRK P/No.	1898006898AS
Vendor P/No.	902970-00
Vendor P/Name	FCL_MINIWP_06F

1.- -
2.- -
3.O ICU 정션 블록
(퓨즈 - 파워 윈도우 좌)
4.B 접지 (GF01)
5.Y IBU (LIN)
6.- -

D05 운전석 도어 록 액추에이터

WRK P/No.	-
Vendor P/No.	-
Vendor P/Name	08F

1.- -
2.- -
3.B 접지 (GF01)
4.Br ICU 정션 블록 (IPS 컨트롤 모듈 -
도어 록/언록스위치)
5.G ICU 정션 블록 (IPS 컨트롤 모듈 -
도어 록스위치)
6.- -
7.Gr ICU 정션 블록 (도어 록 릴레이)
8.W ICU 정션 블록 (도어 언록 릴레이)

D08 운전석 도어 스피커 (앰프 미적용)

WRK P/No.	1879005413AS
Vendor P/No.	HK485-02010
Vendor P/Name	KUM_060_02F

1.W AVNT 헤드 유닛 (+)
2.B AVNT 헤드 유닛 (-)

도어 하네스 (2)　　　　　　　　　　　　　　　　　　　　CV50-2

D09　운전석 도어 스피커 (앰프 적용)

WRK P/No.	1879008358AS
Vendor P/No.	HK486-02020
Vendor P/Name	KUM_060_02F

1. W　앰프 (+)
2. B　앰프 (-)

D10　운전석 도어 트위터 스피커 (앰프 미적용)

WRK P/No.	-
Vendor P/No.	HK261-02010
Vendor P/Name	KUM_060_02M

1. W　AVNT 헤드 유닛 (+)
2. B　AVNT 헤드 유닛 (-)

D11　운전석 도어 트위터 스피커 (앰프 적용)

WRK P/No.	-
Vendor P/No.	HK263-02120
Vendor P/Name	KUM_060_02M

1. W　앰프 (+)
2. B　앰프 (-)

D12　운전석 아웃사이드 미러 유닛

WRK P/No.	-
Vendor P/No.	MG645991
Vendor P/Name	KET_025FAKRA_13M

1. L/O　[IMS 미적용]아웃사이드 미러 - VL : 운전석 도어 모듈
L　[IMS 적용]운전석 도어 모듈 (LIN)
2. P　[IMS 미적용]아웃사이드 미러 - C : 운전석 도어 모듈
Gr/B　[IMS 적용]
3. W　ICU 정션 블록 [퓨즈 - 모듈1]
[IMS 미적용]아웃사이드 미러 - HL : 운전석 도어 모듈
4. W　[IMS 적용]접지(GF01)
5. B　[IMS 미적용]ICU 정션 블록 [퓨즈 - 열선미러]
디포거, 방향등 : 접지 (GF01)
6. G/O　[IMS 미적용]폴딩 모터 - 폴딩 : 운전석 도어 모듈
7. Y/B　[IMS 미적용]폴딩 모터 - 언폴딩 : 운전석 도어 모듈
8. L/O　방향등 : ICU 정션 블록 (IPS1)
9. -
10. -
11. B　BCW IND. : 접지 (GF01)
12. P/B　BCW IND. : 후측방 레이더 LH
13. B　카메라 영상 신호 : 운전자 주차 보조 유닛

D14　운전석 도어 사이드 충돌 압력 센서

WRK P/No.	-
Vendor P/No.	MG656859-3
Vendor P/Name	KET_060WP_02F

1. G　에어백 컨트롤 모듈 (High)
2. O　에어백 컨트롤 모듈 (Low)

도어 하네스 (3)

운전석 도어 익스텐션 하네스

D16	운전석 도어 아웃사이드 핸들	WRK P/No.	-
		Vendor P/No.	HP285-12121
		Vendor P/Name	KUM_TWP_12F

1. W   AFCU (표지선신호 - 풀딩)
2. R/B AFCU (표지선신호 - 언폴딩)
3. B   접지 (GF01)
4. L   AFCU (모터 (-))
5. G   AFCU (모터 (+))
6. -   -
7. O   ICU 정션블록 (퓨즈 - IAU)
8. L   IBU (터치스위치)
9. Y   [NFC 미적용]
       IBU (퍼들/표켓 램프 Out)
       [NFC 적용]
10. Br LOCAL-CAN (Low) : IAU
       [NFC 적용]
       LOCAL-CAN (High) : IAU
11. -   -
12. B   접지 (GF01)

D17	운전석 도어 아웃사이드 핸들 안테나	WRK P/No.	-
		Vendor P/No.	MG611271-7
		Vendor P/Name	KET_060_02F

1. W   IBU (전원)
2. Br IBU (접지)

운전석 도어 무드 램프

D23	운전석 도어 무드 램프	WRK P/No.	-
		Vendor P/No.	KH1400043-10
		Vendor P/Name	UJU_025_04F

1. R   ICU 정션블록 (퓨즈 - 메모리1)
2. -   -
3. G   무드 램프 유닛 (LIN)
4. B   접지 (GF01)

D25	운전석 IMS 스위치	WRK P/No.	-
		Vendor P/No.	187906992AS
		Vendor P/Name	HK328-06010
			KUM_MMC(025)_06F

1. O   ILL. (+)
2. -   -
3. P   운전석 도어 모듈 (스위치 신호)
4. -   -
5. Br 접지 (GF01)
6. L   ILL. (-)

동승석 도어 하네스

D31 동승석 파워 윈도우 스위치 (동승석 오토 업/다운 & 세이프티 미적용)

WRK P/No.	1879005501AS
Vendor P/No.	MG655613
Vendor P/Name	KET_060_12F

1. B 접지 (GF02)
2. P ICU 정션블록 (IPS 컨트롤 모듈 - 동승석 도어락 스위치)
3. G 동승석 파워 윈도우 모터 - (Down)
4. P ICU 정션블록 (IPS 컨트롤 모듈 - 동승석 파워 윈도우 연록 스위치)
5. O 동승석 파워 윈도우 모터 - (Up)
6. G ICU 정션블록 (IPS 컨트롤 모듈 - 동승석 도어락/연록 스위치 IND.)
7. G ICU 정션블록 (IPS 컨트롤 모듈 - 동승석 파워 윈도우 Down)
8. P 동승석 파워 윈도우 모터 - (Enable)
9. B 접지 (GF02)
10. R ICU 정션블록 (IPS 컨트롤 모듈 - 동승석 파워 윈도우 Up)
11. L ILL. (+)
12. O ICU 정션블록 (퓨즈 - 파워 윈도우 우)

D32 동승석 파워 윈도우 스위치 (동승석 오토 업/다운 & 세이프티 적용)

WRK P/No.	-
Vendor P/No.	MG655603
Vendor P/Name	KET_060_08F

1. B 접지 (GF02)
2. P ICU 정션블록 (IPS 컨트롤 모듈 - 동승석 도어락 스위치)
3. G ICU 정션블록 (IPS 컨트롤 모듈 - 동승석 도어락 연록 스위치)
4. L 동승석 파워 윈도우 모터 - (스위치1)
5. B 접지 (GF02)
6. G ICU 정션블록 (IPS 컨트롤 모듈 - 동승석 도어락/연록 스위치 IND.)
7. P 동승석 세이프티 파워 윈도우 모터
8. -

D33 동승석 세이프티 파워 윈도우 모터 (동승석 오토 업/다운 & 세이프티 적용)

WRK P/No.	189006898AS
Vendor P/No.	902970-00
Vendor P/Name	FCI_MINIWP_06F

1. P 동승석 파워 윈도우 스위치 (신호)
2. -
3. O ICU 정션블록 (퓨즈 - 파워 윈도우 우)
4. B 접지 (GF02)
5. P/B IBU (LIN - Safety ECU)
6. -

D34 동승석 파워 윈도우 모터 (동승석 오토 업/다운 & 세이프티 미적용)

WRK P/No.	189902114AS
Vendor P/No.	PB625-02027
Vendor P/Name	KUM_NMWP_02F

1. O 동승석 파워 윈도우 스위치 (Up)
2. L 동승석 파워 윈도우 스위치 (Down)

D35 동승석 도어 록 액추에이터

WRK P/No.	-
Vendor P/No.	-
Vendor P/Name	08F

1. Y ICU 정션블록 (도어 록 릴레이)
2. Br ICU 정션블록 (도어 언록 릴레이)
3. -
4. Gr ICU 정션블록 (IPS 컨트롤 모듈 - 도어 스위치)
5. L ICU 정션블록 (IPS 컨트롤 모듈 - 도어 록/연록 신호)
6. B 접지 (GF02)
7. -
8. -

도어 하네스 (5)

CV50-5

D38 동승석 도어 스피커 (앰프 미적용)

WRK P/No.	1879005413AS
Vendor P/No.	HK485-02010
Vendor P/Name	KUM_060_02F

1. R AVNT 헤드 유닛 (+)
2. G AVNT 헤드 유닛 (-)

D39 동승석 도어 스피커 (앰프 적용)

WRK P/No.	1879008358AS
Vendor P/No.	HK486-02020
Vendor P/Name	KUM_060_02F

1. R 앰프 (+)
2. G 앰프 (-)

D40 동승석 도어 트위터 스피커 (앰프 미적용)

WRK P/No.	-
Vendor P/No.	HK261-02010
Vendor P/Name	KUM_060_02M

1. R AVNT 헤드 유닛 (+)
2. G AVNT 헤드 유닛 (-)

D41 동승석 도어 트위터 스피커 (앰프 적용)

WRK P/No.	-
Vendor P/No.	HK263-02120
Vendor P/Name	KUM_060_02M

1. R 앰프 (+)
2. G 앰프 (-)

D42 동승석 아웃사이드 미러 유닛

WRK P/No.	-
Vendor P/No.	MG645991
Vendor P/Name	KET_025FAKRA_13M

1. Br [IMS 미적용] 아웃사이드 미러 - VR : 운전석 도어 모듈
L [IMS 적용]
   운전석 도어 모듈 (LIN)
2. P [IMS 미적용] 아웃사이드 미러 - C : 운전석 도어 모듈
O [IMS 적용] 아웃사이드 미러 - C : 운전석 도어 모듈
3. W ICU 정션 블록 (퓨즈 - 모듈1)
4. G [IMS 미적용] 접지 (GF02)
   [IMS 적용] 접지 (GF02)
   ICU 정션 블록 (퓨즈 - 열선미러)
5. B 디포그, 방향등 : 접지 (GF02)
6. O [IMS 미적용] 폴딩 모터 - 폴딩 :
   운전석 도어 모듈
7. Y [IMS 미적용] 폴딩 모터 - 언폴딩 :
   운전석 도어 모듈
8. L/O 방향등 : ICU 정션 블록 (IPS1)
9. - -
10. - -
11. B BCW IND : 접지 (GF02)
12. R BCW IND : 후측방 레이더 RH
13. B 카메라 영상 신호 :
   운전자 주차 보조 유닛

도어 하네스 (6)

CV50-6

D44	동승석 도어 사이드 충돌 압력 센서	WRK P/No.	-
		Vendor P/No.	MG656859-3
		Vendor P/Name	KET_060WP_02F

1. R 에어백 컨트롤 모듈 (High)   2. L 에어백 컨트롤 모듈 (Low)

D46	동승석 도어 아웃사이드 핸들	WRK P/No.	-
		Vendor P/No.	HP285-12121
		Vendor P/Name	KUM_TWP_12F

1. - -
2. G AFCU (모터 (+))
3. L AFCU (모터 (-))
4. B 접지 (GF02)
5. R/B AFCU (포지션 신호 - 언폴딩)
6. W AFCU (포지션 신호 - 폴딩)
7. O ICU 정션블록 (퓨즈 - IAU)
8. Gr IBU (터치 스위치)

9. Y [NFC 미적용]
      IBU (퍼들/포켓 램프 Out)
      [NFC 적용]
      LOCAL-CAN (Low) : IAU
10. Br [NFC 적용]
      LOCAL-CAN (High) : IAU
11. - -
12. B 접지 (GF02)

D47	동승석 도어 아웃사이드 핸들 안테나	WRK P/No.	-
		Vendor P/No.	MG611271-7
		Vendor P/Name	KET_060_02F

1. W IBU (전원)   2. B IBU (접지)

D51	동승석 도어 무드 램프	WRK P/No.	1890110223AS
		Vendor P/No.	MG651056
		Vendor P/Name	KET_090IL_10F

1. - -
2. R ICU 정션블록 (퓨즈 - 메모리1)
3. - -
4. B 접지 (GF02)
5. - -

6. - -
7. Y/O 무드 램프 유닛 (LIN)
8. - -
9. - -
10. - -

도어 하네스 (7)

리어 도어 LH 하네스

D62 리어 세이프티 파워 윈도우 모듈 나
(리어 오토 업/다운 & 세이프티 적용)

WRK P/No.	1898006898AS
Vendor P/No.	902970-00
Vendor P/Name	FCI_MINIWP_06F

1. L 리어 파워 윈도우 스위치 LH (신호)
2. -
3. O ICU 정션 블록
(퓨즈 - 파워윈도우좌)

4. B 접지 (GF03)
5. Y IBU (LIN)
6. -

D63 리어 파워 윈도우 모터 나 (리어
오토 업/다운 & 세이프티 미적용)

WRK P/No.	1895902114AS
Vendor P/No.	PB625-02027
Vendor P/Name	KUM_NMWP_02F

1. O 리어 파워 윈도우 스위치 LH (Up)
2. L 리어 파워 윈도우 스위치 LH (Down)

D64 리어 도어 록 액추에이터 나

WRK P/No.	-
Vendor P/No.	-
Vendor P/Name	08F

1. G [파워 차일드 록 적용]
ICU 정션 블록 (IPS 컨트롤 모듈 -
차일드 록 스위치)
2. B 접지 (GF01)
3. Y ICU 정션 블록 (IPS 컨트롤 모듈 -
도어 록/언록 스위치)
4. O ICU 정션 블록 (IPS 컨트롤 모듈 -
도어 록 스위치)

5. G [파워 차일드 록 적용]
ICU 정션 블록 (차일드 록 릴레이)
6. L [파워 차일드 록 적용]
ICU 정션 블록 (차일드 록 릴레이)
7. Gr ICU 정션 블록 (도어 언록 릴레이)
8. W ICU 정션 블록 (도어 언록 릴레이)

D65 리어 도어 아웃사이드 핸들 풀러시
액추에이터 LH

WRK P/No.	1879004332AS
Vendor P/No.	HP285-06121
Vendor P/Name	KUM_TWP_06F

1. W AFCU (포지션 신호 - 풀링)
2. R/B AFCU (포지션 신호 - 언풀링)
3. B 접지 (GF01)

4. L AFCU (모터 (-))
5. G/B AFCU (모터 (+))
6. -

리어 도어 커넥션 하네스

D66 리어 도어 스피커 LH (앰프 미적용)

WRK P/No.	1879005413AS
Vendor P/No.	HK485-02010
Vendor P/Name	KUM_060_02F

1. Y AVNT 헤드 유닛 (+)

2. Br AVNT 헤드 유닛 (-)

D67 리어 도어 스피커 LH (앰프 적용)

WRK P/No.	1879008358AS
Vendor P/No.	HK486-02020
Vendor P/Name	KUM_060_02F

1. Y 앰프 (+)

2. Br 앰프 (-)

D71 리어 파워 윈도우 스위치 LH (리어 오토 업/다운 & 세이프티 미적용)

WRK P/No.	1879005501AS
Vendor P/No.	MG655613
Vendor P/Name	KET_060_12F

1. B 접지 (GF03)
2. W 리어 시트 히터 LH 스위치 모듈 (리어 시트 히터 LH 스위치 - High IND.)
3. L 리어 파워 윈도우 모터 LH (Down)
4. W/B 리어 시트 히터 LH 스위치 모듈 (리어 시트 히터 LH 스위치 - Low IND.)
5. L/B 리어 파워 윈도우 모터 LH (Up)
6. W/R 리어 시트 히터 LH 스위치 모듈 (리어 시트 히터 LH 스위치 - 신호)
7. G/B ICU 정션 블록 (IPS 컨트롤 모듈 - 파워 윈도우 스위치 Down)
8. P ICU 정션 블록 (IPS 컨트롤 모듈 - 리어 파워 윈도우 록 스위치)
9. O/B 접지 (GF03)
10. G/Y ICU 정션 블록 (IPS 컨트롤 모듈 - 파워 윈도우 스위치 Up)
11. O ILL. (+)
12. R ICU 정션 블록 (퓨즈 - 파워 윈도우 좌)

D72 리어 파워 윈도우 스위치 LH (리어 오토 업/다운 & 세이프티 적용)

WRK P/No.	1879005603AS
Vendor P/No.	MG655603
Vendor P/Name	KET_060_08F

1. O/B 접지 (GF03)
2. W 리어 시트 히터 LH 스위치 모듈 (리어 시트 히터 LH 스위치 - High IND.)
3. W/B 리어 시트 히터 LH 스위치 모듈 (리어 시트 히터 LH 스위치 - Low IND.)
4. O ILL. (+)
5. B 접지 (GF03)
6. - -
7. P 리어 세이프티 파워 윈도우 모듈 LH (신호)
8. W/R 리어 시트 히터 LH 스위치 모듈 (리어 시트 히터 LH 스위치 - 신호)

리어 도어 RH 하네스

D82 리어 세이프티 파워 윈도우 모듈 RH
(오토 업/다운 & 세이프티 적용)

WRK P/No.	1898006898AS
Vendor P/No.	902970-00
Vendor P/Name	FCI_MINIWP_06F

1. L 리어 파워 윈도우 스위치 RH (신호)
2. - -
3. O ICU 정션블록
     (퓨즈 - 파워윈도우 우)
4. B 접지 (GF05)
5. P/B IBU (LIN)
6. - -

D83 리어 파워 윈도우 모터 RH
(오토 업/다운 & 세이프티 미적용)

WRK P/No.	1895902114AS
Vendor P/No.	PB625-02027
Vendor P/Name	KUM_NMWP_02F

1. O 리어 파워 윈도우 스위치 RH (Up)
2. L 리어 파워 윈도우 스위치 RH (Down)

D73 리어 도어 무드 램프 LH

WRK P/No.	-
Vendor P/No.	KH1400043-10
Vendor P/Name	UJU_025_04F

1. R ICU 정션블록 (퓨즈 - 메모리1)
2. - -
3. G 무드 램프 유닛 (LIN)
4. B 접지 (GF01)

D74 리어 도어 트위터 스피커 LH

WRK P/No.	1879006548AS
Vendor P/No.	HK267-02120
Vendor P/Name	KUM_060_02F

1. R/W 앰프 (+)
2. B/W 앰프 (-)

D84   리어 도어 록 액추에이터 RH

WRK P/No.	-
Vendor P/No.	-
Vendor P/Name	08F

1. Y
2. Br
3. W

4. L

5. O
6. P

7. B
8. G

ICU 정션 블록(도어 록 릴레이)
ICU 정션 블록(도어 언록 릴레이)
[파워 차일드 록 적용]
ICU 정션 블록(차일드 록 릴레이)
[파워 차일드 록 적용]
ICU 정션 블록(차일드 언록 릴레이)

ICU 정션 블록 (IPS 컨트롤 모듈 -
도어 스위치)
ICU 정션 블록 (IPS 컨트롤 모듈 -
도어 록/언록 스위치)
접지 (GF02)
[파워 차일드 록 적용]
ICU 정션 블록 (IPS 컨트롤 모듈 -
차일드 록 스위치)

D85   리어 도어 아웃사이드 핸들 플러시
액추에이터 RH

WRK P/No.	187900432AS
Vendor P/No.	HP285-06121
Vendor P/Name	KUM_TWP_06F

1. -
2. G/B
3. L

AFCU (모터 (+))
AFCU (모터 (-))

4. B
5. R/B
6. W

접지 (GF02)
AFCU (포지션 신호 - 언폴딩)
AFCU (포지션 신호 - 폴딩)

D86   리어 도어 스피커 RH (앰프 미적용)

WRK P/No.	187900541AS
Vendor P/No.	HK485-02010
Vendor P/Name	KUM_060_02F

2. Gr   AVNT 헤드 유닛 (-)

1. O   AVNT 헤드 유닛 (+)

D87   리어 도어 스피커 RH (앰프 적용)

WRK P/No.	187900358AS
Vendor P/No.	HK486-02020
Vendor P/Name	KUM_060_02F

2. Gr   앰프 (-)

1. O   앰프 (+)

도어 하네스 (11)

리어 도어 RH 익스텐션 하네스

D91 리어 파워 윈도우 스위치 RH (리어 오토 업/다운 & 쉐이프린 미적용)

WRK P/No.	1879005501AS
Vendor P/No.	MG655613
Vendor P/Name	KET_060_12F

```
6  5  4  3  2  1
12 11 10 9  8  7
```

1. B — 접지 (GF05)
2. W — 리어 시트 히터 컨트롤 모듈 (시트 히터 RH 스위치 - High IND.)
3. L — 리어 파워 윈도우 모터 RH (Down)
4. W/B — 리어 시트 히터 컨트롤 모듈 (시트 히터 RH 스위치 - Low IND.)
5. L/B — 리어 파워 윈도우 모터 RH (Up)
6. W/R — 리어 시트 히터 컨트롤 모듈 (시트 히터 RH 스위치 - 신호)

7. G/B — ICU 정션 블록 (IPS 컨트롤 모듈 - 파워 윈도우 스위치 Down)
8. P — ICU 정션 블록 (IPS 컨트롤 모듈 - 리어 파워 윈도우 록 스위치)
9. O/B — 접지 (GF05)
10. G/Y — ICU 정션 블록 (IPS 컨트롤 모듈 - 파워 윈도우 스위치 Up)
11. O — ILL. (+)
12. R — ICU 정션 블록 (퓨즈 - 파워 윈도우 우)

D92 리어 파워 윈도우 스위치 RH (리어 오토 업/다운 & 쉐이프린 적용)

WRK P/No.	-
Vendor P/No.	MG655603
Vendor P/Name	KET_060_08F

```
4 3 2 1
8 7 6 5
```

1. O/B — 접지 (GF05)
2. W — 리어 시트 히터 컨트롤 모듈 (시트 히터 RH 스위치 - High IND.)
3. W/B — 리어 시트 히터 컨트롤 모듈 (시트 히터 RH 스위치 - Low IND.)
4. O — ILL. (+)

5. B — 접지 (GF05)
6. - — -
7. P — 리어 세이프티 파워 윈도우 모듈 RH (신호)
8. W/R — 리어 시트 히터 컨트롤 모듈 (시트 히터 RH 스위치 - 신호)

D93 리어 도어 무드 램프 RH

WRK P/No.	-
Vendor P/No.	KH140043-10
Vendor P/Name	UJU_025_04F

```
A
4 3 2 1
4 3 2 1
```

1. R — ICU 정션 블록 (퓨즈 - 메모리1)
2. - — -
3. G — 무드 램프 유닛 (LIN)
4. B — 접지 (GF02)

D94 리어 도어 트위터 스피커 RH

WRK P/No.	1879006548AS
Vendor P/No.	HK267-02120
Vendor P/Name	KUM_060_02F

```
2 1
```

1. R/W — 앰프 (+)
2. B/W — 앰프 (-)

루프 하네스 (1)　　　　　　　　　　　　　　　　　　　　　　　　　　CV60-1

R01　오버헤드 콘솔

WRK P/No.	-
Vendor P/No.	CL6424-0071-1
Vendor P/Name	HRS_025_32F

| 16 | 15 | 14 | 13 | 12 | 11 | 10 | 9 | 8 | 7 | 6 | 5 | 4 | 3 | 2 | 1 |
| 32 | 31 | 30 | 29 | 28 | 27 | 26 | 25 | 24 | 23 | 22 | 21 | 20 | 19 | 18 | 17 |

1. Y　ICU 정션블록 (IPS8)
2. W　ICU 정션블록
　　　(퓨즈 - 에어백 경고등)
3. L　ILL. (+)
4. -　-
5. W　빌트인 캠 유닛
　　　(빌트인 캠 스위치 IND.)
6. -　-
7. O　AVNT 헤드 유닛
　　　(MTS 카메라 신호)
8. L/O　ICU 정션블록 (퓨즈 - 모듈5)
9. B　AVNT 헤드 유닛
　　　(신호접지)
10. R　빌트인 캠 유닛 (빌트인 캠 스위치)
11. -　-
12. -　-
13. B　접지 (GM01)
14. -　-
15. Br/O　에어백 컨트롤 모듈 (PAB Off IND.)

16. P　ICU 정션블록 (IPS 컨트롤 모듈 -
　　　룸 램프 출력)
17. -　-
18. -　-
19. -　-
20. -　-
21. -　-
22. Y　룸 램프 (신호)
23. -　-
24. Gr　ILL. (-)
25. -　-
26. -　-
27. -　-
28. -　-
29. -　-
30. -　-
31. -　-
32. -　-

R02　오토 디포거 센서

WRK P/No.	1898004716AS
Vendor P/No.	MG651439
Vendor P/Name	KET_91A_06F

| 6 | 5 | 4 | 3 | 2 | 1 |

1. -　-
2. R　에어컨 컨트롤 모듈 (센서 전원)
3. W　에어컨 컨트롤 모듈 (TEMP.)
4. O　에어컨 컨트롤 모듈 (SCK)
5. L　에어컨 컨트롤 모듈 (Data)
6. B　에어컨 컨트롤 모듈 (센서 접지)

R03　실내 감광 미러

WRK P/No.	-
Vendor P/No.	5011-0073-2
Vendor P/Name	KSC_025_10F

| 5 | 4 | 3 | 2 | 1 |
| 10 | 9 | 8 | 7 | 6 |

1. -　-
2. -　-
3. -　-
4. -　-
5. -　-
6. -　-
7. -　-
8. B　접지 (GM01)
9. Br　ICU 정션블록 (IPS8)
10. R　ICU 정션블록 (퓨즈 - 모듈5)

R04　전방 카메라 (ADAS)

WRK P/No.	-
Vendor P/No.	MG656844-4
Vendor P/Name	KET_020_12F

| 6 | 5 | 4 | 3 | 2 | 1 |
| 12 | 11 | 10 | 9 | 8 | 7 |

1. -　-
2. -　-
3. B　A-CAN FD (Low)
4. L　E-CAN FD (Low)
5. -　-
6. -　-
7. L　ICU 정션블록 (퓨즈 - 모듈4)
8. -　-
9. Y　A-CAN FD (High)
10. R　E-CAN FD (High)
11. B　접지 (GM01)
12. -　-

- 384 -

R05 프런트 뷰 카메라 (빌트인 캠)

WRK P/No.	-
Vendor P/No.	MG656964-5
Vendor P/Name	KET_025FAKRA_05F

1. O 빌트인 캠 유닛 (전원)
2. L 빌트인 캠 유닛 (IND.)
3. - -
4. Br 빌트인 캠 유닛 (접지)
5. B 빌트인 캠 유닛 (카메라 영상 신호)

R06 선루프 스위치

WRK P/No.	-
Vendor P/No.	CL6424-0073-7
Vendor P/Name	HRS_025_06F

1. B 접지 (GM01)
2. - -
3. - -
4. P 선루프 컨트롤 유닛 (글라스) (Open 스위치) - SIG A)
5. L 선루프 컨트롤 유닛 (글라스) (Close 스위치) - SIG B)
6. O 선루프 컨트롤 유닛 (글라스) (Tilt 스위치) - SIG C)

R07 룸 램프

WRK P/No.	-
Vendor P/No.	CL6424-0076-5
Vendor P/Name	HRS_025_06F

1. Y ICU 정션 블록 (IPS8)
2. L ILL. (+)
3. - -
4. Y 오버헤드 콘솔 (룸 램프)
5. Gr ILL. (-)
6. B 접지 (GM01)

R08-L 마이크 LH

WRK P/No.	187900533AS
Vendor P/No.	HK326-02010
Vendor P/Name	KUM_025_02F

1. R AVNT 헤드 유닛 (+)
2. B AVNT 헤드 유닛 (-)

R08-R 마이크 RH

WRK P/No.	187900526AS
Vendor P/No.	HK327-02020
Vendor P/Name	KUM_025_02F

1. R AVNT 헤드 유닛 (+)
2. B AVNT 헤드 유닛 (-)

R10 레인 센서

WRK P/No.	999990051AS
Vendor P/No.	1-1718346-1
Vendor P/Name	AMP_025_03F

1. P ICU 정션 블록 (퓨즈 - 모듈1)
2. B 접지 (GM01)
3. Gr IBU (LIN)

루프 하네스 (3)

CV60-3

ETCS 안테나 익스텐션 하네스

R12   후석 충격 감지 센서

WRK P/No.	-
Vendor P/No.	220316-BK
Vendor P/Name	YRC_025WP_04F

ANT-E   ETCS 안테나

WRK P/No.	-
Vendor P/No.	-
Vendor P/Name	KET_01F

1. B   접지 (GM01)
2. O   B-CAN (Low)

3. G   B-CAN (High)
4. Gr/B ICU 정션 블록 (IPS9)

1. B   오버헤드 콘솔 : ETCS 모듈 (카드 리더) (안테나)

R13-D   화장등 LH

WRK P/No.	1898000942AS
Vendor P/No.	172434-2
Vendor P/Name	AMP_PLM2_02F

R01-A   오버헤드 콘솔 (ETCS 안테나)

WRK P/No.	-
Vendor P/No.	-
Vendor P/Name	KET_01F

1. Y   ICU 정션 블록 (IPS8)

2. B   접지 (GM01)

1. B   ETCS 모듈 (카드 리더) : ETCS 안테나

R13-P   화장등 RH

WRK P/No.	1898000942AS
Vendor P/No.	172434-2
Vendor P/Name	AMP_PLM2_02F

1. Y   ICU 정션 블록 (IPS8)

2. B   접지 (GM01)

CV61-1

테일게이트 하네스 (1)

테일게이트 LH 하네스

R61 보조 정지등

WRK P/No.	1891302224AS
Vendor P/No.	PH845-02010
Vendor P/Name	KUM_CDR_02R

2. B 접지 (GF03)

1. G ICU 정션 블록 (IPS3)

테일게이트 RH 하네스

R91 퍼들 램프

WRK P/No.	1891402224AS
Vendor P/No.	PH841-02010
Vendor P/Name	KUM_CDR_02M

2. Gr IBU (퍼들/포켓 램프 Out)

1. R/B ICU 정션 블록 (퓨즈 - 모듈1)

테일게이트 CTR 하네스

R70 리어 센터 램프

WRK P/No.	1879004308AS
Vendor P/No.	HP401-03020
Vendor P/Name	KUM_060WP_03M

3. B 접지 (GF03)

1. G/O 미등 :ICU 정션 블록 (IPS3)
2. Y IBU (Welcome 램프)

R71-L 번호판등 LH

WRK P/No.	-
Vendor P/No.	MG644111-5
Vendor P/Name	KET_025WP_02F

2. B 접지 (GF03)

1. G/B ICU 정션 블록 (IPS3)

R71-R 번호판등 RH

WRK P/No.	-
Vendor P/No.	MG644111-5
Vendor P/Name	KET_025WP_02F

2. B 접지 (GF03)

1. Br/B ICU 정션 블록 (IPS6)

테일게이트 하네스 (2)

CV61-2

R72 리어 디포거 (+)

WRK P/No.	-
Vendor P/No.	172320-2
Vendor P/Name	AMP_PLM2_01F

1. W P/R 정션 블록 (열선유리 (뒤) 릴레이)

R73 리어 디포거 (-)

WRK P/No.	-
Vendor P/No.	172320-2
Vendor P/Name	AMP_PLM2_01F

1. B 접지 (GF05)

R74 파워 테일게이트 래치

WRK P/No.	1879004730AS
Vendor P/No.	F804500
Vendor P/Name	FCI_DRLATCH_08F

1. Y 모터 (-) : 파워 테일게이트 유닛
2. O 모터 (+) : 파워 테일게이트 유닛
3. W Full Lock 스위치 :
　파워 테일게이트 유닛
4. Br Open 스위치 : 파워 테일게이트 유닛
5. B 스위치 접지 : 파워 테일게이트 유닛
6. L Home Position 스위치 :
　파워 테일게이트 유닛
7. Gr Half Lock 스위치 :
　파워 테일게이트 유닛
8. - -

R75 파워 테일게이트 스위치 (실내)

WRK P/No.	1879004332AS
Vendor P/No.	HP285-06021
Vendor P/Name	KUM_TWP_06F

1. O/B ILL. : 파워 테일게이트 유닛
2. - -
3. B ILL. : 접지 (GF03)
4. G 스위치 : 파워 테일게이트 유닛
5. - -
6. B 스위치 : 접지 (GF03)

R76 테일게이트 래치

WRK P/No.	-
Vendor P/No.	3325-3940
Vendor P/Name	DEL_050WP_05F

1. B 모터 : 접지 (GF03)
2. R ICU 정션 블록 (테일게이트 릴레이)
3. B 스위치 : 접지 (GF03)
4. G Full Lock 스위치 : ICU 정션 블록
　(IPS 컨트롤 모듈)
5. L Full Open 스위치 : ICU 정션 블록
　(IPS 컨트롤 모듈)

R77 파워 테일게이트 부저

WRK P/No.	1898006940AS
Vendor P/No.	MG653494-5
Vendor P/Name	KET_090IIWP_02F

1. B 접지 (GF03)
2. Br/B 파워 테일게이트 유닛

R78

테일게이트 스위치 (실외)
(리어 뷰 카메라 적용)

WRK P/No.	187900289OAS
Vendor P/No.	HP281-08020
Vendor P/Name	KUM_TWP_08M

1. B/O 리어 뷰 카메라- 접지 :
2. B AVNT 헤드 유닛
   리어 뷰 카메라 - 비디오 접지 :
3. B AVNT 헤드 유닛
   테일게이트 열림 스위치 :
   접지 (GF03)

4. P 테일게이트 열림 스위치 :
   ICU 정션블록 (IPS 컨트롤 모듈)
5. G B-CAN (High)
6. O B-CAN (Low)
7. R 리어 뷰 카메라 - 비디오 신호 :
   AVNT 헤드 유닛
8. R 리어 뷰 카메라 - 전원 :
   AVNT 헤드 유닛

R79

테일게이트 스위치 (실외)
(SVM/빌트인 캠 적용)

WRK P/No.	-
Vendor P/No.	MG645909-5
Vendor P/Name	KET_025WP_07M

1. -
2. -
3. B 테일게이트 열림 스위치 :
   접지 (GF03)
4. -
5. -

6. P 테일게이트 열림 스위치 :
   ICU 정션블록 (IPS 컨트롤 모듈)
7. B 리어 뷰 카메라 :
   [SVM] 운전자 주차 보조 유닛
   [빌트인 캠] 빌트인 캠 유닛

프런트 범퍼 하네스

E81-L 액티브 에어 플랩 유닛 LH

WRK P/No.	-
Vendor P/No.	MG644803-5
Vendor P/Name	KET_040WP_08F

1. - -
2. - -
3. - -
4. - -

5. R ICU 정션 블록 (IPS9)
6. - -
7. B 접지 (GE01)
8. L 리어 인버터 (LIN)

E81-R 액티브 에어 플랩 유닛 RH

WRK P/No.	-
Vendor P/No.	MG644803-5
Vendor P/Name	KET_040WP_08F

1. - -
2. - -
3. - -
4. - -

5. R ICU 정션 블록 (IPS9)
6. - -
7. B 접지 (GE01)
8. L 리어 인버터 (LIN)

E82-L 전측방 레이더 LH

WRK P/No.	-
Vendor P/No.	1367-8639
Vendor P/Name	PKD_050WP_12F

1. R ICU 정션 블록 (IPS9)
2. B A-CAN FD (Low)
3. Y A-CAN FD (High)
4. B 접지 (GE02)
5. O ADAS L-CAN FD (Low)
6. G ADAS L-CAN FD (High)

7. - -
8. - -
9. - -
10. G/O ICU 정션 블록 (퓨즈 - 모듈4)
11. - -
12. - -

E82-R 전측방 레이더 RH

WRK P/No.	-
Vendor P/No.	1367-8639
Vendor P/Name	PKD_050WP_12F

1. R ICU 정션 블록 (IPS9)
2. B A-CAN FD (Low)
3. Y A-CAN FD (High)
4. B 접지 (GE01)
5. O ADAS L-CAN FD (Low)
6. G ADAS L-CAN FD (High)

7. - -
8. - -
9. - -
10. G/O ICU 정션 블록 (퓨즈 - 모듈4)
11. - -
12. - -

CV62-2

범퍼 하네스 (2)

E86-CL 전방 주차 거리 경고 센서 NH
(Center)

WRK P/No.	-
Vendor P/No.	35377791
Vendor P/Name	APT_TWP_06F

1. -
2. -
3. -
4. B   접지 (GE01)

5. L   [PDW]IBU (LIN)
        [RSPA]운전자 주차 보조 유닛 (LIN)
6. R   [PDW]IBU (전원)
        [RSPA]운전자 주차 보조 유닛 (전원)

E86-CR 전방 주차 거리 경고 센서 RH
(Center)

WRK P/No.	-
Vendor P/No.	35377787
Vendor P/Name	APT_TWP_06F

1. -
2. -
3. -
4. B   접지 (GE01)

5. L   [PDW]IBU (LIN)
        [RSPA]운전자 주차 보조 유닛 (LIN)
6. R   [PDW]IBU (전원)
        [RSPA]운전자 주차 보조 유닛 (전원)

E86-L 전방 주차 거리 경고 센서 LH

WRK P/No.	-
Vendor P/No.	35377795
Vendor P/Name	APT_TWP_06F

1. -
2. -
3. -
4. B   접지 (GE01)

5. L   [PDW]IBU (LIN)
        [RSPA]운전자 주차 보조 유닛 (LIN)
6. R   [PDW]IBU (전원)
        [RSPA]운전자 주차 보조 유닛 (전원)

E86-R 전방 주차 거리 경고 센서 RH

WRK P/No.	-
Vendor P/No.	35350644
Vendor P/Name	APT_TWP_06F

1. -
2. -
3. -
4. B   접지 (GE01)

5. L   [PDW]IBU (LIN)
        [RSPA]운전자 주차 보조 유닛 (LIN)
6. R   [PDW]IBU (전원)
        [RSPA]운전자 주차 보조 유닛 (전원)

범퍼 하네스 (3)

CV62-3

E86-SL 전방 주차 거리 경고 센서 LH (Side)

WRK P/No.	-
Vendor P/No.	35377795
Vendor P/Name	APT_TWP_06F

4. B　접지 (GE01)
5. Y　운전자 주차 보조 유닛 (LIN)
6. R　운전자 주차 보조 유닛 (전원)

1. -
2. -
3. -

E86-SR 전방 주차 거리 경고 센서 RH (Side)

WRK P/No.	-
Vendor P/No.	35350644
Vendor P/Name	APT_TWP_06F

4. B　접지 (GE01)
5. Y　운전자 주차 보조 유닛 (LIN)
6. R　운전자 주차 보조 유닛 (전원)

1. -
2. -
3. -

E87 전방 카메라 (SVM)

WRK P/No.	-
Vendor P/No.	59K14M-103A4-A
Vendor P/Name	RSB_018FAKRAWP_01F

1. B　운전자 주차 보조 유닛 (프런트 영상 신호)

E90 실외 온도 센서

WRK P/No.	1898003361AS
Vendor P/No.	MG610320-5
Vendor P/Name	KET_SWP_02F

1. Br　에어컨 컨트롤 모듈 (센서 전원)
2. B　에어컨 컨트롤 모듈 (센서 접지)

리어 범퍼 하네스

R81-CL 후방 주차 거리 경고 센서 LH (Center) (GT & GT Line 미적용)

WRK P/No.	-
Vendor P/No.	35377793
Vendor P/Name	APT_TWP_06F

1. -
2. -
3. -
4. B 접지 (GF04)
5. L [PDW] IBU (LIN)
     [RSPA] 운전자 주차 보조 유닛 (LIN)
6. R [PDW] IBU (전원)
     [RSPA] 운전자 주차 보조 유닛 (전원)

R81-CR 후방 주차 거리 경고 센서 RH (Center) (GT & GT Line 미적용)

WRK P/No.	-
Vendor P/No.	35377789
Vendor P/Name	APT_TWP_06F

1. -
2. -
3. -
4. B 접지 (GF04)
5. L [PDW] IBU (LIN)
     [RSPA] 운전자 주차 보조 유닛 (LIN)
6. R [PDW] IBU (전원)
     [RSPA] 운전자 주차 보조 유닛 (전원)

R81-L 후방 주차 거리 경고 센서 LH

WRK P/No.	-
Vendor P/No.	35377797
Vendor P/Name	APT_TWP_06F

1. -
2. -
3. -
4. B 접지 (GF04)
5. L [PDW] IBU (LIN)
     [RSPA] 운전자 주차 보조 유닛 (LIN)
6. R [PDW] IBU (전원)
     [RSPA] 운전자 주차 보조 유닛 (전원)

R81-R 후방 주차 거리 경고 센서 RH

WRK P/No.	-
Vendor P/No.	35377785
Vendor P/Name	APT_TWP_06F

1. -
2. -
3. -
4. B 접지 (GF04)
5. L [PDW] IBU (LIN)
     [RSPA] 운전자 주차 보조 유닛 (LIN)
6. R [PDW] IBU (전원)
     [RSPA] 운전자 주차 보조 유닛 (전원)

R81-SL 후방 주차 거리 경고 센서 LH
(Side)

WRK P/No.	-
Vendor P/No.	35377797
Vendor P/Name	APT_TWP_06F

4. B   접지 (GF04)
5. Gr   운전자 주차 보조 유닛 (LIN)
6. R   운전자 주차 보조 유닛 (전원)

1. -   -
2. -   -
3. -   -

R81-SR 후방 주차 거리 경고 센서 RH
(Side)

WRK P/No.	-
Vendor P/No.	35377785
Vendor P/Name	APT_TWP_06F

4. B   접지 (GF04)
5. L   운전자 주차 보조 유닛 (LIN)
6. R   운전자 주차 보조 유닛 (전원)

1. -   -
2. -   -
3. -   -

R83-L 후측방 레이더 LH

WRK P/No.	-
Vendor P/No.	1367-8639
Vendor P/Name	PKD_050WP_12F

7. P/B   운전석 아웃사이드 미러 유닛
         (BCW IND.)
8. -   -
9. -   -
10. P   ICU 정션 블록 (퓨즈 - 모듈4)
11. -   -
12. -   -

1. G/O   ICU 정션 블록 (IPS9)
2. L   E-CAN FD (Low)
3. R   E-CAN FD (High)
4. B   접지 (GF04)
5. O   ADAS L-CAN FD (Low)
6. G   ADAS L-CAN FD (High)

R83-R 후측방 레이더 RH

WRK P/No.	-
Vendor P/No.	1367-8639
Vendor P/Name	PKD_050WP_12F

7. P/B   동승석 아웃사이드 미러 유닛
         (BCW IND.)
8. -   -
9. -   -
10. P/B ICU 정션 블록 (퓨즈 - 모듈4)
11. -   -
12. -   -

1. G/O   ICU 정션 블록 (IPS9)
2. -   -
3. -   -
4. B   접지 (GF04)
5. O   ADAS L-CAN FD (Low)
6. G   ADAS L-CAN FD (High)

R84 스마트 키 리어 범퍼 안테나

WRK P/No.	1879004714AS
Vendor P/No.	HP285-02021
Vendor P/Name	KUM_025WP_02F

1. Br IBU (전원)
2. W IBU (접지)

R85 후진등 (GT & GT Line 미적용)

WRK P/No.	1895902114AS
Vendor P/No.	PB625-02027
Vendor P/Name	KUM_NMWP_02F

1. Br
2. B 접지 (GF04)

R86 후방 안개등 & 후진등 (GT or GT Line 적용)

WRK P/No.	1895904114AS
Vendor P/No.	PB625-04027
Vendor P/Name	KUM_NMWP_04F

1. Br 후진등 : ICU 정션 블록 (IPS8)
2. B 후진등 : 접지 (GF04)
3. -
4. -

후방 주차 거리 경고 센서 익스텐션 하네스

R87-CL 후방 주차 거리 경고 센서 LH (Center) (GT or GT Line 적용)

WRK P/No.	-
Vendor P/No.	35377793
Vendor P/Name	06M

1. R [PDW] IBU (전원) [RSPA] 운전자 주차 보조 유닛 (전원)
2. G [PDW] IBU (LIN) [RSPA] 운전자 주차 보조 유닛 (LIN)
3. B 접지 (GF04)
4. -
5. -
6. -

R87-CR 후방 주차 거리 경고 센서 LH (Center) (GT or GT Line 적용)

WRK P/No.	-
Vendor P/No.	35377789
Vendor P/Name	06M

1. R [PDW] IBU (전원) [RSPA] 운전자 주차 보조 유닛 (전원)
2. G [PDW] IBU (LIN) [RSPA] 운전자 주차 보조 유닛 (LIN)
3. B 접지 (GF04)
4. -
5. -
6. -

운전석 시트 하네스

S01-1 운전석 매뉴얼 시트 스위치 (IMS 미적용-2WAY)

WRK P/No.	-
Vendor P/No.	0-368501-1
Vendor P/Name	AMP_070_04F

1. P/B ICU 정션 블록 (퓨즈 - 모듈8)
2. G 운전석 헤드레스트 모터 (BWD)
3. G/B 접지 (GF01)
4. W 운전석 헤드레스트 모터 (FWD)

S01-2 운전석 파워 시트 스위치 (IMS 미적용-10WAY)

WRK P/No.	-
Vendor P/No.	CL6424-0097-5
Vendor P/Name	HRS_KM_060_16F

1. Gr/B 운전석 헤드레스트 모터 (FWD)
2. P 운전석 헤드레스트 모터 (BWD)
3. W/B ICU 정션 블록 (퓨즈 - 전동시트 운전석)
4. O/B ICU 정션 블록 (퓨즈 - 전동시트 운전석)
5. B 운전석 등받이 모터 (BWD)
6. Y 운전석 리어 높낮이 모터 (Up)
7. Br 운전석 등받이 모터 (FWD)
8. Gr 운전석 리어 높낮이 모터 (Down)

9. L 접지 (GF01)
10. Br 접지 (GF01)
11. - -
12. - -
13. R 운전석 슬라이드 모터 (FWD)
14. O 운전석 프런트 높낮이 모터 (Down)
15. W 운전석 슬라이드 모터 (BWD)
16. G 운전석 프런트 높낮이 모터 (Up)

S01-3 운전석 파워 시트 스위치 (IMS 적용-10WAY)

WRK P/No.	-
Vendor P/No.	CL6424-0098-8
Vendor P/Name	HRS_KM_060_16F

1. Gr 운전석 헤드레스트 모터 (BWD), 운전석 파워 시트 모듈 (헤드레스트 모터 - BWD)
2. - -
3. P/B ICU 정션 블록 (퓨즈 - 전동시트 운전석)
4. G/O 운전석 파워 시트 모듈 (등받이 모터 - BWD)
5. Y/O 운전석 파워 시트 모듈 (리어 높낮이 모터 - Up)
6. P 운전석 파워 시트 모듈 (등받이 모터 - FWD)
7. Br/O 운전석 파워 시트 모듈 (리어 높낮이 모터 - Down)
8. O 운전석 파워 시트 모듈 (슬라이드 모터 - BWD)

9. Y/B 운전석 헤드레스트 모터 (FWD), 운전석 파워 시트 모듈 (헤드레스트 모터 - FWD)
10. - -
11. - -
12. - -
13. L/B 접지 (GF01)
14. Gr/O 운전석 파워 시트 모듈 (프런트 높낮이 모터 - Down)
15. W 운전석 파워 시트 모듈 (슬라이드 모터 - FWD)
16. L/O 운전석 파워 시트 모듈 (프런트 높낮이 모터 - Up)

시트 하네스 (2)

S01-4	운전석 파워 시트 스위치 (IMS 적용-12WAY)	WRK P/No.	-
		Vendor P/No.	CL6424-0100-8
		Vendor P/Name	HRS_KM_025_060_20F

1. Y/B 운전석 허리받이 모터 (FWD),
         운전석 파워 시트 모듈
2. Gr   (허리받이 모터-FWD),
         운전석 허리받이 모터 (BWD),
         운전석 파워 시트 모듈
         (허리받이 모터 - BWD)
3. P/B   ICU 정션 블록
         (퓨즈 - 전동시트 운전석)
4. W/B   ICU 정션 블록
         (퓨즈 - 전동시트 운전석)
5. Br/O 운전석 파워 시트 모듈
         (리어 높낮이 모터 - Down)
6. P   운전석 파워 시트 모듈
         (등받이 모터 - FWD)
7. L/O   운전석 파워 시트 모듈
         (프런트 높낮이 모터 - Up)
8. O   운전석 파워 시트 모듈
         (슬라이드 모터 - BWD)
9. L/B   접지 (GF01)
10. L   접지 (GF01)

11. R   운전석 파워 시트 모듈
         (릴렉스 스위치 - Relax)
12. Br   운전석 파워 시트 모듈
         (릴렉스 스위치 - Return)
13. -   -
14. -   -
15. Y/O 운전석 파워 시트 모듈
         (리어 높낮이 모터 - Up)
16. G/O 운전석 파워 시트 모듈
         (등받이 모터 - BWD)
17. -   -
18. -   -
19. Gr/O 운전석 파워 시트 모듈
         (프런트 높낮이 모터 - Down)
20. W   운전석 파워 시트 모듈
         (슬라이드 모터 - FWD)

S02-A	운전석 파워 시트 모듈	WRK P/No.	-
		Vendor P/No.	MG65680-7
		Vendor P/Name	KET_090II_10F

1. -   -
2. Br   운전석 등받이 모터 (FWD)
3. Y   운전석 리어 높낮이 모터 (Up)
4. R   운전석 슬라이드 모터 (FWD)
5. -   -

6. B   운전석 등받이 모터 (BWD)
7. G   운전석 프런트 높낮이 모터 (Up)
8. O   운전석 프런트 높낮이 모터 (Down)
9. Gr   운전석 리어 높낮이 모터 (Down)
10. W   운전석 슬라이드 모터 (BWD)

S02-B	운전석 파워 시트 모듈	WRK P/No.	-
		Vendor P/No.	MG655778-11
		Vendor P/Name	KET_110_04F

1. O   ICU 정션 블록
         (퓨즈 - 전동시트 운전석)
2. P   IICU 정션 블록
         (퓨즈 - 전동시트 운전석)

3. Br   접지 (GF01)
4. Gr   접지 (GF01)

시트 하네스 (3)　　　　　　　　　　　　　　　　　　　　　　　　　CV70-3

S02-C　운전석 파워 시트 모듈

WRK P/No.	-
Vendor P/No.	MG655759
Vendor P/Name	KET_025(0.64)-II_Unseal_28F

1. W　운전석 파워 시트 스위치 (슬라이드 모터 - FWD)
2. P　운전석 파워 시트 모터 (등받이 모터 - FWD)
3. L/O　운전석 파워 시트 스위치 (프런트 높낮이 모터 - Up)
4. Y/O　운전석 파워 시트 스위치 (리어 높낮이 모터 - Up)
5. -
6. B　B-CAN (High)
7. Y　B-CAN (Low)
8. R　운전석 파워 시트 스위치 (릴렉스 스위치 - Relax)
9. Y/B　운전석 허리받이 모터 - FWD : 운전석 파워 시트 스위치, 운전석 허리받이 모터
10. W/B　운전석 슬라이드 모터 (신호)
11. O/B　운전석 파워 프런트 높낮이 모터 (신호)
12. Br　운전석 파워 시트 스위치 (릴렉스 스위치 - Return)
13. G　센서 전원 : 운전석 등받이 모터, 운전석 프런트 높낮이 모터, 운전석 리어 높낮이 모터, 운전석 슬라이드 모터

14. L/B　ICU 정션 블록 (퓨즈 - 모듈5)
15. O　운전석 파워 시트 스위치 (슬라이드 모터 - BWD)
16. G/O　운전석 파워 시트 스위치 (등받이 모터 - BWD)
17. Gr/O　운전석 파워 시트 스위치 (프런트 높낮이 모터 - Down)
18. Br/O　운전석 파워 시트 스위치 (리어 높낮이 모터 - Down)
19. -
20. G/B　접지 (GF01)
21. -
22. -
23. Gr　운전석 헤드라받이 모터 - BWD : 운전석 파워 시트 스위치, 운전석 헤드라받이 모터
24. R/B　운전석 등받이 모터 (신호)
25. Gr/B　운전석 리어 높낮이 모터 (신호)
26. -
27. -
28. P/B　ICU 정션 블록 (퓨즈 - 모듈8)

S04　운전석 슬라이드 모터

WRK P/No.	-
Vendor P/No.	MG656916-4
Vendor P/Name	KET_025110(UNSEAL_04…

[IMS 적용]
1. R/B　운전석 파워 시트 모듈 (전원)
2. W　운전석 파워 시트 모듈 (BWD)
3. W/B　운전석 파워 시트 모듈 (신호)
4. R　운전석 파워 시트 모듈 (FWD)

[IMS 미적용]
1. -
2. W　운전석 파워 시트 스위치 (BWD)
3. -
4. R　운전석 파워 시트 스위치 (FWD)

S05-1　운전석 프런트 높낮이 모터 (릴렉스 미적용)

WRK P/No.	-
Vendor P/No.	MG656916-4
Vendor P/Name	KET_025110(UNSEAL_04…

[IMS 적용]
1. G/B　운전석 파워 시트 모듈 (전원)
2. O　운전석 파워 시트 모듈 (Down)
3. O/B　운전석 파워 시트 모듈 (신호)
4. G　운전석 파워 시트 모듈 (Up)

[IMS 미적용]
1. -
2. O　운전석 파워 시트 스위치 (Down)
3. -
4. G　운전석 파워 시트 스위치 (Up)

시트 하네스 (4)

S05-2 운전석 프런트 높낮이 모터 (릴렉스 적용)

WRK P/No.	-
Vendor P/No.	MG656916-4
Vendor P/Name	KET_025110(UNSEAL)_04F

1. G/B 운전석 파워 시트 모듈 (전원)
2. G 운전석 파워 시트 모듈 (Up)
3. O/B 운전석 파워 시트 모듈 (신호)
4. O 운전석 파워 시트 모듈 (Down)

S06 운전석 리어 높낮이 모터

WRK P/No.	-
Vendor P/No.	MG656916-4
Vendor P/Name	KET_025110(UNSEAL)_04F

[IMS 미적용]
1. - 운전석 파워 시트 모듈 (전원)
2. - 운전석 파워 시트 모듈 (Up)
3. - 운전석 파워 시트 모듈 (신호)
4. - 운전석 파워 시트 모듈 (Down)

[IMS 적용]
1. Y/B 운전석 파워 시트 스위치 (Up)
2. Y 운전석 파워 시트 모듈 (신호)
3. Gr/B -
4. Gr 운전석 파워 시트 스위치 (Down)

S07 운전석 통풍 시트 블로어 모터

WRK P/No.	189130722AS
Vendor P/No.	PH845-07020
Vendor P/Name	KUM_CDR(050)_07F

1. - -
2. - -
3. Gr 프런트 통풍시트 컨트롤 모듈 (접지)
4. - -
5. G 프런트 통풍 시트 컨트롤 모듈 (SPD)
6. L 프런트 통풍 시트 컨트롤 모듈 (F/B)
7. P 프런트 통풍 시트 컨트롤 모듈 (전원)

S08 운전석 시트 쿠션 히터

WRK P/No.	-
Vendor P/No.	MG622229
Vendor P/Name	KET_090III_06M

1. - -
2. - -
3. O 프런트 시트 히터 컨트롤 모듈 (전원)
4. O/B 프런트 시트 히터 컨트롤 모듈 (NTC (+))
5. Br/B 프런트 시트 히터 컨트롤 모듈 (NTC (-))
6. Br 프런트 시트 히터 컨트롤 모듈 (접지)

S09 운전석 통풍 시트 쿠션 히터

WRK P/No.	-
Vendor P/No.	MG622229
Vendor P/Name	KET_090III_06M

1. - -
2. - -
3. O 프런트 통풍 시트 컨트롤 모듈 (전원)
4. O/B 프런트 통풍 시트 컨트롤 모듈 (NTC (+))
5. Br/B 프런트 통풍 시트 컨트롤 모듈 (NTC (-))
6. Br 프런트 통풍 시트 컨트롤 모듈 (접지)

S13 운전석 시트 USB 충전 단자

WRK P/No.	-
Vendor P/No.	MG645590
Vendor P/Name	KET_N060(Unseal)_02M

1. R/B ICU 정션 블록 (퓨즈 - USB 충전기)
2. B/O 접지 (GF01)

운전석 시트 익스텐션 하네스

S10　운전석 하리받이 모터

WRK P/No.	-
Vendor P/No.	1456985-1
Vendor P/Name	AMP_025_06F

[IMS 적용]
1. Y　FWD : 운전석 파워 시트 스위치,
　　　운전석 파워 시트 모듈
2. W　BWD : 운전석 파워 시트 스위치,
　　　운전석 파워 시트 모듈
3. G　접지 (GF01)
4. -
5. -
6. -

[IMS 미적용]
1. Y　FWD :
　　[2WAY]운전석 매뉴얼 시트 스위치
　　[10WAY]운전석 파워 시트 스위치
2. W　BWD :
　　[2WAY]운전석 매뉴얼 시트 스위치
　　[10WAY]운전석 파워 시트 스위치
3. G　접지 (GF01)
4. -
5. -
6. -

S12　운전석 쑬받이 모터

WRK P/No.	-
Vendor P/No.	MG656916-4
Vendor P/Name	KET_025110(UNSEAL)_04F

[IMS 적용]
1. W/R　운전석 파워 시트 모듈 (전원)
2. Lg　운전석 파워 시트 모듈 (BWD)
3. Gr　운전석 파워 시트 모듈 (신호)
4. R/B　운전석 파워 시트 모듈 (FWD)

[IMS 미적용]
1. -
2. Lg　운전석 파워 시트 스위치 (BWD)
3. -
4. R/B　운전석 파워 시트 스위치 (FWD)

동승석 시트 하네스

S21-1　동승석 매뉴얼 시트 스위치 (릴렉스 미적용-2WAY)

WRK P/No.	-
Vendor P/No.	0-368501-1
Vendor P/Name	AMP_070_04F

1. P/B　ICU 정션블록 (퓨즈 - 모듈8)
2. G　동승석 하리받이 모터 (BWD)
3. Gr　접지 (GF02)
4. W　동승석 하리받이 모터 (FWD)

S21-2　동승석 파워 시트 스위치 (릴렉스 미적용-10WAY)

WRK P/No.	-
Vendor P/No.	CL6424-0097-5
Vendor P/Name	HRS_KM_060_16F

1. Gr　동승석 리어 높낮이 모터 (Down)
2. P　동승석 쑬받이 높낮이 모터 (BWD)
3. L　동승석 리어 높낮이 모터 (Up)
4. O　동승석 쑬받이 높낮이 모터 (FWD)
5. O/B　ICU 정션블록
　　(퓨즈 - 전동시트 조수석)
6. P/B　ICU 정션블록
　　(퓨즈 - 전동시트 조수석)
7. G/B　동승석 하리받이 모터 (BWD)
8. R/B　동승석 하리받이 모터 (FWD)
9. W　동승석 프런트 높낮이 모터 (Up)
10. Br　동승석 슬라이드 모터 (BWD)
11. G　동승석 프런트 높낮이 모터 (Down)
12. Y　동승석 슬라이드 모터 (FWD)
13. -
14. -
15. B/O　접지 (GF02)
16. W/B　접지 (GF02)

운전석 시트 익스텐션 하네스

S10　운전석 허리받이 모터

WRK P/No.	-	1456985-1
Vendor P/No.	-	1456985-1
Vendor P/Name	AMP_025_06F	

[IMS 적용]
1. Y　FWD : 운전석 파워 시트 스위치,
　　　운전석 파워 시트 모듈
2. W　BWD: 운전석 파워 시트 스위치,
　　　운전석 파워 시트 모듈
3. G　접지 (GF01)
4. -　-
5. -　-
6. -　-

[IMS 미적용]
1. Y　FWD :
　　[2WAY] 운전석 매뉴얼 시트 스위치
　　[10WAY] 운전석 파워 시트 스위치
2. W　BWD :
　　[2WAY] 운전석 매뉴얼 시트 스위치
　　[10WAY] 운전석 파워 시트 스위치
3. G　접지 (GF01)
4. -　-
5. -　-
6. -　-

S12　운전석 등받이 모터

WRK P/No.	-	-
Vendor P/No.	-	MG656916-4
Vendor P/Name	KET_025110(UNSEAL)_04F	

[IMS 적용]
1. W/R　운전석 파워 시트 모듈 (전원)
2. Lg　운전석 파워 시트 모듈 (BWD)
3. Gr　운전석 파워 시트 모듈 (신호)
4. R/B　운전석 파워 시트 모듈 (FWD)

[IMS 미적용]
1. -　-
2. Lg　운전석 파워 시트 스위치 (BWD)
3. -　-
4. R/B　운전석 파워 시트 스위치 (FWD)

동승석 시트 하네스

S21-1　동승석 매뉴얼 시트 스위치
　　　　(릴렉스 미적용-2WAY)

WRK P/No.	-	0-368501-1
Vendor P/No.	-	0-368501-1
Vendor P/Name	AMP_070_04F	

1. P/B　ICU 정션 블록 (퓨즈 - 모듈8)
2. G　동승석 허리받이 모터 (BWD)
3. Gr　접지 (GF02)
4. W　동승석 허리받이 모터 (FWD)

S21-2　동승석 파워 시트 스위치
　　　　(릴렉스 미적용-10WAY)

WRK P/No.	-	CL6424-0097-5
Vendor P/No.	-	CL6424-0097-5
Vendor P/Name	HRS_KM_060_16F	

1. Gr　동승석 리어 높낮이 모터 (Down)
2. P　동승석 등받이 모터 (BWD)
3. L　동승석 리어 높낮이 모터 (Up)
4. O　동승석 등받이 모터 (FWD)
5. O/B　ICU 정션 블록
　　　(퓨즈 - 전동시트 조수석)
6. P/B　ICU 정션 블록
　　　(퓨즈 - 전동시트 조수석)
7. G/B　동승석 허리받이 모터 (BWD)
8. R/B　동승석 허리받이 모터 (FWD)
9. W　동승석 프런트 높낮이 모터 (Up)
10. Br　동승석 슬라이드 모터 (BWD)
11. G　동승석 프런트 높낮이 모터 (Down)
12. Y　동승석 슬라이드 모터 (FWD)
13. -　-
14. -　-
15. B/O　접지 (GF02)
16. W/B　접지 (GF02)

시트 하네스 (6)　　　　　　　　　　　　　　　　　　　　　　　　　CV70-6

S21-3　동승석 파워 시트 스위치
(릴렉스 적용)

WRK P/No.	-	CL6424-0100-8
Vendor P/No.		
Vendor P/Name		HRS_KM_025_060_20F

1. P　동승석 파워 시트 모듈
(릴렉스 스위치 - 슬라이드)
2. -　-
3. G　동승석 파워 시트 모듈
(릴렉스 스위치 - 리어 높낮이)
4. Br/O　동승석 파워 시트 모듈
(릴렉스 스위치 - 등받이)
5. P/B　ICU 정션 블록
(퓨즈 - 전동시트 조수석)
6. W　ICU 정션 블록
(퓨즈 - 전동시트 조수석)
7. -　-
8. G/B　동승석 허리받이 모터 (BWD)
9. L/B　동승석 파워 시트 모듈
(릴렉스 스위치 - 프런트 높낮이)
10. -　-
11. L　접지 (GF02)
12. Gr　접지 (GF02)
13. -　-
14. -　-
15. Y　동승석 파워 시트 모듈
(릴렉스 스위치 - 등받이)
16. R/B　동승석 허리받이 모터 (FWD)
17. -　-
18. -　-
19. -　-
20. -　-

S22-A　동승석 파워 시트 모듈

WRK P/No.	-	MG65562B
Vendor P/No.		
Vendor P/Name		KET_N060(Unseal)_18F

1. O　동승석 등받이 모터 (FWD)
2. -　-
3. L　동승석 리어 높낮이 모터 (Up)
4. -　-
5. -　-
6. Y　동승석 슬라이드 모터 (FWD)
7. -　-
8. -　-
9. G　동승석 프런트 높낮이 모터 (Down)
10. P　동승석 등받이 모터 (BWD)
11. -　-
12. Gr　동승석 리어 높낮이 모터 (Down)
13. -　-
14. -　-
15. Br　동승석 슬라이드 모터 (BWD)
16. -　-
17. -　-
18. W　동승석 프런트 높낮이 모터 (Up)

S22-B　동승석 파워 시트 모듈

WRK P/No.	-	MG655778-11
Vendor P/No.		
Vendor P/Name		KET_110_04F

1. R　ICU 정션 블록
(퓨즈 - 전동시트 조수석)
2. B　접지 (GF02)
3. R　ICU 정션 블록
(퓨즈 - 전동시트 조수석)
4. -　-
5. B　접지 (GF02)

S22-C　동승석 파워 시트 모듈

WRK P/No.	-	MG655759
Vendor P/No.		
Vendor P/Name		KET_025(0.64)-HI_Unseal_28F

1. Br/O　동승석 파워 시트 스위치
(릴렉스 파워 시트 스위치)
2. G　동승석 파워 시트 스위치
(릴렉스 파워 시트 스위치)
3. L/B　동승석 파워 시트 스위치
(릴렉스 파워 시트 스위치 - 리어 높낮이)
4. P　동승석 파워 시트 스위치
(릴렉스 파워 시트 스위치 - 프런트 높낮이)
5. Y　동승석 파워 시트 스위치
(릴렉스 파워 시트 스위치 - 슬라이드)
6. L/O　동승석 파워 시트 스위치
(릴렉스 파워 시트 스위치 - Relax & Return)
7. -　-
8. -　-
9. L　B-CAN (Low)
10. R　B-CAN (High)
11. -　-
12. -　-
13. L　ICU 정션 블록 (퓨즈 - 모듈5)
14. P/B　ICU 정션 블록 (퓨즈 - 모듈8)
15. G/O　[워크인 적용] 동승석 워크인 스위치
(스위치 신호 - RECL)
16. Y/B　[워크인 적용] 동승석 워크인 스위치
(스위치 신호 - Slide)
17. W/B　[워크인 적용] 동승석 워크인 스위치
(스위치 신호 - Return)
18. -　-
19. -　-
20. W/O　접지 (GF02)
21. Gr　접지 (GF02)
22. Br/B　동승석 슬라이드 모터 프런트 높낮이 모터 (신호)
23. G/B　동승석 등받이 모터 (신호)
24. P/O　동승석 리어 높낮이 모터 (신호)
25. Gr/O　동승석 레그레스트 모터 (신호)
26. W/B　센서 전원 : 동승석 슬라이드 모터,
27. Y/O　동승석 프런트 높낮이 모터
28. Br　센서 전원 : 동승석 등받이 모터,
동승석 리어 높낮이 모터

- 402 -

S24 동승석 슬라이드 모터

WRK P/No.	-
Vendor P/No.	MG656916-4
Vendor P/Name	KET_025110(UNSEAL)_04F

[릴렉스 적용]
1. Y/B 동승석 파워 시트 모듈 (전원)
2. Y 동승석 파워 시트 모듈 (FWD)
3. Br/B 동승석 파워 시트 모듈 (신호)
4. Br 동승석 파워 시트 모듈 (BWD)

[릴렉스 미적용]
1. -
2. Y 동승석 파워 시트 스위치 (FWD)
3. -
4. Br 동승석 파워 시트 스위치 (BWD)

S25-1 동승석 프런트 높낮이 모터 (릴렉스 미적용)

WRK P/No.	-
Vendor P/No.	MG656916-4
Vendor P/Name	KET_025110(UNSEAL)_04F

1. -
2. W 동승석 파워 시트 스위치 (Up)
3. -
4. G 동승석 파워 시트 스위치 (Down)

S25-2 동승석 프런트 높낮이 모터 (릴렉스 적용)

WRK P/No.	-
Vendor P/No.	MG656916-4
Vendor P/Name	KET_025110(UNSEAL)_04F

1. W/B 동승석 파워 시트 모듈 (전원)
2. G 동승석 파워 시트 모듈 (Down)
3. G/B 동승석 파워 시트 모듈 (신호)
4. W 동승석 파워 시트 모듈 (Up)

S26 동승석 리어 높낮이 모터

WRK P/No.	-
Vendor P/No.	MG656916-4
Vendor P/Name	KET_025110(UNSEAL)_04F

[릴렉스 미적용]
1. -
2. L 동승석 파워 시트 스위치 (Up)
3. -
4. Gr 동승석 파워 시트 스위치 (Down)

[릴렉스 적용]
1. L/B 동승석 파워 시트 모듈 (전원)
2. L 동승석 파워 시트 모듈 (Up)
3. Gr/O 동승석 파워 시트 모듈 (신호)
4. Gr 동승석 파워 시트 모듈 (Down)

S27 동승석 통풍 시트 블로어 모터

WRK P/No.	1891307224AS
Vendor P/No.	PH845-07020
Vendor P/Name	KUM_CDR(050)_07F

1. -
2. -
3. O/B 프런트 통풍 시트 컨트롤 모듈 (정지)
4. -
5. G/B 프런트 통풍 시트 컨트롤 모듈 (SPD)
6. Br 프런트 통풍 시트 컨트롤 모듈 (RPM_IN)
7. W/B 프런트 통풍 시트 컨트롤 모듈 (전원)

S28 동승석 시트 쿠션 히터

WRK P/No.	-
Vendor P/No.	MG622229
Vendor P/Name	KET_090III_06M

1. -
2. -
3. P 프런트 시트 히터 컨트롤 모듈 (전원)
4. P/B 프런트 시트 히터 컨트롤 모듈 (NTC (+))
5. Gr/B 프런트 시트 히터 컨트롤 모듈 (NTC (-))
6. Gr 프런트 시트 히터 컨트롤 모듈 (접지)

S29 동승석 통풍 시트 쿠션 히터

WRK P/No.	-
Vendor P/No.	MG622229
Vendor P/Name	KET_090III_06M

Pin	Color	설명
1.	-	-
2.	-	-
3.	P	프런트 통풍 시트 컨트롤 모듈 (전원)
4.	P/B	프런트 통풍 시트 컨트롤 모듈 (NTC (+))
5.	Gr/B	프런트 통풍 시트 컨트롤 모듈 (NTC (-))
6.	Gr	프런트 통풍 시트 컨트롤 모듈 (접지)

S31 프런트 시트 히터 컨트롤 모듈

WRK P/No.	-
Vendor P/No.	MG656961-5
Vendor P/Name	KET_C025/C060_28F

Pin	Color	설명
1.	R	ICU 정션 블록(퓨즈 - 시트히터 암)
2.	Y	운전석 시트 쿠션 히터 (전원)
3.	L	ICU 정션 블록(퓨즈 - 모듈5)
4.	O	[릴렉스 미적용]B-CAN (Low)
	Y	[릴렉스 적용]B-CAN (Low)
5.	G	[릴렉스 미적용]B-CAN (High)
	B	[릴렉스 적용]B-CAN (High)
6.	-	-
7.	O/B	콘솔 풀로어 스위치 (운전석) 시트 히터 풀로어 스위치 (운전석) - High IND.)
8.	G/B	콘솔 풀로어 스위치 (운전석) 시트 히터 풀로어 스위치 (운전석) - Mid IND.)
9.	P/O	콘솔 풀로어 스위치 (운전석) 시트 히터 풀로어 스위치 (운전석) - Low IND.)
10.	L/B	콘솔 풀로어 스위치 (운전석) 시트 히터 풀로어 스위치 (운전석) - 신호)
11.	Y/B	운전석 시트 쿠션 히터 (NTC (+))
12.	Br/B	운전석 시트 쿠션 히터 (NTC (-))
13.	Br	운전석 시트 쿠션 히터 (접지)
14.	B	접지 (GF02)
15.	W	ICU 정션 블록(퓨즈 - 시트히터 전원)
16.	P	동승석 시트 쿠션 히터 (전원)
17.	-	-
18.	-	-
19.	-	-
20.	-	-
21.	Y	콘솔 풀로어 스위치 (동승석) 시트 히터 풀로어 스위치 (동승석) - High IND.)
22.	R/B	콘솔 풀로어 스위치 (동승석) 시트 히터 풀로어 스위치 (동승석) - Mid IND.)
23.	Br	콘솔 풀로어 스위치 (동승석) 시트 히터 풀로어 스위치 (동승석) - Low IND.)
24.	W/B	콘솔 풀로어 스위치 (동승석) 시트 히터 풀로어 스위치 (동승석) - 신호)
25.	P/B	동승석 시트 쿠션 히터 (NTC (+))
26.	Gr/B	동승석 시트 쿠션 히터 (NTC (-))
27.	Gr	동승석 시트 쿠션 히터 (접지)
28.	G	접지 (GF02)

S32-A 프런트 통풍 시트 컨트롤 모듈

WRK P/No.	1879005501AS
Vendor P/No.	MG655613
Vendor P/Name	KET_N060(Unseal)_12F

Pin	Color	설명
1.	R	ICU 정션 블록(퓨즈 - 시트히터 암)
2.	Y	운전석 통풍 시트 쿠션 히터 (전원)
3.	P	동승석 통풍 시트 쿠션 히터 (전원)
4.	-	-
5.	Br	운전석 통풍 시트 쿠션 히터 (접지)
6.	B	접지 (GF02)
7.	W	ICU 정션 블록(퓨즈 - 시트히터 암)
8.	-	-
9.	-	-
10.	-	-
11.	Gr	동승석 통풍 시트 쿠션 히터 (접지)
12.	G	접지 (GF02)

S32-B 프런트 통풍 시트 컨트롤 모듈

WRK P/No.	-
Vendor P/No.	MG655758
Vendor P/Name	KET_025(0.64)-II_Unseal_24F

Pin	Color	설명
1.	L	ICU 정션 블록(퓨즈 - 모듈5)
2.	G/O	운전석 통풍 시트 블로어 모터 (전원)
3.	L/O	운전석 통풍 시트 블로어 모터 (SPD)
4.	Br/O	운전석 통풍 시트 블로어 모터 (F/B)
5.	-	-
6.	-	-
7.	O	[릴렉스 미적용]B-CAN (Low)
	Y	[릴렉스 적용]B-CAN (Low)
8.	G	[릴렉스 미적용]B-CAN (High)
	B	[릴렉스 적용]B-CAN (High)
9.	-	-
10.	P	콘솔 풀로어 스위치 (LIN)
11.	-	-
12.	W/O	운전석 통풍 시트 쿠션 히터 (접지)
13.	-	-
14.	W/B	동승석 통풍 시트 블로어 모터 (전원)
15.	G/B	동승석 통풍 시트 블로어 모터 (SPD)
16.	Br	동승석 통풍 시트 블로어 모터 (RPM_IN)
17.	-	-
18.	-	-
19.	-	-
20.	Y/B	운전석 통풍 시트 쿠션 히터 (NTC (+))
21.	P/B	동승석 통풍 시트 쿠션 히터 (NTC (+))
22.	Gr/B	동승석 통풍 시트 쿠션 히터 (NTC (-))
23.	Br/B	운전석 통풍 시트 쿠션 히터 (NTC (-))
24.	O/B	동승석 통풍 시트 블로어 모터 (접지)

S33 동승석 시트 USB 충전 단자

WRK P/No.	-
Vendor P/No.	MG64590
Vendor P/Name	KET_N060(Unseal)_02M

1.R   ICU 정션블록(퓨즈 - USB 충전기)
2.B   접지 (GF02)

동승석 시트 익스텐션 하네스

S40 동승석 허리받이 모터

WRK P/No.	-
Vendor P/No.	1456985-1
Vendor P/Name	AMP_025_06F

1.Y   FWD :
[2WAY] 동승석 매뉴얼 시트 스위치
[10WAY/릴렉스]
동승석 파워 시트 스위치
2.W   BWD :
[2WAY] 동승석 매뉴얼 시트 스위치
[10WAY/릴렉스]
동승석 파워 시트 스위치
3.G   접지 (GF02)
4.-   -
5.-   -
6.-   -

S42 동승석 등받이 모터

WRK P/No.	-
Vendor P/No.	MG656916-4
Vendor P/Name	KET_025110(UNSEAL)_04

[릴렉스 적용]
1. W/R   동승석 파워 시트 모듈 (전원)
2. Lg   동승석 파워 시트 모듈 (BWD)
3. Gr   동승석 파워 시트 모듈 (신호)
4. R/B   동승석 파워 시트 모듈 (FWD)

[릴렉스 미적용]
1.-   -
2. Lg   동승석 파워 시트 스위치 (BWD)
3.-   -
4. R/B   동승석 파워 시트 스위치 (FWD)

S43 동승석 워크인 스위치

WRK P/No.	-
Vendor P/No.	CL6432-0021-8
Vendor P/Name	HIROSE_025_08F

1.L   동승석 파워 시트 모듈
(스위치 신호 - RECL)
2.P   동승석 파워 시트 모듈
(스위치 신호 - Relax)
3.Br   동승석 파워 시트 모듈
(스위치 신호 - Return)
4.O   동승석 파워 시트 모듈
(스위치 신호 - Slide)
5.-   -
6.B   접지 (GF02)
7.-   -
8.-   -

시트 하네스 (10)　　　　CV70-10

리어 시트 하네스

S51　리어 시트 히터 컨트롤 모듈

WRK P/No.	-
Vendor P/No.	MG656961-5
Vendor P/Name	KET_C025/C060_28F

```
14 13  12 11 10 9 8 7 6 5 4 3 2 1
28 27  26 25 24 23 22 21 20 19 18 17 16 15
```

1. R　ICU 정션 블록 (퓨즈 - 시트히터 뒤)
2. Y/O　히터 전원 : 리어 시트 백 히터 LH,
　　　리어 시트 쿠션 히터 LH
3. L　ICU 정션 블록 (퓨즈 - 모듈5)
4. O　B-CAN (Low)
5. G　B-CAN (High)
6. -　-
7. R/B　리어 파워 윈도우 스위치 LH
　　　(리어 시트 쿠션 히터 LH 스위치 -
　　　High IND.)
8. -　-
9. P/B　리어 파워 윈도우 스위치 LH
　　　(리어 시트 쿠션 히터 LH 스위치 -
　　　Low IND.)
10. W　리어 파워 윈도우 스위치 LH
　　　(리어 시트 쿠션 히터 LH 스위치 - 신호)
11. G/O　리어 시트 쿠션 히터 LH (NTC (+))
12. Gr/O　리어 시트 쿠션 히터 LH (NTC (-))
13. B/O　히터 접지 : 리어 시트 백 히터 LH,
　　　리어 시트 쿠션 히터 LH
14. B　접지 (GF05)

15. P　ICU 정션 블록 (퓨즈 - 시트히터 뒤)
16. P/O　히터 전원 : 리어 시트 백 히터 RH,
　　　리어 시트 쿠션 히터 RH
17. -　-
18. -　-
19. -　-
20. -　-
21. L/B　리어 파워 윈도우 스위치 RH
　　　(리어 시트 쿠션 히터 RH 스위치 -
　　　High IND.)
22. -　-
23. G/B　리어 파워 윈도우 스위치 RH
　　　(리어 시트 쿠션 히터 RH 스위치 -
　　　Low IND.)
24. Y　리어 파워 윈도우 스위치 RH
　　　(리어 시트 쿠션 히터 RH 스위치 - 신호)
25. L/O　리어 시트 쿠션 히터 RH (NTC (+))
26. B　리어 시트 쿠션 히터 RH (NTC (-))
27. Br/O　히터 접지 : 리어 시트 백 히터 RH,
　　　리어 시트 쿠션 히터 RH
28. Br　접지 (GF05)

S52　리어 시트 백 히터 LH

WRK P/No.	1890102223AS
Vendor P/No.	MG651026
Vendor P/Name	KET_090II_02F

```
2 1
```

1. Y/O　리어 시트 히터 컨트롤 모듈 (전원)
2. B/O　리어 시트 히터 컨트롤 모듈 (접지)

S53　리어 시트 백 히터 RH

WRK P/No.	1890102223AS
Vendor P/No.	MG651026
Vendor P/Name	KET_090II_02F

```
2 1
```

1. P/O　리어 시트 히터 컨트롤 모듈 (전원)
2. Br/O　리어 시트 히터 컨트롤 모듈 (접지)

S54　리어 시트 쿠션 히터 LH

WRK P/No.	-
Vendor P/No.	MG622229
Vendor P/Name	KET_090III_06M

```
1 2
3 4 5 6
```

1. -　-
2. -　-
3. Y/O　리어 시트 히터 컨트롤 모듈 (전원)
4. G/O　리어 시트 히터 컨트롤 모듈
　　　(NTC (+))
5. Gr/O　리어 시트 히터 컨트롤 모듈
　　　(NTC (-))
6. B/O　리어 시트 히터 컨트롤 모듈 (접지)

S55　리어 시트 쿠션 히터 RH

WRK P/No.	-
Vendor P/No.	MG622229
Vendor P/Name	KET_090III_06M

```
1 2
3 4 5 6
```

1. -　-
2. -　-
3. P/O　리어 시트 히터 컨트롤 모듈 (전원)
4. L/O　리어 시트 히터 컨트롤 모듈
　　　(NTC (+))
5. B　리어 시트 히터 컨트롤 모듈
　　　(NTC (-))
6. Br/O　리어 시트 히터 컨트롤 모듈 (접지)

ICU (Integrated Central Control Unit) 정션 블록 (1)

WRK P/No.	-
Vendor P/No.	MG65801-1
Vendor P/Name	KET_025060110250_58F

ICU-A   ICU 정션 블록

1. Y 퓨즈 - 시트히터 뒤 : 리어 시트 히터 컨트롤 모듈
2. P 퓨즈 - 파워 윈도우 우 : 동승석 파워 윈도우 모듈, 동승석 프리미엄 파워 윈도우 스위치, 리어 세이프티 파워 윈도우 모듈 RH
3. O 퓨즈 - 파워 윈도우 좌 : 운전석 프리미엄 파워 윈도우 모듈, 리어 세이프티 파워 윈도우 스위치 LH
4. G 퓨즈 - 에어백1 : 동승석 무게 감지 센서
5. - -
6. O 퓨즈 - IAU : 운전석/동승석 도어 아웃사이드 핸들
7. - -
8. - -
9. P 퓨즈 - IG3 10 : 리어 인버터, BMU
10. L 퓨즈 - 모듈2 : 앰프, ADP
11. - -

12. G 퓨즈 - 모듈7 : 빌트인 캠 보조 배터리
13. - -
14. - -
15. - -
16. P/B 퓨즈 - 모듈3 : 운전석 도어 모듈
17. R 퓨즈 - 모듈1 : 운전석 도어 모듈, 운전석/동승석 아웃사이드 유닛
18. Gr/B 퓨즈 - IG3 8 : 콘솔플로어 스위치, 유닛, 파워 테일게이트 유닛
19. W 퓨즈 - 메모리1 : 콘솔플로어 램프(Upper/Lower), 운전석/동승석 무드 램프, 리어 도어 무드 램프 LH/RH
20. Y 차일드 도어 릴레이 : 리어 도어 록 릴레이 : 도어 록 릴레이 : 운전석/동승석 도어 록 액추에이터, 리어 도어 록 액추에이터 LH/RH
21. W 퓨즈 - 전자식 자동제한장치 : E-LSD 유닛
22. - -
23. - -

24. W 퓨즈 - USB 충전기 : 유니버설 아일랜드 USB 충전 단자, 리어 콘솔 USB 충전 단자 #1#2, 운전석/동승석 시트 USB 충전 단자, 프론트 USB 충전 단자
25. R 퓨즈 - 모듈8 : 운전석/동승석 메뉴얼 시트 스위치, 운전석/동승석 파워 시트 모듈
26. - -
27. - -
28. R 퓨즈 - BMS : BMU
29. L 차일드 도어 릴레이 : 리어 도어 록 액추에이터 LH/RH 도어 록/연락 릴레이 : 점지(GF01)
30. B 퓨즈 - 모듈5 : 콘솔플로어 스위치, 앰프, 무선 충전 유닛
31. G 운전석 파워 시트 모듈, ADP, 앰프, 동승석 파워 시트 모듈, 프론트 통풍 시트 컨트롤 모듈, 리어 시트 히터 컨트롤 모듈, 무선 충전 유닛
32. L/O IPS1 (T/SIG LP RR) : 리어 콤비네이션 램프 (Out) RH, 동승석 아웃사이드 미러 유닛
33. Br 퓨즈 - IG3 8 : V2L 유닛, ICCU, SCU
34. Br 퓨즈 - IG3 8 : 충전 단자 도어 모듈, 전자식 오일 펌프 (리어), VCMS
35. G 퓨즈 - 열선미러 : 운전석/동승석 아웃사이드 미러 유닛
36. G IPS 컨트롤 모듈 (동승석 도어 록 스위치) : 운전석 파워 윈도우 스위치
37. G 퓨즈 - 모듈4 : 리어 인버터, 후측방 레이더 LH/RH, E-LSD 유닛
38. R 퓨즈 - 모듈2 : 콘솔 아래 카바 시트 스위치, 동승석 파워 시트 조수석 :, 동승석 파워 시트 모듈
39. L 퓨즈 - 시트히터 앞 : 프론트 시트 히터 컨트롤 모듈, 프론트 통풍 시트 컨트롤 모듈

40. W 도어 언록 릴레이 : 운전석/동승석 도어 록 액추에이터, 리어 도어 록 액추에이터 LH/RH
41. R 퓨즈 - EPCU3 : 리어 인버터
42. P IPS 컨트롤 모듈 (동승석 도어 언록 스위치) : 동승석 도어 윈도우 스위치
43. L/O IPS1 (T/SIG LP RL) : 리어 콤비네이션 램프 (Out) LH, 운전석 아웃사이드 미러 유닛
44. - -
45. W/B IPS 컨트롤 모듈 (바깥쪽 액추에이터) : 전조등 LH/RH, 리어 콤비네이션 램프 (Out) LH/RH
46. - -
47. - -
48. Br 퓨즈 - 전동시트 운전석 : 운전석 파워 시트 스위치, 운전석 파워 시트 모듈
49. O 퓨즈 - 모듈6 : 앰프
50. R 퓨즈 - 오디오 핸들 : AFCU
51. W IPS8 (Lamp Load) : 테일게이트 러기지 램프 테일게이트 릴레이 :
52. R IPS8 : 테일게이트 릴레이
53. Br IPS8 (Back-Up LP) : [GT & GT-Line 미적용 적용] 후진등 [GT or GT Line 적용] 후방 안개등 & 후진등
54. - -
55. - -
56. - -
57. Gr/B IPS9 (Short Term Load) : 무선 충전 유닛, 후측방 레이더 LH/RH
58. G 퓨즈 - 선루프1 : 선루프 컨트롤 유닛 (글라스룸버)

ICU (Integrated Central Control Unit) 정션 블록 (2)   CV80-2

ICU-B   ICU 정션 블록

WRK P/No.	-
Vendor P/No.	2188428-2
Vendor P/Name	AMP_060250_16F

1. -
2. -
3. -
4. L   ACC : P/R 정션 블록 (ACC 릴레이)
5. W   B+3 : P/R 정션 블록 (Multi Fuse3 - B+3)
6. -
7. W   IG2 : P/R 정션 블록 (IG2 릴레이)
8. R/O   IPS9 (Short Term Load) : 액티브 에어 플랩 유닛 LH/RH, 전측방 레이더 LH/RH
9. G   IPS10 (EXT Tail LP FL) : 전조등 LH

10. R   IPS1 (H/LP High LH) : 전조등 LH
11. -
12. P/B   퓨즈 - 모듈3 : 정지등 스위치
13. G/O   퓨즈 - 모듈2 : P/R 정션 블록 (파워 아웃렛 릴레이)
14. Y/B   퓨즈 - 모듈5 : 전조등 LH/RH, [IFS 적용]
15. R   IPS8 (Lamp Load) : 오토 전조등 높낮이 조절 유닛 프런트 트렁크 램프
16. L   IPS1 (H/LP Low LH) : 전조등 LH

ICU-D   ICU 정션 블록

WRK P/No.	5011-0137-2
Vendor P/No.	-
Vendor P/Name	KSC_025_32F

1. -
2. -
3. Gr/B   IPS 컨트롤 모듈 :
4. L   VCMS (Wake Up신호 (ICU)) IPS 컨트롤 모듈 : 리어 시트 벨트 버클 스위치 RH & CENTER (CTR 스위치)
5. O   IPS 컨트롤 모듈 : VCU (IG3 Relay On Request)
6. -
7. L   IPS 컨트롤 모듈 : 동승석 도어 록 액추에이터 (도어 록/언록 신호)
8. -
9. O/B   IPS 컨트롤 모듈 : 리어 콤비네이션 램프 (Out) RH (방향등 템/테일 RR)
10. O   IPS 컨트롤 모듈 : 리어 콤비네이션 램프 (Out) LH (방향등 템/테일 RL)
11. G   IPS 컨트롤 모듈 : 리어 도어 록 액추에이터 LH (차일드 록 신호)
12. G   IPS 컨트롤 모듈 : 리어 도어 록 액추에이터 RH (차일드 록 신호)
13. L   IPS 컨트롤 모듈 : [파워 테일게이트 미적용] 테일게이트 래치 (Full Open 스위치)
14. -
15. -
16. L   IPS5 (Brake LP LH) : 리어 콤비네이션 램프 (Out) LH
17. -
18. -

19. -
20. -
21. -
22. G   IPS 컨트롤 모듈 : VCMS (Wake Up신호 (CHG))
23. R   [동승석 오토 업/다운 & 세이프티 미적용] IPS 컨트롤 모듈 : 동승석 파워 윈도우 스위치 (Up)
24. R   [리어 오토 업/다운 & 세이프티 미적용] IPS 컨트롤 모듈 : 리어 파워 윈도우 스위치 RH (Up)
25. Y   [동승석 오토 업/다운 & 세이프티 미적용] IPS 컨트롤 모듈 : 동승석 파워 윈도우 스위치 (Enable)
26. R   [리어 오토 업/다운 & 세이프티 미적용] IPS 컨트롤 모듈 : 리어 파워 윈도우 스위치 LH (Up)
27. G   [동승석 오토 업/다운 & 세이프티 미적용] IPS 컨트롤 모듈 : 동승석 파워 윈도우 스위치 (Down)
28. G   [리어 오토 업/다운 & 세이프티 미적용] IPS 컨트롤 모듈 : 리어 파워 윈도우 스위치 RH (Down)
29. L   [리어 오토 업/다운 & 세이프티 미적용] IPS 컨트롤 모듈 : 리어 파워 윈도우 스위치 LH/RH (윈도우 록 신호)
30. P   [리어 오토 업/다운 & 세이프티 미적용] IPS 컨트롤 모듈 : 리어 파워 윈도우 스위치 LH (Down)
31. G   IPS3 (HMSL) : 보조 정지등
32. G/B   IPS3 (EXT Tail LP RL) : 리어 콤비네이션 램프 (Out) LH, 번호판등 LH, 리어 센터 램프

ICU (Integrated Central Control Unit) 정션 블록 > 회로도

CV80-3

WRK P/No.	-
Vendor P/No.	5011-0155
Vendor P/Name	KSC_060110250_46F

ICU-C   ICU 정션 블록

1.W B+4 : P/R 정션 블록 (퓨즈 - B+4)
2.O 퓨즈 - 시동 : VCU, IBU
3.- -
4.W 퓨즈 - 열선미러 : P/R 정션 블록 (열선유리 (뒤) 릴레이)
5.- -
6.- -
7.- -
8.O/B IPS7 (DRL LH) : 전조등 LH
9.- -
10.B IPS 컨트롤 모듈 : P/R 정션 블록 (열선유리 (뒤) 릴레이)
11.R/O IPS2 (T/SIG LP FR) : 전조등 RH
12.O/B IPS7 (DRL RH) : 전조등 RH
13.- -
14.R IPS2 (H/LP High RH) : 전조등 RH
15.- -

16.R B+1 : P/R 정션 블록 (Multi Fuse3 - B+1)
17.R IG3 : PCB 블록 (퓨즈 - IG3 1)
18.P 퓨즈 - 제동스위치 : 정지등 스위치
19.- -
20.Br IPS 컨트롤 모듈 : 와셔 레벨 센서
21.Y IPS 컨트롤 모듈 : 전조등 RH (방향등 악추에이터)
22.Br IPS 컨트롤 모듈 : 전조등 LH (방향등 악추에이터)
23.Gr IPS 컨트롤 모듈 : 전조등 LH (전조등 Low 릴레이)
24.- -
25.L IPS 컨트롤 모듈 : 전조등 RH (방향등 탤테일)
26.P IPS 컨트롤 모듈 : 전조등 LH (방향등 탤테일)

27.Gr IPS 컨트롤 모듈 : 전조등 RH (전조등 Low 릴테일 RH)
28.- -
29.L IPS2 (H/LP Low RH) : 전조등 RH, 오토전조등 높낮이 조절 유닛
30.- -
31.B IG1 : P/R 정션 블록 (IG1 릴레이)
32.- -
33.Y/B 퓨즈 - 모듈4 : VESS 유닛, 스마트 크루즈 컨트롤 레이더, 전측방 레이더 LH/RH, 프런트 인버터
34.- -
35.L IPS 컨트롤 모듈 : 브레이크 오일 레벨 센서
36.G IPS 컨트롤 모듈 : 후드 스위치
37.B PCB 블록 (IG3 메인 릴레이)

38.G IPS 컨트롤 모듈 : 정지등 스위치 (정지등 신호)
39.- -
40.- -
41.- -
42.O IPS 컨트롤 모듈 : 프런트 트렁크 램프
43.- -
44.R/O IPS2 (T/SIG LP FL) : 전조등 LH
45. IPS5 (EXT Tail LP RH) : 전조등 RH [Standard] R/O [Option]
R/O
46.L B+3 : P/R 정션 블록 (Multi Fuse3 - B+2)

ICU (Integrated Central Control Unit) 정션 블록 (4)

CV80-4

ICU-E

WRK P/No.	-
Vendor P/No.	5011-0017
Vendor P/Name	KIC_025_24F

12	11	10	9	8	7	6	5	4	3	2	1
24	23	22	21	20	19	18	17	16	15	14	13

1. - -
2. - -
3. P IPS 컨트롤 모듈 : 리어 시트 벨트 버클 스위치 RH & Center (리어 RH 스위치)
4. Y IPS 컨트롤 모듈 : 리어 시트 벨트 버클 스위치 LH
5. - -
6. - -
7. P IPS 컨트롤 모듈 : 리어 도어 록 액추에이터 LH (도어 스위치 신호)
8. G IPS 컨트롤 모듈 : 운전석 도어 록 스위치 (운전석 도어 록/언록 스위치 IND.)
9. Gr IPS 컨트롤 모듈 : 동승석 도어 록 액추에이터 (도어 록/언록 신호)
10. O IPS 컨트롤 모듈 : 리어 도어 록 액추에이터 RH (도어 록/언록 신호)
11. W IPS 컨트롤 모듈 : 리어 도어 록 액추에이터 RH (도어 록/언록 신호)
12. G [파워 테일게이트 미적용] IPS 컨트롤 모듈 : 테일게이트 래치 (Full Lock 스위치) [파워 테일게이트 작용] IPS 컨트롤 모듈 : 파워 테일게이트 래치 (Full Lock 스위치), 파워 테일게이트 유닛

13. G IPS6 (Brake LP RH) : 리어 콤비네이션 램프 (Out) RH
14. Br/B IPS6 (EXT Tail LP RR) : 리어 콤비네이션 램프 (Out) RH, 번호판등 RH
15. - -
16. - -
17. - -
18. - -
19. - -
20. G IPS 컨트롤 모듈 : 동승석 파워 윈도우 스위치 (동승석 도어 록/언록 스위치 IND.)
21. R IPS 컨트롤 모듈 : 테일게이트 라이지 램프
22. Y IPS 컨트롤 모듈 : 리어 도어 록 액추에이터 LH (도어 록/언록 신호)
23. Br IPS 컨트롤 모듈 : 운전석 도어 록 액추에이터 (도어 록/언록 신호)
24. P IPS 컨트롤 모듈 : 테일게이트 스위치 (실외) (테일게이트 열림 스위치)

ICU-G

WRK P/No.	-
Vendor P/No.	5011-0017
Vendor P/Name	KIC_025_24F

12	11	10	9	8	7	6	5	4	3	2	1
24	23	22	21	20	19	18	17	16	15	14	13

1. O IPS 컨트롤 모듈 : 에어백 컨트롤 모듈 (충돌 신호)
2. R IPS 컨트롤 모듈 : 스티어링 휠 열선 스위치 (스티어링 휠 열선 스위치)
3. - -
4. - -
5. P IPS 컨트롤 모듈 : 오버헤드 콘솔 (도어 신호)
6. B IPS 컨트롤 모듈 : 스티어링 휠 열선 모듈 (NTC (+))
7. G IPS 컨트롤 모듈 : 비상등 스위치 (IND.)
8. P IPS 컨트롤 모듈 : 콘솔 도어 스위치 (스티어링 휠 열선 스위치 IND.)
9. L IPS 컨트롤 모듈 : 12V 배터리 센서 (LIN)
10. - -
11. - -

12. Gr 퓨즈 - 전자식 변속레버3 : 전자식 변속 시프트 다이얼
13. Gr IPS 컨트롤 모듈 : 스티어링 휠 열선 모듈 (NTC (-))
14. Y IPS 컨트롤 모듈 : 다기능 스위치 (전조등 Low 백엄 스위치 신호)
15. - -
16. - -
17. R IPS 컨트롤 모듈 : 비상등 스위치 (신호)
18. - -
19. - -
20. B IPS 컨트롤 모듈 : 접지 (GM01)
21. - -
22. - -
23. O 퓨즈 - 모듈6 : IAU, IBU
24. W 퓨즈 - 에어백 경고등 : 오버헤드 콘솔

ICU (Integrated Central Control Unit) 정션 블록 > ICU (Integrated Central Control Unit) 정션 블록 (5)

CV80-5

WRK P/No.	-
Vendor P/No.	5011-0155
Vendor P/Name	KSC_06011250_46F

ICU-F   ICU 정션 블록

1. -
2. Y   IPS8 (Lamp Load) : 오버헤드 콘솔, 글로브 박스 램프, 화장등 LH/RH, 룸 램프
3. Br IPS8 (Back-Up LP) : 실내 감광 미러
4. G   퓨즈 - 위셔 : 다기능 스위치
5. -
6. B   차일드록/연료 릴레이 : 점지 (GM02)
7. Br IPS9 (INT Tail LP) : 크래쉬 패드 스위치, USB 잭, 콘솔 플로어 스위치, 오버헤드 콘솔, 유니버설 아일랜드 USB 충전 단자, 프런트 USB 충전 단자, 리어 콘솔 USB 충전 단자 #1/#2, AVNT 헤드 유닛, 룸 램프, 동승석 파워 윈도우 스위치, 리어 파워 윈도우 스위치 LH/RH, 무선 충전기 유닛 인디케이터, 콘솔 어퍼 커버 스위치, 운전석 IMS 스위치

8. R
9. L/O 퓨즈 - 메모리1 : 계기판, 에어컨 컨트롤 모듈, 무드 램프 유닛, 크래쉬 패드 무드 램프 LH/RH, ICU 정션 블록 (퓨즈 - 메모리2)
10. -   퓨즈 - 모듈3 : IAU, IBU, 다기능 스위치
11. Y
12. Br 퓨즈 - 제동스위치 : IBU
13. G/O 퓨즈 - 통합제어기1 : IBU
IPS9 (Short Term Load) : 클락 스프링, 후석 승객 감지 센서, IFS 모듈
14. L   IPS13 (Steering Heater) : 스티어링 휠 열선 콘솔선 센서
15. -
16. R   퓨즈 - 멀티미디어 : AVNT 헤드 유닛
17. -
18. -
19. N/A 퓨즈 - 예비전원2 (IG2) : 빌트인 캠 예비 전원
20. Gr 퓨즈 - 모듈5 : 자기 진단 점검 단자, AVNT 헤드 유닛, 실내 감광 미러

21. R   퓨즈 - 에어컨2 : BSA 히터 #1, 에어컨 컨트롤 모듈, 냉각수 밸브, 고앙 밸브, 팽창 밸브, 팽창 밸브 (제습), 팽창 밸브 (히터 펌프),
P/R 정션 블록 (블로어 릴레이)
22. N/A 퓨즈 - 예비전원3 (B+) : 빌트인 캠 유닛 예비전원
23. -
24. G/B 퓨즈 - 모듈5 : 크래쉬 패드 스위치, 빌트인 캠 유닛, 오버헤드 콘솔, 다기능 스위치, 비상등스위치
25. P   퓨즈 - 모듈1 : 레인 센서, 자가 진단 점검 단자, 다기능 스위치, IFS 모듈
26. L   퓨즈 - IAU : IAU, BLE 유닛
27. R   퓨즈 - 에어백2 : 에어백 컨트롤 모듈
28. -
29. G   퓨즈 - IG3 7 : 실내 온도 센서, 미세 먼지 센서, 에어컨 PTC 히터, AVNT 헤드 유닛, 에어컨 컨트롤 모듈
30. Gr 퓨즈 - IG3 7 : 계기판
31. -
32. -
33. G   퓨즈 - 에어백1 : 에어백 컨트롤 모듈

34. -
35. P   퓨즈 - 계기판 : 계기판, 헤드 업 디스플레이
Gr/O
36. O/B 퓨즈 - 에어컨1 : 에어컨 주행 보조 유닛
37. W   퓨즈 - 모듈4 : 운전자 주행 보조 유닛
38.   퓨즈 - 모듈4 :
L   전방 카메라 (ADAS),
G/O   운전자 주차 보조 유닛
39. P   퓨즈 - 메모리2 : 헤드 업 디스플레이, 운전자 주차 보조 유닛, ADP, 빌트인 캠 유닛
40. N/A 퓨즈 - 예비퓨즈1 (ACC) : 예비 퓨즈
41. P   퓨즈 - 통합제어기2 : IBU
42. L   퓨즈 - 모듈2 : IBU, IAU, AVNT 헤드 유닛, AVNT 키보드, 빌트인 캠 유닛, 운전자 주차 보조 유닛
43. P   퓨즈 - 메모리2 : ICU 정션 블록 (퓨즈 - 메모리1)
44. Y   퓨즈 - 시동 : IBU
45. -
46. R   퓨즈 - ECS : ECS 유닛

ICU (Integrated Central Control Unit) 정션 블록 (6)

ICU-H   ICU 정션 블록

WRK P/No.	-
Vendor P/No.	5011-0137-2
Vendor P/Name	KSC_025_32F

| 16 | 15 | 14 | 13 | 12 | 11 | 10 | 9 | 8 | 7 | 6 | 5 | 4 | 3 | 2 | 1 |
| 32 | 31 | 30 | 29 | 28 | 27 | 26 | 25 | 24 | 23 | 22 | 21 | 20 | 19 | 18 | 17 |

1. -
2. -
3. -
4. -
5. -
6. -
7. W   IPS 컨트롤 모듈 :
        PCB 블록 (경음기 릴레이)
8. -
9. -
10. -
11. -
12. -
13. -
14. -
15. -
16. B   IPS 컨트롤 모듈 : 접지 (GM01)

17. R   E-CAN FD (High)
18. L   E-CAN FD (Low)
19. O   P-CAN FD (High)
20. L/B   P-CAN FD (Low)
21. W/O   C-CAN FD (High)
22. Br   C-CAN FD (Low)
23. W   I-CAN (High)
24. Gr   I-CAN (Low)
25. P   D-CAN (High)
26. Gr/O D-CAN (Low)
27. G   B-CAN (High)
28. O   B-CAN (Low)
29. Y   G-CAN FD (High)
30. Br   G-CAN FD (Low)
31. Y   M-CAN (High)
32. B   M-CAN (Low)

PCB 블록 (1)

CV81-1

P/B-A   PCB 블록

WRK P/No.	-
Vendor P/No.	17432622-1
Vendor P/Name	AMP_060110_15F

1. -
2. Gr   퓨즈 - IG3 6 : 냉각 팬 모터
3. R   퓨즈 - IG3 1 :
   ICU 정션 블록 (IG3 전원)
4. R   퓨즈 - VCU2 : VCU
5. B   IG3 메인 릴레이 : ICU 정션 블록
   (IPS 컨트롤 모듈)
6. -
7. P   퓨즈 - IG3 6 :
   전자식 오일 펌프 (프런트)
8. -   -
9. -   -
10. P   퓨즈 - 파워 스티어링2 : MDPS 유닛
11. Br   퓨즈 - IG3 4 : 프런트 인버터
12. -   -
13. Y   퓨즈 - VCU3 : VCU
14. -   -
15. W   퓨즈 - 와이퍼2 : IBU

P/B-B   PCB 블록

WRK P/No.	-
Vendor P/No.	MG653994
Vendor P/Name	KET_312_01F

1. L   B+ 전원 : P/R 정션 블록 (Multi Fuse3 - B+5)

P/B-C   PCB 블록

WRK P/No.	187900853 AS
Vendor P/No.	5011-0241-8
Vendor P/Name	KSC_060110_12F

1. Y   프런트 와이퍼 (High) 릴레이 :
2. W   와이퍼 모듈 프런트 와이퍼 (High) 릴레이 :
3. R/B   프런트 와이퍼 (Low) 릴레이 : IBU
4. -   와이퍼 모듈 프런트 와이퍼 (Low) 릴레이 :
5. G   프런트 와이퍼 (Low) 릴레이 :
6. O   와이퍼 모듈 프런트 와이퍼 (Low) 릴레이 :
7. -   -
8. B   프런트 와이퍼 (Low/High) 릴레이 :
   접지 (GE01)
9. L   프런트 와이퍼 (High) 릴레이 : IBU
10. P   와이퍼 메인 릴레이 : IBU
11. G   경음기 릴레이 : 경음기 (High/Low)
12. R   퓨즈 - EPCU1 :
   프런트 인버터 (4WD)

P/B-D   PCB 블록

WRK P/No.	187900816 AS
Vendor P/No.	5011-0240
Vendor P/Name	KSC_060110_12F

1. -   -
2. G   퓨즈 - IG3 3 :
   전동식 워터 펌프 (리어 PE)
3. P   퓨즈 - IEB3 : IEB 유닛
4. -   -
5. P   IG1 전원 :
   P/R 정션 블록 (IG1 릴레이)
6. -   -
7. -   퓨즈 - IG3 5 :
8. -   -
9. W   경음기 릴레이 :
   경음기 스위치, ICU 정션 블록
   (IPS 컨트롤 모듈)
10. P   퓨즈 - IG3 4 :
   전동식 워터 펌프 #1/#2
11. P   퓨즈 - IG3 4 :
   전자식 에어컨 컴프레서
12. P   퓨즈 - IG3 2 : VCU
   P   [2WD] BMS 냉각수 3웨이 밸브
   Gr   [4WD] BMS 냉각수 3웨이 밸브

프런트 고전압 정션 블록

H11 배터리 히팅 릴레이 (2WD)

WRK P/No.	999900036AS
Vendor P/No.	MG642984
Vendor P/Name	KET_040III_02M

2. B   접지 (GB11)

1. R   BMU (컨트롤)

H12 고전압 커넥터 인터록 (2WD)

WRK P/No.	-
Vendor P/No.	MG652987
Vendor P/Name	KET_040-III(UNSEAL)_02F

2. L   [배터리 히팅 미적용]BMU
P   [배터리 히팅 적용]BMU

1. L   BMU

H13 프런트 고전압 정션 블록
(고전압 배터리-2WD)

WRK P/No.	-
Vendor P/No.	HKC02-57680
Vendor P/Name	KSC_HV375WP_02F

2.   파워 릴레이 어셈블리(-)

1. O   파워 릴레이 어셈블리(+)

H21 배터리 히팅 릴레이 (4WD)

WRK P/No.	999900036AS
Vendor P/No.	MG642984
Vendor P/Name	KET_040III_02M

2. B   접지 (GB11)

1. R   BMU (컨트롤)

리어 고전압 정션 블록

H01 급속 충전 (+) 릴레이

WRK P/No.	-
Vendor P/No.	7283-1020
Vendor P/Name	YAZ_090II_02F

2. B   BMU (접지)

1. R   BMU (컨트롤)

H02 급속 충전 (-) 릴레이

WRK P/No.	-
Vendor P/No.	7283-1020
Vendor P/Name	YAZ_090II_02F

2. B   BMU (접지)

1. R   BMU (컨트롤)

JD11

조인트 커넥터
- 단자 번호 1 ~ 14 : 접지 (GF01)

WRK P/No.	-
Vendor P/No.	5011-0189
Vendor P/Name	KSC_025_14F

1. B 접지 (GF01)
2. B 접지 (GF01) :
3. B 접지 (GF01)
4. B 운전석 아웃사이드 미러 유닛
5. B 운전석 도어 무드 램프
6. B 운전석 도어 아웃사이드 핸들
7. B 접지 (GF01)
8. B 접지 (GF01) :

9. - 운전석 아웃사이드 미러 유닛
10. - 운전석 도어 무드 램프
11. - 운전석 도어 아웃사이드 핸들
12. - 접지 (GF01) :
13. - 운전석 도어 록 액추에이터
14. - 접지 (GF01) :

JD21

조인트 커넥터
- 단자 번호 1 ~ 14 : 접지 (GF02)

WRK P/No.	-
Vendor P/No.	5011-0189
Vendor P/Name	KSC_025_14F

1. B 접지 (GF02)
2. B 접지 (GF02) :
3. B 동승석 도어 무드 램프
4. B 동승석 도어 아웃사이드 핸들
5. B 접지 (GF02) :
6. B 동승석 도어 록 액추에이터
7. B 접지 (GF02)
8. B 접지 (GF02) :

9. - 동승석 아웃사이드 미러 유닛
10. - 접지 (GF02) :
11. - 동승석 도어 아웃사이드 핸들
12. - 접지 (GF02) :
13. - 접지 (GF02) :
14. - 동승석 아웃사이드 미러 유닛

JE01

조인트 커넥터
- 단자 번호 1 ~ 3 : 인버터 Local-CAN (High)
- 단자 번호 4 ~ 7 : C-CAN FD (High)
- 단자 번호 8 ~ 10 : 인버터 Local-CAN (Low)
- 단자 번호 11 ~ 14 : C-CAN FD (Low)

WRK P/No.	-
Vendor P/No.	MG656950-5
Vendor P/Name	KET_025WP_14F

1. O 인버터 Local-CAN (High) :
2. O 인버터 Local-CAN (High) :
3. O 인버터 Local-CAN (High) :
4. W 인버터 Local-CAN (High) : VCU
5. Y C-CAN FD (High) :
6. W C-CAN FD (High) : IEB유닛
7. W C-CAN FD (High) : MDPS유닛

8. G 인버터 Local-CAN (Low) :
9. G 인버터 Local-CAN (Low) :
10. G 인버터 Local-CAN (Low) :
11. Br 인버터 Local-CAN (Low) : VCU
12. Br C-CAN FD (Low) :
13. Br C-CAN FD (Low) : IEB유닛
14. Br C-CAN FD (Low) : MDPS유닛

프런트 인버터 (4WD)
인버터
리어 인버터
조인트 커넥터 (JM01)
조인트 커넥터 (JF03)

조인트 커넥터 (JM01)
조인트 커넥터 (JF03)

조인트 커넥터 (2)

CV83-2

JE02		WRK P/No.	-
		Vendor P/No.	MG65695O-5
		Vendor P/Name	KET_025WP_14F

조인트 커넥터
- 단자 번호 1 ~ 3 : P-CAN FD (High)
- 단자 번호 4 ~ 7 : G-CAN FD (High)
- 단자 번호 8 ~ 10 : P-CAN FD (Low)
- 단자 번호 11 ~ 14 : G-CAN FD (Low)

1. O   P-CAN FD (High) :
        조인트 커넥터 (JF06)
2. O   P-CAN FD (High) : VCU
3. -   -
4. Y   G-CAN FD (High) :
        조인트 커넥터 (JF07)
5. Y   G-CAN FD (High) : VCU
6. Y   G-CAN FD (High) : IEB 유닛
7. Y   G-CAN FD (High) :
        [2WD] 조인트 커넥터 (JP11)
        [4WD] 조인트 커넥터 (JP01)

8. L   P-CAN FD (Low) :
        조인트 커넥터 (JF06)
9. L   P-CAN FD (Low) : VCU
10. -   -
11. Br G-CAN FD (Low) :
        조인트 커넥터 (JF07)
12. Br G-CAN FD (Low) : VCU
13. Br G-CAN FD (Low) : IEB 유닛
14. Br G-CAN FD (Low) :
        [2WD] 조인트 커넥터 (JP11)
        [4WD] 조인트 커넥터 (JP01)

JE21		WRK P/No.	-
		Vendor P/No.	MG65695O-5
		Vendor P/Name	KET_025WP_14F

조인트 커넥터
- 단자 번호 1 ~ 14 : 접지 (GE01)

1. -   -
2. B   접지 (GE01) :
        전방 주차 거리 경고 센서 LH
3. -   -
4. -   -
5. B   접지 (GE01) :
        전방 주차 거리 경고 센서 LH
        (Center)
6. -   접지 (GE01) :
7. B   접지 (GE01) :
        전방 주차 거리 경고 센서 LH (Side)

8. B   접지 (GE01) :
9. -   -
10. -   -
11. B   접지 (GE01) :
        전방 주차 거리 경고 센서 RH
12. B   접지 (GE01) :
        전방 주차 거리 경고 센서 RH
        (Center)
13. B   접지 (GE01) :
        전방 주차 거리 경고 센서 RH
14. -   -

조인트 커넥터 (3)

CV83-3

JE22

WRK P/No.	-
Vendor P/No.	MG656950-5
Vendor P/Name	KET_025WP_14F

조인트 커넥터
- 단자 번호 1~7 : 센서 LIN
- 단자 번호 8~14 : 센서 전원

1. L 센서 LIN : 전방 주차 거리 경고
   센서 RH
2. L 센서 LIN : 전방 주차 거리 경고
   RH (Center)
3. L 센서 LIN : 전방 주차 거리 경고
   LH (Center)
4. L 센서 LIN : 전방 주차 거리 경고
   LH
5. L [PDW] IBU (센서 LIN)
   [RSPA] 운전자 주차 보조 유닛
   (센서 LIN)
6. -
7. -

8. R 센서 전원 : 전방 주차 거리 경고
   센서 RH
9. R 센서 전원 : 전방 주차 거리 경고
   RH (Center)
10. R 센서 전원 : 전방 주차 거리 경고
    LH (Center)
11. R 센서 전원 : 전방 주차 거리 경고
    LH
12. R [PDW] IBU (센서 전원)
    [RSPA] 운전자 주차 보조 유닛
    (센서 전원)
13. R [RSPA] 센서 전원 : 전방 주차 거리
    경고 센서 RH (Side)
14. R [RSPA] 센서 전원 : 전방 주차 거리
    경고 센서 LH (Side)

JE24

WRK P/No.	-
Vendor P/No.	MG646290-5
Vendor P/Name	KET_025WPJOINT_06F

조인트 커넥터
- 단자 번호 1 ~ 3 : Short Term Load
- 단자 번호 4 ~ 6 : ON/START 전원

1. R Short Term Load :
   전측방 레이다 RH
2. R Short Term Load :
   전측방 레이다 LH
3. R Short Term Load :
   ICU 정션 블록 (IPS9)

4. G/O ON/START 전원 :
   ICU 정션 블록 (퓨즈 - 모듈4)
5. G/O ON/START 전원 :
   전측방 레이다 RH
6. G/O ON/START 전원 :
   전측방 레이다 LH

JE25

WRK P/No.	-
Vendor P/No.	MG656950-5
Vendor P/Name	KET_025WP_14F

조인트 커넥터
- 단자 번호 1~5 : Short Term Load
- 단자 번호 6~7, 13~14 : LIN
- 단자 번호 8~12 : 접지 (GE01)

1. R/O Short Term Load :
   ICU 정션 블록 (IPS9)
2. R Short Term Load :
   액티브 에어 플랩 유닛 LH
3. R Short Term Load :
   액티브 에어 플랩 유닛 RH
4. -
5. -
6. L LIN : 액티브 에어 플랩 유닛 LH
7. L LIN : 액티브 에어 플랩 유닛 RH

8. B 접지 (GE01) :
9. B 접지 (GE01) :
10. B 접지 (GE01) :
11. -
12. -
13. -
14. L LIN : 리어 인버터

조인트 커넥터 (4)　　　　　　　　　　　　　　　　　　　　　CV83-4

JE26

조인트 커넥터
- 단자 번호 1 ~ 3 : A-CAN FD (High)
- 단자 번호 4 ~ 7 : ADAS L-CAN FD (High)
- 단자 번호 8 ~ 10 : A-CAN FD (Low)
- 단자 번호 11 ~ 14 : ADAS L-CAN FD (Low)

WRK P/No.	-
Vendor P/No.	MG656950-5
Vendor P/Name	KET_025WP_14F

1. Y A-CAN FD (High) : 스마트 크루즈 컨트롤 레이더
2. Y A-CAN FD (High) : 전측방 레이더 LH
3. Y A-CAN FD (High) : 조인트 커넥터 (JE27)
4. -
5. G ADAS L-CAN FD (High) : 조인트 커넥터 (JE27)
6. G ADAS L-CAN FD (High) : 전측방 레이더 LH
7. G ADAS L-CAN FD (High) : 조인트 커넥터 (JF01)
8. B A-CAN FD (Low) : 스마트 크루즈 컨트롤 레이더
9. B A-CAN FD (Low) : 전측방 레이더 LH
10. B A-CAN FD (Low) : 조인트 커넥터 (JE27)
11. -
12. O ADAS L-CAN FD (Low) : 조인트 커넥터 (JE27)
13. O ADAS L-CAN FD (Low) : 전측방 레이더 LH
14. O ADAS L-CAN FD (Low) : 조인트 커넥터 (JF01)

JE27

조인트 커넥터
- 단자 번호 1 ~ 3 : A-CAN FD (High)
- 단자 번호 4 ~ 7 : ADAS L-CAN FD (High)
- 단자 번호 8 ~ 10 : A-CAN FD (Low)
- 단자 번호 11 ~ 14 : ADAS L-CAN FD (Low)

WRK P/No.	-
Vendor P/No.	MG656950-5
Vendor P/Name	KET_025WP_14F

1. Y A-CAN FD (High) : 조인트 커넥터 (JE26)
2. Y A-CAN FD (High) : 조인트 커넥터 (JM10)
3. Y A-CAN FD (High) : 전측방 레이더 RH
4. -
5. G ADAS L-CAN FD (High) : 조인트 커넥터 (JE26)
6. G ADAS L-CAN FD (High) : 전측방 레이더 RH
7. G ADAS L-CAN FD (High) : 후측방 레이더 RH
8. B A-CAN FD (Low) : 조인트 커넥터 (JE26)
9. B A-CAN FD (Low) : 조인트 커넥터 (JM10)
10. B A-CAN FD (Low) : 전측방 레이더 RH
11. -
12. O ADAS L-CAN FD (Low) : 조인트 커넥터 (JE26)
13. O ADAS L-CAN FD (Low) : 전측방 레이더 RH
14. O ADAS L-CAN FD (Low) : 후측방 레이더 RH

JF01

WRK P/No.	-
Vendor P/No.	MG646287
Vendor P/Name	KET_025JOINT_08F

조인트 커넥터
- 단자 번호 1 ~ 4 : ADAS L-CAN FD (High)
- 단자 번호 5 ~ 8 : ADAS L-CAN FD (Low)

1. G　ADAS L-CAN FD (High) :
　　　후측방 레이다 LH
2. G　[전측방 레이다 미적용]
　　　ADAS L-CAN FD (High) :
　　　후측방 레이다 RH
3. -　[전측방 레이다 적용]
4. G　[전측방 레이다 적용]
　　　ADAS L-CAN FD (High) :
　　　조인트 커넥터 (JE26)
5. O　ADAS L-CAN FD (Low) :
　　　후측방 레이다 LH
6. O　[전측방 레이다 미적용]
　　　ADAS L-CAN FD (Low) :
　　　후측방 레이다 RH
7. -　[전측방 레이다 적용]
8. O　ADAS L-CAN FD (Low) :
　　　조인트 커넥터 (JE26)

JF02

WRK P/No.	-
Vendor P/No.	MG646286
Vendor P/Name	KET_025JOINT_06F

조인트 커넥터
- 단자 번호 1 ~ 3 : G-CAN FD (High)
- 단자 번호 4 ~ 6 : G-CAN FD (Low)

1. Y　G-CAN FD (High) : ICCU
2. Y　G-CAN FD (High) :
　　　조인트 커넥터 (JF05)
3. Y　G-CAN FD (High) :
　　　조인트 커넥터 (JP11)
4. Br　G-CAN FD (Low) : ICCU
5. Br　G-CAN FD (Low) :
　　　조인트 커넥터 (JF05)
6. Br　G-CAN FD (Low) :
　　　조인트 커넥터 (JP11)

JF03

WRK P/No.	-
Vendor P/No.	MG656950-5
Vendor P/Name	KET_025WP_14F

조인트 커넥터
- 단자 번호 1 ~ 3 : 상시 전원
- 단자 번호 4 ~ 7 : C-CAN FD (High)
- 단자 번호 8 ~ 10 : 상시 전원
- 단자 번호 11 ~ 14 : C-CAN FD (Low)

1. R　상시 전원 :
2. Gr/B　ICU 정션 블록 (퓨즈 - 모듈1)
3. Gr/B　상시 전원 :
　　　운전석/동승석 아웃사이드 미러 유닛
4. W　상시 전원 : 파워 테일게이트 유닛
5. W　C-CAN FD (High) :
　　　에어백 컨트롤 모듈
6. W　C-CAN FD (High) :
　　　동승석 무게 감지 센서
7. W　C-CAN FD (High) : ECS유닛
8. Gr/B　상시 전원 :
9. R　ICU 정션 블록 (퓨즈 - 메모리1)
　　　상시 전원 : 콘솔 풀오픈 스위치,
　　　콘솔 무드 램프 (Upper/Lower),
　　　동승석 도어 무드 램프
10. R　상시 전원 : 운전석 도어 무드 램프,
　　　리어 도어 무드 램프 LH/RH
11. Br　C-CAN FD (Low) :
　　　에어백 컨트롤 모듈
12. Br　C-CAN FD (Low) :
　　　동승석 무게 감지 센서
13. Br　C-CAN FD (Low) :
　　　조인트 커넥터 (JE01)
14. Br　C-CAN FD (Low) : ECS유닛

조인트 커넥터 (6)

CV83-6

JF04

조인트 커넥터
- 단자 번호 1 ~ 15 : B-CAN (High)
- 단자 번호 16 ~ 30 : B-CAN (Low)

WRK P/No.	-
Vendor P/No.	5011-0281-4
Vendor P/Name	KSC_025JOINT_30F

1. G B-CAN (High) : AFCU
2. G B-CAN (High) : 파워 테일게이트 유닛
3. G B-CAN (High) : 충전 단자 도어 모듈
4. G B-CAN (High) :
ICU 정션 블록 (IPS 컨트롤 모듈)
5. -
6. G B-CAN (High) : 운전석 도어 모듈
7. -
8. G B-CAN (High) :
조인트 커넥터 (JM05)
9. G B-CAN (High) :
[릴렉스 시트 미적용]
프런트 통풍 시트 컨트롤 모듈/
프런트 시트 히터 컨트롤 모듈
[릴렉스 시트 적용]
조인트 커넥터 (JS22)
10. G B-CAN (High) :
운전석 파워 시트 모듈
11. G B-CAN (High) :
리어 시트 히터 컨트롤 모듈
12. -
13. G B-CAN (High) : 무선 충전 유닛,
[터치 타입] 콘솔 콘솔로어 스위치
14. G B-CAN (High) : 후석 승객 감지 센서
15. G B-CAN (High) :
테일게이트 스위치 (실외)

16. O B-CAN (Low) : AFCU
17. O B-CAN (Low) : 파워 테일게이트 유닛
18. O B-CAN (Low) : 충전 단자 도어 모듈
19. O B-CAN (Low) :
ICU 정션 블록 (IPS 컨트롤 모듈)
20. -
21. O B-CAN (Low) : 운전석 도어 모듈
22. -
23. O B-CAN (Low) :
조인트 커넥터 (JM05)
24. O B-CAN (Low) :
[릴렉스 시트 미적용]
프런트 통풍 시트 컨트롤 모듈/
프런트 시트 히터 컨트롤 모듈
[릴렉스 시트 적용]
조인트 커넥터 (JS22)
25. O B-CAN (Low) :
운전석 파워 시트 모듈
26. O B-CAN (Low) :
리어 시트 히터 컨트롤 모듈
27. -
28. O B-CAN (Low) : 무선 충전 유닛,
[터치 타입] 콘솔 콘솔로어 스위치
29. O B-CAN (Low) : 후석 승객 감지 센서
30. O B-CAN (Low) :
테일게이트 스위치 (실외)

JF05

조인트 커넥터
- 단자 번호 1 ~ 3 : 사용 안함
- 단자 번호 4 ~ 7 : G-CAN FD (High)
- 단자 번호 8 ~ 10 : 사용 안함
- 단자 번호 11 ~ 14 : G-CAN FD (Low)

WRK P/No.	-
Vendor P/No.	5011-0191-8
Vendor P/Name	KSC_025_14F

1. -
2. -
3. -
4. Y G-CAN FD (High) : VCMS
5. -
6. Y G-CAN FD (High) :
조인트 커넥터 (JF02)
7. Y/O G-CAN FD (High) : BMU

8. -
9. -
10. -
11. Br G-CAN FD (Low) : VCMS
12. -
13. Br G-CAN FD (Low) :
조인트 커넥터 (JF02)
14. Br G-CAN FD (Low) : BMU

조인트 커넥터 (7)

CV83-7

JF06	WRK P/No.	-
	Vendor P/No.	5011-0280-2
	Vendor P/Name	KSC_025JOINT_30F

조인트 커넥터
- 단자 번호 1 ~ 5 : LOCAL-CAN (High)
- 단자 번호 6 ~ 10 : 무드 램프 LIN
- 단자 번호 11 ~ 15 : P-CAN FD (High)
- 단자 번호 16 ~ 20 : LOCAL-CAN (Low)
- 단자 번호 21 ~ 25 : 사용 안함
- 단자 번호 26 ~ 30 : P-CAN FD (Low)

1. Br [NFC 타입]LOCAL-CAN (High) : IAU
2. Br [NFC 타입]LOCAL-CAN (High) : 운전석 도어 아웃사이드 핸들
3. Br [NFC 타입]LOCAL-CAN (High) : 동승석 도어 아웃사이드 핸들
4. Br [NFC 타입]LOCAL-CAN (High) : 무선 충전 유닛
5. -
6. Y/O 무드 램프 LIN : 무드 램프 유닛, 크래쉬 패드무드 램프 LH/RH
7. Y/O 무드 램프 LIN :
8. Y/O 콘솔무드 램프 (Upper/Lower)
9. Y/O 운전석 도어무드 램프
10. Y/O 리어도어무드 램프 LH 동승석 도어무드 램프, 리어도어무드 램프 RH
11. O P-CAN FD (High) : 조인트 커넥터 (JE02)
12. O P-CAN FD (High) : 조인트 커넥터 (JM01)
13. O P-CAN FD (High) : SCU
14. O P-CAN FD (High) : E-LSD유닛
15. -
16. Y [NFC 타입]LOCAL-CAN (Low) : IAU
17. Y [NFC 타입]LOCAL-CAN (Low) : 운전석 도어 아웃사이드 핸들
18. Y [NFC 타입]LOCAL-CAN (Low) : 동승석 도어 아웃사이드 핸들
19. Y [NFC 타입]LOCAL-CAN (Low) : 무선 충전 유닛
20. -
21. -
22. -
23. -
24. -
25. -
26. L P-CAN FD (Low) : 조인트 커넥터 (JE02)
27. L P-CAN FD (Low) : 조인트 커넥터 (JM01)
28. L P-CAN FD (Low) : SCU
29. L P-CAN FD (Low) : E-LSD유닛
30. -

JF07	WRK P/No.	-
	Vendor P/No.	MG646290-5
	Vendor P/Name	KET_025WPJOINT_06F

조인트 커넥터
- 단자 번호 1 ~ 3 : G-CAN FD (High)
- 단자 번호 4 ~ 6 : G-CAN FD (Low)

1. -
2. Y G-CAN FD (High) : 조인트 커넥터 (JM04)
3. Y G-CAN FD (High) : 조인트 커넥터 (JE02)
4. -
5. Br G-CAN FD (Low) : 조인트 커넥터 (JM04)
6. Br G-CAN FD (Low) : 조인트 커넥터 (JE02)

JM02	WRK P/No.	-
	Vendor P/No.	5011-0191-8
	Vendor P/Name	KSC_025_14F

조인트 커넥터
- 단자 번호 1 ~ 3 : G-CAN FD (High)
- 단자 번호 4 ~ 7 : E-CAN FD (High)
- 단자 번호 8 ~ 10 : G-CAN FD (Low)
- 단자 번호 11 ~ 14 : E-CAN FD (Low)

1. Y G-CAN FD (High) : 조인트 커넥터 (JM09)
2. Y G-CAN FD (High) : 조인트 커넥터 (JM04)
3. Y G-CAN FD (High) : 전자식 변속 시프트 다이얼
4. R E-CAN FD (High) : 조인트 커넥터 (JM01)
5. R E-CAN FD (High) : 계기판
6. R E-CAN FD (High) : 운전자 주차 보조 유닛
7. R E-CAN FD (High) : 조인트 커넥터 (JR11)
8. Br G-CAN FD (Low) : 조인트 커넥터 (JM09)
9. Br G-CAN FD (Low) : 조인트 커넥터 (JM04)
10. Br G-CAN FD (Low) : 전자식 변속 시프트 다이얼
11. L E-CAN FD (Low) : 조인트 커넥터 (JM01)
12. L E-CAN FD (Low) : 계기판
13. L E-CAN FD (Low) : 운전자 주차 보조 유닛
14. L E-CAN FD (Low) : 조인트 커넥터 (JR11)

조인트 커넥터 (8)

CV83-8

JM01

WRK P/No.	-
Vendor P/No.	5011-0280-2
Vendor P/Name	KSC_025JOINT_30F

조인트 커넥터
- 단자 번호 1 ~ 5 : E-CAN FD (High)
- 단자 번호 6 ~ 10 : C-CAN FD (High)
- 단자 번호 11 ~ 15 : P-CAN FD (High)
- 단자 번호 16 ~ 20 : E-CAN FD (Low)
- 단자 번호 11 ~ 25 : C-CAN FD (Low)
- 단자 번호 26 ~ 30 : P-CAN FD (Low)

1. R　E-CAN FD (High) :
2. R　E-CAN FD (High) : ICU 정션 블록 (IPS 컨트롤 모듈)
3. -　E-CAN FD (High) : 헤드 엄 디스플레이
4. R　E-CAN FD (High) :
5. -　E-CAN FD (High) : 조인트 커넥터 (JM02)
6. -
7. W/O　C-CAN FD (High) :
8. W　C-CAN FD (High) : ICU 정션 블록 (IPS 컨트롤 모듈)
9. W　C-CAN FD (High) : 조인트 커넥터 (JE01)
10. -
11. O　P-CAN FD (High) : 조인트 커넥터 (JF06)
12. O　P-CAN FD (High) : 조인트 커넥터 (JM09)
13. -
14. -
15. O　P-CAN FD (High) : 전자식 변속 시프트 다이얼

16. L　E-CAN FD (Low) :
17. L　E-CAN FD (Low) : ICU 정션 블록 (IPS 컨트롤 모듈)
18. -　E-CAN FD (Low) : 헤드 엄 디스플레이
19. L　E-CAN FD (Low) :
20. -　E-CAN FD (Low) : 조인트 커넥터 (JM02)
21. -
22. Br　C-CAN FD (Low) :
23. Br　C-CAN FD (Low) : ICU 정션 블록 (IPS 컨트롤 모듈) : 다기능 스위치
24. Br　C-CAN FD (Low) : 조인트 커넥터 (JE01)
25. -
26. L　P-CAN FD (Low) : 조인트 커넥터 (JF06)
27. L　P-CAN FD (Low) : 조인트 커넥터 (JM09)
28. -
29. -
30. L　P-CAN FD (Low) : 전자식 변속 시프트 다이얼

JM03

WRK P/No.	-
Vendor P/No.	5011-0280-2
Vendor P/Name	KSC_025JOINT_30F

조인트 커넥터
- 단자 번호 1 ~ 5 : I-CAN (High)
- 단자 번호 6 ~ 10 : Climate-CAN (High)
- 단자 번호 11 ~ 15 : A-CAN FD (High)
- 단자 번호 16 ~ 20 : I-CAN (Low)
- 단자 번호 21 ~ 25 : Climate-CAN (Low)
- 단자 번호 26 ~ 30 : A-CAN FD (Low)

1. -
2. -
3. W　I-CAN (High) : AVNT 헤드 유닛
4. W　I-CAN (High) :
5. -
6. L　Climate-CAN (High) : 에어컨 컨트롤 모듈
7. L　Climate-CAN (High) : 에어컨 PTC 히터
8. L　Climate-CAN (High) : 전자식 에어컨 컴프레서
9. -
10. -
11. Y　A-CAN FD (High) : 조인트 커넥터 (JM10)
12. Y　A-CAN FD (High) : 전방 카메라 (ADAS)
13. Y　A-CAN FD (High) : 운전자 주행 보조 유닛
14. -
15. -

16. -
17. -
18. Gr　I-CAN (Low) : AVNT 헤드 유닛
19. Gr　I-CAN (Low) :
20. -　ICU 정션 블록 (IPS 컨트롤 모듈)
21. R　Climate-CAN (Low) : 에어컨 컨트롤 모듈
22. R　Climate-CAN (Low) : 에어컨 PTC 히터
23. R　Climate-CAN (Low) : 전자식 에어컨 컴프레서
24. -
25. -
26. B　A-CAN FD (Low) : 조인트 커넥터 (JM10)
27. B/O　A-CAN FD (Low) : 전방 카메라 (ADAS)
28. B　A-CAN FD (Low) : 운전자 주행 보조 유닛
29. -
30. -

조인트 커넥터 (9)

CV83-9

JM04

WRK P/No.	-
Vendor P/No.	5011-0191-8
Vendor P/Name	KSC_025_14F

조인트 커넥터
- 단자 번호 1 ~ 3 : E-CAN FD (High)
- 단자 번호 4 ~ 7 : G-CAN FD (High)
- 단자 번호 8 ~ 10 : E-CAN FD (Low)
- 단자 번호 11 ~ 14 : G-CAN FD (Low)

1. R E-CAN FD (High) :
에어컨 컨트롤 모듈
2. R E-CAN FD (High) :
운전자 주행 보조 유닛
3. R E-CAN FD (High) :
[후측방 레이더 적용]
조인트 커넥터 (JR23)
[후측방 레이더 미적용]
조인트 커넥터 (JR11)
4. Y G-CAN FD (High) :
조인트 커넥터 (JF07)
5. Y G-CAN FD (High) : IBU
6. Y G-CAN FD (High) :
조인트 커넥터 (JM02)
7. - -

8. L E-CAN FD (Low) :
에어컨 컨트롤 모듈
9. L E-CAN FD (Low) :
운전자 주행 보조 유닛
10. L E-CAN FD (Low) :
[후측방 레이더 적용]
조인트 커넥터 (JR23)
[후측방 레이더 미적용]
조인트 커넥터 (JR11)
11. Br G-CAN FD (Low) :
조인트 커넥터 (JF07)
12. Br G-CAN FD (Low) : IBU
13. Br G-CAN FD (Low) :
조인트 커넥터 (JM02)
14. - -

JM05

WRK P/No.	-
Vendor P/No.	5011-0281-4
Vendor P/Name	KSC_025JOINT_30F

조인트 커넥터
- 단자 번호 1 ~ 15 : B-CAN (High)
- 단자 번호 16 ~ 30 : B-CAN (Low)

1. G B-CAN (High) : IBU
2. - -
3. G B-CAN (High) :
조인트 커넥터 (JF04)
4. G B-CAN (High) : IAU
5. G B-CAN (High) : 빌트인 캠프 유닛
6. G B-CAN (High) : IFS 모듈
7. G B-CAN (High) : 다기능 스위치
8. - -
9. G B-CAN (High) : 클락 스프링
10. - -
11. - -
12. - -
13. G B-CAN (High) : 무드 램프 유닛
14. - -
15. - -

16. O B-CAN (Low) : IBU
17. - -
18. O B-CAN (Low) :
조인트 커넥터 (JF04)
19. O B-CAN (Low) : IAU
20. O B-CAN (Low) : 빌트인 캠프 유닛
21. O B-CAN (Low) : IFS 모듈
22. O B-CAN (Low) : 다기능 스위치
23. - -
24. O B-CAN (Low) : 클락 스프링
25. - -
26. - -
27. - -
28. O B-CAN (Low) : 무드 램프 유닛
29. - -
30. - -

CV83-10

JM06

WRK P/No.	-	5011-0236
Vendor P/No.		
Vendor P/Name	KSC_025JOINT_30F	

조인트 커넥터
- 단자 번호 1 ~ 10 : M-CAN (High)
- 단자 번호 11 ~ 15 : Speed Out
- 단자 번호 16 ~ 25 : M-CAN (Low)
- 단자 번호 26 ~ 30 : 사용 안함

1. Y — M-CAN (High) : VESS유닛
2. Y — M-CAN (High) : 계기판
3. -
4. Y — M-CAN (High) : AVNT카오디오
5. Y — M-CAN (High) : 헤드 업 디스플레이
6. Y — M-CAN (High) : BMU
7. -
8. Y — M-CAN (High) : 앰프, ADP
9. Y — M-CAN (High) :
10. Y — ICU 정션 블록(IPS 컨트롤 모듈)
11. Y — M-CAN (High) : AVNT헤드 유닛
12. -
13. Y — Speed Out : AVNT 헤드 유닛
14. Y/B — Speed Out :
15. - — 오토 전조등 높낮이 조절 유닛

16. B — M-CAN (Low) : VESS유닛
17. B — M-CAN (Low) : 계기판
18. -
19. B — M-CAN (Low) : AVNT카오디오
20. B — M-CAN (Low) : 헤드 업 디스플레이
21. B — M-CAN (Low) : BMU
22. -
23. B — M-CAN (Low) : 앰프, ADP
24. B — M-CAN (Low) :
25. B — M-CAN (Low) : AVNT헤드 유닛
26. -
27. -
28. -
29. -
30. -

JM07

WRK P/No.	-	5011-0236
Vendor P/No.		
Vendor P/Name	KSC_025JOINT_30F	

조인트 커넥터
- 단자 번호 1 ~ 10 : ILL (-)
- 단자 번호 11 ~ 15 : 충돌 신호
- 단자 번호 16 ~ 25 : ILL (+)
- 단자 번호 26 ~ 30 : 사용 안함

1. Gr — ILL (-) : 크래쉬 패드 스위치
2. Gr — ILL (-) : 콘솔 풀로어 스위치, 무선충전유닛 스위치 인디케이터, 콘솔 풀로어 스위치 인디케이터, 유니버설 아일랜드 USB 충전 단자,
3. Gr — ILL (-) : 리어 콘솔 USB 충전 단자 #1/#2, 운전석 IMS 스위치
4. Gr — ILL (-) : 프론트 USB 충전 단자
5. Gr — ILL (-) : AVNT 헤드 유닛
6. - — ILL (-) : 오버헤드 콘솔, 룸 램프
7. -
8. -
9. Gr — ILL (-) : 계기판
10. Gr — ILL (-) : 시동정지 버튼 스위치
11. O — 충돌 신호 : 에어백 컨트롤 모듈
12. O — 충돌 신호 : ICU 정션 블록 (IPS 컨트롤 모듈)
13. O — 충돌 신호 : BMU
14. -
15. -

16. L — ILL (+) : 크래쉬 패드 스위치
17. L — ILL (+) : 콘솔 풀로어 스위치, 무선충전유닛 인디케이터, 유니버설 아일랜드 USB 충전 단자 #1/#2,
18. L — ILL (+) : 리어 콘솔 USB 충전 단자
19. L — ILL (+) : AVNT 헤드 유닛
20. L — ILL (+) : USB 잭
21. -
22. -
23. L — ILL (+) : 오버헤드 콘솔, 룸 램프
24. L — ILL (+) : 운전석 IMS 스위치, 동승석 파워 윈도우 스위치,
25. Br — ILL (+) : 리어 파워 윈도우 스위치 LH/RH
26. -
27. -
28. -
29. -
30. -

조인트 커넥터 (11)

CV83-11

JM08

WRK P/No.	-
Vendor P/No.	5011-0281-4
Vendor P/Name	KSC_025JOINT_30F

조인트 커넥터
- 단자 번호 1 ~ 15 : 센서 전원
- 단자 번호 16 ~ 30 : 센서 접지

1. O 센서 전원 : 에어컨 컨트롤 모듈
2. O 센서 전원 : 오토 라이트 & 포토 센서 (포토 센서)
3. O 센서 전원 : 냉각수 냉각기 #2,
       APT 압력 & 온도 센서 (Low),
       APT 압력 & 온도 센서 (High)
4. R 센서 전원 : 오토 디포거 센서
5. O 센서 전원 : 운전석 덕트 액추에이터
6. O 센서 전원 : 운전석 모드 액추에이터
7. O 센서 전원 : 동승석 모드 액추에이터
8. O 센서 전원 :
9. O 리어 온도 액추에이터 (Warm)
       센서 전원 :
10. O 리어 온도 액추에이터 (Cool)
       센서 전원 : 운전석 온도 액추에이터
11. O 센서 전원 : 동승석 온도 액추에이터
12. O 센서 전원 : 인테이크 액추에이터
13. O 센서 전원 :
14. O 리어 덕트 액추에이터 LH
       센서 전원 :
15. - 리어 덕트 액추에이터 RH
       센서 전원 :

16. B 센서 접지 : 에어컨 컨트롤 모듈
17. B 센서 접지 : 실외 온도 센서,
       이베퍼레이터 센서, 덕트 센서 (DEF),
       운전석 덕트 센서 (Vent),
       APT 압력 & 온도 센서 (Low),
       APT 압력 & 온도 센서 (High)
18. B 센서 접지 : 실내 온도 센서,
       운전석 덕트 센서 (Floor),
       동승석 덕트 센서 (Floor),
       동승석 덕트 센서 (Vent)
19. B 센서 접지 : 오토 디포거 센서
20. B 센서 접지 : 디포가 액추에이터
21. B 센서 접지 : 운전석 모드 액추에이터
22. B 센서 접지 : 동승석 모드 액추에이터
23. B 센서 접지 :
24. B 리어 온도 액추에이터 (Warm)
       센서 접지 :
25. B 리어 온도 액추에이터 (Cool)
26. - 센서 접지 : 운전석 온도 액추에이터
27. B 센서 접지 : 동승석 온도 액추에이터
28. B 센서 접지 : 인테이크 액추에이터
29. B 센서 접지 :
30. B 리어 덕트 액추에이터 LH
       센서 접지 :
       리어 덕트 액추에이터 RH

JM09

WRK P/No.	-
Vendor P/No.	5011-0191-8
Vendor P/Name	KSC_025_14F

조인트 커넥터
- 단자 번호 1 ~ 3 : P-CAN FD (High)
- 단자 번호 4 ~ 7 : G-CAN FD (High)
- 단자 번호 8 ~ 10 : P-CAN FD (Low)
- 단자 번호 11 ~ 14 : G-CAN FD (Low)

1. O P-CAN FD (High) :
       ICU 정션 블록 (IPS 컨트롤 모듈)
2. O P-CAN FD (High) :
       조인트 커넥터 (JM01)
3. - -
4. - -
5. - -
6. Y G-CAN FD (High) :
       조인트 커넥터 (JM02)
7. Y G-CAN FD (High) :
       ICU 정션 블록 (IPS 컨트롤 모듈)

8. L/B P-CAN FD (Low) :
        ICU 정션 블록 (IPS 컨트롤 모듈)
9. L   P-CAN FD (Low) :
        조인트 커넥터 (JM01)
10. -   -
11. -   -
12. -   -
13. Br G-CAN FD (Low) :
        조인트 커넥터 (JM02)
14. Br G-CAN FD (Low) :
        ICU 정션 블록 (IPS 컨트롤 모듈)

JM10

WRK P/No.	-
Vendor P/No.	MG646286
Vendor P/Name	KET_025JOINT_06F

조인트 커넥터
- 단자 번호 1 ~ 3 : A-CAN FD (High)
- 단자 번호 4 ~ 6 : A-CAN FD (Low)

1. Y A-CAN FD (High) :
       조인트 커넥터 (JE27)
2. Y A-CAN FD (High) :
       조인트 커넥터 (JM03)
3. - -

4. B A-CAN FD (Low) :
       조인트 커넥터 (JE27)
5. B A-CAN FD (Low) :
       조인트 커넥터 (JM03)
6. - -

조인트 커넥터 (12)

JP01

WRK P/No.	-
Vendor P/No.	MG646290-5
Vendor P/Name	KET_025WPJOINT_06F

조인트 커넥터 (4WD)
- 단자 번호 1 ~ 3 : G-CAN FD (High)
- 단자 번호 4 ~ 6 : G-CAN FD (Low)

1. Y   G-CAN FD (High) :프런트 인버터
2. Y   G-CAN FD (High) :
        조인트 커넥터 (JE02)
3. Y   G-CAN FD (High) :
        조인트 커넥터 (JP11)

4. Br   G-CAN FD (Low) :프런트 인버터
5. Br   G-CAN FD (Low) :
        조인트 커넥터 (JE02)
6. Br   G-CAN FD (Low) :
        조인트 커넥터 (JP11)

JP11

WRK P/No.	-
Vendor P/No.	MG646290-5
Vendor P/Name	KET_025WPJOINT_06F

조인트 커넥터
- 단자 번호 1 ~ 3 : G-CAN FD (High)
- 단자 번호 4 ~ 6 : G-CAN FD (Low)

1. Y   G-CAN FD (High) :리어 인버터
2. Y   G-CAN FD (High) :
        [2WD] 조인트 커넥터 (JE02)
        [4WD] 조인트 커넥터 (JP01)
3. Y   G-CAN FD (High) :
        조인트 커넥터 (JF02)

4. Br   G-CAN FD (Low) :리어 인버터
5. Br   G-CAN FD (Low) :
        [2WD] 조인트 커넥터 (JE02)
        [4WD] 조인트 커넥터 (JP01)
6. Br   G-CAN FD (Low) :
        조인트 커넥터 (JF02)

JR11

WRK P/No.	-
Vendor P/No.	5011-0399-4
Vendor P/Name	KSC_060JOINT_20F

조인트 커넥터
- 단자 번호 1 ~ 4 : E-CAN FD (High)
- 단자 번호 5 ~ 10 : Lamp Load
- 단자 번호 11 ~ 14 : E-CAN FD (Low)
- 단자 번호 15 ~ 20 : 접지 (GM01)

10	9	8	7	6	5	4	3	2	1
20	19	18	17	16	15	14	13	12	11

1. R   E-CAN FD (High) :
        전방 카메라 (ADAS)
2. R   E-CAN FD (High) :
        [루측방 레이다] 미적용]
        조인트 커넥터 (JM04)
        [루측방 레이다] 적용]
        조인트 커넥터 (JR23)
3. R   E-CAN FD (High) :
        조인트 커넥터 (JM02)

4. -   -
5. Y   Lamp Load :오버헤드 콘솔
6. Y   Lamp Load :룸 램프
7. Y   Lamp Load :화장등 LH
8. Y   Lamp Load :화장등 RH
9. Y   Lamp Load :ICU정션 블록 (IPS8)
10. -   -

11. L   E-CAN FD (Low) :
        전방 카메라 (ADAS)
12. L   E-CAN FD (Low) :
        [루측방 레이다] 미적용]
        조인트 커넥터 (JM04)
        [루측방 레이다] 적용]
        조인트 커넥터 (JR23)
13. L   E-CAN FD (Low) :
        조인트 커넥터 (JM02)

14. -   -
15. B   접지 (GM01)
16. B   접지 (GM01)
17. B   접지 (GM01) :전방 카메라 (ADAS), 룸 램프
        접지 (GM01) :선루프 스위치,
        오버헤드 콘솔
18. B   접지 (GM01) :화장등 LH/RH
19. B   접지 (GM01) :루석 승객 감지 센서
20. B   접지 (GM01) :레인 센서,
        실내 감광 미러

조인트 커넥터 (13)

CV83-13

JR21 조인트 커넥터
- Pin No. 1 ~ 14 : 접지 (GF04)

WRK P/No.	-
Vendor P/No.	MG656950-5
Vendor P/Name	KET_025WP_14F

1. B 접지 (GF04)
2. B 접지 (GF04) : 후방 주차 거리 경고
3. B 센서 RH
4. B 접지 (GF04) : 후방 주차 거리 경고
5. B 센서 LH (Center)
6. B 접지 (GF04) : 후방 주차 거리 경고
    센서 LH (Side)
    접지 (GF04) : 후방 주차 거리 경고
    센서 RH (Center)
    접지 (GF04) :
    [GT & GT-Line 미적용] 후진등
    [GT or GT Line 적용]
    후방 안개등 & 후진등

7. B 접지 (GF04) : 후방 주차 거리 경고
    센서 RH (Side)
8. B 접지 (GF04) : 후측방 레이다 LH
9. B 접지 (GF04) : 후측방 레이다 RH
10. - -
11. - -
12. - -
13. B 접지 (GF04) : 후방 주차 거리 경고
    센서 RH
14. - -

JR22 조인트 커넥터
- Pin No. 1 ~ 7 : 센서 LIN
- Pin No. 8 ~ 14 : 센서 전원

WRK P/No.	-
Vendor P/No.	MG656950-5
Vendor P/Name	KET_025WP_14F

1. L [PDW] IBU (센서 LIN)
    [RSPA]
    운전자 주차 보조 유닛 (센서 LIN)
2. L 센서 LH : 후방 주차 거리 경고
    센서 LH
3. L 센서 LIN : 후방 주차 거리 경고
    센서 LH (Center)
4. L 센서 LIN : 후방 주차 거리 경고
    센서 RH (Center)
5. L 센서 LIN : 후방 주차 거리 경고
    센서 RH
6. - -
7. - -

8. R 센서 전원 : 후방 주차 거리 경고
    센서 LH
9. R 센서 전원 : 후방 주차 거리 경고
    센서 LH (Center)
10. R 센서 전원 : 후방 주차 거리 경고
    센서 RH (Center)
11. R 센서 전원 : 후방 주차 거리 경고
    센서 RH
12. R [PDW] IBU (센서 전원)
    [RSPA]
    운전자 주차 보조 유닛 (센서 전원)
13. R [RSPA] 센서 전원 : 후방 주차 거리
    경고 센서 RH (Side)
14. R [RSPA] 센서 전원 : 후방 주차 거리
    경고 센서 LH (Side)

JR23 조인트 커넥터
- 단자 번호 1 ~ 3 : E-CAN FD (High)
- 단자 번호 4 ~ 6 : E-CAN FD (Low)

WRK P/No.	-
Vendor P/No.	MG64290-5
Vendor P/Name	KET_025WPJOINT_06F

1. R E-CAN FD (High) :
    후측방 레이다 LH
2. R E-CAN FD (High) :
    조인트 커넥터 (JR11)
3. R E-CAN FD (High) :
    조인트 커넥터 (JM04)

4. L E-CAN FD (Low) :
    후측방 레이다 LH
5. L E-CAN FD (Low) :
    조인트 커넥터 (JR11)
6. L E-CAN FD (Low) :
    조인트 커넥터 (JM04)

조인트 커넥터 (14)

CV83-14

JS11

조인트 커넥터
- 단자 번호 1 ~ 10 : 센서 전원
- 단자 번호 11 ~ 15 : 접지 (GF01)
- 단자 번호 16 ~ 20 : 상시 전원

WRK P/No.	-
Vendor P/No.	MG621818-5
Vendor P/Name	KET_090II_20F

[IMS 적용]
1. G 센서 전원 : 운전석 파워 시트 모듈
2. Br/B 센서 전원 : 운전석 등받이 모터
3. Y/B 센서 전원 : 운전석 리어 높낮이 모터
4. G/B 센서 전원 : 운전석 프런트 높낮이 모터
5. R/B 센서 전원 : 운전석 슬라이드 모터
6. -
7. -
8. -
9. -
10. -
11. B 접지 (GF01)
12. Br 접지 (GF01) :
13. Gr 접지 (GF01) :
14. L/B 접지 (GF01) :
15. 접지 (GF01) : 운전석 파워 시트 스위치,
    L 운전석 파워 시트 스위치,
    W 운전석 허리받이 모터
16. R 상시 전원 : ICU 정션블록 (퓨즈 - 전동시트 운전석)
17. O 상시 전원 : 운전석 파워 시트 모듈
18. P 상시 전원 : 운전석 파워 시트 모듈
19. P/B 상시 전원 : 운전석 파워 시트 스위치
20. W/B 상시 전원 : 운전석 파워 시트 스위치

[IMS 미적용]
1. -
2. -
3. -
4. -
5. -
6. -
7. -
8. -
9. -
10. -
11. B 접지 (GF01)
12. L 접지 (GF01) :
13. Br 운전석 파워 시트 스위치
14. G 접지 (GF01) :
15. R 접지 (GF01) : 운전석 허리받이 모터
16. R 상시 전원 : ICU 정션블록 (퓨즈 - 전동시트 운전석)
17. W/B 상시 전원 : 운전석 파워 시트 스위치
18. O/B 상시 전원 : 운전석 파워 시트 스위치
19. -
20. -

JS21

조인트 커넥터
- 단자 번호 1 ~ 5 : 상시 전원
- 단자 번호 6 ~ 10 : 접지 (GF02)
- 단자 번호 11 ~ 15 : 센서 전원
- 단자 번호 16 ~ 20 : 센서 전원

WRK P/No.	-
Vendor P/No.	MG621818-5
Vendor P/Name	KET_090II_20F

[릴렉스 시트 미적용]
1. R 상시 전원 : ICU 정션블록 (퓨즈 - 전동시트 조수석)
2. R 상시 전원 : 동승석 파워 시트 모듈
3. R 상시 전원 : 동승석 파워 시트 모듈
4. P/B 상시 전원 : 동승석 파워 시트 스위치
5. W 상시 전원 : 동승석 파워 시트 스위치
6. B 접지 (GF02)
7. Gr/B 접지 (GF02) :
8. 동승석 허리받이 모터,
   B 접지 (GF02) :
   Br 동승석 파워 시트 모듈
9. [워크인 적용] 동승석 워크인 스위치
   W/O
   L 접지 (GF02) : 동승석 파워 시트 모듈, 동승석 파워 시트 스위치
10. -
11. Y/O 센서 전원 : 동승석 파워 시트 모듈
12. Y/B 센서 전원 : 동승석 슬라이드 모터
13. W/B 센서 전원 :
14. - 동승석 프런트 높낮이 모터
15. -
16. Br 센서 전원 : 동승석 파워 시트 모듈
17. L/B 센서 전원 :
18. O/B 동승석 리어 높낮이 모터
19. - 센서 전원 : 동승석 등받이 모터
20. -

[릴렉스 시트 적용]
1. R 상시 전원 : ICU 정션블록 (퓨즈 - 전동시트 조수석)
2. P/B 상시 전원 : 동승석 파워 시트 스위치
3. O/B 상시 전원 : 동승석 파워 시트 스위치
4. -
5. -
6. B 접지 (GF02)
7. B/O 접지 (GF02) :
8. W/B 동승석 파워 시트 스위치
9. Gr 접지 (GF02) : 동승석 허리받이 모터
10. -
11. -
12. -
13. -
14. -
15. -
16. -
17. -
18. -
19. -
20. -

조인트 커넥터 (15)

JS22	조인트 커넥터 - 단자 번호 1 ~ 4 : B-CAN (High) - 단자 번호 5 ~ 8 : B-CAN (Low)

WRK P/No.	-
Vendor P/No.	MG610750-5
Vendor P/Name	KET_070(JOINT)_08F

```
┌─────────┐
│ 4 3 2 1 │
│ 8 7 6 5 │
└─────────┘
```

1. G   B-CAN (High) :
        조인트 커넥터 (JF04)

2. B   B-CAN (High) :
        프런트 통풍 시트 컨트롤 모듈/
        프런트 시트 히터 컨트롤 모듈

3. R   B-CAN (High) :
        동승석 파워 시트 모듈

4. -   -

5. O   B-CAN (Low) :
        조인트 커넥터 (JF04)

6. Y   B-CAN (Low) :
        프런트 통풍 시트 컨트롤 모듈/
        프런트 시트 히터 컨트롤 모듈

7. L   B-CAN (Low) :
        동승석 파워 시트 모듈

8. -   -

하네스 연결 커넥터 (1)

BB02 BSA 메인과 BSA ICCU 커넥터 하네스 연결 커넥터

- BSA 메인 하네스

WRK P/No.	-
Vendor P/No.	MG655598
Vendor P/Name	KET_N060_04F

1. R	BMU (ICCU 고전압 커넥터 인터록 - High)	3. B	접지 (GB11)
2. G	BMU (ICCU 고전압 커넥터 인터록 - Low)	4. -	-

- BSA ICCU 커넥터 하네스

WRK P/No.	-
Vendor P/No.	MG645595
Vendor P/Name	KET_N060_04M

1. L	ICCU 고전압 커넥터 터미널 블록 (인터록 - High)	3. B	ICCU 고전압 커넥터 터미널 블록 (접지)
2. W	ICCU 고전압 커넥터 터미널 블록 (인터록 - Low)	4. -	-

BB11 BSA 메인과 BSA 센서 #1 하네스 연결 커넥터 (항속형)

- BSA 메인 하네스

WRK P/No.	1890202223AS
Vendor P/No.	MG642996
Vendor P/Name	KET_040II_04M

1. B	CMU #1 (배터리 모듈 #1 온도 센서 신호)	3. L	CMU #1 (배터리 모듈 #4 온도 센서 신호)
2. R	CMU #1 (배터리 모듈 #1 온도 센서 접지)	4. O	CMU #1 (배터리 모듈 #4 온도 센서 접지)

- BSA 센서 #1 하네스

WRK P/No.	9999900081AS
Vendor P/No.	MG652999
Vendor P/Name	KET_040III_04F

1. L	배터리 모듈 #1 온도 센서 (신호)	3. L	배터리 모듈 #4 온도 센서 (신호)
2. B	배터리 모듈 #1 온도 센서 (접지)	4. B	배터리 모듈 #4 온도 센서 (접지)

하네스 연결 커넥터 (2)

BB12

BSA 메인과 BSA 센서 #2 하네스 연결 커넥터 (함속형)

- BSA 메인 하네스

WRK P/No.	-
Vendor P/No.	MG645571
Vendor P/Name	KET_N060_06M

1. B CMU #2 (배터리 모듈 #5 온도 센서 신호)
2. R CMU #2 (배터리 모듈 #5 온도 센서 접지)
3. L CMU #2 (배터리 모듈 #8 온도 센서 신호)
4. O CMU #2 (배터리 모듈 #8 온도 센서 접지)
5. W CMU #2 (BSA 온도 센서 #1 신호)
6. G CMU #2 (BSA 온도 센서 #1 접지)

- BSA 센서 #2 하네스

WRK P/No.	-
Vendor P/No.	MG655574
Vendor P/Name	KET_060_06F

1. L 배터리 모듈 #5 온도 센서 (신호)
2. B 배터리 모듈 #5 온도 센서 (접지)
3. L 배터리 모듈 #8 온도 센서 (신호)
4. B 배터리 모듈 #8 온도 센서 (접지)
5. L BSA 온도 센서 #1 하네스 (BB31 단자 번호 1)
6. B BSA 온도 센서 #1 하네스 (BB31 단자 번호 2)

BB13

BSA 메인과 BSA 센서 #3 하네스 연결 커넥터 (함속형)

- BSA 메인 하네스

WRK P/No.	189020222 3AS
Vendor P/No.	MG642996
Vendor P/Name	KET_040II_04M

1. B CMU #3 (배터리 모듈 #9 온도 센서 신호)
2. R CMU #3 (배터리 모듈 #9 온도 센서 접지)
3. L CMU #3 (배터리 모듈 #12 온도 센서 신호)
4. O CMU #3 (배터리 모듈 #12 온도 센서 접지)

- BSA 센서 #3 하네스

WRK P/No.	9999900081AS
Vendor P/No.	MG652999
Vendor P/Name	KET_040III_04F

1. L 배터리 모듈 #9 온도 센서 (신호)
2. B 배터리 모듈 #9 온도 센서 (접지)
3. L 배터리 모듈 #12 온도 센서 (신호)
4. B 배터리 모듈 #12 온도 센서 (접지)

하네스 연결 커넥터 (3)

CV90-3

BB14 BSA 메인과 BSA 센서 #4 하네스 연결 커넥터 (함속형)

- BSA 메인 하네스

WRK P/No.	1890202223AS
Vendor P/No.	MG642996
Vendor P/Name	KET_040II_04M

1. B CMU #4 (배터리 모듈 #13 온도 센서 신호)
2. R CMU #4 (배터리 모듈 #13 온도 센서 접지)
3. L CMU #4 (배터리 모듈 #16 온도 센서 신호)
4. O CMU #4 (배터리 모듈 #16 온도 센서 접지)

- BSA 센서 #4 하네스

WRK P/No.	9999900081AS
Vendor P/No.	MG652999
Vendor P/Name	KET_040III_04F

1. L 배터리 모듈 #13 온도 센서 (신호)
2. B 배터리 모듈 #13 온도 센서 (접지)
3. L 배터리 모듈 #16 온도 센서 (신호)
4. B 배터리 모듈 #16 온도 센서 (접지)

BB15 BSA 메인과 BSA 센서 #5 하네스 연결 커넥터 (함속형)

- BSA 메인 하네스

WRK P/No.	1890202223AS
Vendor P/No.	MG642996
Vendor P/Name	KET_040II_04M

1. B CMU #5 (배터리 모듈 #17 온도 센서 신호)
2. R CMU #5 (배터리 모듈 #17 온도 센서 접지)
3. L CMU #5 (배터리 모듈 #20 온도 센서 신호)
4. O CMU #5 (배터리 모듈 #20 온도 센서 접지)

- BSA 센서 #5 하네스

WRK P/No.	9999900081AS
Vendor P/No.	MG652999
Vendor P/Name	KET_040III_04F

1. L 배터리 모듈 #17 온도 센서 (신호)
2. B 배터리 모듈 #17 온도 센서 (접지)
3. L 배터리 모듈 #20 온도 센서 (신호)
4. B 배터리 모듈 #20 온도 센서 (접지)

하네스 연결 커넥터 (4)

BB16 BSA 메인과 BSA 센서 #6 하네스 연결 커넥터 (함속형)

- BSA 메인 하네스

WRK P/No.	1890202223AS
Vendor P/No.	MG642996
Vendor P/Name	KET_040II_04M

1. B CMU #6 (배터리 모듈 #21 온도
센서 신호)
2. R CMU #6 (배터리 모듈 #21 온도
센서 접지)
3. L
4. O CMU #6 (배터리 모듈 #24 온도
센서 신호)
CMU #6 (배터리 모듈 #24 온도
센서 접지)

- BSA 센서 #6 하네스

WRK P/No.	999990081AS
Vendor P/No.	MG652999
Vendor P/Name	KET_040III_04F

1. L 배터리 모듈 #21 온도 센서 (신호)
2. B 배터리 모듈 #21 온도 센서 (접지)
3. L 배터리 모듈 #24 온도 센서 (신호)
4. B 배터리 모듈 #24 온도 센서 (접지)

BB17 BSA 메인과 BSA 센서 #7 하네스 연결 커넥터 (함속형)

- BSA 메인 하네스

WRK P/No.	1890202223AS
Vendor P/No.	MG642996
Vendor P/Name	KET_040II_04M

1. B CMU #7 (배터리 모듈 #25 온도
센서 신호)
2. R CMU #7 (배터리 모듈 #25 온도
센서 접지)
3. L
4. O CMU #7 (배터리 모듈 #28 온도
센서 신호)
CMU #7 (배터리 모듈 #28 온도
센서 접지)

- BSA 센서 #7 하네스

WRK P/No.	999990081AS
Vendor P/No.	MG652999
Vendor P/Name	KET_040III_04F

1. L 배터리 모듈 #25 온도 센서 (신호)
2. B 배터리 모듈 #25 온도 센서 (접지)
3. L 배터리 모듈 #28 온도 센서 (신호)
4. B 배터리 모듈 #28 온도 센서 (접지)

BB18 BSA 메인과 BSA 센서 #8 하네스 연결 커넥터 (함속형)

- BSA 메인 하네스

WRK P/No.	-
Vendor P/No.	MG645571
Vendor P/Name	KET_N060_06M

1. B CMU #8 (배터리 모듈 #29 온도 센서 신호)
2. L CMU #8 (배터리 모듈 #29 온도 센서 접지)
3. L BMU (배터리 모듈 #32 온도 센서 신호)
4. B BMU (배터리 모듈 #32 온도 센서 접지)
5. W CMU #8 (BSA온도 센서 #2 신호)
6. G CMU #8 (BSA온도 센서 #2 접지)

- BSA 센서 #8 하네스

WRK P/No.	-
Vendor P/No.	MG655574
Vendor P/Name	KET_060_06F

1. L 배터리 모듈 #29 온도 센서 (신호)
2. B 배터리 모듈 #29 온도 센서 (접지)
3. L 배터리 모듈 #32 온도 센서 (신호)
4. B 배터리 모듈 #32 온도 센서 (접지)
5. L BSA 온도 센서 #2 하네스 (BB32 단자 번호 1)
6. B BSA 온도 센서 #2 하네스 (BB32 단자 번호 2)

BB21 BSA 메인과 BSA 센서 #1 하네스 연결 커넥터 (기본형)

- BSA 메인 하네스

WRK P/No.	189020223AS
Vendor P/No.	MG642996
Vendor P/Name	KET_040II_04M

1. B CMU #1 (배터리 모듈 #1 온도 센서 신호)
2. R CMU #1 (배터리 모듈 #1 온도 센서 접지)
3. L CMU #1 (배터리 모듈 #4 온도 센서 신호)
4. O CMU #1 (배터리 모듈 #4 온도 센서 접지)

- BSA 센서 #1 하네스

WRK P/No.	999990081AS
Vendor P/No.	MG652999
Vendor P/Name	KET_040III_04F

1. L 배터리 모듈 #1 온도 센서 (신호)
2. B 배터리 모듈 #1 온도 센서 (접지)
3. L 배터리 모듈 #4 온도 센서 (신호)
4. B 배터리 모듈 #4 온도 센서 (접지)

BB22 BSA 메인과 BSA 센서 #2 하네스 연결 커넥터 (기본형)

- BSA 메인 하네스

WRK P/No.	-
Vendor P/No.	MG645571
Vendor P/Name	KET_N060_06M

```
1 2 3
4 5 6
```

1. B　CMU #2 (배터리 모듈 #5 운도　4. O　CMU #2 (배터리 모듈 #8 운도
　　센서 신호)　　　　　　　　　　　　센서 접지)
2. R　CMU #2 (배터리 모듈 #5 운도　5. W　CMU #2 (BSA운도 센서 #1 신호)
　　센서 접지)　　　　　　　　　　　6. G　CMU #2 (BSA운도 센서 #1 접지)
3. L　CMU #2 (배터리 모듈 #8 운도
　　센서 신호)

- BSA 센서 #2 하네스

WRK P/No.	-
Vendor P/No.	MG655574
Vendor P/Name	KET_060_06F

```
3 2 1
6 5 4
```

1. L　배터리 모듈 #5 운도 센서 (신호)　4. B　배터리 모듈 #8 운도 센서 (접지)
2. B　배터리 모듈 #5 운도 센서 (접지)　5. L　BSA 운도 센서 #1 하네스
3. L　배터리 모듈 #8 운도 센서 (신호)　　　(BB41 단자 번호 1)
　　　　　　　　　　　　　　　　　6. B　BSA 운도 센서 #1 하네스
　　　　　　　　　　　　　　　　　　　(BB41 단자 번호 2)

BB23 BSA 메인과 BSA 센서 #3 하네스 연결 커넥터 (기본형)

- BSA 메인 하네스

WRK P/No.	189020223AS
Vendor P/No.	MG642996
Vendor P/Name	KET_040II_04M

```
1 2 3 4
```

1. B　CMU #3 (배터리 모듈 #9 운도　3. L　CMU #3 (배터리 모듈 #12 운도
　　센서 신호)　　　　　　　　　　　　센서 신호)
2. R　CMU #3 (배터리 모듈 #9 운도　4. O　CMU #3 (배터리 모듈 #12 운도
　　센서 접지)　　　　　　　　　　　　센서 접지)

- BSA 센서 #3 하네스

WRK P/No.	9999900081AS
Vendor P/No.	MG652999
Vendor P/Name	KET_040II_04F

```
4 3 2 1
```

1. L　배터리 모듈 #9 운도 센서 (신호)　3. L　배터리 모듈 #12 운도 센서 (신호)
2. B　배터리 모듈 #9 운도 센서 (접지)　4. B　배터리 모듈 #12 운도 센서 (접지)

하네스 연결 커넥터 (7)　　　　　　　　　　　　　　　　　　　　CV90-7

BB24　BSA 메인과 BSA 센서 #4 하네스 연결 커넥터 (기본형)

- BSA 메인 하네스

WRK P/No.	1890202223AS
Vendor P/No.	MG642996
Vendor P/Name	KET_040II_04M

3. L　CMU #4 (배터리 모듈 #13 온도
　　　센서 신호)
4. O　CMU #4 (배터리 모듈 #13 온도
　　　센서 접지)

1. B　CMU #4 (배터리 모듈 #17 온도
　　　센서 신호)
2. R　CMU #4 (배터리 모듈 #13 온도
　　　센서 접지)

- BSA 센서 #4 하네스

WRK P/No.	9999900081AS
Vendor P/No.	MG652999
Vendor P/Name	KET_040III_04F

3. L　배터리 모듈 #16 온도 센서 (신호)
4. B　배터리 모듈 #16 온도 센서 (접지)
　　　.

1. L　배터리 모듈 #13 온도 센서 (신호)
2. B　배터리 모듈 #13 온도 센서 (접지)

BB25　BSA 메인과 BSA 센서 #5 하네스 연결 커넥터 (기본형)

- BSA 메인 하네스

WRK P/No.	-
Vendor P/No.	MG645571
Vendor P/Name	KET_N060_06M

4. O　CMU #5 (배터리 모듈 #20 온도
　　　센서 접지)
5. W　CMU #5 (BSA 온도 센서 #2 신호)
6. G　CMU #5 (BSA 온도 센서 #2 접지)

1. B　CMU #5 (배터리 모듈 #17 온도
　　　센서 신호)
2. R　CMU #5 (배터리 모듈 #17 온도
　　　센서 접지)
3. L　CMU #5 (배터리 모듈 #20 온도
　　　센서 신호)

- BSA 센서 #5 하네스

WRK P/No.	-
Vendor P/No.	MG655574
Vendor P/Name	KET_060_06F

4. B　배터리 모듈 #20 온도 센서 (접지)
5. L　BSA 온도 센서 #2 하네스
　　　(BB42 단자 번호 1)
6. B　BSA 온도 센서 #2 하네스
　　　(BB42 단자 번호 2)

1. L　배터리 모듈 #17 온도 센서 (신호)
2. B　배터리 모듈 #17 온도 센서 (접지)
3. L　배터리 모듈 #20 온도 센서 (신호)

BB26 BSA 메인과 BSA 센서 #6 하네스 연결 커넥터 (기본형)

- BSA 메인 하네스

WRK P/No.	189020222 3AS
Vendor P/No.	MG642996
Vendor P/Name	KET_040II_04M

1. B CMU #6 (배터리 모듈 #21 운도 센서 신호)
2. R CMU #6 (배터리 모듈 #21 운도 센서 접지)

3. L BMU (배터리 모듈 #24 운도 센서 신호)
4. B BMU (배터리 모듈 #24 운도 센서 접지)

- BSA 센서 #6 하네스

WRK P/No.	999990081AS
Vendor P/No.	MG652999
Vendor P/Name	KET_040III_04F

1. L 배터리 모듈 #21 운도 센서 (신호)
2. B 배터리 모듈 #21 운도 센서 (접지)

3. L 배터리 모듈 #24 운도 센서 (신호)
4. B 배터리 모듈 #24 운도 센서 (접지)

BB31 BSA 센서 #2와 BSA 운도 센서 #1 하네스 연결 커넥터 (항속형)

- BSA 센서 #2 하네스

WRK P/No.	-
Vendor P/No.	MG643269
Vendor P/Name	KET_020_02M

1. L BSA 메인 하네스 (BB12 단자 번호 5) 2. B BSA 메인 하네스 (BB12 단자 번호 6)

- BSA 운도 센서 #1 하네스

WRK P/No.	-
Vendor P/No.	MG652630
Vendor P/Name	KET_030_02F

1. L BSA 운도 센서 #1 (신호) 2. B BSA 운도 센서 #1 (접지)

BB32 BSA 센서 #8와 BSA 운도 센서 #2 하네스 연결 커넥터 (항속형)

- BSA 센서 #8 하네스

WRK P/No.	-
Vendor P/No.	MG643269
Vendor P/Name	KET_020_02M

1. L BSA 메인 하네스 (BB18 단자 번호 5) 2. B BSA 메인 하네스 (BB18 단자 번호 6)

- BSA 운도 센서 #2 하네스

WRK P/No.	-
Vendor P/No.	MG652630
Vendor P/Name	KET_030_02F

1. L BSA 운도 센서 #2 (신호) 2. B BSA 운도 센서 #2 (접지)

하네스 연결 커넥터 (9)

BB41　BSA 센서 #2와 BSA 온도 센서 #1 하네스 연결 커넥터 (기본형)
- BSA 센서 #2 하네스

WRK P/No.	-
Vendor P/No.	MG643269
Vendor P/Name	KET_020_02M

1. L　　BSA 메인 하네스 (BB22 단자 번호 5)　2. B　　BSA 메인 하네스 (BB2 단자 번호 6)

- BSA 온도 센서 #1 하네스

WRK P/No.	-
Vendor P/No.	MG652630
Vendor P/Name	KET_030_02F

1. L　　BSA 온도 센서 #1 (신호)　2. B　　BSA 온도 센서 #1 (접지)

BB42　BSA 센서 #5와 BSA 온도 센서 #2 하네스 연결 커넥터 (기본형)
- BSA 센서 #5 하네스

WRK P/No.	-
Vendor P/No.	MG643269
Vendor P/Name	KET_020_02M

1. L　　BSA 메인 하네스 (BB25 단자 번호 5)　2. B　　BSA 메인 하네스 (BB25 단자 번호 6)

- BSA 온도 센서 #2 하네스

WRK P/No.	-
Vendor P/No.	MG652630
Vendor P/Name	KET_030_02F

1. L　　BSA 온도 센서 #2 (신호)　2. B　　BSA 온도 센서 #2 (접지)

BF11 플로어와 BSA 메인 하네스 연결 커넥터

- 플로어 하네스

WRK P/No.	-
Vendor P/No.	MG656922-5
Vendor P/Name	KET_025060WP_33F

1. R   ICU 정션 블록 (퓨즈 - BMS)
2. R   ICU 정션 블록 (퓨즈 - BMS)
3. L/O   프런트 하네스 (EF21 단자 번호 28)
4. Gr/O   리어 파워 일렉트릭 모듈 하네스
5. L/O   (FP11 단자 번호 5)
   리어 파워 일렉트릭 모듈 하네스
   (FP11 단자 번호 8)
6. -   -
7. G   프런트 하네스 (EF21 단자 번호 17)
8. Y   프런트 하네스 (EF21 단자 번호 18)
9. Y   프런트 하네스 (EF21 단자 번호 12)
10. Y/O   조인트 커넥터 (JF05 단자 번호 7)
11. Br   조인트 커넥터 (JF05 단자 번호 14)
12. P   ICU 정션 블록 (퓨즈 - IG3 10)
13. W/B   메인 하네스 (MF21 단자 번호 5)
14. B   프런트 하네스 (EF21 단자 번호 29)
15. -   -
16. -   -
17. -   -
18. -   -
19. -   -
20. -   -
21. Y   메인 하네스 (MF21 단자 번호 15)
22. B   메인 하네스 (MF21 단자 번호 16)
23. G   프런트 하네스 (EF21 단자 번호 6)
24. Gr   프런트 하네스 (EF21 단자 번호 7)
25. L   프런트 하네스 (EF21 단자 번호 8)
26. B   리어 파워 일렉트릭 모듈 하네스
   (FP11 단자 번호 9)
27. Br/B   프런트 하네스 (EF21 단자 번호 15)
28. G/O   프런트 하네스 (EF21 단자 번호 16)
29. Gr   프런트 하네스 (EF21 단자 번호 13)
30. P/B   프런트 하네스 (EF21 단자 번호 14)
31. B   프런트 하네스 (EF21 단자 번호 27)
32. B   접지 (GF07)
33. B   접지 (GF07)

- BSA 메인 하네스

WRK P/No.	-
Vendor P/No.	MG646089-5
Vendor P/Name	KET06025_33M

1. G   BMU (상시 전원)
2. R   BMU (상시 전원)
3. W   BMU (고전압 차단 스위치 신호)
4. Y   BMU (급속 충전 (+) 릴레이 컨트롤)
5. Br   BMU (급속 충전 (-) 릴레이 컨트롤)
6. -   -
7. O   BMU (인렛 온도 센서 신호)
8. B/O   BMU (인렛 온도 센서 접지)
9. P   BMU (배터리 히팅 릴레이 컨트롤)
10. O   BMU (G-CAN FD (High))
11. L   BMU (G-CAN FD (Low))
12. P   BMU (IG3 전원)
13. W   BMU (충돌 신호)
14. B   BMU (고전압 차단 스위치 접지)
15. -   -
16. -   -
17. -   -
18. -   -
19. -   -
20. -   -
21. O   BMU (M-CAN (High))
22. L   BMU (M-CAN (Low))
23. G   BMU (BMS 냉각수 컨트롤)
24. O   BMU (프런트 고전압 정션 블록
   인터록 (+))
25. Gr   BMU (프런트 고전압 정션 블록
   인터록 (-))
26. B   BMU (급속 충전 릴레이 접지)
27. Y   BMU (PTC 히터 온도 센서 신호)
28. P   BMU (PTC 히터 온도 센서 접지)
29. Gr   BMU (라디에이터 아웃풋
   온도 센서 신호)
30. R   BMU (라디에이터 아웃풋
   온도 센서 접지)
31. W   접지 (GB11)
32. O   접지 (GB11)
33. Gr   접지 (GB11)

CF11　플로어와 충전 커넥터 하네스 연결 커넥터

- 플로어 하네스

WRK P/No.	1879004705AS
Vendor P/No.	HK342-16010
Vendor P/Name	KUM_060110_16M

1. P　VCMS (충전 단자 온도 센서 #3 (-))
2. R　VCMS (충전 단자 스위치 센서 신호)
3. Y　VCMS (충전 단자 스위치 센서 접지)
4. O　프런트 하네스 (EF21 단자 번호 30)
5. L　프런트 하네스 (EF21 단자 번호 31)
6. G　VCMS (충전 단자 신호 - PD)
7. W　VCMS (충전 단자 신호 - CP)
8. B　VCMS (접지)

9. -　-
10. B　접지 (GF05)
11. Gr　VCMS (충전 단자 온도 센서 #3 (+))
12. P　VCMS (충전 단자 온도 센서 #2 (+))
13. W　VCMS (충전 단자 온도 센서 #2 (-))
14. Gr　VCMS (충전 단자 온도 센서 #1 (+))
15. W/B　VCMS (충전 단자 온도 센서 #1 (-))
16. -　-

- 충전 커넥터 하네스

WRK P/No.	1879004697AS
Vendor P/No.	HK346-16010
Vendor P/Name	KUM_060110_16F

1. P　충전 단자 온도 센서 #3 (연속) (-)
2. O　충전 단자 록/연록 액추에이터
3. L　(충전 단자 스위치 센서 신호)
4. R　(충전 단자 록/연록 액추에이터
　　(충전 단자 스위치 센서 접지)
5. Y　(충전기 잠금 릴레이 컨트롤)
　　(충전 단자 록/연록 액추에이터
　　(충전기 잠금해제 릴레이 컨트롤)
6. G　충전 단자 (신호 - PD)

7. W　충전 단자 (신호 - CP)
8. B　접지 (GC11)
9. -　-
10. B　충전 단자 레지스터 (접지)
11. P　충전 단자 온도 센서 #3 (연속) (+)
12. W　충전 단자 온도 센서 #2 (금속 (-)) (+)
13. W　충전 단자 온도 센서 #2 (금속 (-)) (-)
14. B　충전 단자 온도 센서 #1 (금속 (+)) (+)
15. B　충전 단자 온도 센서 #1 (금속 (+)) (-)
16. -　-

DD11　운전석 도어와 운전석 도어 익스텐션 하네스 연결 커넥터

- 운전석 도어 하네스

WRK P/No.	1890110223AS
Vendor P/No.	MG651056
Vendor P/Name	KET_090II_10F

1. L　플로어 하네스 (FD11 단자 번호 19)
2. R　플로어 하네스 (FD11 단자 번호 22)
3. B　플로어 하네스 (FD11 단자 번호 1)
4. B　조인트 커넥터 (JD11 단자 번호 4)
5. O　운전석 도어 모듈 (IMS 스위치 신호)

6. Gr　플로어 하네스 (FD11 단자 번호 28)
7. Y/O　플로어 하네스 (FD11 단자 번호 13)
8. -　-
9. -　-
10. -　-

- 운전석 도어 익스텐션 하네스

WRK P/No.	1898004548AS
Vendor P/No.	MG622235
Vendor P/Name	KET_ASC_10M

1. O　운전석 IMS 스위치 (ILL. (+))
2. R　운전석 도어 무드 램프 (상시 전원)
3. Br　운전석 IMS 스위치 (접지)
4. B　운전석 도어 무드 램프 (접지)
5. P　운전석 IMS 스위치 (신호)

6. L　운전석 IMS 스위치 (ILL. (-))
7. G　운전석 도어 무드 램프 (LIN)
8. -　-
9. -　-
10. -　-

하네스 연결 커넥터 (12)

DD31 리어 도어 LH과 리어 도어 LH 익스텐션 하네스 연결 커넥터

- 리어 도어 LH 하네스

- 리어 도어 LH 익스텐션 하네스

WRK P/No.	-
Vendor P/No.	MG645625
Vendor P/Name	KET_060_18M

1. R [언트 엄/다운 & 세이프티 미적용]
   리어 파워 윈도우 스위치 LH (상시 전원)
2. O 리어 파워 윈도우 스위치 LH (ILL. (+))
3. R/W [앰프 적용]
   리어 도어 트위터 스피커 LH (+)
4. R 리어 도어 무드 램프 LH (전원)
5. W 리어 파워 윈도우 스위치 LH (리어 High IND.)
6. W/B 시트 히터 LH 스위치 - 리어 파워 윈도우 스위치 LH (리어 Low IND.)
7. W/R 시트 히터 LH 스위치 - 리어 파워 윈도우 스위치 LH (리어 신호)
8. L [언트 엄/다운 & 세이프티 미적용]
   리어 파워 윈도우 스위치 LH (Down)
9. L/B [언트 엄/다운 & 세이프티 미적용]
   리어 파워 윈도우 스위치 LH (Up)
10. G/B [언트 엄/다운 & 세이프티 미적용]
    리어 파워 윈도우 스위치 LH (파워 윈도우 스위치 Down)
11. G/Y 리어 파워 윈도우 스위치 LH (파워 윈도우 스위치 Up)
12. P [언트 엄/다운 & 세이프티 미적용]
    리어 파워 윈도우 스위치 LH (윈도우 록 스위치)
13. P [언트 엄/다운 & 세이프티 적용]
    리어 파워 윈도우 스위치 LH (스위치 신호)
14. G 리어 도어 무드 램프 LH (LIN)
15. B 리어 도어 무드 램프 LH (접지)
16. B/W [앰프 적용]
    리어 도어 트위터 스피커 LH (-)
17. O/B 리어 파워 윈도우 스위치 LH (접지)
18. B 리어 파워 윈도우 스위치 LH (접지)

WRK P/No.	-
Vendor P/No.	MG655628
Vendor P/Name	KET_060_18F

1. O [언트 엄/다운 & 세이프티 미적용]
   플로어 하네스 (FD31 단자 번호 12)
2. L [앰프 적용]
   플로어 하네스 (FD31 단자 번호 9)
3. Y 플로어 하네스 (FD31 단자 번호 26)
4. R 플로어 하네스 (FD31 단자 번호 20)
5. Gr/O 플로어 하네스 (FD31 단자 번호 6)
6. Br/O 플로어 하네스 (FD31 단자 번호 7)
7. G 플로어 하네스 (FD31 단자 번호 5)
8. L [언트 엄/다운 & 세이프티 미적용]
   리어 파워 윈도우 모터 LH (Down)
9. O [언트 엄/다운 & 세이프티 미적용]
   리어 파워 윈도우 모터 LH (Up)
10. P [언트 엄/다운 & 세이프티 미적용]
    플로어 하네스 (FD31 단자 번호 22)
11. R [언트 엄/다운 & 세이프티 미적용]
    플로어 하네스 (FD31 단자 번호 8)
12. L [언트 엄/다운 & 세이프티 미적용]
    플로어 하네스 (FD31 단자 번호 13)
13. L 리어 세이프티 파워 윈도우 모듈 LH (스위치 신호)
14. Y/O [앰프 적용]
    플로어 하네스 (FD31 단자 번호 19)
15. B 플로어 하네스 (FD31 단자 번호 4)
16. Br 플로어 하네스 (FD31 단자 번호 10)
17. B 플로어 하네스 (FD31 단자 번호 3)
18. B 플로어 하네스 (FD31 단자 번호 3)

DD41 리어 도어 RH와 리어 도어 RH 익스텐션 하네스 연결 커넥터

- 리어 도어 RH 하네스

WRK P/No.	-
Vendor P/No.	MG655628
Vendor P/Name	KET_060_18F

1. O [언트 엄/다운 & 세이프티 미적용]
2. L 블로어 하네스 (FD41 단자 번호 12)
3. O [앰프 적용]
4. R 블로어 하네스 (FD41 단자 번호 10)
5. Gr/O 블로어 하네스 (FD41 단자 번호 20)
6. Br/O 블로어 하네스 (FD41 단자 번호 6)
7. G 블로어 하네스 (FD41 단자 번호 7)
8. L 블로어 하네스 (FD41 단자 번호 5)
9. O 리어 파워 윈도우 모터 RH (Down)
   [언트 엄/다운 & 세이프티 미적용]
10. G/O 리어 파워 윈도우 모터 RH (Up)
    [언트 엄/다운 & 세이프티 미적용]
11. R 블로어 하네스 (FD41 단자 번호 8)
    [언트 엄/다운 & 세이프티 미적용]
12. P [언트 엄/다운 & 세이프티 미적용]
13. L 블로어 하네스 (FD41 단자 번호 13)
14. Y/O 리어 세이프티 파워 윈도우 모듈 RH (스위치 신호)
15. B 블로어 하네스 (FD41 단자 번호 19)
16. Gr 블로어 하네스 (FD41 단자 번호 4)
    [앰프 적용]
17. B 블로어 하네스 (FD41 단자 번호 26)
18. B 블로어 하네스 (FD41 단자 번호 3)
    블로어 하네스 (FD41 단자 번호 3)

- 리어 도어 RH 익스텐션 하네스

WRK P/No.	-
Vendor P/No.	MG645625
Vendor P/Name	KET_060_18M

1. R [언트 엄/다운 & 세이프티 미적용]
   리어 파워 윈도우 스위치 RH
2. O 리어 파워 윈도우 스위치 RH (ILL. (+))
   [앰프 적용]
3. R/W 리어 도어 트위터 스피커 RH (+)
4. R 리어 도어 무드 램프 RH (전원)
5. W 리어 파워 윈도우 스위치 RH (윈도우 록 스위치)
6. W/B 시트 히터 RH 스위치 RH - High IND.
7. W/R 시트 히터 RH 스위치 RH - Low IND.
8. L [앰프 적용] 리어 파워 윈도우 스위치 RH (Down)
9. L/B [언트 엄/다운 & 세이프티 미적용] 리어 파워 윈도우 스위치 RH (Up)
10. G/B [언트 엄/다운 & 세이프티 미적용 RH] 리어 파워 윈도우 스위치 RH (파워 윈도우 Down)
11. G/Y [언트 엄/다운 & 세이프티 미적용] 리어 파워 윈도우 스위치 RH (파워 윈도우 Up)
12. P [언트 엄/다운 & 세이프티 미적용] 리어 파워 윈도우 스위치 RH
13. P [언트 엄/다운 & 세이프티 적용] 리어 파워 윈도우 스위치 RH (스위치 신호)
14. G 리어 도어 무드 램프 RH (LIN)
15. B 리어 도어 무드 램프 RH (접지)
16. B/W [앰프 적용] 리어 도어 트위터 스피커 RH (-)
17. O/B 리어 파워 윈도우 스위치 RH (접지)
18. B 리어 파워 윈도우 스위치 RH (접지)

하네스 연결 커넥터 (14)

EE11   프론트와 프론트 범퍼 하네스 연결 커넥터

- 프론트 하네스

WRK P/No.	-
Vendor P/No.	210344-GR
Vendor P/Name	YRC_025060FAKRA_WP_45M

No.	색	연결
1.	-	
2.	-	
3.	Br	메인 하네스 (EM11 단자 번호 51)
4.	R	메인 하네스 (EM11 단자 번호 39)
5.	-	
6.	B	메인 하네스 (EM11 단자 번호 2)
7.	B	메인 하네스 (EM11 단자 번호 4)
8.	B	접지 (GE01)
9.	B	접지 (GE01)
10.	-	
11.	-	
12.	P	ICU 정션 블록 (IPS9 - Short Term Load)
13.	G/O	ICU 정션 블록 (퓨즈 - 모듈4)
14.	R/O	ICU 정션 블록 (IPS9 - Short Term Load)
15.	-	
16.	B	접지 (GE01)
17.	L/B	메인 하네스 (EM11 단자 번호 31)
18.	B	접지 (GE02)
19.	-	
20.	-	
21.	L	플로어 하네스 (EF11 단자 번호 10)
22.	-	
23.	Y	프론트 헤드 모듈 하네스 (EE31 단자 번호 9)
24.	B	프론트 헤드 모듈 하네스 (EE31 단자 번호 10)
25.	Y	메인 하네스 (EM11 단자 번호 33)
26.	B	메인 하네스 (EM11 단자 번호 34)
27.	-	
28.	-	
29.	-	
30.	-	
31.	-	
32.	G	플로어 하네스 (EF11 단자 번호 6)
33.	O	플로어 하네스 (EF11 단자 번호 7)
34.	G/B	플로어 하네스 (EF11 단자 번호 2)
35.	O/B	플로어 하네스 (EF11 단자 번호 3)
36.	-	
37.	-	
38.	-	
39.	Y	메인 하네스 (EM11 단자 번호 15)
40.	Y	메인 하네스 (EM21 단자 번호 22)
41.	-	
42.	-	
43.	-	
44.	-	
45.	-	

- 프론트 범퍼 하네스

WRK P/No.	-
Vendor P/No.	220312-Gr
Vendor P/Name	YRC_025060FAKRA_WP_45F

No.	색	연결
1.	-	
2.	-	
3.	Br	실외 온도 센서 (+)
4.	R	조인트 커넥터 (JE22 단자 번호 12)
5.	-	
6.	B	전방 카메라 (SVM) (영상 신호)
7.	B	실외 온도 센서 (-)
8.	B	조인트 커넥터 (JE25 단자 번호 10)
9.	B	전측방 레이더 RH (접지)
10.	-	
11.	-	
12.	R	조인트 커넥터 (JE24 단자 번호 3)
13.	G/O	조인트 커넥터 (JE24 단자 번호 4)
14.	R/O	조인트 커넥터 (JE25 단자 번호 1)
15.	-	
16.	B	조인트 커넥터 (JE21 단자 번호 13)
17.	L	조인트 커넥터 (JE22 단자 번호 5)
18.	B	전측방 레이더 LH (접지)
19.	-	
20.	-	
21.	L	조인트 커넥터 (JE25 단자 번호 14)
22.	-	
23.	Y	조인트 커넥터 (JE26 단자 번호 1)
24.	B	조인트 커넥터 (JE26 단자 번호 8)
25.	Y	조인트 커넥터 (JE27 단자 번호 2)
26.	B	조인트 커넥터 (JE27 단자 번호 9)
27.	-	
28.	-	
29.	-	
30.	-	
31.	-	
32.	G	조인트 커넥터 (JE27 단자 번호 7)
33.	O	조인트 커넥터 (JE27 단자 번호 14)
34.	G	조인트 커넥터 (JE26 단자 번호 7)
35.	O	조인트 커넥터 (JE26 단자 번호 14)
36.	-	
37.	-	
38.	-	
39.	Y	전방 주차 거리 경고 센서 LH (Side) (LIN)
40.	Y	전방 주차 거리 경고 센서 RH (Side) (LIN)
41.	-	
42.	-	
43.	-	
44.	-	
45.	-	

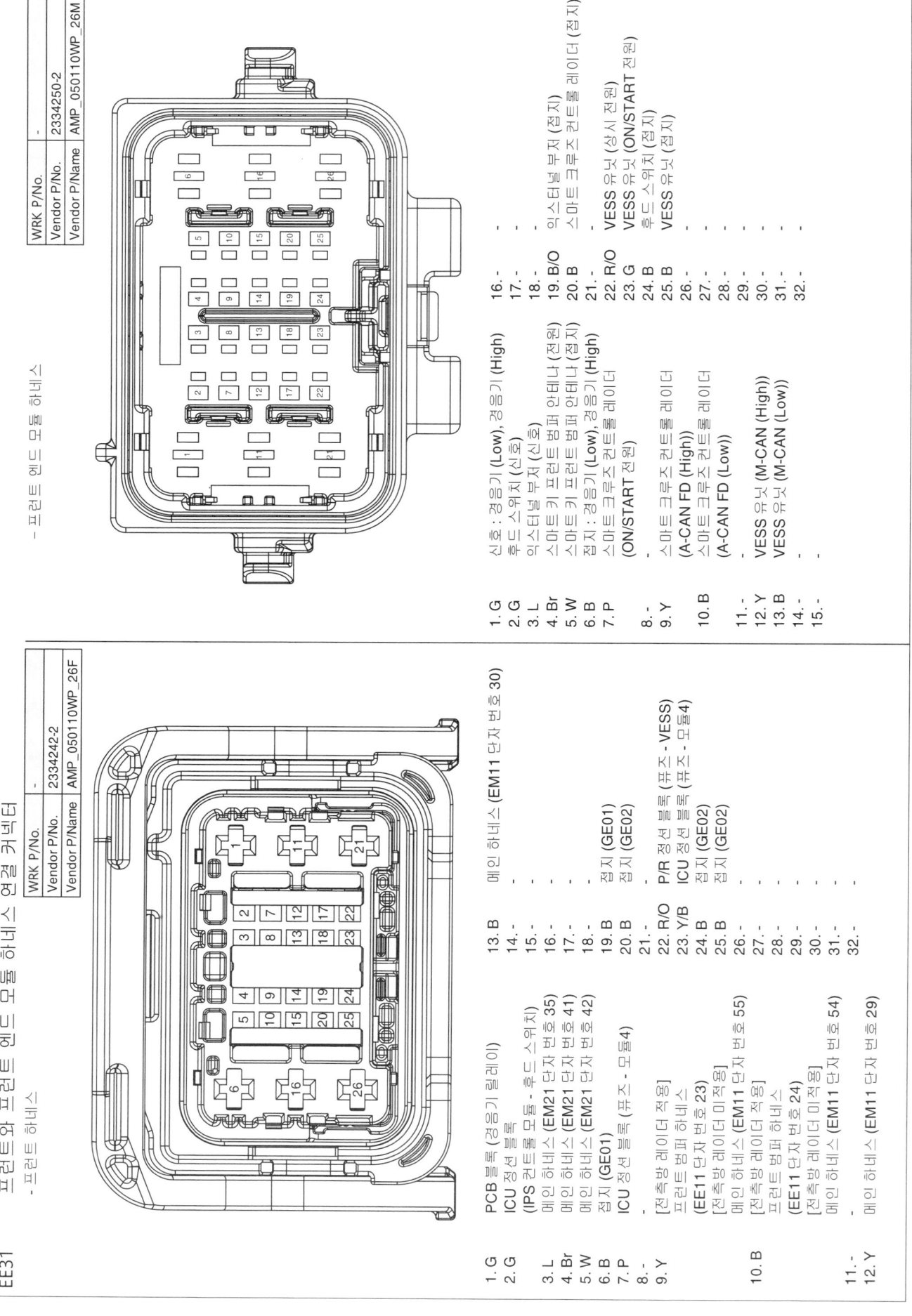

EE31　　프런트와 프런트 엔드 모듈 하네스 연결 커넥터
　　　　- 프런트 하네스

WRK P/No.	-
Vendor P/No.	2334242-2
Vendor P/Name	AMP_050110WP_26F

- 프런트 엔드 모듈 하네스

WRK P/No.	-
Vendor P/No.	2334250-2
Vendor P/Name	AMP_050110WP_26M

1. G　PCB 블록 (경음기 릴레이)
2. G　ICU 정션블록
　　　(IPS 컨트롤 모듈 - 후드 스위치)
3. L　메인 하네스 (EM21 단자 번호 35)
4. Br　메인 하네스 (EM21 단자 번호 41)
5. W　메인 하네스 (EM21 단자 번호 42)
6. B　접지 (GE01)
7. P　ICU 정션블록 (퓨즈 - 모듈4)
8. -　-
9. Y　[전측방 레이더 적용]
　　　프런트 범퍼 하네스
　　　(EE11 단자 번호 23)
　　　[전측방 레이더 미적용]
　　　메인 하네스 (EM11 단자 번호 55)
10. B　[전측방 레이더 적용]
　　　프런트 범퍼 하네스
　　　(EE11 단자 번호 24)
　　　[전측방 레이더 미적용]
　　　메인 하네스 (EM11 단자 번호 54)
11. -　-
12. Y　메인 하네스 (EM11 단자 번호 29)

13. B　메인 하네스 (EM11 단자 번호 30)
14. -　-
15. -　-
16. -　-
17. -　-
18. -　-
19. B　접지 (GE01)
20. B　접지 (GE02)
21. -　-
22. R/O　P/R 정션블록 (퓨즈 - VESS)
23. Y/B　ICU 정션블록 (퓨즈 - 모듈4)
24. B　접지 (GE02)
25. B　접지 (GE02)
26. -　-
27. -　-
28. -　-
29. -　-
30. -　-
31. -　-
32. -　-

1. G　신호 : 경음기 (Low), 경음기 (High)
2. G　후드 스위치 (신호)
3. L　익스터널부저 (신호)
4. Br　스마트키 프런트 범퍼 안테나 (전원)
5. W　스마트키 프런트 범퍼 안테나 (접지)
6. B　접지 : 경음기 (Low), 경음기 (High)
7. P　스마트 크루즈 컨트롤 레이더
　　　(ON/START 전원)
8. -　-
9. Y　스마트 크루즈 컨트롤 레이더
　　　(A-CAN FD (High))
10. B　스마트 크루즈 컨트롤 레이더
　　　(A-CAN FD (Low))
11. -　-
12. Y　VESS 유닛 (M-CAN (High))
13. B　VESS 유닛 (M-CAN (Low))
14. -　-
15. -　-

16. -　-
17. -　-
18. -　-
19. B/O　익스터널부저 (접지)
20. B　스마트 크루즈 컨트롤 레이더 (접지)
21. -　-
22. R/O　VESS 유닛 (상시 전원)
23. G　VESS 유닛 (ON/START 전원)
24. B　후드 스위치 (접지)
25. B　VESS 유닛 (접지)
26. -　-
27. -　-
28. -　-
29. -　-
30. -　-
31. -　-
32. -　-

하네스 연결 커넥터 (16)

EE41 프런트와 프런트 트렁크 램프 익스텐션 하네스 연결 커넥터

- 프런트 하네스

WRK P/No.	1879004714AS
Vendor P/No.	HP285-02021
Vendor P/Name	KUM_025WP_02F

- 프런트 트렁크 램프 익스텐션 하네스

WRK P/No.	187900421721AS
Vendor P/No.	HP281-02020
Vendor P/Name	02M

1. R   ICU 정션블록 (IPS8)   2. O   ICU 정션블록 (IPS 컨트롤 모듈)

1. N/A   프런트 트렁크 램프 (+)   2. N/A   프런트 트렁크 램프 (-)

EF31 프런트와 블로어 하네스 연결 커넥터

- 프런트 하네스

WRK P/No.	-
Vendor P/No.	HPA255-01021
Vendor P/Name	KUM_PWR PACK_01F

- 블로어 하네스

WRK P/No.	-
Vendor P/No.	HPA250-01020
Vendor P/Name	KUM_PWR PACK_01M

1. B   P/R 정션블록 (Multi Fuse1 - LDC)

1. B   ICCU (Low DC-DC컨버터))

EF11 프런트와 플로어 하네스 연결 커넥터

- 프런트 하네스

WRK P/No.	-
Vendor P/No.	5011-0429-8
Vendor P/Name	KSC_025060110_31F

1. W   P/R 정션 블록 (열선유리 (뒤) 릴레이)
2. G/B 프런트 범퍼 하네스 (EE11 단자 번호 34)
3. O/B 프런트 범퍼 하네스 (EE11 단자 번호 35)
4. O   조인트 커넥터 (JE02 단자 번호 1)
5. L   조인트 커넥터 (JE02 단자 번호 8)
6. G   프런트 범퍼 하네스 (EE11 단자 번호 32)
7. O   프런트 범퍼 하네스 (EE11 단자 번호 33)
8. O   P/R 정션 블록 (전자식 변속레버 릴레이 - Coil)
9. G   IEB 유닛 (운전석 도어 스위치 신호)
10. L   프런트 범퍼 하네스 (EE11 단자 번호 21), 전동식 워터 펌프 (리어 PE - LIN)
11. R   P/R 정션 블록 (퓨즈 - 파워 테일게이트)
12. W/B VCU (PWM 신호 - To SCU)
13. Gr VCU (PWM 신호 - From SCU)
14. P   전조등 높낮이 조절 액추에이터 출력: 전조등 LH, 전조등 RH
15. B   접지 (GE01)
16. R   IEB 유닛 (리어 휠 센서 LH - SIG)

17. L   P/R 정션 블록 (열선유리 LH - VCC)
18. O   VCU (IG3 Relay On Request)
19. G   조인트 커넥터 (JE01 단자 번호 9)
20. O   조인트 커넥터 (JE01 단자 번호 2)
21. L   P/R 정션 블록 (퓨즈 - 파워 아웃렛3)
22. L   P/R 정션 블록 (전자식 변속레버 릴레이 - Switch)
23. -   -
24. O   IEB 유닛 (리어 EPB 액추에이터 LH - 모터 (+))
25. R   P/R 정션 블록 (퓨즈 - EOP1)
26. Y   [4WD] 프런트 파워 일렉트릭 모듈 하네스 (EP11 단자 번호 35)
        [2WD] 조인트 커넥터 (JE02 단자 번호 7)
27. Br [4WD] 프런트 파워 일렉트릭 모듈 하네스 (EP11 단자 번호 34), [2WD] 조인트 커넥터 (JE02 단자 번호 14)
28. L   냉각 팬 모터 (컨트롤 신호)
29. R/B P/R 정션 블록 (퓨즈 - 전자식 변속레버2)
30. L   IEB 유닛 (리어 EPB 액추에이터 LH - 모터 (-))
31. G   P/R 정션 블록 (퓨즈 - 파워 아웃렛2)

- 플로어 하네스

WRK P/No.	-
Vendor P/No.	5021-0433-8
Vendor P/Name	KSC_025060110_31M

1. W   테일게이트 LH 하네스 (FR31 단자 번호 1)
2. G   조인트 커넥터 (JF01 단자 번호 4)
3. O   조인트 커넥터 (JF01 단자 번호 8)
4. O   조인트 커넥터 (JF06 단자 번호 11)
5. L   조인트 커넥터 (JF06 단자 번호 26)
6. G   리어 범퍼 하네스 (FR21 단자 번호 4)
7. O   리어 범퍼 하네스 (FR21 단자 번호 5)
8. O   SCU (전자식 변속레버 릴레이 컨트롤)
9. G   ICU 정션 블록 (IPS 컨트롤 모듈 - 운전석 도어 스위치 신호)
10. L   리어 파워 일렉트릭 모듈 하네스 (FP11 단자 번호 12)
11. R   파워 테일게이트 유닛 (상시 전원)
12. W/B SCU (PWM Communication - From VCU)
13. Gr SCU (PWM Communication - To VCU)
14. P   리어 파워 일렉트릭 모듈 하네스 (FP11 단자 번호 46)
15. B   리어 파워 일렉트릭 모듈 하네스 (FP11 단자 번호 51)
16. O/B IEB 유닛 (리어 휠 센서 LH - 모터 아웃렛2)
17. L/B 리어 휠 센서 LH 익스텐션 하네스 (FF02 단자 번호 2)

18. O   ICU 정션 블록 (IPS 컨트롤 모듈 - VCU Wake Up신호)
19. G   리어 파워 일렉트릭 모듈 하네스 (FP11 단자 번호 31)
20. O   리어 파워 일렉트릭 모듈 하네스 (FP11 단자 번호 23)
21. L   리어 파워 아웃풋 (신호)
22. L   리어 파워 일렉트릭 모듈 하네스 (FP11 단자 번호 18)
23. -   -
24. O   리어 휠 센서 LH 익스텐션 하네스 (FF02 단자 번호 4)
25. R   리어 파워 일렉트릭 모듈 하네스 (FP11 단자 번호 1)
26. Y   리어 파워 일렉트릭 모듈 하네스 (FP11 단자 번호 21)
27. Br 리어 파워 일렉트릭 모듈 하네스 (FP11 단자 번호 29)
28. L   리어 파워 일렉트릭 모듈 하네스 (FP11 단자 번호 14)
29. R/B SCU (상시 전원)
30. L   리어 휠 센서 LH 익스텐션 하네스 (FF02 단자 번호 3)
31. G   콘솔 익스텐션 하네스 (FF11 단자 번호 23)

EF21

프론트와 풀로어 하네스 연결 커넥터
- 프론트 하네스

WRK P/No.	-
Vendor P/No.	5011-0429-8
Vendor P/Name	KSC_025060110_31F

- 풀로어 하네스

WRK P/No.	-
Vendor P/No.	5021-0433-8
Vendor P/Name	KSC_025060110_31M

프론트 하네스 핀 배열

1. W/B 비상등 앞측에이터 : 전조등 LH, 전조등 RH
2. Br 조인트 커넥터 (JE01 단자 번호 14)
3. W 조인트 커넥터 (JE01 단자 번호 7)
4. - -
5. - -
6. G [2WD] LIN : BMS 냉각수 3웨이 밸브, 전동식 워터 펌프 #1#2
   [4WD] LIN : 전동식 워터 펌프 #1, 프론트 파워 일렉트릭 모듈 하네스 (EP11 단자 번호 7)
7. Gr [2WD] 프론트 고전압 정션블럭 #1 하네스 (HV23 단자 번호 5)
   [4WD] 프론트 파워 일렉트릭 모듈 하네스 (EP11 단자 번호 53)
8. L [2WD] 프론트 고전압 정션블럭 #1 하네스 (HV23 단자 번호 6)
   [4WD] 프론트 파워 일렉트릭 모듈 하네스 (EP11 단자 번호 52)
9. R P/R 정션 블럭
10. O P/R 정션 블럭 (충전기 잠금해제 릴레이 - Coil)
11. P P/R 정션 블럭 (충전기 잠금해제 릴레이 - Coil)
12. Y [2WD] 프론트 고전압 정션블럭 #1 하네스 (HV23 단자 번호 1)
    [4WD] 프론트 파워 일렉트릭 모듈 하네스 (EP11 단자 번호 12)
13. Gr [2WD] BMS 냉각수 온도 센서 (라디에이터 아웃풋 - 신호)
    [4WD] 프론트 파워 일렉트릭 모듈 하네스 (EP11 단자 번호 56)
14. P/B [2WD] BMS 냉각수 온도 센서 (라디에이터 아웃풋 - 접지)
    [4WD] 프론트 파워 일렉트릭 모듈 하네스 (EP11 단자 번호 57)
15. Br/B [2WD] BMS PTC 히터 온도 센서 (신호)
    [4WD] 프론트 파워 일렉트릭 모듈 하네스 (EP11 단자 번호 45)
16. G/O [2WD] BMS PTC 히터 온도 센서 (접지)
    [4WD] 프론트 파워 일렉트릭 모듈 하네스 (EP11 단자 번호 46)
17. G BMS 냉각수 온도 센서 (인렛 - 신호)
18. Y BMS 냉각수 온도 센서 (인렛 - 접지)
19. R IEB 유닛 (리어 휠센서 RH - VCC)
20. G IEB 유닛 (리어 EPB)
21. Y 앞측에이터 (리어 RH - 모터 (+))
22. G IEB 유닛 (리어 EPB)
23. Y/B 앞측에이터 (리어 RH - 모터 (-))
24. Y ICU 정션 블럭 (퓨즈 - 모듈5)
25. Y IEB 유닛 (리어 휠센서 RH - SIG)
26. Y/B P/R 정션 블럭 (Multi Fuse2 - 보조 배터리)
    ICU 정션 블럭 (IPS2 - H/LP Low RH)
27. B [2WD] 프론트 고전압 정션 블럭 #1 하네스 (HV23 단자 번호 2)
    [4WD] 프론트 파워 일렉트릭 모듈 하네스 (EP11 단자 번호 54)
28. L/O P/R 정션 블럭
29. B [2WD] 프론트 파워 일렉트릭 모듈 하네스 (고전압 차단스위치 신호)
30. O [2WD] 프론트 파워 일렉트릭 모듈 하네스 (고전압 차단스위치 접지)
31. L P/R 정션 블럭 (충전기 잠금해제 릴레이 - Switch)
    P/R 정션 블럭 (충전기 잠금해제 릴레이 - Switch)

풀로어 하네스 핀 배열

1. W/B ICU 정션 블럭 (IPS 컨트롤 모듈) 비상등 앞측에이터)
2. Br 조인트 커넥터 (JF03 단자 번호 13)
3. W 조인트 커넥터 (JF03 단자 번호 6)
4. - -
5. - -
6. G 배터리 시스템 어셈블리 (BF11 단자 번호 23)
7. Gr 배터리 시스템 어셈블리 (BF11 단자 번호 24)
8. L 배터리 시스템 어셈블리 (BF11 단자 번호 25)
9. R 상시 전원 : ICCU, VCMS
10. O VCMS (충전기 잠금 릴레이 컨트롤)
11. L VCMS (충전기 잠금해제 릴레이 컨트롤)
12. Y 배터리 시스템 어셈블리 (BF11 단자 번호 9)
13. Gr 배터리 시스템 어셈블리 (BF11 단자 번호 29)
14. P/B 배터리 시스템 어셈블리 (BF11 단자 번호 30)
15. Br/B 배터리 시스템 어셈블리 (BF11 단자 번호 27)
16. G/O 배터리 시스템 어셈블리 (BF11 단자 번호 28)
17. G 배터리 시스템 어셈블리 (BF11 단자 번호 7)
18. Y 배터리 시스템 어셈블리 (BF11 단자 번호 8)
19. R 충전 단자 도어 모듈 (상시 전원)
20. G 리어 휠 센서 RH 익스텐션 하네스 (FF03 단자 번호 2)
21. Y 리어 휠 센서 RH 익스텐션 하네스 (FF03 단자 번호 4)
22. G 리어 휠 센서 RH 익스텐션 하네스 (FF03 단자 번호 3)
23. Y/B 리어 파워 일렉트릭 모듈 하네스 (FP11 단자 번호 47)
24. Y 리어 휠 센서 RH 익스텐션 하네스 (FF03 단자 번호 1)
25. R 빌트인 캠 보조 배터리 (상시 전원)
26. Y/B 리어 파워 일렉트릭 모듈 하네스 (FP11 단자 번호 43)
27. B 배터리 시스템 어셈블리 (BF11 단자 번호 31)
28. L/O 배터리 시스템 어셈블리 (BF11 단자 번호 3)
29. B 배터리 시스템 어셈블리 (BF11 단자 번호 14)
30. O 충전 단자 하네스 (CF11 단자 번호 4)
31. L 충전 단자 하네스 (CF11 단자 번호 5)

EM11　메인과 프론트 하네스 연결 커넥터 (다음 페이지로)
- 메인 하네스

WRK P/No.	-
Vendor P/No.	220233-NA
Vendor P/Name	YRC_0250601102S0375FAKRA_55F

1. -
2. B [RSPA] 운전자 주차 보조 유닛 (프론트 영상 신호)
3. Br 플로어 하네스 (MF11 단자 번호 63)
4. B 조인트 커넥터 (JM08 단자 번호 17)
5. Br 조인트 커넥터 (JM01 단자 번호 24)
6. W 조인트 커넥터 (JM01 단자 번호 9)
7. -
8. -
9. -
10. R/B ICU 정션 블록 (퓨즈 - 에어컨2)
11. -
12. -
13. -
14. -
15. Y [RSPA] 운전자 주차 보조 유닛 (LIN LH (RSPA))
16. W 크래쉬 패드 스위치 (전자식 파킹 브레이크 스위치1 신호)
17. -
18. -

19. G 크래쉬 패드 스위치 (전자식 파킹 브레이크 스위치2 신호)
20. -
21. W/B 프론트 ECS 솔레노이드 밸브 RH (+)
22. B 프론트 ECS 솔레노이드 밸브 RH (-)
23. -
24. L ICU 정션 블록 (IPS 컨트롤 모듈 - 배터리 센서 신호)
25. -
26. L 조인트 커넥터 (JM03 단자 번호 8)
27. -
28. -
29. Y 조인트 커넥터 (JM06 단자 번호 1)
30. B 조인트 커넥터 (JM06 단자 번호 16)
31. L [PDW] IBU (LIN)
32. -
33. Y 조인트 커넥터 (JM10 단자 번호 1)
34. B 조인트 커넥터 (JM10 단자 번호 4)
35. R 조인트 커넥터 (JM03 단자 번호 23)
36. W ICU 정션 블록 (IPS 컨트롤, 경음기 릴레이 컨트롤), 클락 스프링
37. - -
38. Y/B IBU (Welcome 램프 신호)
39. R [PDW] IBU (PDW-F 전원)
　　O [RSPA] 운전자 주차 보조 유닛 (PDW-F 전원)
40. Br 크래쉬 패드 스위치 (전자식 파킹 브레이크 스위치4 신호)
41. R/B 혼솔 익스텐션 하네스 (MF31 단자 번호 1)
42. Y 크래쉬 패드 스위치 (전자식 파킹 브레이크 스위치3 신호)
43. Gr 크래쉬 패드 스위치 (VDC Off 스위치)
44. G 에어컨 컨트롤 모듈 (전자식 에어컨 컴프레서 인터락 (+))

45. Gr 에어컨 컨트롤 모듈 (전자식 에어컨 컴프레서 인터락 (-))
46. P 크래쉬 패드 스위치 (전조등 높낮이 조절 스위치)
47. G IBU (점지등 신호)
48. L/O 에어백 컨트롤 모듈 (운전석 전방 충돌 감지 센서 - Low)
49. O 에어백 컨트롤 모듈 (운전석 전방 충돌 감지 센서 - High)
50. P 에어컨 컨트롤 모듈 (블로어 릴레이 컨트롤)
51. Br 에어컨 컨트롤 모듈 (실외 온도 센서)
52. Br/B 프론트 ECS 솔레노이드 밸브 LH (+)
53. Gr 프론트 ECS 솔레노이드 밸브 LH (-)
54. B/O 루프 하네스 (MR11 단자 번호 40) [전측방 레이다 미적용]
55. Y 루프 하네스 (MR11 단자 번호 39) [전측방 레이다 미적용]

하네스 연결 커넥터 (20)

EM11　메인과 프론트 하네스 연결 커넥터
- 프론트 하네스

WRK P/No.	-
Vendor P/No.	210274-NA
Vendor P/Name	YRC_0250601102503375FAKRA_55M

1. -
2. B　프론트 범퍼 하네스 (EE11 단자 번호 6)
3. Gr　IEB 유닛 (Auto Hold 스위치 신호)
4. B　프론트 범퍼 하네스 (EE11 단자 번호 7)
5. Br　조인트 커넥터 (JE01 단자 번호 11)
6. W　조인트 커넥터 (JE01 단자 번호 4)
7. -
8. -
9. -
10. O　전원 : BSA 퓨즈 #1, 고압 벨트, 냉각수 벨브, 평창 벨브 (제습), 평창 벨브 (히터 펌프), P/R 정션 블록 (블로어 릴레이)
11. -
12. -
13. -
14. -
15. Y　프론트 범퍼 하네스 (EE11 단자 번호 39)
16. W　IEB 유닛 (전자식 파킹 브레이크 스위치1 신호)
17. -
18. -
19. G　IEB 유닛 (전자식 파킹 브레이크 스위치2 신호)
20. -
21. W/B　블로어 하네스 (MF11 단자 번호 17)
22. B　블로어 하네스 (MF11 단자 번호 19)
23. -
24. L　12V 배터리 센서 (LIN)
25. -
26. Br　[2WD] 전자식 에어컨 컴프레서 (Climate-CAN (High)) [4WD] 프론트 파워 일렉트릭 모듈 하네스 (EP11 단자 번호 43)
27. -

28. -
29. Y　프론트 엔드 모듈 하네스 (EE31 단자 번호 12)
30. B　프론트 엔드 모듈 하네스 (EE31 단자 번호 13)
31. L/B　프론트 범퍼 하네스 (EE11 단자 번호 17)
32. -
33. Y　프론트 범퍼 하네스 (EE11 단자 번호 25)
34. B　프론트 범퍼 하네스 (EE11 단자 번호 26)
35. W　[2WD] 전자식 에어컨 컴프레서 (Climate-CAN (Low)) [4WD] 프론트 파워 일렉트릭 모듈 하네스 (EP11 단자 번호 44)
36. W　PCB 블록 (경음기 릴레이)
37. -
38. Y　Welcome램프 신호 : 전조등 LH/RH 프론트 범퍼 하네스 (EE11 단자 번호 4)
39. R　IEB 유닛 (전자식 파킹 브레이크 스위치4 신호)
40. G/O　P/R 정션 블록 (퓨즈 - 전자식 변속레버2)
41. R/B　IEB 유닛 (전자식 파킹 브레이크 스위치3 신호)
42. Y　IEB 유닛 (VDC Off 스위치 신호)
43. L

44. Y　[2WD] 전자식 에어컨 컴프레서 (인터록 (+)) [4WD] 프론트 파워 일렉트릭 모듈 하네스 (EP11 단자 번호 30)
45. Gr　[2WD] 전자식 에어컨 컴프레서 (인터록 (-)) [4WD] 프론트 파워 일렉트릭 모듈 하네스 (EP11 단자 번호 41)
46. P　전조등 높낮이 조절 스위치 : 전조등 높낮이 LH/RH (전조등 높낮이 조절 액추에이터)
47. G　정지등 스위치 (정지등 신호)
48. L　운전석 전방충돌 감지 센서 (Low)
49. O　운전석 전방충돌 감지 센서 (High)
50. B　P/R 정션 블록 (블로어 릴레이)
51. Br　프론트 범퍼 하네스 (EE11 단자 번호 3)
52. Br/B　블로어 하네스 (MF11 단자 번호 22)
53. Gr　블로어 하네스 (MF11 단자 번호 24)
54. B　[전측방 레이다(미작동)] 프론트 엔드 모듈 하네스 (EE31 단자 번호 10)
55. Y　[전측방 레이다(미작동)] 프론트 엔드 모듈 하네스 (EE31 단자 번호 9)

CV90-21

EM21 메인과 프론트 하네스 연결 커넥터

- 메인 하네스

WRK P/No.	-
Vendor P/No.	5011-0165
Vendor P/Name	KSC_025060_44F

1. -
2. G 에어컨 컨트롤 모듈 (APT 압력 & 온도 센서 (Low) - 센서 (+))
3. Br IBU (와셔 스위치 신호)
4. -
5. G 에어컨 백 감지 센서 동승석 전방 충돌 감지 센서 (Low)
6. O 에어컨 백 감지 센서 동승석 전방 충돌 감지 센서 (High)
7. L IFS 모듈 (LIN)
8. P 에어컨 컨트롤 모듈 (APT 압력 & 온도 센서 (High) - RTS (+))
   IBU ('P' 포지션 신호)
9. Gr/O
10. -
11. W IBU (와이퍼 'P' 포지션)
12. G 조인트 커넥터 (JM08 단자 번호 3)
13. -
14. Gr 에어컨 컨트롤 모듈 (APT 압력 & 온도 센서 (Low) - RTS (+))
15. R IBU (프론트 (Low) 릴레이)
16. L IBU (프론트 와이퍼 (High) 릴레이)
17. P IBU (와이퍼 메인 릴레이 - 컨트롤)
18. P/B IBU (EV Ready Back-Up)
19. Gr 에어컨 컨트롤 모듈 (인테이크 액추에이터 - FRE)
20. B 조인트 커넥터 (JM08 단자 번호 17)
21. -

22. W [RSPA] 운전자 주차 보조 유닛 (LIN RH (RSPA))
23. Br 플로어 하네스 (MF21 단자 번호 36)
24. Y 플로어 하네스 (MF21 단자 번호 37)
25. O 에어컨 컨트롤 모듈 (LIN (Valve))
26. Br IBU (K-Line IMMO.)
27. O 조인트 커넥터 (JM08 단자 번호 12)
28. -
29. B 조인트 커넥터 (JM08 단자 번호 28)
30. -
31. G IBU (인테이크 액추에이터 - F/B)
32. -
33. Y 에어컨 컨트롤 모듈
34. W (인테이크 액추에이터 - REC)
35. L IBU (활 센서 출력)
36. B IBU (스타트 피드백)
37. O IBU (IG2 릴레이 컨트롤)
38. L IBU (IG1 릴레이 컨트롤)
39. G IBU (ACC 릴레이 컨트롤)
40. G/O 에어컨 컨트롤 모듈 (와이퍼 내열 솔레노이드 밸브 신호)
41. R IBU (스마트키 프론트 범퍼 안테나 전원)
42. L IBU (스마트키 프론트 범퍼 안테나 장치)
43. L 에어컨 컨트롤 모듈 (APT 압력 & 온도 센서 (High) - 센서 (+))
44. -

- 프론트 하네스

WRK P/No.	-
Vendor P/No.	HKC44-66492
Vendor P/Name	KSC_025060_44M

1. -
2. G [2WD] APT 압력 & 온도 센서 (Low - 센서 (+))
   [4WD] 프론트 파워 일렉트릭 모듈 하네스 (EP11 단자 번호 38)
3. Br 와셔 모터 (신호)
4. -
5. G 동승석 전방 충돌 감지 센서 (Low)
6. O 동승석 전방 충돌 감지 센서 (High)
7. L IFS 모듈 (LIN) - 전조등 센서 LH/RH
8. P APT 압력 & 온도 센서 (High - RTS (+))
   VCU ('P' 포지션 신호)
9. Gr
10. -
11. W PCB 블록 (퓨즈 - 와이퍼2)
12. O 전원 : APT 압력 & 온도 센서 (High),
    [2WD] APT 압력 & 온도 센서 (Low)
    [4WD] 프론트 파워 일렉트릭 모듈 하네스 (EP11 단자 번호 27)
13. -
14. Y [2WD] APT 압력 & 온도 센서 (Low - RTS (+))
    [4WD] 프론트 파워 일렉트릭 모듈 하네스 (EP11 단자 번호 39)
15. R PCB 블록 (프론트 릴레이 컨트롤)
16. L PCB 블록 (프론트 릴레이 컨트롤)
17. P PCB 블록
18. P/B VCU (EV Ready Back-Up)
19. Gr 인테이크 액추에이터 - 컨트롤 (FRE)

20. B 접지 : APT 압력 & 온도 센서 (High),
    [2WD] APT 압력 & 온도 센서 (Low)
    [4WD] 프론트 파워 일렉트릭 모듈 하네스 (EP11 단자 번호 28)
21. -
22. Y [RSPA] 프론트 범퍼 하네스 (EE11 단자 번호 40)
23. Br 조인트 커넥터 (JE02 단자 번호 11)
24. Y 조인트 커넥터 (JE02 단자 번호 4)
25. R/B LIN : 에어컨 블로어 모터, 고압 펌프,
    BSA 쿨러 #1, 팽창 밸브 (제습), 냉각수밸브
    팽창 밸브 (제습), 냉각수 밸브
26. Br/O VCU (IMMO. Data Line)
27. O 인테이크 액추에이터 (전원)
28. -
29. B 인테이크 액추에이터 (F/B)
30. -
31. G 인테이크 액추에이터 (F/B)
32. -
33. Y 인테이크 액추에이터 (REC)
34. W IEB 유닛 (휠 센서 출력)
35. L 인테이크 헤드 모듈 하네스 (EE31 단자 번호 3)
36. B ICU 정션 블록 (퓨즈 - 시동)
37. O/B P/R 정션 블록 (IG2 릴레이 컨트롤)
38. L/O P/R 정션 블록 (IG1 릴레이 컨트롤)
39. G/B P/R 정션 블록 (ACC 릴레이 컨트롤)
40. G/O 프론트 인테이크 모듈 하네스
41. Br (EE31 단자 번호 4)
42. W 인테이크 헤드 모듈 하네스 (EE31 단자 번호 5)
43. L APT 압력 & 온도 센서 (High - 센서 (+))
44. -

하네스 연결 커넥터 (22)

EP11 프런트와 프런트 파워 일렉트릭 모듈 하네스 연결 커넥터 (4WD) (다음 페이지로)

- 프런트 하네스

	WRK P/No.	-
	Vendor P/No.	MG645777
	Vendor P/Name	KET_025060110250_58M

1. R P/R 정션 블록 (퓨즈 - EOP2)
2. Y ICU 정션 블록 (퓨즈 - 모듈4)
3. Br PCB 블록 (퓨즈 - IG3 4)
4. P PCB 블록 (퓨즈 - IG3 6)
5. -
6. Gr PCB 블록 (퓨즈 - IG3 5)
7. G 블로어 하네스 (EF21 단자 번호 6)
8. -
9. P PCB 블록 (퓨즈 - IG3 4)
10. B/O 접지 (GE04)
11. B VCU (전륜 감속기 전원 VI)
   액추에이터 홀센서 전원)
12. Y 블로어 하네스 (EF21 단자 번호 12)
13. P PCB 블록 (퓨즈 - IG3 4)
14. -
15. Br VCU (전륜 감속기 디스커넥트
   액추에이터 홀센서 신호1)
16. G VCU (전륜 감속기 디스커넥트
   액추에이터 홀센서 신호2)
17. -
18. R P/R 정션 블록
   (퓨즈 - 전동식 워터펌프2)

19. G VCU (전륜 감속기 디스커넥트
   액추에이터 홀센서 접지)
20. W VCU (전륜 감속기 디스커넥트
   액추에이터 홀센서 전원)
21. B/O VCU (전륜 감속기 디스커넥트
   액추에이터 홀센서 쉴드)
22. R VCU (전륜 감속기 디스커넥트
   액추에이터 홀센서 신호3)
23. O 조인트 커넥터 (JE01 단자 번호 1)
24. G 조인트 커넥터 (JE01 단자 번호 8)
25. W VCU (전륜 감속기 전원 (W))
   액추에이터 전원 (W))
26. R PCB 블록 (퓨즈 - EPCU1)
27. O 메인 하네스 (EM21 단자 번호 12)
28. B 메인 하네스 (EM21 단자 번호 20)

29. B/O VCU (전륜 감속기 디스커넥트
   액추에이터 홀센서 접지
30. Y VCU (전륜 감속기 디스커넥트
   메인 하네스 (EM11 단자 번호 44)
31. -
32. B/O VCU (전륜 감속기 디스커넥트
   액추에이터 홀센서 쉴드)
33. Y VCU (전륜 감속기 디스커넥트
   액추에이터 전원 (U))
34. Br 블로어 하네스 (EF11 단자 번호 27)
35. Y 블로어 하네스 (EF11 단자 번호 26)
36. Br 조인트 커넥터 (JE02 단자 번호 14)
37. Y 조인트 커넥터 (JE02 단자 번호 7)
38. G 메인 하네스 (EM21 단자 번호 2)
39. Y 메인 하네스 (EM21 단자 번호 14)
40. B/O 접지 (GE04)
41. Gr 메인 하네스 (EM11 단자 번호 45)

42. B 접지 (GE01)
43. Br 메인 하네스 (EM11 단자 번호 26)
44. W 메인 하네스 (EM11 단자 번호 35)
45. Br/B -
46. G/O 블로어 하네스 (EF21 단자 번호 15)
47. - 블로어 하네스 (EF21 단자 번호 16)
48. B 접지 (GE01)
49. B 접지 (GE01)
50. B 접지 (GE01)
51. B 접지 (GE01)
52. L 블로어 하네스 (EF21 단자 번호 8)
53. Gr 블로어 하네스 (EF21 단자 번호 7)
54. B 블로어 하네스 (EF21 단자 번호 27)
55. B/O 접지 (GE04)
56. Gr 블로어 하네스 (EF21 단자 번호 13)
57. P/B 블로어 하네스 (EF21 단자 번호 14)
58. -

하네스 연결 커넥터 (23)　　　　CV90-23

WRK P/No.	-
Vendor P/No.	MG655731
Vendor P/Name	KET_025060110250_58F

EP11　프런트와 프런트 파워 일렉트릭 모듈 하네스 연결 커넥터 (4WD)
- 프런트 파워 일렉트릭 모듈 하네스

1. R 전자식 오일 펌프 (프런트 - 상시 전원)
2. Y 프런트 인버터 (ON/START 전원)
3. Br 프런트 인버터 (IG3 전원)
4. P 전자식 오일 펌프 (프런트 - IG3 전원)
5. -
6. Gr BMS 냉각수 3웨이 밸브 (전원)
7. G LIN : BMS 냉각수 3웨이 밸브, 전동식 워터 펌프 #2
8. -
9. P 전자식 에어컨 컴프레서 (전원)
10. B/O 전륜 감속기 디스커넥트 액추에이터 (액추에이터 전원 쉴드)
11. B 전륜 감속기 디스커넥트 액추에이터 (전원 (V))
12. Y 프런트 고전압 정션 블록 #1 하네스 (HV24 단자 번호 1)
13. P 전동식 워터 펌프 #2 (고전압 배터리 - IG3 전원)
14. -
15. Br 전륜 감속기 디스커넥트 액추에이터 (홀 센서 신호1)

16. G 전륜 감속기 디스커넥트 액추에이터 (홀 센서 신호2)
17. -
18. R 전동식 워터 펌프 #2 (고전압 배터리 - 상시 전원)
19. G 전륜 감속기 디스커넥트 액추에이터 (홀 센서 전원)
20. W 전륜 감속기 디스커넥트 액추에이터 (홀 센서 접지)
21. B/O 전륜 감속기 디스커넥트 액추에이터 (홀 센서 쉴드)
22. R 전륜 감속기 디스커넥트 액추에이터 (홀 센서 신호3)
23. O 프런트 인버터 (LOCAL-CAN (High))
24. G 프런트 인버터 (LOCAL-CAN (Low))
25. W 전륜 감속기 디스커넥트 액추에이터 (전원 (W))
26. R 프런트 인버터 (상시 전원)
27. O APT 압력 & 온도 센서 (Low - 전원)
28. B APT 압력 & 온도 센서 (Low - 접지)
29. B/O 전륜 감속기 디스커넥트 액추에이터 (홀 센서 쉴드)
30. Y 전자식 에어컨 컴프레서 (인터락 (+))
31. -

32. B/O 전륜 감속기 디스커넥트 액추에이터 (홀 센서 신호2)
33. Y 전륜 감속기 디스커넥트 액추에이터 (전원 (U))
34. Br 조인트 커넥터 (JP01 단자 번호 6)
35. Y 조인트 커넥터 (JP01 단자 번호 3)
36. Br 조인트 커넥터 (JP01 단자 번호 5)
37. Y 조인트 커넥터 (JP01 단자 번호 2)
38. G APT 압력 & 온도 센서 (Low - 센서 (+))
39. Y APT 압력 & 온도 센서 (Low - RTS (+))
40. B/O 전륜 감속기 디스커넥트 액추에이터 (홀 센서 쉴드)
41. Gr 전자식 에어컨 컴프레서 (인터락 (-))
42. B 전자식 에어컨 컴프레서 (접지)
43. Br 전자식 에어컨 컴프레서 (Climate-CAN (High))
44. W 전자식 에어컨 컴프레서 (Climate-CAN (Low))
45. Br/B BMS PTC 히터 온도 센서 (신호)

46. G/O BMS PTC 히터 온도 센서 (접지)
47. -
48. B 전자식 오일 펌프 (프런트 - 접지)
49. B 전동식 워터 펌프 #2 (고전압 배터리 - 접지)
50. B 프런트 인버터 (접지)
51. B BMS 냉각수 3웨이 밸브 (접지)
52. L 프런트 고전압 정션 블록 #1 하네스 (HV24 단자 번호 6)
53. Gr 프런트 고전압 정션 블록 #1 하네스 (HV24 단자 번호 5)
54. B 프런트 고전압 정션 블록 #1 하네스 (HV24 단자 번호 2)
55. B/O 전륜 감속기 디스커넥트 액추에이터 (홀 센서 쉴드)
56. Gr BMS 냉각수 온도 센서 (라디에이터 아웃풋 - 신호)
57. P/B BMS 냉각수 온도 센서 (라디에이터 아웃풋 - 접지)
58. -

하네스 연결 커넥터 (24)

WRK P/No.	-
Vendor P/No.	MG646180-5
Vendor P/Name	KET_02506O110FAKRA(DOOR)_59M

FD11　　플로어와 운전석 도어 하네스 연결 커넥터 (다음 페이지로)
- 플로어 하네스

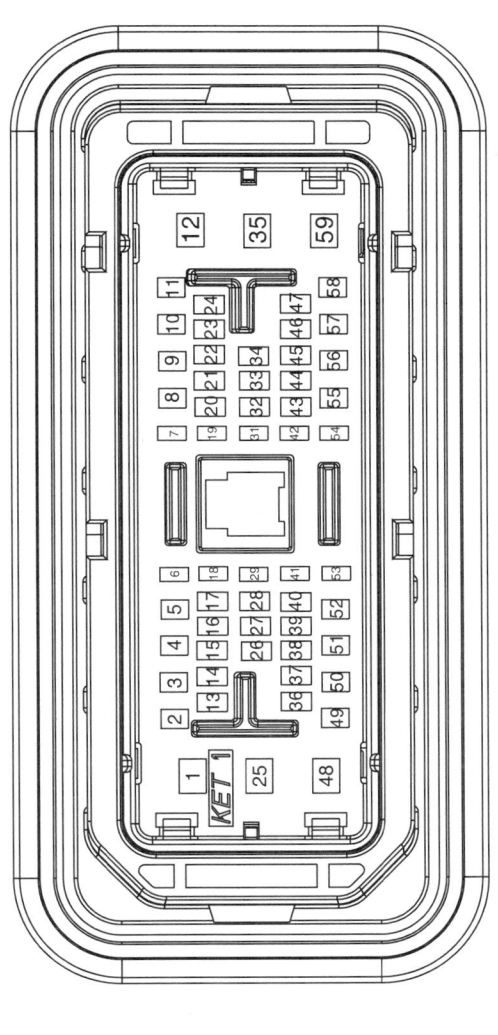

1. B　접지 (GF01)
2. Y　[IMS 미작동] 동승석 도어 하네스
　　　 (FD21 단자 번호 16)
3. O　[IMS 미작동] 동승석 도어 하네스
　　　 (FD21 단자 번호 15)
4. Gr/B　[IMS 작동]
5. R　조인트 커넥터 (JF03 단자 번호 2)
6. P/B　ICU 정션 블록 (퓨즈 - 모듈1)
7. G　ICU 정션 블록 (퓨즈 - 모듈3)
　　　 ICU 정션 블록 (IPS 컨트롤 모듈 -
　　　 운전석 도어 스위치)
8. -
9. -
10. W　ICU 정션 블록 (도어 윈도우 릴레이)
11. Gr　ICU 정션 블록 (도어 락 릴레이)
12. O　ICU 정션 블록
　　　 (퓨즈 - 파워 윈도우 좌)
13. Y/O　조인트 커넥터 (JF06 단자 번호 8)
14. G　조인트 커넥터 (JF04 단자 번호 6)
15. O　조인트 커넥터 (JF04 단자 번호 21)

16. Y　[NFC 미작동] 메인 하네스
　　　 (MF11 단자 번호 21)
　　　 [NFC 작동] 조인트 커넥터
　　　 (JF06 단자 번호 17)
17. Br　[NFC 작동] 조인트 커넥터
　　　 (JF06 단자 번호 2)
18. L　[IMS 작동] 동승석 도어 하네스
　　　 (FD21 단자 번호 13)
19. L　메인 하네스 (MF11 단자 번호 48)
20. O　ICU 정션 블록 (퓨즈 - IAU)
21. -
22. R　조인트 커넥터 (JF03 단자 번호 10)
23. Br　ICU 정션 블록 (IPS 컨트롤 모듈 -
　　　 운전석 도어 뒤/앞 락)
24. W　[IMS 미작동] 동승석 도어 하네스
　　　 (FD21 단자 번호 17)
25. -
26. G　ICU 정션 블록 (퓨즈 - 열선미러)
27. L/O　ICU 정션 블록 (IPS1 - T/SIG LP RL)
28. Gr　메인 하네스 (MF11 단자 번호 64)
29. Br　[IMS 미작동] 동승석 도어 하네스
　　　 (FD21 단자 번호 26)

30. B　메인 하네스 (MF11 단자 번호 56)
31. P　[IMS 미작동] 동승석 도어 하네스
　　　 (FD21 단자 번호 18)
32. W　메인 하네스 (MF11 단자 번호 35)
33. Br　메인 하네스 (MF11 단자 번호 36)
34. L　메인 하네스 (MF11 단자 번호 34)
35. W　[앰프 미작동] 메인 하네스
　　　 (MF11 단자 번호 40)
　　　 [앰프 작동] 앰프
　　　 (운전석 도어 스피커 (+))
36. -
37. -
38. O　에어백 컨트롤 모듈 (운전석 도어
　　　 사이드 충돌 압력 센서 (Low))
39. G　에어백 컨트롤 모듈 (운전석 도어
　　　 사이드 충돌 압력 센서 (High))
40. -
41. P/B　리어 범퍼 하네스 (FR21 단자 번호 7)
42. P/B　메인 하네스 (MF11 단자 번호 3)
43. -
44. -
45. -

46. -　-
47. -　-
48. -　접지 (GF01)
49. B　AFCU (운전석 도어 오토 플러시
　　　 핸들 표지션신호 - 풀링)
50. W　AFCU (운전석 도어 오토 플러시
　　　 핸들 표지션신호 - 풀링)
51. L　AFCU (운전석 도어 오토 플러시
　　　 핸들 모터 (-))
52. G　AFCU (운전석 도어 오토 플러시
　　　 핸들 모터 (+))
53. -　-
54. R/B　AFCU (운전석 도어 오토 플러시
　　　 핸들 표지션 신호 - 연폴링)
55. -　-
56. -　-
57. -　-
58. -　-
59. B　[앰프 미작동] 메인 하네스
　　　 (MF11 단자 번호 39)
　　　 [앰프 작동] 앰프
　　　 Br　(운전석 도어 스피커 (-))

WRK P/No.	-
Vendor P/No.	MG657002-5
Vendor P/Name	KET_025060110FAKRA(DOOR)_59F

FD11　　운로어와 운전석 도어 하네스 연결 커넥터

- 운전석 도어 하네스

1. B　접지 : 운전석 도어 모듈,
운전석 세이프티 파워 윈도우 모듈,
운전석 도어 익스텐션 하네스
(DD11 단자 번호 3)

2. Y/B　[IMS 미적용] 운전석 도어 모듈
(폴딩 모터 - 언폴딩 신호)

3. G/O　[IMS 미적용] 운전석 도어 모듈
(폴딩 모터 - 폴딩 신호)

4. Gr/B　[IMS 적용]
운전석 아웃사이드 미러 유닛 (전원)

5. R　운전석 도어 모듈 (상시 전원)

6. P/B　운전석 도어 모듈 (ON/START 전원)

7. G　운전석 도어 록 액추에이터
(AJAR 스위치)

8. -

9. -

10. W　운전석 도어 록 액추에이터
(도어 언록)

11. Gr　운전석 도어 록 액추에이터 (도어 록)

12. O　운전석 세이프티 파워 윈도우 모듈
(상시 전원)

13. Y/O　운전석 도어 익스텐션 하네스
(DD11 단자 번호 7)

14. G　운전석 도어 모듈 (B-CAN (High))

15. O　운전석 도어 모듈 (B-CAN (Low))

16. Y　[NFC 미적용] 운전석 도어
아웃사이드 핸들 (포켓 램프)

17. Br　[NFC 적용] 운전석 도어 아웃사이드
핸들 (LOCAL-CAN (Low))

18. L　[IMS 적용] 운전석 도어 모듈 (LIN)

19. L　운전석 도어 익스텐션 하네스
(DD11 단자 번호 1)

20. O　운전석 도어 모듈 (상시 전원)

21. -

22. R　운전석 도어 익스텐션 하네스
(DD11 단자 번호 2)

23. Br　운전석 도어 록 액추에이터
(도어 록/언록 스위치)

24. L　[IMS 미적용] 운전석 도어 모듈
(아웃사이드 미러 신호 - HR)

25. -

26. W　[IMS 미적용] 운전석 도어 아웃사이드
미러 유닛 (디포그)

27. L/O　운전석 아웃사이드 미러 유닛
(방향등)

28. Gr　운전석 도어 익스텐션 하네스
(DD11 단자 번호 6)

29. Br　[NFC 적용] 운전석 도어 아웃사이드
핸들 (LOCAL-CAN (High))

30. B　[NFC 적용] 운전석 도어 아웃사이드
핸들 (LOCAL-CAN (Low))

31. P　[IMS 미적용] 운전석 도어 아웃사이드
미러 유닛 (디포그)

32. W　운전석 도어 익스텐션 하네스
(DD11 단자 번호 1)

33. Br　운전석 도어 익스텐션 하네스
(상시 전원)

34. L　운전석 도어 아웃사이드 핸들
(터치 스위치)

35. W　FL (+) : 운전석 도어 스피커,
운전석 도어 트위터 스피커

36. -

37. -

38. O　운전석 도어 사이드 충돌 입력
센서 (Low)

39. G　운전석 도어 사이드 충돌 입력
센서 (High)

40. -

41. P/B　운전석 아웃사이드 미러 유닛
(BCW IND.)

42. Y　운전석 도어 세이프티 파워 윈도우
모듈 (LIN)

43. -

44. -

45. -

46. -

47. -

48. -

49. B　조인트 커넥터 (JD11 단자 번호 1)

50. W　운전석 도어 아웃사이드 핸들 포지션
(오토 플러시 핸들 - 풀딩)

51. L　운전석 도어 아웃사이드 핸들
(오토 플러시 핸들 모터 (-))

52. G　운전석 도어 아웃사이드 핸들
(오토 플러시 핸들 모터 (+))

53. -

54. R/B　운전석 도어 아웃사이드 핸들
(오토 플러시 핸들 포지션)

55. -

56. -

57. -

58. -

59. B　FL (-) : 운전석 도어 스피커,
운전석 도어 트위터 스피커

하네스 연결 커넥터 (26)

FD21   플로어와 동승석 도어 하네스 연결 커넥터 (다음 페이지로)
- 플로어 하네스

WRK P/No.	-
Vendor P/No.	MG646180-5
Vendor P/Name	KET_0250601110FAKRA(DOOR)_59M

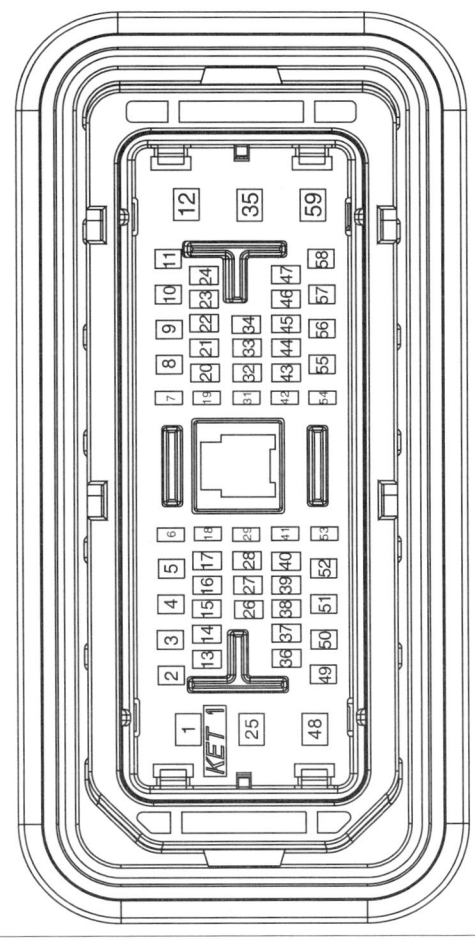

1. P   ICU 정션 블록 (퓨즈 - 파워 윈도우우)
2. -
3. -
4. -
5. -
6. -
7. -
8. P/B [오토 업/다운 & 세이프티 작동]
      메인 하네스 (MF11 단자 번호 3)
9. Br   ICU 정션 블록 (도어 언록 릴레이1)
10. Y   ICU 정션 블록 (도어 록 릴레이1)
11. -
12. B   접지 (GF02)
13. L   [IMS 작동] 운전석 도어 하네스
      (FD11 단자 번호 18)
14. O   [IMS 작동] 조인트 커넥터
      (JF03 단자 번호 2)
15. O   [IMS 미작동] 운전석 도어 하네스
      (FD11 단자 번호 3)
16. Y   [IMS 미작동] 운전석 도어 하네스
      (FD11 단자 번호 2)

17. W   [IMS 미작동] 운전석 도어 하네스
      (FD11 단자 번호 24)
18. P   [IMS 미작동] 운전석 도어 하네스
      (FD11 단자 번호 31)
19. G   ICU 정션 블록 (IPS 컨트롤 모듈 -
      동승석 도어 록/언록 스위치 IND.)
20. Y   [NFC 미작동] 메인 하네스
      (MF11 단자 번호 21)
      [NFC 작동] 조인트 커넥터
      (JF06 단자 번호 18)
21. Br [NFC 작동] 조인트 커넥터
      (JF06 단자 번호 3)
22. L   ICU 정션 블록 (IPS 컨트롤 모듈 -
      동승석 도어 록/언록 신호)
23. Y/O 조인트 커넥터 (JF06 단자 번호 10)
24. -
25. -
26. Br [IMS 미작동] 운전석 도어 하네스
      (FD11 단자 번호 29)
27. R   조인트 커넥터 (JF03 단자 번호 9)
28. G   ICU 정션 블록 (퓨즈 - 열선미러)T

29. L/O ICU 정션 블록 (IPS1 - T/SIG LP RR)
30. B   메인 하네스 (MF21 단자 번호 56)
31. P   ICU 정션 블록 (IPS 컨트롤 모듈 -
      동승석 도어 록/언록 스위치 - 언록)
32. Br/B 메인 하네스 (MF21 단자 번호 4)
33. W   메인 하네스 (MF21 단자 번호 3)
34. Gr 메인 하네스 (MF21 단자 번호 21)
35. G   [램프 미작동] 메인 하네스
      (MF21 단자 번호 42)
      [램프 작동] 램프
      (동승석 도어 스피커 (-))
36. R/B AFCU (동승석 도어 오토 플러시
      핸들 포지션 신호 - 연폴딩)
37. -
38. L/O 에어백 컨트롤 모듈 (동승석 도어
      사이드 에어백 충돌 압력 센서 (Low))
39. R/O 에어백 컨트롤 모듈 (동승석 도어
      사이드 에어백 충돌 압력 센서 (High))
40. Y   [오토 업/다운 & 세이프티 미작동]
      ICU 정션 블록 (IPS 컨트롤 모듈 -
      동승석 윈도우 Enable)
41. P/B 리어 캠 하네스
      (FR21 단자 번호 33)
42. Gr ICU 정션 블록 (IPS 컨트롤 모듈 -
      동승석 도어 스위치)
43. O   ICU 정션 블록 (퓨즈 - IAU)
44. G   ICU 정션 블록 (IPS 컨트롤 모듈 -
      동승석 도어 록/언록 스위치 - 록)

45. G   [오토 업/다운 & 세이프티 미작동]
      ICU 정션 블록 (IPS 컨트롤 모듈 -
      동승석 파워 윈도우 스위치 - Down)
46. R   [오토 업/다운 & 세이프티 미작동]
      ICU 정션 블록 (IPS 컨트롤 모듈 -
      동승석 파워 윈도우 스위치 - Up)
47. L   메인 하네스 (MF11 단자 번호 48)
48. -
49. -
50. G   AFCU (동승석 도어 오토 플러시
      핸들 모터 (+))
51. W   AFCU (동승석 도어 오토 플러시
      핸들 포지션 신호 - 폴딩)
52. L   AFCU (동승석 도어 오토 플러시
      핸들 모터 (-))
53. -   접지 (GF02)
54. B
55. -
56. -
57. -
58. -
59. R   [램프 미작동] 메인 하네스
      (MF21 단자 번호 41)
      [램프 작동] 램프
      (동승석 도어 스피커 (+))

WRK P/No.	-
Vendor P/No.	MG657002-5
Vendor P/Name	KET_025060110FAKRA(DOOR)_59F

FD21　　플로어와 동승석 도어 하네스 연결 커넥터
- 동승석 도어 하네스

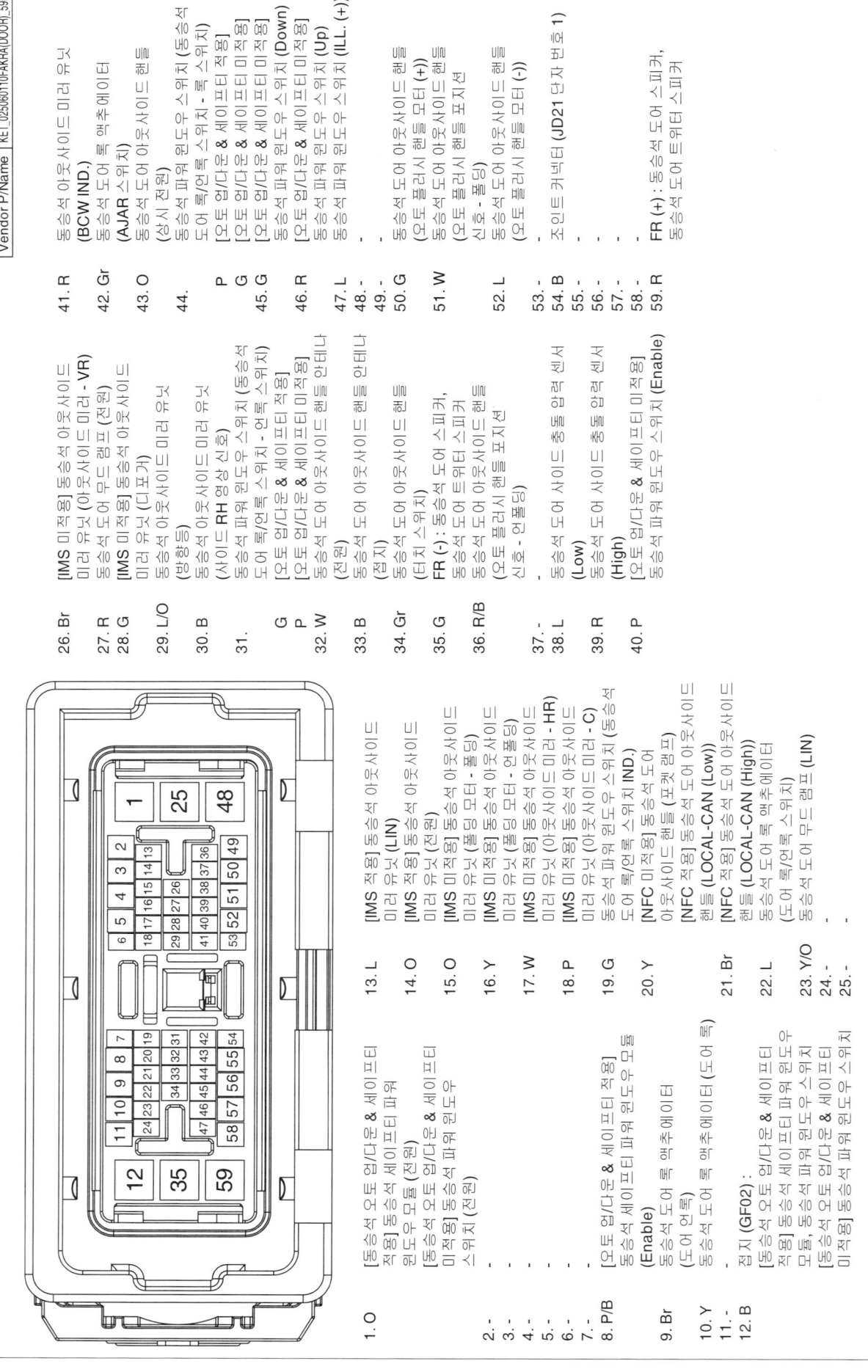

1. O [동승석 오토 업/다운 & 세이프티 작동됨] 동승석 파워 윈도우 모듈 (전원)
[동승석 오토 업/다운 & 세이프티 미작동됨] 동승석 파워 윈도우 스위치 (전원)
2. -
3. -
4. -
5. -
6. -
7. -
8. P/B [오토 업/다운 & 세이프티 작동됨] 동승석 세이프티 파워 윈도우 모듈 (Enable)
9. Br 동승석 도어 액추에이터 (도어 언록)
10. Y 동승석 도어 록 액추에이터 (도어 록)
11. -
12. B 접지 (GF02) :
[동승석 오토 업/다운 & 세이프티 작동됨] 동승석 세이프티 파워 윈도우 모듈, 동승석 파워 윈도우
[동승석 오토 업/다운 & 세이프티 미작동됨] 동승석 파워 윈도우 스위치

13. L [IMS 작동됨] 동승석 아웃사이드 미러 유닛 (LIN)
14. O [IMS 작동됨] 동승석 아웃사이드 미러 유닛 (전원)
15. O [IMS 미작동됨] 동승석 아웃사이드 미러 유닛 (불링 모터 - 폴딩)
16. Y [IMS 미작동됨] 동승석 아웃사이드 미러 유닛 (불링 모터 - 언폴딩)
17. W [IMS 미작동됨] 동승석 아웃사이드 미러 유닛 (아웃사이드 미러 - HR)
18. P [IMS 미작동됨] 동승석 아웃사이드 미러 유닛 (아웃사이드 미러 - C)
19. G 동승석 파워/연록 윈도우 스위치 (동승석 도어 록/연록 스위치 IND.)
20. Y [NFC 미작동됨] 동승석 도어 아웃사이드 핸들 (포켓 램프)
[NFC 작동됨] 동승석 도어 아웃사이드 핸들 (LOCAL-CAN (Low))
21. Br [NFC 작동됨] 동승석 도어 아웃사이드 핸들 (LOCAL-CAN (High))
22. L 동승석 도어 록 액추에이터 (도어 록/언록 스위치)
23. Y/O 동승석 도어 무드 램프 (LIN)
24. -
25. -

26. Br [IMS 미작동됨] 동승석 아웃사이드 미러 유닛 (아웃사이드 미러 - VR)
27. R 동승석 도어 무드 램프 (전원)
28. G [IMS 작동됨] 동승석 아웃사이드 미러 유닛 (디포거)
29. L/O 동승석 아웃사이드 미러 유닛 (방향등)
30. B 동승석 아웃사이드 미러 유닛 (사이드 RH 영상 신호)
31. 동승석 파워 윈도우 스위치 (동승석 도어 록/연록 스위치 - 언록 스위치)
G [오토 업/다운 & 세이프티 작동됨]
P [오토 업/다운 & 세이프티 미작동됨]
32. W 동승석 도어 아웃사이드 핸들 안테나 (전원)
33. B 동승석 도어 아웃사이드 핸들 안테나 (접지)
34. Gr 동승석 도어 아웃사이드 핸들 (터치 스위치)
35. G FR (-): 동승석 도어 스피커, 동승석 도어 트위터 스피커
36. R/B 동승석 도어 아웃사이드 핸들 (오토 플러시 핸들 포지션 신호 - 언폴딩)
37. -
38. L 동승석 도어 사이드 충돌 압력 센서 (Low)
39. R 동승석 도어 사이드 충돌 압력 센서 (High)
40. P [오토 업/다운 & 세이프티 미작동됨] 동승석 파워 윈도우 스위치 (Enable)

41. R [IMS 미작동됨] 동승석 아웃사이드 미러 유닛 (BCW IND.)
42. Gr 동승석 도어 록 액추에이터 (AJAR 스위치)
43. O 동승석 도어 아웃사이드 핸들 (상시 전원)
44. 동승석 파워/연록 윈도우 스위치 (동승석 도어 록/언록 스위치 - 록 스위치)
P [오토 업/다운 & 세이프티 작동됨]
G [오토 업/다운 & 세이프티 미작동됨]
45. G [오토 업/다운 & 세이프티 미작동됨] 동승석 파워 윈도우 스위치 (Down)
46. R [오토 업/다운 & 세이프티 미작동됨] 동승석 파워 윈도우 스위치 (Up)
47. L [오토 업/다운 & 세이프티 미작동됨] 동승석 파워 윈도우 스위치 (ILL. (+))
48. -
49. -
50. G 동승석 도어 아웃사이드 핸들 (오토 플러시 핸들 모터 (+))
51. W 동승석 도어 아웃사이드 핸들 (오토 플러시 핸들 포지션 신호 - 폴딩)
52. L 동승석 도어 아웃사이드 핸들 (오토 플러시 핸들 모터 (-))
53. -
54. B 조인트 커넥터 (JD21 단자 번호 1)
55. -
56. -
57. -
58. -
59. R FR (+): 동승석 도어 스피커, 동승석 도어 트위터 스피커

FD31

플로어와 리어 도어 LH 하네스 연결 커넥터

- 플로어 하네스

WRK P/No.	-
Vendor P/No.	2309575-2
Vendor P/Name	AMP_025060110_26M

1. L   [파워 차일드 록 작동용]
ICU 정션 블록 [차일드 연락 릴레이]

2. P/B   [언더/다운 & 세이프티 미작동]
메인 하네스 (MF11 단자 번호 3)

3. B   접지 (GF03)

4. B   접지 (GF01)

5. W   리어 시트 하네스 (FS31 단자 번호 6)

6. Gr   리어 시트 하네스 (FS31 단자 번호 7)

7. Y/O 리어 시트 하네스 (FS31 단자 번호 8)

8. R   [언더/다운 & 세이프티 미작동용]
ICU 정션 블록 (IPS 컨트롤 모듈 -
리어 파워 윈도우 스위치 LH - Up)

9. L   리어 미작동 [메인 하네스
(MF11 단자 번호 48)

10. Br 메인 하네스 (MF11 단자 번호 25)
[앰프 작동] 앰프
(리어 도어 스피커 (-))

11. G   ICU 정션 블록 (IPS 컨트롤 모듈 -
리어 도어 LH 차일드 록 신호)

12. O   ICU 정션 블록
(퓨즈 - 파워 윈도우 좌)

13. L   [언더/다운 & 세이프티 미작동]
ICU 정션 블록 (IPS 컨트롤 모듈 -
리어 파워 윈도우 좌 스위치)

14. P   ICU 정션 블록 (IPS 컨트롤 모듈 -
리어 도어 LH 스위치)

15. Y   ICU 정션 블록 (IPS 컨트롤 모듈 -
리어 도어 LH 록/언락 신호)

16. W   [파워 차일드 록 작동용]

17. W   ICU 정션 블록 (차일드 록 릴레이)

18. Gr ICU 정션 블록 (도어 록 릴레이)

19. Y/O ICU 정션 블록 (도어 록 릴레이)

20. R   조인트 커넥터 (JF06 단자 번호 9)

21. L   조인트 커넥터 (JF03 단자 번호 10)

22. P   AFCU (리어 도어 LH 오토 플러시
핸들 모듈 (-))

23. W   [언더/다운 & 세이프티 미작동]
ICU 정션 블록 (IPS 컨트롤 모듈 -
리어 파워 윈도우 스위치 LH - Down)

24. R/B AFCU (리어 도어 LH 오토 플러시
핸들 포지션 신호 - 풀링)

25. G   AFCU (리어 도어 LH 오토 플러시
핸들 포지션 신호 - 연결업)

26. Y   [앰프 미작동] 메인 하네스
(MF11 단자 번호 26)
[앰프 작동] 앰프
(리어 도어 스피커 (+))

WRK P/No.	-
Vendor P/No.	2309582-2
Vendor P/Name	AMP_025060110_26F

- 리어 도어 LH 하네스

1. P   [파워 차일드 록 작동용] 리어 도어
록 [차일드 연락 릴레이]

2. P/B   [언더/다운 & 세이프티 적용]
리어 도어 록 LH (차일드 연락)

3. B   접지 : 리어 도어 LH 익스텐션 하네스
(LIN)
접지 : 리어 도어 LH 익스텐션 하네스
(DD31 단자 번호 17, 18)

4. B   [언더/다운 & 세이프티 적용]
리어 세이프티 파워 윈도우 모듈 LH
접지 : 리어 도어 록 LH (차일드 연락)
리어 도어 LH 익스텐션 하네스
핸들 플러시

5. G   리어 도어 LH 익스텐션 하네스
(DD31 단자 번호 15)

6. Gr/O 리어 도어 LH 익스텐션 하네스
(DD31 단자 번호 7)

7. Br/O 리어 도어 LH 익스텐션 하네스
(DD31 단자 번호 5)

8. R   리어 도어 LH 익스텐션 하네스
(DD31 단자 번호 6)

9. L   리어 도어 LH 익스텐션 하네스
(DD31 단자 번호 11)

10. Br 리어 도어 LH 익스텐션 하네스
(DD31 단자 번호 2)

11. G   리어 도어 스피커 LH
(DD31 단자 번호 16)

12. O   리어 도어 스피커 LH
(DD31 단자 번호 1)
[언더/다운 & 세이프티 적용]
리어 세이프티 파워 윈도우 모듈 LH
(전원)

13. L   [파워 차일드 록 작동용] 리어 도어
록 (AJAR 스위치)

14. P   [언더/다운 & 세이프티 적용]
리어 도어 록 LH 익스텐션 12

15. Y   리어 도어 록 LH (자일드 록 스위치)
(AJAR 스위치)

16. G   리어 도어 록 LH
(도어 록/연락 스위치)

17. W   [파워 차일드 록 작동용] 리어 도어
록 (자일드 록 스위치)

18. Gr 리어 도어 록 LH (도어 연락)

19. Y/O 리어 도어 록 LH (도어 록)

20. R   리어 도어 LH 익스텐션 하네스
(DD31 단자 번호 14)

21. L   리어 도어 LH 익스텐션 하네스
(DD31 단자 번호 4)

22. P   [언더/다운 & 세이프티 적용]
리어 도어 LH 익스텐션 하네스
(DD31 단자 번호 10)

23. W   리어 도어 아웃사이드 핸들 플러시
리어 도어 아웃사이드 핸들 플러시

24. R/B 리어 도어 아웃사이드 핸들(포지션 신호)
리어 도어 아웃사이드 핸들 플러시

25. G/B [포지션 신호 - 연결업]
리어 도어 아웃사이드 LH 익스텐션

26. Y   RL (+) : 리어 도어 스피커 LH, 익스텐션
하네스 (DD31 단자 번호 3)

상단 커넥터

WRK P/No.	-
Vendor P/No.	2309582-2
Vendor P/Name	AMP_025060110_26F

- 리어 도어 RH 하네스

1. G 리어 도어 록 액추에이터 RH (차일드 록 스위치)
2. P/B [언로 업/다운 & 세이프티 적용] 리어 세이프티 파워 윈도우 모듈 RH (LIN)
3. B 접지: 리어 도어 RH 익스텐션 하네스 (DD41 단자 번호 17, 18) [언로 업/다운 & 세이프티 적용] 접지 : 리어 도어 록 액추에이터 RH
4. B 접지 : 리어 도어 아웃사이드 핸들 풀러시 액추에이터 RH
5. G 리어 도어 LH 익스텐션 하네스 (DD41 단자 번호 15)
6. Gr/O 리어 도어 RH 익스텐션 하네스 (DD41 단자 번호 7)
7. Br/O 리어 도어 RH 익스텐션 하네스 (DD41 단자 번호 5)
8. R 리어 도어 RH 익스텐션 하네스 (DD41 단자 번호 6)
9. L 리어 도어 RH 익스텐션 하네스 (DD41 단자 번호 11)
10. O 리어 도어 RH 익스텐션 하네스 (DD41 단자 번호 2) RR (+):리어 도어 스피커 RH, (앰프 작동) 리어 도어 RH 익스텐션 하네스 (DD41 단자 번호 3)
11. W 리어 도어 록 액추에이터 RH (차일드 록)
12. O [언로 업/다운 & 세이프티 적용] 리어 세이프티 파워 윈도우 모듈 RH (전원)

13. P 리어 도어 RH 익스텐션 하네스 (DD41 단자 번호 12)
14. O 리어 도어 록 액추에이터 RH (AJAR 스위치)
15. W 리어 도어 록 액추에이터 RH (도어 록/연록 스위치)
16. W 리어 도어 록 액추에이터 RH (차일드 언록)
17. Y 리어 도어 록 액추에이터 RH (도어 록)
18. Br 리어 도어 록 액추에이터 RH (도어 언록)
19. Y/O 리어 도어 RH 익스텐션 하네스 (DD41 단자 번호 14)
20. R 리어 도어 RH 익스텐션 하네스 (DD41 단자 번호 4)
21. L 액추에이터 RH 아웃사이드 핸들 풀러시
22. G/O 리어 도어 RH 익스텐션 하네스 (DD41 단자 번호 10)
23. W 액추에이터 RH 아웃사이드 핸들 풀러시
24. R/B 리어 도어 아웃사이드 RH (포지션 신호 - 폴딩) 리어 도어 아웃사이드 핸들 풀러시 액추에이터 RH
25. G/B 리어 도어 아웃사이드 RH (포지션 신호 - 언폴딩) 리어 도어 아웃사이드 RH (모터 (+)) 액추에이터 RH 아웃사이드 핸들 풀러시
26. Gr RR (-):리어 도어 스피커 RH, (앰프 작동) 리어 도어 RH 익스텐션 하네스 (DD41 단자 번호 16)

FD41

플로어와 리어 도어 RH 하네스 연결 커넥터

- 플로어 하네스

WRK P/No.	-
Vendor P/No.	2309575-2
Vendor P/Name	AMP_025060110_26M

1. G ICU 정션 블록 (IPS 컨트롤 모듈 - 리어 도어 RH 차일드 록 신호)
2. P/B [언로 업/다운 & 세이프티 적용] 메인 하네스 (MF11 단자 번호 3)
3. B 접지 (GF05)
4. B 접지 (GF02)
5. G 리어 사이드 하네스 (FS31 단자 번호 16)
6. Gr/O 리어 사이드 하네스 (FS31 단자 번호 17)
7. Y/O 리어 사이드 하네스 (FS31 단자 번호 18)
8. R [언로 업/다운 & 세이프티 미적용] ICU 정션 블록 (IPS 컨트롤 모듈 - 리어 파워 윈도우 스위치 RH - Up)
9. L 메인 하네스 (MF11 단자 번호 48)
10. Br [앰프 미적용] 메인 하네스 (MF21 단자 번호 39)
O [앰프 작동] 앰프 (리어 도어 스피커 (+))
11. W ICU 정션 블록 (차일드 록 릴레이)
12. P ICU 정션 블록 (뷰즈 - 파워 윈도우)
13. L [언로 업/다운 & 세이프티 미적용] ICU 정션 블록 (IPS 컨트롤 모듈 - 리어 파워 윈도우 록 스위치)

14. O ICU 정션 블록 (IPS 컨트롤 모듈 - 리어 도어 RH 스위치)
15. W ICU 정션 블록 (IPS 컨트롤 모듈 - 리어 도어 RH 록(연록 신호)
16. L ICU 정션 블록 (차일드 언록 릴레이)
17. Y ICU 정션 블록 (도어 록 릴레이)
18. Br ICU 정션 블록 (도어 언록 릴레이)
19. Y/O 조인트 커넥터 (JF06 단자 번호 10)
20. L 조인트 커넥터 (JF03 단자 번호 10)
21. L AFCU (리어 도어 RH 오토 플러시 핸들 모듈 (-))
22. G [언로 업/다운 & 세이프티 미적용] ICU 정션 블록 (IPS 컨트롤 모듈 - 리어 파워 윈도우 스위치 RH - Down)
23. W AFCU (리어 도어 RH 오토 플러시 핸들 포지션 신호 - 폴딩)
24. R/B AFCU (리어 도어 RH 오토 플러시 핸들 포지션 신호 - 언폴딩)
25. G AFCU (리어 도어 RH 오토 플러시 핸들 모듈 (+))
26. W [앰프 미적용] 메인 하네스 (MF21 단자 번호 40)
Gr [앰프 작동] 앰프 (리어 도어 스피커 (-))

하네스 연결 커넥터 (30)

FF02 풀로어 리어 휠 센서 LH 익스텐션 하네스 연결 커넥터

- 풀로어 하네스

WRK P/No.	1890404114AS
Vendor P/No.	PB041-04020
Vendor P/Name	KUM_WWP_04M

1. O/B 프런트 하네스 (EF11 단자 번호 16) 3. L 프런트 하네스 (EF11 단자 번호 30)
2. L/B 프런트 하네스 (EF11 단자 번호 17) 4. O 프런트 하네스 (EF11 단자 번호 24)

- 리어 휠 센서 LH 익스텐션 하네스

WRK P/No.	1890304114AS
Vendor P/No.	PB045-04027
Vendor P/Name	KUM_WWP04F

1. B 리어 휠 센서 LH (SIG) 3. W 리어 EPB 액추에이터 LH (-)
2. Br 리어 휠 센서 LH (VCC) 4. G 리어 EPB 액추에이터 LH (+)

FF03 풀로어와 리어 휠 센서 RH 익스텐션 하네스 연결 커넥터

- 풀로어 하네스

WRK P/No.	1890404114AS
Vendor P/No.	PB041-04020
Vendor P/Name	KUM_WWP_04M

1. Y 프런트 하네스 (EF21 단자 번호 24) 3. G 프런트 하네스 (EF21 단자 번호 22)
2. G 프런트 하네스 (EF21 단자 번호 20) 4. Y 프런트 하네스 (EF21 단자 번호 21)

- 리어 휠 센서 RH 익스텐션 하네스

WRK P/No.	1890304114AS
Vendor P/No.	PB045-04027
Vendor P/Name	KUM_WWP04F

1. B 리어 휠 센서 RH (SIG) 3. W 리어 EPB 액추에이터 RH (-)
2. Br 리어 휠 센서 RH (VCC) 4. G 리어 EPB 액추에이터 RH (+)

FF11 플로어와 콘솔 익스텐션 하네스 연결 커넥터

- 플로어 하네스

WRK P/No.	-
Vendor P/No.	220080-NA
Vendor P/Name	YRC_025060_44F

1. B   접지 (GF04)
2. O   통 승객석 시트 하네스
3. G   (FS21 단자 번호 13)
4. R/O   ICU 정션선 블록 (퓨즈 - 모듈5)
5. Gr/O   (FS21 단자 번호 9)
6. Br/O   통 승객석 시트 하네스
7. W/O   (FS21 단자 번호 10)
8. G/O   통 승객석 시트 하네스
9. Y/O   (FS21 단자 번호 11)
10. B/O   통 승객석 시트 하네스
11. L/O   (FS21 단자 번호 12)
12. B   통 승객석 시트 하네스
13. L   (FS21 단자 번호 5)
14. Gr   통 승객석 시트 하네스
15. O   (FS21 단자 번호 6)
16. G   통 승객석 시트 하네스
17. Y   (FS21 단자 번호 7)

18. Br   [NFC 적용] 조인트 커넥터 (JF06 단자 번호 4)
19. G/O   ICU 정션선 블록 (퓨즈 - 모듈5)
20. Gr/B   ICU 정션선 블록 (IPS9 - Short Term Load)
21. R/B   메인 하네스 (MF21 단자 번호 11)
22. Br   메인 하네스 (MF21 단자 번호 12)
23. G   프론트 하네스 (EF11 단자 번호 31)
24. B   관련됨 (GF04)
25. Gr   메인 하네스 (MF11 단자 번호 64)
26. L   메인 하네스 (MF11 단자 번호 65)
27. W   ICU 정션선 블록 (퓨즈 - USB 충전기)
28. -
29. -
30. -
31. Gr   메인 하네스 (MF11 단자 번호 63)
32. G   ICU 정션선 블록 (퓨즈 - 모듈4)
33. W   ICU 정션선 블록 (퓨즈 - USB 충전기)
34. B   접지 (GF03)
35. -
36. -
37. -
38. -
39. -
40. -
41. Y/O   조인트 커넥터 (JF06 단자 번호 7)
42. R   조인트 커넥터 (JF03 단자 번호 9)
43. -
44. -

CV90-31

- 콘솔 익스텐션 하네스

WRK P/No.	-
Vendor P/No.	210089-NA
Vendor P/Name	YURA_025060_44M

1. G   접지 : 콘솔 플로어 스위치,
2. B/Y   콘솔 어퍼 무드 램프 어셈블리(Upper/Lower)
3. Y   시트 벨트 버클 스위치 - LIN)
4. R/W   콘솔 플로어 스위치 (전원)
5. W/B   시트 하네스 (동승석)
6. R/B   콘솔 플로어 스위치 (동승석 - 신호)
7. Br/B   시트 하네스 (동승석)
8. Lg/B   콘솔 플로어 스위치 (동승석 - High IND.)
9. Gr/B   시트 하네스 (동승석)
10. L/W   콘솔 플로어 스위치 (동승석 - Mid IND.)
11. P/B   시트 하네스 (동승석 - Low IND.)
12. B   접지 : 무선 충전 유닛, 유니버셜 아일랜드 USB 충전 단자
13. O   ILL. (+) : 콘솔 플로어 스위치, 무선 충전 유닛, 인디케이터, 유니버셜 아일랜드 USB충전 단자
14. B   ILL. (-) : 콘솔 플로어 스위치, 무선 충전 유닛, 인디케이터, 유니버셜 아일랜드 USB충전 단자
15. Lg   B-CAN (Low) : 무선 충전 유닛, 콘솔 플로어 스위치,
16. V   B-CAN (High) : 무선 충전 유닛, 콘솔 플로어 스위치,

17. Br   [NFC 적용] 무선 충전 유닛
18. P   [NFC 적용] 무선 충전 유닛
19. L   무선 충전 유닛 (실내 전원)
20. R   스마트폰 키 실내 안테나 #2 (전원)
21. R   스마트폰 키 실내 안테나 #2 (접지)
22. B   접지 : 콘솔 충전 USB 단자 #1/#2
23. R   리어 콘솔 USB 충전 단자 #1/#2
24. G/B   ILL. (-) : USB 충전 단자 #1/#2
25. B   ILL. (+) 콘솔 USB 충전 단자 #1/#2
26. O   리어 콘솔 USB 충전 단자 #1/#2
27. O/R   리어 콘솔 USB 충전 단자 #1/#2
28. -
29. -
30. -
31. W   콘솔 어퍼 커버 스위치
(Auto Hold 스위치 신호)
32. Y   콘솔 어퍼 커버 스위치 (전원)
33. R   유니버셜 아일랜드 USB 충전단자
34. B   접지 : 콘솔 어퍼 커버 스위치
35. -
36. -
37. -
38. -
39. -
40. -
41. Y/R   LIN : 콘솔 무드 램프 (Upper/Lower)
42. P   콘솔 무드 램프 (Upper/Lower)
43. -
44. -

FF21

블로어 선루프 익스텐션 하네스 연결 커넥터

- 블로어 하네스

WRK P/No.	1879005501AS
Vendor P/No.	MG655613
Vendor P/Name	KET_060_12F

1.B 접지 (GF03)
2.- -
3.- -
4.O 루프 하네스 (FR11 단자 번호 7)
5.P 루프 하네스 (FR11 단자 번호 2)
6.G ICU 정션 블록 (퓨즈 - 선루프1)

7.Gr 메인 하네스 (MF11 단자 번호 3)
8.- -
9.- 루프 하네스 (FR11 단자 번호 1)
10.L -
11.- -
12.- -

WRK P/No.	1879005493AS
Vendor P/No.	MG645610
Vendor P/Name	KET_12M

- 선루프 익스텐션 하네스

1.B 접지:
2.- 선루프 컨트롤 유닛 (글라스몰러)
3.- -
4.L/B 선루프 컨트롤 유닛 (글라스 - Tilt 스위치)
5.B/O 선루프 컨트롤 유닛 (글라스 - Open 스위치)
6.Y/O 상시 전원: 선루프 컨트롤 유닛 (글라스/몰러)

7.Br/B LIN (Safety ECU):
8.- 선루프 컨트롤 유닛 (글라스몰러)
9.- -
10.L/O 선루프 컨트롤 유닛
11.- 선루프 컨트롤 유닛 (글라스 - Close 스위치)
12.- -

FF31

블로어 충전 단자 도어 모듈 익스텐션 하네스 연결 커넥터

- 블로어 하네스

WRK P/No.	-
Vendor P/No.	MG645600
Vendor P/Name	KET_N060_08M

1.B 접지 (GF05)
2.Br ICU 정션 블록 (퓨즈 - IG3 8)
3.R/B 메인 하네스 (MF21 단자 번호 22)
4.B 접지 (GF05)

5.R 프런트 하네스 (EF21 단자 번호 19)
6.O 조인트 커넥터 (JF04 단자 번호 18)
7.G 조인트 커넥터 (JF04 단자 번호 3)
8.R 프런트 하네스 (EF21 단자 번호 19)

WRK P/No.	-
Vendor P/No.	MG655603
Vendor P/Name	KET_08F

- 충전 단자 도어 모듈 익스텐션 하네스

1.N/A 충전 단자 도어 모듈 (접지)
2.N/A 충전 단자 도어 모듈 (IG3 전원)
3.N/A 충전 단자 도어 모듈 (스위치 신호)
4.N/A 충전 단자 도어 모듈 (접지)

5.N/A 충전 단자 도어 모듈 (상시 전원)
6.N/A 충전 단자 도어 모듈 (B-CAN (Low))
7.N/A 충전 단자 도어 모듈 (B-CAN (High))
8.N/A 충전 단자 도어 모듈 (상시 전원)

FP11   블로어와 리어 파워 일렉트로닉 모듈 하네스 연결 커넥터 (다음 페이지로)
- 블로어 하네스

WRK P/No.	-
Vendor P/No.	MG657037-5G
Vendor P/Name	KET_025060110WP_52F

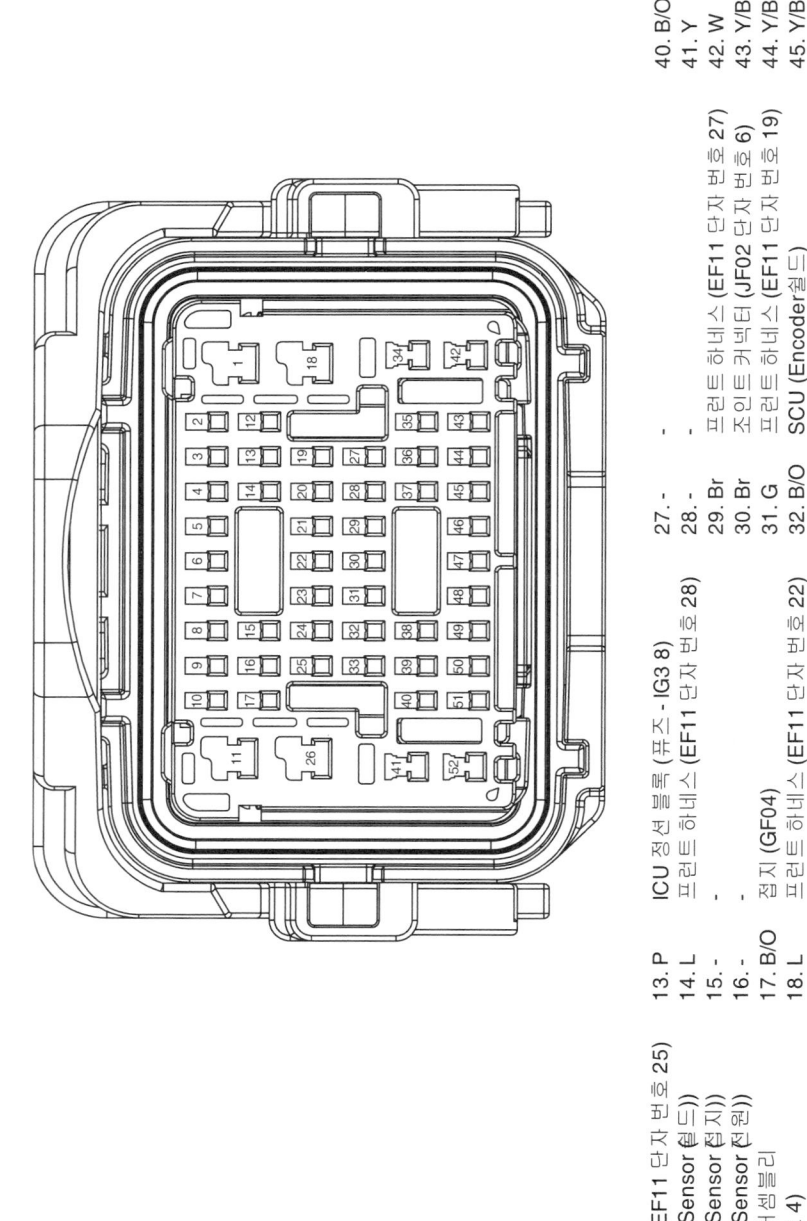

1. R   프런트 하네스 (EF11 단자 번호 25)
2. B/O   SCU (Encoder Sensor 쉴드)
3. B   SCU (Encoder Sensor 접지))
4. R   SCU (Encoder Sensor 전원))
5. Gr/O 배터리 시스템 어셈블리
       (BF11 단자 번호 4)
6. P   ICU 정션 블록 (퓨즈 - IG3 10)
7. R   E-LSD 유닛 (앞락 센서 - 전원))
8. L/O   배터리 시스템 어셈블리
       (BF11 단자 번호 5)
9. B   배터리 시스템 어셈블리
       (BF11 단자 번호 26)
10. -   -
11. B   SCU (Phase U)
12. L   프런트 하네스 (EF11 단자 번호 10)

13. P   ICU 정션 블록 (퓨즈 - IG3 8)
14. L   프런트 하네스 (EF11 단자 번호 28)
15. -   -
16. -   -
17. B/O   접지 (GF04)
18. L   프런트 하네스 (EF11 단자 번호 22)
19. B/O   E-LSD 유닛 (모터 쉴드)
20. -   -
21. Y   프런트 하네스 (EF11 단자 번호 26)
22. Y   조인트 커넥터 (JF02 단자 번호 3)
23. O   프런트 하네스 (EF11 단자 번호 20)
24. Gr   E-LSD 유닛 (앞락 센서 - 접지)
25. W   SCU (Encoder (B))
26. B   접지 (GF04)

27. -   -
28. -   -
29. Br   프런트 하네스 (EF11 단자 번호 27)
30. Br   조인트 커넥터 (JF02 단자 번호 6)
31. G   프런트 하네스 (EF11 단자 번호 19)
32. B/O   SCU (Encoder쉴드)
33. G   SCU (Encoder (A))
34. G   E-LSD 유닛 (모터 - B)
35. R   ICU 정션 블록 (퓨즈 - EPCU3)
36. G   ICU 정션 블록 (퓨즈 - 모듈4)
37. G   E-LSD 유닛 (앞락 센서 - 신호)
38. B   접지 (GF03)
39. B/O   SCU (Phase (쉴드))

40. B/O   접지 (GF03)
41. Y   SCU (Phase V)
42. W   E-LSD 유닛 (모터 - A)
43. Y/B   E-LSD 하네스 (EF21 단자 번호 26)
44. Y/B   메인 하네스 (MF11 단자 번호 4)
45. Y/B   메인 하네스 (MF11 단자 번호 5)
46. P   프런트 하네스 (EF11 단자 번호 14)
47. Y/B   프런트 하네스 (EF21 단자 번호 23)
48. -   -
49. B/O   접지 (GF03)
50. -   -
51. B   프런트 하네스 (EF11 단자 번호 15)
52. W   SCU (Phase W)

- 462 -

FP11 블로어와 리어 파워 일렉트릭 모듈 하네스 연결 커넥터
- 리어 파워 일렉트릭 모듈 하네스

WRK P/No.	-
Vendor P/No.	MG646219-5
Vendor P/Name	KET_025060110WP_52M

1. R 전자식 오일 펌프 (리어 - 상시 전원)
2. B/O SBW 액추에이터
(Encoder Sensor (쉴드))
3. B SBW 액추에이터
(Encoder Sensor (접지))
4. R SBW 액추에이터
(Encoder Sensor (전원))
5. Gr/O 리어 고전압 정션 블록 하네스
(HV11 단자 번호 1)
6. Br 리어 인버터 (IG3 전원)
7. R E-LSD 모터 어셈블리
(압력 센서 - 전원)
8. L/O 리어 고전압 정션 블록 하네스
(HV11 단자 번호 3)
9. B 리어 고전압 정션 블록 하네스
(HV11 단자 번호 4,6)
10. -
11. B SBW 액추에이터 (Phase U)

12. L 전자식 오일 펌프 (리어), 리어 인버터
13. P 전자식 오일 펌프 (리어) (IG3 전원)
14. L 리어 인버터 (모터 컨트롤)
15. -
16. -
17. B/O SBW 액추에이터
(Encoder Sensor (쉴드))
18. L SBW 액추에이터 (Encoder Sensor (전원))
19. B/O E-LSD 모터 어셈블리 (모터 쉴드)
20. -
21. Y 조인트 커넥터 (JP11 단자 번호 2)
22. Y 조인트 커넥터 (JP11 단자 번호 3)
23. O 리어 인버터 (Local CAN (High))
24. Gr E-LSD 모터 어셈블리
(압력 센서 - 접지)
25. W SBW 액추에이터 (Encoder (B))
26. B 전자식 오일 펌프 (리어 - 접지)

LIN :
27. -
28. -
29. Br 조인트 커넥터 (JP11 단자 번호 5)
30. Br 조인트 커넥터 (JP11 단자 번호 6)
31. G 리어 인버터 (Local CAN (Low))
32. B/O SBW 액추에이터 (Encoder (쉴드))
33. G SBW 액추에이터 (Encoder (A))
34. G E-LSD 모터 어셈블리 (모터 B)
35. R 리어 인버터 (상시 전원)
36. G 리어 인버터 (ON/START 전원)
37. G E-LSD 모터 어셈블리
(압력 센서 - 신호)
38. B 리어 인버터 (접지)
39. B/O SBW 액추에이터 (Phase (쉴드))
40. B/O SBW 액추에이터 (Encoder (쉴드))
41. Y SBW 액추에이터 (Phase V)
42. W E-LSD 모터 어셈블리 (모터 A)

43. L 오토 전조등 높낮이 조절 유닛
익스텐션 하네스 (PP11 단자 번호 1)
44. Y/B 오토 전조등 높낮이 조절 유닛
익스텐션 하네스 (PP11 단자 번호 5)
45. G 오토 전조등 높낮이 조절 유닛
익스텐션 하네스 (PP11 단자 번호 2)
46. P 오토 전조등 높낮이 조절 유닛
익스텐션 하네스 (PP11 단자 번호 4)
47. R 오토 전조등 높낮이 조절 유닛
익스텐션 하네스 (PP11 단자 번호 3)
48. -
49. B/O SBW 액추에이터 (Phase (쉴드))
50. -
51. B 오토 전조등 높낮이 조절 유닛
익스텐션 하네스 (PP11 단자 번호 6)
52. W SBW 액추에이터 (Phase W)

FR11　플로어와 루프 하네스 연결 커넥터

- 플로어 하네스

WRK P/No.	-
Vendor P/No.	5021-0075-2
Vendor P/Name	KSC_025_10M

1. L　선루프 익스텐션 하네스
(FF21 단자 번호 10)
2. P　선루프 익스텐션 하네스
(FF21 단자 번호 5)
3. O　조인트 커넥터 (JF04 단자 번호 29)
4. L　[후측방 레이더 미적용]
메인 하네스 (MF21 단자 번호 55)
[후측방 레이더 적용]
리어 범퍼 하네스
(FR21 단자 번호 21)
5. -　-

6. -　-
7. O　선루프 익스텐션 하네스
(FF21 단자 번호 14)
8. G　조인트 커넥터 (JF04 단자 번호 14)
9. R　[후측방 레이더 미적용]
메인 하네스 (MF21 단자 번호 54)
[후측방 레이더 적용]
리어 범퍼 하네스
(FR21 단자 번호 22)
10. -　-

- 루프 하네스

WRK P/No.	-
Vendor P/No.	5011-0073-2
Vendor P/Name	KSC_025_10F

1. L　선루프 스위치 (SIG B (Close))
2. P　선루프 스위치 (SIG A (Open))
3. O　룸측 송객 감지 센서 (B-CAN (Low))
4. L　조인트 커넥터 (JR11 단자 번호 12)
5. -　-

6. -　-
7. O　선루프 스위치 (SIG C (Tilt))
8. G　룸측 송객 감지 센서 (B-CAN (High))
9. R　조인트 커넥터 (JR11 단자 번호 2)
10. -　-

하네스 연결 커넥터

CV90-36

FR21

플로어와 리어 범퍼 하네스 연결 커넥터 (36)

- 플로어 하네스

WRK P/No.	-
Vendor P/No.	MG657000-5
Vendor P/Name	KET_060110WP_36F

1. -
2. -
3. -
4. G [전측방 레이더 (JF01 단자 번호 2)
　 [전측방 레이더 (미적용)
　 프런트 하네스 (EF11 단자 번호 6)
5. O [전측방 레이더 (미적용)
　 조인트 커넥터 (JF01 단자 번호 6)
　 [전측방 레이더 (미적용)
　 프런트 하네스 (EF11 단자 번호 7)
6. -
7. P/B 운전석 도어 하네스
　 (FD11 단자 번호 41)
8. -
9. -
10. -
11. -
12. Br ICU 정션 블록 (IPS8 (2CH)
13. G 조인트 커넥터 (JF01 단자 번호 1)
14. O 조인트 커넥터 (JF01 단자 번호 5)
15. L/O 메인 하네스 (MF11 단자 번호 71)
16. Gr 메인 하네스 (MF11 단자 번호 20)
17. L 메인 하네스 (MF11 단자 번호 23)
18. -
19. -
20. G/O ICU 정션 블록 (IPS9 (2CH)
21. L 루프 하네스 (FR11 단자 번호 4)
22. R 루프 하네스 (FR11 단자 번호 9)
23. W 메인 하네스 (MF11 단자 번호 16)
24. Br 메인 하네스 (MF11 단자 번호 15)
25. -
26. B 접지 (GF04)
27. -
28. G ICU 정션 블록 (퓨즈 - 모듈4)
29. G/O ICU 정션 블록 (IPS9 (2CH)
30. G ICU 정션 블록 (퓨즈 - 모듈4)
31. R 메인 하네스 (MF21 단자 번호 51)
32. -
33. P/B 동승석 도어 하네스
　 (FD21 단자 번호 41)
34. L 메인 하네스 (MF21 단자 번호 55)
35. R 메인 하네스 (MF21 단자 번호 54)
36. -

- 리어 범퍼 하네스

WRK P/No.	-
Vendor P/No.	MG646178-5
Vendor P/Name	KET_060110WP_36M

1. -
2. -
3. -
4. G 후측방 레이더 RH
　 (ADAS L-CAN FD (High))
5. O 후측방 레이더 RH
　 (ADAS L-CAN FD (Low))
6. -
7. P/B 후측방 레이더 LH (BCW IND.)
8. -
9. -
10. -
11. - [GT or GT Line 적용]
　 후방 안개등 & 후진등
12. Br [GT & GT-Line 미적용]
　 후진등
13. G 후측방 레이더 LH
　 (ADAS L-CAN FD (High))
14. O 후측방 레이더 LH
　 (ADAS L-CAN FD (Low))
15. L 조인트 커넥터 (JR22 단자 번호 1)
16. Gr 후방 주차 거리 경고 센서 LH (Side)
　 (LIN)
17. L 후방 주차 거리 경고 센서 RH (Side)
　 (LIN)
18. -
19. -
20. G/O 후측방 레이더 RH (상시 전원)
21. L 조인트 커넥터 (JR23 단자 번호 5)
22. R 조인트 커넥터 (JR23 단자 번호 2)
23. W 스마트 키 리어 범퍼 안테나 (접지)
24. Br 스마트 키 리어 범퍼 안테나 (전원)
25. -
26. B 조인트 커넥터 (JR21 단자 번호 1)
27. -
28. P 후측방 레이더 LH (On/Start 전원)
29. G/O 후측방 레이더 LH (상시 전원)
30. P/B 후측방 레이더 RH (On/Start 전원)
31. R 조인트 커넥터 (JR22 단자 번호 12)
32. -
33. P/B 후측방 레이더 RH (BCW IND.)
34. L 조인트 커넥터 (JR23 단자 번호 6)
35. R 조인트 커넥터 (JR23 단자 번호 3)
36. -

FR31

- 풀도어 하네스

WRK P/No.	-
Vendor P/No.	MG645996
Vendor P/Name	KET_025060110_FAKRA_22M

1. W 프런트 하네스 (EF11 단자 번호1)
2. B 파워 테일게이트 유닛 (스위치 접지)
3. Y 파워 테일게이트 유닛 (래치 모터 (-))
4. R 메인 하네스 (MF11 단자 번호 59)
5. B 메인 하네스 (MF11 단자 번호 58)
6. O 파워 테일게이트 유닛 (래치 모터 (+))
7. Br/B 메인 하네스 (MF11 단자 번호 61)
8. R 메인 하네스 (MF11 단자 번호 (부지))
9. Gr 파워 테일게이트 유닛 (Half Lock스위치)
10. B 메인 하네스 (MF11 단자 번호 45)
11. B/O 리어 뷰 카메라 쉴드
12. L 파워 테일게이트 유닛 (Home Position스위치)
13. G ICU 정션 블록 (IPS 컨트롤 모듈 - 테일게이트 Full Lock 스위치)

14. R ICU 정션 블록 (테일게이트 릴레이))
15. P ICU 정션 블록 (IPS 컨트롤 모듈 - 테일게이트스위치)
16. G ICU 정션 블록 (IPS3 (4CH))
17. G 파워 테일게이트 유닛 (실내 스위치)
18. O/B 파워 테일게이트 유닛 (부지) (실내 스위치 (ILL.))
19. G 조인트 커넥터 (JF04 단자 번호 15)
20. O 조인트 커넥터 (JF04 단자 번호 30)
21. B 접지 (GF03)
22. L/O [파워 테일게이트 미적용] 파워 테일게이트 유닛 (Open 스위치)
    L [파워 테일게이트 미적용]

- 테일게이트 LH 하네스

WRK P/No.	-
Vendor P/No.	MG656846
Vendor P/Name	KET_025060110_FAKRA_22F

1. W 테일게이트 CENTER 하네스 (RR21 단자 번호 1)
2. B 테일게이트 CENTER 하네스 (RR21 단자 번호 2)
3. Y 테일게이트 CENTER 하네스 (RR21 단자 번호 3)
4. R 테일게이트 CENTER 하네스 (RR21 단자 번호 4)
5. B 테일게이트 CENTER 하네스 (RR21 단자 번호 5)
6. O 테일게이트 CENTER 하네스 (RR21 단자 번호 6)
7. Br/B 테일게이트 CENTER 하네스 (RR21 단자 번호 7)
8. R 테일게이트 CENTER 하네스 (RR21 단자 번호 8)
9. Gr 테일게이트 CENTER 하네스 (RR21 단자 번호 9)
10. B 테일게이트 CENTER 하네스 (RR21 단자 번호 10)
11. B/O 리어 뷰 카메라 쉴드
12. L 테일게이트 CENTER 하네스 (RR21 단자 번호 12)

13.   테일게이트 CENTER 하네스 (RR21 단자 번호 13)
    G [파워 테일게이트 미적용]
    W [파워 테일게이트 적용]
14. R 테일게이트 CENTER 하네스 (RR21 단자 번호 14)
15. P 테일게이트 CENTER 하네스 (RR21 단자 번호 15)
16. G 보조 정지등 (신호)
17. G 테일게이트 CENTER 하네스 (RR21 단자 번호 17)
18. O/B 테일게이트 CENTER 하네스 (RR21 단자 번호 18)
19. G 테일게이트 CENTER 하네스 (RR21 단자 번호 19)
20. O 테일게이트 CENTER 하네스 (RR21 단자 번호 20)
21. B 테일게이트 CENTER 하네스 (RR21 단자 번호 21)
22.   테일게이트 CENTER 하네스 (RR21 단자 번호 22)
    L [파워 테일게이트 미적용]
    Br [파워 테일게이트 적용]

하네스 연결 커넥터 (38)

CV90-38 (우측)

- 테일게이트 RH 하네스

WRK P/No.	-
Vendor P/No.	5011-0078
Vendor P/Name	KSC_025110_12F

1. G/B 테일게이트 CENTER 하네스 (RR22 단자 번호 5)
2. Br/B 테일게이트 CENTER 하네스 (RR22 단자 번호 3)
3. G/O 테일게이트 CENTER 하네스 (RR22 단자 번호 8)
4. Y 테일게이트 CENTER 하네스 (RR22 단자 번호 9)
5. Gr 퍼들 램프 (-)
6. R/B 퍼들 램프 (+)
7. B 테일게이트 CENTER 하네스 (RR22 단자 번호 7)
8. -
9. -
10. -
11. -
12. -

FR41 플로어와 테일게이트 RH 하네스 연결 커넥터

- 플로어 하네스

WRK P/No.	-
Vendor P/No.	5021-0081
Vendor P/Name	KSC_025110_12M

1. G/B ICU 정션 블록 (IPS3 (4CH))
2. Br/B ICU 정션 블록 (IPS6 (2CH))
3. G/O ICU 정션 블록 (IPS3 (4CH))
4. Y 메인 하네스 (MF11 단자 번호 54)
5. Gr 메인 하네스 (MF11 단자 번호 21)
6. R ICU 정션 블록 (퓨즈 - 모듈1)
7. B 접지 (GF05)
8. -
9. -
10. -
11. -
12. -

FS11 플로어와 운전석 시트 하네스 연결 커넥터

- 플로어 하네스

	WRK P/No.	-
	Vendor P/No.	CL6439-0010-6
	Vendor P/Name	HRS_025060110_28F

1. Br ICU 정션 블록 (퓨즈 - 전동시트 운전석)
2. R   동승석 시트 하네스 (FS21 단자 번호 17)
3. G   ICU 정션 블록 (퓨즈 - 모듬5)
4. R   ICU 정션 블록 (퓨즈 - 모듬8)
5. R   ICU 정션 블록 (퓨즈 - 모듬8)
6. G   조인트 커넥터 (JF04 단자 번호 10)
7. O   조인트 커넥터 (JF04 단자 번호 25)
8. -
9. -
10. -
11. -
12. P   동승석 시트 하네스 (FS21 단자 번호 21)
13. O   동승석 시트 하네스 (FS21 단자 번호 32)
14. B   접지 (GF01)
15. -
16. -
17. R   동승석 시트 하네스 (FS21 단자 번호 20)
18. Y   동승석 시트 하네스 (FS21 단자 번호 22)
19. W   ICU 정션 블록 (퓨즈 - USB 충전기)
20. -
21. Br 동승석 시트 하네스 (FS21 단자 번호 23)
22. W   동승석 시트 하네스 (FS21 단자 번호 29)
23. B   접지 (GF01)
24. -
25. -
26. O   동승석 시트 하네스 (FS21 단자 번호 28)
27. B   접지 (GF01)
28. B   접지 (GF01)

- 운전석 시트 하네스

	WRK P/No.	-
	Vendor P/No.	CL6439-0011-9
	Vendor P/Name	HRS_KM025_060_110_28M

1. R   조인트 커넥터 (JS11 단자 번호 16)
2. O   [통풍 시트] 운전석 통풍 시트 쿠션 히터 (히터 전원) [시트 히터] 운전석 시트 쿠션 히터 (히터 전원)
3. L/B 운전석 파워 시트 모듈 (ON/START 전원)
4. P/B 운전석 파워 시트 모듈 (ECU 전원)
5. P/B 운전석 파워 시트 모듈 스위치 (상시 전원)
6. B   (B-CAN High)
7. Y   (B-CAN High)
8. -
9. -
10. -
11. -
12. O/B [통풍 시트] 운전석 통풍 시트 쿠션 히터 (NTC (+)) [시트 히터] 운전석 시트 쿠션 히터 (NTC (+))
13. Br   [통풍 시트] 운전석 통풍 시트 쿠션 히터 (히터 접지) [시트 히터] 운전석 시트 쿠션 히터 (히터 접지)
14. B   조인트 커넥터 (JS11 단자 번호 11)
15. -
16. -
17. P   운전석 통풍 시트 블로어 모터 (전원)
18. G   운전석 통풍 시트 블로어 모터 (SPD)
19. R/B 운전석 시트 USB 충전 단자 (전원)
20. -
21. L   운전석 통풍 시트 블로어 모터 (SPD_F/B)
22. Gr   운전석 통풍 시트 블로어 모터 (접지)
23. B/O 운전석 시트 USB 충전 단자 (접지)
24. -
25. -
26. Br/B [통풍 시트] 운전석 통풍 시트 쿠션 히터 (NTC (-)) [시트 히터] 운전석 시트 쿠션 히터 (NTC (-))
27. G/B 접지 : 운전석 매뉴얼 익스텐션 스위치, 운전석 시트 익스텐션 하네스 (SS11 단자 번호 7)
28. G/B 운전석 파워 시트 모듈 (ECU 접지)

하네스 연결 커넥터 (40)

FS21 플로어와 동승석 시트 하네스 연결 커넥터 (다음 페이지로)

- 플로어 하네스

WRK P/No.	-
Vendor P/No.	2005431-1
Vendor P/Name	AMP_02509_34F

핀	색상	연결
1.	R	ICU 정션 블록 (퓨즈 - 전동시트 조수석)
2.	L	ICU 정션 블록 (퓨즈 - 시트 히터 앞)
3.	L	ICU 정션 블록 (퓨즈 - 시트 히터 앞)
4.	G	ICU 정션 블록 (퓨즈 - 모듈5)
5.	G/O	[시트 히터] 콘솔 익스텐션 하네스 (FF11 단자 번호 8)
6.	Y/O	[시트 히터] 콘솔 익스텐션 하네스 (FF11 단자 번호 9)
7.	B/O	[시트 히터] 콘솔 익스텐션 하네스 (FF11 단자 번호 10)
8.	L/O	[시트 히터] 콘솔 익스텐션 하네스 (FF11 단자 번호 11)
9.	R/O	[시트 히터] 콘솔 익스텐션 하네스 (FF11 단자 번호 4)
10.	Gr/O	[시트 히터] 콘솔 익스텐션 하네스 (FF11 단자 번호 5)
11.	Br/O	[시트 히터] 콘솔 익스텐션 하네스 (FF11 단자 번호 6)
12.	W/O	[시트 히터] 콘솔 익스텐션 하네스 (FF11 단자 번호 7)
13.	O	[통풍 시트] 콘솔 익스텐션 하네스 (FF11 단자 번호 2)
14.	B	접지 (GF02)
15.	B	접지 (GF02)
16.	B	접지 (GF02)
17.	R	운전석 시트 하네스 (FS11 단자 번호 2)
18.	-	
19.	R	ICU 정션 블록 (퓨즈 - 모듈8)
20.	R	[통풍 시트] 운전석 시트 하네스 (FS11 단자 번호 17)
21.	P	운전석 시트 하네스 (FS11 단자 번호 12)
22.	Y	[통풍 시트] 운전석 시트 하네스 (FS11 단자 번호 18)
23.	Br	[통풍 시트] 운전석 시트 하네스 (FS11 단자 번호 21)
24.	G	조인트 커넥터 (JF04 단자 번호 9)
25.	O	조인트 커넥터 (JF04 단자 번호 24)
26.	-	
27.	-	
28.	O	운전석 시트 하네스 (FS11 단자 번호 26)
29.	W	[통풍 시트] 운전석 시트 하네스 (FS11 단자 번호 22)
30.	B	접지 (GF02)
31.	-	
32.	O	운전석 시트 하네스 (FS11 단자 번호 13)
33.	W	ICU 정션 블록 (퓨즈 - USB 충전기)
34.	B	접지 (GF02)

FS21 통로어와 동승석 시트 하네스 연결 커넥터

- 동승석 시트 하네스

WRK P/No.	-
Vendor P/No.	2005434-1
Vendor P/Name	AMP_025090_HYV_34M

1. R 조인트 커넥터 (JS21 단자 번호 1)
2. R 상시 전원 :
   [시트 히터]
   프런트 시트 히터 컨트롤 모듈
   [통풍 시트]
   프런트 통풍 시트 컨트롤 모듈
3. W 상시 전원 :
   [시트 히터]
   프런트 시트 히터 컨트롤 모듈
   [통풍 시트]
   프런트 통풍 시트 컨트롤 모듈
4. L ON/START 전원 :
   [시트 히터]
   프런트 시트 히터 컨트롤 모듈
   [통풍 시트]
   프런트 통풍 시트 컨트롤 모듈
   [릴렉스 시트 작업]
   동승석 파워 시트 작업]
5. L/B 프런트 시트 히터 컨트롤 모듈
   (운전석 시트 히터 스위치 - High IND.)
   [시트 히터]
6. O/B 프런트 시트 히터 컨트롤 모듈
   (운전석 시트 히터 스위치 - Mid IND.)
   [시트 히터]
7. G/B 프런트 시트 히터 컨트롤 모듈
   (운전석 시트 히터 스위치 - Mid IND.)

8. P/O 프런트 시트 히터 컨트롤 모듈
   (운전석 시트 히터 스위치 - Low IND.)
   [시트 히터]
9. W/B 프런트 시트 히터 컨트롤 모듈
   (동승석 시트 히터 스위치 - 신호)
   [시트 히터]
10. Y 프런트 시트 히터 컨트롤 모듈
    (동승석 시트 히터 스위치 - High IND.)
    [시트 히터]
11. R/B 프런트 통풍 시트 컨트롤 모듈
    [통풍 시트]
12. Br 프런트 시트 히터 컨트롤 모듈
    (동승석 시트 히터 스위치 - Mid IND.)
    [시트 히터]
13. P 프런트 통풍 시트 컨트롤 모듈
    [통풍 시트]
14. B 접지 :
    [시트 히터]
    프런트 시트 히터 컨트롤 모듈
    [통풍 시트]
    프런트 통풍 시트 컨트롤 모듈
15. G 접지 :
    프런트 시트 히터 컨트롤 모듈
    [시트 히터]

16. B
17. Y 조인트 커넥터 (JS21 단자 번호 6)
    히터 전원 :
    [시트 히터]
    프런트 시트 히터 컨트롤 모듈
    [통풍 시트]
    프런트 통풍 시트 컨트롤 모듈
18. -
19. P/B 상시 전원 :
    [릴렉스 시트 작업]
    동승석 파워 시트 작업]
    [릴렉스 시트 미적용]
20. G/O 프런트 통풍 시트 컨트롤 모듈
    [통풍 시트]
21. Y/B NTC (+) :
    [시트 히터]
    프런트 통풍 시트 컨트롤 모듈
    [통풍 시트]
22. L/O 프런트 통풍 시트 컨트롤 모듈
    (운전석 블로어 모터 - SPD)
    [통풍 시트]
23. Br/O 프런트 통풍 시트 컨트롤 모듈
    (운전석 블로어 모터 - SPD F/B)
    [통풍 시트]
24. G 조인트 커넥터 (JS22 단자 번호 1)
    [릴렉스 시트 미적용 - 시트 히터]
    프런트 시트 히터 컨트롤 모듈
    (B-CAN (High))
    [릴렉스 시트 미적용 - 통풍 시트]
    프런트 통풍 시트 컨트롤 모듈
    (B-CAN (High))

25. O [릴렉스 시트 작업]
    조인트 커넥터 (JS22 단자 번호 5)
    [릴렉스 시트 미적용 - 시트 히터]
    프런트 시트 히터 컨트롤 모듈
    (B-CAN (Low))
    [릴렉스 시트 미적용 - 통풍 시트]
    프런트 통풍 시트 컨트롤 모듈
    (B-CAN (Low))
26. -
27. -
28. Br/B NTC (-) :
    [시트 히터]
    프런트 시트 히터 컨트롤 모듈
    [통풍 시트]
    프런트 통풍 시트 컨트롤 모듈
29. W/O 프런트 통풍 시트 컨트롤 모듈
    [통풍 시트]
30. Gr 접지 :
    [릴렉스 시트 작업]
    동승석 파워 시트 컨트롤 모듈
    [릴렉스 시트 미적용]
    (운전석 블로어 모터 - GND)
31. - 동승석 매뉴얼 시트 스위치,
    동승석 시트 익스텐션 하네스
    (SS21 단자 번호 7)
32. Br 히터 접지 :
    [시트 히터]
    프런트 시트 히터 컨트롤 모듈
    [통풍 시트]
    프런트 통풍 시트 컨트롤 모듈
33. R [통풍 시트]
    동승석 통풍 시트 USB 충전 단자
    (전원)
    동승석 통풍 시트 USB 충전 단자
34. B [통풍 시트]
    동승석 통풍 시트 USB 충전 단자
    (접지)

FS31 플로어와 리어 시트 하네스 연결 커넥터

- 플로어 하네스

WRK P/No.	-
Vendor P/No.	MG655766
Vendor P/Name	KET_025060110_22F

1. Y ICU 정션 블록 (퓨즈 - 시트히팅 뒤)
2. Y ICU 정션 블록 (퓨즈 - 시트히팅 뒤)
3. -
4. -
5. O/B ICU 정션 블록 (퓨즈 - 모듈5)
6. W 리어 도어 LH 하네스 (FD31 단자 번호 5)
7. Gr 리어 도어 LH 하네스 (FD31 단자 번호 6)
8. Y/O 리어 도어 LH 하네스 (FD31 단자 번호 7)
9. -
10. -
11. O 조인트 커넥터 (JF04 단자 번호 26)

12. B 접지 (GF05)
13. -
14. -
15. -
16. G 리어 도어 RH 하네스 (FD41 단자 번호 5)
17. Gr/O 리어 도어 RH 하네스 (FD41 단자 번호 6)
18. Y/O 리어 도어 RH 하네스 (FD41 단자 번호 7)
19. -
20. -
21. G 조인트 커넥터 (JF04 단자 번호 11)
22. B 접지 (GF05)

- 리어 시트 하네스

WRK P/No.	-
Vendor P/No.	MG645808
Vendor P/Name	KET_025-II_060_110_22M

1. R 리어 시트 LH 하네스 (SS31 단자 번호 1)
2. P 리어 시트 LH 하네스 (SS31 단자 번호 2)
3. -
4. -
5. L 리어 시트 LH 하네스 (SS31 단자 번호 3)
6. W 리어 시트 LH 하네스 (SS31 단자 번호 4)
7. R/B 리어 시트 LH 하네스 (SS31 단자 번호 5)
8. P/B 리어 시트 LH 하네스 (SS31 단자 번호 6)
9. -
10. -
11. O 리어 시트 LH 하네스 (SS31 단자 번호 17)

12. B 리어 시트 LH 하네스 (SS31 단자 번호 10)
13. -
14. -
15. -
16. Y 리어 시트 LH 하네스 (SS31 단자 번호 14)
17. L/B 리어 시트 LH 하네스 (SS31 단자 번호 15)
18. G/B 리어 시트 LH 하네스 (SS31 단자 번호 16)
19. -
20. -
21. G 리어 시트 LH 하네스 (SS31 단자 번호 7)
22. Br 리어 시트 LH 하네스 (SS31 단자 번호 9)

HH11

프론트 고전압 정션 블록 #1과 프론트 고전압 정션 블록 #2 하네스 연결 커넥터 (2WD)

- 프론트 고전압 정션 블록 #1 하네스

WRK P/No.	-
Vendor P/No.	HKC02-02512
Vendor P/Name	KSC_025_02M

- 프론트 고전압 정션 블록 #2 하네스

WRK P/No.	-
Vendor P/No.	HKC02-02522
Vendor P/Name	KSC_025_02F

1.　　　　　　2. L　　프론트 하네스 (HV23 단자 번호 6)

B　[배터리 히팅 적용]
　　프론트 고전압 정션 블록 #3 하네스
　　(HH12 단자 번호 2)
　　[배터리 히팅 미적용]
L　프론트 고전압 정션 블록
　　(인터록 - High)

1. P　　　　　2. B　　프론트 하네스 (HV21 단자 번호 5)

프론트 하네스 (HV21 단자 번호 6)

HH12

프론트 고전압 정션 블록 #1과 프론트 고전압 정션 블록 #3 하네스 연결 커넥터 (2WD – 배터리 히팅 적용)

- 프론트 고전압 정션 블록 #1 하네스

WRK P/No.	-
Vendor P/No.	HKC02-02512
Vendor P/Name	KSC_025_02M

- 프론트 고전압 정션 블록 #3 하네스

WRK P/No.	-
Vendor P/No.	HKC02-02522
Vendor P/Name	KSC_025_02F

1. P　　　　　2. B　　프론트 고전압 정션 블록 #2 하네스
　　　　　　　　　　　(HH11 단자 번호 1)

1. P　　프론트 고전압 정션 블록
　　　　(인터록 - High)

1. L　　　　　2. P　　프론트 하네스 (HV22 단자 번호 3)

프론트 하네스 (HV22 단자 번호 4)

하네스 연결 커넥터 (44)

HH21 프런트 고전압 정션 블록 #1과 프런트 고전압 정션 블록 #2 하네스 연결 커넥터 (4WD)

- 프런트 고전압 정션 블록 #1 하네스

WRK P/No.	-
Vendor P/No.	HKC02-02522
Vendor P/Name	KSC_025_02F

1. P [배터리 히팅 적용]
프런트 고전압 정션 블록 #3 하네스
(HH22 단자 번호 2)
   L [배터리 히팅 미적용]
프런트 하네스 (HV24 단자 번호 5)

2. B 프런트 하네스 (HV24 단자 번호 6)

- 프런트 고전압 정션 블록 #2 하네스 연결 커넥터 (4WD)

WRK P/No.	-
Vendor P/No.	HKC02-02512
Vendor P/Name	KSC_025_02M

1. P 프런트 하네스 (HV21 단자 번호 5)

2. B 프런트 하네스 (HV21 단자 번호 6)

HH22 프런트 고전압 정션 블록 #1과 프런트 고전압 정션 블록 #3 하네스 연결 커넥터 (4WD - 배터리 히팅 적용)

- 프런트 고전압 정션 블록 #3 하네스

WRK P/No.	-
Vendor P/No.	HKC02-02512
Vendor P/Name	KSC_025_02M

1. L 프런트 고전압 정션 블록 #2 하네스
(HH21 단자 번호 1)

2. P 프런트 하네스 (HV24 단자 번호 5)

- 프런트 고전압 정션 블록 #3 하네스 연결 커넥터 (4WD - 배터리 히팅 적용)

WRK P/No.	-
Vendor P/No.	HKC02-02522
Vendor P/Name	KSC_025_02F

1. L 프런트 하네스 (HV22 단자 번호 3)

2. P 프런트 하네스 (HV22 단자 번호 4)

하네스 연결 커넥터 (45)

CV90-45

HV11   리어 파워 일렉트릭 모듈과 리어 고전압 정션 블록 하네스 연결 커넥터

- 리어 파워 일렉트릭 모듈 하네스

WRK P/No.	-
Vendor P/No.	HKC06-16021
Vendor P/Name	KSC_060WP_06F

1. Gr/O	블로어 하네스 (FP11 단자 번호 5)	4. B	블로어 하네스 (FP11 단자 번호 9)
2. -		5. -	
3. L/O	블로어 하네스 (FP11 단자 번호 8)	6. B	블로어 하네스 (FP11 단자 번호 9)

- 리어 고전압 정션 블록 하네스 연결 커넥터

WRK P/No.	-
Vendor P/No.	HKC06-16011
Vendor P/Name	KSC_060WP_06M

1. R	급속충전 (+) 릴레이 (컨트롤)	4. B	급속충전 (+) 릴레이 (접지)
2. -		5. -	
3. R	급속충전 (-) 릴레이 (컨트롤)	6. B	급속충전 (-) 릴레이 (접지)

HV12   리어 고전압 정션 블록과 충전 커넥터 하네스 연결 커넥터

- 리어 고전압 정션 블록 하네스

WRK P/No.	-
Vendor P/No.	-
Vendor P/Name	02M

1. N/A	BUS-BAR (-) : 급속충전 (-) 릴레이	2. N/A	BUS-BAR (+) : 급속충전 (+) 릴레이, 리어 인버터 터미널블록 (+)

- 충전 커넥터 하네스

WRK P/No.	-
Vendor P/No.	HKC02-57140
Vendor P/Name	KSC_HV_570WP_02F

1. O	충전단자 (-)	2. O	충전단자 (+)

하네스 연결 커넥터 (46)

HV21

프런트와 프런트 고전압 정션 블록 하네스 연결 커넥터

- 프런트 하네스

WRK P/No.	-
Vendor P/No.	HKC04-11140
Vendor P/Name	KSC_HV_110_04F

1. - -
2. - -
3. O 에어컨 PTC 히터 (+)
4. O 에어컨 PTC 히터 (-)

- 프런트 고전압 정션 블록

WRK P/No.	-
Vendor P/No.	HKC04-11130
Vendor P/Name	KSC_HV_110_04M

1. - -
2. - -
3. O 프런트 고전압 정션 블록 (퓨즈 - INNER HTR)
4. O 프런트 고전압 정션 블록 (BUS-BAR (-))

HV22

프런트 고전압 정션 블록과 BMS PTC 히터 하네스 연결 커넥터

- 프런트 고전압 정션 블록 하네스

WRK P/No.	33175359
Vendor P/No.	DEL_060110WP_04M
Vendor P/Name	

1. O 프런트 고전압 정션 블록 (BUS-BAR (-))
2. O 배터리 히팅 릴레이 (+)
3. L 프런트 고전압 정션 블록 #1 하네스 (HH12 단자 번호 1)
4. P 프런트 고전압 정션 블록 #1 하네스 (HH12 단자 번호 2)

- BMS PTC 히터 하네스

WRK P/No.	-
Vendor P/No.	33162594
Vendor P/Name	04F

1. O BMS PTC 히터 온도 센서 (-)
2. O BMS PTC 히터 온도 센서 (+)
3. N/A 인터록 (+)
4. N/A 인터록 (-)

HV23   프런트와 프런트 고전압 정션 블록 #1 하네스 연결 커넥터 (2WD)

- 프런트 하네스

WRK P/No.	-
Vendor P/No.	HKC06-16021
Vendor P/Name	KSC_060WP_06F

1. Y   블로어 하네스 (EF21 단자 번호 12)   4. -   -
2. B   블로어 하네스 (EF21 단자 번호 27)   5. Gr   블로어 하네스 (EF21 단자 번호 7)
3. -   -   6. L   블로어 하네스 (EF21 단자 번호 8)

- 프런트 고전압 정션 블록 #1 하네스 연결 커넥터 (2WD)

WRK P/No.	-
Vendor P/No.	HKC06-16011
Vendor P/Name	KSC_060WP_06M

1. R   배터리 히팅 릴레이 (컨트롤)   4. -   프런트 고전압 커넥터 인터락(+)
2. B   배터리 히팅 릴레이 (접지)   5. L   프런트 고전압 정션 블록 #1 하네스
3. -   -   6. L   (HH11 단자 번호 2)

HV24   프런트 파워 일렉트릭 모듈과 프런트 고전압 정션 블록 #1 하네스 연결 커넥터 (4WD)

- 프런트 파워 일렉트릭 모듈 하네스

WRK P/No.	-
Vendor P/No.	HKC06-16021
Vendor P/Name	KSC_060WP_06F

1. Y   프런트 하네스 (EP11 단자 번호 12)   4. -   -
2. B   프런트 하네스 (EP11 단자 번호 54)   5. Gr   프런트 하네스 (EP11 단자 번호 53)
3. -   -   6. L   프런트 하네스 (EP11 단자 번호 52)

- 프런트 고전압 정션 블록 #1 하네스 연결 커넥터 (4WD)

WRK P/No.	-
Vendor P/No.	HKC06-16011
Vendor P/Name	KSC_060WP_06M

1. R   배터리 히팅 릴레이 (컨트롤)   5. L   [배터리 히팅 미적용]
2. B   배터리 히팅 릴레이 (접지)   프런트 고전압 정션 블록 #2 하네스
3. -   -   (HH21 단자 번호 1)
4. -   -   6. B   [배터리 히팅 적용]
                                     프런트 고전압 정션 블록 #3 하네스
                                     (HH21 단자 번호 1)
                                     프런트 고전압 정션 블록 #2 하네스
                                     (HH21 단자 번호 2)

하네스 연결 커넥터 (48)

MF11 메인과 풀로어 하네스 연결 커넥터 (다음 페이지로)

- 메인 하네스

WRK P/No.	-
Vendor P/No.	5011-0437
Vendor P/Name	KSC_025060FAKRA_74F

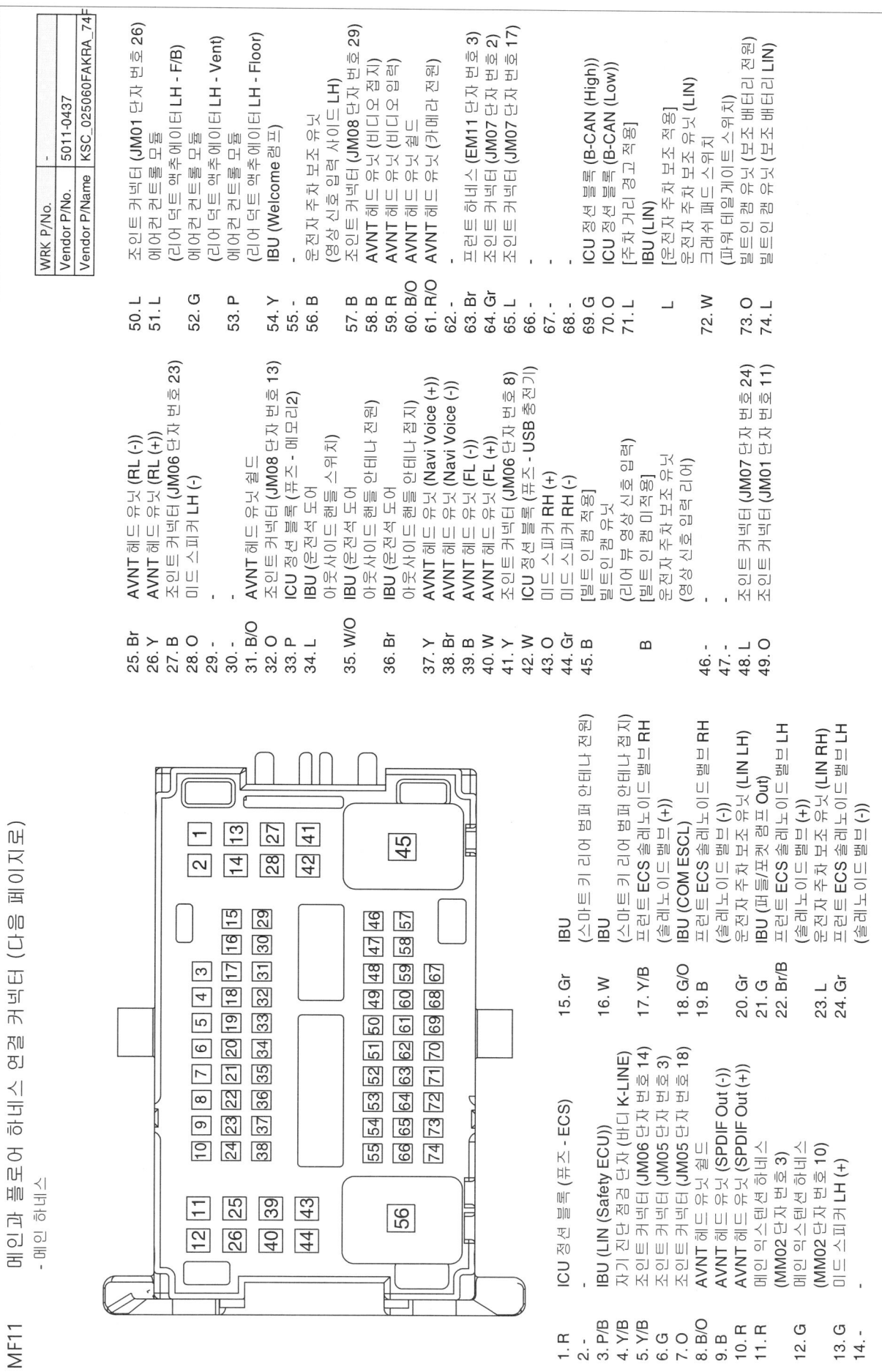

핀	색상	설명
1	R	ICU 정션블록 (퓨즈 - ECS)
2	-	
3	P/B	IBU (LIN (Safety ECU))
4	Y/B	자기 진단 점검 단자 (바디 K-LINE)
5	Y/B	조인트 커넥터 (JM06 단자 번호 14)
6	G	조인트 커넥터 (JM05 단자 번호 3)
7	O	조인트 커넥터 (JM05 단자 번호 18)
8	B/O	AVNT 헤드 유닛 쉴드
9	B	AVNT 헤드 유닛 (SPDIF Out (-))
10	R	AVNT 헤드 유닛 (SPDIF Out (+))
11	R	메인 익스텐션 하네스 (MM02 단자 번호 3)
12	G	메인 익스텐션 하네스 (MM02 단자 번호 10)
13	G	미드 스피커 LH (+)
14	-	
15	Gr	IBU (스마트 키 리어 범퍼 안테나 전원)
16	W	IBU (스마트 키 리어 범퍼 안테나 접지)
17	Y/B	프런트 ECS 솔레노이드 벨브 RH (솔레노이드 벨브 (+))
18	G/O	IBU (COM ESCL)
19	B	프런트 ECS 솔레노이드 벨브 RH (솔레노이드 벨브 (-))
20	Gr	운전자 주차 보조 유닛 (LIN LH)
21	G	IBU (파들/포켓 램프 Out)
22	Br/B	프런트 ECS 솔레노이드 벨브 LH (솔레노이드 벨브 (+))
23	L	운전자 주차 보조 유닛 (LIN RH)
24	Gr	프런트 ECS 솔레노이드 벨브 LH (솔레노이드 벨브 (-))
25	Br	AVNT 헤드 유닛 (RL (-))
26	Y	AVNT 헤드 유닛 (RL (+))
27	B	조인트 커넥터 (JM06 단자 번호 23)
28	O	미드 스피커 LH (-)
29	-	
30	-	
31	B/O	AVNT 헤드 유닛 쉴드
32	O	조인트 커넥터 (JM08 단자 번호 13)
33	P	ICU 정션블록 (퓨즈 - 메모리2)
34	L	IBU (운전석도어) 아웃사이드 핸들 안테나 접지
35	W/O	IBU (운전석도어) 아웃사이드 핸들 안테나 접지
36	Br	AVNT 헤드 유닛 (Navi Voice (+))
37	Y	AVNT 헤드 유닛 (Navi Voice (-))
38	Br	AVNT 헤드 유닛 (FL (-))
39	B	AVNT 헤드 유닛 (FL (+))
40	W	조인트 커넥터 (JM06 단자 번호 8)
41	Y	ICU 정션블록 (퓨즈 - USB 충전기)
42	W	미드 스피커 RH (+)
43	O	미드 스피커 RH (-)
44	Gr	빌트인 캠 유닛 [빌트인 캠 작동]
45	B	빌트인 캠 유닛 (리어 뷰 영상신호 입력) [빌트인 캠 미작동]
46	-	
47	-	
48	L	조인트 커넥터 (JM07 단자 번호 24)
49	O	조인트 커넥터 (JM01 단자 번호 11)
50	L	조인트 커넥터 (JM01 단자 번호 26)
51	L	에어컨 컨트롤 모듈 (리어 닥트 액추에이터 LH - F/B)
52	G	에어컨 컨트롤 모듈 (리어 닥트 액추에이터 LH - Vent)
53	P	에어컨 컨트롤 모듈 (리어 닥트 액추에이터 LH - Floor)
54	Y	IBU (Welcome 램프)
55	-	
56	B	운전자 주차 보조 유닛 (영상 신호 입력 사이드 LH)
57	B	조인트 커넥터 (JM08 단자 번호 29)
58	B	AVNT 헤드 유닛 (비디오 접지)
59	R	AVNT 헤드 유닛 (비디오 입력)
60	B/O	AVNT 헤드 유닛 쉴드
61	R/O	AVNT 헤드 유닛 (카메라 전원)
62	-	
63	Br	프런트 하네스 (EM11 단자 번호 3)
64	Gr	조인트 커넥터 (JM07 단자 번호 2)
65	L	조인트 커넥터 (JM07 단자 번호 17)
66	-	
67	-	
68	-	
69	G	ICU 정션블록 (B-CAN (High))
70	O	ICU 정션블록 (B-CAN (Low))
71	L	IBU (LIN)
72	W	운전자 주차 보조 유닛 (LIN)
73	O	크래쉬 패드 마이드 스위치
74	L	빌트인 캠 유닛 (보조 배터리 전원) 빌트인 캠 유닛 (보조 배터리 LIN)

MF11 메인과 플로어 하네스 연결 커넥터
- 플로어 하네스

WRK P/No.	-
Vendor P/No.	5021-0441
Vendor P/Name	KSC_025060FAKRA_74M

1. R ECS 유닛 (상시 전원)
2. -
3. P/B 운전석 도어 하네스 (FD11 단자 번호 42)
4. Y/B 리어 파워 일렉트릭 모듈 하네스 (FP11 단자 번호 44)
5. Y/B 리어 파워 일렉트릭 모듈 하네스 (FP11 단자 번호 45)
6. G 조인트 커넥터 (JF04 단자 번호 8)
7. O 조인트 커넥터 (JF04 단자 번호 23)
8. B/O AVNT 헤드 유닛 쉴드
9. B 앰프 (SPDIF In (-))
10. R 앰프 (SPDIF In (+))
11. Y 앰프 (센터 스피커 (+))
12. B 앰프 (센터 스피커 (-))
13. G 앰프 (미드 스피커 LH (+))
14. -
15. Br 리어 범퍼 하네스 (FR21 단자 번호 24)

16. W 리어 범퍼 하네스 (FR21 단자 번호 23)
17. W/B ECS 유닛 (솔레노이드 밸브 FR (+))
18. G SCU (K-Line)
19. Gr ECS 유닛 (솔레노이드 밸브 FR (-))
20. Gr 리어 범퍼 하네스 (FR21 단자 번호 16)
21. Gr 테일게이트 RH 하네스 (FR41 단자 번호 5),
운전석 도어 하네스 (FD11 단자 번호 16),
동승석 도어 하네스 (FD21 단자 번호 20)
22. Br/B ECS 유닛 (솔레노이드 밸브 FL(+))
23. L 리어 범퍼 하네스 (FR21 단자 번호 17)
24. Gr ECS 유닛 (솔레노이드 밸브 FL(-))
25. Br 리어 도어 LH 하네스 (FD31 단자 번호 24)

26. Y 리어 도어 LH 하네스 (FD31 단자 번호 26)
27. B M-CAN (Low) : ADP, 앰프
28. O 앰프 (미드 스피커 LH (-))
29. -
30. -
31. B/O AVNT 헤드 유닛 쉴드
32. O ADP (상시 전원)
33. Gr/B 리어 덕트 액추에이터 LH (전원)
34. L 운전석 도어 하네스 (FD11 단자 번호 34)
35. W 운전석 도어 하네스 (FD11 단자 번호 32)
36. Br 운전석 도어 하네스 (FD11 단자 번호 33)
37. Y 앰프 (NAVI Voice (+))
38. Br 앰프 (NAVI Voice (-))
39. B 운전석 도어 하네스 (FD11 단자 번호 59)
40. W 운전석 도어 하네스 (FD11 단자 번호 35)
41. Y M-CAN (High) : ADP, 앰프
42. W 프런트 USB 충전 단자 (전원)
43. W 앰프 (미드 스피커 RH (+))
44. Br 앰프 (미드 스피커 RH (-))
45. B 테일게이트 LH 하네스 (FR31 단자 번호 10)
46. -
47. -
48. L 운전석 도어 하네스 (FD11 단자 번호 19),
동승석 도어 하네스 (FD21 단자 번호 47),
리어 도어 LH 하네스 (FD31 단자 번호 9),
리어 도어 RH 하네스 (FD41 단자 번호 9)

49. O 조인트 커넥터 (JF06 단자 번호 12)
50. L 조인트 커넥터 (JF06 단자 번호 27)

51. L 리어 덕트 액추에이터 LH (F/B)
52. G 리어 덕트 액추에이터 LH (Vent)
53. P 리어 덕트 액추에이터 LH (Floor)
54. Y 테일게이트 RH 하네스 (FR41 단자 번호 4),
리어 콤비네이션 램프 (OUT) LH/RH
55. -
56. B 운전석 도어 하네스 (FD11 단자 번호 30)
57. B 리어 덕트 액추에이터 LH (접지)
58. B 테일게이트 LH 하네스 (FR31 단자 번호 5)
59. R 테일게이트 LH 하네스 (FR31 단자 번호 4)
60. B/O AVNT 헤드 유닛 쉴드
61. R 테일게이트 LH 하네스 (FR31 단자 번호 8)
62. -
63. Gr 콘솔 익스텐션 하네스 (FF11 단자 번호 31)
64. Gr 콘솔 익스텐션 하네스 (FF11 단자 번호 14, 25),
운전석 도어 하네스 (FD11 단자 번호 28)
65. L 콘솔 익스텐션 하네스 (FF11 단자 번호 13, 26)
66. -
67. -
68. -
69. G 조인트 커넥터 (JF04 단자 번호 4)
70. O 조인트 커넥터 (JF04 단자 번호 19)
71. L/O 리어 범퍼 하네스 (FR21 단자 번호 15)
72. L 파워 테일게이트 유닛 (테일게이트 크랭커 패드 스위치)
73. O 빌트인 캠 보조 배터리 (전원)
74. L 빌트인 캠 보조 배터리 (LIN)

하네스 연결 커넥터 (50)

MF21 메인과 플로어 하네스 연결 커넥터 (다음 페이지로)
- 메인 하네스

WRK P/No.	-
Vendor P/No.	5011-0437
Vendor P/Name	KSC_025060FAKRA_74F

1. -
2. -
3. W IBU (동승석 도어 아웃사이드 핸들 안테나 접지)
4. Br IBU (동승석 도어 아웃사이드 핸들 안테나 전원)
5. O 조인트 커넥터 (JM07 단자 번호 13)
6. -
7. -
8. W 에어백 컨트롤 모듈 (C-CAN FD (High))
9. Br 에어백 컨트롤 모듈 (C-CAN FD (Low))
10. Y/O LIN : 무드 램프 유닛, 크래쉬 패드 무드램프 LH/RH
11. R IBU (스마트키 실내 안테나 #2 전원)
12. Br/O IBU (스마트키 실내 안테나 #2 접지)
13. -
14. -

15. Y 조인트 커넥터 (JM06 단자 번호 6)
16. B 조인트 커넥터 (JM06 단자 번호 21)
17. -
18. -
19. Br IAU (LOCAL-CAN (Low))
20. Y IAU (LOCAL-CAN (High))
21. Gr IBU (동승석 도어 아웃사이드 핸들 스위치)
22. R/B 크래쉬 패드 스위치 (홍관 단자 열림 스위치)
23. -
24. -
25. R IBU (스마트키 트렁크 안테나 전원)
26. L/O IBU (스마트키 트렁크 안테나 접지)
27. Y 조인트 커넥터 (JM04 단자 번호 4)
28. Br 조인트 커넥터 (JM04 단자 번호 11)
29. -

30. -
31. -
32. -
33. -
34. O 조인트 커넥터 (JM08 단자 번호 14)
35. -
36. Br 프런트 하네스 (EM21 단자 번호 23)
37. Y 프런트 하네스 (EM21 단자 번호 24)
38. -
39. O AVNT 헤드 유닛 (RR (+))
40. Gr AVNT 헤드 유닛 (RR (-))
41. R AVNT 헤드 유닛 (FR (+))
42. G AVNT 헤드 유닛 (FR (-))
43. -
44. -
45. -
46. W 에어컨 컨트롤 모듈 (리어 덕트 액츄에이터 RH - Floor)
47. -
48. -
49. Br 에어컨 컨트롤 모듈 (리어 덕트 액츄에이터 RH - Vent)
50. B 조인트 커넥터 (JM08 단자 번호 30) [주차 거리 경고 작동]
51. R IBU (PDW-R 전원) [운전자 주차 보조 작동]
L 운전자 주차 보조 유닛 (PDW-R 전원)

52. G 에어컨 컨트롤 모듈 (리어 덕트 액츄에이터 RH - F/B)
53. -
54. R 조인트 커넥터 (JM04 단자 번호 3)
55. L 조인트 커넥터 (JM04 단자 번호 10)
56. B 운전자 주차 보조 유닛 (영상 신호 입력 사이드 RH)
57. -
58. -
59. -
60. -
61. -
62. -
63. -
64. -
65. -
66. -
67. -
68. -
69. -
70. -
71. -
72. -
73. -
74. -

하네스 연결 커넥터 (51)

CV90-51

MF21 메인과 플로어 하네스 연결 커넥터
- 플로어 하네스

WRK P/No.	-
Vendor P/No.	5021-0441
Vendor P/Name	KSC_025060FAKRA_74M

1. -
2. -
3. W 동승석 도어 하네스 (FD21 단자 번호 33)
4. Br/B 동승석 도어 하네스 (FD21 단자 번호 32)
5. W/B 배터리 시스템 어셈블리 (BF11 단자 번호 13)
6. -
7. -
8. W 조인트 커넥터 (JF03 단자 번호 4)
9. Br 조인트 커넥터 (JF03 단자 번호 11)
10. Y/O 조인트 커넥터 (JF06 단자 번호 6)
11. R/B 코올 익스텐션 하네스 (FF11 단자 번호 21)
12. Br 코올 익스텐션 하네스 (FF11 단자 번호 22)
13. -

14. -
15. Y 배터리 시스템 어셈블리 (BF11 단자 번호 21)
16. B 배터리 시스템 어셈블리 (BF11 단자 번호 22)
17. -
18. -
19. Br 조인트 커넥터 (JF06 단자 번호 1)
20. Y 조인트 커넥터 (JF06 단자 번호 16)
21. Gr 동승석 도어 하네스 (FD21 단자 번호 34)
22. R/B 충전 단자 도어 모듈 익스텐션 하네스 (FF31 단자 번호 3)
23. -
24. -
25. R 스마트 키 트렁크 안테나 (전원)
26. L 스마트 키 트렁크 안테나 (접지)
27. Y 조인트 커넥터 (JF07 단자 번호 2)
28. Br 조인트 커넥터 (JF07 단자 번호 5)

29. -
30. -
31. -
32. -
33. -
34. O 리어 덕트 액추에이터 RH (전원)
35. -
36. Br 조인트 커넥터 (JF07 단자 번호 6)
37. Y 조인트 커넥터 (JF07 단자 번호 3)
38. -
39. Br 리어 도어 RH 하네스 (FD41 단자 번호 10)
40. W 리어 도어 RH 하네스 (FD41 단자 번호 26)
41. R 동승석 도어 하네스 (FD21 단자 번호 59)
42. G 동승석 도어 하네스 (FD21 단자 번호 35)
43. -
44. -
45. -
46. W 리어 덕트 액추에이터 RH (Floor)
47. -
48. -
49. Br 리어 덕트 액추에이터 RH (Vent)
50. B 리어 덕트 액추에이터 RH (접지)
51. R 리어 범퍼 하네스 (FR21 단자 번호 31)
52. G 리어 덕트 액추에이터 RH (F/B)
53. -

54. R [후측방 레이더 미적용] 루프 하네스 (FR11 단자 번호 9)
   R [후측방 레이더 미적용] 리어 범퍼 하네스 (FR21 단자 번호 35)
55. L [후측방 레이더 미적용] 루프 하네스 (FR11 단자 번호 4)
   L [후측방 레이더 미적용] 리어 범퍼 하네스 (FR21 단자 번호 34)
56. B 동승석 도어 하네스 (FD21 단자 번호 30)
57. -
58. -
59. -
60. -
61. -
62. -
63. -
64. -
65. -
66. -
67. -
68. -
69. -
70. -
71. -
72. -
73. -
74. -

CV90-52

MF31

메인과 콘솔 익스텐션 하네스 연결 커넥터

- 메인 하네스

WRK P/No.	-
Vendor P/No.	220179-NA
Vendor P/Name	YRC_025060110_22F

1. R/B 프런트 하네스 (EM11 단자 번호 41)
2. Gr ICU 정션 블록
   (퓨즈 - 전자식 변속레버3)
3. Br/O IBU (IMMO. 전원)
4. R IBU (IMMO. 접지)
5. O 조인트 커넥터 (JM01 단자 번호 15)
6. L 조인트 커넥터 (JM01 단자 번호 30)
7. Y 조인트 커넥터 (JM02 단자 번호 3)
8. Br 조인트 커넥터 (JM02 단자 번호 10)
9. B 접지 (GM01)
10. W IBU (SSB SW1)
11. P IBU (SSB SW2)
12. -
13. B 접지 (GM03)
14. -
15. Gr [운전자 주차 보조 적용]
    IBU (PDW 스위치 IND.)
    [운전자 주차 보조 미적용]
    운전자 주차 보조 유닛
    (PDW 스위치 IND.)
  G
16. P ICU 정션 블록 (IPS 컨트롤 모듈 -
    스티어링 휠 열선 스위치 IND.)
17. W IBU (RVM 스위치 신호)
    [SVM 미적용]
  W [SVM 적용]
    운전자 주차 보조 유닛
    (SVM 스위치 입력)
18. R ICU 정션 블록 (IPS 컨트롤 모듈 -
    스티어링 휠 열선 스위치 신호)
19. Y [주차 거리 경고 적용]
    IBU (PDW 스위치 입력)
  L [운전자 주차 보조 적용]
    운전자 주차 보조 유닛
    (PDW 스위치 입력)
20. Y IBU (SSB Ring ILL. Out)
21. Gr 조인트 커넥터 (JM07 단자 번호 10)
22. -

- 콘솔 익스텐션 하네스

WRK P/No.	-
Vendor P/No.	210214-NA
Vendor P/Name	YURA_025060110_22M

1. P 전자식 변속 시프트 다이얼
   (샤시 전원)
2. Gr 전자식 변속 시프트 다이얼
3. Y/R 시동정지 버튼 스위치 (IMMO. 전원)
4. G/R 시동정지 버튼 스위치 (IMMO. 접지)
5. Br 전자식 변속 시프트 다이얼
6. L 전자식 변속 시프트 다이얼 (P-CAN FD (High))
   전자식 변속 시프트 다이얼 (P-CAN FD (Low))
7. Y 전자식 변속 시프트 다이얼 (G-CAN FD (High))
8. Lg 전자식 변속 시프트 다이얼 (G-CAN FD (Low))
9. G 전자식 변속 시프트 다이얼 (접지)
10. L 시동정지 버튼 스위치 (SSB SW1)
11. W 시동정지 버튼 스위치 (SSB SW2)
12. -
13. G 시동정지 버튼 스위치 (접지)
14. -
15. L 콘솔 어퍼 커버 스위치
16. Gr 콘솔 풀로어 스위치
    (스티어링 휠 열선 스위치 IND.)
17. Lg [서라운드 뷰 모니터 적용]
    콘솔 어퍼 커버 스위치 (SVM 스위치)
    [서라운드 뷰 모니터 미적용]
    콘솔 어퍼 커버 스위치 (RVM 스위치)
18. Br 콘솔 풀로어 스위치
    (스티어링 휠 열선 스위치 신호)
19. Br 콘솔 어퍼 커버 스위치
    (PDW 스위치 입력)
20. O 시동정지 버튼 스위치
    (SSB ILL. Power)
21. B 시동정지 버튼 스위치 (ILL. (-))
22. -

하네스 연결 커넥터 (53)

CV90-53

MM01 메인과 USB 짹 익스텐션 하네스 연결 커넥터

- 메인 하네스

WRK P/No.	1891405224AS
Vendor P/No.	PH841-05010
Vendor P/Name	KUM_CDR_05M

1.G AVNT 헤드 유닛(USB 짹 (DTC))
2.-
3.L 조인트 커넥터 (JM07 단자 번호 20)
4.Gr 조인트 커넥터 (JM07 단자 번호 5)
5.B/O 접지 (GM04)

- USB 짹 익스텐션 하네스

WRK P/No.	1891305224AS
Vendor P/No.	PH845-05010
Vendor P/Name	KUM_05F

1.L USB 짹 (DTC)
2.- -
3.W USB 짹 (ILL. (+))
4.Br USB 짹 (ILL. (-))
5.B USB 짹 (접지)

MM02 메인과 메인 익스텐션 하네스 연결 커넥터

- 메인 하네스

WRK P/No.	1879005493AS
Vendor P/No.	MG645610
Vendor P/Name	KET_060_12M

1.Br IBU (오토 라이트 센서 전원)
2.O 조인트 커넥터 (JM08 단자 번호 2)
3.R 블로어 하네스 (MF11 단자 번호 11)
4.- -
5.W IBU (오토 라이트 센서 접지)
6.- -
7.- -
8.L IBU (오토 라이트 센서 신호)
9.- -
10.G 블로어 하네스 (MF11 단자 번호 12)
11.Gr 에어컨 컨트롤 모듈
(포토 센서 LH (-))
12.Br 에어컨 컨트롤 모듈
(포토 센서 RH (-))

- 메인 익스텐션 하네스

WRK P/No.	1879005501AS
Vendor P/No.	MG655613
Vendor P/Name	KET_060_12F

1.Br 오토 라이트 & 포토 센서
(오토 라이트 센서 전원)
2.O 오토 라이트 & 포토 센서
(포토 센서 전원)
3.R 센터 스피커 (+)
4.- -
5.W 오토 라이트 & 포토 센서
(오토 라이트 센서 접지)
6.- -
7.- -
8.L 오토 라이트 & 포토 센서
(오토 라이트 센서 신호)
9.- -
10.G 센터 스피커 (-)
11.Gr 오토 라이트 & 포토 센서
(포토 센서 LH)
12.Br 오토 라이트 & 포토 센서
(포토 센서 RH)

하네스 연결 커넥터 (54)　　　　　　　　　　　　　　CV90-54

MM11　안테나 메인과 안테나 #1 하네스 연결 커넥터 (RADIO/GNSS/DMB/LTE1)

- 안테나 메인 하네스
- 안테나 #1 하네스

WRK P/No.	-
Vendor P/No.	-
Vendor P/Name	03F

WRK P/No.	-
Vendor P/No.	-
Vendor P/Name	03M

1. N/A　AVNT 헤드 유닛 (Radio)　　　　　　　1. N/A　안테나 #2 하네스 (MM12 단자 번호 1)
2. N/A　AVNT 헤드 유닛 (GPS/DMB)　　　　　2. N/A　안테나 #2 하네스 (MM12 단자 번호 2)
3. N/A　AVNT 헤드 유닛(LTE1)　　　　　　　　3. N/A　안테나 #2 하네스 (MM12 단자 번호 3)

MM12　안테나 #1과 안테나 #2 하네스 연결 커넥터 (RADIO/GNSS/DMB/LTE1)

- 안테나 #1 하네스
- 안테나 #2 하네스

WRK P/No.	-
Vendor P/No.	-
Vendor P/Name	03F

WRK P/No.	-
Vendor P/No.	-
Vendor P/Name	03M

1. N/A　안테나 #1 하네스 (MM12 단자 번호 1)　　1. N/A　콤비네이션 안테나 (Radio)
2. N/A　안테나 #1 하네스 (MM12 단자 번호 2)　　2. N/A　콤비네이션 안테나 (GPS/DMB)
3. N/A　안테나 #1 하네스 (MM12 단자 번호 3)　　3. N/A　콤비네이션 안테나 (LTE1)

하네스 연결 커넥터 (55)

MM13   안테나 메인과 LTE 안테나 하네스 연결 커넥터 (LTE2)
- 안테나 메인 하네스

WRK P/No.	-
Vendor P/No.	-
Vendor P/Name	01F

1. N/A   AVNT 헤드 유닛 (LTE2)

- LTE 안테나 하네스

WRK P/No.	-
Vendor P/No.	-
Vendor P/Name	01M

1. N/A   LTE 안테나 (LTE2)

하네스 연결 커넥터 (56)

CV90-56

MR11   메인과 루프 하네스 연결 커넥터

- 메인 하네스

WRK P/No.	-
Vendor P/No.	MG646176
Vendor P/Name	KET_025060_45M

- 루프 하네스

WRK P/No.	-
Vendor P/No.	MG656997
Vendor P/Name	KET_025060_45F

메인 하네스 (MR11)

1. B 빌트인 캠프 유닛 (프런트뷰 영상신호)
2. B 점지 (GM01)
3. -
4. -
5. R ICU 정션 블록 (퓨즈 - 모듈5)
6. L 조인트 커넥터 (JM07 단자 번호 23)
7. Gr/B ICU 정션 블록
8. - (IPS9 - Short Term Load)
9. R 조인트 커넥터 (JM02 단자 번호 7)
10. L 조인트 커넥터 (JM02 단자 번호 14)
11. Br/O 에어백 컨트롤 모듈 (PAB Off IND.)
12. -
13. L 에어컨 센서
14. O (오토 디포거 센서 - Data)
15. W 에어컨 컨트롤 모듈
    (오토 디포거 센서 - SCK)
    에어백 컨트롤 모듈
    (오토 디포거 센서 - TEMP.)
16. Gr IBU (레인 센서 LIN)
17. R ICU 정션 블록 (퓨즈 - 모듈1)
18. O 빌트인 캠프 유닛 (전방 카메라 - 전원)
19. Gr 조인트 커넥터 (JM07 단자 번호 3)
20. R 빌트인 캠프 유닛 (빌트인 캠 스위치)
21. W 빌트인 캠프 유닛
    (빌트인 캠 스위치 IND.)
22. Br ICU 정션 블록 (IPS8 - Back-Up LP)
23. W ICU 정션 블록 (퓨즈 - 에어백 경고등)
24. B 조인트 커넥터 (JM08 단자 번호 19)
25. R 조인트 커넥터 (JM08 단자 번호 4)
26. -
27. Br 빌트인 캠프 유닛 (전방 카메라 - 점지)
28. L 빌트인 캠프 유닛 (전방 카메라 - IND.)
29. B/O AVNT 헤드 유닛 (MIC2 쉴드)
30. -
31. -
32. L/O ICU 정션 블록 (퓨즈 - 모듈5)
33. O AVNT 헤드 유닛 (MTS 카메라 신호)
34. W AVNT 헤드 유닛 (MIC1 (-))
35. G AVNT 헤드 유닛 (MIC1 (+))
36. B/O AVNT 헤드 유닛 (MIC1 쉴드)
37. Y ICU 정션 블록 (IPS8 - Lamp Load)
38. P ICU 정션 블록 (IPS 컨트롤 모듈 -
    룸 램프 출력)
39. Y [전방 방 레이다 미 적용]
    프런트 하네스 (EM11 단자 번호 55)
    [전속방 레이다 미 적용]
    조인트 커넥터 (JM03 단자 번호 12)
    [전속방 레이다 미 적용]
    프런트 하네스 (EM11 단자 번호 54)
40. B/O 조인트 커넥터 (JM03 단자 번호 27)
41. B AVNT 헤드 유닛 (MIC2 (-))
42. R AVNT 헤드 유닛 (MIC2 (+))
43. L ICU 정션 블록 (퓨즈 - 모듈4)
44. -
45. B AVNT 헤드 유닛
    (오버헤드 콘솔 신호 점지)

루프 하네스

1. B 전방 카메라 (빌트인 캠 - 영상 신호)
2. B 조인트 커넥터 (JR11 단자 번호 15)
3. -
4. - 실내 감광 미러 (후진등 신호)
5. R ILL. (+) : 오버헤드 콘솔, 룸 램프
6. L 후석 송객 감지 센서 (전원)
7. Gr/B
8. -
9. R 조인트 커넥터 (JR11 단자 번호 3)
10. L 조인트 커넥터 (JR11 단자 번호 13)
11. Br/O 오버헤드 콘솔 (PAB Off IND.)
12. -
13. L 오토 디포거 센서 (Data)
14. O 오토 디포거 센서 (SCK)
15. W 오토 디포거 센서 (TEMP.)
16. Gr 레인 센서 (LIN)
17. P 레인 센서 (전원)
18. O 전방 카메라 (빌트인 캠 - 전원)
19. Gr ILL. (-) : 오버헤드 콘솔, 룸 램프
20. R 오버헤드 콘솔 (빌트인 캠 스위치)
21. W 오버헤드 콘솔
    (빌트인 캠 스위치 IND.)
22. Br
23. W 실내 감광 미러 (후진등 신호)
24. B 오버헤드 콘솔 (PAB Off IND.)
25. R 오토 디포거 센서 (점지)
26. - 오토 디포거 센서 (전원)
27. Br 전방 카메라 (빌트인 캠 - 점지)
28. L 전방 카메라 (빌트인 캠 - IND.)
29. B/O 마이크 RH (쉴드)
30. -
31. -
32. L/O 오버헤드 콘솔 (ON/START 전원)
33. O 오버헤드 콘솔 (TMU_IN)
34. B 마이크 LH (-)
35. R 마이크 LH (+)
36. B/O 조인트 커넥터 (JR11 단자 번호 9)
37. Y 오버헤드 콘솔 (도어 신호)
38. P 전방 카메라 (ADAS)
    (A-CAN FD (High))
39. Y 전방 카메라 (ADAS)
    (A-CAN FD (Low))
40. B 마이크 RH (+)
41. B 마이크 RH (-)
42. R 전방 카메라 (ADAS) (전원)
43. L
44. -
45. B 오버헤드 콘솔 (신호 점지)

RR11 리어 범퍼와 후방 주차 거리 경고 센서 LH 익스텐션 하네스 연결 커넥터 (GT or GT Line 적용)

- 리어 범퍼 하네스

- 후방 주차 거리 경고 센서 LH 익스텐션
하네스

WRK P/No.	-
Vendor P/No.	MG645854-5
Vendor P/Name	KET_025WP_04F

WRK P/No.	-
Vendor P/No.	MG655806-2
Vendor P/Name	04M

1. B 조인트 커넥터 (JR21 단자 번호 3)　　3. R 조인트 커넥터 (JR22 단자 번호 9)
2. L 조인트 커넥터 (JR22 단자 번호 3)　　4. -　-

1. B 후방 주차 거리 경고 센서 LH
(Center) (접지)
2. G 후방 주차 거리 경고 센서 LH
(Center) (LIN)

3. R 후방 주차 거리 경고 센서 LH
(Center) (전원)
4. -　-

RR12 리어 범퍼와 후방 주차 거리 경고 센서 RH 익스텐션 하네스 연결 커넥터 (GT or GT Line 적용)

- 리어 범퍼 하네스

- 후방 주차 거리 경고 센서 RH 익스텐션
하네스

WRK P/No.	-
Vendor P/No.	MG645854-5
Vendor P/Name	KET_025WP_04F

WRK P/No.	-
Vendor P/No.	MG655806-5
Vendor P/Name	04M

1. B 조인트 커넥터 (JR21 단자 번호 5)　　3. R 조인트 커넥터 (JR22 단자 번호 10)
2. L 조인트 커넥터 (JR22 단자 번호 4)　　4. -　-

1. B 후방 주차 거리 경고 센서 RH
(Center) (접지)
2. G 후방 주차 거리 경고 센서 RH
(Center) (LIN)

3. R 후방 주차 거리 경고 센서 RH
(Center) (전원)
4. -　-

RR21 — 테일게이트 CENTER와 테일게이트 LH 하네스 연결 커넥터

- 테일게이트 CENTER 하네스

WRK P/No.	-
Vendor P/No.	MG645996
Vendor P/Name	KET_025060110_FAKRA_22M

1.W 리어 디포거 (+)
2.B [파워 테일게이트 적용]
3.Y 파워 테일게이트 래치 [스위치 접지]
4.R 파워 테일게이트 래치 (래치 모터 -)
5.B [SVM 미적용] 테일게이트 카메라 - V-SIG (실외) (리어 뷰 카메라 - V-SIG)
6.O [SVM 미적용] 테일게이트 카메라 - V-GND (실외) (리어 뷰 카메라 - V-GND)
7.Br/B [파워 테일게이트 적용]
8.R 파워 테일게이트 래치 (래치 모터 +)
9.Gr 파워 테일게이트 부저 (신호)
10.B [SVM 미적용] 테일게이트 스위치 전원 (실외) (리어 뷰 카메라 - 전원)
11.B/O [SVM 미적용] 테일게이트 스위치 (실외) (리어 뷰 카메라 영상 신호)
12.L [파워 테일게이트 적용] 테일게이트 스위치 - 쉴드
13.G [파워 테일게이트 미적용] 테일게이트 래치 (Full Lock 스위치)
  W [파워 테일게이트 적용] (Full Lock 스위치)

14.R [파워 테일게이트 미적용]
15.P 파워 테일게이트 래치 (전원)
16.- (테일게이트 열림 스위치)
17.G [파워 테일게이트 적용] 파워 테일게이트 스위치 (실내 - 스위치)
18.O/B 파워 테일게이트 스위치 (실내 - ILL. (+))
19.G [RVM 적용] 테일게이트 스위치 (실외) (B-CAN (High))
20.O [RVM 적용] 테일게이트 스위치 (실외) (Low)
21.B 접지 : 테일게이트 스위치 (실외), 리어 센터 램프, 번호판등 LH/RH
22.L [파워 테일게이트 적용] 파워 테일게이트 스위치 (실내)
  Br [파워 테일게이트 미적용] 테일게이트 래치 (Full Open 스위치) [파워 테일게이트 적용] 파워 테일게이트 래치 (Open 스위치)

- 테일게이트 LH 하네스

WRK P/No.	-
Vendor P/No.	MG656846
Vendor P/Name	KET_025060110_FAKRA_22F

1.W 플로어 하네스 (FR31 단자 번호 1)
2.B [파워 테일게이트 적용] 플로어 하네스 (FR31 단자 번호 2)
3.Y [파워 테일게이트 적용] 플로어 하네스 (FR31 단자 번호 3)
4.R [SVM 미적용] 플로어 하네스 (FR31 단자 번호 4)
5.B [SVM 미적용] 플로어 하네스 (FR31 단자 번호 5)
6.O [파워 테일게이트 적용] 플로어 하네스 (FR31 단자 번호 6)
7.Br/B [파워 테일게이트 적용] 플로어 하네스 (FR31 단자 번호 7)
8.R [SVM 미적용] 플로어 하네스 (FR31 단자 번호 8)
9.Gr [파워 테일게이트 적용] 플로어 하네스 (FR31 단자 번호 9)
10.B [파워 테일게이트 적용] 플로어 하네스 (FR31 단자 번호 10)
11.B/O [SVM 미적용] 플로어 하네스 (FR31 단자 번호 11)
12.L [파워 테일게이트 적용] 플로어 하네스 (FR31 단자 번호 12)

13.G [파워 테일게이트 미적용] 플로어 하네스 (FR31 단자 번호 13)
  W [파워 테일게이트 적용] 플로어 하네스 (FR31 단자 번호 13)
14.R [파워 테일게이트 미적용] 플로어 하네스 (FR31 단자 번호 14)
15.P 플로어 하네스 (FR31 단자 번호 15)
16.- -
17.G [파워 테일게이트 적용] 플로어 하네스 (FR31 단자 번호 17)
18.O/B [파워 테일게이트 적용] 플로어 하네스 (FR31 단자 번호 18)
19.G [RVM 적용] 플로어 하네스 (FR31 단자 번호 19)
20.O [RVM 적용] 플로어 하네스 (FR31 단자 번호 20)
21.B [파워 테일게이트 미적용] 플로어 하네스 (FR31 단자 번호 21)
22.L [파워 테일게이트 적용] 플로어 하네스 (FR31 단자 번호 22)
  Br [파워 테일게이트 미적용] 플로어 하네스 (FR31 단자 번호 22)

RR22 테일게이트 CENTER와 테일게이트 RH 하네스 연결 커넥터

- 테일게이트 CENTER 하네스

WRK P/No.	-
Vendor P/No.	5021-0081
Vendor P/Name	KSC_025110_12M

1. -
2. -
3. Br/B 번호판등 RH (미등 (+))
4. -
5. G/B 번호판등 LH (미등 (+))
6. -
7. B 리어 디포거 (-)
8. G/O 리어 센터 램프 (미등 (+))
9. Y 리어 센터 램프 (Welcome 램프)
10. -
11. -
12. -

- 테일게이트 RH 하네스

WRK P/No.	-
Vendor P/No.	5011-0078
Vendor P/Name	KSC_025110_12F

1. -
2. -
3. Br/B 플로어 하네스 (FR41 단자 번호 2)
4. -
5. G/B 플로어 하네스 (FR41 단자 번호 1)
6. -
7. B -
8. G/O 플로어 하네스 (FR41 단자 번호 7)
9. Y 플로어 하네스 (FR41 단자 번호 3)
10. - 플로어 하네스 (FR41 단자 번호 4)
11. -
12. -

SS21 동승석 시트와 동승석 시트 익스텐션 하네스 연결 커넥터 (릴렉스 미적용)

- 동승석 시트 하네스

WRK P/No.	-
Vendor P/No.	1898004532AS
Vendor P/Name	KET_090-III_08M

1. O [파워 시트] 동승석 파워 시트 스위치 (동승석 등받이 모터 - FWD)
2. P [파워 시트] 동승석 파워 시트 스위치 (동승석 등받이 모터 - BWD)
3. -
4. -
5. R/B 동승석 허리받이 모터 - FWD : [파워 시트] 동승석 파워 시트 스위치
   W [매뉴얼 시트] 동승석 매뉴얼 시트 스위치
6. G/B 동승석 허리받이 모터 - BWD : [파워 시트] 동승석 파워 시트 스위치 [매뉴얼 시트] 동승석 매뉴얼 시트 스위치
   G [파워 시트] 동승석 파워 시트 스위치
7. Gr [파워 시트] 조인트 커넥터 (JS21 단자 번호 9) [매뉴얼 시트]
8. - 플로어 하네스 (FS21 단자 번호 30)

- 동승석 시트 익스텐션 하네스

WRK P/No.	-
Vendor P/No.	1898004524AS
Vendor P/Name	KET_ASC_08F

1. R/B 동승석 허리받이 모터 - BWD
   [파워 시트]
2. Lg 동승석 등받이 모터 (FWD)
   [파워 시트]
3. -
4. -
5. Y 동승석 허리받이 모터 (FWD)
6. W 동승석 허리받이 모터 (BWD)
7. G 동승석 허리받이 모터 (정지)
8. -

MG622232

MG612231

SS11 운전석 시트와 운전석 시트 익스텐션 하네스 연결 커넥터

- 운전석 시트 하네스

WRK P/No.	1898004532AS
Vendor P/No.	MG622232
Vendor P/Name	KET_090-III_08M

[IMS 적용]
1. Br 운전석 파워 시트 모듈
   (운전석 등받이 모터 - FWD)
2. B 운전석 파워 시트 모듈
   (운전석 등받이 모터 - BWD)
3. R/B 운전석 파워 시트 모듈
   (운전석 등받이 모터 - 신호)
4. Br/B 조인트 커넥터 (JS11 단자 번호 2)
5. Gr 운전석 파워 시트 모듈
   (운전석 허리받이 모터 - FWD)
6. Y 운전석 파워 시트 모듈
   (운전석 허리받이 모터 - BWD)
7. W 조인트 커넥터 (JS11 단자 번호 15)
8. -

[IMS 미적용]
1. Br [파워 시트] 운전석 파워 시트 스위치
   (운전석 등받이 모터 - FWD)
2. B [파워 시트] 운전석 파워 시트 스위치
   (운전석 등받이 모터 - BWD)
3. -
4. -
5. Gr/B 운전석 허리받이 모터 - FWD :
   [파워 시트] 운전석 파워 시트 스위치
   W [매뉴얼 시트]
   운전석 매뉴얼 시트 스위치
6. P 운전석 허리받이 모터 - BWD :
   [파워 시트] 운전석 파워 시트 스위치
   G [매뉴얼 시트]
   운전석 매뉴얼 시트 스위치
7. G [파워 시트]
   조인트 커넥터 (JS11 단자 번호 14)
   G/B [매뉴얼 시트]
   블로어 하네스 (FS11 단자 번호 27)
8. -

- 운전석 시트 익스텐션 하네스

WRK P/No.	1898004524AS
Vendor P/No.	MG612231
Vendor P/Name	KET_ASC_08F

1. R/B [파워 시트]
   운전석 등받이 모터 (FWD)
2. Lg [파워 시트]
   운전석 등받이 모터 (BWD)
3. Gr [파워 시트] 운전석 시트 - IMS 적용
   운전석 등받이 모터 (신호)
4. W/R [파워 시트] 운전석 시트 - IMS 적용
   운전석 등받이 모터 (전원)

5. Y 운전석 허리받이 모터 (FWD)
6. W 운전석 허리받이 모터 (BWD)
7. G 운전석 허리받이 모터 (정지)
8. -

SS22 동승석 시트와 동승석 시트 익스텐션 하네스 연결 커넥터 (릴렉스 적용 & 위크인 미적용)

- 동승석 시트 하네스

WRK P/No.	1898004532AS
Vendor P/No.	MG622232
Vendor P/Name	KET_090-III_08M

1. O 동승석 파워 시트 모듈
(동승석 등받이 모터 - FWD)
2. P 동승석 파워 시트 모듈
(동승석 등받이 모터 - BWD)
3. P/O 동승석 파워 시트 모듈
(동승석 등받이 모터 - 신호)
4. O/B 조인트 커넥터 (JS21 단자 번호 18)
5. R/B 동승석 파워 시트 스위치
(동승석 허리받이 모터 - FWD)
6. G/B 동승석 파워 시트 스위치
(동승석 허리받이 모터 - BWD)
7. Gr/B 조인트 커넥터 (JS21 단자 번호 7)
8. -　-

- 동승석 시트 익스텐션 하네스

WRK P/No.	1898004524AS
Vendor P/No.	MG612231
Vendor P/Name	KET_ASC_08F

1. R/B 동승석 등받이 모터 (FWD)
2. Lg 동승석 등받이 모터 (BWD)
3. Gr 동승석 등받이 모터 (신호)
4. W/R 동승석 등받이 모터 (전원)
5. Y 동승석 허리받이 모터 (FWD)
6. W 동승석 허리받이 모터 (BWD)
7. G 동승석 허리받이 모터 (접지)
8. -　-

SS23 동승석 시트와 동승석 시트 익스텐션 하네스 연결 커넥터 (릴렉스 & 위크인 적용)

- 동승석 시트 하네스

WRK P/No.	1898004532AS
Vendor P/No.	MG645615
Vendor P/Name	KET_060-II_14M

1. O 동승석 파워 시트 모듈
(동승석 등받이 모터 - FWD)
2. P 동승석 파워 시트 모듈
(동승석 등받이 모터 - BWD)
3. P/O 동승석 파워 시트 모듈
(동승석 등받이 모터 - 신호)
4. O/B 조인트 커넥터 (JS21 단자 번호 18)
5. R/B 동승석 파워 시트 스위치
(동승석 허리받이 모터 - FWD)
6. G/B 동승석 파워 시트 스위치
(동승석 허리받이 모터 - BWD)
7. Gr/B 조인트 커넥터 (JS21 단자 번호 7)
8. -　-
9. G/O 동승석 파워 시트 모듈
(동승석 위크인 스위치 - RECL)
10. W/B 동승석 파워 시트 스위치
(동승석 위크인 스위치 - Return)
11. Y/B 동승석 파워 시트 스위치
(동승석 위크인 스위치 - Slide)
12. L/O 동승석 파워 시트 스위치
(동승석 위크인 스위치 - Relax)
13. Br 조인트 커넥터 (JS21 단자 번호 8)
14. -　-

- 동승석 시트 익스텐션 하네스

WRK P/No.	-
Vendor P/No.	MG655618
Vendor P/Name	KET_060_14F

1. R/B 동승석 등받이 모터 (FWD)
2. Lg 동승석 등받이 모터 (BWD)
3. Gr 동승석 등받이 모터 (신호)
4. W/R 동승석 등받이 모터 (전원)
5. Y 동승석 허리받이 모터 (FWD)
6. W 동승석 허리받이 모터 (BWD)
7. G 동승석 허리받이 모터 (접지)
8. -　-
9. L 동승석 위크인 스위치 (RECL)
10. Br 동승석 위크인 스위치 (Return)
11. O 동승석 위크인 스위치 (Slide)
12. P 동승석 위크인 스위치 (Relax)
13. B 동승석 위크인 스위치 (접지)
14. -　-

하네스 연결 커넥터 (62)

SS31   리어 시트 LH 하네스와 리어 시트 RH 하네스 연결 커넥터
- 리어 시트 LH 하네스

WRK P/No.	-
Vendor P/No.	MG645630
Vendor P/Name	KET_N060(Unseal)_20M

1. R   플로어 하네스 (FS31 단자 번호 1)
2. P   플로어 하네스 (FS31 단자 번호 2)
3. L   플로어 하네스 (FS31 단자 번호 5)
4. W   플로어 하네스 (FS31 단자 번호 6)
5. R/B 플로어 하네스 (FS31 단자 번호 7)
6. P/B 플로어 하네스 (FS31 단자 번호 8)
7. G   플로어 하네스 (FS31 단자 번호 21)
8. -
9. Br   플로어 하네스 (FS31 단자 번호 22)
10. B   플로어 하네스 (FS31 단자 번호 12)

11. P/O   리어 시트 백 히터 RH (전원)
12. -
13. -
14. Y   플로어 하네스 (FS31 단자 번호 16)
15. L/B   플로어 하네스 (FS31 단자 번호 17)
16. G/B   플로어 하네스 (FS31 단자 번호 18)
17. O   플로어 하네스 (FS31 단자 번호 11)
18. -
19. -
20. Br/O 리어 시트 백 히터 RH (접지)

- 리어 시트 RH 하네스

WRK P/No.	-
Vendor P/No.	MG655633
Vendor P/Name	KET_N060(Unseal)_20F

1. R   리어 시트 히터 컨트롤 모듈
       (상시 전원)
2. P   리어 시트 히터 컨트롤 모듈
       (상시 전원)
3. L   리어 시트 히터 컨트롤 모듈
       (ON/START 전원)
4. W   리어 시트 히터 컨트롤 모듈
5. R/B 리어 시트 히터 LH 스위치 - 신호)
       리어 시트 히터 LH 스위치 -
       High IND.)
6. P/B 리어 시트 히터 LH 스위치 -
       Low IND.)
7. G   리어 시트 히터 컨트롤 모듈
       (B-CAN (High))
8. -
9. Br   리어 시트 히터 컨트롤 모듈 (접지)
10. B   리어 시트 히터 컨트롤 모듈 (접지)

11. P/O   리어 시트 히터 컨트롤 모듈
         (리어 시트 히터 RH - 전원)
12. -
13. -
14. Y   리어 시트 히터 컨트롤 모듈
         (리어 시트 히터 RH 스위치 - 신호)
15. L/B   리어 시트 히터 컨트롤 모듈
         (리어 시트 히터 RH 스위치 -
16. G/B   리어 시트 히터 컨트롤 모듈
         (리어 시트 히터 RH 스위치 -
         Low IND.)
17. O   리어 시트 히터 컨트롤 모듈
         (B-CAN (Low))
18. -
19. -
20. Br/O 리어 시트 히터 컨트롤 모듈
         (리어 시트 히터 RH - 접지)

하네스 연결 커넥터 (63)　　　　　　　　　　　　　　　　　　　　CV90-63

EE51　프런트와 프런트 휠 센서 LH 익스텐션 하네스 연결 커넥터 (GT 미적용)

- 프런트 하네스

WRK P/No.	-
Vendor P/No.	35326571
Vendor P/Name	DEL_050WP_02F

1. W　IEB 유닛 (프런트휠센서 LH - FL VCC)

2. B　IEB 유닛 (프런트휠센서 LH - FL SIG)

- 프런트 휠 센서 LH 익스텐션 하네스

WRK P/No.	-
Vendor P/No.	06.4130-1005.2
Vendor P/Name	CONTINENTAL_APEX 1.2_02M

1. Br　프런트 휠 센서 LH (FL VCC)

2. B　프런트 휠 센서 LH (FL SIG)

EE61　프런트와 프런트 휠 센서 RH 익스텐션 하네스 연결 커넥터 (GT 미적용)

- 프런트 하네스

WRK P/No.	-
Vendor P/No.	35326571
Vendor P/Name	DEL_050WP_02F

1. W　IEB 유닛 (프런트휠센서 RH - FR VCC)

2. B　IEB 유닛 (프런트휠센서 RH - FR SIG)

- 프런트 휠 센서 RH 익스텐션 하네스

WRK P/No.	-
Vendor P/No.	06.4130-1005.2
Vendor P/Name	CONTINENTAL_APEX 1.2_02M

1. Br　프런트 휠 센서 RH (FR VCC)

2. B　프런트 휠 센서 RH (FR SIG)

PP11

리어 파워 일렉트릭 모듈과 오토 전조등 높낮이 조절 유닛 익스텐션 하네스 연결 커넥터

- 리어 파워 일렉트릭 모듈 하네스

WRK P/No.	-
Vendor P/No.	936294-2
Vendor P/Name	AMP_MCPE_06M

1. L 풀로어 하네스 (FP11 단자 번호 43)
2. G 풀로어 하네스 (FP11 단자 번호 45)
3. R 풀로어 하네스 (FP11 단자 번호 47)
4. P 풀로어 하네스 (FP11 단자 번호 46)
5. Y/B 풀로어 하네스 (FP11 단자 번호 44)
6. B 풀로어 하네스 (FP11 단자 번호 51)

- 오토 전조등 높낮이 조절 유닛 하네스
- 오토 전조등 높낮이 조절 유닛 익스텐션 연결 커넥터

WRK P/No.	189800548AS
Vendor P/No.	936257-2
Vendor P/Name	06F

1. W 오토 전조등높낮이 조절 유닛
(전조등 'ON' 신호)
2. Gr 오토 전조등 높낮이 조절 유닛
(차속 입력)
3. R 오토 전조등 높낮이 조절 유닛
(ON/START 전원)
4. Br 오토 전조등 높낮이 조절 유닛
(액추에이터 출력)
5. L 오토 전조등 높낮이 조절 유닛
(바디 K-라인)
6. B 오토 전조등 높낮이 조절 유닛
(접지)

구성 부품 위치도

일반사항

전기차 시스템 주의사항

회로도

커넥터 정보

구성 부품 위치도

하네스 위치도

부품 인덱스

구성 부품 위치도 (1)

3. 프런트 범퍼 중앙

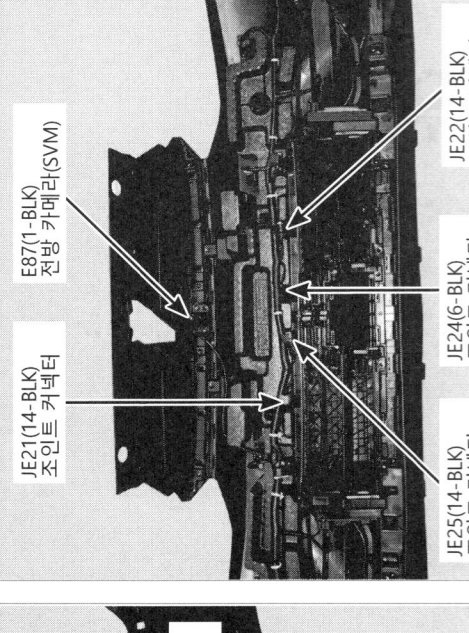

- E87(1-BLK) 전방 카메라(SVM)
- JE22(14-BLK) 조인트 커넥터
- JE24(6-BLK) 조인트 커넥터
- JE21(14-BLK) 조인트 커넥터
- JE25(14-BLK) 조인트 커넥터

2. 프런트 범퍼 좌측

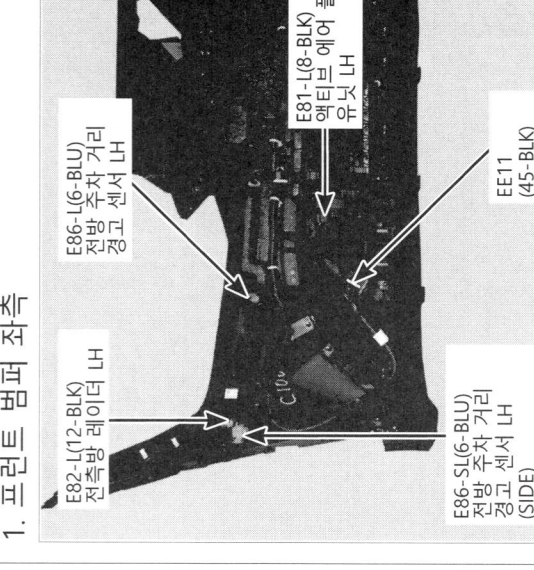

- JE26(14-BLK) 조인트 커넥터
- E86-CL(6-RED) 전방 주차 거리 경고 센서 LH(CENTER)
- E90(2-BLK) 실외 온도 센서

1. 프런트 범퍼 좌측

- E81-L(8-BLK) 액티브 에어 플랩 유닛 LH
- E86-L(6-BLU) 전방 주차 거리 경고 센서 LH
- EE11 (45-BLK)
- E82-L(12-BLK) 전방 레이더 LH
- E86-SL(6-BLU) 전방 주차 거리 경고 센서 LH(SIDE)

6. 차량 앞

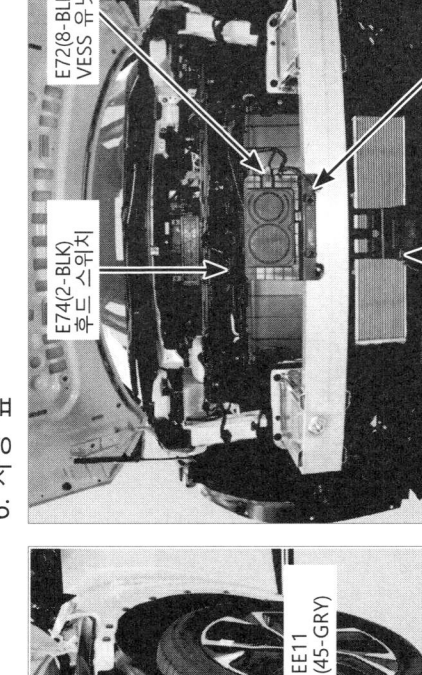

- E72(8-BLK) VESS 유닛
- E77(2-BLK) 스마트 키 프런트 범퍼 안테나
- E74(2-BLK) 후드 스위치
- E78(6-BLK) 스마트 크루즈 컨트롤 레이더

5. 차량 좌측 앞

- EE11 (45-GRY)
- E75-L(2-BLK) 경음기(LOW)
- EE31 (32-BLK)
- E71(2-BLK) 익스터널 부저

4. 프런트 범퍼 우측

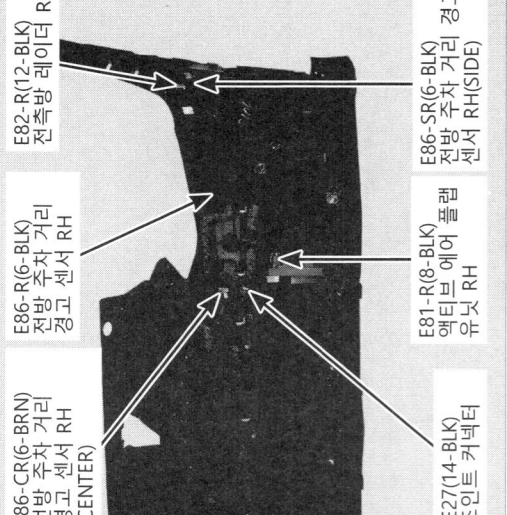

- E82-R(12-BLK) 전방 레이더 RH
- E86-SR(6-BLK) 전방 주차 거리 경고 센서 RH(SIDE)
- E86-R(6-BLK) 전방 주차 거리 경고 센서 RH
- E81-R(8-BLK) 액티브 에어 플랩 유닛 RH
- E86-CR(6-BRN) 전방 주차 거리 경고 센서 RH(CENTER)
- JE27(14-BLK) 조인트 커넥터

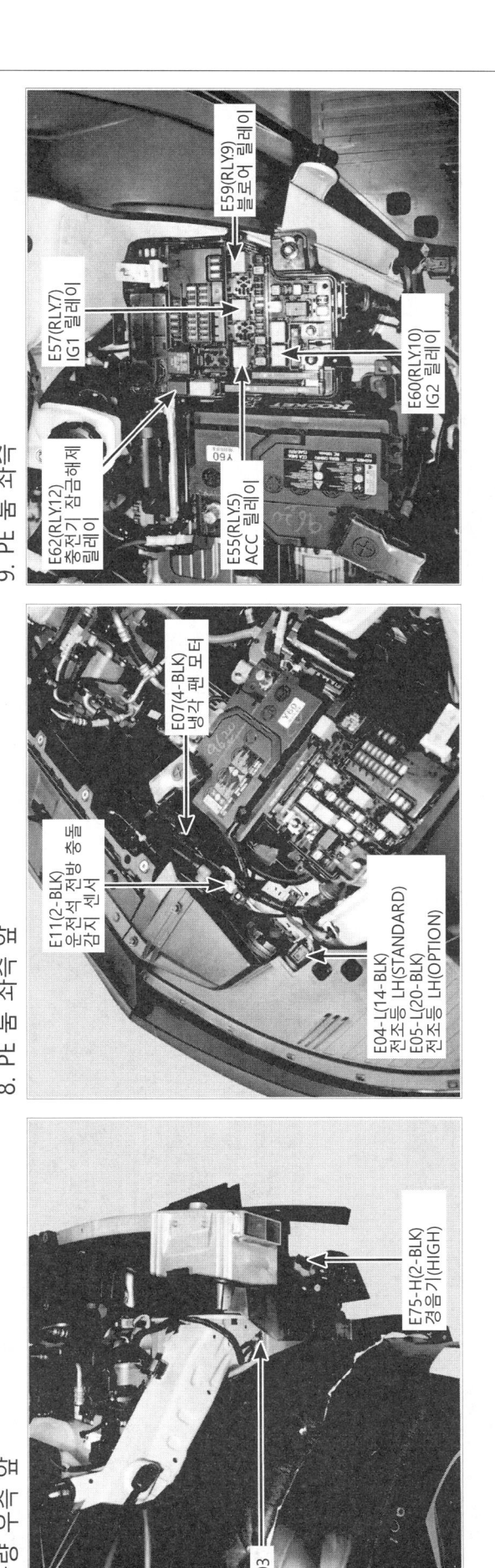

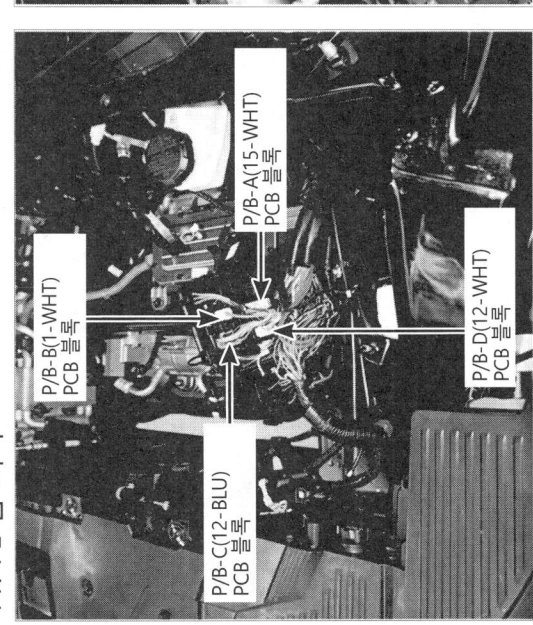

7. 차량 우측 앞

GE03

E75-H(2-BLK)
경음기(HIGH)

8. PE 룸 좌측 앞

E11(2-BLK)
운전석 전방 충돌
감지 센서

E07(4-BLK)
냉각 팬 모터

E04-L(14-BLK)
전조등 LH(STANDARD)
E05-L(20-BLK)
전조등 LH(OPTION)

9. PE 룸 좌측

E59(RLY9)
블로어 릴레이

E57(RLY7)
IG1 릴레이

E60(RLY10)
IG2 릴레이

E62(RLY12)
충전기 잠금해제
릴레이

E55(RLY5)
ACC 릴레이

10. PE 룸 좌측

E53(RLY3)
열선유리 (뒤)
릴레이

E52(RLY2)
전자식 변속레버
릴레이

E61(RLY11)
파워 아웃렛 릴레이

E51(RLY1)
충전기 잠금
릴레이

11. PE 룸 좌측

P/B-B(1-WHT)
PCB 블록

P/B-A(15-WHT)
PCB 블록

P/B-C(12-BLU)
PCB 블록

P/B-D(12-WHT)
PCB 블록

12. PE 룸 좌측

GE04

E01(94-BLK)
VCU

구성 부품 위치도 (3)

15. PE 룸 우측 앞

E12(2-BLK)
동승석 전방
충돌 감지 센서

E04-R(14-BLK)
전조등 RH(STANDARD)
E05-R(20-BLK)
전조등 RH(OPTION)

14. PE 룸 좌측

E35(2-BLU)
BMS 냉각수 온도 센서
(라디에이터 아웃풋 - 2WD)

13. PE 룸 좌측 뒤

E18(2-BLK)
12V 배터리 센서

JE02(14-BLK)
조인트 커넥터

JE01(14-BLK)
조인트 커넥터

18. PE 룸 우측 뒤

E29(4-BLK)
BSA 컬러 #1

E38(4-WHT)
전동식 워터 펌프
(리어 PE)

E19(3-BLK)
냉각수 밸브

17. PE 룸 우측 뒤

E30(3-BLK)
고압 밸브

E37(4-BLK)
밸브
팽창 펌프
(히터 펌프)

E27(4-WHT)
전동식 워터 펌프 #1
(고전압 배터리)

16. PE 룸 우측 앞

E22(2-BLK)
와셔 레벨 센서

E23(3-WHT)
와셔 모터

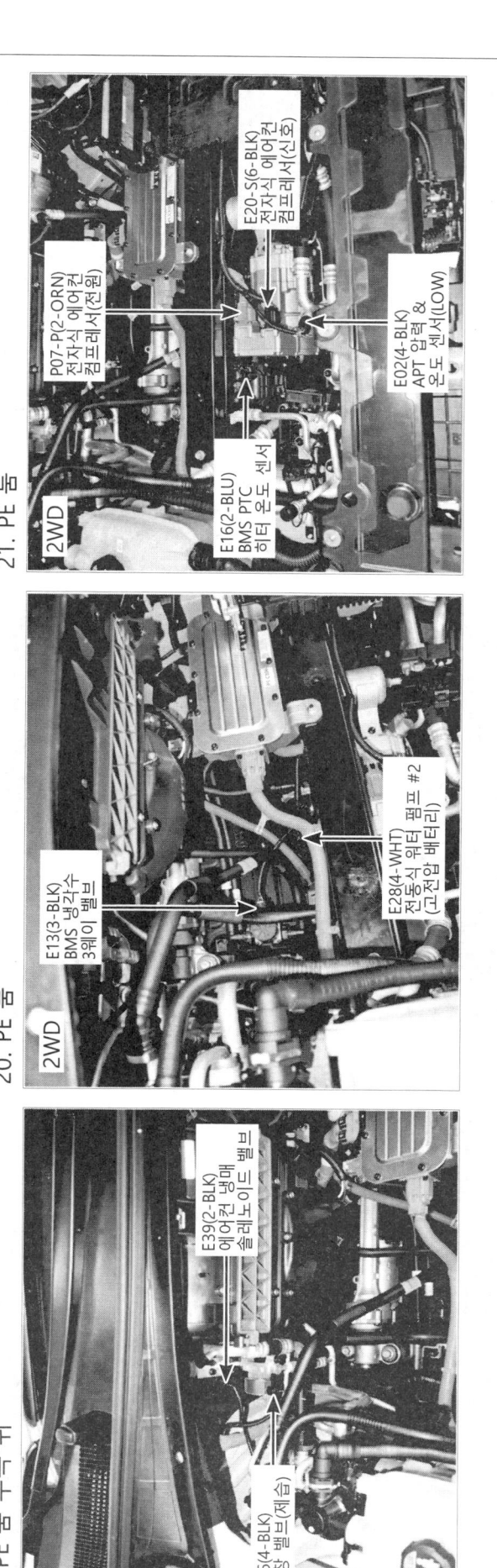

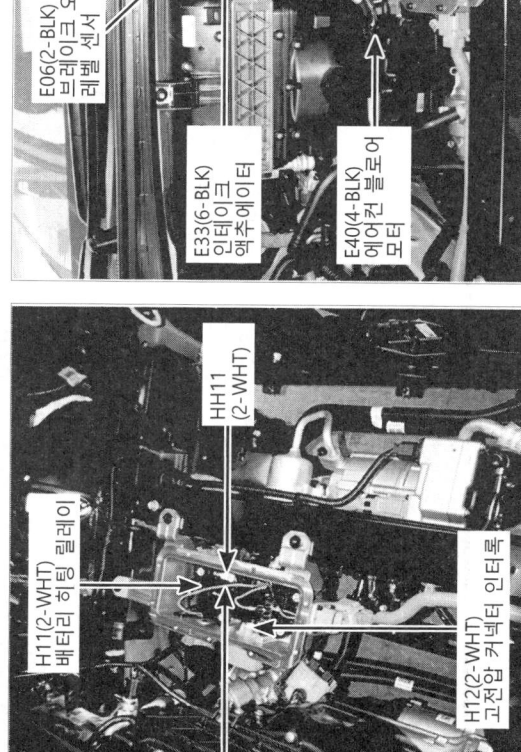

19. PE 룸 우측 뒤

2WD

E36(4-BLK) 팽창 밸브(제습)

E39(2-BLK) 에어컨 냉매 솔레노이드 밸브

20. PE 룸

2WD

E13(3-BLK) BMS 냉각수 3웨이 밸브

E28(4-WHT) 전동식 워터 펌프 #2 (고전압 배터리)

21. PE 룸

2WD

P07-P2(2-ORN) 전자식 에어컨 컴프레서(전원)

E20-S(6-BLK) 전자식 에어컨 컴프레서(신호)

E024-BLK) APT 압력 & 온도 센서(LOW)

E16(2-BLU) BMS PTC 히터 온도 센서

22. PE 룸 (프런트 고전압 정션 블록)

2WD

H13(2-ORN) 프런트 고전압 정션블록 (고전압 배터리)

HV23 (6-BLK)

HV21 (4-N/A)

HV22 (4-N/A)

23. PE 룸 (프런트 고전압 정션 블록)

2WD

HH11 (2-WHT)

H11(2-WHT) 배터리 히팅 릴레이

H12(2-WHT) 고전압 커넥터 인터록

HH12 (2-WHT)

24. PE 룸 뒤쪽

E15(46-BLK) IEB 유닛 (INTEGRATED ELECTRIC BOOSTER)

E03(4-BLK) APT 압력 & 온도 센서 (HIGH)

E06(2-BLK) 브레이크 오일 레벨 센서

E33(6-BLK) 인테이크 액추에이터

E40(4-BLK) 에어컨 블로어 모터

- 499 -

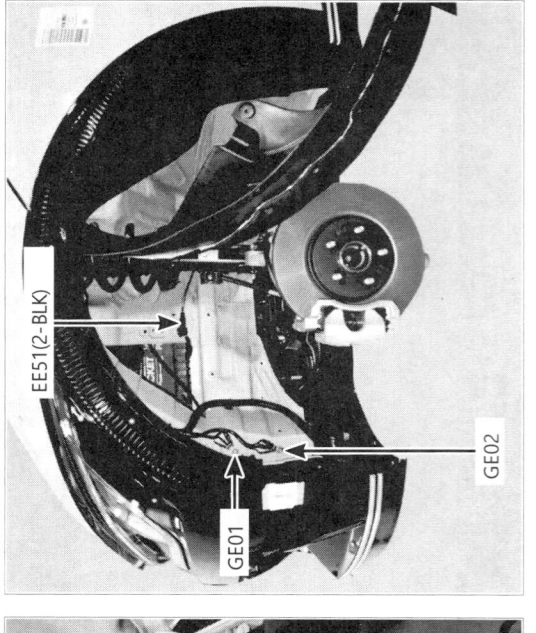

27. 좌측 앞 휠 하우징

EE51(2-BLK)

GE01

GE02

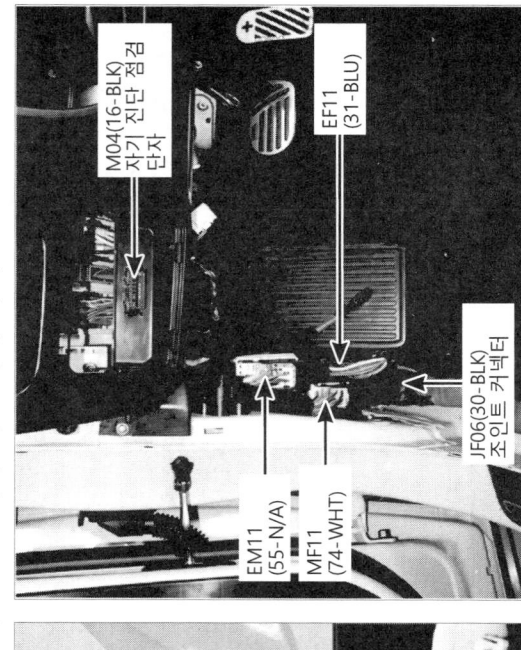

30. 크래쉬 패드 좌측 아래

M04(16-BLK)
자기 진단 점검
단자

EF11
(31-BLU)

JF06(30-BLK)
조인트 커넥터

EM11
(55-N/A)

MF11
(74-WHT)

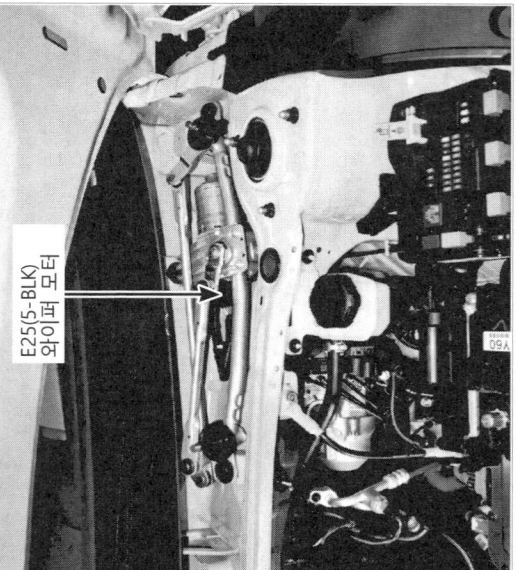

26. 카울 탑 패널 좌측

E25(5-BLK)
와이퍼 모터

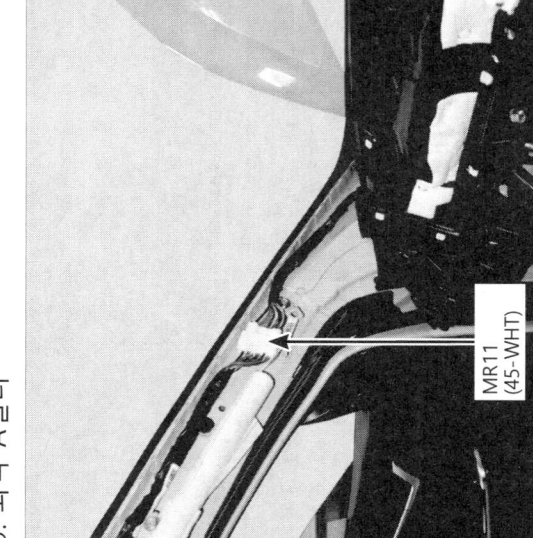

29. 좌측 A필러

MR11
(45-WHT)

25. 프런트 서스펜션

E17(7-BLK)
MDPS 유닛

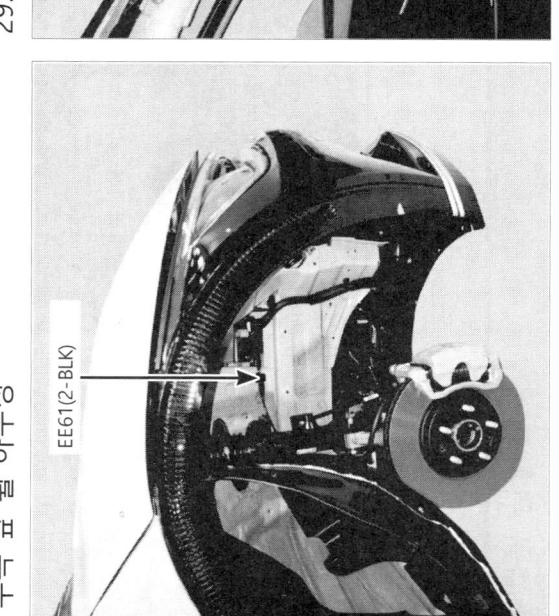

28. 우측 앞 휠 하우징

EE61(2-BLK)

구성 부품 위치도 (6)

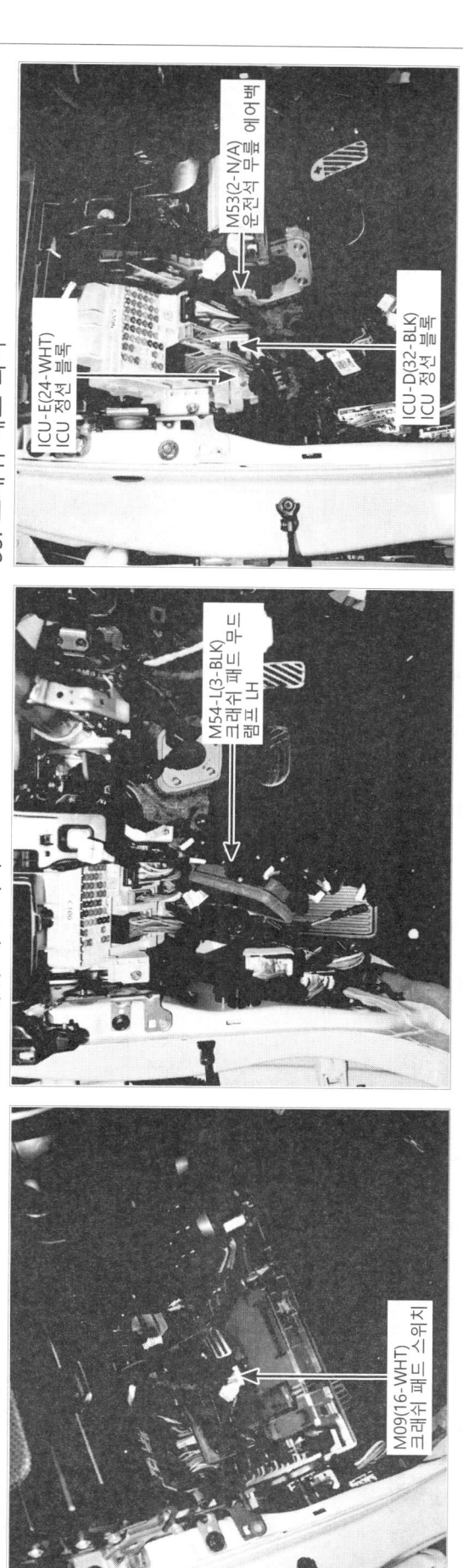

31. 크래쉬 패드 좌측

M09(16-WHT)
크래쉬 패드 스위치

32. 크래쉬 패드 좌측

M54-L(3-BLK)
크래쉬 패드 무드
램프 LH

33. 크래쉬 패드 좌측

M53(2-N/A)
운전석 무릎 에어백

ICU-E(24-WHT)
ICU 정션 블록

ICU-D(32-BLK)
ICU 정션 블록

34. 크래쉬 패드 좌측

ICU-A(58-RED)
ICU 정션 블록

ICU-B(16-BLK)
ICU 정션 블록

ICU-C(46-WHT)
ICU 정션 블록

35. 크래쉬 패드 좌측

ICU-H(32-BLK)
ICU 정션 블록

ICU-F(46-WHT)
ICU 정션 블록

ICU-G(24-WHT)
ICU 정션 블록

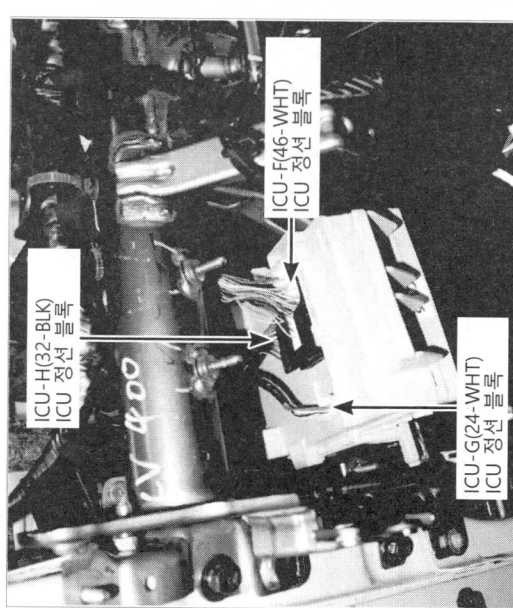

36. 크래쉬 패드 좌측

JM03(30-BLK)
조인트 커넥터

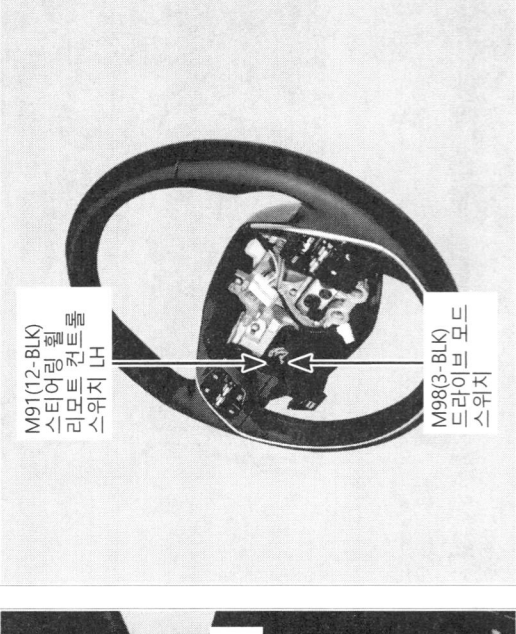

37. 크래시 패드 좌측

JM106(6-WHT)
조인트 커넥터

JM09(14-BLU)
조인트 커넥터

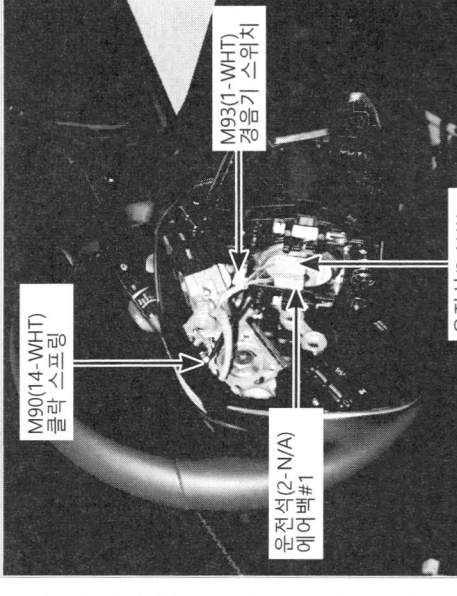

38. 스티어링 휠

M90(14-WHT)
클락 스프링

M93(1-WHT)
경음기 스위치

운전석(2-N/A)
에어백#1

운전석(2-N/A)
에어백#2

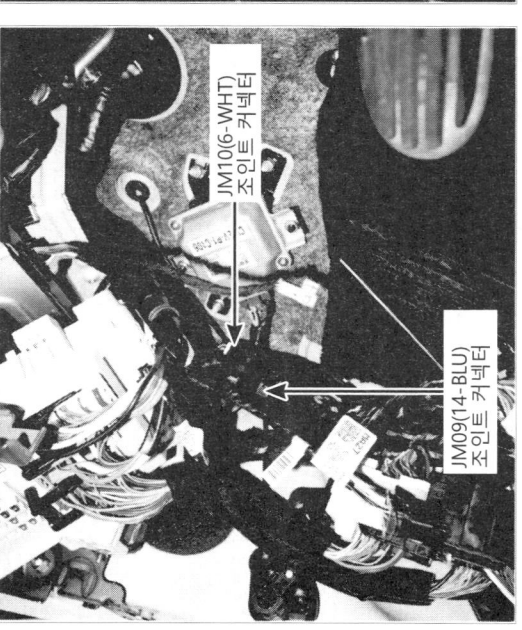

39. 스티어링 휠

M91(12-BLK)
스티어링휠
리모트 컨트롤
스위치 LH

M98(3-BLK)
드라이브 모드
스위치

40. 스티어링 휠

M92(6-N/A)
스티어링휠 리모트
컨트롤 스위치 RH

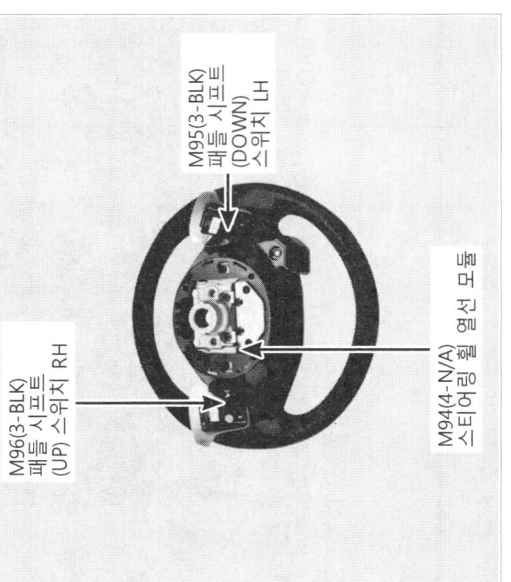

41. 스티어링 휠

M95(3-BLK)
패들 시프트
(DOWN)
스위치 LH

M96(3-BLK)
패들 시프트
(UP) 스위치 RH

M94(4-N/A)
스티어링 휠 열선 모듈

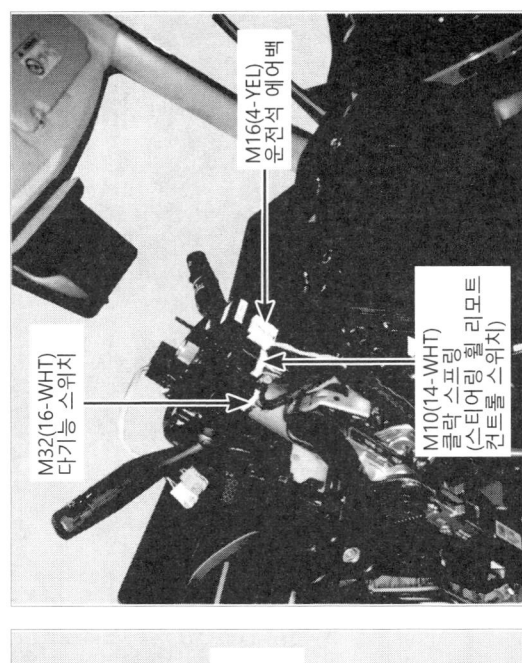

42. 스티어링 컬럼

M164(4-YEL)
운전석 에어백

M10(14-WHT)
클락 스프링
(스티어링휠 리모트
컨트롤 스위치)

M32(16-WHT)
다기능 스위치

구성 부품 위치도 (8)

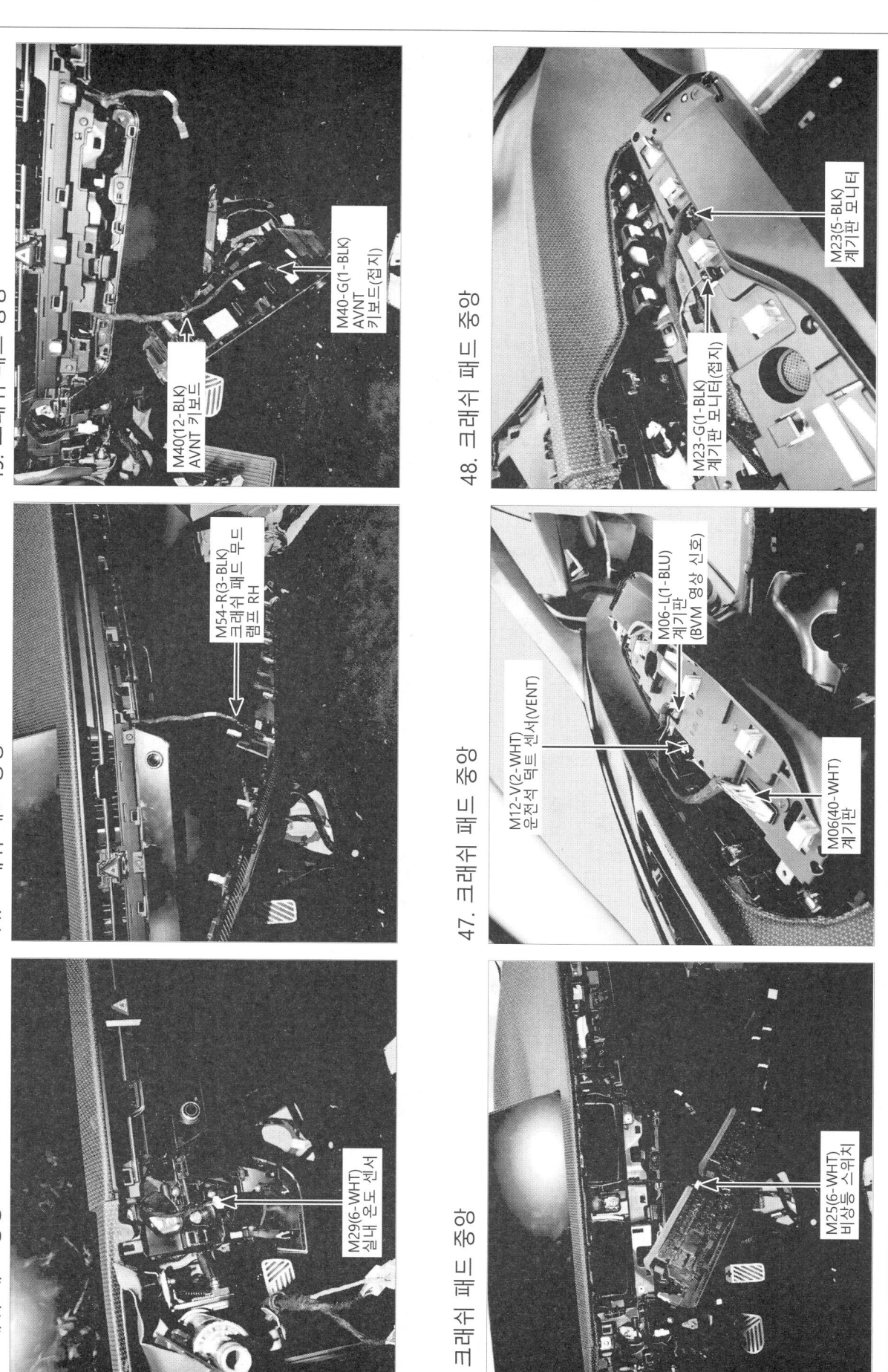

45. 크래쉬 패드 중앙

M40(12-BLK) AVNT 키보드

M40-G(1-BLK) AVNT 키보드(접지)

48. 크래쉬 패드 중앙

M23(5-BLK) 계기판 모니터

M23-G(1-BLK) 계기판 모니터(접지)

44. 크래쉬 패드 중앙

M54-R(3-BLK) 크래쉬 패드 무드 램프 RH

47. 크래쉬 패드 중앙

M06-L(1-BLU) 계기판 (BVM 영상 신호)

M12-V(2-WHT) 운전석 덕트 센서(VENT)

M06(40-WHT) 계기판

43. 크래쉬 패드 중앙

M29(6-WHT) 실내 온도 센서

46. 크래쉬 패드 중앙

M25(6-WHT) 비상등 스위치

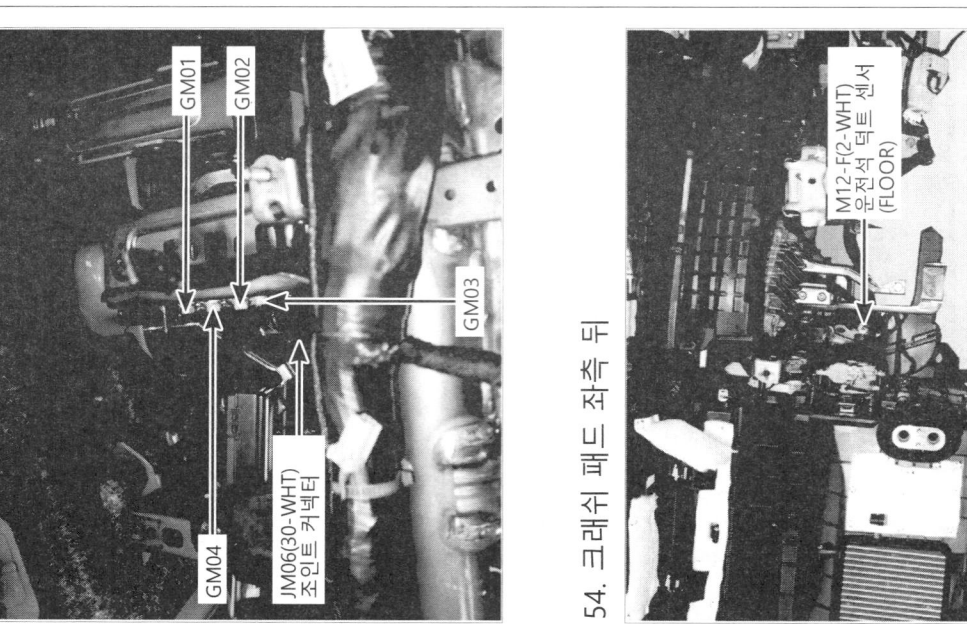

51. 크래쉬 패드 좌측

GM01
GM02
GM03
GM04
JM06(30-WHT)
조인트 커넥터

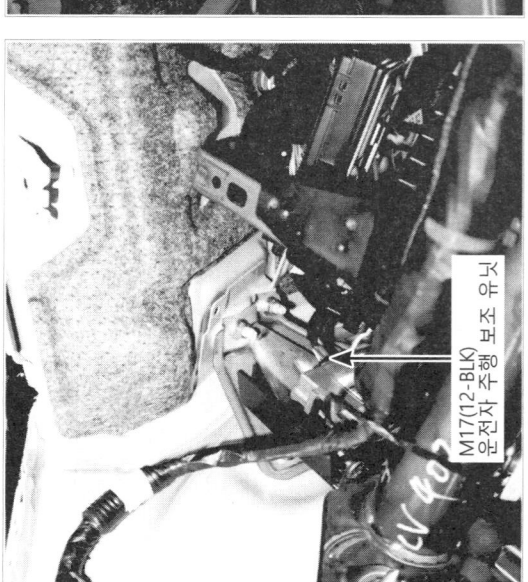

50. 크래쉬 패드 좌측

M17(12-BLK)
운전자 주행 보조 유닛

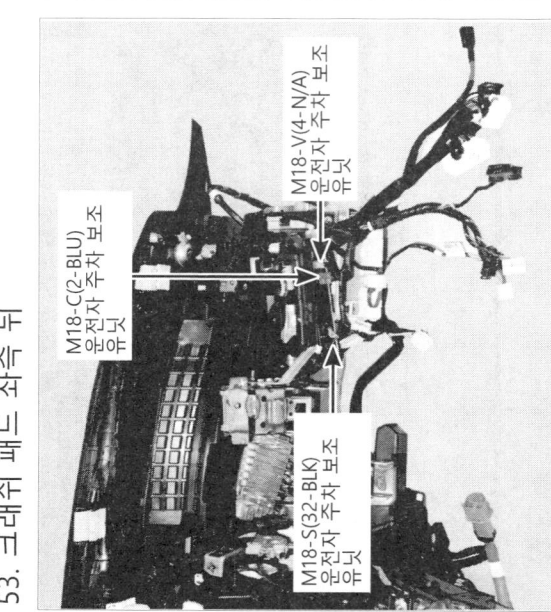

54. 크래쉬 패드 좌측 뒤

M12-F(2-WHT)
운전석 덕트 센서
(FLOOR)

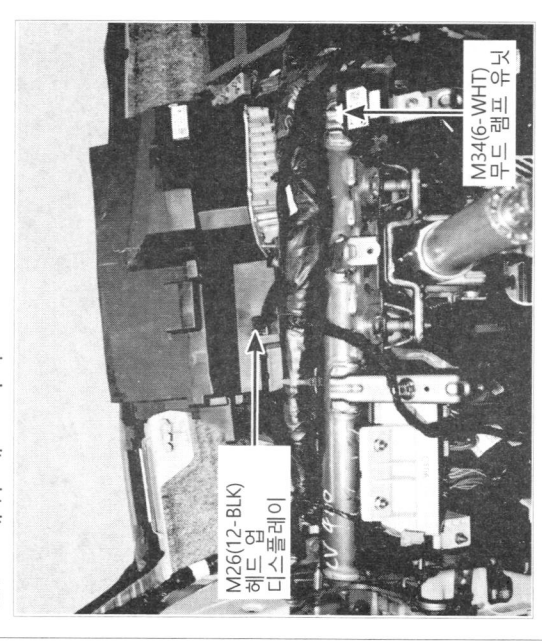

49. 크래쉬 패드 좌측

M26(12-BLK)
헤드 엄 디스플레이
M34(6-WHT)
무드 램프 유닛

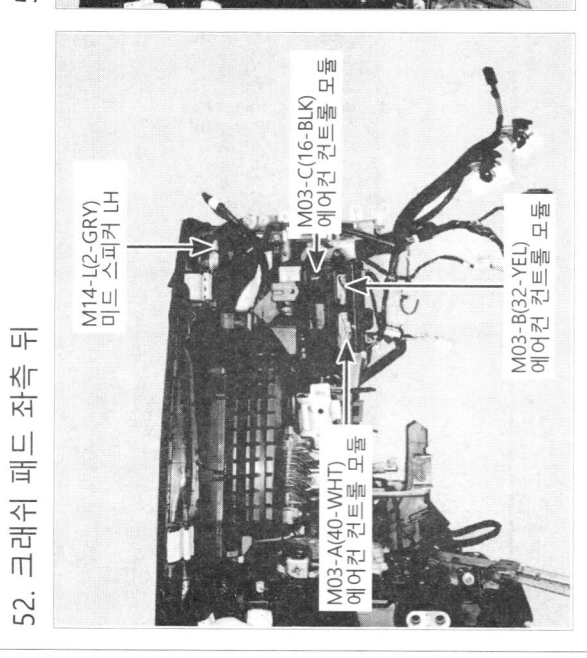

53. 크래쉬 패드 좌측 뒤

M18-C(2-BLU)
운전자 주차 보조
유닛
M18-V(4-N/A)
운전자 주차 보조
유닛
M18-S(32-BLK)
운전자 주차 보조
유닛

52. 크래쉬 패드 좌측 뒤

M14-L(2-GRY)
미드 스피커 LH
M03-C(16-BLK)
에어컨 컨트롤 모듈
M03-B(32-YEL)
에어컨 컨트롤 모듈
M03-A(40-WHT)
에어컨 컨트롤 모듈

구성 부품 위치도 (10)

55. 크래쉬 패드 중앙 위

M616-WHT)
오토 라이트 &
포토 센서

M63(2-GRY)
센터 스피커

56. 크래쉬 패드 중앙

M46-W(7-YEL)
리어 온도 액추에이터
(WARM)

M46-C(7-BLK)
리어 온도 액추에이터
(COOL)

M38(2-BRN)
스마트 키 실내
안테나 #1

MM01
(5-WHT)

57. AVNT 헤드 유닛 뒤

M05-C(21-WHT)
AVNT 헤드 유닛

M05-R
(1-N/A)
AVNT
헤드 유닛
(RADIO)

M05-B
(35-GRY)
AVNT
헤드 유닛

M05-A(38-WHT)
AVNT 헤드 유닛

M05-U(4-N/A)
AVNT 헤드
유닛(USB)

58. AVNT 헤드 유닛 뒤

M05-L1
(1-GRY)
AVNT
헤드 유닛
(LTE1)

M05-L2(1-N/A)
AVNT 헤드 유닛
(LTE2)

M05-V(1-N/A)
AVNT 헤드 유닛

M05-M(1-GRN)
AVNT 헤드 유닛
(프런트 모니터)

M05-GD(1-BRN)
AVNT 헤드 유닛
(GPS/DMB)

59. 크래쉬 패드 중앙 뒤

JM05(30-BRN)
조인트 커넥터

JM01
(30-BLK)
조인트 커넥터

MM02
(12-WHT)

JM02(14-BLU)
조인트 커넥터

60. 크래쉬 패드 중앙

M11(2-WHT)
덕트 센서(DEF)

61. 크래쉬 패드 중앙

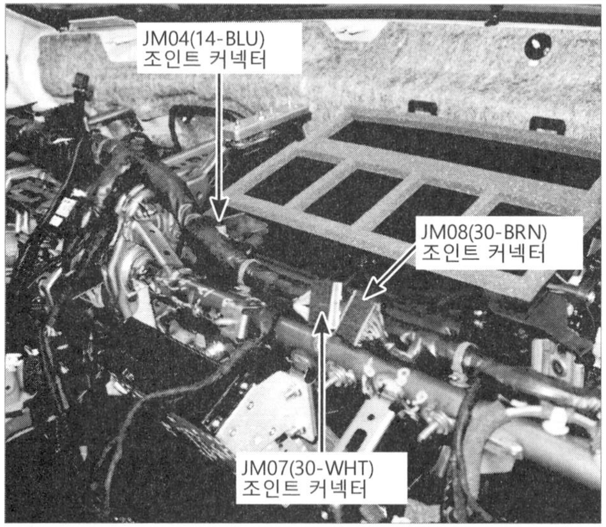

JM04(14-BLU)
조인트 커넥터

JM08(30-BRN)
조인트 커넥터

JM07(30-WHT)
조인트 커넥터

62. 크래쉬 패드 중앙

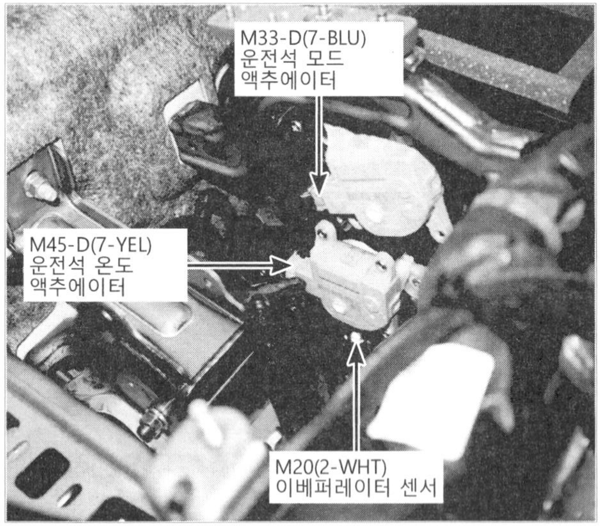

M33-D(7-BLU)
운전석 모드
엑추에이터

M45-D(7-YEL)
운전석 언로
엑추에이터

M20(2-WHT)
이베퍼레이터 센서

63. 크래쉬 패드 중앙

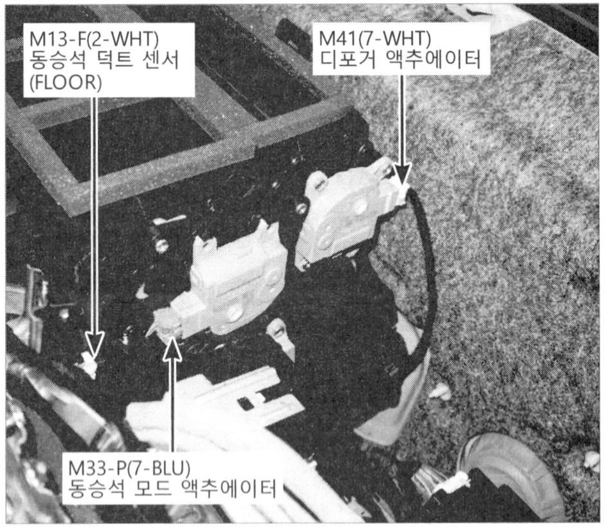

M41(7-WHT)
디포거 엑추에이터

M13-F(2-WHT)
동승석 덕트 센서
(FLOOR)

M33-P(7-BLU)
동승석 모드 엑추에이터

64. 우측 A필러

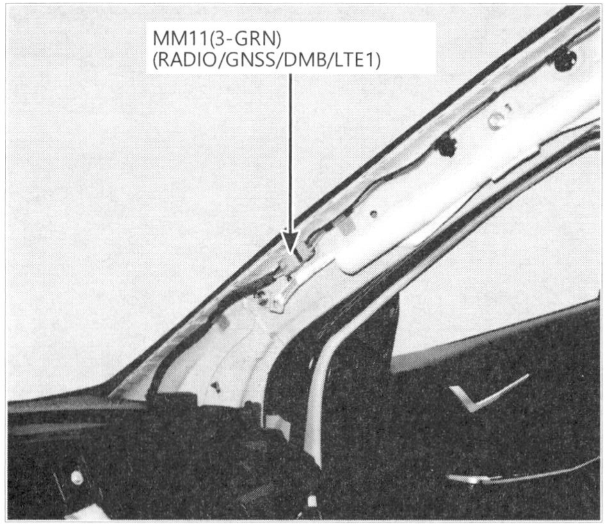

MM11(3-GRN)
(RADIO/GNSS/DMB/LTE1)

65. 크래쉬 패드 우측 아래

MF21
(74-WHT)

JF04(30-BRN)
조인트 커넥터

EM21
(44-WHT)

EF21
(31-BLU)

66. 크래쉬 패드 우측

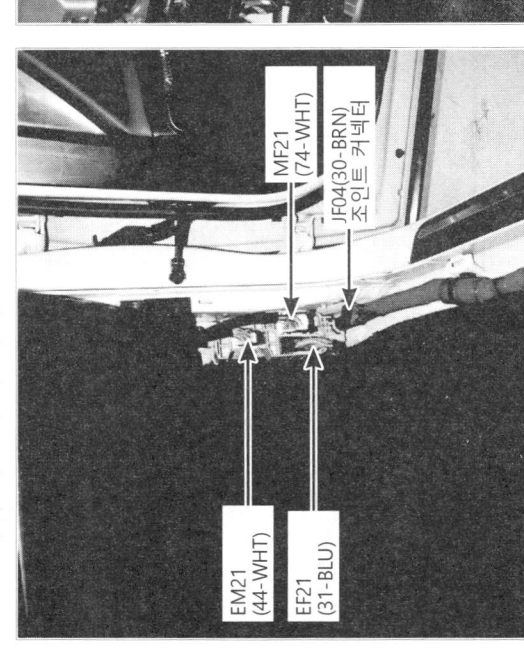

M60(4-GRY)
USB 젠빌트인 캠

M24(2-WHT)
글로브 박스 램프

- 506 -

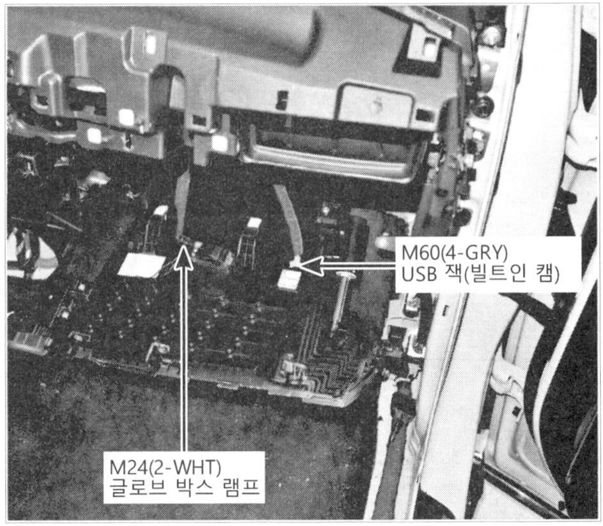

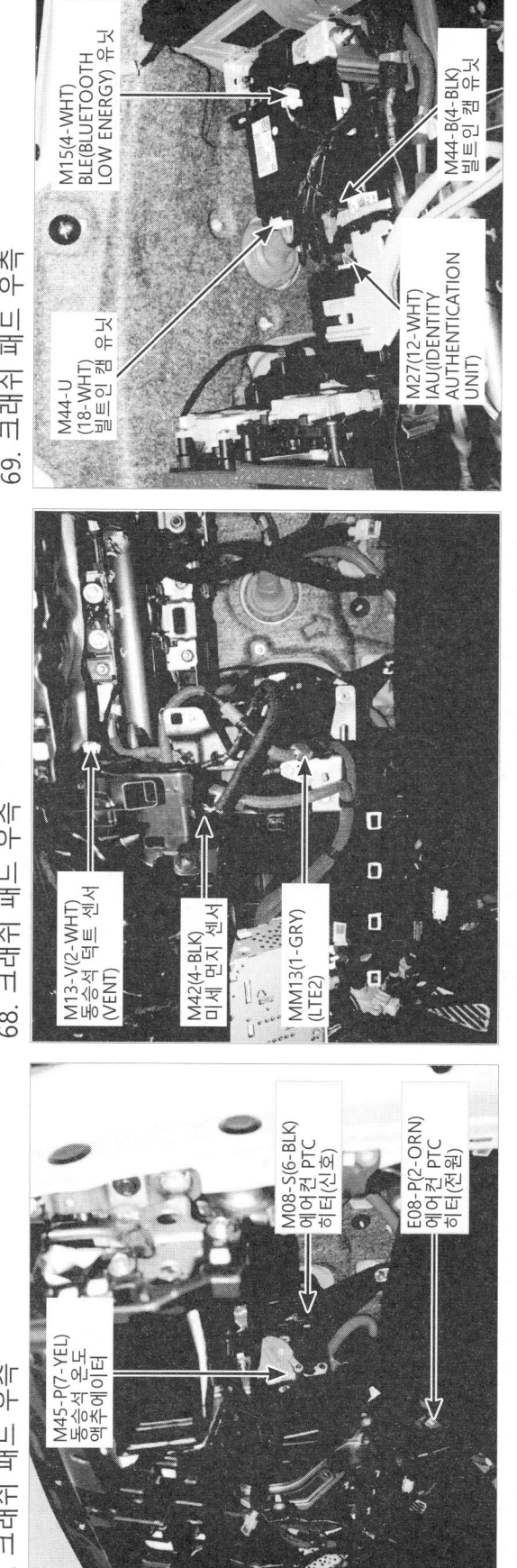

67. 크래쉬 패드 우측

M45-P(7-YEL)
동승석 온도
액추에이터

M08-S(6-BLK)
에어컨 PTC
히터(신호)

E08-P(2-ORN)
에어컨 PTC
히터(전원)

68. 크래쉬 패드 우측

M13-V(2-WHT)
동승석 덕트 센서
(VENT)

M42(4-BLK)
미세 먼지 센서

MM13(1-GRY)
(LTE2)

69. 크래쉬 패드 우측

M15(4-WHT)
BLE(BLUETOOTH
LOW ENERGY) 유닛

M44-B(4-BLK)
빌트인 캠 유닛

M44-U
(18-WHT)
빌트인 캠 유닛

M27(12-WHT)
IAU(IDENTITY
AUTHENTICATION
UNIT)

70. 크래쉬 패드 우측

M44-C
(2-N/A)
빌트인 캠 유닛

M44-S
(2-BLU)
빌트인 캠 유닛

M44-USB
(4-GRY)(USB)
빌트인 캠 유닛

M44-A
(1-GRN)
빌트인 캠 유닛

71. 크래쉬 패드 우측

M35(2-GRN)
동승석 에어백 #1

M36(2-GRY)
동승석 에어백 #2

72. 크래쉬 패드 우측

M01-B
(36-GRY)
IBU

M14-R(2-GRY)
미드 스피커 RH

M01-A(40-BLK)
IBU

M01-D
(40-WHT)
IBU

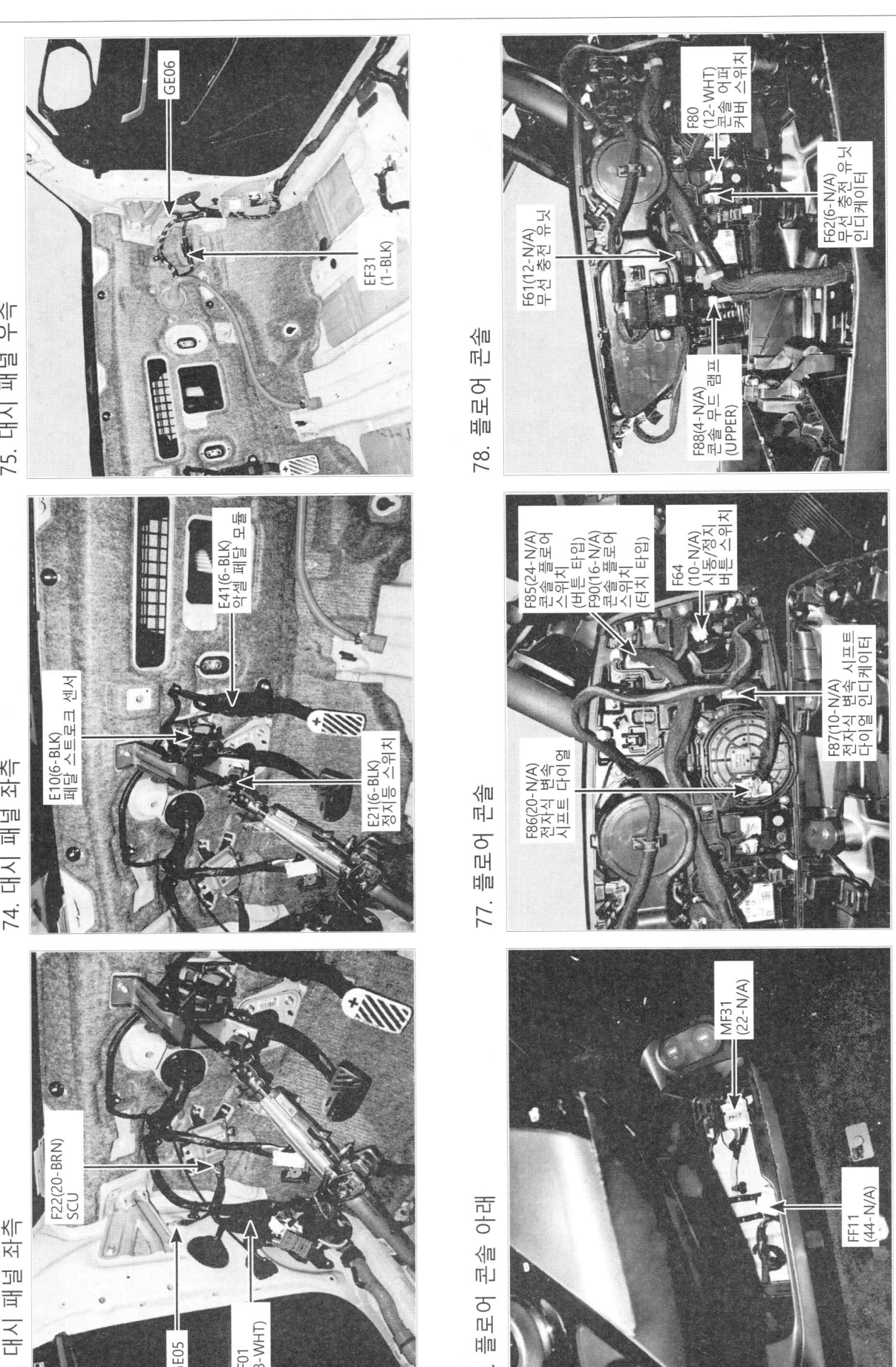

73. 대시 패널 좌측

74. 대시 패널 좌측

75. 대시 패널 우측

76. 플로어 콘솔 아래

77. 플로어 콘솔

78. 플로어 콘솔

GE06

EF31
(1-BLK)

E41(6-BLK)
악셀 페달 모듈

E10(6-BLK)
페달 스트로크 센서

E21(6-BLK)
정지등 스위치

F22(20-BRN)
SCU

GE05

JF01
(8-WHT)

F80
(12-WHT)
콘솔 어퍼
커버 스위치

F62(6-N/A)
무선 충전 유닛
인디케이터

F61(12-N/A)
무선 충전 유닛

F88(4-N/A)
콘솔 무드 램프
(UPPER)

F85(24-N/A)
콘솔 플로어
스위치
(버튼 타입)

F90(16-N/A)
콘솔 플로어
스위치
(터치 타입)

F64
(10-N/A)
시동/정지
버튼 스위치

F87(10-N/A)
전자식 변속 시프트
다이얼 인디케이터

F86(20-N/A)
전자식 변속
시프트 다이얼

MF31
(22-N/A)

FF11
(44-N/A)

구성 부품 위치도 (14)

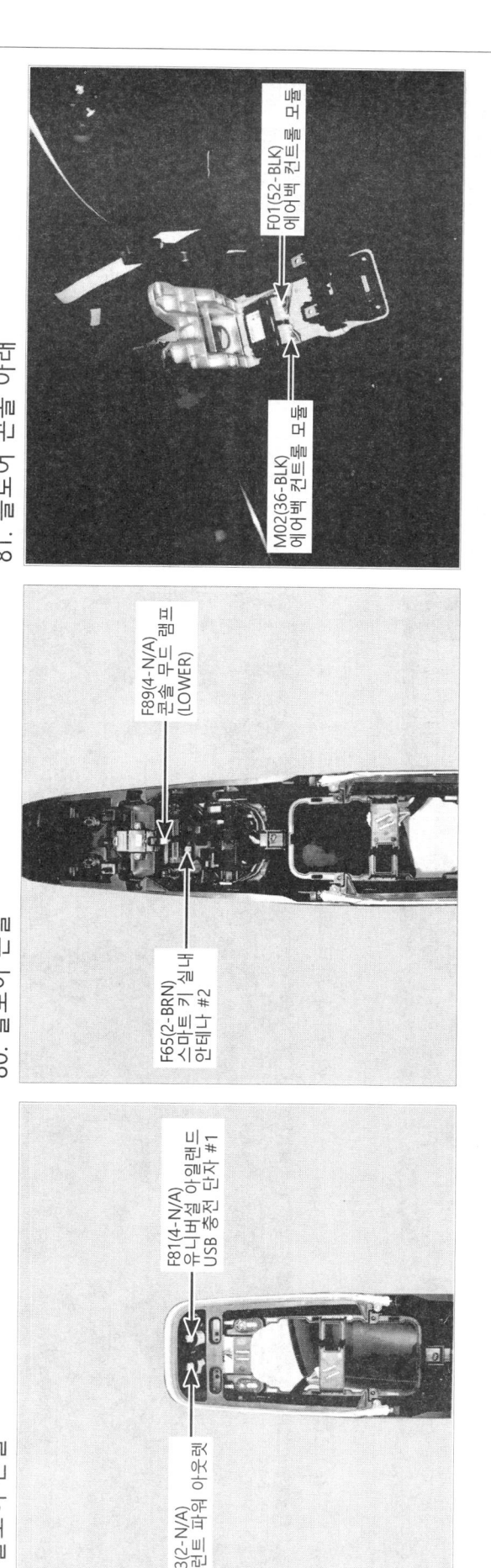

79. 플로어 콘솔

F63(2-N/A)
프런트 파워 아웃렛

F814(4-N/A)
유니버셜 아일랜드
USB 충전 단자 #1

80. 플로어 콘솔

F65(2-BRN)
스마트 키 실내
안테나 #2

F89(4-N/A)
콘솔 무드 램프
(LOWER)

81. 플로어 콘솔 아래

M02(36-BLK)
에어백 컨트롤 모듈

F01(52-BLK)
에어백 컨트롤 모듈

82. 좌측 B필러

GF01

FD31
(26-BLK)

F03-D(2-GRN)
운전석 사이드
충돌 감지 센서
(프런트)

F29-D(2-GRY)
운전석 시트 벨트 리트렉터
프리텐셔너(프런트)

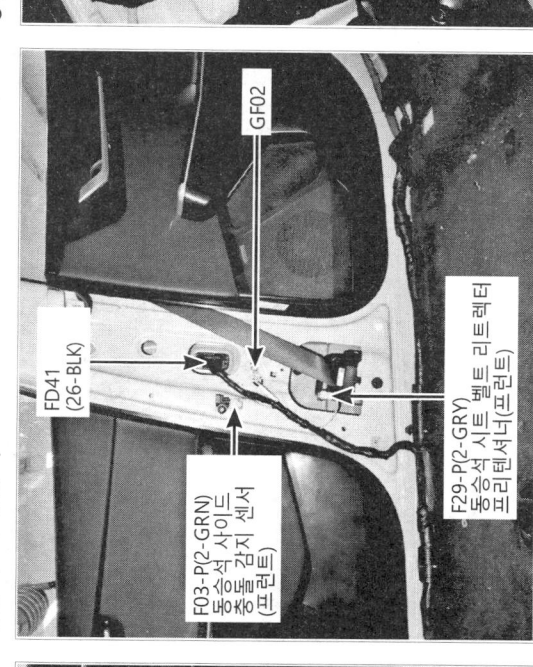

83. 우측 B필러

FD41
(26-BLK)

GF02

F03-P(2-GRN)
동승석 사이드
충돌 감지 센서
(프런트)

F29-P(2-GRY)
동승석 시트 벨트 리트렉터
프리텐셔너(프런트)

84. 운전석 시트 아래

F21-L(6-BLK)
리어 덕트 액추에이터 LH

85. 동승석 시트 아래

GF06
JF07(6-WHT) 조인트 커넥터
JF03(14-BLK) 조인트 커넥터
F21-R(6-BLK) 리어 덕트 액추에이터 RH

86. 리어 시트 좌측 아래

GF03
GF04
GF08
F14-S (18-BLK) ICCU(신호)
F57-P ICCU(LOW DC-DC 컨버터 (+))

87. 리어 시트 좌측 아래

F02-A (28-BLU) 앰프
F14-B (2-ORN) ICCU (고전압 배터리)
F02-B (28-RED) 앰프
F05(32-BLK) ADP(ACOUSTIC DESIGN PROCESSOR)

88. 리어 시트 우측 아래

JF02(6-WHT) 조인트 커넥터
F27(12-BLK) 빌트인 캠 보조 배터리
C14-AC(6-ORG) ICCU(AC INPUT)
F31(28-WHT) AFCU

89. 리어 시트 우측 아래

GF05
GF07
GC11
F57-G ICCU(LOW DC-DC 컨버터 (-))

90. 러기지 룸

HV11 (6-BLK)
HV12 (2-ORN)

구성 부품 위치도 (16)

91. 러기지 룸 뒤쪽

F20
(4-BLK)
서브 우퍼

F34(2-BRN)
스마트 키
트렁크 안테나

92. 러기지 룸 좌측

F18(3-WHT)
테일게이트
러기지 램프

F28-B(24-GRY)
파워 테일게이트 유닛

F35-L(8-BLK)
리어 콤비네이션
램프 (OUT) LH

F28-A(24-BLK)
파워 테일게이트 유닛

F25(2-BLK)
리어 파워
아웃렛

93. 러기지 룸 좌측

F47(2-GRY)
서라운드 스피커 LH

F04-D(2-BLK)
운전석 사이드 충돌
감지 센서(리어)

F23(10-BLK)
파워 테일게이트
스핀들

FR31
(22-WHT)

F30-D(2-GRY)
운전석 시트 벨트
리트랙터
프리텐셔너(리어)

94. 러기지 룸 우측

F30-P(2-GRY)
동승석 시트 벨트
리트랙터
프리텐셔너(리어)

F04-P(2-BLK)
동승석 사이드
충돌 감지
센서(리어)

CF11
(16-WHT)

JF05(14-BLU)
조인트 커넥터

95. 러기지 룸 우측

FR41
(12-WHT)

MM12
(3-GRN)

FR11
(10-BLK)

F48(2-GRY)
서라운드
스피커 RH

96. 러기지 룸 우측

F35-R(8-BLK)
리어 콤비네이션 램프 (OUT)RH

C16(4-BLK)
충전 단자 록/
언록 액추에이터

F39(40-BLK)
VCMS

FF31
(8-WHT)

C12(3-BLK)
충전 단자 레지스터

97. 우측 리어 펜더

C15(5-N/A)
충전 단자
(5PIN COMBO)

98. 차량 뒤 아래

FP11
(52-BLK)

99. 좌측 뒤 서스펜션

FF02
(4-BLK)

F52-L(2-BLK)
리어 EPB
액추에이터 LH

100. 우측 뒤 서스펜션

FF03
(4-BLK)

F52-R(2-BLK)
리어 EPB
액추에이터 RH

101. 테일게이트

R71-R(2-BLK)
번호판등 RH

R75(6-BLK)
파워 테일게이트
스위치(실내)

R71-L(2-BLK)
번호판등 LH

102. 테일게이트

R61(2-WHT)
보조 정지등
(프리아웃시
글라스 미적용)

R72(1-BLK)
리어 디포거(+)

구성 부품 위치도 (18)

103. 테일게이트

R73(1-BLK)
리어 디포거(-)

R91(2-WHT)
퍼들 램프

104. 테일게이트

R78(8-BLK)
테일게이트 스위치(실외)
(리어 뷰 카메라 적용)
R79(7-BLK)
테일게이트 스위치(실외)
(SVM/빌트인 캠 적용)

R74(8-BLK)
파워 테일게이트 래치
R76(5-BLK)
테일게이트 래치

R77(2-BLK)
파워 테일게이트 부저

R70(3-BLK)
리어 센터 램프

105. 테일게이트

RR21
(22-WHT)

RR22
(12-WHT)

106. 운전석 도어

FD11
(59-N/A)

107. 운전석 도어

D08(2-WHT)
운전석 도어
스피커(앰프 미적용)
D09(2-BLK)
운전석 도어
스피커(앰프 적용)

D17(2-BRN)
운전석 도어 아웃사이드
핸들 안테나

JD11(14-WHT)
조인트 커넥터

108. 운전석 도어

D14(2-YEL)
운전석 도어 사이드
충돌음 압력 센서

D01(16-WHT)
운전석 도어 모듈

D10(2-WHT)
운전석 도어 트위터
(앰프 미적용)
D11(2-GRY)
운전석 도어 트위터
(앰프 적용)

D12(13-WHT)
운전석 아웃사이드
미러 유닛

D03(6-BLK)
운전석 세이프티
파워 윈도우 모듈

- 513 -

2023 > 엔진 > 160kW (2WD) / 70 160kW (4WD) > 구성 부품 위치도 > 회로도

구성 부품 위치도 (19)

111. 동승석 도어

FD21
(59-N/A)

114. 동승석 도어

D46(12-GRY)
동승석 도어
아웃사이드 핸들

D35(5-N/A)
동승석 도어
도어록 액추에이터

110. 운전석 도어

D16(12-GRY)
운전석 도어
아웃사이드 핸들

D05(5-N/A)
운전석 도어
록 액추에이터

113. 동승석 도어

D40(2-WHT)동승석 도어
트위터 스피커(앰프 미적용)
D41(2-GRY)동승석 도어
트위터 스피커(앰프 적용)

D33(6-BLK)
동승석 셰이프티
파워 윈도우 모듈
D34(2-BLK)
동승석 파워
윈도우 머터

D42(13-WHT)
동승석 아웃사이드
미러 유닛

D44(2-YEL)
동승석 도어 사이드
충돌압력 센서

D38(2-WHT)
동승석 도어
(앰프 적용)
D39(2-BLK)
동승석 도어 스피커
(앰프 적용)

109. 운전석 도어 트림

D23(4-WHT)
운전석 도어
우드 램프

D25(6-N/A)
운전석 IMS 스위치

DD11
(10-WHT)

112. 동승석 도어

D47(2-BRN)
동승석아웃사이드
핸들 안테나

JD21(14-WHT)
조인트 커넥터

D31(12-WHT)
동승석 파워 윈도우 스위치
(오토 업/다운 & 셰이프티 미적용)
D32(8-WHT)
동승석 파워 윈도우 스위치
(오토 업/다운 & 셰이프티 적용)

D51(10-WHT)
동승석 도어무드 램프

117. 리어 도어 트림 LH

DD31
(18-N/A)

D73(4-WHT)
리어 도어 무드
램프 LH

D74(2-GRY)
리어 도어 트위터
스피커 LH

D71(12-WHT)
리어 파워 윈도우 스위치 LH
(오토 업/다운 &세이프티 미적용)
D72(8-WHT)
리어 파워 윈도우 스위치 LH
(오토 업/다운 &세이프티 적용)

116. 리어 도어 LH

D62(6-BLK)
리어 세이프티 파워
윈도우 모듈 LH
D63(2-BLK)
리어 파워 윈도우
모터 LH

D66(2-WHT)
리어 도어 스피커 LH
(앰프 미적용)
D67(2-BLK)
리어 도어 스피커 LH
(앰프 적용)

115. 리어 도어 LH

FD31
(26-BLK)

120. 리어 도어 RH

D82(6-BLK)
리어 세이프티 파워 윈도우 모듈 RH
D83(2-BLK)
리어 파워 윈도우 모터 RH

D86(2-WHT)
리어 도어 스피커 RH(앰프 미적용)
D87(2-BLK)
리어 도어 스피커 RH(앰프 적용)

119. 리어 도어 RH

FD41
(26-BLK)

118. 리어 도어 LH

D65(6-GRY)
리어 도어
아웃사이드
핸들 블러쉬
액추에이터 LH

D64(8-N/A)
리어 도어 록
액추에이터

- 515 -

121. 리어 도어 트림 RH

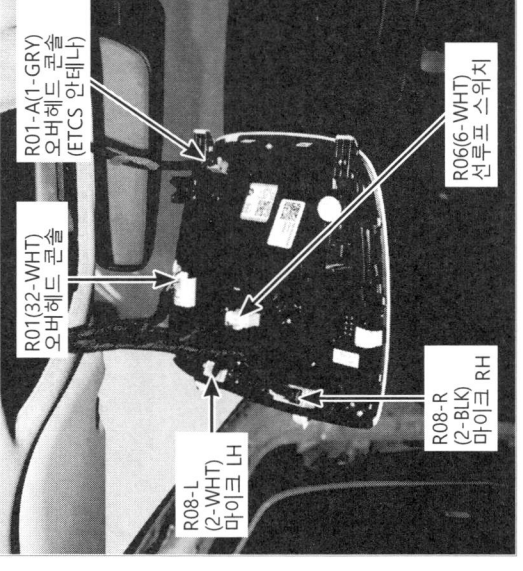

D94(2-GRY)
리어 도어 트위터 스피커 RH

DD41
(18-WHT)

D93(4-WHT)
리어 도어
무드 램프 RH

D91(12-WHT)
리어 파워 윈도우 스위치 RH
(오토 업/다운 & 세이프티 미적용)
D92(8-WHT)
리어 파워 윈도우 스위치 RH
(오토 업/다운 & 세이프티 적용)

122. 리어 도어 RH

D85(6-GRY)
리어 도어 아웃사이드
핸들 플라시 액추에이터 RH

D84(8-N/A)
리어 도어록
액추에이터 RH

123. 루프 트림 앞

R03(10-BLK)
실내 감광 미러

ANT-E(1-BLK)
ETCS 안테나

R05(5-BLK)
전방 카메라
(빌트인 캠)

124. 루프 트림 앞

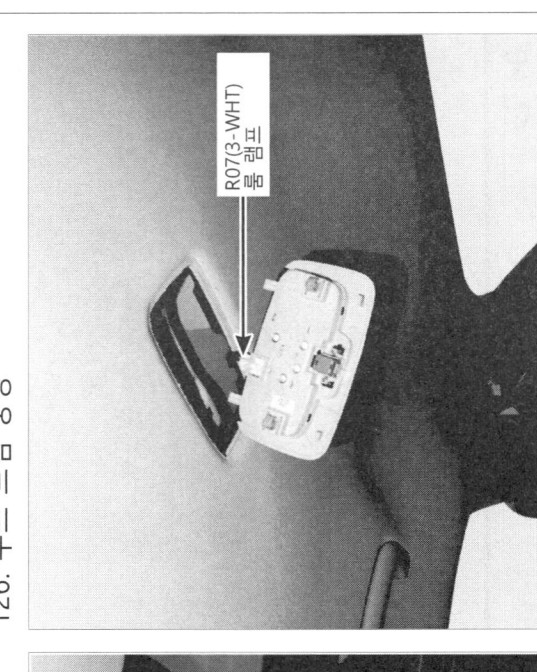

R02(6-WHT)
오토 디포거 센서

R04(12-GRY)
전방 카메라
(ADAS)

R10(3-BLK)
레인 센서

125. 루프 트림 앞

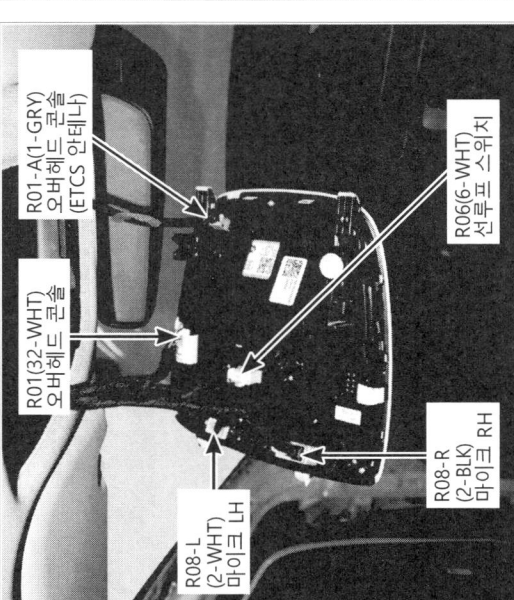

R01-A(1-GRY)
오버헤드 콘솔
(ETCS 안테나)

R06(6-WHT)
선루프 스위치

R01(32-WHT)
오버헤드 콘솔

R08-R
(2-BLK)
마이크 RH

R08-L
(2-WHT)
마이크 LH

126. 루프 트림 중앙

R07(3-WHT)
룸램프

구성 부품 위치도 (22)

127. 루프 트림 앞

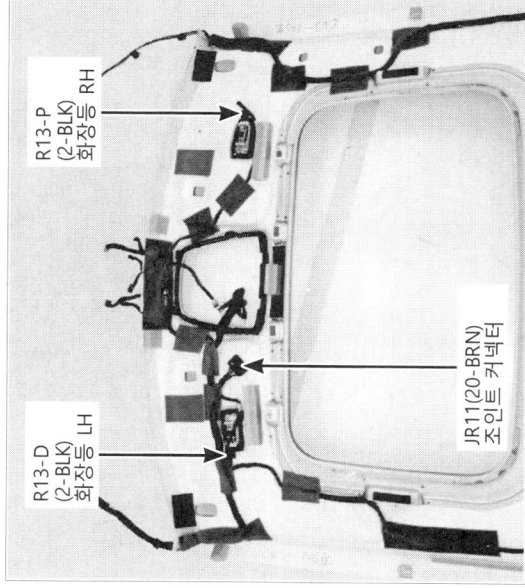

R13-D
(2-BLK)
화장등 LH

R13-P
(2-BLK)
화장등 RH

JR11(20-BRN)
조인트 커넥터

128. 루프 트림 뒤

R12(4-BLK)
후석 승객 감지 센서
(REAR OCCUPANT ALERT)

129. 루프 패널 중앙

F06-R(10-GRY)
선루프 컨트롤
유닛(룸러)

F06-G(10-GRY)
선루프 컨트롤
유닛(글라스)

FF21
(12-WHT)

130. 루프 패널 좌측

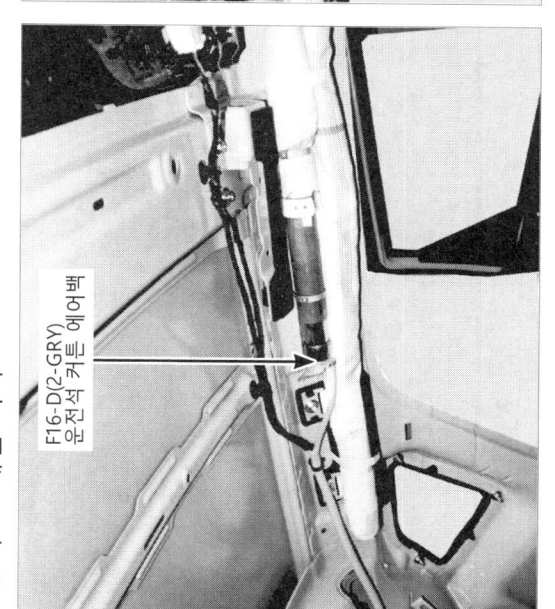

F16-D(2-GRY)
운전석 커튼 에어백

131. 루프 패널 우측

F16-P(2-GRY)
동승석 커튼 에어백

132. 루프 패널 뒤

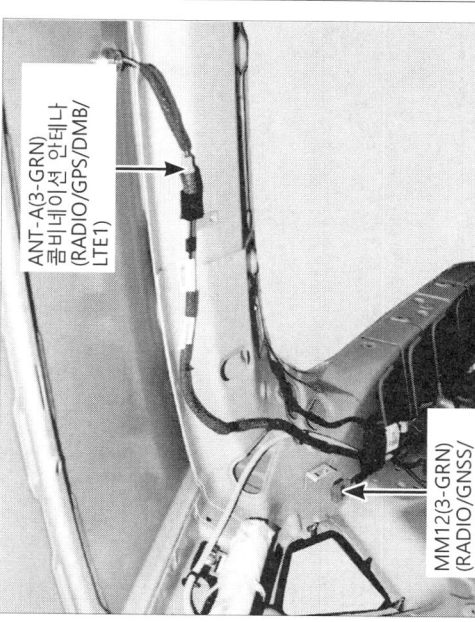

ANT-A(3-GRN)
콤비네이션 안테나
(RADIO/GPS/DMB/
LTE1)

MM12(3-GRN)
(RADIO/GNSS/
DMB/LTE1)

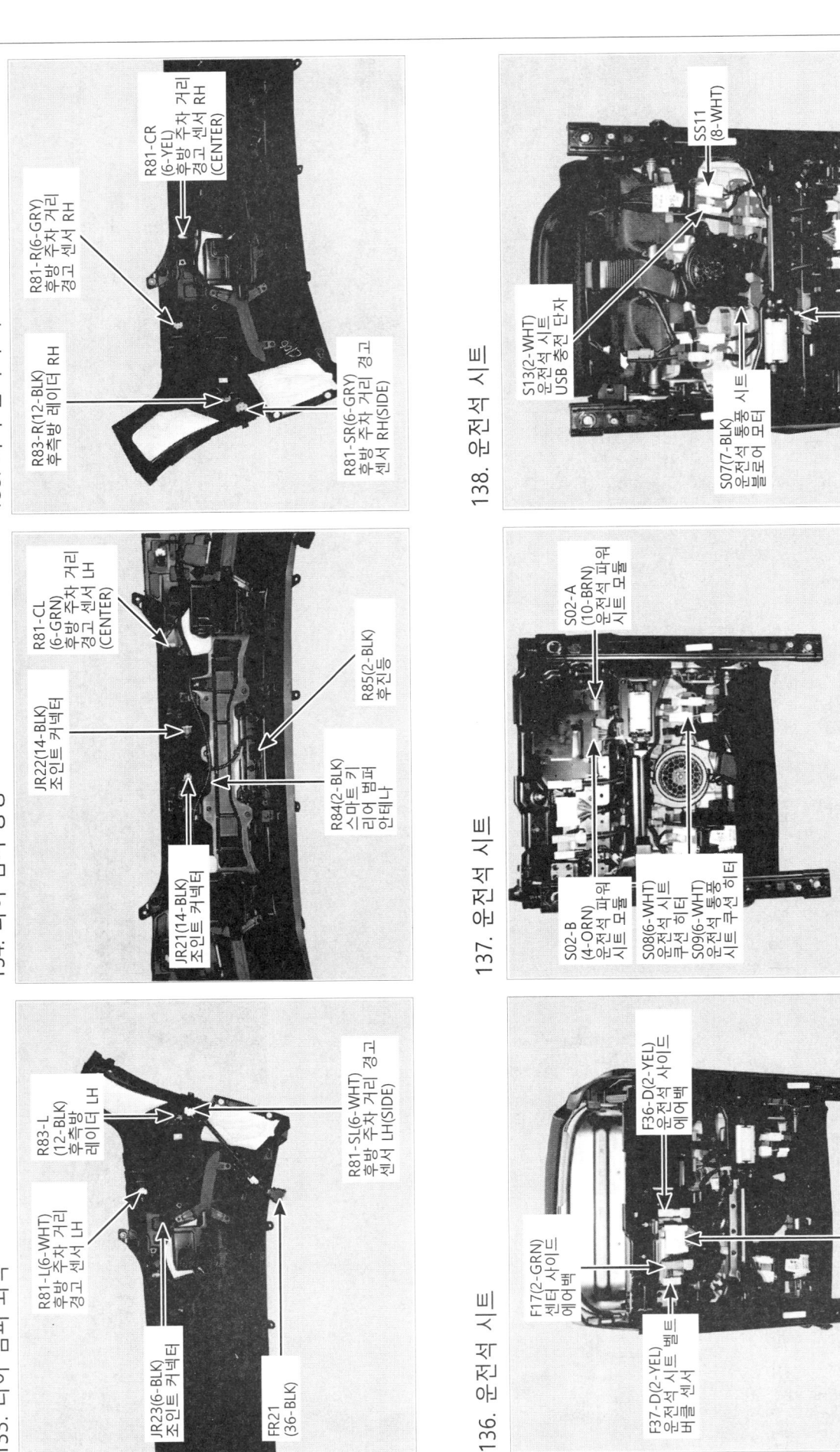

135. 리어 범퍼 우측

R81-CR
(6-YEL)
후방 주차 거리
경고 센서 RH
(CENTER)

R81-R(6-GRY)
후방 주차 거리
경고 센서 RH

R83-R(12-BLK)
후측방 레이더 RH

R81-SR(6-GRY) 후방 주차 거리 경고
센서 RH(SIDE)

138. 운전석 시트

SS11
(8-WHT)

S13(2-WHT)
운전석 시트
USB 충전 단자

S07(7-BLK)
운전석 틸트용
블로어

S04(4-GRY)
운전석 슬라이드 모터

134. 리어 범퍼 중앙

R81-CL
(6-GRN)
후방 주차 거리
경고 센서 LH
(CENTER)

JR22(14-BLK)
조인트 커넥터

JR21(14-BLK)
조인트 커넥터

R84(2-BLK)
스마트 키
리어 범퍼
안테나

R85(2-BLK)
후진등

137. 운전석 시트

S02-A
(10-BRN)
운전석 파워
시트 모듈

S02-B
(4-ORN)
운전석 파워
시트 모듈

S08(6-WHT)
운전석 시트
쿠션 하이트

S09(6-WHT)
운전석 틸트용
시트 쿠션 하이트

133. 리어 범퍼 좌측

R83-L
(12-BLK)
후측방
레이더 LH

R81-SL(6-WHT)
후방 주차 거리 경고
센서 LH(SIDE)

R81-L(6-WHT)
후방 주차 거리
경고 센서 LH

JR23(6-BLK)
조인트 커넥터

FR21
(36-BLK)

136. 운전석 시트

F36-D(2-YEL)
운전석 사이드
에어백

F17(2-GRN)
센터 사이드
에어백

F37-D(2-YEL)
운전석 시트 벨트
버클 센서

FS11
(34-WHT)

- 518 -

139. 운전석 시트

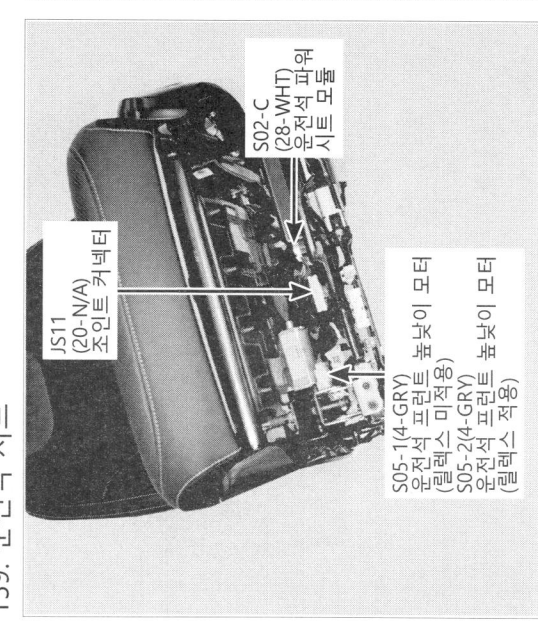

JS11
(20-N/A)
조인트 커넥터

S02-C
(28-WHT)
운전석 파워
시트 모듈

S05-1(4-GRY)
운전석 프런트 높낮이 모터
(릴렉스 미적용)
S05-2(4-GRY)
운전석 프런트 높낮이 모터
(릴렉스 적용)

140. 운전석 시트

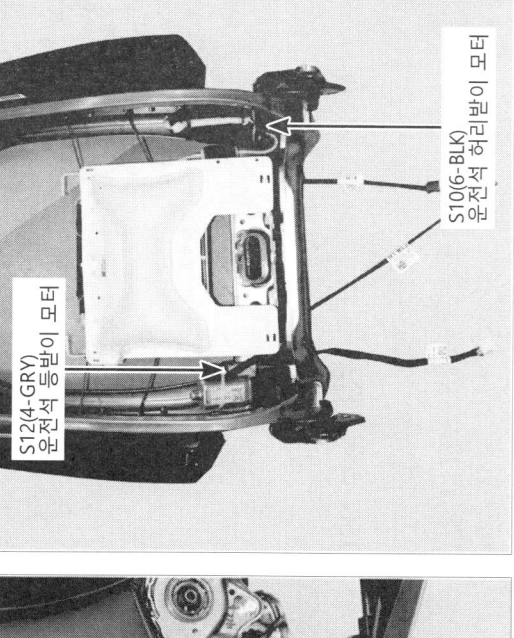

S06(4-GRY)
운전석 리어 높낮이 모터

S01-1(4-WHT)
운전석 매뉴얼 시트 스위치
(IMS 미적용-2WAY)
S01-2(16-WHT)
운전석 파워 시트 스위치
(IMS 미적용-10WAY)
S01-3(16-GRY)
운전석 파워 시트 스위치
(IMS 적용-10WAY)
S01-4(20-GRY)
운전석 파워 시트 스위치
(IMS 적용-12WAY)

141. 운전석 시트백

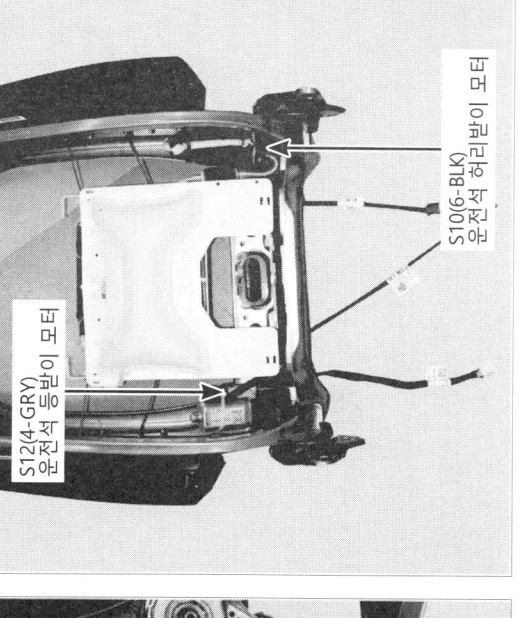

S12(4-GRY)
운전석 등받이 모터

S10(6-BLK)
운전석 허리받이 모터

142. 동승석 시트

F36-P(2-YEL)
동승석 사이드 에어백

FS21
(34-WHT)

F37-P
(2-YEL)
동승석 시트벨트
버클 센서

F32(4-YEL)
동승석 무게
감지 센서

143. 동승석 시트

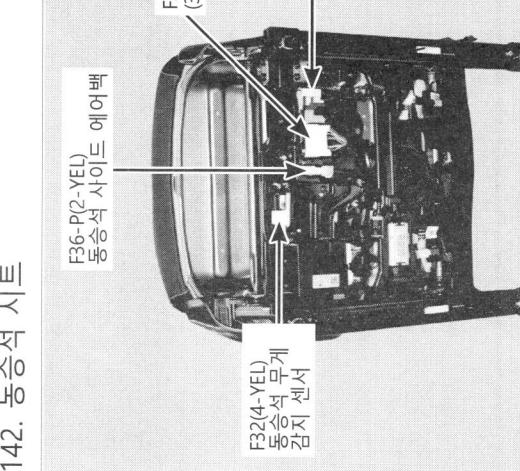

S32-B(24-WHT)
프런트 통풍 시트
컨트롤 모듈

SS21(8-WHT)
(릴렉스 미적용)
SS22(8-WHT)
(릴렉스 적용)
SS23(14-WHT)
(릴렉스&워크인 적용)

S32-A(12-WHT)
프런트 통풍 시트
컨트롤 모듈

S24(4-GRY)
동승석
슬라이드 모터

144. 동승석 시트

S28(6-WHT)
동승석 시트
쿠션 하단
S29(6-WHT)
동승석 통풍
시트 쿠션 하단

S27(7-BLK)
동승석 통풍
블로어 모터

S33(2-WHT)
동승석 시트
USB 충전 단자

JS22
(8-BLK)
조인트 커넥터

구성 부품 위치도 (25)

145. 동승석 시트

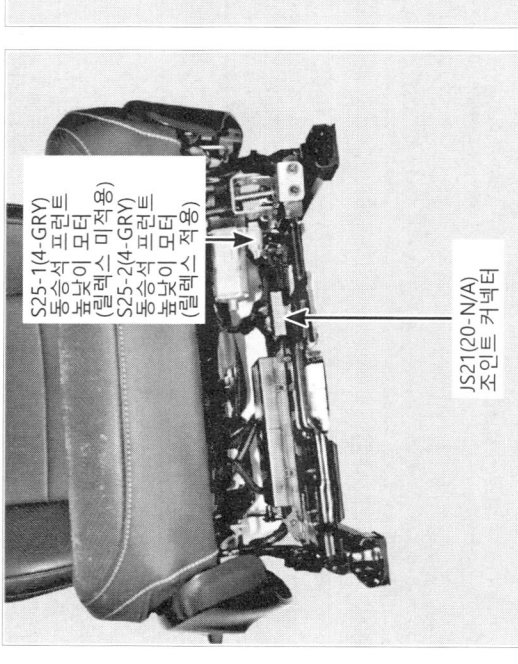

S25-1(4-GRY)
동승석 프런트
높낮이 모터
(릴렉스 미적용)
S25-2(4-GRY)
동승석 프런트
높낮이 모터
(릴렉스 적용)

JS21(20-N/A)
조인트 커넥터

146. 동승석 시트

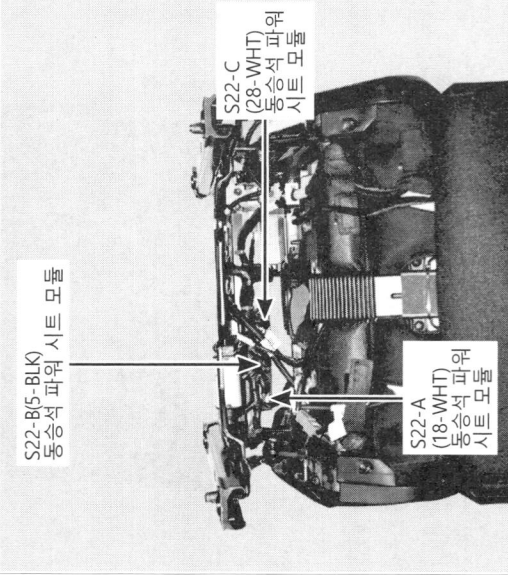

S22-B(5-BLK)
동승석 파워 시트 모듈

S22-C
(28-WHT)
동승석 파워
시트 모듈

S22-A
(18-WHT)
동승석 파워
시트 모듈

147. 동승석 시트

S26(4-GRY)
동승석 리어
높낮이 모터

S21-1(4-WHT)동승석 매뉴얼 시트 스위치
(릴렉스 미적용-2WAY)
S21-2(16-WHT)동승석 파워 시트 스위치
(릴렉스 미적용-10WAY)
S21-3(20-GRY)동승석 파워 시트 스위치
(릴렉스 적용)

148. 동승석 시트백

S42(4-GRY)
동승석 등받이 모터

S40(6-BLK)
동승석 허리받이 모터

149. 동승석 시트

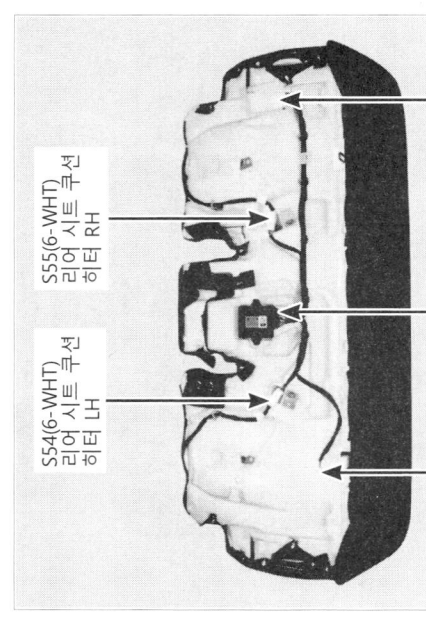

S43(8-BLK)
동승석 워크인
스위치

150. 리어 시트

SS31
(20-WHT)

S55(6-WHT)
리어 시트 쿠션
히터 RH

S51(28-BLK)
리어 시트 하터
컨트롤 모듈

S54(6-WHT)
리어 시트 쿠션
히터 LH

S52(2-WHT)
리어 시트 백
히터 LH

151. 리어 시트

FS31
(22-WHT)

S53(2-WHT)
리어 시트 백
히터 RH

152. 리어 시트

F43(2-WHT)
리어 시트 벨트
버클 스위치 LH

F44(4-WHT)
리어 시트 벨트
버클 스위치 RH
& CENTER

C11(2-ORN)
V2L 유닛(전원)

F11(6-WHT)
V2L 유닛(신호)

153. 리어 PE 모듈

P23(2-BLK)
전자식 오일
펌프 온도
센서(리어)

P244(4-BLK)
전자식 오일
펌프(리어)

154. 리어 PE 모듈

GT 미적용

P22(40-BLK)
리어 인버터
(시스템)

P21(10-GRY)
후륜 구동모터

155. 리어 PE 모듈

JP11(6-BLK)
조인트 커넥터

156. 리어 PE 모듈

GT 미적용

P25(10-BLK)
SBW 액추에이터

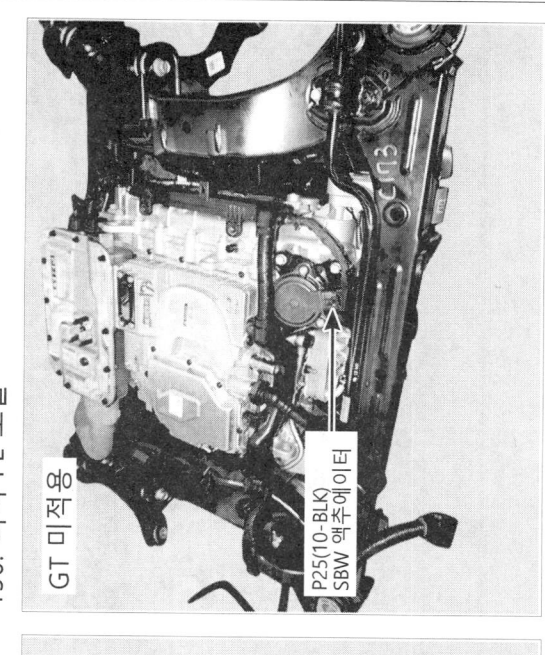

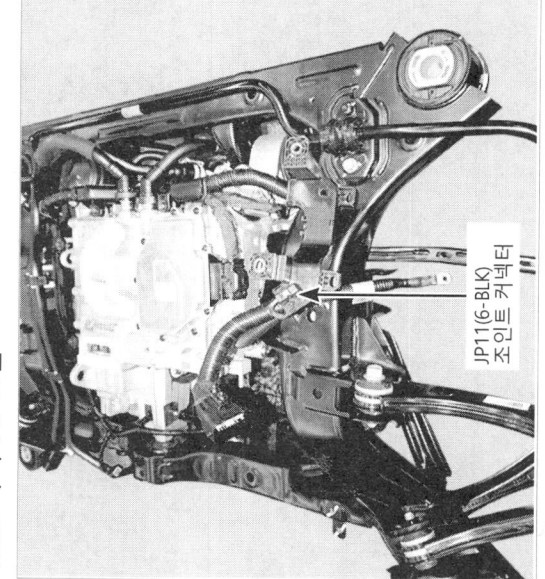

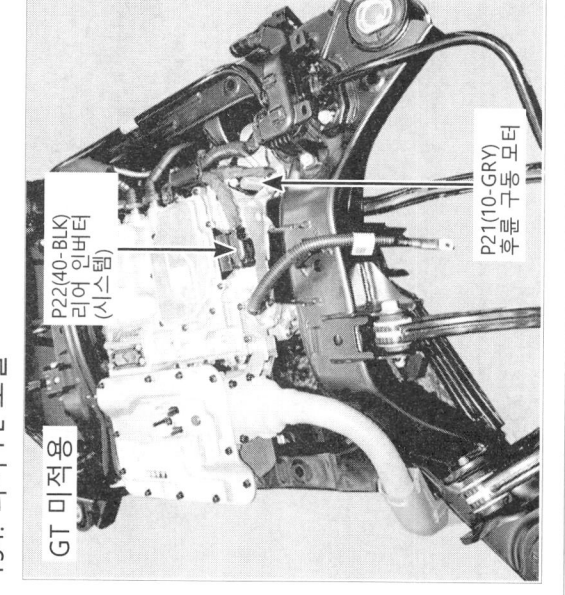

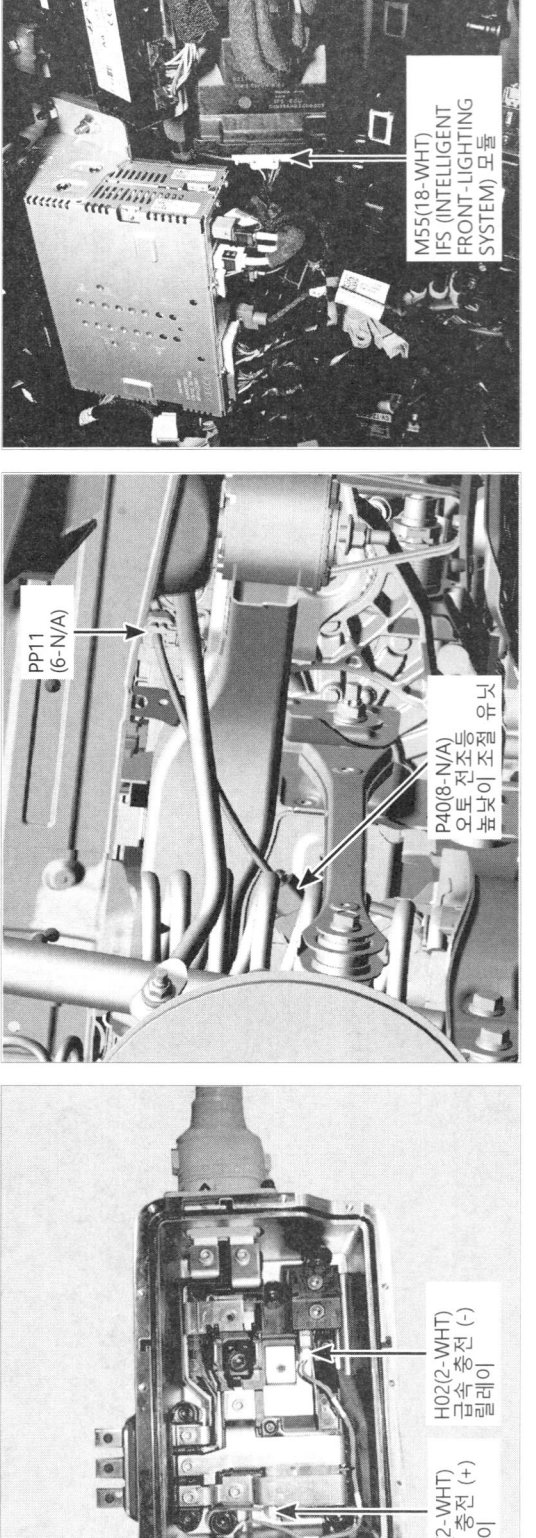

159. 크래쉬 패드 중앙

M55(18-WHT)
IFS (INTELLIGENT
FRONT-LIGHTING
SYSTEM) 모듈

158. 리어 PE 모듈

PP11
(6-N/A)

P40(8-N/A)
오토 전조등
높낮이 조절 유닛

157. 리어 HV 정션 블록

H02(2-WHT)
급속충전 (-)
급속 릴레이

H01(2-WHT)
급속충전 (+)
급속 릴레이

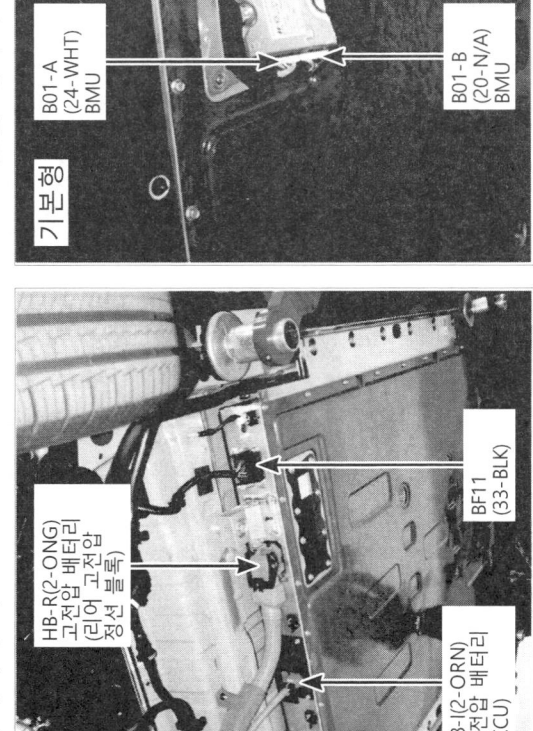

162. 고전압 배터리 팩

기본형

B01-D
(20-N/A)
BMU

B01-C
(24-N/A)
BMU

B01-A
(24-WHT)
BMU

B01-B
(20-N/A)
BMU

161. 고전압 배터리 팩

기본형

HB-R(2-ONG)
고전압 배터리
(리어 고전압)
정션 블록

BF11
(33-BLK)

HB-I(2-ORN)
고전압 배터리
(ICCU)

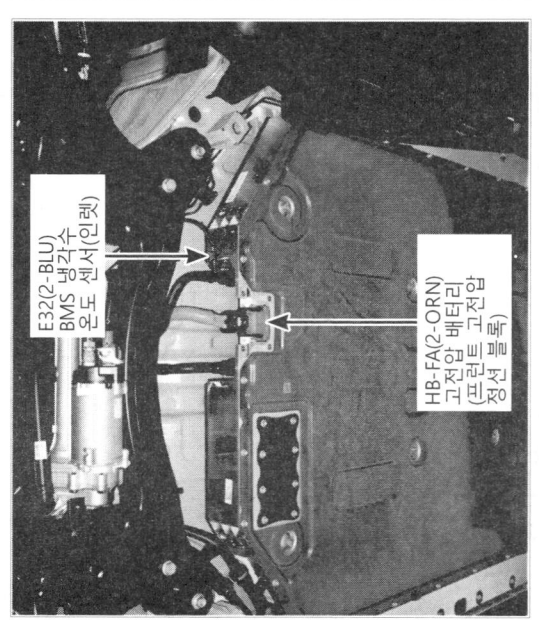

160. 고전압 배터리 팩

E32(2-BLU)
BMS 냉각수
온도 센서(인렛)

HB-FA(2-ORN)
고전압 배터리
(프론트 고전압
정션 블록)

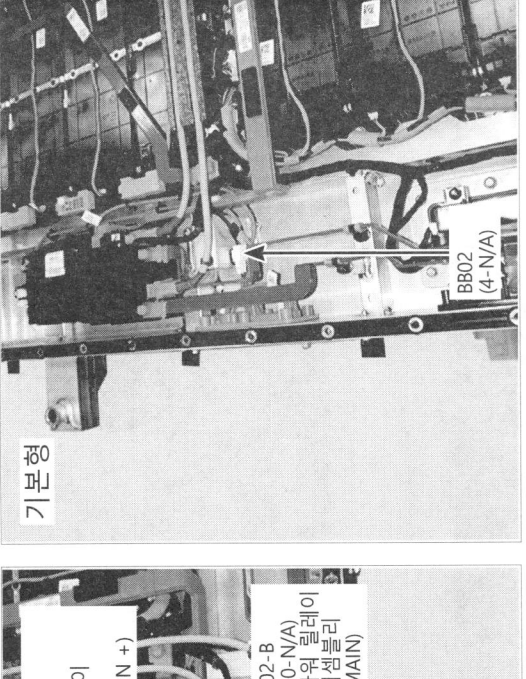

164. 고전압 배터리 팩

기본형

B02-BA
(2-N/A)
파워 릴레이
어셈블리
(ISOLATION +)

B02-B
(10-N/A)
파워 릴레이
어셈블리
(MAIN)

B02-E
(4-N/A)
파워 릴레이
어셈블리
(CURRENT
SENSOR)

B02-D
(1-N/A)
파워 릴레이
어셈블리(+)

B02-BC
(2-N/A)
파워 릴레이
어셈블리
(ISOLATION -)

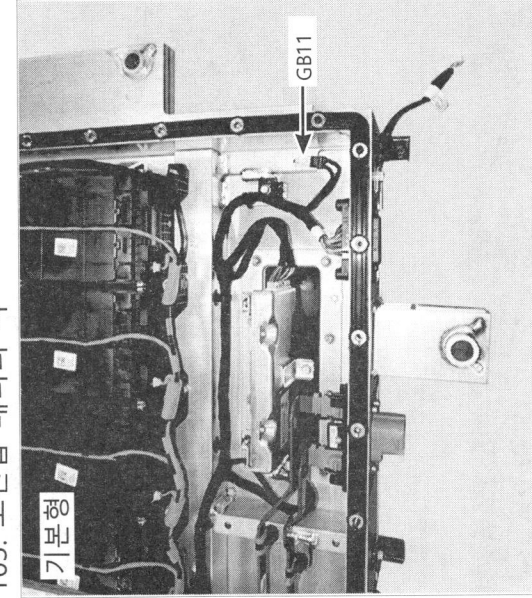

163. 고전압 배터리 팩

기본형

GB11

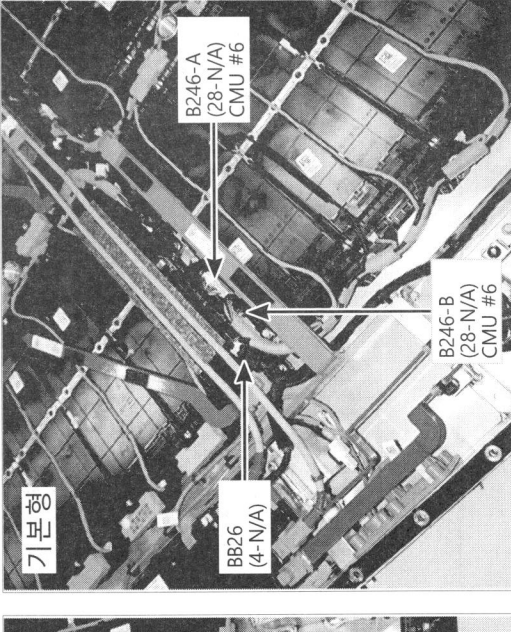

168. 고전압 배터리 팩

기본형

B246-A
(28-N/A)
CMU #6

B246-B
(28-N/A)
CMU #6

BB26
(4-N/A)

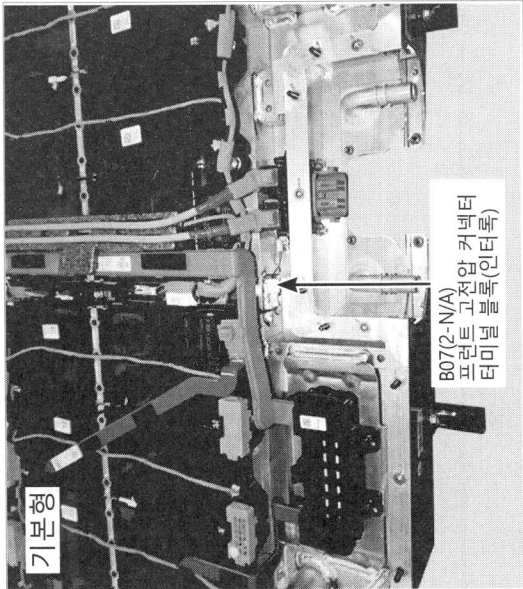

167. 고전압 배터리 팩

기본형

B07(2-N/A)
프론트 고전압 커넥터
터미널 블록(인터락)

166. 고전압 배터리 팩

기본형

B05(2-N/A)
리어 고전압 커넥터
터미널 블록(인터락)

165. 고전압 배터리 팩

기본형

BB02
(4-N/A)

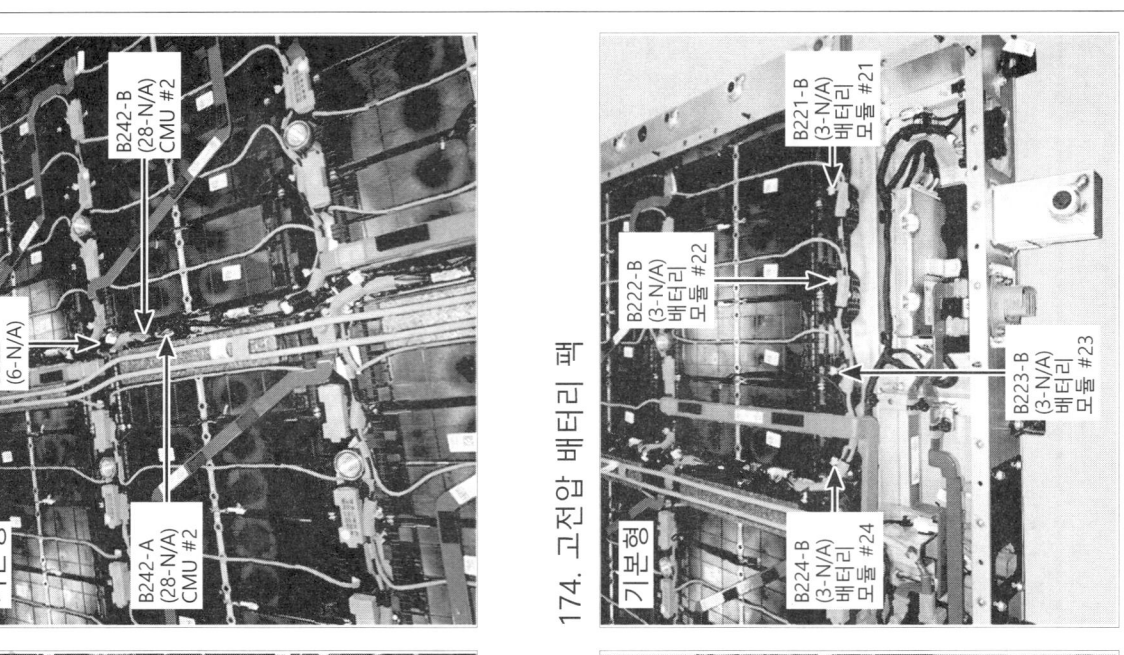

171. 고전압 배터리 팩

기본형

B242-B
(28-N/A)
CMU #2

BB22
(6-N/A)

B242-A
(28-N/A)
CMU #2

170. 고전압 배터리 팩

기본형

B245-A
(28-N/A)
CMU #5

BB25
(6-N/A)

B245-B
(28-N/A)

169. 고전압 배터리 팩

기본형

B241-A
(28-N/A)
CMU #1

BB21
(4-N/A)

B241-B
(28-N/A)
CMU #1

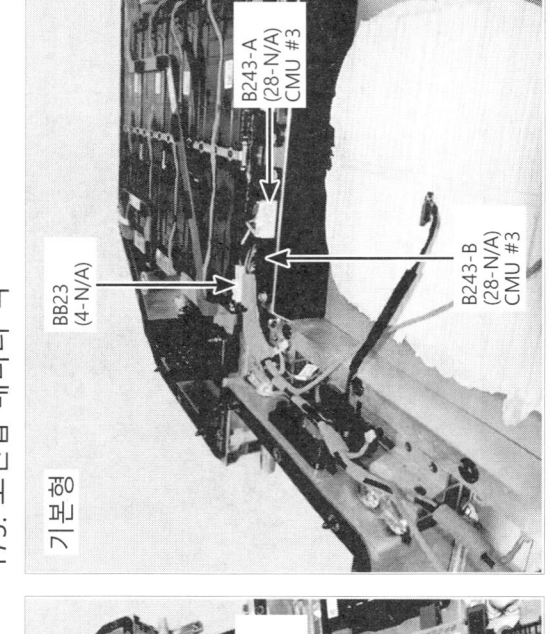

174. 고전압 배터리 팩

기본형

B221-B
(3-N/A)
배터리
모듈 #21

B222-B
(3-N/A)
배터리
모듈 #22

B223-B
(3-N/A)
배터리
모듈 #23

B224-B
(3-N/A)
배터리
모듈 #24

173. 고전압 배터리 팩

기본형

B243-A
(28-N/A)
CMU #3

BB23
(4-N/A)

B243-B
(28-N/A)
CMU #3

172. 고전압 배터리 팩

기본형

B244-A
(28-N/A)
CMU #4

BB24
(4-N/A)

B244-B
(28-N/A)
CMU #4

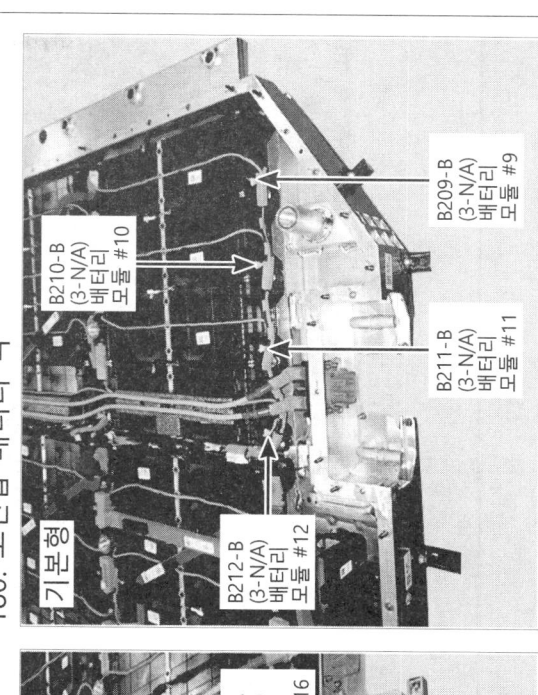

177. 고전압 배터리 팩

기본형

B220-A (4-N/A) 배터리 모듈 #20

B218-A (4-N/A) 배터리 모듈 #18

B219-A (4-N/A) 배터리 모듈 #19

B217-A (4-N/A) 배터리 모듈 #17

180. 고전압 배터리 팩

기본형

B210-B (3-N/A) 배터리 모듈 #10

B209-B (3-N/A) 배터리 모듈 #9

B211-B (3-N/A) 배터리 모듈 #11

B212-B (3-N/A) 배터리 모듈 #12

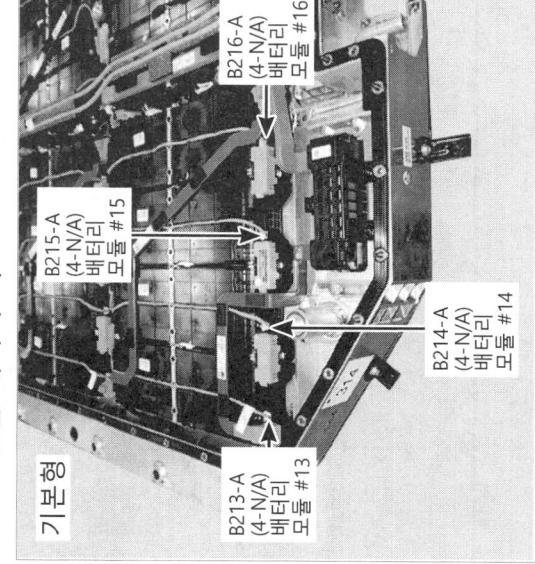

176. 고전압 배터리 팩

기본형

B217-B (3-N/A) 배터리 모듈 #17

B218-B (3-N/A) 배터리 모듈 #18

B219-B (3-N/A) 배터리 모듈 #19

B220-B (3-N/A) 배터리 모듈 #20

179. 고전압 배터리 팩

기본형

B216-A (4-N/A) 배터리 모듈 #16

B215-A (4-N/A) 배터리 모듈 #15

B214-A (4-N/A) 배터리 모듈 #14

B213-A (4-N/A) 배터리 모듈 #13

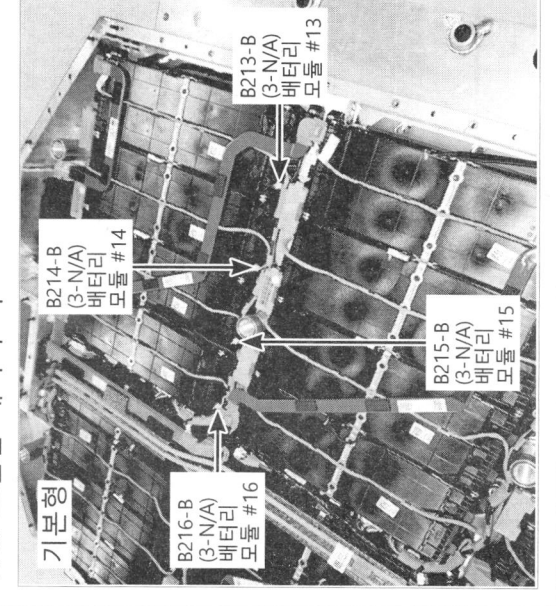

175. 고전압 배터리 팩

기본형

B224-A (4-N/A) 배터리 모듈 #24

B223-A (4-N/A) 배터리 모듈 #23

B222-A (4-N/A) 배터리 모듈 #22

B221-A (4-N/A) 배터리 모듈 #21

178. 고전압 배터리 팩

기본형

B213-B (3-N/A) 배터리 모듈 #13

B214-B (3-N/A) 배터리 모듈 #14

B215-B (3-N/A) 배터리 모듈 #15

B216-B (3-N/A) 배터리 모듈 #16

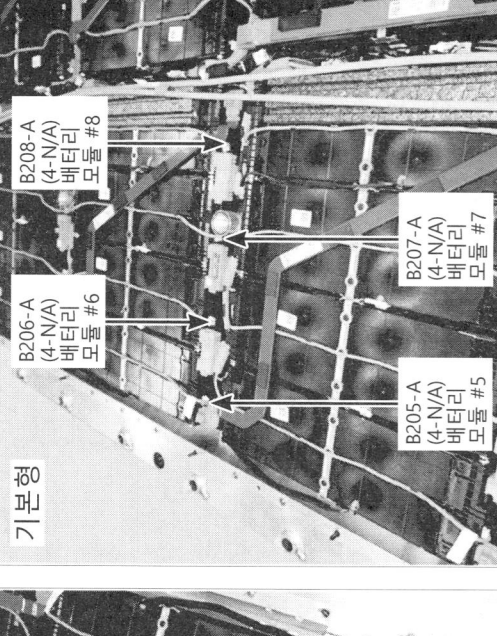

182. 고전압 배터리 팩

기본형

B205-B
(3-N/A)
배터리
모듈 #5

B207-B
(3-N/A)
배터리
모듈 #7

B206-B
(3-N/A)
배터리
모듈 #6

B208-B
(3-N/A)
배터리
모듈 #8

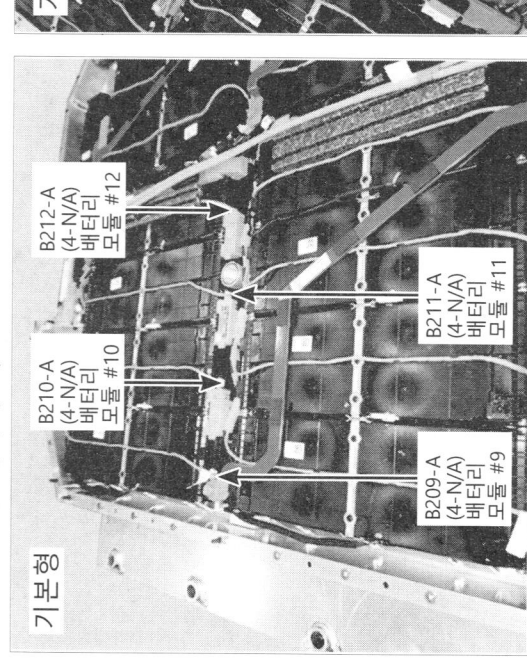

183. 고전압 배터리 팩

기본형

B208-A
(4-N/A)
배터리
모듈 #8

B206-A
(4-N/A)
배터리
모듈 #6

B207-A
(4-N/A)
배터리
모듈 #7

B205-A
(4-N/A)
배터리
모듈 #5

181. 고전압 배터리 팩

기본형

B210-A
(4-N/A)
배터리
모듈 #10

B212-A
(4-N/A)
배터리
모듈 #12

B211-A
(4-N/A)
배터리
모듈 #11

B209-A
(4-N/A)
배터리
모듈 #9

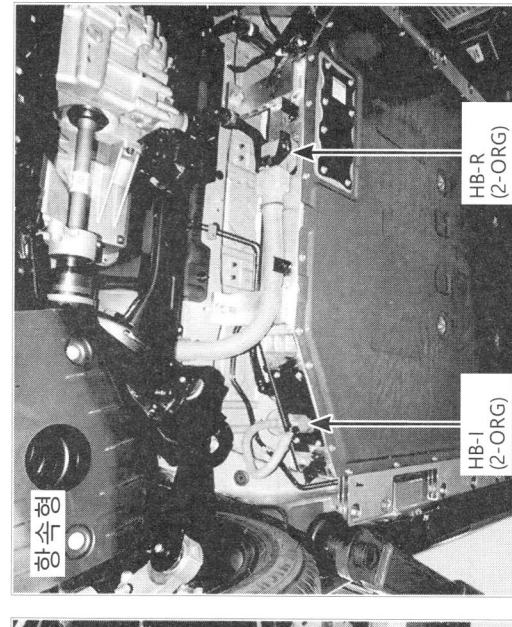

186. 고전압 배터리 팩

항속형

HB-R
(2-ORG)

HB-I
(2-ORG)

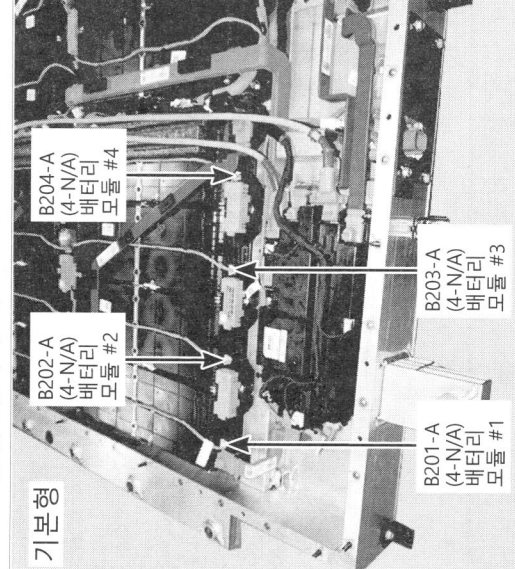

185. 고전압 배터리 팩

기본형

B204-A
(4-N/A)
배터리
모듈 #4

B202-A
(4-N/A)
배터리
모듈 #2

B203-A
(4-N/A)
배터리
모듈 #3

B201-A
(4-N/A)
배터리
모듈 #1

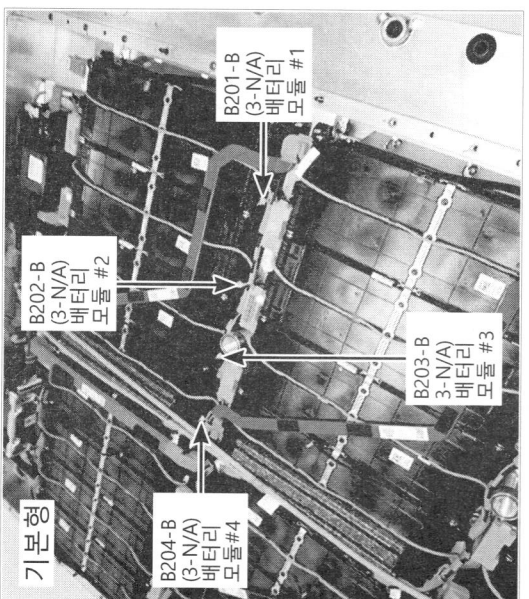

184. 고전압 배터리 팩

기본형

B202-B
(3-N/A)
배터리
모듈 #2

B201-B
(3-N/A)
배터리
모듈 #1

B203-B
3-N/A)
배터리
모듈 #3

B204-B
(3-N/A)
배터리
모듈 #4

187. 고전압 배터리 팩

항속형

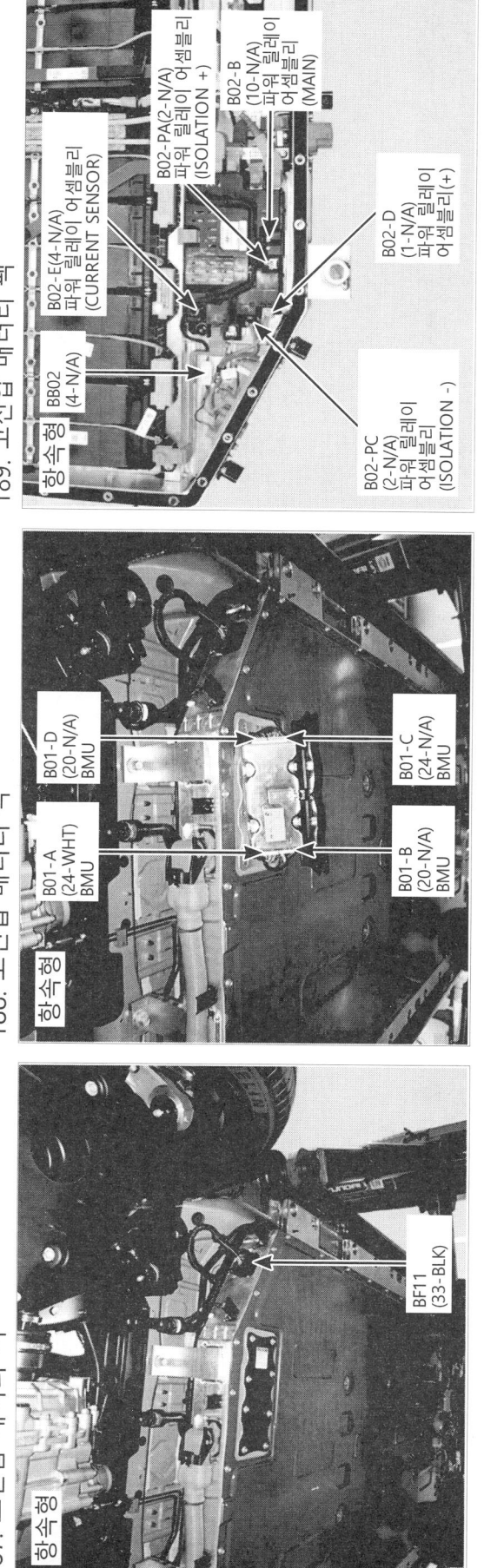

BF11 (33-BLK)

188. 고전압 배터리 팩

항속형

B01-D (20-N/A) BMU

B01-C (24-N/A) BMU

B01-A (24-WHT) BMU

B01-B (20-N/A) BMU

189. 고전압 배터리 팩

항속형

B02-PA(2-N/A) 파워 릴레이 어셈블리 (ISOLATION +)

B02-B (10-N/A) 파워 릴레이 어셈블리 (MAIN)

B02-E(4-N/A) 파워 릴레이 어셈블리 (CURRENT SENSOR)

B02-D (1-N/A) 파워 릴레이 어셈블리(+)

BB02 (4-N/A)

B02-PC (2-N/A) 파워 릴레이 어셈블리 (ISOLATION -)

190. 고전압 배터리 팩

항속형

GB11

191. 고전압 배터리 팩

항속형

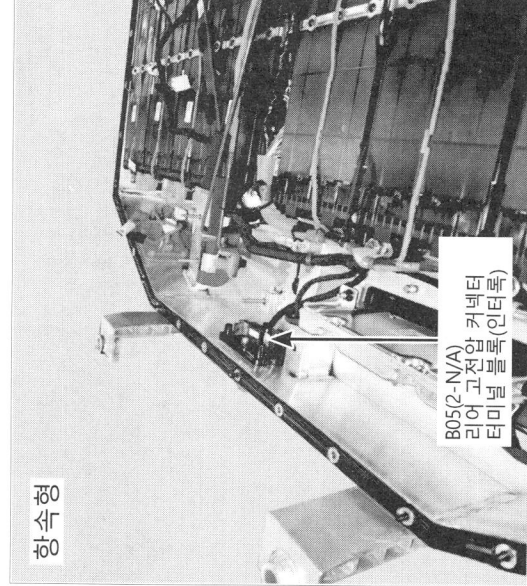

B05(2-N/A) 리어 고전압 커넥터 터미널 블록(인터록)

192. 고전압 배터리 팩

항속형

B06(2-N/A) 프런트 고전압 커넥터 터미널 블록(인터록)

구성 부품 위치도 (33)

193. 고전압 배터리 팩

항속형

BB18
(6-N/A)

B148-B
(28-N/A)
CMU #8

B148-A
(28-N/A)
CMU #8

194. 고전압 배터리 팩

항속형

BB11
(4-N/A)

B141-A
(28-N/A)
CMU #1

B141-B
(28-N/A)
CMU #1

195. 고전압 배터리 팩

항속형

BB17
(4-N/A)

B147-B
(28-N/A)
CMU #7

B147-A
(28-N/A)
CMU #7

196. 고전압 배터리 팩

항속형

BB12
(6-N/A)

B142-A
(28-N/A)
CMU #2

B142-B
(28-N/A)
CMU #2

197. 고전압 배터리 팩

항속형

BB16
(4-N/A)

B146-A
(28-N/A)
CMU #6

B146-B
(28-N/A)
CMU #6

198. 고전압 배터리 팩

항속형

BB13
(4-N/A)

B143-A
(28-N/A)
CMU #3

B143-B
(28-N/A)
CMU #3

구성 부품 위치도 (34)

199. 고전압 배터리 팩

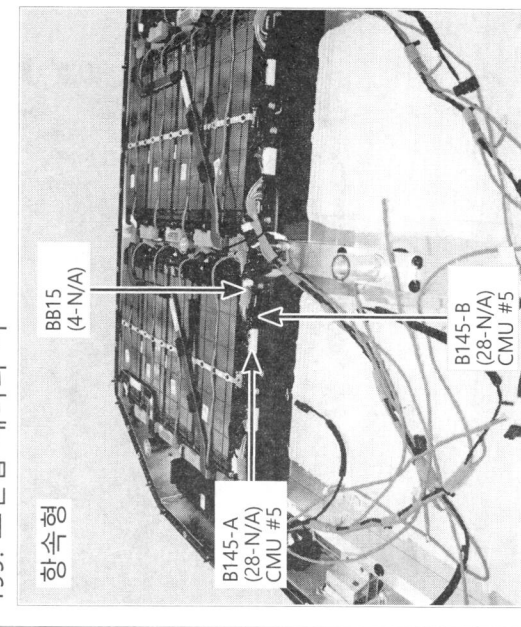

항속형

BB15
(4-N/A)

B145-B
(28-N/A)
CMU #5

B145-A
(28-N/A)
CMU #5

200. 고전압 배터리 팩

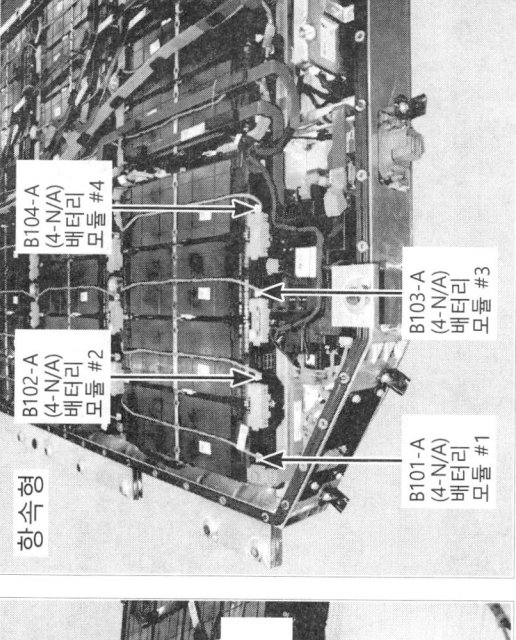

항속형

B144-A
(28-N/A)
CMU #4

BB14
(4-N/A)

B144-B
CMU #4
(28-N/A)

201. 고전압 배터리 팩

항속형

B104-A
(4-N/A)
배터리
모듈 #4

B102-A
(4-N/A)
배터리
모듈 #2

B103-A
(4-N/A)
배터리
모듈 #3

B101-A
(4-N/A)
배터리
모듈 #1

202. 고전압 배터리 팩

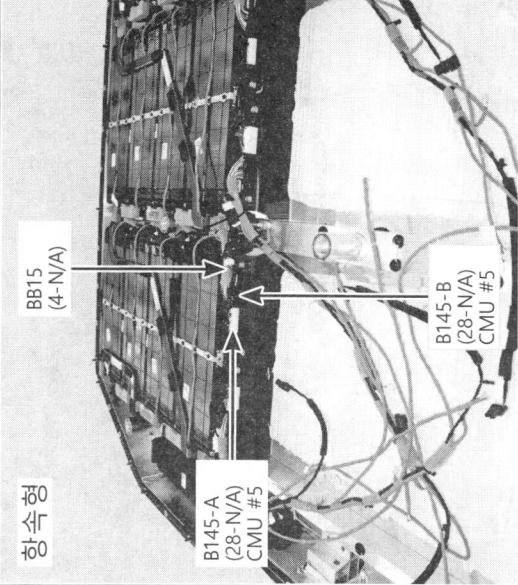

항속형

B101-B
(3-N/A)
배터리
모듈 #1

B102-B
(3-N/A)
배터리
모듈 #2

B103-B
(3-N/A)
배터리
모듈 #3

B104-B
(3-N/A)
배터리
모듈 #4

203. 고전압 배터리 팩

항속형

B108-A
(4-N/A)
배터리
모듈 #8

B106-A
(4-N/A)
배터리
모듈 #6

B107-A
(4-N/A)
배터리
모듈 #7

B105-A
(4-N/A)
배터리
모듈 #5

204. 고전압 배터리 팩

항속형

B105-B
(3-N/A)
배터리
모듈 #5

B107-B
(3-N/A)
배터리
모듈 #7

B106-B
(3-N/A)
배터리
모듈 #6

B108-B
(3-N/A)
배터리
모듈 #8

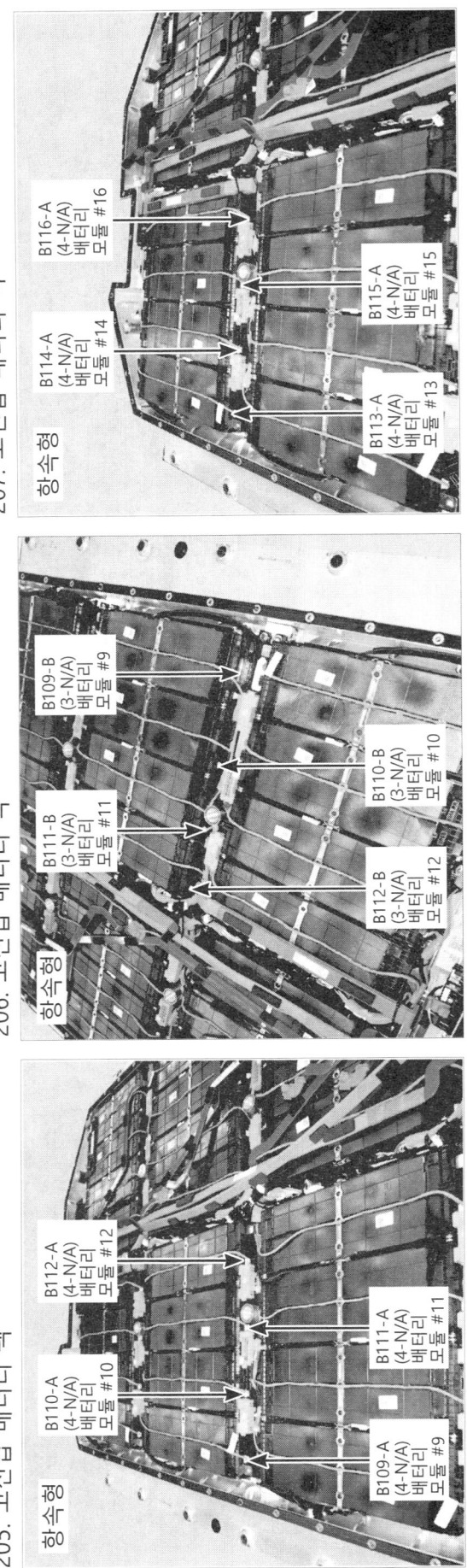

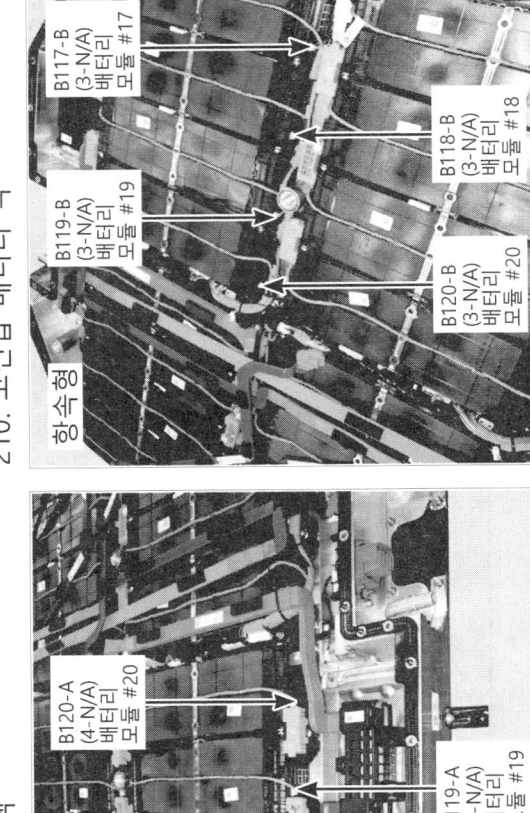

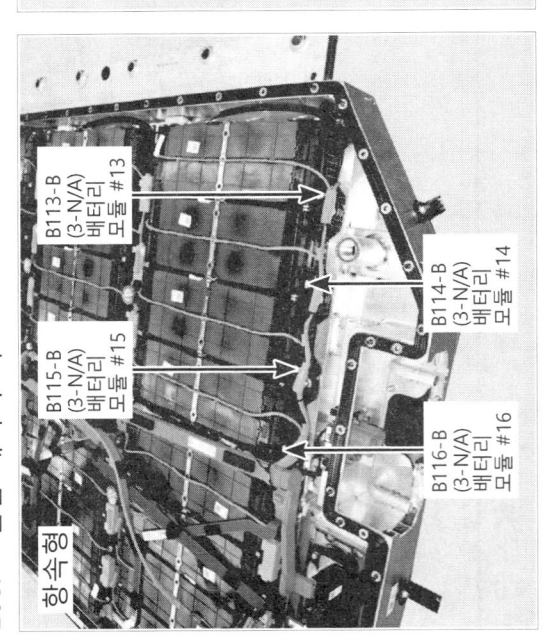

205. 고전압 배터리 팩

206. 고전압 배터리 팩

207. 고전압 배터리 팩

208. 고전압 배터리 팩

209. 고전압 배터리 팩

210. 고전압 배터리 팩

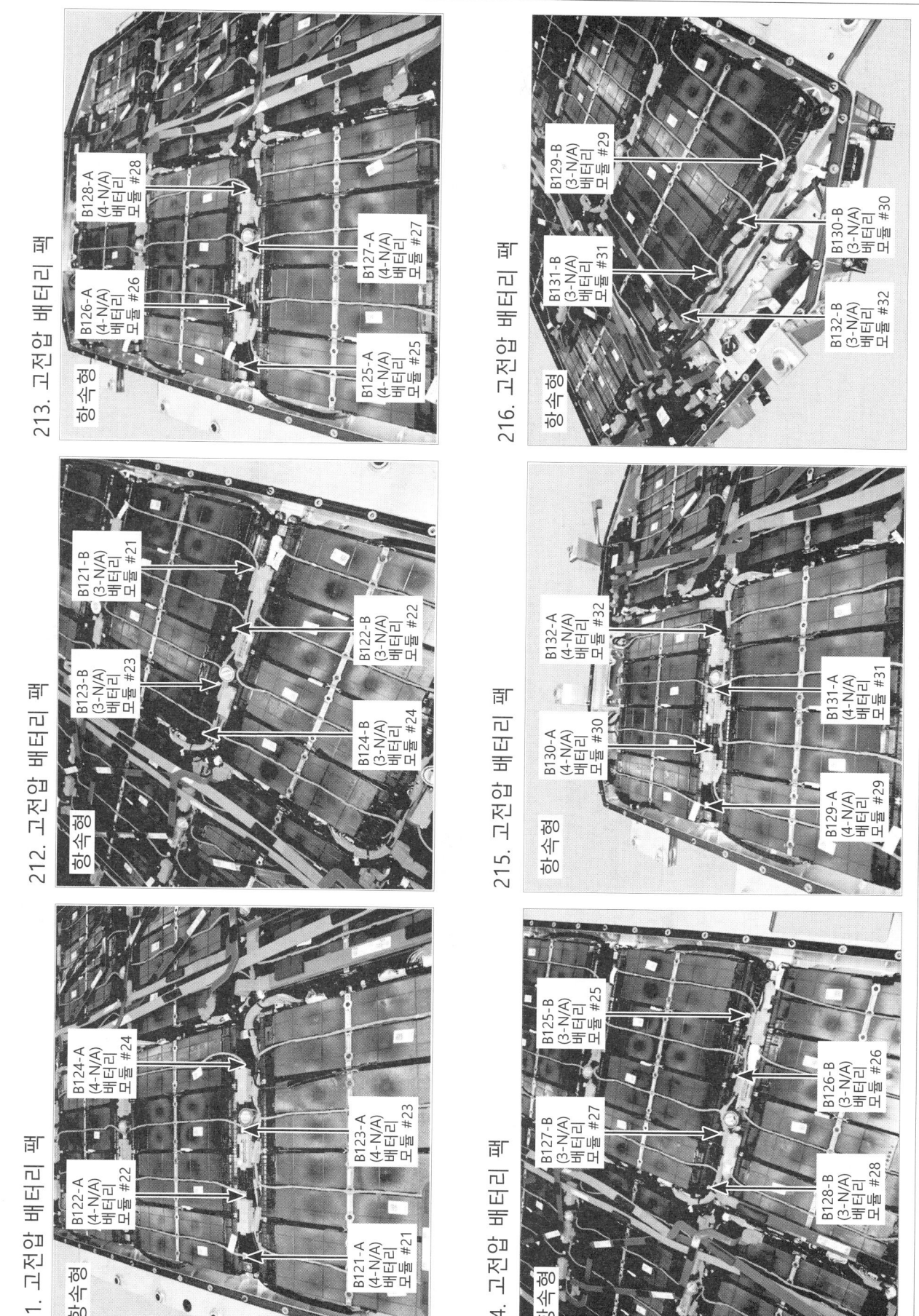

211. 고전압 배터리 팩

212. 고전압 배터리 팩

213. 고전압 배터리 팩

214. 고전압 배터리 팩

215. 고전압 배터리 팩

216. 고전압 배터리 팩

구성 부품 위치도 (37)

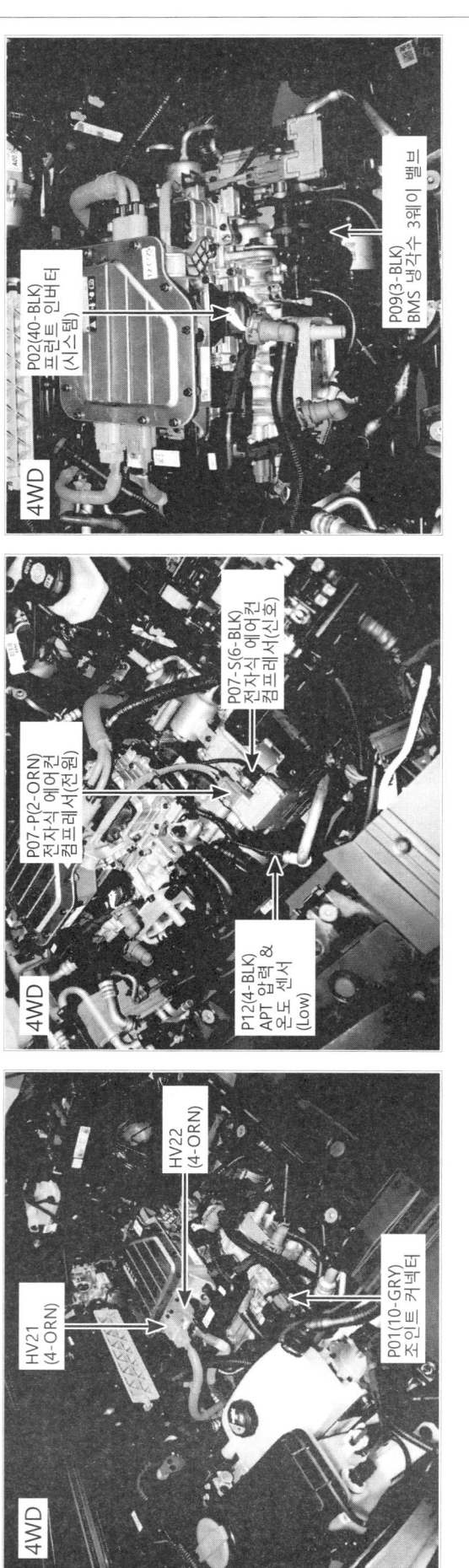

217. 프런트 PE 모듈 우측

4WD

HV21
(4-ORN)

HV22
(4-ORN)

P01(10-GRY)
조인트 커넥터

218. 프런트 PE 모듈 좌측

4WD

P07-P(2-ORN)
전자식 에어컨
컴프레서(전원)

P07-S(6-BLK)
전자식 에어컨
컴프레서(신호)

P12(4-BLK)
APT 압력 &
온도 센서
(Low)

219. 프런트 PE 모듈 앞쪽

4WD

P02(40-BLK)
프런트 인버터
(시스템)

P09(3-BLK)
BMS 냉각수 3웨이 밸브

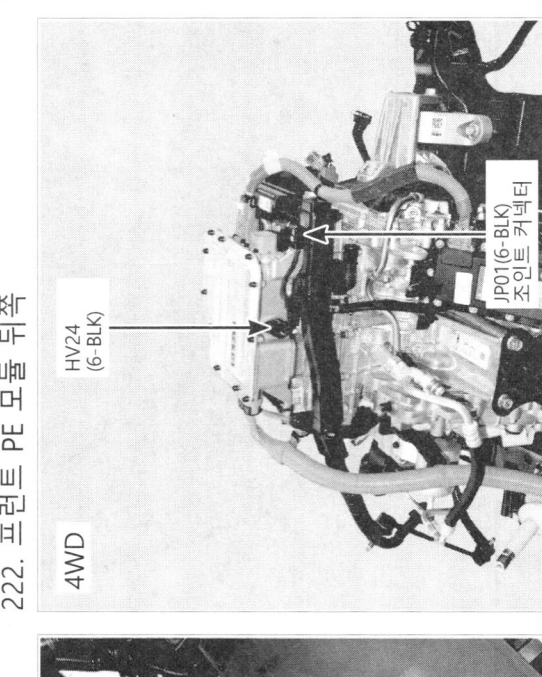

222. 프런트 PE 모듈 뒤쪽

4WD

HV24
(6-BLK)

JP01(6-BLK)
조인트 커넥터

221. 프런트 PE 모듈 앞쪽

4WD

P10(2-BLU)
BMS 냉각수 온도 센서
(라디에이터 아웃풋)

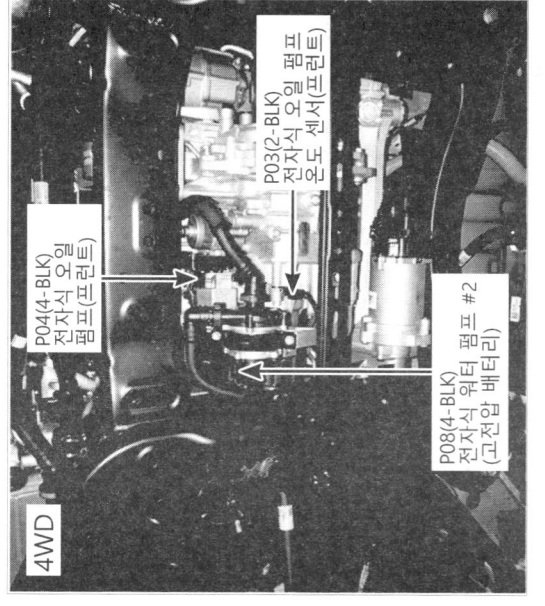

220. 프런트 PE 모듈 아래

4WD

P04(4-BLK)
전자식 오일
펌프(프런트)

P03(2-BLK)
전자식 오일 펌프
온도 센서(프런트)

P08(4-BLK)
전자식 워터 펌프 #2
(고전압 배터리)

- 532 -

구성 부품 위치도 (38)

223. 프론트 PE 모듈 뒤쪽
4WD 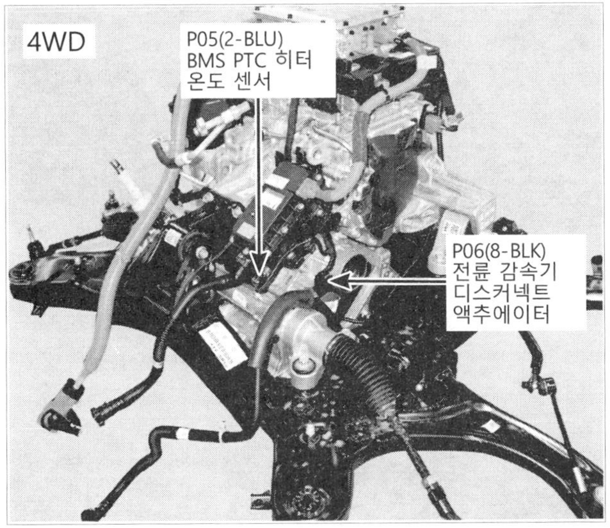

- P06(8-BLK) 전류 감속기 디스커넥트 액추에이터
- P05(2-BLU) BMS PTC 히터 온도 센서

224. 프론트 HV 정션 블록
4WD

- HH21 (2-WHT)
- HH22 (2-BLK)
- H21(2-WHT) 배터리 히터 릴레이

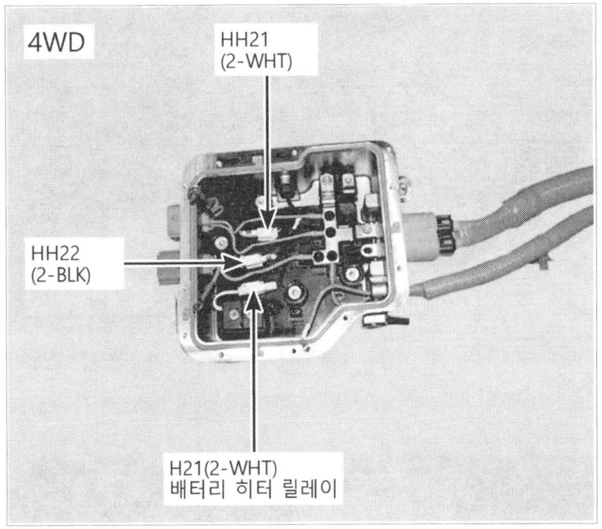

225. PE 룸 좌측
4WD

- EP11 (58-WHT)

226. 리어 범퍼
GT 적용

- RR11 (4-BLK)
- RR12 (4-BLK)
- R87-CL (6-GRN) 후방 주차 거리 경고 센서 LH (CENTER)
- R86(4-BLK) 후방 안개등 & 후진등
- R87-CR (6-YEL) 후방 주차 거리 경고 센서 RH (CENTER)

227. PE 룸

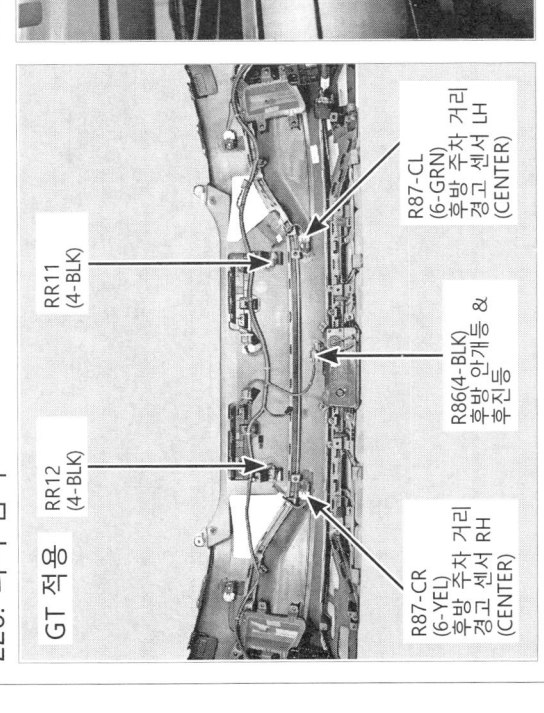

- EE41 (2-BLK)
- E31(2-BLK) 프런트 트렁크 램프

228. 우측 리어 펜더

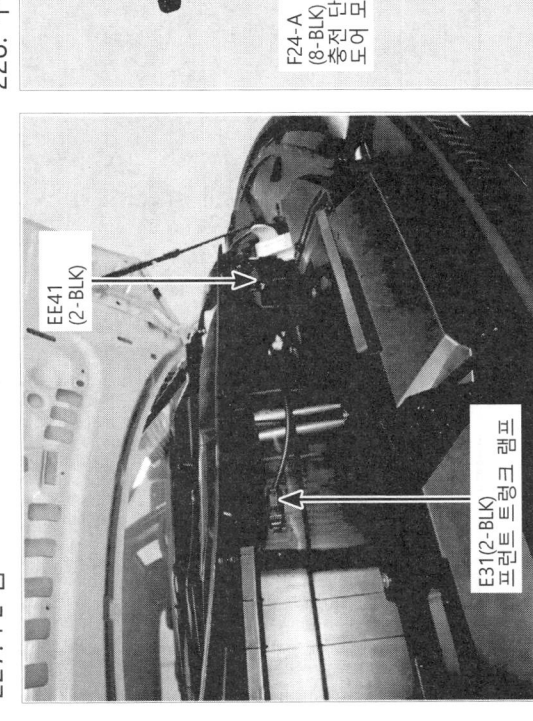

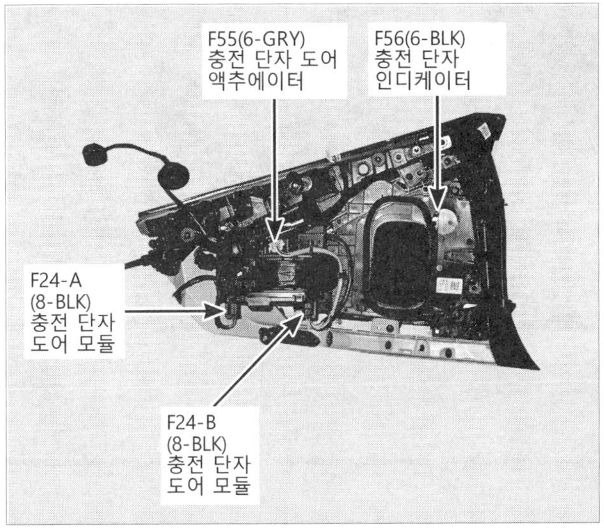

- F56(6-BLK) 충전 단자 인디케이터
- F55(6-GRY) 충전 단자 도어 액추에이터
- F24-B (8-BLK) 충전 단자 도어 모듈
- F24-A (8-BLK) 충전 단자 도어 모듈

구성 부품 위치도 (39)

231. 러기지 룸 좌측

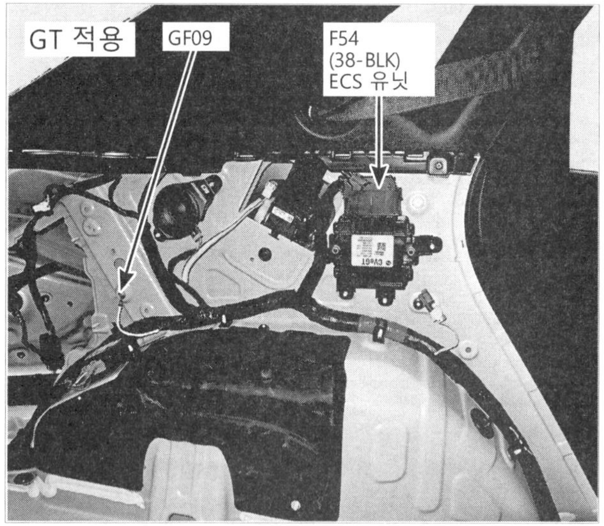

GT 적용

GF09

F54
(38-BLK)
ECS 유닛

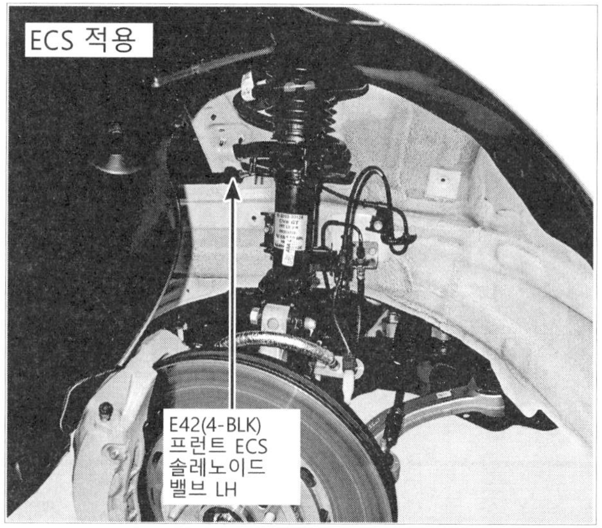

234. 우측 앞 휠 하우징

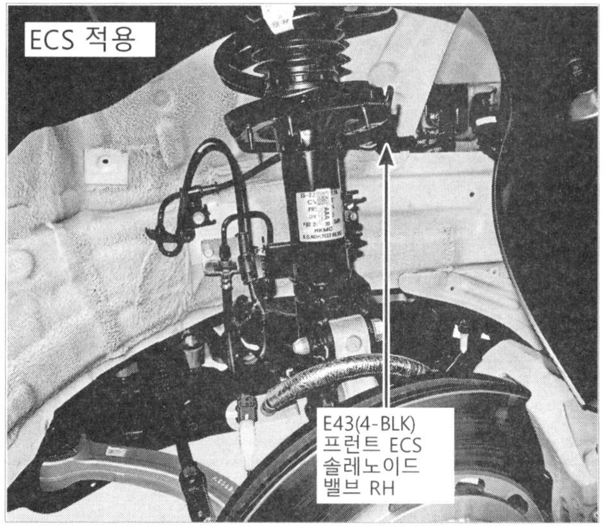

ECS 적용

E43(4-BLK)
프런트 ECS
솔레노이드
밸브 RH

230. 동승석 시트

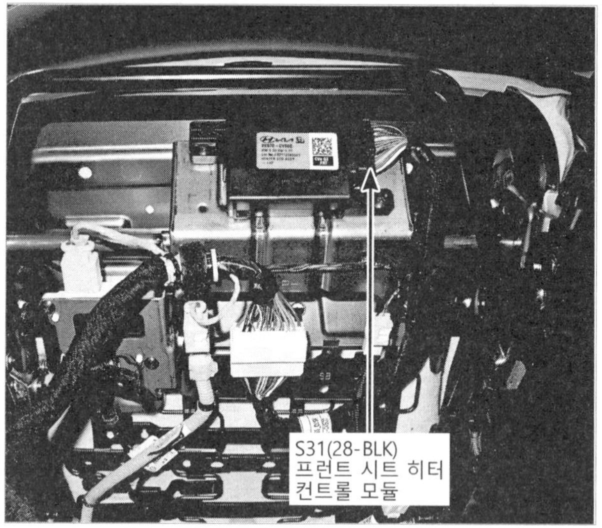

S31(28-BLK) 히터
프런트 시트 모듈
컨트롤 모듈

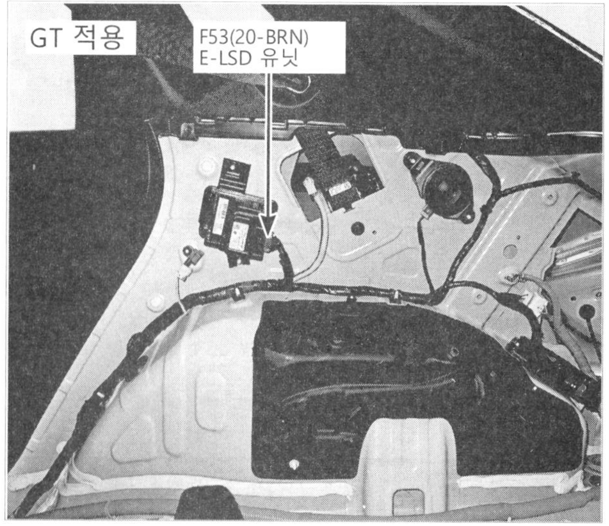

233. 좌측 앞 휠 하우징

ECS 적용

E42(4-BLK)
프런트 ECS
솔레노이드
밸브 LH

229. 리어 PE 모듈

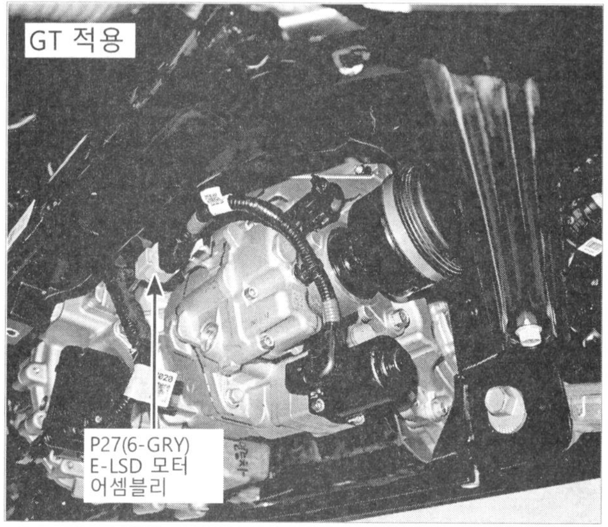

GT 적용

P27(6-GRY)
E-LSD 모터
어셈블리

232. 러기지 룸 우측

GT 적용

F53(20-BRN)
E-LSD 유닛

237. 스티어링 휠

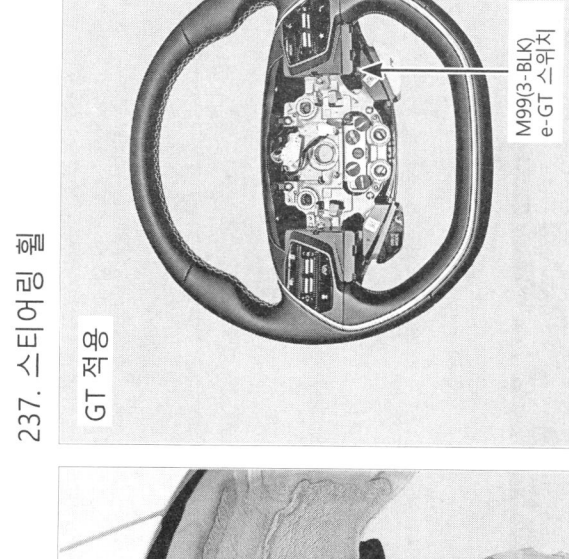

M99(3-BLK)
e-GT 스위치

GT 적용

240. 고전압 배터리 팩

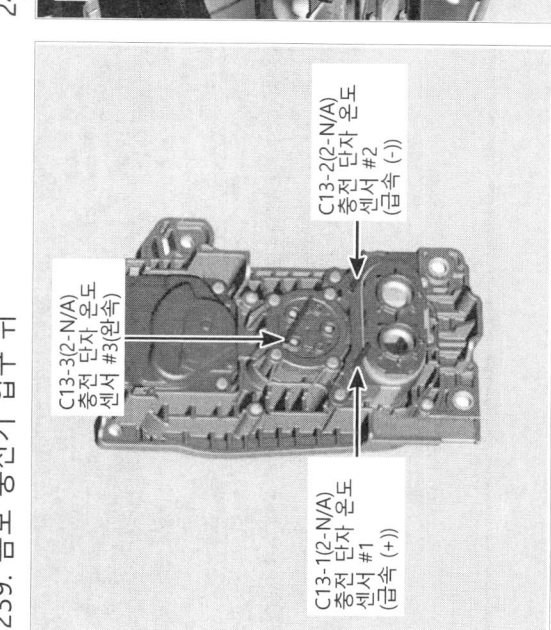

HB-FB(2-ORN)
고전압 배터리
(프런트 고전압
정션 블록)

GT 적용

236. 우측 뒤 서스펜션

F46(2-BLK)
리어 ECS
솔레노이드
밸브 RH

ECS 적용

239. 콤보 충전기 입구 뒤

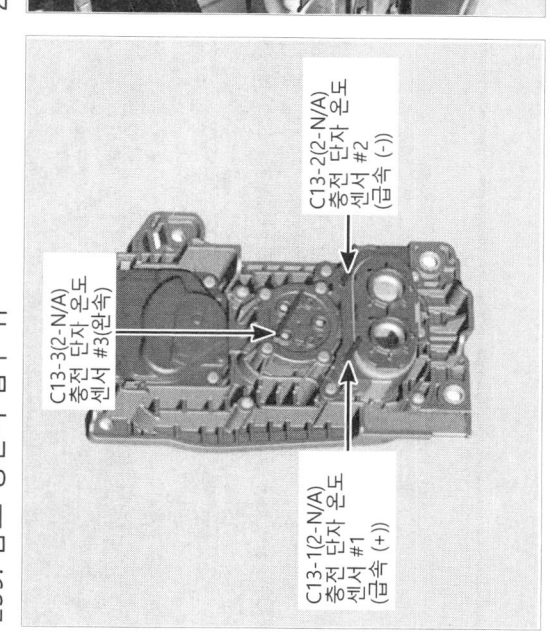

C13-3(2-N/A)
충전 단자 온도
센서 #3(원속)

C13-2(2-N/A)
충전 단자 온도
센서 #2
(금속 (-))

C13-1(2-N/A)
충전 단자 온도
센서 #1
(금속 (+))

235. 좌측 뒤 서스펜션

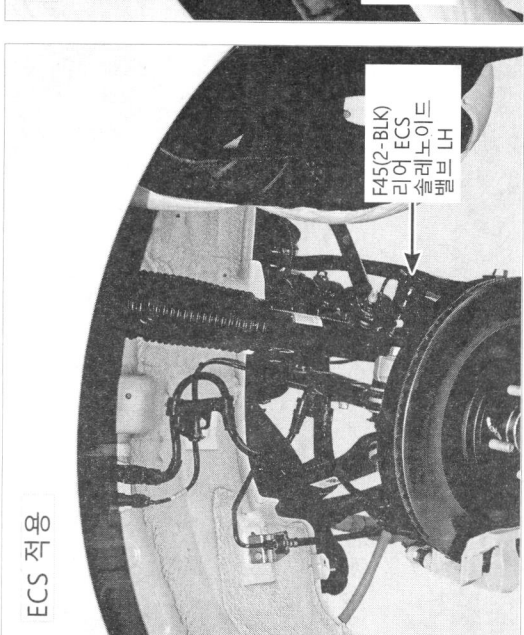

F45(2-BLK)
리어 ECS
솔레노이드
밸브 LH

ECS 적용

238. 리어 플로어 콘솔

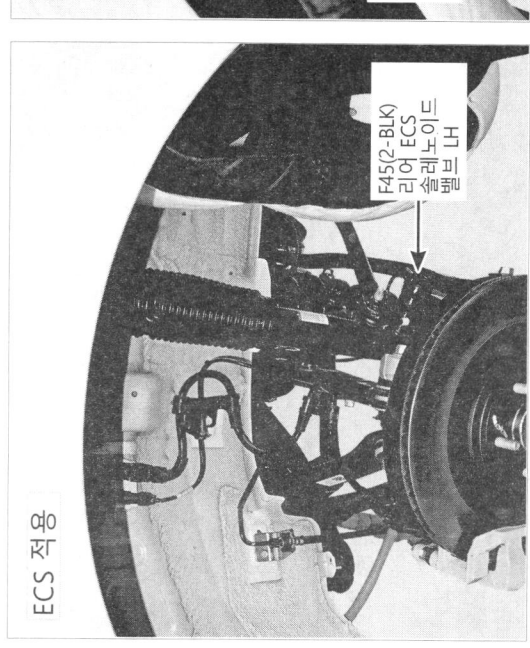

F83(4-N/A)
리어 급속 USB
충전 단자 #1

F844(-N/A)
리어 급속 USB
충전 단자 #2

GT 적용

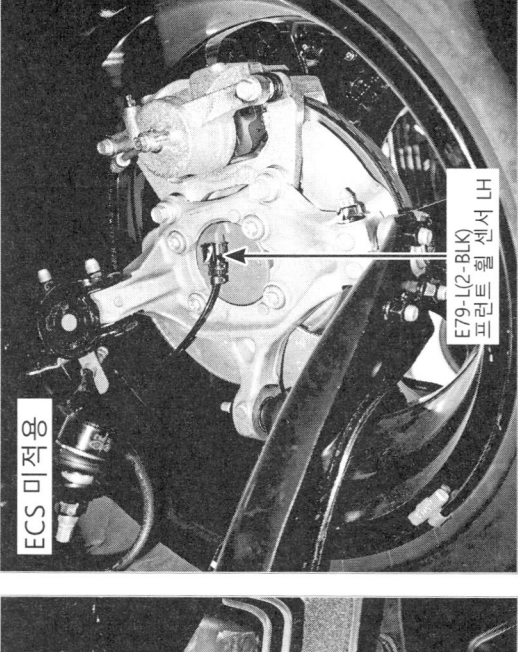

243. 좌측 앞 휠 하우징

ECS 미적용

E79-L(2-BLK)
프런트 휠센서 LH

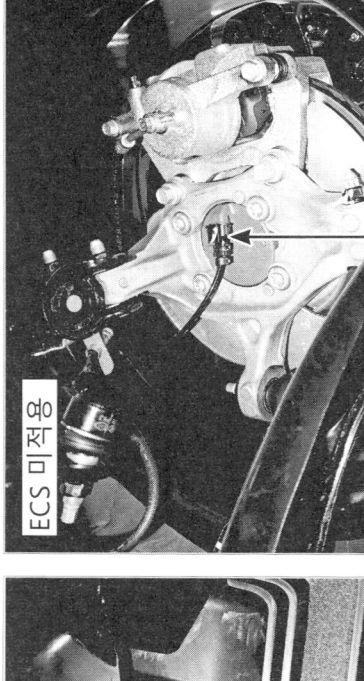

242. 크래쉬 패드 중앙

M56(4-N/A)
프런트 USB
충전 단자

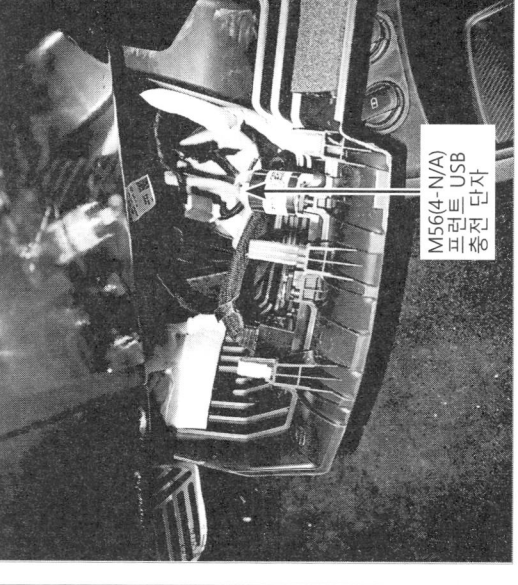

241. 크래쉬 패드 좌측

ANT-L(1-BLU)
LTE 안테나 (LTE2)

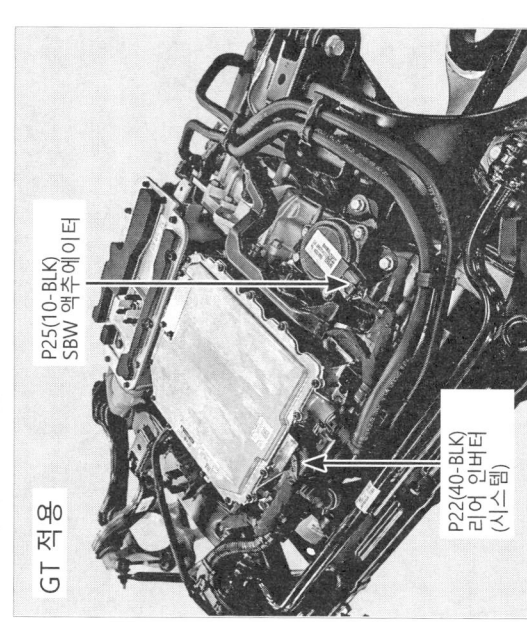

245. 리어 PE 모듈

GT 적용

P25(10-BLK)
SBW 액추에이터

P22(40-BLK)
리어 인버터
(시스템)

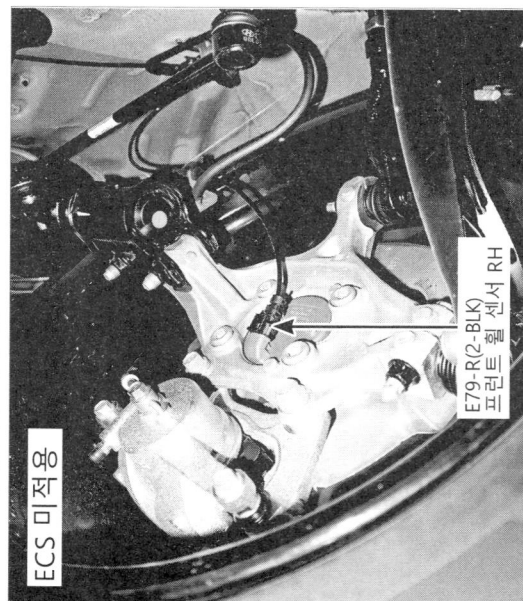

244. 우측 앞 휠 하우징

ECS 미적용

E79-R(2-BLK)
프런트 휠센서 RH

하네스 위치도

일반사항

전기차 시스템 주의사항

회로도

커넥터 정보

구성 부품 위치도

하네스 위치도

부품 인덱스

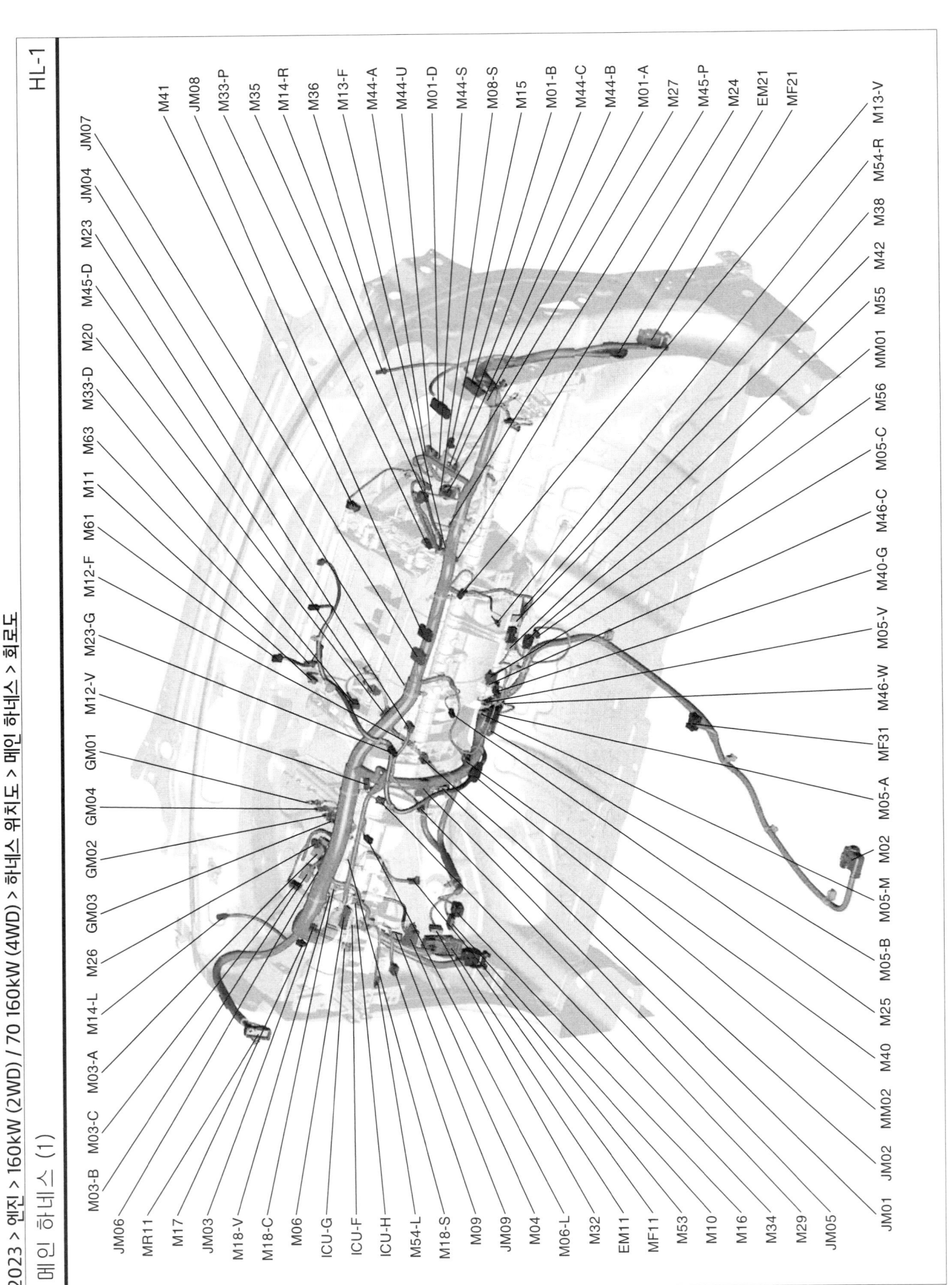

메인 하네스 (2)

메인 하네스

M01-A	IBU	M33-D	운전석 모드 액추에이터
M01-B	IBU	M33-P	동승석 모드 액추에이터
M01-D	IBU	M34	무드 램프 유닛
M02	에어백 컨트롤 모듈	M35	동승석 에어백 #1
M03-A	에어컨 컨트롤 모듈	M36	동승석 에어백 #2
M03-B	에어컨 컨트롤 모듈	M38	스마트 키 실내 안테나 #1
M03-C	에어컨 컨트롤 모듈	M40	AVNT 키보드
M04	자기 진단 점검 단자	M40-G	AVNT 키보드 (점지)
M05-A	AVNT 헤드 유닛	M41	디포거 액추에이터
M05-B	AVNT 헤드 유닛	M42	미세 먼지 센서
M05-C	AVNT 헤드 유닛	M44-A	빌트인 캠 유닛
M05-M	AVNT 헤드 유닛 (프론트 모니터)	M44-B	빌트인 캠 유닛
M05-V	AVNT 헤드 유닛	M44-C	빌트인 캠 유닛
M06	계기판	M44-S	빌트인 캠 유닛
M06-L	계기판 (BVM 영상 신호)	M44-U	빌트인 캠 유닛
M08-S	에어컨 PTC 히터 (신호)	M45-D	운전석 온도 액추에이터
M09	크래쉬 패드 스피커	M45-P	동승석 온도 액추에이터
M10	콘솔 스피커	M46-C	리어 온도 액추에이터 (Cool)
M11	덕트 센서 (DEF)	M46-W	리어 온도 액추에이터 (Warm)
M12-F	운전석 덕트 센서 (Floor)	M53	운전석 무릎 에어백
M12-V	운전석 덕트 센서 (VENT)	M54-L	크래쉬 패드 무드 램프 LH
M13-F	동승석 덕트 센서 (Floor)	M54-R	크래쉬 패드 무드 램프 RH
M13-V	동승석 덕트 센서 (VENT)	M55	IFS (Intelligent Front-Lighting System) 모듈
M14-L	미드 스피커 LH	M56	프론트 USB 충전 단자
M14-R	미드 스피커 RH	ICU-F	ICU 정션 블록
M15	BLE(Bluetooth Low Energy) 유닛	ICU-G	ICU 정션 블록
M16	운전석 에어백	ICU-H	ICU 정션 블록
M17	운전자 주행 보조 유닛	JM01	조인트 커넥터
M18-C	운전자 주차 보조 유닛	JM02	조인트 커넥터
M18-S	운전자 주차 보조 유닛	JM03	조인트 커넥터
M18-V	운전자 주차 보조 유닛	JM04	조인트 커넥터
M20	이베퍼레이터 센서	JM05	조인트 커넥터
M23	계기판 모니터	JM06	조인트 커넥터
M23-G	계기판 모니터 (점지)	JM07	조인트 커넥터
M24	글로브 박스 램프	JM08	조인트 커넥터
M25	비상등 스위치	JM09	조인트 커넥터
M26	헤드 업 디스플레이	EM11	프론트 하네스 연결 커넥터
M27	IAU (Identity Authentication Unit)	EM21	프론트 하네스 연결 커넥터
M29	실내 온도 센서	MF11	플로어 하네스 연결 커넥터
M32	다기능 스위치	MF21	플로어 하네스 연결 커넥터
		MF31	콘솔 익스텐션 하네스 연결 커넥터
		MM01	USB 잭 익스텐션 하네스 연결 커넥터
		MM02	메인 익스텐션 하네스 연결 커넥터
		MR11	루프 하네스 연결 커넥터
		GM01	점지
		GM02	점지
		GM03	점지
		GM04	점지

메인 익스텐션 하네스

M61	오토 라이트 & 포토 센서
M63	센터 스피커
MM02	메인 하네스 연결 커넥터

안테나 피더 하네스

ANT-A	콤바네이션 안테나 (RADIO/GPS/DMB/LTE1)
ANT-L	LTE 안테나 (LTE2)
M05-GD	AVNT 헤드 유닛 (GPS/DMB)
M05-L1	AVNT 헤드 유닛 (LTE1)
M05-L2	AVNT 헤드 유닛 (LTE2)
M05-R	AVNT 헤드 유닛 (RADIO)
M05-U	AVNT 헤드 유닛 (USB)
MM11	안테나 하네스 연결 커넥터 (RADIO/GNSS/DMB/LTE1)
MM12	안테나 하네스 연결 커넥터 (RADIO/GNSS/DMB/LTE1)
MM13	안테나 하네스 연결 커넥터 (LTE2)

빌트인 캠 USB 하네스

M44-USB	빌트인 캠 유닛 (USB)
M60	USB 잭 (빌트인 캠)

2023 > 엔진 > 160kW (2WD) / 70 160kW (4WD) > 하네스 위치도 > 프런트 하네스 > 회로도

프런트 하네스 (1)

JE02
E01
E18
E/R Junction Block (P/B-A,B,C,D, E51~E53,E57, E59~E62 EP11)
JE01
GE04
E04-L/ E05-L
E42/ EE51
EE11
GE01

EF11
EM11
GE05
E25
ICU-B
ICU-C
E15
E06
E21
E10
E03
E41
E33
E32
E40
E08-P
[HV21]
E39

EE31
GE02
E11
EE41
E07
HV23
E35
E20-S
E28
E02
(HV21)
E17
E16
E30
E13
E37
E12
GE03

E29
GE06
EF31
E19
EM21
EF21
E36
E38
E22
E23
E43/ EE61
E04-R/ E05-R
E27

( ) : 2WD
[ ] : 4WD

프런트 하네스 (2)

프런트 하네스

E01	VCU
E02	APT 압력 & 온도 센서 (Low)
E03	APT 압력 & 온도 센서 (High)
E04-L	전조등 LH (Standard)
E04-R	전조등 RH (Standard)
E05-L	전조등 LH (Option)
E05-R	전조등 RH (Option)
E06	브레이크 오일 레벨 센서
E07	냉각 팬 모터
E08-P	에어컨 PTC 히터 (전원)
E10	페달 스트로크 센서
E11	운전석 전방 충돌 감지 센서
E12	동승석 전방 충돌 감지 센서
E13	BMS 냉각수 3웨이 밸브
E15	IEB 유닛 (Integrated Electric Booster)
E16	BMS PTC 히터 온도 센서
E17	MDPS 유닛
E18	12V 배터리 센서
E19	냉각수 밸브
E20-S	전자식 에어컨 컴프레서 (신호)
E21	정지등 스위치
E22	와셔 레벨 센서
E23	와셔 모터
E25	와이퍼 모터
E27	전동식 워터 펌프 #1 (고전압 배터리)
E28	전동식 워터 펌프 #2 (고전압 배터리)
E29	BSA 칠러 #1
E30	고압 밸브
E32	BMS 냉각수 온도 센서 (인렛)
E33	인테이크 액추에이터
E35	BMS 냉각수 온도 센서 (라디에이터 아웃렛)
E36	팽창 밸브
E37	팽창 밸브 (히터 펌프)
E38	전동식 워터 펌프 (기어 PE)
E39	에어컨 냉매 솔레노이드 밸브
E40	에어컨 블로어 모터
E41	악셀 페달 모듈
E42	프런트 ECS 솔레노이드 밸브 LH (ECS 적용)
E43	프런트 ECS 솔레노이드 밸브 RH (ECS 적용)
E51	충전기 잠금 릴레이 (RLY.1)
E52	전자식 변속레버 릴레이 (RLY.2)

E53	열선유리 (뒤) 릴레이 (RLY.3)
E55	ACC 릴레이 (RLY.5)
E57	IG1 릴레이 (RLY.7)
E59	블로어 릴레이 (RLY.9)
E60	IG2 릴레이 (RLY.10)
E61	파워 아웃렛 릴레이 (RLY.11)
E62	충전기 잠금해제 릴레이 (RLY.12)
ICU-B	ICU 정션 블록
ICU-C	ICU 정션 블록
P/B-A	PCB 블록
P/B-B	PCB 블록
P/B-C	PCB 블록
P/B-D	PCB 블록
JE01	조인트 커넥터
JE02	조인트 커넥터
EE11	프런트 범퍼 하네스 연결 커넥터
EE31	프런트 엔드 모듈 하네스 연결 커넥터
EE41	프런트 트렁크 램프 하네스 연결 커넥터
EE51	프런트 휠 센서 LH 익스텐션 하네스 연결 커넥터
EE61	프런트 휠 센서 RH 익스텐션 하네스 연결 커넥터
EF11	블로어 하네스 연결 커넥터
EF21	블로어 하네스 연결 커넥터
EF31	블로어 하네스 연결 커넥터
EM11	메인 하네스 연결 커넥터
EM21	메인 하네스 연결 커넥터
EP11	프런트 파워 일렉트릭 모듈 하네스 연결 커넥터
HV21	프런트 고전압 정션 블록 #2 하네스 연결 커넥터
HV23	프런트 고전압 정션 블록 #1 하네스 연결 커넥터
GE01	접지
GE02	접지
GE03	접지
GE04	접지
GE05	접지
GE06	접지

프런트 트렁크 램프 익스텐션 하네스

E31	프런트 트렁크 램프
EE41	프런트 하네스 연결 커넥터

프런트 휠 센서 익스텐션 하네스 (ECS 미적용)

E79-L	프런트 휠 센서 LH
E79-R	프런트 휠 센서 RH
EE51	프런트 하네스 연결 커넥터
EE61	프런트 하네스 연결 커넥터

파워 일렉트릭 모듈 하네스 (1)

프론트 파워 일렉트릭 모듈 하네스

프론트 파워 일렉트릭 모듈 하네스

P01 전륜 구동 모터
P02 프론트 인버터 (시스템)
P03 전자식 오일 펌프 온도 센서 (프론트)
P04 전자식 오일 펌프 (프론트)
P05 BMS PTC 히터 온도 센서
P06 전륜 감속기 디스커넥트 액추에이터
P07-S 전자식 에어컨 컴프레서 (신호)
P08 전동식 워터 펌프 #2 (고전압 배터리)
P09 BMS 냉각수 3웨이 밸브
P10 BMS 냉각수 온도 센서 (라디에이터 아웃풋)
P12 APT 압력 & 온도 센서 (Low)
JP01 조인트 커넥터
EP11 프론트 하네스 연결 커넥터
HV24 프론트 고전압 정션 블록 #1 하네스 연결 커넥터

프론트 파워 일렉트릭 모듈 하네스 – 4WD

리어 파워 일렉트릭 모듈 하네스 (GT 미적용)

	FP11
	JP11
	PP11
	P21
	P22
	P25
	P24
HV11	P23

리어 파워 일렉트릭 모듈 하네스

P21	후륜 구동 모터
P22	리어 인버터 (시스템)
P23	전자식 오일 펌프 온도 센서 (리어)
P24	전자식 오일 펌프 (리어)
P25	SBW 액추에이터
JP11	조인트 커넥터
FP11	풀로어 하네스 연결 커넥터
HV11	리어 고전압 정션 블록 하네스 연결 커넥터
PP11	오토 전조등 높낮이 조절 유닛 조절 유닛 익스텐션 하네스 연결 커넥터

오토 전조등 높낮이 조절 유닛 익스텐션 하네스

P40	오토 전조등 높낮이 조절 유닛
PP11	리어 PE 하네스 연결 커넥터

플로어 하네스 (1)

플로어 하네스 (2)

플로어 하네스

F01	에어백 컨트롤 모듈
F02-A	앰프
F02-B	앰프
F03-D	운전석 사이드 충돌 감지 센서 (프런트)
F03-P	동승석 사이드 충돌 감지 센서 (프런트)
F04-D	운전석 사이드 충돌 감지 센서 (리어)
F04-P	동승석 사이드 충돌 감지 센서 (리어)
F05	ADP (Acoustic Design Processor)
F11	V2L 유닛 (신호)
F14-S	ICCU (신호)
F16-D	운전석 쿠션 에어백
F16-P	동승석 쿠션 에어백
F17	센터 사이드 에어백
F18	테일게이트 라키지 램프
F20	서브 우퍼
F21-L	리어 덕트 액추에이터 LH
F21-R	리어 덕트 액추에이터 RH
F22	SCU
F23	파워 테일게이트 스핀들
F25	리어 파워 아웃렛
F27	빌트인 캠 보조 배터리
F28-A	파워 테일게이트 유닛
F28-B	파워 테일게이트 유닛
F29-D	운전석 시트 벨트 리트랙터 프리텐셔너 (프런트)
F29-P	동승석 시트 벨트 리트랙터 프리텐셔너 (프런트)
F30-D	운전석 시트 벨트 리트랙터 프리텐셔너 (리어)
F30-P	동승석 시트 벨트 리트랙터 프리텐셔너 (리어)
F31	AFCU
F32	동승석 무게 감지 센서
F34	스마트키 터링크 안테나
F35-L	리어 콤비네이션 램프 (OUT) LH
F35-R	리어 콤비네이션 램프 (OUT) RH
F36-D	운전석 사이드 에어백
F36-P	동승석 사이드 에어백
F37-D	운전석 시트 벨트 버클 센서
F37-P	동승석 시트 벨트 버클 센서
F39	VCMS
F43	리어 시트 벨트 버클 스위치 LH
F44	리어 시트 벨트 버클 스위치 RH & Center
F45	리어 ECS 솔레노이드 밸브 LH (ECS 적용)
F46	리어 ECS 솔레노이드 밸브 RH (ECS 적용)
F47	서라운드 스피커 LH
F48	서라운드 스피커 RH
F53	E-LSD 유닛
F54	ECS 유닛
F57-P	ICCU (LOW DC-DC 컨버터 (+))
ICU-A	ICU 정션 블록
ICU-D	ICU 정션 블록
ICU-E	ICU 정션 블록
JF01	조인트 커넥터
JF02	조인트 커넥터
JF03	조인트 커넥터
JF04	조인트 커넥터
JF05	조인트 커넥터
JF06	조인트 커넥터
JF07	조인트 커넥터
BF11	BSA 메인 하네스 연결 커넥터
CF11	충전 단자 하네스 연결 커넥터
EF11	프런트 하네스 연결 커넥터
EF21	프런트 하네스 연결 커넥터
EF31	프런트 하네스 연결 커넥터
FD11	운전석 도어 하네스 연결 커넥터
FD21	동승석 도어 하네스 연결 커넥터
FD31	리어 도어 LH 하네스 연결 커넥터
FD41	리어 도어 RH 하네스 연결 커넥터
FF02	리어 휠 센서 LH 익스텐션 하네스 연결 커넥터
FF03	리어 휠 센서 RH 익스텐션 하네스 연결 커넥터
FF11	룸 익스텐션 하네스 연결 커넥터
FF21	선루프 익스텐션 하네스 연결 커넥터
FF31	충전 단자 도어 모듈 익스텐션 하네스 연결 커넥터
FP11	리어 파워 일렉트릭 모듈 하네스 연결 커넥터
FR11	루프 하네스 연결 커넥터
FR21	리어 범퍼 하네스 연결 커넥터
FR31	테일게이트 LH 하네스 연결 커넥터
FR41	테일게이트 RH 하네스 연결 커넥터
FS11	운전석 시트 하네스 연결 커넥터
FS21	동승석 시트 하네스 연결 커넥터
FS31	리어 시트 하네스 연결 커넥터
MF11	메인 하네스 연결 커넥터
MF21	메인 하네스 연결 커넥터
GF01	접지
GF02	접지
GF03	접지
GF04	접지
GF05	접지
GF06	접지
GF07	접지
GF08	접지
GF09	접지

리어 휠 센서 익스텐션 하네스

F52-L	리어 EPB 액추에이터 LH
F52-R	리어 EPB 액추에이터 RH
FF02	플로어 하네스 연결 커넥터
FF03	플로어 하네스 연결 커넥터

선루프 익스텐션 하네스

F06-G	선루프 컨트롤 유닛 (글라스)
F06-R	선루프 컨트롤 유닛 (롤러)
FF21	플로어 하네스 연결 커넥터

충전 단자 도어 모듈 익스텐션 하네스

F24-A	충전 단자 도어 모듈
F24-B	충전 단자 도어 모듈
F55	충전 단자 도어 액추에이터
F56	충전 단자 도어 인디케이터
FF31	플로어 하네스 연결 커넥터

운전석 도어 하네스

운전석 도어 익스텐션 하네스

운전석 도어 하네스

D01	운전석 도어 모듈
D03	운전석 세이프티 파워 윈도우 모듈
D05	운전석 도어 툴 액추에이터
D08	운전석 도어 스피커 (앰프 미적용)
D09	운전석 도어 스피커 (앰프 적용)
D10	운전석 도어 트위터 스피커 (앰프 미적용)
D11	운전석 도어 트위터 스피커 (앰프 적용)
D12	운전석 아웃사이드 미러 유닛
D14	운전석 도어 사이드 충돌 압력 센서
D16	운전석 도어 아웃사이드 핸들
D17	운전석 도어 아웃사이드 핸들 안테나
JD11	조인트 커넥터
DD11	운전석 도어 익스텐션 하네스 연결 커넥터
FD11	플로어 하네스 연결 커넥터

운전석 도어 익스텐션 하네스

D23	운전석 도어 무드 램프
D25	운전석 IMS 스위치
DD11	운전석 도어 하네스 연결 커넥터

동승석 도어 하네스

동승석 도어 하네스

D31	동승석 파워 윈도우 스위치 (오토 업/다운 & 세이프티 미적용)
D32	동승석 파워 윈도우 스위치 (오토 업/다운 & 세이프티 적용)
D33	동승석 세이프티 파워 윈도우 모듈
D34	동승석 파워 윈도우 모터
D35	동승석 도어 록 액추에이터
D38	동승석 도어 스피커 (앰프 미적용)
D39	동승석 도어 스피커 (앰프 적용)
D40	동승석 도어 트위터 스피커 (앰프 미적용)
D41	동승석 도어 트위터 스피커 (앰프 적용)
D42	동승석 도어 아웃사이드 미러 유닛
D44	동승석 도어 사이드 충돌 압력 센서
D46	동승석 도어 아웃사이드 핸들
D47	동승석 도어 아웃사이드 핸들 안테나
D51	동승석 도어 무드 램프
JD21	조인트 커넥터
FD21	플로어 하네스 연결 커넥터

리어 도어 RH 하네스

D84
D85
DD41
D83
D86/D87
D82
FD41

리어 도어 RH 하네스

D82	리어 세이프티 파워 윈도우 모듈 RH
D83	리어 파워 윈도우 모터 RH
D84	리어 도어 록 액추에이터 RH
D85	리어 도어 아웃사이드 핸들 풀러시 액추에이터 RH
D86	리어 도어 스피커 RH (앰프 미적용)
D87	리어 도어 스피커 RH (앰프 적용)
DD41	리어 도어 RH 익스텐션 하네스 연결 커넥터
FD41	플로어 도어 하네스 연결 커넥터

리어 도어 LH 하네스

FD31
D66/D67
D62
D63
DD31
D65
D64

리어 도어 LH 하네스

D62	리어 세이프티 파워 윈도우 모듈 LH
D63	리어 파워 윈도우 모터 LH
D64	리어 도어 록 액추에이터 LH
D65	리어 도어 아웃사이드 핸들 풀러시 액추에이터 LH
D66	리어 도어 스피커 LH (앰프 미적용)
D67	리어 도어 스피커 LH (앰프 적용)
DD31	리어 도어 LH 익스텐션 하네스 연결 커넥터
FD31	플로어 도어 하네스 연결 커넥터

리어 도어 LH 익스텐션 하네스

리어 도어 RH 익스텐션 하네스

리어 도어 LH 익스텐션 하네스

D71	리어 파워 윈도우 스위치 LH (온토 업/다운 & 세이프티 미적용)
D72	리어 파워 윈도우 스위치 LH (온토 업/다운 & 세이프티 적용)
D73	리어 도어 무드 램프 LH
D74	리어 도어 트위터 스피커 LH
DD31	리어 도어 LH 하네스 연결 커넥터

리어 도어 RH 익스텐션 하네스

D91	리어 파워 윈도우 스위치 RH (온토 업/다운 & 세이프티 미적용)
D92	리어 파워 윈도우 스위치 RH (온토 업/다운 & 세이프티 적용)
D93	리어 도어 무드 램프 RH
D94	리어 도어 트위터 스피커 RH
DD41	리어 도어 RH 하네스 연결 커넥터

테일게이트 하네스 (1)

테일게이트 LH 하네스

R61 보조 정지등 (프라이버시 글라스 미적용)
FR31 플로어 하네스 연결 커넥터
RR21 테일게이트 CENTER 하네스 연결 커넥터

테일게이트 Center 하네스

R70 리어 센터 램프
R71-L 번호판등 LH
R71-R 번호판등 RH
R72 리어 디포거 (+)
R73 리어 디포거 (−)
R74 파워 테일게이트 래치
R75 파워 테일게이트 스위치 (실내)
R76 파워 테일게이트 래치
R77 파워 테일게이트 부저
R78 테일게이트 스위치 (실외) (리어 뷰 카메라 적용)
R79 테일게이트 스위치 (실외) (SVM/빌트인 캠 적용)
RR21 테일게이트 LH 하네스 연결 커넥터
RR22 테일게이트 RH 하네스 연결 커넥터

테일게이트 RH 하네스

R91 파들 램프
FR41 플로어 하네스 연결 커넥터
RR22 테일게이트 CENTER 하네스 연결 커넥터

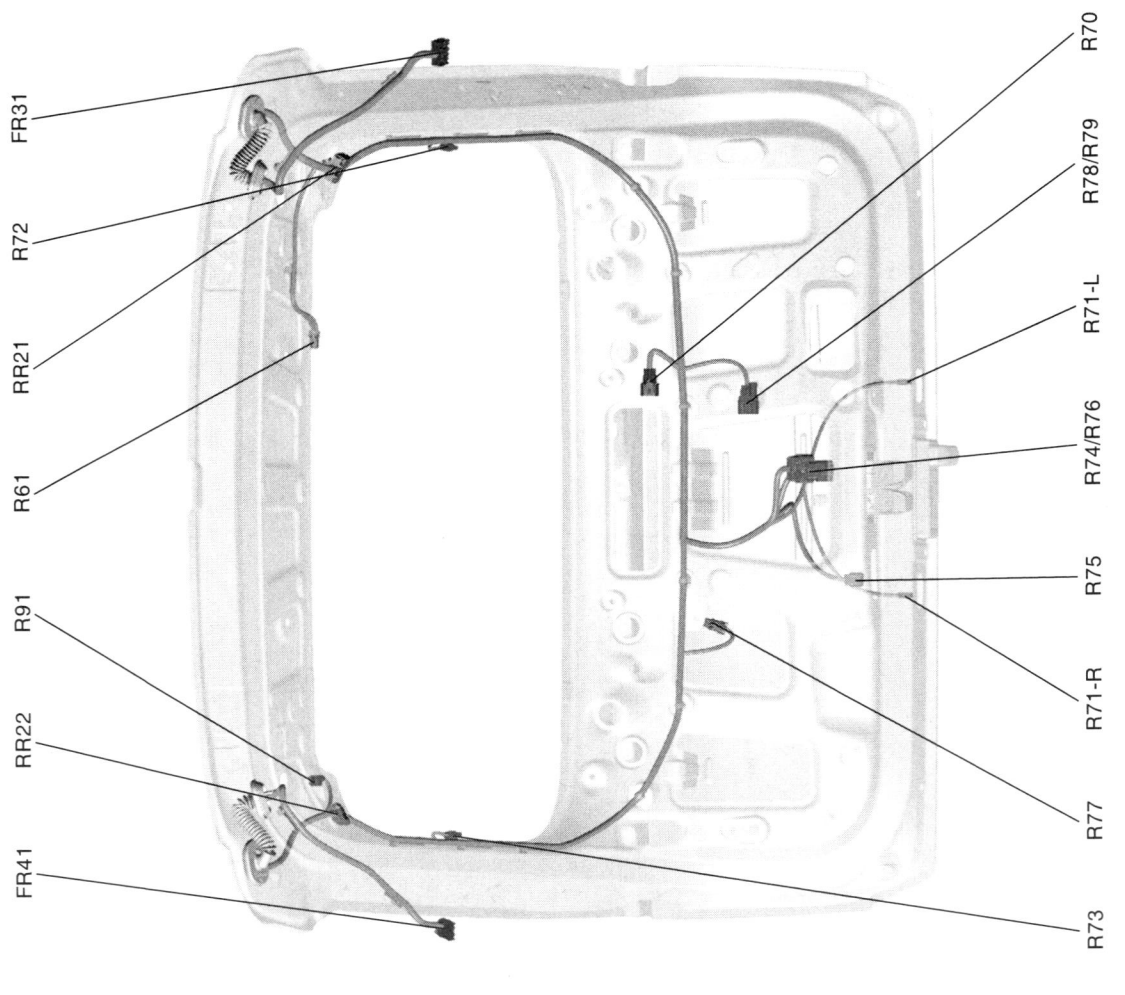

FR31
R72
RR21
R61
R91
RR22
FR41
R73
R77
R71-R
R75
R74/R76
R71-L
R78/R79
R70

선루프 미적용

루프 하네스 (선루프 미적용)

R01	오버헤드 콘솔
R02	오토 디포거 센서
R03	실내 감광 미러
R04	전방 카메라 (ADAS)
R05	전방 카메라 (빌트인 캠)
R07	룸 램프
R08-L	마이크 LH
R08-R	마이크 RH

R10	레인 센서
R12	후석 승객 감지 센서
R13-D	화장등 LH
R13-P	화장등 RH
JR11	조인트 커넥터
FR11	플로어 하네스 연결 커넥터
MR11	메인 하네스 연결 커넥터

ETCS 안테나 하네스

R01-A	오버헤드 콘솔 (ETCS 안테나)
ANT-E	ETCS 안테나

선루프 적용

FR11
R13-P
R12
R07
R02
R04
R10
R08-R
R03
R05
R06
R08-L
R01
JR11
R13-D
MR11

루프 하네스 (선루프 적용)

R01	오버헤드 콘솔
R02	우도 디포거 센서
R03	실내 감광 미러
R04	전방 카메라 (ADAS)
R05	전방 카메라 (빌트인 캠)
R06	선루프 스위치
R07	룸 램프
R08-L	마이크 LH

R08-R	마이크 RH
R10	레인 센서
R12	후석 승객 감지 센서
R13-D	화장등 LH
R13-P	화장등 RH
JR11	조인트 커넥터
FR11	플로어 하네스 연결 커넥터
MR11	메인 하네스 연결 커넥터

ETCS 안테나 하네스

R01-A	오버헤드 콘솔 (ETCS 안테나)
ANT-E	ETCS 안테나

프론트 범퍼 하네스

프론트 범퍼 하네스

E81-L	액티브 에어 플랩 유닛 LH
E81-R	액티브 에어 플랩 유닛 RH
E82-L	전측방 레이더 LH
E82-R	전측방 레이더 RH
E86-CL	전방 주차 거리 경고 센서 LH (Center)
E86-CR	전방 주차 거리 경고 센서 RH (Center)
E86-L	전방 주차 거리 경고 센서 LH
E86-R	전방 주차 거리 경고 센서 RH
E86-SL	전방 주차 거리 경고 센서 LH (Side)
E86-SR	전방 주차 거리 경고 센서 RH (Side)
E87	전방 카메라 (SVM)
E90	실외 온도 센서
JE21	조인트 커넥터
JE22	조인트 커넥터
JE24	조인트 커넥터
JE25	조인트 커넥터
JE26	조인트 커넥터
JE27	조인트 커넥터
EE11	프론트 하네스 연결 커넥터

리어 범퍼 하네스 (GT & GT-Line 미적용)

리어 범퍼 하네스 (GT & GT-Line 미적용)

R81-CL	후방 주차 거리 경고 센서 LH (Center)
R81-CR	후방 주차 거리 경고 센서 RH (Center)
R81-L	후방 주차 거리 경고 센서 LH
R81-R	후방 주차 거리 경고 센서 RH
R81-SL	후방 주차 거리 경고 센서 LH (Side)
R81-SR	후방 주차 거리 경고 센서 RH (Side)
R83-L	후측방 레이더 LH
R83-R	후측방 레이더 RH
R84	스마트 키 리어 범퍼 안테나
R85	후진등
JR21	조인트 커넥터
JR22	조인트 커넥터
JR23	조인트 커넥터
FR21	플로어 하네스 연결 커넥터

리어 범퍼 하네스 (GT or GT Line 적용)

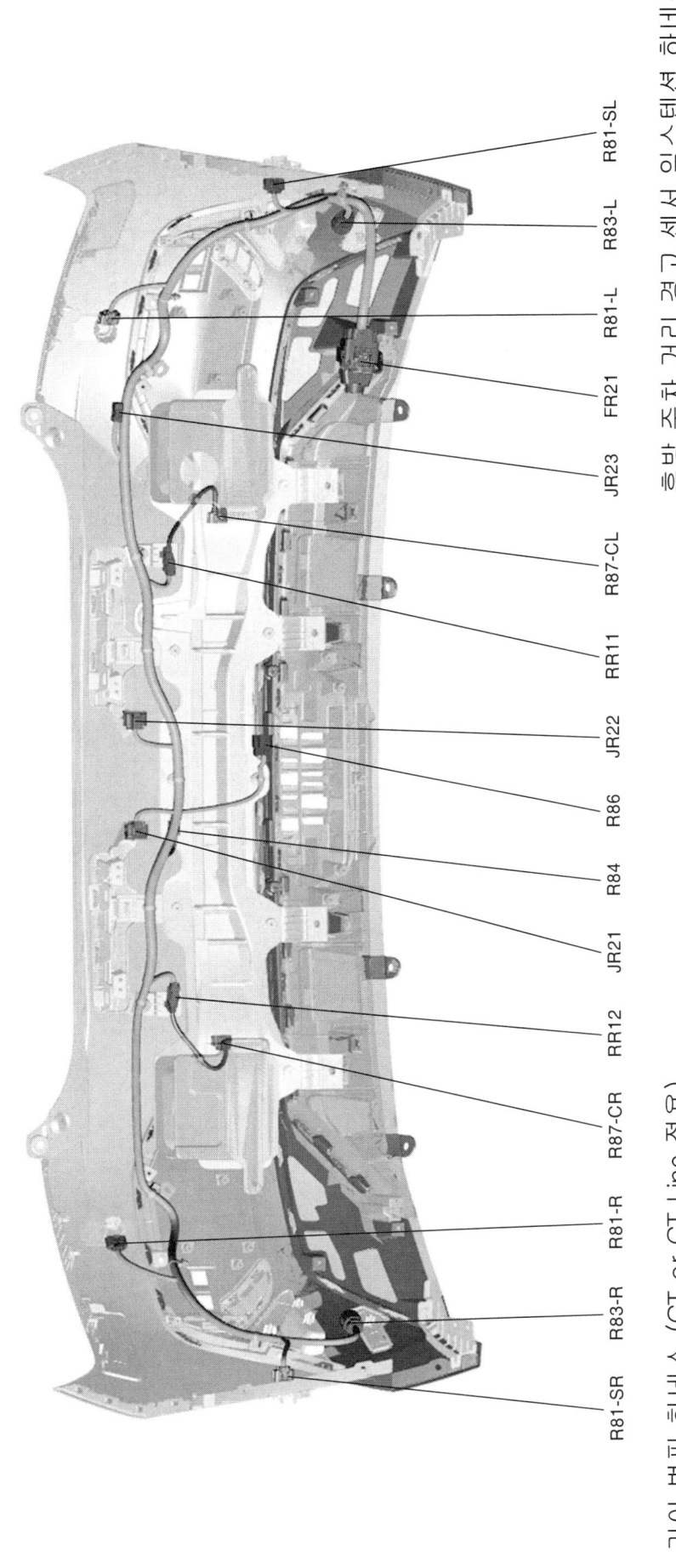

R81-SL	R81-SL
R83-L	R83-L
R81-L	R81-L
FR21	FR21
JR23	JR23
R87-CL	R87-CL
RR11	RR11
JR22	JR22
R86	R86
R84	R84
JR21	JR21
RR12	RR12
R87-CR	R87-CR
R81-R	R81-R
R83-R	R83-R
R81-SR	R81-SR

후방 주차 거리 경고 센서 익스텐션 하네스

R87-CL	후방 주차 거리 경고 센서 LH (Center)
R87-CR	후방 주차 거리 경고 센서 RH (Center)
RR11	리어 범퍼 하네스 연결 커넥터
RR12	리어 범퍼 하네스 연결 커넥터

리어 범퍼 하네스 (GT or GT Line 적용)

R81-L	후방 주차 거리 경고 센서 LH
R81-R	후방 주차 거리 경고 센서 RH
R81-SL	후방 주차 거리 경고 센서 LH (Side)
R81-SR	후방 주차 거리 경고 센서 RH (Side)
R83-L	후측방 레이더 LH
R83-R	후측방 레이더 RH
R84	스마트 키 리어 범퍼 안테나
R86	후방 안개등 & 후진등
RR11	후방 주차 거리 경고 센서 LH (Center)
	익스텐션 하네스 연결 커넥터
RR12	후방 주차 거리 경고 센서 RH (Center)
	익스텐션 하네스 연결 커넥터
JR21	조인트 커넥터
JR22	조인트 커넥터
JR23	조인트 커넥터
FR21	플로어 하네스 연결 커넥터

프런트 엔드 모듈 하네스 (1)

프런트 엔드 모듈 하네스

E71	익스터널 부저
E72	VESS 유닛
E74	후드 스위치
E75-H	경음기 (High)
E75-L	경음기 (Low)
E77	스마트 키 프런트 범퍼 안테나
E78	스마트 크루즈 컨트롤 레이더
EE31	프런트 하네스 연결 커넥터

2023 > 엔진 > 160kW (2WD) / 70 160kW (4WD) > 하네스 위치도 > 콘솔 익스텐션 하네스 > 회로도

콘솔 익스텐션 하네스 (1)

콘솔 익스텐션 하네스

F61　무선 충전 유닛
F62　무선 충전 유닛 인디케이터
F63　프런트 파워 아웃렛
F64　시동/정지 버튼 스위치
F65　스마트 키 실내 안테나 #2
F80　콘솔 어퍼 커버 스위치
F81　유니버셜 아일랜드 USB 충전 단자
F83　리어 콘솔 USB 충전 단자 #1
F84　리어 콘솔 USB 충전 단자 #2
F85　콘솔 폴로어 스위치 시프트 (버튼 타입)
F86　전자식 변속 시프트 다이얼
F87　전자식 변속 시프트 다이얼 인디케이터
F88　콘솔 무드 램프 (Upper)
F89　콘솔 무드 램프 (Lower)
F90　콘솔 폴로어 스위치 (터치 타입)
FF11　폴로어 하네스 연결 커넥터
MF31　메인 하네스 연결 커넥터

F88 F61 F80 F62 F86 F85/F90 F64 F87
F83 F84 F89 F65 FF11 MF31 F63 F81

- 557 -

2023 > 엔진 > 160kW (2WD) / 70 160kW (4WD) > 하네스 위치도 > 스티어링 휠 익스텐션 하네스 > 회로도

스티어링 휠 익스텐션 하네스 (1)

스티어링 휠 익스텐션 하네스

M90　클락 스프링
M91　스티어링 휠 리모트 컨트롤 스위치 LH
M92　스티어링 휠 리모트 컨트롤 스위치 RH
M93　경음기 스위치
M94　스티어링 휠 열선 모듈
M95　패들 시프트 (Down) 스위치 LH
M96　패들 시프트 (Up) 스위치 RH
M98　드라이브 모드 스위치

M95
M90
M93
M94
M91
M96
M92
M98

충전 단자 하네스

C11	V2L 유닛 (전원)
C12	충전 단자 레지스터
C13-1	충전 단자 온도 센서 #1 (급속 (+))
C13-2	충전 단자 온도 센서 #2 (급속 (-))
C13-3	충전 단자 온도 센서 #3 (완속)
C14-AC	ICCU (AC Input)
C15	충전 단자 (5Pin Combo)
C16	충전 단자 록/언록 액추에이터
CF11	플로어 고전압 하네스 연결 커넥터
HV12	리어 고전압 정션 블록 하네스 연결 커넥터
GC11	접지

고전압 케이블 하네스

F14-B	ICCU (고전압 배터리)
HB-I	고전압 배터리 (ICCU)
HB-R	고전압 배터리 (리어 고전압 정션 블록)

운전석 시트 하네스

운전석 시트 하네스

S01-1 운전석 매뉴얼 시트 스위치 (IMS 미적용-2WAY)
S01-2 운전석 파워 시트 스위치 (IMS 미적용-10WAY)
S01-3 운전석 파워 시트 스위치 (IMS 적용-10WAY)
S01-4 운전석 파워 시트 스위치 (IMS 적용-12WAY)
S02-A 운전석 파워 시트 모듈
S02-B 운전석 파워 시트 모듈
S02-C 운전석 파워 시트 모듈
S04 운전석 슬라이드 모터
S05-1 운전석 프런트 높낮이 모터 (릴랙스 미적용)
S05-2 운전석 프런트 높낮이 모터 (릴랙스 적용)
S06 운전석 리어 높낮이 모터
S07 운전석 쿠션 모터
S08 운전석 시트 구션 히터
S09 운전석 통풍 시트 구션 히터
S13 운전석 시트 USB 충전 단자
JS11 조인트 커넥터
SS11 운전석 시트 익스텐션 하네스 연결 커넥터
FS11 플로어 하네스 하네스 연결 커넥터

운전석 시트 백 익스텐션 하네스

S10 운전석 허리받이 모터
S12 운전석 등받이 모터
SS11 운전석 시트 하네스 하네스 연결 커넥터

SS11
S13
S07
S08/S09
S06
S01-1/S01-2/
S01-3/S01-4

S02-A
S04
S02-B
S02-C
FS11
JS11
S05-1/
S05-2

동승석 시트 하네스

동승석 시트 하네스

S21-1	동승석 매뉴얼 시트 스위치 (릴렉스 미적용-2WAY)
S21-2	동승석 파워 시트 스위치 (릴렉스 미적용-10WAY)
S21-3	동승석 파워 시트 스위치 (릴렉스 적용)
S22-A	동승석 파워 시트 모듈
S22-B	동승석 파워 시트 모듈
S22-C	동승석 파워 시트 모듈
S24	동승석 슬라이드 모터
S25-1	동승석 프런트 높낮이 모터 (릴렉스 미적용)
S25-2	동승석 프런트 높낮이 모터 (릴렉스 적용)
S26	동승석 리어 높낮이 모터
S27	동승석 시트 쿠션 연장 모터
S28	동승석 시트 쿠션 히터
S29	동승석 시트 쿠션 연장 히터
S31	프런트 시트 하단 컨트롤 모듈
S32-A	프런트 시트 통풍 컨트롤 모듈
S32-B	프런트 시트 통풍 컨트롤 모듈
S33	동승석 시트 USB 충전 단자
JS21	조인트 커넥터
JS22	조인트 커넥터
SS21	동승석 시트 익스텐션 하네스 연결 커넥터 (릴렉스 미적용)
SS22	동승석 시트 익스텐션 하네스 연결 커넥터 (릴렉스 적용)
SS23	동승석 시트 익스텐션 하네스 연결 커넥터 (릴렉스 & 워크인 적용)
FS21	폴로어 하네스 연결 커넥터

동승석 시트 백 익스텐션 하네스

S40	동승석 허리받이 모터
S42	동승석 등받이 모터
S43	동승석 워크인 스위치
SS21	동승석 시트 하네스 연결 커넥터 (릴렉스 미적용)
SS22	동승석 시트 하네스 연결 커넥터 (릴렉스 적용)
SS23	동승석 시트 하네스 연결 커넥터 (릴렉스&워크인 적용)

시트 하네스 (3)

리어 시트 하네스

리어 시트 하네스

S51   리어 시트 히터 컨트롤 모듈
S52   리어 시트 백 히터 LH
S53   리어 시트 백 히터 RH
S54   리어 시트 쿠션 히터 LH
S55   리어 시트 쿠션 히터 RH
SS31   리어 시트 LH 하네스 연결 커넥터 (M)
SS31   리어 시트 RH 하네스 연결 커넥터 (F)
FS31   플로어 하네스 연결 커넥터

정지 포인트 (1)

GE05

GM01

GM04

GM02

GM03

GF01

GF03

GF04

GF09

GF08

GE02

GE01

GE03

GE04

GE06

GF06

GF02

GF07

GF05

프런트

리어

부품 인덱스

일반사항

전기차 시스템 주의사항

회로도

커넥터 정보

구성 부품 위치도

하네스 위치도

부품 인덱스

부품 인덱스 (1) CI-1

명칭	번호	회로도
가		
경음기 (High)	E75-H	(SD814-1)/(SD968-1)
경음기 (Low)	E75-L	(SD814-1)/(SD968-1)
경음기 스위치	M93	(SD814-1)/(SD968-1)
계기판	M06/M06-L	(SD940-1)
계기판 모니터	M23/M23-G	(SD969-2)
고압 펌프	E30	(SD971-2)
고전압 커넥터 인터록	H12	(SD919-2)
급속 박스 램프	M24	(SD929-2)
급속 충전 (-) 릴레이	H02	(SD373-5)/(SD919-1)
급속 충전 (+) 릴레이	H01	(SD373-5)/(SD919-1)
나		
냉각 팬 모터	E07	(SD253-1)
냉각수 펌프	E19	(SD971-2)
다		
다기능 스위치	M32	(SD921-1)/(SD925-1)/(SD928-1)/(SD941-1)/(SD951-1)/(SD958-1)/(SD981-1)
덕트 센서 (DEF)	M11	(SD971-7)
동승석 덕트 센서 (Floor)	M13-F	(SD971-6)
동승석 덕트 센서 (Vent)	M13-V	(SD971-6)
동승석 도어 옥추에이터	D35	(SD813-2)
동승석 도어 무드 램프	D51	(SD929-5)
동승석 도어 사이드 충돌 압력 센서	D44	(SD569-2)
동승석 도어 스피커	D38/D39	(SD969-7)/(SD969-8)
동승석 도어 아웃사이드 핸들	D46	(SD813-5)/(SD929-1)/(SD952-6)/(SD952-8)
동승석 도어 아웃사이드 핸들 안테나	D47	(SD952-6)/(SD952-7)
동승석 도어 트위터 스피커	D40/D41	(SD969-7)/(SD969-8)
동승석 도어 잠이 모터	S42	(SD880-2)(SD880-4)(SD880-6)
동승석 리어 높낮이 모터	S26	(SD880-2)(SD880-4)(SD880-6)
동승석 메뉴얼 시트 스위치	S21-1	(SD880-2)
동승석 모드 옥추에이터	M33-P	(SD971-3)
동승석 무게 감지 센서	F32	(SD569-1)
동승석 사이드 에어백	F36-P	(SD569-2)
동승석 사이드 충돌 감지 센서 (리어)	F04-P	(SD569-3)
동승석 사이드 충돌 감지 센서 (프런트)	F03-P	(SD569-3)
동승석 셰이프메모리 파워 윈도우 모듈	D33	(SD824-5)(SD824-8)
동승석 슬라이드 모터	S24	(SD880-2)(SD880-4)(SD880-6)
동승석 시트 USB 충전 단자	S33	(SD945-1)
동승석 시트 벨트 리트랙터 프리텐셔너 (리어)	F30-P	(SD569-3)
동승석 시트 벨트 리트랙터 프리텐셔너 (프런트)	F29-P	(SD569-3)
동승석 시트 벨트 버클 센서	F37-P	(SD569-3)
동승석 시트 쿠션 히터	S28	(SD889-1)
동승석 아웃사이드 미러 유닛	D42	(SD876-2)(SD876-5)

부품 인덱스 (2)

명칭	번호	회로도
동승석 에어백 #1	M35	(SD569-2)
동승석 에어백 #2	M36	(SD569-2)
동승석 온도 액추에이터	M45-P	(SD971-4)
동승석 위크인 스위치	S43	(SD880-6)
동승석 전방 충돌 감지 센서	E12	(SD569-1)
동승석 카드 에어백	F16-P	(SD569-2)
동승석 통풍 시트 블로어 모터	S27	(SD886-2)
동승석 통풍 시트 쿠션 히터	S29	(SD886-2)
동승석 파워 시트 모듈	S22-A/S22-B/S22-C	(SD880-3)(SD880-4)(SD880-5)(SD880-6)
동승석 파워 시트 스위치	S21-2/S21-3	(SD880-2)(SD880-3)(SD880-4)(SD880-5)(SD880-6)
동승석 파워 윈도우 모터	D34	(SD824-2)
동승석 파워 윈도우 스위치	D31/D32	(SD824-2)(SD824-5)(SD824-8)
동승석 프런트 높낮이 모터	S25-1/S25-2	(SD880-2)(SD880-4)(SD880-6)
동승석 허리받이 모터	S40	(SD880-2)(SD880-4)(SD880-6)
드라이브 모드 스위치	M98	(SD969-3)
디포거 액추에이터	M41	(SD971-3)
레인 센서	R10	(SD951-2)/(SD981-1)
룸 램프	R07	(SD929-2)
리어 ECS 솔레노이드 밸브 LH	F45	(SD559-1)
리어 ECS 솔레노이드 밸브 RH	F46	(SD559-1)
리어 EPB 액추에이터 LH	F52-L	(SD588-2)
리어 EPB 액추에이터 RH	F52-R	(SD588-2)
리어 고전압 커넥터 터미널 블록 (인터록)	B05	(SD371-3)/(SD371-15)/(SD373-5)/(SD919-1)
리어 덕트 액추에이터 LH	F21-L	(SD971-5)
리어 덕트 액추에이터 RH	F21-R	(SD971-5)
리어 덕트 액추에이터 LH	D64	(SD813-3)
리어 덕트 액추에이터 RH	D84	(SD813-3)
리어 도어 무드 램프 LH	D73	(SD929-5)
리어 도어 무드 램프 RH	D93	(SD929-5)
리어 도어 스피커 LH	D66/D67	(SD969-7)/(SD969-8)
리어 도어 스피커 RH	D86/D87	(SD969-7)/(SD969-8)
리어 도어 아웃사이드 핸들 플라시 액추에이터 LH	D65	(SD813-4)
리어 도어 아웃사이드 핸들 플라시 액추에이터 RH	D85	(SD813-4)
리어 도어 트위터 스피커 LH	D74	(SD969-7)
리어 도어 트위터 스피커 RH	D94	(SD969-7)
리어 디포거	R72/R73	(SD879-1)/(SD879-2)
리어 세이프티 파워 윈도우 모듈 LH	D62	(SD824-9)
리어 세이프티 파워 윈도우 모듈 RH	D82	(SD824-9)
리어 센터 램프	R70	(SD928-2)/(SD928-3)

명칭	번호	회로도	
리어 시트 백 히터 LH	S52	(SD889-3)	
리어 시트 백 히터 RH	S53	(SD889-3)	
리어 시트 벨트 버클 스위치 LH	F43	(SD569-4)	
리어 시트 벨트 버클 스위치 RH & Center	F44	(SD569-4)	
리어 시트 쿠션 히터 LH	S54	(SD889-3)	
리어 시트 쿠션 히터 RH	S55	(SD889-3)	
리어 시트 히터 컨트롤 모듈	S51	(SD889-3)/(SD889-4)	
리어 온도 액추에이터 (Cool)	M46-C	(SD971-4)	
리어 온도 액추에이터 (Warm)	M46-W	(SD971-4)	
리어 인버터 (시스템)	P22	(SD597-1)/(SD597-2)/(SD597-3)	
리어 콘솔 USB 충전 단자 #1/#2	F83/F84	(SD945-1)	
리어 콤비네이션 램프 (OUT) LH	F35-L	(SD925-2)/(SD925-4)/(SD927-2)/(SD928-2)/(SD928-3)	
리어 콤비네이션 램프 (OUT) RH	F35-R	(SD925-2)/(SD925-4)/(SD927-2)/(SD928-2)/(SD928-3)	
리어 파워 아웃렛	F25	(SD945-1)	
리어 파워 윈도우 모터 LH	D63	(SD824-3)/(SD824-6)	
리어 파워 윈도우 모터 RH	D83	(SD824-3)/(SD824-6)	
리어 파워 윈도우 스위치 LH	D71/D72	(SD824-3)/(SD824-6)/(SD824-9)/(SD889-4)	
리어 파워 윈도우 스위치 RH	D91/D92	(SD824-3)/(SD824-6)/(SD824-9)/(SD889-4)	
마이크 LH	R08-L	(SD969-2)	
마이크 RH	R08-R	(SD969-2)	
무드 램프 유닛	M34	(SD929-4)	
무선 충전 유닛	F61	(SD945-2)	
무선 충전 유닛 인디케이터	F62	(SD945-2)	
미드 스피커 LH	M14-L	(SD969-7)	
미드 스피커 RH	M14-R	(SD969-7)	
미세 먼지 센서	M42	(SD971-1)	
배터리 모듈 #1~#2 (항속형)	B101-A/B101-B/B102-A/B102-B	(SD371-4)	
배터리 모듈 #3~#4 (항속형)	B103-A/B103-B/B104-A/B104-B	(SD371-4)	
배터리 모듈 #5~#6 (항속형)	B105-A/B105-B/B106-A/B106-B	(SD371-5)	
배터리 모듈 #7~#8 (항속형)	B107-A/B107-B/B108-A/B108-B	(SD371-5)	
배터리 모듈 #9~#10 (항속형)	B109-A/B109-B/B110-A/B110-B	(SD371-6)	
배터리 모듈 #11~#12 (항속형)	B111-A /B111-B / B112-A/B112-B	(SD371-6)	
배터리 모듈 #13~#14 (항속형)	B113-A/B113-B/B114-A/B114-B	(SD371-7)	
배터리 모듈 #15~#16 (항속형)	B115-A/B115-B/B116-A/B116-B	(SD371-7)	
배터리 모듈 #17~#18 (항속형)	B117-A /B117-B /B118-A/B118-B	(SD371-8)	
배터리 모듈 #19~#20 (항속형)	B119-A /B119-B/B120-A/B120-B	(SD371-8)	
배터리 모듈 #21~#22 (항속형)	B121-A /B121-B /B122-A/B122-B	(SD371-9)	
배터리 모듈 #23~#24 (항속형)	B123-A/B123-B/B124-A/B124-B	(SD371-9)	
배터리 모듈 #25~#26 (항속형)	B125-A/B125-B/B126-A/B126-B	(SD371-10)	

부품 인덱스 (4)

명칭	번호	회로도
배터리 모듈 #27~#28 (향속형)	B127-A/B127-B/B128-A/B128-B	(SD371-10)
배터리 모듈 #29~#30 (향속형)	B129-A/B129-B/B130-A/B130-B	(SD371-11)
배터리 모듈 #31~#32 (향속형)	B131-A/B131-B/B132-A/B132-B	(SD371-11)
배터리 모듈 #1~#2 (기본형)	B201-A/B201-B/B202-A/B202-B	(SD371-16)
배터리 모듈 #3~#4 (기본형)	B203-A/B203-B/B204-A/B204-B	(SD371-16)
배터리 모듈 #5~#6 (기본형)	B205-A/B205-B/B206-A/B206-B	(SD371-17)
배터리 모듈 #7~#8 (기본형)	B207-A/B207-B/B208-A/B208-B	(SD371-17)
배터리 모듈 #9~#10 (기본형)	B209-A/B209-B/B210-A/B210-B	(SD371-18)
배터리 모듈 #11~#12 (기본형)	B211-A/B211-B/B212-A/B212-B	(SD371-18)
배터리 모듈 #13~#14 (기본형)	B213-A/B213-B/B214-A/B214-B	(SD371-19)
배터리 모듈 #15~#16 (기본형)	B215-A/B215-B/B216-A/B216-B	(SD371-19)
배터리 모듈 #17~#18 (기본형)	B217-A/B217-B/B218-A/B218-B	(SD371-20)
배터리 모듈 #19~#20 (기본형)	B219-A/B219-B/B220-A/B220-B	(SD371-20)
배터리 모듈 #21~#22 (기본형)	B221-A/B221-B/B222-A/B222-B	(SD371-21)
배터리 모듈 #23~#24 (기본형)	B223-A/B223-B/B224-A/B224-B	(SD371-21)
배터리 히팅 릴레이	H11/H21	(SD919-3)/(SD919-5)/(SD971-10)/(SD971-12)
변속판 스위치 LH	R71-L	(SD928-2)
변속판 스위치 RH	R71-R	(SD928-2)
보조 정지등	R61	(SD927-2)
브레이크 오일 레벨 센서	E06	(SD588-3)
블로어 릴레이	E59	(SD971-1)
비상등 스위치	M25	(SD925-2)
빌트인 캠 보조 배터리	F27	(SD957-14)
빌트인 캠 유닛	M44-A/M44-B/M44-C/M44-S/M44-U/M44-USB	(SD957-14)/(SD957-15)
서라운드 스피커 LH	F47	(SD969-7)
서라운드 스피커 RH	F48	(SD969-7)
서브 우퍼	F20	(SD969-6)
선루프 스위치	R06	(SD816-1)
선루프 컨트롤 유닛 (글라스/롤러)	F06-G/F06-R	(SD816-1)
센터 사이드 에어백	F17	(SD569-3)
센터 스피커	M63	(SD969-6)
스마트 크루즈 컨트롤 레이더	E78	(SD964-1)
스마트 키 리어 범퍼 안테나	R84	(SD952-5)
스마트 키 실내 안테나 #1	M38	(SD952-5)
스마트 키 실내 안테나 #2	F65	(SD952-5)
스마트 키 트렁크 안테나	F34	(SD952-5)
스마트 키 프런트 범퍼 안테나	E77	(SD952-5)
스티어링 휠 리모트 컨트롤 스위치 LH	M91	(SD969-3)
스티어링 휠 리모트 컨트롤 스위치 RH	M92	(SD969-3)

	명칭	번호	회로도
ㅅ	스티어링 휠 열선 모듈	M94	(SD879-4)
	시동/정지 버튼 스위치	F64	(SD952-5)
	실내 감광 미러	R03	(SD851-1)
	실내 온도 센서	M29	(SD971-6)
	실외 온도 센서	E90	(SD971-6)
	앞셀 패널 모듈	E41	(SD366-2)
	액티브 에어 플랩 유닛 LH	E81-L	(SD253-2)
	액티브 에어 플랩 유닛 RH	E81-R	(SD253-2)
	앰프	F02-A/F02-B	(SD969-6)/(SD969-7)
	에어백 컨트롤 모듈	F01/M02	(SD569-1)/(SD569-2)/(SD569-3)
	에어컨 PTC 히터	E08-P/M08-S	(SD971-8)
	에어컨 냉매 솔레노이드 밸브	E39	(SD971-2)
	에어컨 블로어 모터	E40	(SD971-1)
	에어컨 컨트롤 모듈	M03-A/M03-B/M03-C	(SD971-1)/(SD971-2)/(SD971-3)/(SD971-4)/(SD971-5)/(SD971-6)/(SD971-7)/(SD971-8)
	열선유리 (뒤) 릴레이	E53	(SD879-1)/(SD879-2)
	오버헤드 콘솔	R01/R01-A	(SD569-1)/(SD851-2)/(SD929-2)/(SD957-15)/(SD969-2)
	오토 디포거 센서	R02	(SD971-5)
	오토 라이트 & 포토 센서	M61	(SD951-2)/(SD971-5)
	오토 전조등 높낮이 조절 유닛	P40	(SD922-2)
	요서 레벨 센서	E22	(SD981-1)
	요서 모터	E23	(SD981-1)
	와이퍼 모터	E25	(SD981-2)
ㅇ	운전석 IMS 스위치	D25	(SD877-4)
	운전석 덕트 센서 (Floor)	M12-F	(SD971-6)
	운전석 덕트 센서 (Vent)	M12-V	(SD971-7)
	운전석 도어 럭 액추에이터	D05	(SD813-2)
	운전석 도어 모듈	D01	(SD813-1)/(SD824-1)/(SD824-4)/(SD824-7)/(SD876-1)/(SD876-3)/(SD877-4)/(SD878-1)(SD878-2)/(SD879-3)
	운전석 도어 무드 램프	D23	(SD929-5)
	운전석 도어 사이드 충돌 압력 센서	D14	(SD569-2)
	운전석 도어 사이드 스피커	D08/D09	(SD969-7)/(SD969-8)
	운전석 도어 아웃사이드 핸들	D16	(SD813-5)/(SD929-1)/(SD952-6)/(SD952-8)
	운전석 도어 아웃사이드 핸들 안테나	D17	(SD952-6)/(SD952-7)
	운전석 도어 트위터 스피커	D10/D11	(SD969-7)/(SD969-8)
	운전석 도어 등발이 모터	S12	(SD877-2)/(SD880-1)
	운전석 리어 높낮이 모터	S06	(SD877-3)/(SD880-1)
	운전석 매뉴얼 시트 스위치	S01-1	(SD880-1)
	운전석 모드 액추에이터	M33-D	(SD971-3)
	운전석 무릎 에어백	M53	(SD569-1)

	명칭	번호	회로도
	운전석 사이드 에어백	F36-D	(SD569-2)
	운전석 사이드 충돌 감지 센서 (리어)	F04-D	(SD569-3)
	운전석 사이드 충돌 감지 센서 (프런트)	F03-D	(SD569-3)
	운전석 셰이프프리 파워 윈도우 모듈	D03	(SD824-1)/(SD824-4)/(SD824-7)
	운전석 슬라이드 모터	S04	(SD877-3)/(SD880-1)
	운전석 시트 USB 충전 단자	S13	(SD945-1)
	운전석 시트 벨트 리트랙터 프리텐셔너 (리어)	F30-D	(SD569-3)
	운전석 시트 벨트 리트랙터 프리텐셔너 (프런트)	F29-D	(SD569-3)
	운전석 시트 벨트 버클 센서	F37-D	(SD569-3)
	운전석 시트 구선 히터	S08	(SD889-1)
	운전석 아웃사이드 미러 유닛	D12	(SD876-1)/(SD876-4)
	운전석 에어백	M16	(SD569-2)
	운전석 운드 액추에이터	M45-D	(SD971-4)
하	운전석 전방 충돌 감지 센서	E11	(SD569-1)
	운전석 커튼 에어백	F16-D	(SD569-2)
	운전석 통풍 시트 블로어 모터	S07	(SD886-2)
	운전석 통풍 시트 구선 히터	S09	(SD886-2)
	운전석 파워 시트 모듈	S02-A/S02-B/S02-C	(SD877-1)/(SD877-2)/(SD877-3)
	운전석 파워 시트 스위치	S01-2/S01-3/S01-4	(SD877-1)/(SD877-2)/(SD880-1)
	운전석 프런트 높낮이 모터	S05-1/S05-2	(SD877-3)/(SD880-1)
	운전석 힘리밤이 모터	S10	(SD877-2)/(SD880-1)
	운전자 주차 보조 유닛	M18-C/M18-S/M18-V	(SD957-5)/(SD957-6)/(SD957-7)/(SD957-8)/(SD957-9)
	운전자 주행 보조 유닛	M17	(SD957-10)
	유니버셜 아일랜드 USB 충전 단자	F81	(SD945-1)
	이배퍼레이터 센서	M20	(SD971-7)
	익스터널 부저	E71	(SD952-4)
	인테이크 액추에이터	E33	(SD971-5)
	자기 진단 점검 단자	M04	(SD200-13)
자	전동식 워터 펌프 #1 (고전압 배터리)	E27	(SD971-9)/(SD971-11)
	전동식 워터 펌프 #2 (고전압 배터리)	E28/P08	(SD971-9)/(SD971-11)
	전동식 워터 펌프 (리어 PE)	E38	(SD253-1)
	전륜 감속기 디스커넥트 액추에이터	P06	(SD597-5)
	전륜 구동 모터	P01	(SD597-4)
	전방 주차 거리 경고 센서 LH	E86-L	(SD957-2)/(SD957-6)
	전방 주차 거리 경고 센서 LH (Center)	E86-CL	(SD957-2)/(SD957-6)
	전방 주차 거리 경고 센서 LH (Side)	E86-SL	(SD957-6)
	전방 주차 거리 경고 센서 RH	E86-R	(SD957-2)/(SD957-6)
	전방 주차 거리 경고 센서 RH (Center)	E86-CR	(SD957-2)/(SD957-6)
	전방 주차 거리 경고 센서 RH (Side)	E86-SR	(SD957-6)

부품 인덱스 (7)

명칭	번호	회로도
전방 카메라 (ADAS)	R04	(SD957-11)
전방 카메라 (SVM)	E87	(SD957-9)
전방 카메라 (빌트인 캠)	R05	(SD957-15)
전자식 변속 시프트 다이얼	F86	(SD450-1)
전자식 변속 시프트 다이얼 인디케이터	F87	(SD450-1)
전자식 변속레버 릴레이	E52	(SD450-2)
전자식 에어컨 컴프레서	E20-S/P07-R/P07-S	(SD971-8)
전자식 오일 펌프 (리어)	P24	(SD233-1)
전자식 오일 펌프 (프런트)	P04	(SD233-2)
전자식 오일 펌프 온도 센서 (리어)	P23	(SD233-1)/(SD597-3)
전자식 오일 펌프 온도 센서 (프런트)	P03	(SD233-2)/(SD597-4)
전조등 LH	E04-L/E05-L	(SD921-2)/(SD921-3)/(SD922-1)/(SD922-2)/(SD925-2)/(SD925-3)/(SD928-2) (SD928-3)/(SD951-3)/(SD951-4)/(SD958-1)
전조등 RH	E04-R/E05-R	(SD921-2)/(SD921-3)/(SD922-1)/(SD922-2)/(SD925-2)/(SD925-3)/(SD928-2) (SD928-3)/(SD951-3)/(SD951-4)/(SD958-1)
전측방 레이더 LH	E82-L	(SD957-12)/(SD957-13)
전측방 레이더 RH	E82-R	(SD957-12)/(SD957-13)
정지등 스위치	E21	(SD927-1)
충전 단자	C15	(SD373-3)
충전 단자 도어 모듈	F24-A/F24-B	(SD373-2)
충전 단자 도어 액추에이터	F55	(SD373-2)
충전 단자 레지스터	C12	(SD373-3)
충전 단자 록/언록 액추에이터	C16	(SD373-2)
충전 단자 온도 센서 #1 (급속 (+))	C13-1	(SD373-3)
충전 단자 온도 센서 #2 (급속 (-))	C13-2	(SD373-3)
충전 단자 온도 센서 #3 (완속)	C13-3	(SD373-3)
충전 단자 인디케이터	F56	(SD373-2)
충전기 잠금 릴레이	E51	(SD373-2)
충전기 잠금해제 릴레이	E62	(SD373-2)
콘솔 무드 램프 (Lower)	F89	(SD929-4)
콘솔 무드 램프 (Upper)	F88	(SD929-4)
콘솔 어퍼 커버 스위치	F80	(SD588-4)/(SD957-1)/(SD957-5)/(SD969-4)/(SD969-5)
콤비네이션 안테나	F85/F90	(SD879-4)/(SD886-1)/(SD889-2)
크래쉬 패드 무드 램프	ANT-A	(SD969-9)
크래쉬 패드 무드 램프 LH	M54-L	(SD929-4)
크래쉬 패드 무드 램프 RH	M54-R	(SD929-4)
크래쉬 패드 무드 스위치	M09	(SD373-2)/(SD588-2)/(SD588-4)/(SD817-3)/(SD922-1)/(SD941-1)
클락 스프링	M10/M90	(SD814-1)/(SD879-4)/(SD968-1)/(SD969-3)
테일게이트 래치	R76	(SD812-1)

	명칭	번호	회로도
터	테일게이트 라기지 램프	F18	(SD929-1)
	테일게이트 스위치 (실외)	R78 / R79	(SD812-1)/(SD817-2)/(SD957-9)/(SD957-15)/(SD969-4)/(SD969-5)
	파워 릴레이 어셈블리	B02-B/B02-D/B02-E/B02-BA/B02-BC	(SD371-2)/(SD371-14)/(SD373-4)
		B02-PA/B02-PC	
	파워 아웃렛 릴레이	E61	(SD945-1)
	파워 테일게이트 래치	R74	(SD817-2)
	파워 테일게이트 부저	R77	(SD817-1)
	파워 테일게이트 스위치 (실내)	R75	(SD817-1)
	파워 테일게이트 스펀들	F23	(SD817-3)
	파워 테일게이트 유닛	F28-A/F28-B	(SD817-1)/(SD817-2)/(SD817-3)
	파워 시프트 (Down) 스위치 LH	M95	(SD969-3)
	파워 시프트 (Up) 스위치 RH	M96	(SD969-3)
	평창 밸브 (제습)	E36	(SD971-2)
	평창 밸브 (히터 펌프)	E37	(SD971-2)
	평판 펌프	R91	(SD929-1)
파	패달 스트로크 센서	E10	(SD588-2)
	프런트 ECS 솔레노이드 밸브 LH	E42	(SD436-2)/(SD559-1)/(SD588-5)
	프런트 ECS 솔레노이드 밸브 RH	E43	(SD436-2)/(SD559-1)/(SD588-5)
	프런트 USB 충전 단자	M56	(SD945-1)
	프런트 고전압 정션 블록 (고전압 배터리)	H13	(SD919-2)/(SD971-10)
	프런트 고전압 커넥터 터미널 블록 (인터록)	B06/B07	(SD371-3) /(SD371-15) /(SD919-2)/(SD919-4)
	프런트 시트 히터 컨트롤 모듈	S31	(SD889-1)/(SD889-2)
	프런트 인버터 (시스템)	P02	(SD597-4)/(SD597-5)
	프런트 통풍 시트 컨트롤 모듈	S32-A/S32-B	(SD886-1)/(SD886-2)
	프런트 트렁크 램프	E31	(SD929-1)
	프런트 파워 아웃렛	F63	(SD945-1)/(SD588-5)
	프런트 휠속 센서 LH	E79-L	(SD436-2)/(SD588-5)
	프런트 휠속 센서 RH	E79-R	(SD436-2)
	헤드 업 디스플레이	M26	(SD943-1)
	화장등 LH	R13-D	(SD929-2)
	화장등 RH	R13-P	(SD929-2)
	후드 스위치	E74	(SD814-1)
하	후방 안개등 & 후진등	P21	(SD597-1)/(SD957-2)
	후방 구동 모터	R86	(SD926-1)
	후방 주차 거리 경고 센서 LH	R81-L	(SD957-3)/(SD957-4)/(SD957-8)
	후방 주차 거리 경고 센서 LH (Center)	R81-CL/R87-CL	(SD957-3)/(SD957-4)/(SD957-7)/(SD957-8)
	후방 주차 거리 경고 센서 LH (Side)	R81-SL	(SD957-7)/(SD957-8)
	후방 주차 거리 경고 센서 RH	R81-R	(SD957-3)/(SD957-4)/(SD957-7)/(SD957-8)
	후방 주차 거리 경고 센서 RH (Center)	R81-CR/R87-CR	(SD957-3)/(SD957-4)/(SD957-7)/(SD957-8)

부품 인덱스 (9) CI-9

	명칭	번호	회로도
하	후방 주차 거리 경고 센서 RH (Side)	R81-SR	(SD957-7)/(SD957-8)
	후석 승객 감지 센서 (Rear Occupant Alert)	R12	(SD957-16)
	후진등	R85	(SD926-1)
	후측방 레이더 LH	R83-L	(SD957-12)/(SD957-13)
	후측방 레이더 RH	R83-R	(SD957-12)/(SD957-13)
	12V 배터리 센서	E18	(SD373-4)
	ACC 릴레이	E55	(SD952-4)
	ADP (Acoustic Design Processor)	F05	(SD969-6)
	AFCU	F31	(SD813-4)/(SD813-5)
	APT 압력 & 온도 센서 (High)	E03	(SD971-7)
	APT 압력 & 온도 센서 (Low)	E02/P12	(SD971-7)
	AVNT 키보드	M40/M40-G	(SD969-1)
	AVNT 헤드 유닛	M05-A/M05-B/M05-C/M05-GD/M05-L1 M05-L2/M05-M/M05-R/M05-U/M05-V	(SD969-1)/(SD969-2)/(SD969-4)/(SD969-5)/(SD969-6)/(SD969-8)/(SD969-9)
	BLE(Bluetooth Low Energy) 유닛	M15	(SD952-7)
	BMS PTC 히터 온도 센서	E16/P05	(SD971-10)/(SD971-12)
	BMS 냉각수 3웨이 밸브	E13/P09	(SD971-9)/(SD971-11)
	BMS 냉각수 온도 센서 (라디에이터 아웃)	E35/P10	(SD971-10)/(SD971-12)
	BMS 냉각수 온도 센서 (인렛)	E32	(SD971-10)/(SD971-12)
기타	BMU (향속형)	B01-A/B01-B/B01-C/B01-D	(SD371-1)/(SD371-2)/(SD371-3)/(SD371-4)/(SD371-11)
	BMU (기본형)	B01-A/B01-B/B01-C/B01-D	(SD371-13)/(SD371-14)/(SD371-15)/(SD371-16)/(SD371-21)
	BSA 칠러 #	E29	(SD971-2)
	CMU #1 (향속형)	B141-A/B141-B	(SD371-4)
	CMU #2 (향속형)	B142-A/B142-B	(SD371-4)/(SD371-5)
	CMU #3 (향속형)	B143-A/B143-B	(SD371-5)/(SD371-6)
	CMU #4 (향속형)	B144-A/B144-B	(SD371-6)/(SD371-7)
	CMU #5 (향속형)	B145-A/B145-B	(SD371-7)/(SD371-8)
	CMU #6 (향속형)	B146-A/B146-B	(SD371-8)/(SD371-9)
	CMU #7 (향속형)	B147-A/B147-B	(SD371-9)/(SD371-10)
	CMU #8 (향속형)	B148-A/B148-B	(SD371-10)/(SD371-11)
	CMU #1 (기본형)	B241-A/B241-B	(SD371-16)
	CMU #2 (기본형)	B242-A/B242-B	(SD371-16)/(SD371-17)
	CMU #3 (기본형)	B243-A/B243-B	(SD371-17)/(SD371-18)
	CMU #4 (기본형)	B244-A/B244-B	(SD371-18)/(SD371-19)
	CMU #5 (기본형)	B245-A/B245-B	(SD371-19)/(SD371-20)
	CMU #6 (기본형)	B246-A/B246-B	(SD371-20)/(SD371-21)
	ECS 유닛	F54	(SD559-1)
	E-GT 스위치	M99	(SD969-3)
	E-LSD 모터 어셈블리	P27	(SD527-1)

부품 인덱스 (10)

명칭	번호	회로도
E-LSD 유닛	F53	(SD527-1)
ETCS 안테나	ANT-E	(SD851-2)
IAU (Identity Authentication Unit)	M27	(SD952-7)(SD952-8)
IBU	M01-A/M01-B/M01-D	(SD952-1)(SD952-2)(SD952-3)(SD952-4)(SD952-5)(SD952-6)(SD952-7)
ICCU	C14-AC /F14-B/F14-S/F57-G/F57-P	(SD373-3)(SD373-4)
IEB 유닛 (Integrated Electric Booster)	E15	(SD588-1)(SD588-2)(SD588-3)(SD588-4)(SD588-5)
IFS (Intelligent Front-Lighting System) 모듈	M55	(SD922-3)
IG1 릴레이	E57	(SD952-4)
IG2 릴레이	E60	(SD952-4)
LTE 안테나	ANT-L	(SD969-9)
MDPS 유닛	E17	(SD563-1)
SBW 액추에이터	P25	(SD450-2)
SCU	F22	(SD450-1)(SD450-2)
USB 잭 (빌트인 캠)	M60	(SD957-14)
V2L 유닛	C11 /F11	(SD373-1)
VCMS	F39	(SD373-1)(SD373-2)(SD373-3)
VCU	E01	(SD366-1)(SD366-2)
VESS 유닛	E72	(SD314-1)

기타

제　　목 : **2023 EV6 전장회로도**

발행일자 : 2024년 3월 4일 발 행

저　　자 : 기아자동차(주) 오너십기술정보팀

발 행 인 : 김 길 현

발 행 처 : (주) 골든벨

　　　　　서울시 용산구 원효로 245(원효로1가 53-1)

등　　록 : 제 1987-000018호

대표전화 : 02) 713－4135 / ＦＡＸ : 02) 718－5510

홈페이지 : http : //www.gbbook.co.kr

ＩＳＢＮ : 978-11-5806-700-7

정　　가 : 30,000원